Johann-Wolfgang Wägele

Grundlagen der
**Phylogenetischen
Systematik**

Die Deutsche Bibliothek - CIP-Einheitsaufnahme

Wägele, Johann-Wolfgang:
Grundlagen der Phylogenetischen Systematik / Johann-Wolfgang Wägele. - München : Pfeil, 2000
ISBN 3-931516-73-3

Copyright © 2000 by Verlag Dr. Friedrich Pfeil, München
Alle Rechte vorbehalten – All rights reserved.
No part of this publication may be reproduced, stored in a retrieval system, or transmitted in any form or by any means, electronic, mechanical, photocopying or otherwise, without the prior permission of the copyright owner.
Applications for such permission, with a statement of the purpose and extent of the reproduction, should be addressed to the Publisher, Verlag Dr. Friedrich Pfeil, P.O. Box 65 00 86, D-81214 München.

Druckvorstufe: Verlag Dr. Friedrich Pfeil, München
CTP-Druck: grafik + druck GmbH Peter Pöllinger, München
Buchbinder: Thomas, Augsburg

ISBN 3-931516-73-3

Printed in Germany

– Gedruckt auf chlorfrei gebleichtem und alterungsbeständigem Papier –

Verlag Dr. Friedrich Pfeil, P.O. Box 65 00 86, D-81214 München
Tel. (089) 74 28 270 • Fax (089) 72 42 772 • E-Mail 100417.1722@compuserve.com

Grundlagen der Phylogenetischen Systematik

Johann-Wolfgang Wägele

Verlag Dr. Friedrich Pfeil
München, Juli 2000
ISBN 3-931516-73-3

WH 6000

Inhalt

Einleitung ... 9

1 **Wissenschaftstheoretische Grundlagen** ... 11
   1.1 Was ist »Erkenntnis«? ... 11
   1.2 Klassifikation und die Funktion der Sprache ... 12
   1.3 Was gibt es außerhalb unseres Erkenntnisapparates? Was ist »real existent«? ... 17
      1.3.1 Objekte der Natur, das »Ding an sich«, Gruppen von Objekten ... 18
      1.3.2 Systeme ... 18
      1.3.3 Objekt und System ... 20
      1.3.4 Was ist ein »System des Tierreiches«? ... 20
      1.3.5 Was ist Information? ... 22
      1.3.6 Quantifizieren von Information ... 25
      1.3.7 Was ist ein Merkmal? ... 27
   1.4 Erkenntnisgewinn der Wissenschaften ... 30
      1.4.1 Was ist »Wahrheit«? ... 30
      1.4.2 Deduktion und Induktion ... 31
      1.4.3 Hypothetiko-deduktive Methode ... 33
      1.4.4 Gesetze und Theorien ... 35
      1.4.5 Wahrscheinlichkeit und Sparsamkeitsprinzip ... 35
      1.4.6 Phänomenologie ... 42
      1.4.7 Die Rolle der Logik ... 42
      1.4.8 Algorithmen und Erkenntnisgewinn ... 43
   1.5 Evolutionäre Erkenntnistheorie ... 44

2. **Der Gegenstand der Phylogenetischen Systematik** ... 46
   2.1 Transfer genetischer Information zwischen Organismen ... 47
      2.1.1 Horizontaler Gentransfer ... 47
      2.1.2 Klonale Fortpflanzung ... 47
      2.1.3 Bisexuelle Fortpflanzung ... 48
      2.1.4 Der Sonderfall der zu Organellen evolvierten Endosymbionten ... 49
   2.2 Die Population ... 50
   2.3 Die »biologische Art« ... 54
      2.3.1 Der Artbegriff als Werkzeug der Phylogenetik ... 58
      2.3.2 Erkennen von Arten ... 64
   2.4 Das Übergangsfeld zwischen Arten ... 66
   2.5 Die Speziation als Schlüsselereignis ... 69
      2.5.1 Begriffe und reale Prozesse ... 69
      2.5.2 Dichotomie und Polytomie ... 69
   2.6 Monophyla ... 70
   2.7 Die Evolutionstheorie und Evolutionsmodelle als Grundlage der Systematik ... 74
      2.7.1 Variabilität und Evolution morphologischer Strukturen ... 76
      2.7.2 Variabilität und Evolution von Molekülen ... 82
      2.7.2.1 Veränderungen in Populationen ... 82
      2.7.2.2 Theorie der neutralen Evolution ... 84
      2.7.2.3 Die molekulare Uhr ... 85
      2.7.2.4 Evolutionsraten ... 89
   2.8 Zusammenfassung: Konstrukte, Prozesse und Systeme ... 97

3 Stammbaumdiagramme und Benennung von Abschnitten ... 98
3.1 Ontologie und Begriffe ... 98
3.2 Topologie ... 100
3.2.1 Darstellung kompatibler Monophyliehypothesen ... 100
3.2.2 Darstellung inkompatibler Monophyliehypothesen ... 102
3.2.3 Darstellung von Lesrichtungs- und Apomorphiehypothesen ... 102
3.3 Konsensus-Dendrogramme ... 104
3.4 Zahl der Elemente eines Dendrogramms und Zahl der Topologien ... 106
3.5 Das Taxon ... 107
3.6 Die Stammlinie ... 109
3.7 Linnésche Kategorien ... 112

4 Die Suche nach Indizien für Monophylie ... 115
4.1 Was ist Information in der Systematik? ... 115
4.2 Klassen von Merkmalen ... 117
4.2.1 Ähnlichkeiten ... 117
4.2.2 Klassen von Homologien ... 120
4.2.3 Gruppenbildung durch verschiedene Merkmalsklassen ... 126
4.2.4 Homologe Gene ... 128
4.3 Prinzipien der Merkmalsanalyse ... 128
4.4 Abgrenzung und Identifikation von Monophyla ... 129
4.4.1 Die Abgrenzung ... 129
4.4.2 Die Identifikation ... 131
4.4.3 Empfohlenes Vorgehen für die Praxis ... 131
4.5 Analyse von Fossilien ... 131
4.5.1 Merkmalsanalyse ... 131
4.5.2 Monophylie-Nachweis mit Formenreihen ... 133

5 Phänomenologische Merkmalsanalyse ... 134
5.1 Die Schätzung der Homologiewahrscheinlichkeit und die Gewichtung der Merkmale ... 134
5.1.1 Die Homologiewahrscheinlichkeit und Kriterien zu ihrer Bewertung ... 134
5.1.2 Gewichtung ... 143
5.2 Praxis der Homologisierung morphologischer und molekularer Merkmale ... 146
5.2.1 Homologiekriterien für morphologische Merkmale ... 146
5.2.2 Homologisierung molekularer Merkmale ... 154
5.2.2.1 Alinierungsverfahren ... 155
5.2.2.2 Bestimmung der Homologie von Nukleotiden und Nukleotidfolgen ... 157
5.2.2.3 Homologie von Genen, Genanordnungen, Sequenzduplikationen ... 159
5.2.2.4 Homologie von Restriktionsfragmenten ... 161
5.2.2.5 Immunologie ... 163
5.2.2.6 Isoenzyme ... 164
5.2.2.7 Cytogenetik ... 165
5.2.2.8 DNA-Hybridisierung ... 166
5.2.2.9 RAPD ... 167
5.2.2.10 Aminosäuresequenzen ... 168
5.3 Bestimmung der Lesrichtung (Polarität) ... 169
5.3.1 Innen- und Außengruppe ... 169
5.3.2 Phylogenetische Merkmalsanalyse mit Außengruppenvergleich, Rekonstruktion von Grundmustern ... 170
5.3.3 Kladistische Außengruppenaddition ... 174
5.3.4 Zunahme der Komplexität ... 176
5.3.5 Das ontogenetische Kriterium ... 176

	5.3.6	Das paläontologische Kriterium	179
	5.3.7	Bestimmung der Lesrichtung von Nukleinsäuresequenzen	180

6 Rekonstruktion der Phylogenese: Phänomenologische Verfahren ... 182

6.1 Phänetische Kladistik ... 182
- 6.1.1 Kodierung der Merkmale ... 184
- 6.1.2 Das MP-Verfahren der Baumkonstruktion ... 186
  - 6.1.2.1 Wagner-Parsimonie ... 188
  - 6.1.2.2 Fitch-Parsimonie ... 189
  - 6.1.2.3 Dollo-Parsimonie ... 189
  - 6.1.2.4 Allgemeine Parsimonie ... 191
  - 6.1.2.5 Nukleinsäuren und Aminosäuresequenzen ... 191
- 6.1.3 Gewichtung im MP-Verfahren ... 192
- 6.1.4 Iterative Gewichtung ... 193
- 6.1.5 Homoplasie ... 194
- 6.1.6 Manipulation der Datenmatrix ... 195
- 6.1.7 Kladistische Rekonstruktion der Grundmuster ... 195
- 6.1.8 Polarisierung ungerichteter Baumgraphen ... 197
- 6.1.9 Kladistische Statistiken und Zuverlässigkeitstests ... 197
  - 6.1.9.1 Konsistenzindex, Konservierungs- Index, F-Index ... 198
  - 6.1.9.2 Wiederfindungswahrscheinlichkeitstests (bootstrapping, jackknifing) ... 200
  - 6.1.9.3 Verteilung der Baumlängen, Randomisierungstests ... 202
- 6.1.10 Kann man mit dem MP-Verfahren Homologien identifizieren? ... 203
- 6.1.11 Fehlerquellen der Kladistik ... 204

6.2 Die Hennigsche Methode: Phylogenetische Kladistik ... 205
- 6.2.1 Vergleich der phänetischen Kladistik mit der phylogenetischen Systematik (phylogenetische Kladistik) ... 207

6.3 Kladistische Analyse von DNA-Sequenzen ... 208
- 6.3.1 Modellabhängige Gewichtung ... 209
- 6.3.2 Das Analogieproblem: Die Bildung polyphyletischer Gruppen ... 211
- 6.3.3 Die Symplesiomorphiefalle: Paraphyletische Gruppen ... 213
- 6.3.4 Umgang mit Alinierungslücken ... 216
- 6.3.5 Potentielle Apomorphien ... 217
- 6.3.6 Die Methode von Lake ... 217

6.4 Split-Zerlegung ... 217

6.5 Spektren ... 219
- 6.5.1 Grundlagen ... 219
- 6.5.2 Spektren stützender Positionen ... 219

6.6 Kombination von molekularen und morphologischen Merkmalen ... 222

7 Prozessorientierte Merkmalsanalyse ... 223

8 Rekonstruktion der Phylogenese: Modellabhängige Verfahren ... 226

8.1 Substitutionsmodelle ... 226

8.2 Distanzverfahren ... 230
- 8.2.1 Prinzip der Distanzanalyse ... 232
- 8.2.2 Sichtbare Distanzen ... 232
- 8.2.3 Verfälschende Effekte ... 234
- 8.2.4 Effekt invariabler und unterschiedlich variabler Positionen, Alinierungslücken ... 236
- 8.2.5 Effekt der Nukleotidverhältnisse ... 236
- 8.2.6 Distanzkorrekturen ... 237
- 8.2.7 Baumkonstruktion mit Distanzdaten ... 239

8.3 Maximum Likelihood: Schätzung der Ereigniswahrscheinlichkeit ... 240

8.4 Hadamard Konjugation: Hendy-Penny-Spektralanalyse ... 241

8.5 Die Rolle von Simulationen ... 243

9	Fehlerquellen	244
	9.1 Übersicht über häufige Fehlerquellen	244
	9.2 Kriterien zur Bewertung der Qualität von Datensätzen	246
10	Prüfung der Plausibilität von Dendrogrammen	247
11	Der Wert gewonnener Erkenntnisse für die Evolutionsforschung und Ökologie	256
12	Systematisierung und Klassifikation	257
	12.1 Systematisierung	257
	12.2 Hierarchie	258
	12.3 Formale Klassifikation	258
	12.4 Artefakte der formalen Klassifikation	259
	12.5 Taxonomie	260
	12.6 Evolutionäre Taxonomie	260
13	Allgemeine Gesetze der phylogenetischen Systematik	262
14	Anhang: Verfahren und Begriffe	263
	14.1 Modelle der Sequenzevolution (vgl. Kap. 8.1)	263
	14.1.1 Jukes-Cantor-(JC-)Modell	263
	14.1.2 Tajima-Nei-(TjN-)Modell	264
	14.1.3 Kimuras zwei-Parameter-Modell (K2P)	265
	14.1.4 Tamura-Nei-Modell (TrN)	266
	14.1.5 Positionsabhängige Variabilität der Substitutionsrate: Gamma-Verteilung	266
	14.1.6 Log-Det Distanztransformation	267
	14.2 Maximum Parsimony: Die Suche nach der kürzesten Topologie	268
	14.2.1 Konstruktion von Topologien	269
	14.2.2 Combinatorial weighting	271
	14.3 Distanzverfahren	272
	14.3.1 Definition der Hamming Distanz	272
	14.3.2 Transformation von Distanzen	272
	14.3.3 Additive Distanzen	274
	14.3.4 Ultrametrische Distanzen	275
	14.3.5 Transformation von Frequenzdaten in Distanzdaten: Geometrische Distanzen	275
	14.3.6 Genetische Distanz nach Nei (1972)	276
	14.3.7 Konstruktion von Dendrogrammen mit Clusterverfahren	277
	14.4 Konstruktion von Netzwerken: Split-Zerlegung	279
	14.5 Clique-Verfahren	282
	14.6 Maximum Likelihood-Verfahren: Analyse von DNA-Sequenzen	284
	14.7 Hadamard-Konjugation und Hendy-Penny-Spektren	287
	14.8 Test relativer Substitutionsraten (relative rate test)	293
	14.9 Bewertung des Informationsgehaltes von Datensätzen mit Hilfe von Permutationen	294
	14.10 F-Index	296
	14.11 PAM-Matrix	297
15	Verfügbare Computerprogramme, Internetadressen	298
16	Literatur	299
17	Index	311

Einleitung

Die Erfassung, Systematisierung und Beschreibung der im Verlauf der Erdgeschichte entstandenen Vielfalt der Organismen sind die zentralen Aufgaben der Systematik. Mit der Systematisierung eines Organismus werden zugleich Aussagen über dessen Anatomie, Lebensweise und Stellung im Ökosystem systematisch geordnet. Die Systematisierung erlaubt die Verwaltung der in der Natur vorhandenen genetischen Information, der Biodiversität, dem unschätzbar wertvollen und derzeit leichtsinnig verschwendeten Erbe der Menschheit. Der Systematiker erarbeitet ein Referenzsystem, das nicht nur die gezielte Suche nach biologischer Information, sondern auch Vorhersagen über Eigenschaften der Organismen erlaubt. Sowohl die Ökologie als auch die Evolutionsforschung bauen auf den Ergebnissen der Systematik auf.

Mit der Entdeckung und Begründung von Verwandtschaftsbeziehungen beschäftigt sich die **phylogenetische Systematik (= Phylogenetik)**, die eine intersubjektiv überprüfbare Einordnung der Organismen in einen Stammbaum ermöglicht. Dabei ist es das Ziel, die Phylogenese (= Phylogenie), also die historische Entstehung von Arten und Artgruppen, mit diesen Stammbäumen abzubilden. Die **Evolution** wird in diesem Buch wertungsfrei als »Veränderung in der Zeit«, als sichtbare Summe von Prozessen aufgefaßt, die Aufbau und Lebensweise der Organismen im Zeitverlauf modifizieren und in der Erbsubstanz Spuren hinterlassen. Die »Veränderungen in der Zeit« werden für die phylogenetische Analyse gelegentlich nach ihrem adaptiven Wert klassifiziert, um Merkmale zu gewichten, die Analyse von Selektionsmechanismen hat aber in der Phylogenetik nur eine Bedeutung für die Diskussion der Plausibilität der Ergebnisse der Stammbaumrekonstruktion. Die Evolutionsprozesse selbst werden nur marginal diskutiert, sofern sie für die Modellierung wichtig sind.

In den vergangenen Jahren hat die Systematik eine zunehmende Anerkennung als empirische Wissenschaft erfahren, da immer deutlicher wurde, daß objektive Wahrscheinlichkeitsscheidungen getroffen werden können, die z.T. auch mathematisierbar sind. Ungünstig für die Anerkennung der Leistungsfähigkeit der Systematik wirkte sich in der Vergangenheit die Instabilität der Namensgebung von Taxa und der Klassifikation von Organismen aus, oft eine Folge subjektiver, wissenschaftlich kaum zu begründender Entscheidungen. In jüngerer Zeit haben die »modernen« Methoden die Verwirrung noch vergrößert, weil mit unzureichenden Daten und Analyseverfahren gearbeite worden ist. Die Uneinigkeit der Systematiker trug dazu bei, Zweifel an der Wissenschaftlichkeit der Systematik zu nähren. Der Bezug zu einer begründeten Theorie der Systematik fehlte oft.

Es ist das Ziel der folgenden Kapitel, die theoretischen Grundlagen einer objektiven Datenanalyse darzustellen. Grundlegende Gesetze der Systematik sind für die vergleichende Morphologie ebenso gültig wie für die für die Analyse von DNA-Sequenzen. Es wird hiermit ein Versuch vorgestellt, das vom herausragenden Entomologen und Theoretiker W. Hennig (1913-1976) erstmalig ausgearbeitete methodische Vorgehen der phylogenetischen Systematik mit neueren numerischen Verfahren zu vergleichen, um Gemeinsamkeiten und Unterschiede sowie die theoretischen Grundlagen der Verfahren darzustellen.

Gute Kenntnisse der Theorie sind eine notwendige Voraussetzung für die wissenschaftliche Arbeit. Zusätzlich sind aber auch Erfahrungen notwendig, die jeder Forscher nur durch eigene exemplarische Analysen erwerben kann. Diese allein aus der Lektüre nicht zu gewinnende Erfahrungen ermöglichen ein vertieftes Verständnis der Besonderheiten von Methoden sowie der einzelnen Organismengruppen.

Die natürlichen Ereignisse, die jene Muster erzeugten, welche uns beim Vergleich lebender Organismen auffallen (Übereinstimmungen in Konstruktion und Lebensweise), insbesondere die Prozesse, die zur irreversiblen Aufspaltung von Populationen führten, müssen nicht im Detail erforscht sein, wenn man die Phylogenese rekonstruieren will. Es ist aber notwendig, daß der Phylogenetiker grundsätzlich die Mechanismen kennt, die die Struktur der Lebewesen im Zeitverlauf verändern, damit er entscheiden kann, welche Verfahren der Datenauswertung einzusetzen sind: Wäre bekannt, daß ein Merkmal sich in der Zeit gleichförmig transformiert, könnte über die beobachteten Merkmalszustände die verstrichene Zeit bestimmt werden. Aus diesem Grund sind Kapitel über die Merkmalsevolution eingefügt. Die Prozesse, die zur Substitution eines älteren Merkmalszustandes durch einen jüngeren führen, finden in Populationen statt. Auf die Bedeutung der Populationsgenetik wird in diesem Zusammenhang verwiesen, diese Wissenschaft kann jedoch im Rahmen dieses Buches nicht dargestellt werden.

Es gibt inzwischen eine fast unübersehbare Zahl von Vorschlägen für Verfahren zur Identifikation der Spuren, die die Stammesgeschichte in Organismen hinterlassen hat, und zur Rekonstruktion der Stammesgeschichte. Im Rahmen dieses Buches können nicht alle Vorschläge besprochen werden. Es lohnt sich auch oft nicht, viel Zeit in unausgereifte Verfahren zu investieren, solange die Methodenentwicklung von den betreffenden Arbeitsgruppen nicht abgeschlossen ist. Wesentlich ist aber, die wissenschaftstheoretischen Grundlagen der Systematik aufzuzeigen, die für jedes Verfahren Gültigkeit haben und mit denen jeder Systematiker vertraut sein sollte. Die Methoden der phylogenetische Systematik evolvieren noch, die gemeinsamen, theoretisch gut erschlossenen Grundlagen sind aber unveränderlich.

> **Phylogenese** (engl. »cladogenesis, phylogenesis, phylogeny«)**:** Die Aufspaltungen von Populationen durch irreversible genetische Divergenz.

> **Biologische Systematik:** Wissenschaft der Systematisierung der Organismen und der Beschreibung ihrer genetischen Vielfalt (= Biodiversität).
> **Phylogenetische Systematik:** Entdeckung und Begründung von Verwandtschaftsverhältnissen der Organismen.
> **Kladistik:** Methodik der Konstruktion von Dendrogrammen aus gegebenen Datensätzen unter Verwendung des Sparsamkeitsprinzips (vgl. Kap. 1.4.5).

Danksagung: Im Verlauf von Seminaren zur Phylogenetischen Systematik und alltäglichen Gesprächen sind viele der Ideen entstanden, die diesen Text vervollständigen. Ich danke dafür insbesondere meiner Frau Heike, den Mitarbeitern meiner Arbeitsgruppe, Freunden und Kollegen: Oliver Coleman, Hermann Dreyer, Ulrike Englisch, Martin Fanenbruck, Christoph Held, Wulf Kobusch, Andreas Leistikow, Friederike Rödding, Christian Schmidt, Günter Stanjek, Evi Wollscheid. Für die technische Unterstützung bei der Herstellung der Abbildungen bin ich Steffen Koehler, Andrea Kogelheide, Ingo Manstedt und Ilse Weßel Dank schuldig.

Bemerkung: Der Autor ist für jeden Hinweis, der zur Verbesserung dieses Textes beitragen kann, dankbar. Und noch etwas: Nur noch wenige Verlage sind bereit, Texte für Spezialisten oder Kenner herzustellen, die nur in geringen Auflagen gedruckt werden und damit für die Verlage keinen großen Profit abwerfen. Unterstützen Sie diese Beiträge zur Wissenschaft und Kultur, indem Sie die Texte nicht kopieren.

Bochum, im Herbst 1999
Johann-Wolfgang Wägele

1. Wissenschaftstheoretische Grundlagen

Die Naturwissenschaften haben das Ziel, bestehende Sachverhalte zu erkennen und zu beschreiben. Die aus der Beobachtung abgeleiteten Gesetze erlauben Voraussagen, aus denen Empfehlungen für künftiges Handeln gewonnen werden. Die wissenschaftlichen »Betrachtungen« unserer Umwelt formen das Bild, das wir von der Umwelt haben. Die Wissenschaftstheorie erklärt, welche Sicherheit wir dafür haben können, daß dieses Bild der Realität entspricht und wie wissenschaftliche Erkenntnisse gewonnen werden.

Der Biologe, der sich mit der Systematik beschäftigt, wird früher oder später auf die Frage stoßen, ob Verwandtschaftshypothesen, benannte Arten oder rekonstruierte Evolutionsvorgänge Prozessen oder Dingen der Wirklichkeit entsprechen oder ein Produkt unserer Irrtümer sind. Für einen Außenstehenden mag die Unvereinbarkeit der Ansichten und Hypothesen verschiedener Systematiker (Abb. 54, 173) ein Indiz für die Subjektivität und das Fehlen eines logisch begründeten wissenschaftlichen Unterbaus sein, die Fachrichtung wäre als unwissenschaftliche Disziplin nicht ernst zu nehmen. Es gibt in der Tat Lücken, die Anlaß zu Kritik sein müssen. So wird die Entscheidung, ob eine Identität eine Homologie oder eine Analogie ist, oft »dem Gefühle nach« oder mit dem Hinweis auf persönliche Erfahrungen getroffen. Elegante numerische Verfahren wurden entwickelt und in zahlreichen Publikationen verwendet, ohne daß die Annahmen, die diese Verfahren machen, überprüft wurden. Begriffe werden benutzt, ohne daß wir uns jedesmal fragen, ob sie etwas repräsentieren, das in der außersubjektiven Wirklichkeit existiert, oder ohne daß der Vorgang, der mit dem Begriff bezeichnet wird, präzise beschrieben ist (z.B. »Prinzip der wechselseitigen Erhellung« oder »long-branch-problem«, Kap. 5.11, 6.3.2). Die folgenden Ausführungen sollen daran erinnern, daß Wissenschaft und Erkenntnis stets mit der Verwendung von Sprache verknüpft sind, und sie sollen dazu ermuntern, stets nach den elementaren Wurzeln der Erkenntnis zu fragen.

1.1 Was ist Erkenntnis?

Erkenntnisse über Tatsachen erlangen wir zunächst nicht durch Denken: Wir müssen primär die Welt wahrnehmen. Erkenntnis ist die **Wahrnehmung bestehender Sachverhalte** (Tatsachen). Es ist eine Leistung unseres Nervensystems in Zusammenarbeit mit Sinnesorganen, die darin besteht, in der Fülle von Sinneseindrücken die unveränderlichen Muster zu erfassen womit Gegenstände, Laute oder Gerüche identifiziert und auch klassifiziert werden (vgl. Oeser 1976). Schon die einfachste Wahrnehmung erfordert diese Leistung. Zweifellos kann auch ein Hund bestehende Sachverhalte erkennen. Diese »reine Erkenntnis« oder Wahrnehmung (subjektives Erleben) existiert unabhängig von der Sprache. Wir reagieren blitzschnell auf Gefahren, ohne das Erkennen der Gefahr in Worte fassen zu müssen. Weiterhin gehört zur Wahrnehmung auch die nichtsprachliche Begriffsbildung, die ebenfalls in einfacher Form bei Tieren vorkommt: Ein Hund kennt zweifellos Knochen, Ampeln, Steine. Affen können Begriffe mit Symbolen verknüpfen und im Experiment diese für die Kommunikation mit dem Versuchsleiter nutzen. Soll allerdings aus dieser Erkenntnis tradierbares Wissen werden, müssen wir uns der Sprache bedienen, das Kennzeichen menschlicher Erkenntnisweise. Nur sprachlich vermittelbares Wissen ist intersubjektiv prüfbar. Daher wird oft nur das begrifflich und sprachlich fixierte Wissen Erkenntnis im engeren Sinn genannt.

Wissenschaftliche Erkenntnis ist dagegen kritisch überprüfte Erkenntnis, die gezielte Suche nach falsifizierbaren Theorien, mit denen wir Naturbeobachtungen erklären möchten (Popper 1934), und nicht allein die Sammlung von Erfahrungen und darauf beruhenden subjektiven Überzeugungen oder die Anwendung von Regeln der Logik (s. Kap. 1.4.7). Erklärungsversuche oder Hypothesen müssen als Grundlage dafür dienen, zu entscheiden, welche Erfahrungen (Beobachtungen) in der Natur oder im Experiment gezielt gesammelt werden, mit denen wiederum erprobt wird, ob sich der Erklärungsversuch bewährt. Auch die eigene Wahrnehmung wird auf diese Weise überprüft. Jedes Fachgebiet hat eigene Methoden entwickelt, die Fachleute entscheiden, welche Methoden sie als »wissenschaftlich« anerkennen. Ein universelles Kriterium zum Klassifizieren von Methoden nach ihrem wissenschaftlichen Nutzen gibt es nicht, wohl aber die Aussagen der Fachleute, die mit spezifischen Methoden neue Erkenntnisse gewinnen konnten.

> **Erkenntnistheorie:** Methodische Rekonstruktion des Prozesses der Erkenntnisgewinnung
> **Erkenntnis:** Wahrnehmung bestehender Sachverhalte
> **Logik:** Sammlung von Regeln zur Verknüpfung von Aussagen zum Zweck der Gewinnung von gültigen Schlußfolgerungen
> **Wissenschaftstheorie:** Erweiterung und Anwendung von Erkenntnistheorie und Logik auf wissenschaftliche Erkenntnis
> **wissenschaftlicher Erkenntnisgewinn:** systematisch geplanter Erwerb von Erkenntnis

1.2 Klassifikation und die Funktion der Sprache

Der bewußte Umgang mit der Sprache ist für die Kommunikation der Wissenschaftler und für die Entwicklung von Theorien unerläßlich. Zahlreiche Mißverständnisse sind auf die Verwechslung von gedanklichen Konzepten und Begriffen mit der außermentalen Realität zurückzuführen. Für eine Vertiefung dieser Thematik ist die Lektüre wissenschaftstheoretischer Abhandlungen zu empfehlen (z.B. Oeser 1976, Seiffert 1991, Janich 1997, Mahner & Bunge 1997).

In unserer Welt gibt es **Gegenstände,** die wir dank unserer genetisch bedingten Sprachfähigkeit mit Worten benennen können. Diese Worte lernen wir in einer vorwissenschaftlichen Phase dadurch, daß dem Kind oder dem Lernenden die Gegenstände gezeigt oder erläutert werden. Ein Gegenstand kann ein räumlich begrenztes Objekt sein, ein technisches Gerät, aber auch ein Vorgang oder eine Eigenschaft, also der »Gesprächsgegenstand«, ein Thema, über das gesprochen wird. Damit muß ein **Gegenstand** unserer Sprache nicht unbedingt ein »Ding an sich« sein. Der ontologische Status, also die Frage nach dem eigentlichen Sein des Gegenstandes, spielt keine Rolle. Wir können über Gegenstände reden, die wir empfinden oder ausgedacht haben. Der Sprachanalytiker nennt die Worte, die Gegenstände bezeichnen, **Prädikatoren.** Prädikatoren können materielle Objekte repräsentieren (»Stuhl«), aber auch Eigenschaften dieser Objekte (»hölzern«). Streng genommen können wir **nicht unterscheiden zwischen den Eigenschaften und dem Objekt** selbst: Wir nehmen stets nur seine Eigenschaften wahr, nicht das »Sein an sich«. Ein »Stuhl« ist eine Konstruktion, die eine Rückenlehne hat und einer Person als Sitzgelegenheit dienen kann. Der Gegenstand »Stuhl« wird von uns an seiner Funktion, an bestimmten Eigenschaften erkannt. Der Gegenstand »hölzerner Stuhl« ist eine Untermenge von »Stuhl«; er muß zugleich »Stuhl« und »Holz« sein. Dabei sind die Prädikatoren »Stuhl« und »hölzern« logisch gleichwertig und austauschbar: »Der Stuhl aus Holz« und »Das Holz in Stuhlform« umfassen dieselbe Menge von Objekten. Die Benennung hängt von unserer subjektiven Zielsetzung ab: Das »Holz zum Verbrennen« kann auch ein Stuhl sein, wesentlich für den Nutzer ist das Material. Der »Stuhl zum Sitzen« kann aus Holz sein, wesentlich ist die Nutzung.

Der Prädikator »Kuh« ist zunächst nichts anderes als ein Wort, mit dem wir uns auf bestimmte Eigenschaften eines Gegenstandes beziehen. Ob der Gegenstand »wirklich existiert«, also »an sich« oder »außersubjektiv« vorhanden ist, spielt dabei für die Entwicklung unserer Sprache keine Rolle. In den Naturwissenschaften ist es jedoch erforderlich herauszufinden, ob diese Prädikatoren real, außerhalb unseres Körpers existierende Dinge, Eigenschaften der Dinge oder Prozesse bezeichnen, oder ein Produkt unseres Denkens und unserer Irrtümer sind. Es muß also geprüft werden, welche Eigenschaften alle Objekte, die wir »Kuh« nennen, gemeinsam haben, und ob Nutzer des Wortes »Kuh« sich auf diese Eigenschaften beziehen.

Offensichtlich wird mit einem Prädikator eine Menge von Gegenständen bezeichnet, die gemeinsame Eigenschaften haben. Mit verschiedenen Prädikatoren erhalten wir manchmal sich überschneidende Mengen (»Holz« und »Stuhl«), es gibt aber auch **Hierarchien**. Das bedeutet, daß mit einem Prädikator eine Untermenge eines anderen Prädikators bezeichnet wird. Beispiele sind »(Fahrzeug (Motorfahrzeug (Personenkraftfahrzeug = PKW (Geländewagen))))«. Auch die Hierarchie »(Vierbeiner (Säuger (Paarhufer (Kuh))))« ist logisch nichts anderes. Diese Hierarchie sagt nichts über die Entstehung der Gegenstände oder über Beziehungen, die zwischen ihnen bestehen, aus. Jeder Paarhufer hat bestimmte Eigenschaften, die auch bei der Kuh vorkommen, aber nicht alle. Jeder Säuger hat bestimmte Eigenschaften, die wir auch bei Paarhufern finden, aber nicht alle.

Wir erkennen: Die Fähigkeit, Gegenstände nach Eigenschaften zu klassifizieren und jeder Zusammenstellung von Eigenschaften ein Wort zuzuweisen, ist uns **angeboren**. Wir bilden Hierarchien von Begriffen auf der Grundlage gemeinsamer Eigenschaften von Gegenständen, ohne daß wir eine Begründung für die Existenz von Hierarchien benötigen. Die Hierarchien entstehen als Folge unserer angeborenen Fähigkeit, Gegenstände zu klassifizieren.

Damit ist deutlich, daß die Klassifikation eine vorwissenschaftliche Tätigkeit ist (s. auch Kap. 1.1). Die ineinander verschachtelten (enkaptisch angeordneten, hierarchischen) Begriffe sind **Klassen**: Eine Klasse ist ein gedankliches Konzept, das eine Menge von Gegenständen, die dieselben Eigenschaften besitzen, umfaßt. Das Wort, das wir dafür verwenden, ist ein Prädikator.

Klassen sind damit Begriffe, mit denen sowohl natürliche Ansammlungen von Dingen als auch künstliche Gruppierungen bezeichnet werden können. »Den Stuhl an sich« gibt es nicht, Stühle unterscheiden sich in Herkunft, Material, Form und Farbe. Der Begriff »Stuhl« ist eine Klasse, ebenso wie der Begriff »Pferd«. Letzterer bezeichnet aber eine Gruppierung, deren Gemeinsamkeiten durch natürliche Prozesse bestimmt wurden (natürliche Klasse, engl. »natural kind«: Mahner & Bunge 1997). Viele Tiernamen sind künstliche Gruppierungen: Im Englischen heißen z.B. wasserlebende Tiere »fish«, unabhängig von Konstruktion, Lebensweise oder Verwandtschaft: Jellyfish (Qualle), crayfish (Languste), starfish (Seestern), shellfish (Mollusken). Im Deutschen ist ein »Wurm« eine Insektenlarve, ein Oligochaet oder ein Nematode.

Um Hierarchie-Ebenen zu unterscheiden, also Ebenen unterschiedlich starker Abstraktion, könnte man auch **Kategorien** einführen, also »Rangzeichen« für jede Ebene. Eine »besondere Art von Honig« wäre eine Untermenge aller Honigarten (=Honigsorten) mit bestimmten Eigenschaften. Man könnte auf einer höheren Ebene den Begriff »Gattung« oder »Klasse« verwenden. In der Umgangssprache werden diese Begriffe (Art, Sorte, Gattung, Klasse) jedoch synonym eingesetzt, was darauf hinweist, daß diese Kategorien subjektiv gewählt werden und es keine meß- oder sichtbaren Eigenschaften gibt, die die Unterscheidung der Kategorien ermöglichen. »Ein komischer Kauz« ist auch eine »besondere Sorte Mensch«, »gehört zu einer seltenen Gattung der Menschen«, »ist eine Klasse für sich«. Mit den Kategorien wird nur ausgedrückt, daß es sich um eine Untermenge der Menge »Mensch« handelt.

Benennen wir einen Gegenstand mit einem **Eigennamen**, so handelt es sich um ein einzelnes historisches Ding, ein Individuum von zeitlich begrenzter Existenz, das sowohl ein reales Ding als auch ein Konstrukt sein kann (»Donald Duck«). Eigennamen werden benutzt, ohne daß dem Individuum ein Prädikator zugesprochen werden muß: Von Charles Darwin können wir reden, ohne daß der Name mit der Artzugehörigkeit, dem Beruf oder der Nationalität verknüpft werden muß. Eigennamen lassen sich daher nicht für andere Individuen »derselben Sorte« verwenden und sind nicht geeignet, weit verbreitete Prozesse oder häufige Gegenstände zu bezeichnen. Der Eigenname verrät auch nichts über die Eigenschaften des Individuums, er gehört nicht zum allgemeinen Wortschatz unserer Sprache.

1.2 Klassifikation und die Funktion der Sprache

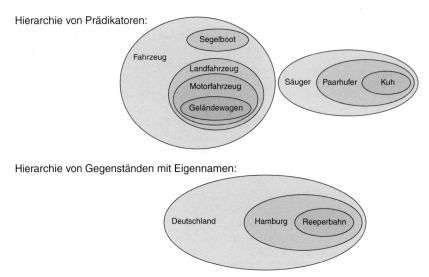

Abb. 1. Hierarchien.

Es gibt auch **Hierarchien von Eigennamen**: Zu dem Individuum »Deutschland« gehören die Individuen »Hamburg« und »Berlin«; zu Hamburg gehört die »Reeperbahn«, zu Berlin »Unter den Linden«. Eine entsprechende Hierarchie von Gegenständen (genauer: Ansammlungen von Objekten) existiert real, ist aber nicht mit den Eigennamen zu beschreiben. Während einem uns bisher unbekannten Objekt (z.B. eine unbekannte Pflanze) für seine Eigenschaften Prädikatoren zugewiesen werden können (z.B. Strauch mit rosenartigen Blüten) und das Objekt damit in der Hierarchie von Prädikatoren einzuordnen ist, ist das bei Eigennamen nicht möglich. Beim Anblick einer unbekannten Stadt wird nicht erkennbar, daß sie »Berlin« heißt und im Osten Deutschlands liegt, sie könnte auch in Nordamerika zu finden sein. Die individuelle Stadt erkennt man nicht ohne Kenntnis der besonderen Merkmale von »Berlin in Deutschland«. Diese Merkmale sind nicht mit dem Wort »Berlin« verknüpft, was sich darin zeigt, daß auch ein Dorf in Schleswig-Holstein »Berlin« getauft werden kann. Diese Überlegungen werden bedeutsam, wenn wir über den Nutzen und den ontologischen Status der Namen von Organismengruppen nachdenken (s. Kap. 3.1 und 3.5).

Eine **Klassifikation** führen wir nur mit Prädikatoren durch, nicht mit Eigennamen. Die Hierarchie der Eigennamen bezieht sich auf eine »gegenständliche Hierarchie«, wenn einzelne materielle Gegenstände real Bestandteile eines größeren Gegenstandes sind. Wir müssen die Eigenschaften nicht erkennen und bezeichnen, die Hierarchie existiert in jedem Fall. Anders ist es bei der Klassifikation: Die Gegenstände sind voneinander unabhängig, wir klassifizieren sie nach Gesichtspunkten der Zweckmäßigkeit und verbinden gedanklich Zweck und Wort (Prädikator).

Die Hierarchie, die zugleich eine Mengenbeziehung ist, ist mit einem Venn-Diagramm anschaulich darstellbar (Abb. 1).

Dieses Beispiel verdeutlicht, daß wir über die »reale Existenz«, den ontologischen Status eines Gegenstandes »Paarhufer« als Ding, Prozeß oder System der Natur nicht diskutieren müssen, solange jeder weiß, welche Eigenschaften mit dem Wort gemeint sind. Voraussetzung für die Verständigung ist, daß der Gesprächspartner den Begriff mit den Eigenschaften assoziiert; einen konkreten, real existierenden Paarhufer muß er sich dabei nicht ins Gedächtnis rufen. Es ist zweckmäßig, die Eigenschaft »Tier mit paarigen Hufen« mit einem einzigen Wort zu bezeichnen, da wir dieser »Sorte« Tier im Alltag häufig begegnen und uns nicht immer ein passenderer Name (z.B. »Antilope«) bekannt ist.

Anders ist es mit den Eigennamen: Wir können uns über »Hamburg« nur unterhalten, wenn der

Gesprächspartner Hamburg kennt oder er begreift, daß es eine bestimmte, individuelle Stadt ist.

Es stellt sich die Frage, ob das Wort »Mammalia« ein Prädikator oder ein Eigenname ist. Als Prädikator verweist es auf das Säugen als Merkmal der Säugetiere, als Eigenname muß das Wort einen individuellen Gegenstand bezeichnen. Wenn man bedenkt, daß es auch Säugetiere gibt (Monotremata), die als Jungtiere nicht die Muttermilch einsaugen und die auch keine Zitzen haben, muß man den Status des Begriffs als Prädikator ablehnen. Wenn der Begriff ein Eigenname ist, muß es einen dazugehörigen individuellen Gegenstand geben. Es wird noch zu zeigen sein, daß dieser Gegenstand ein gedankliches (konzeptionelles) Individuum, also ein Konstrukt ist. (Die in diesem Zusammenhang wichtigen Begriffe werden in späteren Kapiteln diskutiert: Monophyla: Kap. 2.6; Taxon: Kap. 3.5; biologische Klassifikation: Kap. 12).

Die **vorwissenschaftliche Klassifikation lebender Organismen** ist primär eine zweckmäßige. Zweckmäßigkeit wird dabei vom Standpunkt der menschlichen Erkenntnisfähigkeit aus festgelegt. Über die realen genealogischen Beziehungen zwischen den lebenden Organismen sagt die Klassifikation nichts aus. Die logischen Beziehungen sind dieselben wie im Beispiel der Klassifikation von »Fahrzeugen«.

Die Zuordnung eines Gegenstandes zu einem Begriff impliziert eine bestimmte Informationsmenge über den Gegenstand: Da der Begriff sich auf invariable, bei verschiedenen Gegenständen vorkommenden Merkmale bezieht, wird mit der Zuordnung (mit der Klassifikation) eine Aussage über Merkmale des Gegenstandes gemacht. Die Zahl der Merkmale, die die Begriffe implizieren, ist dabei sehr unterschiedlich, bei allgemeineren Begriffen (Fahrzeug, Säuger) geringer als bei speziellen (Fahrrad, Kuh).

Da wir die Bezeichnungen von Gegenständen mit der Sprache lernen, sind diese Worte zunächst nicht definiert. Eine **Definition** ist »die Gleichsetzung eines bisher noch unbekannten Wortes mit einer Kombination mindestens zweier schon bekannter Wörter« (Seiffert 1991): Ein »Schimmel« ist ein »weißes Pferd«, also die Schnittmenge von »Weiß« und »Pferd«. Um ein neues Wort zu definieren, müssen andere Worte verfügbar sein. Wollen wir prüfen, ob das neue Wort und seine Definition einen Gegenstand der außersubjektiven Wirklichkeit bezeichnet, müssen wir jedes Wort der Definition prüfen. Da auch diese Worte durch weitere Definitionen erklärt sein könnten, müssen wir den Ursprung dieser Begriffe in der Umgangssprache suchen. Dort stoßen wir auf den »Nullpunkt«, die undefinierten Worte der vorwissenschaftlichen Sprache. Dem Kind werden Wörter durch Hinweis auf Beispiele eingeführt (»Das ist ein Auto; das ist auch ein Auto«), und zunächst nicht durch Definitionen, da Definitionen auf bereits bekannte Worte zurückgreifen müssen. Das Kind hat dank seiner leistungsfähigen Datenverarbeitungsanlage (Nervensystem) die Fähigkeit, die gemeinsamen Eigenschaften der Autos zu erkennen.

Da es für dasselbe Objekt mehrere Worte geben kann, also Synonyma (Pferd, Gaul, Roß), gibt es offenbar neben diesen Worten eine Abstraktion, die nicht mit einem bestimmten Wort verknüpft ist, obwohl die Vorstellung davon, was diese Abstraktion widerspiegelt, durch Verwendung der Worte entstanden ist. Diese Abstraktion ist ein **Begriff**, der auch in verschiedenen Sprachen existieren und mit verschiedenen Wörtern bezeichnet werden kann. Was in der Natur diesem Begriff entspricht (Objekte, Eigenschaften, Vorgänge), welche Worte dafür verfügbar sind, lernen wir durch Beispiele und praktischen Gebrauch (s. Kap. 1.1).

Gegenstand: Etwas, worüber wir sprechen können.

Konstrukt: Gedanklicher, nicht außerhalb des Subjekts existierender Gegenstand.

Prädikator: Wort, mit dem ein Gegenstand bezeichnet wird.

Begriff: Das, was mit synonymen Wörtern bezeichnet wird (Abstraktion; z.B. für die gemeinsame Bedeutung von »Pferd«, »Gaul«, »Roß«). Wörter sind definierbar, Begriffe nicht.

Definition: Gleichsetzung eines bisher noch unbekannten Wortes mit einer Kombination mindestens zweier bereits bekannter Wörter.

Terminus: In der Wissenschaft verwendeter Prädikator, der durch Definition (explizit) und/oder Beispiele (exemplarisch) eingeführt wird und dessen Bedeutung durch Vereinbarung festgelegt ist.

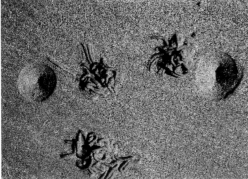

Abb. 2. Optische Täuschung: Trichter im Sand oder Sandkegel? Die Interpretation der beiden Fotos ist sehr verschieden, dabei handelt es sich um dasselbe Bild, das um 180° gedreht ist. Die Interpretation erfolgt auf Grund von Erfahrungen über das Auftreten von Schatten an räumlichen Strukturen und ist eine Leistung des Zentralnervensystems. (Fraßtrichter und Kot von *Arenicola marina*).

> **Sachverhalt:** Gegenstand, auf den sich gegenwärtig eine Aussage bezieht, unabhängig davon, ob der Gegenstand in der Natur oder Gesellschaft besteht oder nicht.
>
> **bestehender Sachverhalt:** (real existierende) Tatsache.
>
> **Klasse:** Konstrukt für eine Gruppe von Gegenständen, die eine bestimmte Eigenschaft gemeinsam haben (Begriff »Klassifikation«: s. Kap. 1.3.4; Begriff »Kategorie«: s. Kap. 3.5).
>
> **materielles Individuum:** Einzelnes materielles, physikalisch abgegrenztes Objekt, existiert unabhängig vom Beobachter.
>
> **konzeptionelles Individuum:** Konstrukt, ein gedankliches Individuum (z.B. Donald Duck, Hamburg).

Als Wissenschaftler kann man sich auf den Standpunkt stellen, daß man an dieser Stelle die Analyse des Bezuges Sprache-Wirklichkeit abbricht und die »Bedeutung« der umgangssprachlichen Worte akzeptiert. Dies wäre jedoch eine Quelle der Unsicherheit: Ist mit dem Wort »rot« etwas bezeichnet, daß jeder Mensch gleich wahrnimmt, weil es real außerhalb unserer Wahrnehmung existiert, oder verwendet jeder Beobachter das Wort für unterschiedliche Farben oder Eigenschaften? Was existiert wirklich in der Realität?

An diesem Punkt wird uns bewußt, daß unser Gehirn sein gesamtes »Wissen« der umgebenden Wirklichkeit über Sensoren erhält, die Signale über die Umwelt an das Gehirn weitergeben. Was unsere Sinnesorgane an die Datenverarbeitungsorgane vermitteln, bestimmt unsere Anschauung von Gestalt und Eigenschaften unserer Umwelt. Können wir uns auf diese Sinne verlassen? Offenbar vermitteln unsere »Sensoren« nicht alles, was registrierbar ist und nicht selten auch falsche Informationen: Wir spüren magnetische Felder nicht (zumindest nicht bewußt), UV-Licht sehen wir nicht, ein Schlag auf das Auge erzeugt Lichterscheinungen, wo kein Licht ist. Weiterhin interpretiert das Gehirn die Sinneseindrücke in nicht bewußt kontrollierter Weise. Schon auf der Ebene der unbewußten zentralnervösen Informationsverarbeitung werden Meldungen der Sinnesorgane danach bewertet, ob sie zu vorhandenen ererbten oder erlernten Mustern passen oder nicht: Setzt man eine Brille auf, die das Bild um 180° dreht, gewöhnt man sich nach einiger Zeit daran und sieht die Umgebung wieder »richtig«. Sind wir gewohnt, daß das Sonnenlicht von oben Schatten wirft, interpretieren wir Schattenbilder entsprechend (s. Abb. 2).

Es gibt also einen Anlaß zu überprüfen, welche von uns bezeichneten Gegenstände real außerhalb unseres Körpers existieren. Letztendlich müssen wir die Wurzel der Unsicherheit prüfen: Können wir uns auf unseren »Erkenntnisapparat« und damit auf unsere vorwissenschaftlichen Anschauungsformen verlassen? Werden angeborene Prozesse der Informationsverarbeitung die eingehenden Daten so verändern, daß sie keine realitätsnahe Anschauung ermöglichen? Eine Antwort auf diese Fragen liefert die **evolutionäre Erkenntnistheorie** (Kap. 1.5). Vorher betrachten wir Sachverhalte, die nicht zu unserem Erkenntnisapparat gehören.

1.3 Was gibt es außerhalb unseres Erkenntnisapparates? Was ist »real existent«?

Nicht alle Gesprächsgegenstände existieren außerhalb des Subjekts, und nicht alle Worte, die sich auf materielle Gegenstände beziehen, bezeichnen Objekte oder Dinge. Da wir sorgsam zwischen in der Natur bestehenden Sachverhalten und Konstrukten unseres Denkens unterscheiden müssen, seien folgende Beispiele aufgeführt, an denen jeder prüfen kann, ob man sich dieser Unterschiede bewußt ist.

Jeder weiß, was ein »Wald« ist. Gibt es jedoch in der Natur eine reale Einheit, die als »Wald« unabhängig von unserer Erkenntnis existiert? Blicken wir uns in der Landschaft um, finden wir Bäume und Ansammlungen von Bäumen. Wenn wir Baumgruppen vergleichen, entdecken wir ein Kontinuum von zunehmenden Baumzahlen (Bäume pro Hektar). Eine Abstufung zwischen »Typen« von Baumgruppen, die sich objektiv klassifizieren ließe, finden wir nicht. »Wald« steht also für eine subjektiv gewählte »große Zahl von dicht stehenden Bäumen«, die je nach Subjekt auch als Holzplantage oder Märchenwald empfunden wird. Eine »Einheit der Natur« wäre ein bestimmter Wald, wenn sich nachweisen ließe, daß alle darin befindlichen Bäume voneinander abhingen, durch Prozesse oder andere Beziehungen verbunden wären und damit ein eigenes »System« mit besonderen Eigenschaften bildeten. Eine gegenseitige Beeinflussung existiert zweifellos, z.B. durch Beschattung oder Konkurrenz der Wurzeln. Diese Einflüsse existieren jedoch mit jedem pflanzlichen Nachbarn eines Baumes, ob der Baum nun im »Wald« steht oder im »Park«, die ablaufenden Prozesse sind keine speziellen Eigenschaften eines Systems »Wald«. Unser Versuch, in der Natur den »Wald an sich« zu finden, wird keinen Erfolg haben. Das Wort »Wald« ist mit bestimmten Erfahrungen, die wir gemacht haben, verbunden, die sich mit diesem Wort ökonomisch zusammenfassen lassen.

Denselben ontologischen Status hat das Wort »Baum«: Dies ist ein Prädikator, der auf Eigenschaften verweist, die wir alle kennen (große Pflanze mit hölzernem Stamm). Den »Baum an sich« gibt es jedoch nicht, der Begriff umfaßt sehr verschiedene Arten von Pflanzen. Zudem kann dasselbe pflanzliche Individuum, wenn es jung ist, ggf. wie ein »Strauch« oder »Busch« aussehen, viele Jahre später ist es ein »Baum« geworden: Seine Eigenschaften und die damit verbundene Prädikation haben sich geändert. Vertiefen wir dieses Beispiel: Eine Eiche ist eine Untermenge des Gegenstandes »Baum«. Das Wort »Eiche« ist ebenfalls ein Prädikator, den wir für Objekte mit bestimmten Eigenschaften verwenden. Eine bestimmte Eiche, die der Bundespräsident am 25. 10. 1966 im Stadtpark von Schildburg pflanzte, ist ein Individuum. Sie könnte einen Eigennamen haben, kann als ganzes wahrgenommen werden und existiert für unsere Sinnesorgane als abgrenzbares Objekt. Wir erkennen sie an ihrem Standort zusammen mit ihren »eichentypischen« Eigenschaften.

Wir bemerken allerdings, daß sich das Aussehen dieses Individuums im Verlauf der Zeit ändert. Offenbar sind es nicht die individuellen Bestand- oder Bauteile (bestimmte Zweige, Gefäße, Zellen, individuelle Ribosomen), die diese Eiche zu einem Individuum machen, sondern der kontinuierliche Wandel der materiellen Bauteile und des Aussehens im Rahmen eines Prozesses, der aus vielen Unterprozessen besteht und die Bauteile dieses Individuums funktionell verbindet. Die Bauteile sind voneinander abhängig (mechanische Stützung, Wasserversorgung, Nährstoffversorgung, etc.) und durch Vorgänge verbunden, gehen z.T. auseinander hervor. Diese Eiche ist also ein **System** (s. Kap. 1.3.2). Das System entwickelt sich im Verlauf der Zeit, wobei sämtliche Bauteile an dieser Entwicklung teilhaben. Der Tod des Systems ist auch zugleich das Ende der abhängigen Bauteile (lebende Zellen in Blatt, Wurzel, Stamm, ...), es verbleiben nur die Bauelemente, die ohne dieses System existieren können (Holzstücke, Wassermoleküle, Salze). Das System ist »offen«, durch das System fließt Materie und Energie, es werden vom System Materie und energiereiche Moleküle abgegeben. Als individuelle Einheit ist das System trotz dieser stetigen Veränderung existent.

1.3.1 Objekte der Natur, das »Ding an sich«

Im Folgenden soll nur von Dingen die Rede sein, die als materielle Einheiten außerhalb unseres Bewußtseins existieren. Individuelle, physikalisch abgegrenzte Dinge werden in der Alltagssprache »Objekte« genannt.

Der moderne Naturwissenschaftler ist sich dessen bewußt, daß die materiellen Objekte der Natur mit großer Wahrscheinlichkeit jedes für sich eine Geschichte haben, die u.a. die Phase des »Urknalls« durchlief. Der individuelle Stein, ein bestimmter Planet oder Baum sind jeweils historisch entstandene Objekte von zum Teil langer, aber zweifellos begrenzter Existenzzeit. Jedes Objekt hat damit den Charakter eines Individuums: Es entsteht, existiert, vergeht. Individuen kann man mit Eigennamen benennen, wie man es zum Beispiel für Haustiere, Planeten, für sehr große, kostbare Diamanten oder für Gebäude tut. Das Fehlen von Eigennamen ändert nichts daran, daß diese Objekte Individuen sind.

Materielle Objekte bestehen aus Bestandteilen, deren kleinste Einheiten die Atomphysik erforscht. Wenn ein Stein zu Sand zerfällt, ist in der Regel die chemische Beschaffenheit der betroffenen Materie immer noch dieselbe. Was hat sich geändert, was hat das Objekt zum »Objekt« gemacht? Offenbar erkennen wir nur Gegenstände als Objekte an, wenn sie sich mit allen atomaren Bauteilen als Einheit bewegen lassen, unabhängig von der übrigen Umgebung. Ein Baum läßt sich scheinbar nicht bewegen, wenn man ihn jedoch ausgräbt, ist das möglich; ebenso erleben wir, daß Stürme die Bäume herauszulösen vermögen. Die Wurzeln sind nicht mit der Erde verschmolzen, wohl aber mit dem Baum. Ein Felsen, der mit dem Berg verschmolzen ist, ist nicht als Felsen zu identifizieren. Wird er losgesprengt, bekommt er mit dieser »Geburtsstunde« ein Eigenleben, da er sich unabhängig vom Berg weiter entwickeln und bewegen kann. Ein »Ding« oder »Objekt der Natur« ist also nichts anderes als ein Begriff für Materie, die durch physikalische Kräfte zusammengehalten wird und von der Umgebung losgelöst ist. Ein Zuckerkristall ist ein Objekt, sobald es sich jedoch in einem Glas mit Wasser auflöst, wird es kleiner und hört auf zu existieren, obwohl die Menge an Zucker im Glas noch vorhanden ist. Ein großes Objekt kann in kleinere Objekte zerlegt werden.

Der Begriff »Objekt« dient der Klassifikation der eben beschriebenen Erscheinungen der Natur. Das individuelle Objekt existiert auch außerhalb unseres Bewußtseins, z.B. der von Menschen »Kohinoor« genannte 109karätige Diamant im britischen Kronschatz.

Wir müssen nun fragen, ob der Nil, der Atlantik, der Vesuv Objekte sind. Offensichtlich lassen sich diese Gegenstände nicht von der Umgebung physikalisch trennen. Ihre Existenz hängt von der Umgebung ab, die Wasser oder Lava zuführt, und es gibt keine materiellen Grenzen zur Umgebung. Trotzdem können wir sie als Individuen erkennen und benennen: Es handelt sich hier um **Systeme der Natur** oder um subjektiv abgegrenzte Abschnitte von größeren Systemen.

Gruppen von Objekten: Eine Ansammlung von Objekten wird von uns oft ausdrücklich benannt (Düne, Wald, Stadt, Herde). Diese gedankliche Zusammenfassung verleitet dazu, die Ansammlungen für reale Dinge zu halten. Real ist die Existenz der einzelnen Objekte, die räumliche Nähe derselben, real sind aber auch gegebenenfalls Prozesse, die zwischen den Objekten ablaufen. Hängt das Bestehen der Gruppe oder ihrer Eigenschaften vom Bestehen dieser Prozesse ab, liegt ein System oder ein Teil eines Systems vor.

1.3.2 Systeme

Ehe diskutiert werden kann, was ein »System des Tierreiches« ontologisch ist, betrachten wir den Begriff »System« allgemein, ausgehend vom eingebürgerten Sprachgebrauch.

Ein System ist eine Gruppierung von Gegenständen oder von Aussagen, die in einer Beziehung zueinander stehen, welche die Teile zu einem komplexeren Ganzen verbindet. Wir erkennen das System daran, daß es sich wie eine Einheit verhält. Ein System kann ein von Menschen geschaffenes, nur in Gedanken existentes Ordnungsprinzip sein, also eine Gruppierung von Begriffen, Aussagen oder Erkenntnissen (**gedankliches System**). Ein System kann aber auch etwas sein, daß in der Realität außerhalb unseres Denkens vorkommt (**gegenständliches System**) (Seiffert 1991). Der Naturwissenschaftler widmet sich vor allem der Analyse der gegenständlichen Systeme. Diese können von Menschen geschaffen sein oder »in der Natur«, also ohne menschliches Eingreifen, existieren.

Beispiele für von Menschen geschaffene Systeme: Bibliothek, Rechenmaschine, Radio, Staat, Notensystem, Lexikon. Auch wenn manche dieser Systeme individuelle Objekte sind, liegen ihnen auch gedankliche Systeme als analoge Modelle zu Grunde.

Beispiele für Systeme der Natur: Ein Fluß, ein Feuer, ein Korallenriff, unser Planetensystem, ein Baum, ein Blutkreislaufsystem.

In jedem Fall sind Teile des gegenständlichen Systems auswechselbar: Einzelne (nicht alle) der in der Bibliothek gelagerten Bände, Wörter im Lexikon, Kabel in der Rechenmaschine, eine Tierkolonie im Riff, einzelne Zellen oder Blätter des Baumes können entnommen oder ausgetauscht werden, ohne daß das System aufhört zu existieren. Ein Fluß existiert, weil kontinuierlich Wasser nachfließt und der Schwerkraft folgend auf Grund der Topologie und Undurchlässigkeit des Bodens in bestimmte Bahnen gelenkt wird. Es ist ein System, das unscharfe Ränder hat, da das Wasser seitlich in der Böschung versickern kann oder Anteile des Wassers unterirdisch fließen. Der Fluß, den wir »Nil« nennen, existiert trotz dieser Unschärfe zweifellos, ebenso wie eine bestimmte Wolke eine Zeit lang existieren kann. Dasselbe gilt für ein Blutkreislaufsystem, das partiell »offen« ist: Die Flüssigkeit kann auch zwischen Geweben außerhalb der Blutgefäße zirkulieren, eine scharfe Grenze zwischen »innen« und »außen« gibt es für dieses System nicht.

Solange wir Systeme in der Jetztzeit betrachten, können wir sie gut gegeneinander abgrenzen. Probleme treten jedoch auf, wenn wir die Entwicklung der Systeme **entlang der Zeitachse** betrachten. Wo fangen sie an, wo enden sie? Der Anfang ist offenbar dort zu finden, wo der Prozeß beginnt, der die Systemteile verbindet. Ein Fluß entsteht historisch mit dem ersten Rinnsal, das sich einen Weg zum Meer gräbt und sein Bett vertieft, ein Feuer beginnt mit dem Entzündungsprozess. Aber wo ist der Anfang des Baumes? Im Samen? Oder in den Samen der Eltern? Und ist ein Sonnensystem, dessen Sonne erst fünf Planeten »eingefangen« hat ein gänzlich anderes als dieselbe Sonne mit 7 Planeten viele Millionen Jahre später?

Systeme im Sinn des eingebürgerten Sprachgebrauches müssen entlang der »Zeitachse« keine scharfe Begrenzung haben, wohl aber **in einer »Zeitebene«,** einem Punkt in der Dimension Zeit. Als Beispiel mag ein Feuer dienen: Ein Feuer ist mehr als nur ein chemischer Prozess. Es gehören auch materielle Dinge dazu, wie Gase, Holz, Verbrennungsprodukte. Das individuelle System existiert nur durch den Verbrennungsprozess. Wenn sich nun ein Feuer in einem Buschgebiet teilt und zwei Feuer getrennt weiterziehen, sind aus einem System zwei neue, unabhängige entstanden. Der Moment des Überganges läßt sich nicht auf die Sekunde genau bestimmen, damit ist auch das Ende des Ausgangssystems nicht genau festzustellen. Objektiv betrachtet ist der Prozeß selbst nicht unterbrochen, die beteiligten Dinge sind aber erneuert. Real existent ist demnach ein System immer nur in der Zeitebene, die gedankliche Verknüpfung mit der Vergangenheit dient der Rekonstruktion des Verlaufes eines Prozesses, des Austausches der daran beteiligten Elemente.

Ein System, das dem genannten Feuer vergleichbar ist, ist auch jede Fortpflanzungsgemeinschaft. Der »Prozeß des Lebens«, zu dem die Fortpflanzung gehört, findet ununterbrochen seit dem Auftreten der ersten lebenden Zelle statt. Die beteiligten Dinge jedoch werden wie das Holz im Feuer »verbraucht« und durch neue ersetzt, und es entstehen Einheiten, die sich auseinanderentwickeln (siehe Divergenz von Populationen: Kap. 2.2).

Systeme, die in der Natur existieren, haben den Charakter von Individuen: Sie entstehen, existieren als Einheit über einige Zeit, zerfallen wieder in Teile. Wir können Systeme, an denen wir bestimmte Gemeinsamkeiten finden, mit einem Prädikator benennen (»Fluß«). Real existiert jedoch der »Fluß an sich« nicht, sondern nur der, den wir »Amazonas« oder »Nil« nennen. Mit dem Begriff »Fluß« bezeichnen wir das, was wir an Gemeinsamkeiten aller realen Flüsse erkennen. Unser Begriff »Fluß« ist damit ein gedankliches Modell mit den uns auffallenden gemeinsamen Eigenschaften der realen Flußsysteme.

Wichtig für das Bestehen des materiellen Systems als Individuum ist, daß die Teile jeweils bestimmte Eigenschaften haben und die Beziehungen untereinander bestehen bleiben. Diese Beziehungen sind in gegenständlichen Systemen physikalische Kräfte oder Prozesse, sie beeinflussen das Schicksal der Einzelteile (das Wassermolekül im Fluß wird bewegt, die Zelle im Baum ernährt, das Buch in der Bibliothek an »seinen« Platz gestellt). Jedes System ist eine individuelle Einheit mit eigener Geschichte. Bibliotheken können nach verschiedenen Prinzipien aufgebaut sein; ihre individuellen Eigenarten werden durch die Ordnungsprinzipien, die den Beziehungen zwischen den Teilen entsprechen, und die Eigenschaften der Systemteile (Bücher, Kataloge, Bibliothekare) bestimmt. Das Schicksal, die »Lebensdauer« des Systems hängt u.a. von diesen Eigenarten ab. Das System unterscheidet sich von der Summe der Einzelteile dadurch, daß die Einzelteile bei gegenseitiger Beeinflussung im System zeitweilig ein gemeinsames Schicksal haben, außerhalb des Systems sich jedoch unabhängig voneinander entwickeln.

Die aufgeführten Beispiele verdeutlichen, daß Systeme keine Einheiten mit starrer Ordnung sein müssen; insbesondere lebende Organismen sind offene, veränderliche Systeme. Alle Systeme haben Kontakt mit der Umgebung, sie sind also nie absolut »geschlossen«. Natürliche Systeme sind so real wie die Prozesse und die daran beteiligten materiellen Dinge, ihre Abgrenzung von der Umgebung ist oft eine Abstraktion. Bei ihrer Abgrenzung entlang der Zeitachse schaffen wir Grenzen, die es in der Natur nicht gibt, wodurch die Konzepte derartiger »Systemteile« Konstrukte sind (vgl. »biologische Art«: Kap. 2.3). Betrachtungen von Systemen im Raum-Zeit-Gefüge sind gedankliche Bilder.

1.3.3 Materielles Objekt und System

Nicht jedes System ist ein Objekt (s.o.). Jedes Objekt, das aus mehr als einem Elementarteilchen besteht, ist aber ein System: In einem Kristall laufen auf den ersten Blick keine Prozesse ab, die seine Teile beeinflussen oder verändern. Auf den zweiten Blick jedoch findet man derartige Prozesse, wie die Änderungen der Kristallstruktur oder die Oxidation der Elemente, und es wirken Kräfte, die die Atome in einer Ordnung zusammenhalten. Der Kristall kann wachsen und aus der Umgebung Moleküle einfangen, die sich »in die Ordnung fügen«. Derartige, aus Atomen oder Molekülen aufgebaute Systeme haben neue Eigenschaften (z.B. Lichtbrechung), die die Bausteine nicht aufweisen. In einem gewöhnlichen Stein gibt es physikalische Kräfte, von denen die Existenz des individuellen Steines als Einheit abhängt.

> **Materielles Objekt:** Durch physikalische Kräfte zusammengehaltene materielle Gegenstände, die sich als Einheit unabhängig von der Umgebung bewegen lassen.
>
> **System:** Eine Menge von gedanklichen oder materiellen Gegenständen, die untereinander in gesetzmäßigen Beziehungen stehen.

1.3.4 Was ist ein »System des Tierreiches«?

Wir müssen die beiden Grundtypen von Systemen unterscheiden: Gedankliche und gegenständliche Systeme. Eine Ordnung von Prädikatoren zu einem hierarchischen System im Sinn des Kapitels 1.2 ist zunächst ein gedankliches System. Ob diese Ordnung Organismen oder Fahrzeuge betrifft (Abb. 1), ist dabei irrelevant. Das System der Organismen im Sinn von Carl von Linné (1707-1778) ist ein gedankliches System, das damals entworfen wurde, um die Vielfalt nach willkürlichen Regeln klassifizieren zu können (vgl. »Klassifikation«: Kap. 1.2; »Kategorien«: Kap. 3.7). Ein Kriterium für die Klassifikation ist dabei die **wahrnehmbare Ähnlichkeit**: Blütenpflanzen ordnete Linné nach der Anzahl und Position der Griffel und Staubblätter. Eine Gruppe von Arten, die gedanklich zusammengefaßt und benannt wird, ist ein **Taxon** (Kap. 3.5). Linné betrachtete bezeichnenderweise seine höhere taxonomische Einheiten als künstliche Gruppierungen, obwohl er anstrebte, die »natürliche Ordnung« des Schöpfungsplanes zu erfassen. Das phylogenetische System dagegen bezieht sich auf **historische Prozesse**, die rekonstruiert werden müssen. Man beachte: Die Klassifikation von Organismen ist nicht die Ordnung der Eigennamen, die für Organismengruppen vergeben wurden, sondern eine Ordnung der Merkmale, die man Organismengruppen zuschreibt: Schlangen und Vögel nennen wir Wirbeltiere, weil sie eine Wirbelsäule haben.

Es wird oft gesagt, wir suchten nach dem **gegenständlichen System**, also nach der »Ordnung

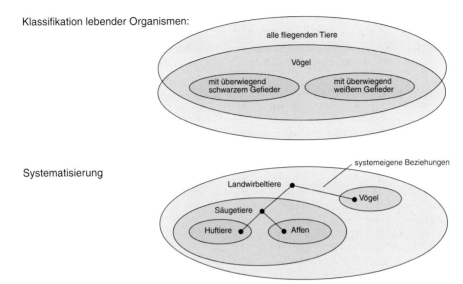

Abb. 3. Klassifikation und Systematisierung: Jede Klassifikation der Organismen kann, muß aber nicht monophyletische Gruppen enthalten. Die systemeigenen Beziehungen im phylogenetischen System sind die Beziehungen des gedanklichen Systems, also die hypothetischen Verwandtschaftsverhältnisse. Die Punkte symbolisieren Arten, die jeweils zu den Gruppen der Graphik gehören, in deren Fläche sie sich befinden.

der Organismen«, die in der Natur vorhanden sei. Dieses »natürliche System« existiere auch, wenn der Mensch ausstirbt. Realistisch betrachtet haben aber die Organismengruppen keine mit der Genealogie korrelierten Systembeziehungen in der Zeitebene (also »jetzt«), abgesehen von ökologischen Wechselwirkungen. Alle heute lebenden Säugetiere bilden nicht zusammen eine funktionelle Einheit, die sich auch als Einheit weiterentwickelt, d.h. ein reales materielles System »Säugetiere« gibt es nicht. Zwischen Säugern wie einem Fuchs in Skandinavien und einem Bären in Nordamerika gibt es keine gesetzmäßigen, jetzt wirksamen Wechselwirkungen. Die »Ordnung der Organismen« ist eine gedankliche Ordnung. Was real existiert, sind Eigenschaften individueller Organismen, die bei verschiedenen Individuen übereinstimmen können.

Was der Systematiker sucht, ist die Rekonstruktion historischer Prozesse, die Abfolge von Speziationsereignissen (Erläuterungen zum Begriff »Speziation« in Kap. 2.3.1). Diese Abfolge stellen wir als »Stammbaum« dar, eine gedankliche Konstruktion. Die Abstammungseinheiten werden Monophyla genannt und erhalten oft Eigennamen. Die theorieabhängige begriffliche Darstellung dieser Abfolge von Ereignissen nennen wir das »**phylogenetische System**«, welches kein materielles System von Organismen ist. Da das phylogenetische System eine Darstellung ist, die auf einer Rekonstruktion beruht, ist es stets hypothetisch und stets ein Konstrukt. Ebenso ist die »Ordnung in der Natur«, die der Systematiker aufdecken möchte, nur eine brauchbare Metapher; Ordnung besteht in naturkundlichen Sammlungen (wo alle Lepidopteren in demselben Regal zu finden sind) oder in kompatiblen Monophyliehypothesen.

Die Suche nach dem **phylogenetischen System** der Organismen hat sich als notwendig erwiesen, da die Klassifikation, die der Beherrschung der Formenvielfalt dient, nur durch Bezug auf rekonstruierbare historische Ereignisse intersubjektiv prüfbar ist. Wir nennen in der Biologie diese Suche nach verwandtschaftlichen Beziehungen die **Systematisierung**, um sie von dem übergeordneten Begriff der **Klassifikation** zu unterscheiden (Ax 1987, 1988). Eine vorwissenschaftliche Klassifikation von Gegenständen führt zu einem künstlichen, diagnostischen Ordnungsschema. Solange die Klassifikation nicht das Abbild einer Theorie ist, beruht sie nur auf Konventionen über die Verwendung von Prädikatoren. Die Systematisierung dagegen ist eine Klassifikation nach theoriebestimmten Regeln und impliziert Hypothesen über Verwandtschaftsver-

1.3 Was gibt es außerhalb unseres Erkenntnisapparates? Was ist »real existent«?

hältnisse und hat damit einen höheren Informationsgehalt. Nicht die Zweckmäßigkeit der Begriffe im alltäglichen Gebrauch durch den Laien entscheidet darüber, ob ein Konzept für die Abgrenzung eines Taxons sich durchsetzt, sondern die Zweckmäßigkeit für die Kommunikation der Wissenschaftler. Das System der Organismen ist nicht nur eine Ordnung der Baupläne und der sichtbaren Ähnlichkeiten, sondern aller biologischen Eigenschaften einschließlich der Beziehungen zur Umwelt, so daß für die Wissenschaft der erklärende und prognostische Wert des phylogenetischen Systems viel größer ist als der eines davon unabhängigen künstlichen Systems. Die historische Biologie muß sich mit den Prozessen befassen, die die Organismen, nicht das gedankliche System hervorbrachten.

> **Klassifikation:** Konstruktion eines gedanklichen Systems von Prädikatoren, dessen Ordnung von der Zweckmäßigkeit für die sprachliche Kommunikation bestimmt ist.
> **Systematisierung:** Einordnung von Eigennamen für monophyletische Organismengruppen in ein gedankliches System, das die rekonstruierte Abfolge von historischen Speziationsereignissen (Begriff: Kap. 2.3.1) repräsentiert (Weitere Angaben dazu in Kap. 12).
> **phylogenetisches System:** Begriffliche Darstellung der gedanklichen Ordnung, die sich aus der Systematisierung der Organismen ergibt.

1.3.5 Was ist »Information«?

Es kann hier nicht die Informationstheorie in Einzelheiten vorgestellt werden (vgl. dazu Hassenstein 1966, Oeser 1976, Wiley 1988, Cover & Thomas 1991, Schneider 1996, Mahner & Bunge 1997). Die Frage, was wir mit dem Begriff »Information« bezeichnen, bedarf jedoch einer näheren Betrachtung, da wir dem Begriff in den folgenden Kapiteln öfters begegnen. Es sei daran erinnert, wann wir von »Information« sprechen:

– Gesprochene Worte, geschriebene Worte, Symbole im Straßenverkehr vermitteln uns Informationen. Ein Architekt entnimmt einer Konstruktionszeichnung Informationen.
– Rundfunksender übertragen Informationen mit Hilfe elektromagnetischer Wellen.
– Ein Zeuge informiert seine Zuhörer.
– Ein Computer verarbeitet Information.
– Die DNA eines Organismus enthält Informationen, die während der Ontogenese für die Konstruktion des Organismus eine zentrale Bedeutung hat.
– Ein Pheromon vermittelt Information über die Präsenz von geschlechtsreifen Artgenossen.
– Homologe Merkmale enthalten Informationen über Merkmale von Vorfahren.

Offensichtlich gibt es **Träger der Information**, die als Symbol, Zeichnung, Schallwellen, Makromoleküle etc. etwas bewirken können. Sie wirken jedoch nur auf **Empfänger**, an die die Symbole angepaßt sind, bzw. zu denen die Symbole passen: Der Konstruktionsplan paßt zu dem ausgebildeten Architekten, die DNA zum zellulären Apparat eines Organismus; die elektronischen Signale sind mit einem bestimmten Computertyp kompatibel; die Worte versteht nur, wer die Sprache kennt. Sachverhalte werden repräsentiert, ohne daß die Quelle, die realen Objekte, materiell bewegt werden müssen. Eine Zeichnung in einer Modezeitschrift bewirkt, daß Kleider kopiert werden, modische Details wie die Spalte zwischen Kragen und Revers an Jacken und Kleidern werden wie biologische Erbinformation über Generationen weitergegeben. Während unter Friedrich dem Großen Zierstickerein die Knopflöcher von Offiziersjacken schmückten, wurden diese Muster später zweckentfremdet als Auszeichnung auf Kragenplatten angebracht, die Homologie der Muster ist aber offensichtlich (s. Koenig 1975). Die Informationsträger im umgangssprachlichen Sinn sind »Abstraktionsprodukte« zur Repräsentation eines Sachverhaltes oder Objektes, sie »stellen etwas dar« (was nicht immer so sein muß; s.u.).

Information beeinflußt den Empfänger, indem sie dort Prozesse auslöst: Lernprozesse, Stromflüsse in technischen Geräten, Bewegungen, Verhaltensweisen. Existiert kein passender Empfänger, ist die Information, so wie wir den Begriff in der Umgangssprache verwenden, »wertlos«. Bezeichnen wir »lesbare Spuren« als »Information«, enthält ein Buch Information in diesem Sinn. Es ist die konservierte Spur einer Serie von Denkprozessen. Der Inhalt eines Buches wird aber nur dann zu »Wissen«, wenn jemand es liest *und* versteht. Gekritzel aus Kinderhand enthält keine

Information im Sinn von Beschreibungen von Sachverhalten. Ein Pädagoge kann jedoch dem Gekritzel Informationen über den Entwicklungsstand des Kindes entnehmen: In diesem Fall ist offensichtlich, daß Information mehr ist als nur »Nachricht«, nämlich eine Spur menschlicher Aktivität. Der Empfänger der Information wäre in diesem Fall der geschulte Pädagoge, der diese Art von Information (z.B. Indizien für das kindliche Abstraktionsvermögen und für manuelle Geschicklichkeit) auswerten kann. Wir können noch weiter abstrahieren: Jeder **Prozeß, der Spuren in der Umwelt hinterläßt**, erzeugt mit diesen Spuren **ein Abbild von einer oder einigen Eigenschaften** des Prozesses. Das ist durchaus auch wörtlich zu nehmen (Dinosaurierspuren). Ob ein Muster, das uns in der Natur auffällt, Informationen enthält, hängt also davon ab, ob wir in den Spuren Indizien sehen, die Rückschlüsse auf jenen Prozeß erlauben, der die Spuren erzeugte.

Es hat sich bewährt, den Begriff »Information« dann zu verwenden, wenn die Existenz eines Empfängers vorausgesetzt wird: Information besteht aus Symbolen oder Spuren, die **einem Empfänger** etwas über einen bestimmten »Sender« vermitteln, oder im Empfänger eine spezifische, von der Information geprägte Reaktion auslösen (z.B. Beutesuchverhalten). Ein Empfänger muß vorhanden sein, der dazu angepaßt oder ausgebildet ist, diese Spuren zu lesen. »Lesen« heißt dabei, daß im Empfängersystem spezifische Reaktionen ausgelöst werden, die von der Existenz der Spuren abhängen. Sollte es im Universum kein System geben, das in der Lage ist, von der Existenz der Saurierspuren auf die Existenz der Saurier selbst zu schließen, gibt es auch über die Saurier keine Information. Real existent sind die Spuren, also die nicht zufällig entstandenen Muster. Der Vogel jedoch, der die Trittspuren nach einem Regenguß als Badewanne nutzt, erfährt nichts über die Saurier. Es ergibt sich daraus, daß es in der Natur zunächst nur eine materielle, real existente »Spur« gibt. Nur für den, der sie lesen kann, enthält sie »Information«.

Aus physikalischer Sicht ist mit der Informationsübertragung stets eine Energie- und Entropieübertragung verknüpft, wobei die Energiemenge irrelevant ist: Geringste Lichtmengen können ausreichen, damit eine schwerwiegende Nachricht gelesen werden kann. Entropie als Maß für »Unordnung« nimmt in einem System durch Informationsgewinn ab; anders formuliert, bedeutet Informationsgewinn eines Systems eine lokale Zunahme von Ordnung. Da Entropie nicht vernichtet werden kann, muß das System offen sein und Entropie an die Umwelt abgeben, wenn es Information gewinnt (vgl. Ebeling 1990). Die Entropieabgabe an die Umgebung kann z.B. über Wärmeleitung erfolgen: Die Umgebung erwärmt sich.

Wir sehen, daß der **Begriff »Information«** eigentlich nur die Tatsache beschreibt, daß eine Spur für einen Empfänger lesbar ist. Nicht die gegenständliche Spur (oder das Symbol, das Zeichen, die Wortfolge) ist eine Abstraktion, sondern unser sprachlicher Begriff für den gesamten Vorgang. Wir bezeichnen die Information auch dann als solche, wenn sie »ruht« (z.B. in Bibliotheken), also Empfänger vorhanden, aber nicht aktiv sind. Gibt es viele Spuren, liegt viel Information vor: Mit dieser Aussage wird deutlich, daß wir den Vorgang quantitativ beschreiben können (s. Kap. 5.1).

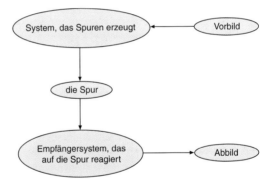

Abb. 4. Prozeß der »Informationsübertragung«. Das »System, das Spuren erzeugt« besteht in der Technik aus dem »Kodierer« und dem »Sender«. Die »Spur« ist das Signal, das in einem Trägermedium existiert oder in einem »Kanal« beweglich ist; das »Empfängersystem« besteht aus dem »Empfänger« und dem »Dekodierer«. Die **Dekodierung** ist die Umsetzung von Information in eine spezifische Reaktion des Empfängers.

Im Alltag fallen uns vor allem jene Fälle auf, in denen Vorbilder und Abbilder existieren, wobei diese durchaus mentale Gegenstände sein können. Die Existenz von materiell getrennten Vorbildern ist keine Voraussetzung für Informationsübertragung: Für den lesenden Sprecher am Funkgerät ist der geschriebene Satz das Vorbild, für den Maler ggf. die reale Landschaft, für den Architekten eine Idee, die real in seinem Gehirn existiert. Im Fall der Dinosaurierspuren ist jedoch das abbildende System, das Spuren erzeugt, identisch mit dem Vorbild. Ebenso muß das Abbild keine materielle Kopie des Vorbildes sein, obwohl das oft der Fall ist: Ein Gedanke des Sprechers wird in etwa derselben »Gestalt« im Hörer entstehen, ein Haus kann, nach einem Bauplan konstruiert, eine exakte Kopie des Vorbildes werden. Die Idee des ersten Hauses entstand aber ohne materiell äquivalentes Vorbild.

Wir können also auch von Information sprechen, wenn Vorbild und Abbild fehlen, nur ein »Sender« und ein »Empfänger« existieren, wobei der »Empfänger« auf »Spuren« des »Senders« reagiert.

Der hier vorgestellte Informationsbegriff impliziert, daß das physische Signal (die »Spur«) nicht die Information ist, sondern das, was der Empfänger aus dem Signal liest oder was im Signal kodiert ist (z.B. Anleitung zu einer Aktion).

Wir sind es gewohnt, mit dem Begriff Information die Vorstellung zu verbinden, daß Zeichen oder Worte etwas »darstellen«, was wir rekonstruieren können: Ein Foto stellt ein reales Objekt dar, ein Bericht repräsentiert ein reales Ereignis. Über die Zeichen entsteht im Empfänger ein Abbild dessen, was die Zeichen repräsentieren, die Information hat also eine subjektiv bewertete **Bedeutung**. Dieses ist jedoch nur ein spezieller Fall der Informationsübertragung. Die DNA ist beispielsweise kein »Abbild« eines Organismus im Sinn der für Menschen lesbaren Repräsentation der Konstruktion, sie enthält vielmehr »Bauanleitungen« oder »Lochkarten«, deren Mitwirkung erst durch weitere, auch für Wissenschaftler noch nicht durchschaubare komplexe Prozesse den Aufbau eines Organismus entscheidend beeinflußt. Wird ein Roboter mit Information gefüttert, entsteht im Roboter ebenfalls kein Abbild der Information, es wird vielmehr eine systemtypische Reaktion erfolgen, z.B. das Verschweißen von 2 Metallstücken. Für den Roboter hat diese Information keine »Bedeutung«.

In der Biologie kann man der DNA eine »Bedeutung« nur in dem Sinn zusprechen, daß Gene Korrelate von Proteinen und von Steuerungsmechanismen sind, die u.a. zum Aufbau von Zellen und Organismen beitragen. Der Prozeß, der die Gene als »Spur« erzeugt, ist die Evolution: Mutationen, die nicht zum Zellapparat oder nicht zur Umwelt des Organismus passen, werden nicht in der Population erhalten, Kopien von besser passenden mutierten Genen werden an nachfolgende Generationen weitergegeben. Insofern enthält die DNA eines Organismus Spuren der außerorganismischen und der organismischen Umgebung (Goethe 1824: »Wär' nicht das Auge sonnenhaft, die Sonne könnt' es nie erblicken«). Die selektionswirksamen Faktoren der Umwelt dienen als »Vorbild«. Die **genetische Information** akkumulierte im Verlauf der Evolution in den Organismen, eine Erscheinung, die **Anagenese** genannt wird. Der Empfänger kann der zelluläre Apparat sein, aber auch der Genetiker, der wiederum andere Informationen sucht als der Phylogenetiker: Die Qualität der Information ist dann jedesmal eine andere. Der Phylogenetiker muß den funktionellen Empfänger (zellulärer Apparat) nicht kennen, er analysiert vielmehr den Prozeß der Übertragung der Information von Vorfahren auf Nachkommen, also nicht die »Bedeutung der Rundfunksendung für den Hörer« sondern die Qualität der Übertragung von der Sendestation zum Empfängerapparat und die Identität des Senders (vgl. Homologiebegriff, Kap. 5.1).

Mit dem Begriff »**Signal**« wollen wir die Spuren bezeichnen, die ein Prozeß hinterlassen hat und die für einen Empfänger lesbar sind. Signale können materielle Gegenstände in einem bestimmten Zustand oder reale Prozesse sein (z.B. Erzeugung von Schallwellen).

Zu dem Prozeß des Informationsflusses gehört das Phänomen, daß die Symbole oder Spuren verwischt werden. Dieses »**Rauschen**« bewirkt, daß die Reaktion beim Empfänger je nach Grad des Verrauschens nicht so ausfällt, wie bei unverrauschten Signalen. Im extremen Fall bleibt die Reaktion ganz aus: Die Information ist nicht mehr vorhanden.

Der Begriff »**Rauschen**« kann zwei Bedeutungen haben: Es kann der Prozeß sein, der das Signal verändert, oder das Ergebnis dieses Prozesses. Letzteres ist die Bedeutung, die für die Phylogenetik relevant ist.

> **Information:** Der Sachverhalt, daß eine Spur (auch Symbole, Zeichenfolge, Schwingung), die von einem Prozeß oder einem Sendersystem erzeugt wurde, in einem bestimmten Empfängersystem eine Reaktion in spezifischer Weise beeinflussen kann. Die Spur ist in diesem Fall »informativ«.
>
> **Signal:** Ein anderes Wort für den Begriff »informative Spur«.
>
> **Rauschen:** a) Prozeß, der Signale während der Übertragung verändert, oder auch b) während der Übertragung veränderte Signale, die im Empfängersystem keine oder eine andere Reaktion auslösen, als das unveränderte Signal.
>
> **Genetische Information:** Der Sachverhalt, daß die spezifische Struktur von DNA-Molekülen (als eine »Spur« der Evolution der Organismen) in einem bestimmten Empfängersystem (Zelle, in vitro-System, Erkenntnisapparat eines Wissenschaftlers) einen spezifischen Prozeß ermöglicht.
>
> **Phylogenetisches Signal:** Spuren, die die Phylogenese im Erbgut von Organismen hinterlassen hat. Indizien für die Existenz dieser Spuren können auch an der Morphologie der Organismen erkannt werden.
>
> **Anagenese:** Akkumulation genetischer Information in der Zeit.

1.3.6 Quantifizierung von Information

Mit dem Begriff »Informationsgehalt« ist die Notwendigkeit verbunden, Information zu quantifizieren. Der Informationsgehalt kann nur in Bezug auf ein bestimmtes Sender-Empfänger-System geschätzt werden, wobei die Reaktion des Empfängers als Maßstab dienen muß. Intuitiv begreift man, daß ein Satz um so spezifischere Aussagen macht, je mehr er ausschließt. Eine Entfernungsangabe von »ca. 100 km« kann 88, 110 oder mehr km bedeuten. Die Angabe »106,5 km« dagegen schließt die genannten Alternativen aus, sie ist informativer. Informationsmenge entsteht durch Addition von einzelnen Informationen: Ein Lexikon mit 20 Bänden enthält mehr Information als ein einbändiges. Um zu verstehen, wie die Informationsmenge objektiv beschrieben werden kann, lohnt es sich, den Informationsbegriff der Informatik kennenzulernen.

Shannon begründetet die mathematische Kommunikationstheorie. Diese untersucht die statistische Grundlage der Informationsübertragung, die im elementarsten Fall auf der binären Kodierung beruht. Shannons Konzept dient allgemein der Messung der minimalen Komplexität von Strukturen, die notwendig ist, um eine bestimmte Information zu kodieren. Der **Informationsbegriff von Shannon** (1948) ist auf die quantitative Beschreibung der Übertragungsfehler und des Kodierungsaufwandes zugeschnitten, wobei die »Bedeutung«, d.h. die Qualität der Reaktion beim Empfänger, keine Rolle spielt. Es wird vorausgesetzt, daß der Empfänger konstante Eigenschaften hat und die eintreffenden Symbole lesen kann.

Der Informationsbegriff der Informatik ist mit dem Begriff der Ungewißheit aus der Sicht des Empfängers verknüpft. Nehmen wir an, ein Apparat selektiere aus einem Buchstabenvorrat einzelne Buchstaben, um ein Wort aus 3 Buchstaben aufzubauen, so ist die Unsicherheit anfangs groß, welches Wort entstehen wird. Nach Auswahl von 1 Buchstaben ist die Unsicherheit etwas kleiner, nachdem alle ausgewählt sind, ist sie auf Null gesunken. Information ist also additiv und besteht in der Abnahme von Ungewißheit. Die anfängliche Ungewißheit ist um so größer, je umfangreicher das Alphabet ist, je mehr Alternativen für den einzelnen Buchstaben existieren.

Um diese Verhältnisse mathematisch auszudrücken, schlug Shannon die Konvention vor, für ein binäres Alphabet (ein Alphabet mit nur 2 Buchstaben) das Maß der Ungewißheit für jeden Buchstaben als $log_2 2 = 1\ Bit$ zu bezeichnen. Hat das Alphabet nur einen Buchstaben, gibt es keine Ungewißheit über die mögliche Auswahl und es gilt für jeden Buchstaben $log_2 1 = 0\ Bit$. Allgemein kann man für die Ungewißheit u_i, die mit jedem bekannten (gewählten) Buchstaben i beseitigt wird, den Ausdruck $log_2(M)$ formulieren. Dabei bedeutet M den Umfang des Alphabets (= Zahl der verschiedenen Buchstaben), unter der Voraussetzung, daß alle Buchstaben gleich häufig sind.

Wir sehen, daß mit diesem Konzept, aus dem sich die Berechnung von Informationsmengen ableitet, der Begriff der Ungewißheit **definiert** wird. Es ist eine anwendbare Definition, aber keine Gesetzmäßigkeit der Natur, die empirisch erkannt wurde. Shannon hat eine Maßeinheit definiert, mit der der Kodierungsaufwand gemessen werden kann, wenn Buchstaben oder vergleichbare Zeichen übertragen werden. Für Information, die grundsätzlich anders kodiert ist, ist diese Maßeinheit nicht anwendbar.

Für die Wahrscheinlichkeit P, daß ein bestimmter Buchstabe i in Abhängigkeit von seiner relativen Häufigkeit beim Empfänger erscheint, gilt $P=1/M$, wenn i im Alphabet M jeweils nur einmal vertreten ist. Damit ist die Situation in Abb. 83 beschrieben, in der aus einem Buchstabenvorrat durch Zufall ein Buchstabe selektiert wird. Es besteht offensichtlich ein Zusammenhang zwischen dem *Informationsgehalt* eines Buchstabens i und dieser Wahrscheinlichkeit. Durch Umformung erhalten wir den folgenden Ausdruck:

$$u_i = \log_2(M) = -\log_2(1/M) = -\log_2(P_i)$$

Mit u_i ist das »Überraschungsmoment« oder die Abnahme an Unbestimmtheit beschrieben, die entsteht, wenn der Empfänger einen bestimmten Buchstaben empfängt. Ist P für einen bestimmten Buchstaben sehr klein, ist das Überraschungsmoment sehr groß, wenn der Buchstabe erscheint. Shannons H-Funktion ist der Mittelwert der Unbestimmtheit der einzelnen Zustände $u_i = -log_2(P_i)$. Die Ableitung läßt sich wie folgt erklären (Schneider 1996): Ist eine Zeichenkette N Buchstaben lang, und erscheint darin ein Buchstabe i des Alphabets M mit der Anzahl N_i, dann gibt es N_i Fälle, in denen das Überraschungsmoment u_i ist. Das durchschnittliche Überraschungsmoment für die Zeichenkette berechnet sich nach:

$$\frac{\sum_{i=1}^{M} N_i u_i}{\sum_{i=1}^{M} N_i} = \sum_{i=1}^{M} \frac{N_i}{N} u_i$$

Bei einer unendlichen Zahl von Buchstaben in der Zeichenkette wird N_i/N zu P_i, der Wahrscheinlichkeit für den Buchstaben i. Setzt man für N_i/N in obiger Formel P_i ein und für u_i $-log_2(P_i)$, erhält man

$$H = -\sum_{i=1}^{M} P_i \log_2 P_i \quad \text{(Bits pro Buchstabe)}$$

Diese Formel setzt voraus, daß bekannt ist, mit welcher Wahrscheinlichkeit P_i ein bestimmter Buchstabe i gewählt werden kann, und sie macht keine Aussage über die Wahrscheinlichkeit, daß ein gewählter Buchstabe auch korrekt übertragen wurde, gilt also für eine rauschfreie Übertragung.

Die Menge an übertragener Information R ist nun die Differenz zwischen der Erwartung H_{vor} vor der Übertragung eines Buchstabens, und dem Wert H_{nach}, sie entspricht der Verringerung der Unbestimmtheit.

Zählt man nur übertragene Buchstaben oder Bits, um Information zu messen, bezieht sich hier der Informationsbegriff auf das System »Sender von Buchstaben«–»Empfänger von Buchstaben«. Die systemspezifische Reaktion des Empfängers wäre die Wiedergabe der Buchstaben (nicht die Interpretation der Bedeutung), sie läßt sich leicht quantifizieren und mit der Vorlage des Senders vergleichen. Betrachten wir jedoch das System »Wissenschaftsjournalist, der Erkenntnisse vermittelt« und »Zuschauer vor dem Fernseher«, dann ist die systemspezifische Reaktion nicht die getreue Wiedergabe von Buchstaben, sondern die Wiedergabe von logischen Beziehungen zwischen Aussagen. Wie gut die Information übertragen wird, ließe sich in diesem Fall nur durch den quantitativen Vergleich der Verknüpfung von Aussagen beschreiben, nicht durch die Menge an Buchstaben und Worten, die übertragen wurden.

In der Systematik wird der Informationsbegriff dann bedeutsam, wenn die Frage zu klären ist, ob ähnliche Strukturen, die wir bei zwei Organismen finden, Homologien sind oder nicht. Ist der Informationsgehalt der Merkmale ausreichend, um eine Homologie annehmen zu dürfen? In derselben Weise stellt sich die Frage nach der Monophylie eines Taxons. Die Glaubwürdigkeit einer Monophyliehypothese hängt vom Informationsgehalt oder dem »Wert« der Merkmale ab, die für die Begründung verwendet wurden. Hier ist die Information die »Spur der Phylogenese«, die systemspezifische Reaktion die Identifikation von Homologien und von Monophyla. Wie dieses Problem gelöst werden kann, wird in Kapitel 5.1.1 besprochen.

Die Quantifizierung des »Informationsgehaltes« eines Organs oder Organismus ist sinnlos, solange nicht geklärt ist, wer der Empfänger ist, und auf welchen Prozeß der Auswahl oder »Sendung« von Information man sich beziehen will.

1.3.7 Was ist ein Merkmal?

Schon bei der Betrachtung eines einzelnen Organismus fassen wir Eigenschaften des Organismus zusammen und klassifizieren sie: Die Begriffe für die Färbung (»Zebrastreifung«), das Längenverhältnis von Vorder- zu Hinterbeinen (»Giraffenbeine«) usw. sind bereits eine Abstraktion. Jeder dieser Begriffe repräsentiert eine Gruppe von Eigenschaften oder »Merkmale«. Jede Merkmalsanalyse muß sehr kritisch mit der Untersuchung der Eigenschaften einzelner Organismen beginnen.

Für den Systematiker sind die »Merkmale« der Organismen von besonderer Bedeutung. Grundsätzlich ist alles, was wir an den Organismen »bemerken«, ein »Merkmal«, also physische Strukturen, Bewegungen (Verhalten) und Lautäußerungen, biochemisch nachweisbare Komponenten, etc. Aber Vorsicht: Ein Merkmal kann auch etwas sein, das wir im Kopf konstruiert haben, wie »die sieben Halswirbel der Säugetiere«, die an den individuellen Organismen jeweils anders aussehen können. Wenn von »Merkmalen« gesprochen wird, ist darauf zu achten, auf welchen Begriff sich das Wort bezieht; der ontologische Status kann sehr verschieden sein:

a) Eine wahrnehmbare Eigenschaft eines einzelnen Organismus,
b) eine Übereinstimmung, die wir bei mehreren Organismen bemerken,
c) eine Homologie.

Das Merkmal a) bezieht sich auf eine reale Eigenschaft oder Struktur, die das Objekt unabhängig vom Beobachter aufweist. Die Eigenschaft kann, muß aber nicht auch bei anderen Organismen vorkommen, sie kann, muß aber nicht erblich sein. Der Systematiker meint meist das Merkmal b). Die Merkmale b) und c) sind Konstrukte (Abstraktionen) des beobachtenden Subjekts: Eine **Übereinstimmung** ist weder ein Ding noch ein außerhalb unseres Bewußtseins ablaufender Prozeß, sondern das Ergebnis eines Vergleiches, der im Gehirn durchgeführt wird, auch wenn dazu Hilfsmittel (Meßgeräte) eingesetzt werden. Eine beschriebene Übereinstimmung kann auf einem Irrtum, z.B. auf ungenauer Beobachtung oder Messung, beruhen, sie ist ein »Datum«, kein »Faktum« (Mahner & Bunge 1997). Besonders problematisch ist der Begriff »**Ähnlichkeit**«: Wieviel Übereinstimmung vorhanden sein muß, damit Objekte als »ähnlich« bezeichnet werden, hängt von den jeweilgen Erfahrungen und Zielsetzungen des Beobachters ab. Eine **Homologie** gar (Merkmal c)) ist eine komplexe Hypothese (Kap. 4.2), die sich auf wahrgenommene Übereinstimmungen bezieht und die Vererbung von »genetischer Information« voraussetzt. Morphologische und physiologische Merkmale sowie Verhaltensweisen sind im Gegensatz zur Struktur von DNA-Sequenzen durch Umweltfaktoren beeinflußt, weshalb sorgfältig geprüft werden muß, welche Eigenschaften erblich sind. Der Gesang vieler Vogelarten ist artspezifisch und wird offenbar vererbt. Bei Arten, die andere nachahmen (z.B. Grasmücken, Neuntöter), sind jedoch viele Gesangelemente nicht erblich.

Aus diesem Grund ist es gerechtfertigt und notwendig, Merkmale (= die empirischen »Daten«) nicht als gegebene »Tatsachen« (Fakten) aufzufassen: Sie müssen vielmehr im Zweifelsfall überprüft werden. Ein Faktum kann nur ein materieller Gegenstand sein, der sich gerade in einem bestimmten Zustand befindet, oder ein bestimmtes Ereignis (Mahner & Bunge 1997). Eine Ähnlichkeit oder Homologie dagegen ist ein Konstrukt. Von Kladisten wird oft der Fehler begangen, Merkmalstabellen als den unantastbaren Ausgangspunkt einer Analyse anzusehen. Es darf nicht übersehen werden, daß jede Aussage über die Merkmale von 2 oder mehr Objekten eine Abstraktion ist. Aussagen wie »homoplasy in the evolutionary process takes place when …« (Archie 1996) enthalten eine unlogische Gleichsetzung von Konstrukt (»Homoplasie«) und materieller Wirklichkeit (»Evolutionsprozess«).

Da Angaben über das Merkmal b) intersubjektiv durch Messen und Zählen prüfbar sind, gewinnen wir die notwendige Sicherheit, daß die Objekte tatsächlich Übereinstimmungen in den beschriebenen Eigenschaften aufweisen. In der Praxis ist diese Prüfung meist ein methodisch unproblematischer, wenn auch z.T. aufwendiger Vorgang.

Es muß weiterhin daran erinnert werden, daß unser Sprachgebrauch ungenau ist: Die Aussage, eine Gruppe von Organismen oder eine Art habe ein bestimmtes Merkmal, könnte man so verstehen, daß ein Objekt »Gruppe« bestimmte reale Eigenschaften aufweise. Sowohl »die Gruppe«

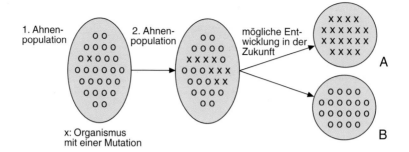

Abb. 5. Ausbreitung von neuen Merkmalen in der zeitlichen Folge von Populationen: Vollständige Substitution (Fall A) und Verlust der Neuheit (Fall B). Populationen mit Polymorphismen (zweite Ahnenpopulation der Abbildung) stellen eine Momentaufnahme in einem Prozeß dar, der langfristig zur Fixierung oder zum Verlust von Allelen führt.

als auch »das Merkmal« sind abstrakte Konzepte. In der Praxis wird meist intuitiv verstanden, was gemeint ist (z.B. eine Homologiehypothese). Wird von einer »bestimmten Sequenz« gesprochen, kann damit eine spezifische Nukleotidfolge gemeint sein, die bei einem Organismus gefunden wurde, oder ein vermutlich homologer Abschnitt der DNA, der bei verschiedenen Organismen Variationen aufweist. Die Bedeutung ergibt sich aus dem Kontext.

Merkmale im Sinn von **Eigenschaften** gibt es nur bei einzelnen Organismen, nicht bei Gruppen. Durch Mutation kann ein einzelnes Tier im Vergleich zu den Eltern neue Strukturen aufweisen (z.B. eine erhöhte Zahl von Sinneshaaren), die Mutation trifft nicht eine ganze Population. Es kommt aber vor, daß eine Neuheit sich in einer Fortpflanzungsgemeinschaft oder in einer klonalen Population nach wenigen Generationen so ausbreitet, daß jedes Individuum diese Neuheit aufweist (vgl. Ausbreitung von Resistenzen bei Bakterien, Parasiten, Pflanzenschädlingen). Erst wenn dieses Merkmal den vorhergehenden Zustand bei allen Individuen einer isolierten Population oder einer Art vollständig substituiert hat, ist es für den Systematiker interessant, da es an alle Nachkommen vererbt und damit diese **Substitution** zu einer »**Apomorphie**« (s. Kap. 4.2.2) oder **evolutiven Neuheit** wird, die es dem Wissenschaftler erlaubt, jedes Individuum als Mitglied der Gruppe zu erkennen (Abb. 5). Der ältere Zustand, der durch die Neuheit verändert wurde, ist die »**Plesiomorphie**«. Aus der Sicht des Wissenschaftlers ist die Neuheit ein »**stützendes Merkmal**«, weil das Auffinden dieses Merkmals die Bestimmung der Gruppenzugehörigkeit ermöglicht, es stützt die Verwandtschaftshypothese (weitere Ausführungen hierzu in Kap. 4).

Polymorphismen bei rezenten Arten, die von einer gemeinsamen Ahnenpopulation stammen, lassen eine Nutzung der Merkmale für die phylogenetische Analyse nicht zu, es sei denn, sie sind an Kasten oder Geschlechter gebunden, so daß eine Homologisierung für kasten- oder geschlechtsspezifische Merkmale möglich ist. Merkmalszustände terminaler Taxa müssen als evolutive Neuheiten eindeutig identifizierbar sein. Das Nebeneinander von plesiomorphen und apomorphen Zuständen eines Merkmales in einer Organismengruppe gestattet nicht die Begründung einer Monophyliehypothese mit diesem Merkmal.

Polymorphismen können aber auch verborgen sein, wenn sie während der Speziationsereignisse vorhanden waren und später verloren gingen (Abb. 6). Für die Phylogenetik ist die Frage entscheidend, ob die Entstehung von 2 oder mehr Merkmalszuständen aus einem ursprünglichen Zustand in derselben Reihenfolge erfolgte wie die Aufspaltung der Arten in Tochterarten. Ist die »Merkmalsaufspaltung« vor der Speziation erfolgt und wurde der Polymorphismus an beide Tochterarten vererbt, können Symplesiomorphien falsche Monophyla stützen (Abb. 6). Verfolgt man die Divergenz von Merkmalen rezenter Arten oder isolierter Populationen in der Zeit zurück, stößt man auf die Population, in der die Merkmalsdivergenz begann. Hierfür wird im

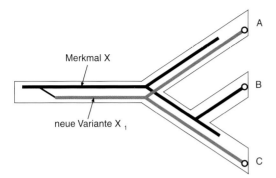 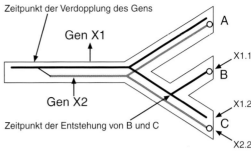

Abb. 6. Vererbung von Polymorphismen: Werden 2 Zustände (Varianten »schwarz« und »grau«) eines Merkmals X an Tochterarten vererbt, sind diese oft nicht geeignet, Aussagen über Abstammungsverhältnisse zu begründen. Die Arten A und C sind nicht näher miteinander verwandt, nur weil sie die Neuheit X_1 aufweisen, die bei B fehlt. Genstammbaum und Artenstammbaum sind verschieden.

Abb. 7. Die Schätzung der Divergenzzeit der Arten B und C kann fehlerhaft sein, wenn nicht Gene derselben »Linie« verglichen werden (= **orthologe** Gene; vgl. Kap. 4.2.1). Orthologe Gene sind **X1.1** und **X1.2**, ein **paraloges** Genpaar dagegen **X2.2** und **X1.1**. Die Divergenzzeit der paralogen Gene von B und C ist viel größer als die Zeit seit der Artaufspaltung, die der Divergenzzeit der orthologen Gene entspricht.

Angelsächsischen der Terminus **coalescence time** verwendet (Abschnitt entgegen der Zeitachse bis zur Verschmelzung der divergierenden Linien; s. Legende zu Abb. 7).

Die Schätzung von Divergenzzeiten ist für die Analyse der Genealogie von DNA-Sequenzen von Interesse (vgl. Kap. 8.2). Die rückwärtige Rekonstruktion beruht auf Annahmen über den Ablauf der Sequenzdivergenz in Populationen, die mit der »**coalescent theory**« beschrieben werden, auf die hier nicht näher eingegangen werden soll. Die Ausbreitung von Allelen (Abb. 5) muß mit Verfahren der Populationsgenetik untersucht werden: Eine neue Variante eines Merkmals kann sich in einer Population neben der älteren halten, es kann aber auch sein, daß in physisch getrennten Populationen je ein Merkmalszustand vorherrscht. Die weitere Entwicklung der Allelfrequenzen mit der Zeit hängt vom Selektionsdruck, der genetischen Drift, der Migration zwischen Populationen und der Rekombination ab, die Divergenzrate hängt weiterhin von der Mutationsrate ab. Mathematische Theorien zur Rekonstruktion der Divergenzzeitpunkte entwickelten u.a. Kingman (1982), Kaplan et al. (1991), Takahata & Nei (1990), Hudson (1993), Fu & Li (1993) (s. auch Li 1997). (Anmerkung: Die Bezeichnung »**coalescent process**« für die rückwärtige Betrachtung des Verschmelzens von Evolutionslinien ist unsinnig, da es real keine Prozesse gibt, die gegen die Zeitachse laufen).

In der Praxis der Phylogenetik erweisen sich polymorphe Merkmale selten als Fehlerquelle. Das hat zwei Ursachen: 1) Erfahrene Systematiker wählen für die phylogenetische Analyse Gene oder Strukturen, die langsam evolvieren und daher intraspezifisch wenig variieren und evolutive Neuheiten lange Zeit beibehalten. 2) Jeder Polymorphismus im Sinn von »Auftreten von Genvarianten in einer Population« ist nur ein vorübergehender Zustand, der solange existiert, bis Allele entweder verloren gehen oder fixiert werden. Der letztgenannte Fall ist eine Substitution. Über die langen Zeiträume betrachtet, die Phylogenetiker interessieren, gehen die meisten mutierten Allele in einer Folge von Generationen verloren.

Morphologische Strukturen, seien es Zellorganelle, Organe oder äußerlich sichtbare Organismenteile, sind stets komplex. Man kann davon ausgehen, daß die Synthese der sichtbaren Bauelemente von vielen verschiedenartigen Genen beeinflußt wird. Es kann eine große Zahl verschiedener Mutationen vorkommen, die »neutral« sind, die also keine Auswirkung auf die Morphologie oder die Funktion der Strukturen haben und nicht der Selektion ausgesetzt sind, während andere Mutationen Folgen haben, die den adaptiven Wert einer Struktur beeinflussen. Damit kann eine morphologische Struktur in vielfältiger Weise variieren. Als »Merkmal« werden in der Praxis sowohl die komplexe Struktur selbst (z.B. das Säugetiergebiß) als auch das neue Detail (z.B. ein Stoßzahn) bezeichnet, was zu sprachlichen Ungenauigkeiten und Mißverständnissen führt. In Kapitel 4.2.2 wird dieses Problem ausführlicher behandelt.

1.3 Was gibt es außerhalb unseres Erkenntnisapparates? Was ist »real existent«?

Manchmal wird zwischen **diskreten** und **kontinuierlichen** Merkmalen unterschieden. Damit kann gemeint sein, daß Merkmale entweder mit wenigen alternativen Zuständen oder mit einer großen Zahl von Zuständen vorkommen können. Die Unterscheidung zwischen qualitativen und quantitativen Merkmalen ist in der Diskussion um die Qualität der Merkmale für die phylogenetische Analyse ohne Nutzen, da ein Zahlenverhältnis wie »Femur doppelt so lang« oder »5 statt 2 Antennenglieder« so wie alle anderen Merkmale danach beurteilt werden muß, ob das Merkmal homolog sein kann oder nicht. Es gibt Merkmale, die grundsätzlich nicht als diskrete Einheiten erfaßt werden, wie immunologische Distanzen (Kap. 5.2.2.5). In diesem Fall werden Unterschiede quantifiziert, die sich in ihrer Gesamtheit bemerkbar machen, ohne daß die einzelne evolutive Neuheit homologisierbar ist. Hier muß dann gefragt werden, ob ein Signal vorhanden ist, daß wahrscheinlich nicht ein Produkt des Zufalls ist.

Klassen von Merkmalen, die der Systematiker unterscheiden muß, und weitergehenden Erläuterungen zu den Begriffen werden in Kap. 4.2 vorgestellt.

> **Substitution:** Mutation, die sich in einer Population ausbreitet und durchsetzt und einen vorhergehenden Zustand ersetzt oder ergänzt.
>
> **Apomorphie:** Substitution oder eine Serie von Substitutionen (»evolutive Neuheit«), die in einer bestimmten Serie von Vorfahren- und Nachkommenpopulationen auftritt. Eine Apomorphie wird immer in Bezug auf eine Organismengruppe genannt.
>
> **Plesiomorphie:** Merkmal in einem älteren Zustand vor der Entstehung einer evolutiven Neuheit. Der Zustand kann nur in Bezug auf eine Organismengruppe benannt werden.
>
> **Polymorphismus:** Gleichzeitiges Vorkommen verschiedener Varianten eines Merkmals in einer Population oder Art.

1.4 Erkenntnisgewinn der Wissenschaften

1.4.1 Was ist »Wahrheit«?

Naturwissenschaftler streben danach, die »Wahrheit« zu finden und bekanntzugeben. Sie machen dazu Aussagen über Sachverhalte. Der Begriff »Sachverhalt« (Seiffert 1991: »wie eine Sache sich verhält«) impliziert nicht, daß eine Aussage über die Natur gemacht wird, die »Sache« kann auch ein Irrtum oder ein Gedankengang sein. Ein nicht bestehender Sachverhalt (terminologisch falsch wäre es, von »nicht wahrem« Sachverhalt zu sprechen) wird z.B. mit der Aussage »alle Bäume haben Nadeln« beschrieben. Da der Sachverhalt nicht besteht, ist die Aussage unwahr. Es muß also das Ziel der Wissenschaft sein, zu prüfen, welche Sachverhalte bestehen, also »Fakten« sind, um Tatsachenaussagen zu machen. Eine »Wahrheit« wäre also eine Aussage, von der wir überzeugt sind, daß sie einen bestehenden Sachverhalt beschreibt (**korrespondenztheoretischer Wahrheitsbegriff**). Der Wahrheitsbegriff der Logik benötigt diese Korrespondenz zwischen Aussage und Sachverhalt nicht: Hier kommt es nur darauf an, daß Aussagen nach den Regeln der Logik verknüpft sind (**kohärenztheoretischer Wahrheitsbegriff**), unabhängig davon, ob sich die Aussagen auf einen bestehenden Sachverhalt beziehen. Dasselbe gilt für mathematisch begründete Schlußfolgerungen. Es wird damit deutlich, daß mit den Wahrheiten der Logik oder der Mathematik allein die Natur nicht erforscht werden kann.

Diese Überlegungen implizieren, daß das, was wir als die »Wahrheit« bezeichnen, nicht die Realität selbst ist, sondern die Aussage, die mit größter Wahrscheinlichkeit Sachverhalte der Realität beschreibt. Daraus läßt sich zwanglos ableiten, daß jede »Wahrheit« der Wissenschaft eine Hypothese ist. Weshalb wir sicher sein können, daß wir über angeborene Fähigkeiten verfügen, einige Sachverhalte zu erkennen, erklärt die evolutionäre Erkenntnistheorie (Kap. 1.5).

1.4.2 Deduktion und Induktion

Hypothesenbildung

Wir müssen als nächstes fragen, wie die Wissenschaften das Bestehen von Sachverhalten feststellen. Das läßt sich nur für jedes Fachgebiet getrennt angeben, da jedes Fach seine eigenen Methoden hat. Allgemein gilt, daß ein »**bestehender Sachverhalt**« (= »Tatsache«, »Faktum«) das ist, was Gegenstand einer mit wissenschaftlichen Methoden gewonnen Aussage ist. Der Phylogenetiker muß sich dessen bewußt sein, daß er ausgehend von Einzelbeobachtungen induktiv zu Hypothesen gelangt, weshalb absolute Wahrheiten trotz Einsatz von Logik und Mathematik nicht erlangt werden können (s. auch Kap. 1.4.7).

Naturwissenschaftler bemühen sich darum, wahrgenommene Sachverhalte so zu beschreiben, daß ein sachverständiger Leser »versteht«, was wahrgenommen wurde. Komplizierte Zusammenhänge werden ökonomisch in abgekürzter Form, mit »Formeln« dargestellt. Die dazugehörigen Aussagen sind verstehbar, wenn man die Terminologie oder die vereinbarten Symbole kennt und nachvollziehen kann, mit welchen logischen Verknüpfungen die Aussagen aus anderen Aussagen abgeleitet wurden. Die Ableitung einer Aussage von allgemeineren und einfacheren Aussagen ist die **Deduktion**. Die rückwärtige Rekonstruktion einer Deduktion, also der Nachweis, das eine komplizierte Aussage verstehbar ist, nennt man in der Mathematik **Beweis** (regressive Deduktion). Sucht man nach den Wurzeln aller Beweise stößt man letztlich auf Wahrnehmung und auf Anfangssätze oder Grundsätze. Diese **Axiome oder Annahmen**, können die **unbegründeten Anfangssätze** einer ansonsten strikt logischen Folge von Aussagen sein. Unbegründet heißt hier nur, daß diese Grundsätze im Rahmen der Deduktion *nicht beweisbar* sind. Anfangssätze können Vermutungen ausdrücken (s. z.B. Annahme über die Existenz der »molekularen Uhr« als Voraussetzung für mathematisierte Verfahren der Schätzung genetischer Distanzen: Kap. 8.2.2), oder sich auf Alltagserfahrungen beziehen (z.B. sichtbare und meßbare phänotypische Variabilität innerhalb von Fortpflanzungsgemeinschaften als Grundlage für Aussagen über Selektionsvorteile). Dieser Bezug zu Erfahrungen ist analog zu der Wurzelung der wissenschaftlichen Terminologie in der Umgangssprache (s. Kap. 1.2). Es ist leicht einzusehen, daß die logisch unanfechtbare deduktive Beweisführung wenig nützt, wenn sie auf unsinnigen Axiomen oder auf Annahmen beruhen, die mit bestehenden Sachverhalten nicht übereinstimmen. Anfangssätze sollten in den Naturwissenschaften aus der elementaren Alltagserfahrung konstruierbar oder ableitbar sein. Axiome in diesem Sinn sind nicht Arbeitshypothesen, welche im Rahmen der Deduktion überprüft werden können!

Auch wenn die mathematisierbaren Verfahren der Phylogenetik (s. Kap. 6, Kap. 8) deduktiv aus Anfangssätzen ableitbar sind, bleibt die Unsicherheit der Annahmen, die in den Anfangssätzen enthalten sind, bestehen. Es wird aufzuzeigen sein, daß diese Annahmen der Phylogenetik Hypothesen (vorläufige Vermutungen) sind. **Hypothesen** sind Aussagen, mit denen versucht wird, Beobachtungen zu erklären oder aus einzelnen Beobachtungen allgemeine Regeln abzuleiten. Aussagen von Hypothesen sind nie Fakten; ein Faktum ist nur, daß Hypothesen formuliert werden.

Hypothesen entstehen in der **induktiven Forschung**. Aus einzelnen Beobachtungen (in Natur oder Experiment) wird versucht, die bestehenden Sachverhalte zu erkennen. Man fragt also, wie wahrscheinlich es ist, daß ein vermuteter Sachverhalt die beobachteten Ereignisse oder Strukturen verursachen kann. Eine beobachtete Ähnlichkeit zwischen zwei Individuen könnte auf Vererbung derselben Basenfolge der DNA beruhen. Die Beobachtung ist die Ähnlichkeit (z.B. dieselbe Farbe und Haarlänge des Fells), die Hypothese ist die Existenz eines Ahnen mit denselben Merkmalen. Die Hypothese kann »bestätigt« werden, indem weitere Einzelbeobachtungen gesammelt werden. Es könnte überprüft werden, ob auch andere Merkmale übereinstimmen, was bei Vererbung erwartet werden müßte. Um den Einfluß subjektiver Wahrnehmungsverzerrungen zu vermindern, kann man andere Personen auffordern, die Beobachtungen zu wiederholen: Die Beobachtung ist **intersubjektiv prüfbar**, es lassen sich die subjektiv variierenden Anteile der Erfahrung aus dem Protokoll der Beobachtung entfernen. Die damit erkannte »Tatsache« bleibt jedoch ein Produkt menschlichen Handelns, ist abhängig von Erfahrungen und

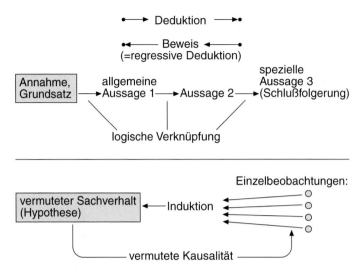

Abb. 8. Deduktion und Induktion. Nach einer erfolgreichen Prüfung ist die Hypothese besser gestützt, aber nicht bewiesen: In der induktiven Forschung sind Beweise (regressive Deduktionen) nicht möglich, wohl aber Wahrscheinlichkeitsaussagen. Es handelt sich um Probleme der »Inferenz«. (Der Ausdruck »to infer a phylogeny« weist deutlicher darauf hin, daß ein induktiver Schluß gewonnen wird, als die Formulierung »Rekonstruktion der Phylogenese«).

Meßinstrumenten. Die Geschichte der Naturwissenschaften lehrt, daß die erhoffte Objektivität der Ergebnisse einer Analyse sich oft als Schein entpuppt. Erkenntnis bleibt damit stets hypothetisch, die außersubjektive Realität läßt sich nicht durch Deduktion allein rekonstruieren.

Ein wesentlicher Unterschied zur Deduktion ist die notwendige Entscheidung des Wissenschaftlers, welche Beobachtungen für die induktive Lösung einer Frage genutzt werden. Die deduktive Schlußfolgerung kann dagegen automatisiert werden, da die Regeln der Logik invariabel sind, das Ergebnis hängt allerdings von den Anfangsbedingungen ab (s. 1.4.4): Sind die Prämissen wahr, ist die Schlußfolgerung zwingend wahr, wenn sie logisch korrekt abgeleitet wurde, Wahrscheinlichkeitsaussagen haben hier keinen Platz. In der Induktion dagegen können Prämissen (Einzelbeobachtungen) wahr sein, die Schlußfolgerung jedoch falsch. Der Schluß »alle Hunde haben ein braunes Fell«, abgeleitet aus Beobachtung von 20 braunen Hunden, ist falsch. Ein weiterer Unterschied besteht darin, daß deduktiv aus einfacheren die komplexeren oder spezielleren Aussagen gewonnen werden können, induktiv aber aus Einzelfällen (das Spezielle, die Stichproben) das Allgemeine erschlossen wird.

Es ist die Biologie ebenso wie die Physik oder Chemie eine **Erfahrungswissenschaft**, die ihre Hypothesen mit induktiven Methoden gewinnt. Daß oft strikt logische und mathematisierte Verfahren eingesetzt werden, um die Daten zu verarbeiten, darf nicht darüber hinwegtäuschen, daß gerade in der Phylogenetik die Einzelbeobachtungen den Charakter von Prämissen haben und die mathematisierten Verfahren bestimmte Rahmenbedingungen voraussetzen (auch wenn das oft nicht explizit formuliert wird). Das mathematisierte Verfahren stellt einen deduktiven Schritt dar, der ausgehend von den Einzelbeobachtungen zwingend zu einem bestimmten Ergebnis führt. Die Anwendung erfolgt jedoch im Rahmen indukiver Forschung: Sowohl die Prämissen für das mathematisierte Verfahren als auch dessen Ergebnisse sind nicht zwingende Wahrheiten, was Anwender kladistischer und diverser molekularsystematischer Verfahren nicht übersehen dürfen. Die Stichproben der molekularen Systematik z.B. sind die ausgewählten Arten und die für den Vergleich der Arten verwendeten Sequenzen, die allgemeine Schlußfolgerung ist dann, daß die berechneten Werte repräsentative »genetische Distanzen« sind (vgl. Kap. 8.2). Sobald daraus Aussagen über Verwandtschaft abgeleitet werden, ist der Übergang zur hypothetiko-deduktiven Methoden entstanden (Kap. 1.4.3).

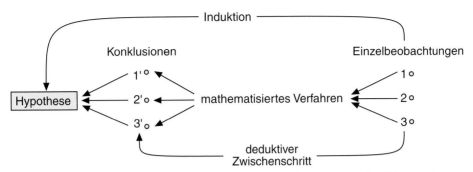

Abb. 9. Deduktion innerhalb einer Induktion. Am Beispiel der Berechnung genetischer Distanzen ist es wichtig zu erkennen, daß die Prämissen für den deduktiven Schritt, also die Hoffnung, daß die gewählten Arten und Merkmale eine geeignete Stichprobe darstellen, zugleich Prämissen für die gesamte Induktion sind. Ebenso sind die Rahmenbedingungen für die Deduktion, z.B. die in einem Algorithmus implizit enthaltenen Annahmen, ebenfalls Bedingungen für die Qualität der Hypothese. Berechnen wir genetische Distanzen unter Verwendung des sehr einfachen Jukes-Cantor-Modells der Sequenzevolution (s. Kap. 14.1.1), ist die Rahmenbedingung oder Annahme die, daß das Modell für den vorliegenden Fall die realen, historischen Vorgänge der Sequenzevolution, die Variationen der Substitutionsraten, korrekt wiedergibt. Das Ergebnis des deduktiven Schrittes (die berechneten Distanzwerte) ist immer logisch korrekt (»nach der Formel richtig berechnet«), unabhängig davon, ob diese Rahmenbedingungen stimmen. Die gewonnene Hypothese muß jedoch nicht korrekt sein.

Die **Wiederholung von Ergebnissen** wird oft als Beleg für die Richtigkeit einer Hypothese bewertet. Werden mehrere Datensätze separat berechnet (Einzelbeobachtungen und Konklusionen 1-3 im Diagramm Abb. 9) und stimmen die 3 Ergebnisse überein, heißt das nur, daß die Stichproben vergleichbar sind, jedoch nicht, daß die abzuleitende Hypothese wegen der Wiederholbarkeit des Ergebnisses richtig ist. Es könnte sein, daß z.B. die 3 unterschiedlichen Merkmalssätze informativ sind, die Auswahl der Arten jedoch keine geeignete Stichprobe darstellt (vgl. »Symplesiomorphiefalle« in Kap. 6.3.3). Die Wiederholung des Ergebnisses ist auch kein Test für die Richtigkeit der Rahmenbedingung (hier: der Wiedergabe der Sequenzevolutionsraten durch das Jukes-Cantor-Modell), da der deduktive Schritt grundsätzlich die Richtigkeit der Prämissen und Rahmenbedingungen nicht testet. Die Prämissen müssen in einer speziell darauf zugeschnittenen, unabhängigen Analyse geprüft werden.

Sober (1988) unterscheidet zwischen **Induktion** und **Abduktion**. Der Begriff Induktion ist in diesem Fall beschränkt auf die verallgemeinerte Aussage über Eigenschaften einer Menge von Objekten, abgeleitet aus einer Stichprobe (z.B. »alle Raben sind schwarz«). Die Induktion in diesem Sinn benötigt eine Annahme über die Gleichförmigkeit aller Objekte der Menge (Humes »Principle of the Uniformity of Nature«). Die Abduktion ist die Ableitung einer Erklärung, einer Hypothese über Mechanismen oder die Rekonstruktion einer Ursache, ebenfalls von Stichproben ausgehend. Nach Sober benötigt nur die Abduktion die Annahme, daß die sparsamste Erklärung die wahrscheinlichere sei. Dieser Ansatz ist zu kritisieren, da auch eine Induktion im Sinne Sobers Annahmen über Ursachen oder Mechanismen implizieren kann: Die aus Stichproben gewonnene Aussage »alle Raben sind schwarz« ist mit größerer Wahrscheinlichkeit richtig als die Aussage »alle Fahrräder sind schwarz«, da die Färbung der Raben eine einzige, gemeinsame Ursache haben kann (die Abstammung von schwarzen Vorfahren), während die Fahrräder in verschiedenen Fabriken unabhängig hergestellt und gefärbt werden. Es wird also auch hier eine sparsame Erklärung gesucht. Der Begriff Induktion, wie er in diesem Buch benutzt wird, enthält auch die Bedeutung des Begriffes Abduktion.

1.4.3 Hypothetiko-deduktive Methode

Wissenschaftlicher Fortschritt ist weder durch reine Naturbeobachtung (Empirismus) noch allein durch Denken (Rationalismus) möglich.. Jede wissenschaftliche Theorie beruht auf hypothetisch-deduktiven Schritten und besteht aus mehreren Hypothesen. Die hypothetiko-deduktive Methode erfordert
1. eine erste Hypothesenbildung in Form von Annahmen (Axiome, Postulate), die meist induktiv gewonnen werden und aus denen
2. deduktiv eine Voraussage abgeleitet wird.
3. Die Voraussage kann unabhängig vom Verfahren, das zur Voraussage führte, empirisch

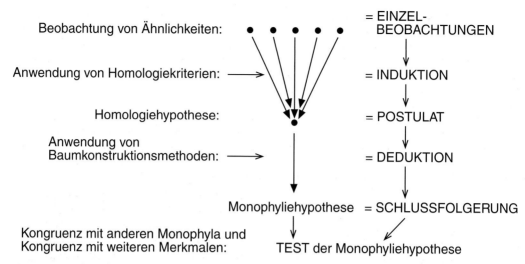

Abb. 10. Hypothetisch-deduktive Rekonstruktion der Phylogenese. In der phylogenetischen Systematik sind es Verwandtschaftshypothesen, die gefunden und überprüft werden sollen. Eine Vorhersage ist, daß mit einem anderen, geeigneten Datensatz dieselbe Verwandtschaft rekonstruiert werden müßte. Da diese Hypothesen von mehreren Prämissen abhängig sind (Qualität der Artenstichprobe, Qualität der Merkmalsstichprobe, Rahmenbedingungen der Algorithmen; s. letzter Abschnitt in Kap. 6.1.2 , Kap. 9), ist eine überzeugende Bestätigung nur mit Analysen, die andere Prämissen verwenden (andere Artenstichprobe, andere Merkmale, andere Algorithmen) möglich. Bleibt nur eine der für die Voraussage benutzten Prämissen bestehen, kann eine falsche Übereinstimmung mit der Voraussage auf der Inkorrektheit dieser Prämisse beruhen. Es ist mitunter überraschend, daß dieselbe, eindeutig falsche Topologie (z.B. mit polyphyletisch gruppierten Landasseln) wiederholt errechnet wird, obwohl jeweils andere Gene für die Rekonstruktion verwendet worden sind. Das kann mehrere Ursachen haben: Die Artenstichprobe ist dieselbe, es wurde derselbe Algorithmus verwendet, es wurden Gene verwendet, die gleich schnell evolvieren und daher ggf. für die Detektion von erdgeschichtlich alten Speziationen nicht geeignet sind.

getestet werden. Wird sie bestätigt, können die Axiome als bekräftigt gelten.

Die **Voraussage** ist eine Hypothese, die wie jede Hypothese über die empirische Erfahrung hinausgehen kann und korrigierbar ist (Bunge 1967). Der Zusammenhang sei mit einem Beispiel erläutert Abb. 10):

Induktionsschritt: Entdecken wir bei zwei Organismen eine strukturelle Ähnlichkeit, die so komplex ist, daß sie mit großer Wahrscheinlichkeit nicht durch Zufall entstanden sein kann, läßt sich eine Homologiehypothese für diese Übereinstimmung aufstellen. Man muß sich dabei der Kriterien für die Schätzung der Homologiewahrsheinlichkeit (Kap. 5.1.1) bewußt sein. Ist die Homologie in der Natur einzigartig, ergibt sich die Hypothese, daß es eine evolutive Neuheit sein könnte.

Deduktionsschritt: Im Rahmen der phylogenetischen Analyse dienen die Homologieaussagen als Postulate, aus denen zwanglos abgeleitet oder vorhergesagt werden kann, daß diese Organismen untereinander näher verwandt sind als mit anderen, denen dieses Merkmal primär fehlt. Dieser Deduktionsschritt ergibt sich u.a. aus den Gesetzen der Vererbungslehre. Die Homologiehypothese ist stets unabwendbar mit einer Verwandtschaftshypothese verbunden; ist das Merkmal eine evolutive Neuheit, ergibt sich daraus zwangsläufig eine Monophyliehypothese.

Voraussage: Weitere, noch nicht untersuchte Merkmale werden bei den Arten des Monophylums übereinstimmen.

Test: Als Test der Voraussage dient eine korrekt ausgeführte Verwandtschaftsanalyse mit anderen, informativen Daten (siehe oben: Wiederholung von Ergebnissen, Kap. 1.4.2). Der Test kann zur Schwächung oder Ablehnung der Homologie- und der Monophyliehypothese führen. Andere Voraussagen sind denkbar, so zur geographischen Verbreitung oder zum erdgeschichtlichen Alter von Artgruppen.

1.4.4 Gesetze und Theorien

Wir müssen uns dessen bewußt sein, daß wir stets mit Hypothesen arbeiten. Sind diese mehrfach bestätigt und gelten sie nicht nur für einen historischen Einzelfall, sondern für wiederholt auftretende Prozesse, dürfen wir sie **Gesetz** nennen. Eine Verwandtschaftshypothese (z.B. »das Monophylum Monotremata ist an der Basis des Stammbaumes der rezenten Mammalia einzuordnen«) gilt nur für einen Einzelfall (hier z.B. ein bestimmtes Speziationsereignis in der frühen Geschichte der Säugetiere) und ist im üblichen Sprachgebrauch kein Gesetz. Gesetze erlauben Vorhersagen. So ist es ein Gesetz, daß die Mitglieder eines Monophylums (s. Kap. 4.4) Merkmale tragen können, die außerhalb des Monophylums nicht vorkommen, weil diese Merkmale (Apomorphien) erstmalig in der »Stammlinie« (Kap. 3.6) entstanden sind. Es läßt sich vorhersagen, daß ein unbekannter Organismus zu diesem Monophylum gehört, wenn diese Apomorphien bei ihm nachweisbar sind. Es läßt sich weiter vorhersagen, daß der unbekannte Organismus in diesem Fall auch weitere, noch nicht untersuchte Merkmale aufweisen wird, die bei Mitgliedern desselben Monophylums vorkommen.

Fassen wir mehrere Gesetze zu einer allgemeineren oder übergeordneten Aussage zusammen, haben wir eine **Theorie** formuliert. Theorien, die sich sehr gut bewährt haben und deren Überprüfung nicht mehr notwendig erscheint, werden mitunter **Paradigmen** genannt. Die übliche Hochachtung, die der Laie vor Gesetzen und Theorien der Naturwissenschaften hat, darf uns nicht verleiten, zu vergessen, daß es sich nur um gut oder weniger gut gestützte Hypothesen handelt. Diese Unsicherheit besteht auch für Aussagen über Kausalität.

Wir dürfen daher in der Biologie ebensowenig wie in anderen empirischen Wissenschaften unsere Aussagen nicht als absolute »Wahrheiten« formulieren, mit »es ist so«-Sätzen. Vielmehr sollte stets darauf verwiesen werden, daß **Indizien** für eine Hypothese sprechen (»es ist wahrscheinlich so«). Da die Beobachtungen in der Biologie und in der Medizin allgemein eine viel höhere Varianz aufweisen als in der Physik oder der Chemie, was u.a. an der unübersichtlichen Komplexität der Systeme liegt, die der Biologe analysiert, sind Hypothesen unsicherer und erlauben oft keine Vorhersagen. Ist die Zahl der unabhängigen Beobachtungen, die dieselben Hypothesen stützen, sehr groß, wie im Fall der Evolutionstheorie, ist auch die Wahrscheinlichkeit sehr groß, daß der vermutete Sachverhalt real besteht.

Hypothese: aus Beobachtungen oder Erfahrungen rekonstruierter Sachverhalt (Vermutung)

Gesetz: Mehrfach bestätigte Hypothese, deren Voraussagen bisher in Erfüllung gingen

Theorie: Übergeordnete Aussage, mit der mehrere Gesetze zusammengefaßt werden

Paradigma: Theorie, die allgemein akzeptiert ist und den nicht bezweifelten Ausgangspunkt für neue Hypothesen bildet

Beweis: Kette logisch verknüpfter Aussagen, mit der eine komplizierte Aussage auf einfachere, verstehbare Aussagen zurückgeführt werden kann

Indiz: einzelne Beobachtung, die eine Hypothese bestätigt

1.4.5 Wahrscheinlichkeit und Sparsamkeitsprinzip

Wahrscheinlichkeitsaussagen sind nur über Prozesse möglich

Da wir oft Aussagen darüber machen, ob eine Hypothese »wahrscheinlich richtig« oder »wahrscheinlich falsch« ist, muß an dieser Stelle kurz auf den Begriff der »**Wahrscheinlichkeit**« eingegangen werden. Wahrscheinlichkeitsaussagen gehören zur induktiven Forschung, die Statistik ist die Methode, mit der diese Aussagen gewonnen werden können.

Eine Wahrscheinlichkeitsaussage betrifft nach Überlegungen Karl Poppers immer reale Ereignisse oder Prozesse (Popper 1934, Mahner & Bunge 1997), nicht Theorien. Ereignisse »treten wahrscheinlich ein«, Theorien dagegen »sind bewährt«. Abb. 11 verdeutlicht diesen Zusammenhang.

Ereignisse können das Ergebnis von Prozessen sein, die die Eigenschaften von Objekten oder die Zusammensetzung von Gruppen verändern. Es kann sich um Naturereignisse, um die Entnahme von Stichproben, aber auch um einen kognitiven

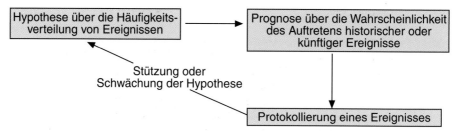

Abb. 11. Poppers Auffassung von der Stützung von Hypothesen.

Prozeß handeln. Wahrscheinlichkeitsaussagen sind nur möglich, wenn Prozesse **stochastisch** verlaufen und überschaubar sind. Der radioaktive Zerfall eines Elementes ist z.B. ein derartiger Prozess, bei dem über den Zeitpunkt des Zerfalls eines einzelnen Atoms keine Aussage möglich ist, wohl aber über den Mittelwert der erwarteten Ereignisse für viele Atome, der sich aus der Halbwertszeit ergibt. Bei **deterministischen** Prozessen entsteht immer dasselbe Ergebnis. Man lasse einen Stein los: Er fällt immer in Richtung Erdmittelpunkt. Das Ergebnis ist vorhersagbar, wenn die Gesetzmäßigkeit des Prozessablaufes bekannt ist. Manche Prozesse werden von Wissenschaftlern chaotisch genannt, weil sie für unser Auge unvorhersehbar verlaufen, auch wenn sie mit sehr einfachen mathematischen Formeln zu beschreiben sind. Derartige Prozesse sind vorhersagbar, wenn der Ausgangszustand genau bekannt ist. Bei **chaotischen** Prozessen ist das Ergebnis in der Praxis nicht vorhersehbar. Chaos bedeutet in diesem Zusammenhang, daß ein Vorgang äußerst empfindlich für die Ausgangs- und Randbedingungen ist, die nicht so präzise erfaßbar sind, daß das Ergebnis voraussehbar oder berechenbar ist. Ein typisches Beispiel ist die langfristige Wettervorhersage (z.B. im Sommer für den Weihnachtsabend in Berlin), die im Gegensatz zur Vorhersage einer Sonnenfinsternis sehr ungenau ist. Die Evolution ist die sichtbare Summe von Prozessen, von denen angenommen werden kann, daß sie teils stochastisch, teils deterministisch oder chaotisch ablaufen.

> **Stochastische Evolution:** Der Verlauf wird durch Zufallsereignisse bestimmt, die eine gesetzmäßig beschreibbare Häufung aufweisen.
> **Deterministische Evolution:** Bei gegebenen Voraussetzungen entsteht zwangsläufig ein bestimmtes Ergebnis.
> **Chaotische Evolution:** Die Evolution verläuft in nicht vorhersehbarer Weise, da die Faktoren, die das Auftreten zufälliger Ereignisse bestimmen, zu komplex und sehr variabel sind.

Hypothesen über den Verlauf stochastischer Prozesse erlauben **Prognosen** über die zu erwartenden Veränderungen (Abb. 12), wenn Ausgangszustand und Prozesseigenschaften bekannt sind. Liegt das Ergebnis des Prozesses vor und gibt es Angaben über den wahrscheinlichsten Prozessablauf, kann versucht werden, mögliche Ausgangs-

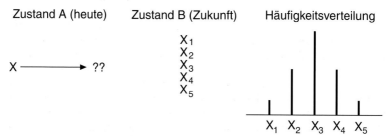

Abb. 12. Die **Ereigniswahrscheinlichkeit** ist bei stochastischen Prozessen vorhersagbar, wenn die Häufigkeitsverteilung der erreichbaren Zustände (Zustand B) und der Ausgangszustand (Zustand A) bekannt sind. Umgekehrt läßt sich auch aus Endzuständen eines Prozesses der Ausgangszustand rekonstruieren, wenn der Prozessverlauf bekannt ist.

| Reales Ereignis: | Zustand A | →
Prozeß | Zustand B |

Mögliche Analysen:	Zustand A	Prozeßverlauf	Zustand B
	bekannt	bekannt	prognostiziert
	rekonstruiert	bekannt	bekannt
	bekannt	rekonstruiert	bekannt
	rekonstruiert	geschätzt	bekannt

Abb. 13. Mögliche Analysen von stochastischen Prozessen. Die Wahrscheinlichkeit, daß ein reales Ereignis stattfindet, kann geschätzt werden, wenn die Anfangs- oder Endzustände und der Prozeßverlauf bekannt sind oder begründete Annahmen über den Prozeßverlauf vorliegen. »Bekannt« bedeutet, daß der Zustand oder der Prozeß beobachtet wurden oder aus Indizien oder Stichproben rekonstruiert werden konnte. Letztere Annahmen entscheiden über die Richtigkeit der Schlußfolgerung.

zustände zu schätzen. So läßt sich aus dem Anteil radioaktiver Isotope des Kohlenstoffes berechnen, wie alt fossile organische Substanz ist (^{14}C-Methode).

Von Evolutionsvorgängen sind in der Regel nur Endzustände bekannt (Merkmale terminaler Taxa, Zustand B in Abb. 13), der historische Evolutionsprozess selbst ist nicht beobachtet worden. Methoden der Stammbaumrekonstruktion, die den Prozess der Merkmalsevolution modellieren, benötigen Annahmen über den Prozessverlauf, um den wahrscheinlichsten Ausgangszustand der Merkmalsevolution oder den wahrscheinlichsten Verlauf der Merkmalsevolution zu finden (Kap. 7, Kap. 8). Annahmen über den Prozessverlauf können zum Beispiel sein: Aussagen über Mutations- und Substitutionsraten, Aussagen über die Rate der Merkmalsveränderung (Veränderung der Beinlänge oder der Ovargröße pro Zeiteinheit) oder über Selektionswahrscheinlichkeiten für Allele. Diese Annahmen können durch Vergleich der Endzustände gewonnen werden, wobei jedoch stets das Risiko besteht, daß die Annahmen nicht der Realität entsprechen.

Wahrscheinlichkeitsaussagen erklären nicht die Ursachen von Ereignissen

Wahrscheinlichkeitsaussagen ermöglichen es nicht, eine **Begründung** für historische Ereignisse zu liefern. So kann für den radioaktiven Zerfall eine statistische Aussage gemacht werden, es ist jedoch nicht möglich festzustellen, warum ein bestimmtes Atom zu einem bestimmten Zeitpunkt zerfallen ist.

Prozesse gibt es außerhalb und innerhalb eines Subjekts

In Abb. 14 sind die Szenarien zusammengefaßt, für die ein Beobachter Aussagen über den Prozessverlauf machen kann. Es gibt Prozesse in der Natur außerhalb des denkenden Menschen, aber auch Erkenntnisprozesse. Als Subjekt findet man sich in drei verschiedenen Ebenen wieder:

Ebene a: Als Beobachter der Prozesse, die in der Natur ablaufen.

Ebene b: Als Subjekt, das die Spuren von Prozessen untersucht und daraus Hypothesen über deren Herkunft oder über den Prozessablauf ableitet, oder das Ausgangszustände untersucht und Prognosen über mögliche Ereignisse formuliert.

Ebene c: Als Beobachter eines Subjekts, das Hypothesen formuliert.

Als Subjekt kann ich daher, wenn historische Ereignisse wie die Evolution der Organismen untersucht werden, verschiedene Wahrscheinlichkeitsaussagen machen:

Zu a: Die Schätzung der Wahrscheinlichkeit, daß ein bestimmter Prozess stattgefunden hat oder stattfinden wird (Ereigniswahrscheinlichkeit, vgl. Abb. 12, 13) beruht auf Hypothesen über die Häufigkeitsverteilung von Ereignissen. Sind zum Beispiel die Prozessparameter und die Endzustände exakt bekannt, ist eine Wahrscheinlichkeitsaussage über den Ausgangszustand möglich (vgl. Kap. 8.3, Maximum-Likelihood-Methoden).

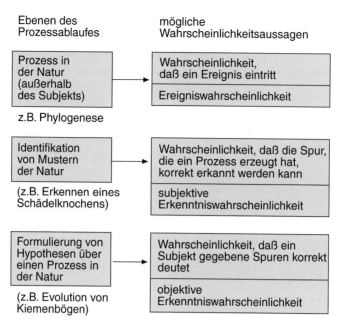

Abb. 14. Szenarien, in denen Prozesse betrachtet und Wahrscheinlichkeiten geschätzt werden können.

Zu b: Die Schätzung der Wahrscheinlichkeit, daß die von mir in der Natur beobachteten Muster oder Indizien Spuren eines Prozesses sind, ist unabhängig vom Prozessverlauf: Identifiziere ich mehrere komplexe Identitäten bei zwei Organismen, kann ich Homologieaussagen ableiten, ohne mir Gedanken über den Evolutionsverlauf machen zu müssen. Die Identifikation von Mustern ist ein Erkenntnisprozess. Da dieser Prozess in mir selbst abläuft, schätze ich subjektiv die Wahrscheinlichkeit, daß ich die Identitäten (Merkmale) korrekt erkannt und bewertet habe.

Zu c: Schätzung der Wahrscheinlichkeit, daß ein Wissenschaftler sich geirrt hat oder auch einen Prozess korrekt rekonstruiert hat. Hierbei berücksichtige ich die »Qualität des Empfängers«, also zum Beispiel den Ausbildungsstand, die Erfahrung des Wissenschaftlers und die Sorgfalt seiner Recherchen, und die »Qualität der Spur«, also die Zahl und Qualität der Indizien, die der Wissenschaftler ausgewertet hat. In diesem Zusammenhang schätzen wir auch die Wahrscheinlichkeit, daß eine Hypothese eine korrekte Aussage über einen realen Sachverhalt macht. Da ich als Beobachter (Experimentator) den Erkenntnisprozess bei einer dritten Person verfolge, versuche ich, den Erkenntnisprozess objektiv zu bewerten. Hierzu sind z.B. Experimente mit Versuchspersonen möglich, in denen der Beobachter den wahren Sachverhalt kennt.

In der Praxis sollte der Wissenschaftler alle drei Ebenen berücksichtigen, sich also auch fragen, ob er selbst die notwendige Ausbildung und Erfahrung hat, sich also in die Ebene c versetzen. Weiterhin muß man die Qualität der Indizien oder möglichen Spuren bewerten (Ebene b) und dabei auch fragen, ob es Prozesse geben kann, die derartige Spuren erzeugen (Ebene a).

Wahrscheinlichkeitsaussagen über Hypothesen

Es ist nicht zu leugnen, daß wir in einer Gruppe von alternativen Hypothesen, die denselben Sachverhalt deuten, eine Rangfolge von solchen, die »wahrscheinlich richtig« und anderen, die weniger mit den bekannten Beobachtungen im Einklang stehen, unterscheiden können. So ist von den folgenden zwei Hypothesen nur eine »mit größerer Wahrscheinlichkeit richtig«:

a) »Die Linsenaugen der Tintenfische sind als Linsenaugen homolog mit denen der Wirbeltiere«.

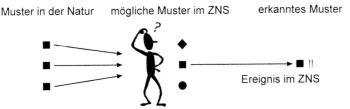

Abb. 15. Erkenntnisgewinn als ein Spezialfall eines Ereignisses (ZNS: Zentralnervensystem).

b) »Die Linsenaugen der Tintenfische sind konvergent zu denen der Wirbeltiere entstanden und nur zufällig ähnlich.«

Es erhebt sich die Frage, auf welchen Prozeß sich eine derartige Wahrscheinlichkeitsaussage bezieht.

Die Aussage »Hypothese b) ist wahrscheinlicher« bedeutet nicht, daß das Ereignis »Linsenaugen evolvieren zufällig zu ähnlicher Gestalt« wahrscheinlicher ist, was eine Bewertung der Ereigniswahrscheinlichkeit wäre, sondern daß viel Information zu Gunsten von Hypothese b) vorliegt (Bewertung der Erkenntniswahscheinlichkeit). Wir schätzen in der Praxis nicht, wie wahrscheinlich es ist, daß eine Retina aus ektodermalen oder aus entodermalen Geweben in einem gegebenen Zeitabschnitt evolvieren kann (was bei derart komplexen Evolutionsvorgängen auch nicht möglich ist), sondern wir bewerten die Komplexität der sichtbaren Muster. Eine theoretische Begründung der Unterscheidung der Qualität von Homologieaussagen wird in Kap. 5.1 vorgestellt.

Aus der Sicht des handelnden Subjekts ist die Hypothese b) besser gestützt. Aus der Sicht eines beobachtenden, allwissenden Dritten, der dem Wissenschaftler Indizien zur Verfügung stellt, wird der wahre Sachverhalt mit größerer Wahrscheinlichkeit entdeckt, wenn der Wissenschaftler viele Details identifiziert. Machen wir eine Wahrscheinlichkeitsaussage im obigen Sinn, tun wir so, als seien wir der beobachtende Dritte (Ebene c) des vorherigen Abschnittes, obwohl wir den wahren Sachverhalt nicht kennen. Wir können annehmen, daß von 100 gleich und geeignet ausgebildeten Wissenschaftlern ein hoher Anteil ein historisches Ereignis immer dann korrekt rekonstruiert, wenn eine ausreichende Anzahl von Spuren des Ereignisses vorhanden ist.

Klassen von Wahrscheinlichkeitsaussagen

Wir müssen für die Methodologie der Systematik zwei unterschiedliche **Klassen von Wahrscheinlichkeitsaussagen** unterscheiden:

a) Schätzungen der Wahrscheinlichkeit, daß ein Ereignis eintritt oder ein bestimmter Prozeß abläuft, also Aussagen über die **Ereigniswahrscheinlichkeit** (natürliche Wahrscheinlichkeit, auch mißverständlich statistische Wahrscheinlichkeit genannt). Sie hängt von den Bedingungen ab, die in der Natur herrschen und ist vom Beobachter unabhängig. So kann die Wahrscheinlichkeit, daß erbliche Krankheiten neu auftreten von der Häufigkeit abhängig sein, mit der Mutationen ein bestimmtes Gen treffen.

b) Schätzung der Wahrscheinlichkeit, daß aus einem gegebenen Sachverhalt ein bestimmter Prozess erkannt wird. Diese **Erkenntniswahrscheinlichkeit** (Abb. 15) setzt die Existenz eines Subjektes voraus und hängt von der **Qualität der verfügbaren Daten** und von der **Datenverarbeitung** ab. »Qualität der Daten« bedeutet, daß die Stichprobe repräsentativ, die einzelnen Daten informativ sein müssen. Ohne den Ablauf der Evolution zu kennen, muß der Systematiker beurteilen, ob Ähnlichkeiten Homologien sind oder nicht. »Qualität der Datenverarbeitung« bedeutet, daß z.B. das Subjekt die dafür notwendige Ausbildung hat. (Wahrnehmung und Erkennen, auch wissenschaftliches Erkennen, sind ebenfalls natürliche Prozesse, die objektiv beurteilt werden können. Die Unterscheidung von Ereignis- und Erkenntniswahrscheinlichkeit dient lediglich methodologischen Zwecken).

Der in Abb. 15 dargestellte Sachverhalt setzt voraus, daß außerhalb des Subjektes Dinge existieren, die Ähnlichkeiten aufweisen (z.B. Quadrate). Im Gehirn des Subjektes gibt es Korrelate, die verschiedene Gestaltsformen repräsentieren (z.B. Raute, Quadrat, Kreis). Der **Prozeß**, der von außen nicht erkennbar ist, ist der Vergleich der über Sinnesorgane eingehenden Muster mit den Korrelaten, das **Ereignis** ist die Identifikation eines bestimmten Korrelats. Die Wahrscheinlichkeit, daß die Identifikation korrekt ist, hängt in diesem Beispiel davon ab, ob

a) im Zentralnervensystem ein geeignetes Korrelat vorhanden ist, und ob

b) die über die Sinnesorgane eingehenden Informationen ausreichend detailliert sind.

In der Praxis zeigt sich dieser Zusammenhang daran, daß geschulte Spezialisten (z.B. Röntgenärzte) in einem Bild oder Objekt Sachverhalte identifizieren können (z.B. beschädigte Gelenke), die der Laie nicht erkennt. Entsprechend erfährt der vergleichende Morphologe in der Praxis, daß Homologien mit großer Wahrscheinlichkeit nur dann korrekt identifiziert werden können, wenn a) der Wissenschaftler gut ausgebildet ist, er b) die Objekte aufmerksam und detailliert untersucht hat und c) die Objekte genügend erkennbare strukturelle Details aufweisen, damit die Identitäten feststellbar sind.

Historische Forschung beruht überwiegend auf der Schätzung der Erkenntniswahrscheinlichkeit

Ein Prozessverlauf ist für historische Vorgänge nur in übersichtlichen Fällen präzise rekonstruierbar, wenn der Prozess nach bekannten Gesetzen abläuft und gut erfaßbare Endzustände vorliegen. So lassen sich Planetenbewegungen nicht nur exakt vorhersagen, sondern auch für die Vergangenheit berechnen, wobei das Ergebnis nur dann stimmen dürfte, wenn alle Faktoren erfaßt sind. Der nicht berücksichtigte Einfluß eines unbekannten Kometen könnte eine Fehlquelle sein.

In der historischen Forschung muß vor allem die Erkenntniswahrscheinlichkeit, selten die Ereigniswahrscheinlichkeit geschätzt werden. Eine Aussage über die Wahrscheinlichkeit, daß ein Meteoriteneinschlag die Ursache für das Massensterben an der Wende Kreide/Tertiär war, hängt nicht davon ab, wie wahrscheinlich ein solches Ereignis ist (also wie oft große Meteoriten die Erde treffen). Dies ist ein **wichtiger Aspekt historischer Forschung**: Auch wenn die theoretisch kalkulierbare Ereigniswahrscheinlichkeit eines Einschlages extrem gering sein sollte, kann er trotzdem stattgefunden haben. Die Wahrscheinlichkeit, daß wir dieses Ereignis korrekt identifizieren, hängt nicht von der Ereigniswahrscheinlichkeit, sondern von der Sicherheit ab, mit der aus Fossilfunden und Spuren des Einschlages auf einen ursächlichen Zusammenhang geschlossen werden kann. Je deutlicher ein Zusammenhang (z.B. durch genaue Datierung von Gesteinen an verschiedenen Orten) hergestellt werden kann, desto größer ist die Wahrscheinlichkeit, daß von vielen alternativen Hypothesen eine bestimmte die historischen Ereignisse korrekt beschreibt. Ein weiteres Beispiel: Ein Historiker wird nicht auf der Grundlage von a) Daten über den Gesundheitszustand von Julius Cäsar, b) der Reichweite und Sicherheit der damals verfügbaren Transportvehikel, c) der Begegnungsfrequenz von Cäsar mit weiblichen Personen etc. berechnen wollen, wie wahrscheinlich es ist, daß Cäsar Cleopatra begegnet und sich in sie verliebt. Er interessiert sich vielmehr für den Nachweis, daß dieses Ereignis tatsächlich stattgefunden hat und bewertet die verfügbaren historischen Dokumente.

Es ist wie das Bewerten eines auffälligen Musters: Die Frage, ob ein Muster (die Gestalt von Spuren) durch Zufall als Ergebnis mehrerer unabhängiger Prozesse entstanden sein könnte oder durch nur einen bestimmten einmaligen Vorgang, ist eine Wahrscheinlichkeitsentscheidung (vgl. »Homologiewahrscheinlichkeit«: Kap. 5.1.1). Aussagen über Erkenntniswahrscheinlichkeiten machen Annahmen über den **Informationsgehalt der verfügbaren Daten**.

Wahrscheinlichkeitsaussagen im Zusammenhang mit berechneten oder rekonstruierten **Stammbäumen** können sich entweder auf die Wahrscheinlichkeit beziehen, daß

a) die verwendeten Daten (Merkmale) informativ sind (Kap. 5.1) und die Rekonstruktion aus diesem Grund die realen Ereignisse abbildet, oder

b) auf die Wahrscheinlichkeit, daß bestimmte Evolutions*prozesse* stattgefunden haben (vgl. Kap. 7, Kap. 8).

Prozess in der Natur

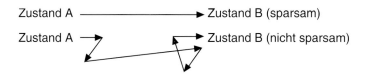

Hypothesenbildung:

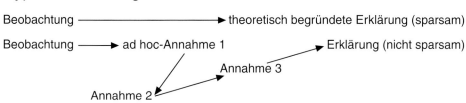

Abb. 16. Sparsamkeit in der Natur und Sparsamkeit der Hypothesenbildung. Die sparsamste Erklärung für das Eintreten von **Ereignissen** ist die, die den in der Natur am häufigsten festgestellten Prozessablauf annimmt. Dieser Ansatz kann verwendet werden, wenn die Merkmalsevolution rekonstruiert wird, eine Voraussetzung für Distanz- und Maximum-Likelihood-Verfahren (vgl. Kap. 8).

Die meisten Wahrscheinlichkeitsangaben der Kladistik (s. z. B. »bootstrapping«, Kap. 6.1.9.2) sind nur Artefakte von Rechenverfahren und schätzen weder die Qualität der Daten noch den Verlauf von Evolutionsvorgängen (vgl. »Deduktion« in Kap. 1.4.2), sondern das Ausmaß der Übereinstimmung zwischen Daten und einer daraus errechneten Topologie. Der **realen Phylogenese** kann keine Wahrscheinlichkeit zugewiesen werden, da sie bereits stattgefunden hat.

Das Prinzip der sparsamsten Erklärung

Das »**Sparsamkeitsprinzip**« (Prinzip der sparsamsten Erklärung, Prinzip der Denkökonomie, Parsimonieprinzip) ist eine Regel, ein methodologisches Hilfsmittel, das zum Vergleich von Erklärungsversuchen (Hypothesen) Verwendung findet. Es hat sich bewährt, für die Erklärung einer beobachteten Erscheinung unnötige ad-hoc-Annahmen zu vermeiden. Es empfiehlt sich zu fragen, welche Annahmen ausreichen, um die Erscheinung zu erklären, damit phantasievolle Ausschweifungen vermieden werden. Diese Regel (engl. »Ockham's razor«) wird auf den Theologen und Philosophen Willhelm von Ockham (ca. 1280-1349) zurückgeführt (»Pluralitas non est ponenda sine necessitate«). Das Prinzip betrifft nicht Ebene a) (außersubjektiver Prozess in der Natur) sondern Ebene c) (Formulierung von Hypothesen).

Das Prinzip der sparsamsten Erklärung bedeutet nicht, daß die Bevorzugung der **einfachsten Erklärung** dasselbe ist wie die Annahme, die Existenz eines einfacheren Prozesses sei wahrscheinlicher als die eines umständlicheren. Die Evolution ist nicht »sparsam«, sie verlief nicht nach einem vorgegebenem Plan sondern in chaotischer Weise. Das hat z.B. zur Folge, daß die menschliche Wirbelsäule nicht »von Anfang an« zum Stehen und Sitzen konzipiert war, was an den vielen Bandscheibenschäden spürbar wird. Das Herz der Säuger mit seinen verdrehten Gefäßen ist keine technisch optimale Konstruktion, sondern eine aus gegebenem Ausgangsmaterial geformte brauchbare Lösung. Hypothesen über den Evolutionsverlauf dürfen nicht die denkbare geradlinige Lösung suchen, sondern müssen die oft »umständlichen« historischen Ereignisse rekonstruieren.

Die sparsamste Erklärung für die **Deutung von Identitäten** der Merkmale von Organismen beruht auf der Schätzung der Wahrscheinlichkeit, daß Übereinstimmung auf eine **gemeinsamen Ursache** zurückzuführen ist: Es ist wahrscheinlicher, daß eine komplexe Kette von Ereignissen (die Evolution eines kompliziert aufgebauten Organs) nur einmal stattfand, als daß zufällig dieselbe Folge mehrfach auftrat (s. Komplexitätskriterium für Homologiehypothesen, Kap. 5.1).

Die sparsamste Erklärung für das Auftreten von bestimmten Identitäten bei einer begrenzten Anzahl von Organismen ist, daß Identitäten in einer **gemeinsamen Stammlinie** entstanden sind, und deshalb bei anderen Organismen fehlen. Aus diesem Ansatz leitet sich das Parsimonieverfahren der Stammbaumrekonstruktion ab (vgl. Kap. 6.1.2).

In der Systematik wird das Sparsamkeitsprinzip vor allem für die Merkmalsanalyse und für die Analyse der Kongruenz von Homologiehypothesen benötigt.

1.4.6 Phänomenologie

In folgenden Kapiteln wird der Begriff »phänomenologische Methode« verwendet, der der Terminologie der induktiven Forschung entstammt. Damit ist eine wissenschaftliche Methode gemeint, die soweit möglich von der Verwendung von Axiomen oder Annahmen absieht, um zunächst das zu betrachten, was zu sehen oder zu erfahren ist. Gemieden werden vor allem jene Annahmen, die bereits eine Erklärung für das Beobachtete implizieren. Gänzlich frei von Annahmen ist allerdings keine Methode, die Theorien der Physik z.B. müssen oft als Grundlage akzeptiert werden.

Ein »Phänomen« ist die **Wahrnehmung** eines Gegenstandes oder Prozesses durch ein Subjekt (vgl. Mahner & Bunge 1997), also das Hitzeempfinden am Feuer oder die Beobachtung des Flügelschlages bei Fledermäusen und Vögeln. Die Wahrnehmung ist nicht mit der Realität gleichzusetzen, weshalb der Wissenschaftler prüfen muß, welchen realen Eigenschaften oder Vorgängen die Wahrnehmung entspricht. Wahrnehmungen sind intersubjektiv prüfbar, im Fall subjektiver Empfindungen (z.B. Farbsehen) sind sie nachvollziehbar, und die Reize, die die Wahrnehmung verursachen, sind meßbar, wobei die Messung eine andere, oft exaktere und intersubjektiv leicht prüfbare Methode der Wahrnehmung ist.

Zunächst sollen also die Phänomene beschrieben werden. Diese Beobachtungen haben nicht die Funktion von Stichproben: Beobachte ich einige Mücken beim Saugen von Blut, darf ich die Aussage ableiten: »Die Stechrüssel der Mücken *können* zum Blutsaugen eingesetzt werden«. Damit gehe ich nicht über das Beobachtete hinaus, es werden keine Annahmen gemacht, bis auf die, daß ich meinen Augen trauen darf. **Statistische Berechnungen sind hierfür nicht notwendig.** Es darf daraus aber keine allgemein gültige Gesetzmäßigkeit abgeleitet werden, diesen Anspruch erhebt die phänomenologische Methode nicht: »*Alle* Mücken können Blut saugen« würde eine unbegründete Aussage sein, und sie ist in der Tat falsch. Die Phänomenologie ist geeignet, historische Ereignisse oder deren Folgen zu beschreiben, also singuläre Sachverhalte, die »keinen Gesetzen gehorchen«. Die Phylogenetik beschäftigt sich mit derartigen historischen Ereignissen.

1.4.7 Die Rolle der Logik

Die Logik stellt der Wissenschaft Werkzeuge zur Verfügung. und ermöglicht die Formalisierung von Argumenten, also von Verknüpfungen zwischen Aussagen. Sie abstrahiert von empirischen Erfahrungen und bietet Regeln an, die für die korrekte Ableitung von Schlußfolgerungen (Konklusionen) angewendet werden können. Die Logik macht jedoch keine Aussage über die Ontologie der gewonnenen Schlußfolgerung. Trotz ihrer abstrakten Regeln ist sie kein bezugloses Phantasieprodukt, sondern eine Sammlung von Abstraktionen, die sich aus regelmäßig auffindbaren Beziehungen der Objekte der realen Welt ergeben. Die Alltagserfahrung ist der Anlaß, Regeln für das Gewinnen von gültigen Schlußfolgerungen aufzustellen:

(a) Wenn es regnet, ist die Landschaft naß. (b) Die Landschaft ist naß, (c) also hat es geregnet.

Diese Regeln gelten auch außerhalb unseres Bewußtseins, was z.B. die elektronische Datenverarbeitung belegt. Ein Beispiel für Regeln der Logik ist, daß Merkmale einer Untermenge nicht unbedingt auch bei anderen Elementen der übergeordneten Menge vorhanden sein müssen. Das Argument

(a) Alle Hunde haben Haare. (b) Hunde sind Tiere. (c) Alle Tiere haben Haare

ist logisch falsch. Das Argument

(a) Alle Insekten haben Flügel. (b) Flöhe sind Insekten. (c) Flöhe haben Flügel

ist dagegen logisch richtig, obwohl die Aussage (c) sachlich falsch ist!

Mit den Regeln für die Verknüpfung von Aussagen gelangt man von Prämissen (vorausgesetzte Annahmen: »alle Hunde haben Haare« oder »alle Insekten haben Flügel«) über Argumente zu einer Schlußfolgerung (»alle Tiere haben Haare«, »Flöhe haben Flügel«). Die Einhaltung der Regeln der Logik garantiert jedoch nicht, daß die logisch notwendige Schlußfolgerung auch richtig ist, da die Logik keine Aussage über die **Richtigkeit der Prämissen** (Annahmen, Axiome) macht. Im genannten Beispiel ist die Annahme »alle Insekten haben Flügel« falsch, die logische Verknüpfung aber richtig. Die Schlußfolgerung ist falsch, weil die Prämisse falsch ist. Die Schlußfolgerung hätte aber auch zufällig richtig sein können, obwohl die Prämisse falsch ist: Sind Prämissen falsch, gibt es keine sichere Schlußfolgerung.

Die Anwendung der Logik ist also keine Garantie für das Auffinden der wahrscheinlichsten Aussage, was z.B. für die Anwendung von streng logisch konstruierten Rechenverfahren bedeutsam ist: Wird mit wertlosen Daten gerechnet, ist das berechnete Ergebnis ebenfalls wertlos; benötigt das Verfahren unrealistische Annahmen, ist das Ergebnis nicht zuverlässig. Die Anwendung der Logik zur Gewinnung einer wissenschaftlichen Aussage ist eine **notwendige Bedingung** (conditio sine qua non), aber nicht eine **hinreichende Bedingung**. Eine Bedingung A ist **hinreichend**, wenn der Wahrheitsgehalt von A genügt, um die Wahrheit der aus Aussage A logisch folgenden Aussage B zu beweisen.

1.4.8 Algorithmen und Erkenntnisgewinn

Die Ergebnisse von automatisierten Berechnungen werden als zuverlässig angesehen, weil der Automat in der Regel fehlerfrei mit den vorgegebenen Algorithmen (und nur mit diesen) arbeitet. Er ermöglicht es, eine große Zahl von Problemlösungen zu testen und diejenigen auszuwählen, die am besten zu den gegebenen Daten passen. Trotzdem ist es offensichtlich, daß eine Berechnung nicht deshalb zuverlässig ist, weil sie von einem Computer durchgeführt wurde. Eine wissenschaftliche Prüfung der Zuverlässigkeit muß auf 5 Ebenen erfolgen:

1. Prüfung der Zuverlässigkeit des Automaten: Rechnet er richtig?
2. Prüfung der Programmierung der Algorithmen (Entdeckung von Programmierfehlern)
3. Prüfung der Logik der Algorithmen: Sind sie geeignet, die Fragen zu beantworten?
4. Prüfung der Annahmen (Axiome), die die Algorithmen voraussetzen.
5. Prüfung, ob die Daten geeignet sind, die gestellten Fragen zu beantworten.

Während die Schritte 1 und 2 eher technische Probleme betreffen und z.T. mit dem Computer selbst geprüft werden können, sind insbesondere die Schritte 4 und 5 derzeit nur durch den Fachwissenschaftler durchzuführen, der die Methodologie und den Kenntnisstand seines Faches beherrscht. Oft ist anfangs nicht bekannt, welche Annahmen ein Algorithmus macht. Der beste Algorithmus berechnet Unsinn, wenn die Daten nicht repräsentativ für den zu untersuchenden Sachverhalt sind (Beispiel: Plesiomorphiefalle, Kap. 6.3.3). Die oft zu vernehmende Behauptung, eine Computeranalyse ermögliche eine grundsätzlich bessere Annäherung an die Wahrheit, ist grundsätzlich falsch, solange der Automat Methodologie und Kenntnisstand des betreffenden Fachgebietes (in diesem Fall die Biologie) nicht beherrscht.

Derzeit verfügbare Computer können im Rahmen induktiver Forschung nur für deduktive Zwischenschritte (Abb. 9) eingesetzt werden, nicht aber hypothetisch-deduktiv eine Hypothese erarbeiten. Sowohl für die Wahl von Stichproben als auch für die Formulierung einer Hypothese und die Prüfung der Plausibilität der Ergebnisse muß ein ausgebildeter Wissenschaftler arbeiten.

Solange nicht geklärt ist, wie Stichproben von Robotern gewählt, wie die Qualität von Datensätzen automatisiert bewertet und unter welchen Bedingungen Axiome akzeptiert werden können, ist es leichtsinnig, ein Computerprogramm als »black box« zu betrachten, als Automat, der aus eingefüllten Daten »die Phylogenese« konstruiert. Zur Zeit muß sich jeder Phylogenetiker mit der Theorie auseinandersetzen und bei Verwendung von Computeprogrammen wissen, nach welchen Grundsätzen die »black box« arbeitet.

1.5 Evolutionäre Erkenntnistheorie

Wie bereits erwähnt, (Kap. 1.4.2) sind wissenschaftliche Beweise i.e.S. regressive Deduktionen, die logische Schlüsse auf Anfangssätze zurückführen. Diese Anfangssätze stellen **unbeweisbare Axiome** oder Annahmen dar. In der Naturwissenschaft führt man Axiome auf Alltagserfahrungen zurück, um unsinnige Annahmen zu vermeiden. Damit ist ein Nullpunkt der Beweisführung erreicht. Auch in der induktiven Forschung gibt es diesen Nullpunkt. Eine Hypothese kann intersubjektiv prüfbar sein, wir verlassen uns dabei aber darauf, daß andere Subjekte mit ihren Sinnesorganen und Gehirnen auf objektive Weise Erfahrungen machen können. Da es grundsätzlich denkbar ist, daß die Wahrnehmung unserer Umwelt nur ein Produkt unseres »Geistes« ist, zu dessen Leistungen z.B. Mathematik und Logik gehören, muß ein Äquivalent unseres Weltbildes nicht unbedingt real existieren. Dann wäre jedoch auch wissenschaftliches Erkennen in Frage gestellt.

Die Berufung auf die evolutionäre Erkenntnistheorie ermöglicht es uns, den Nullpunkt zu akzeptieren, der den Ausgangspunkt jeder Formulierung von Erkenntnis bildet: Sie besagt, daß die vorwissenschaftliche Erkenntnis Aspekte der realen Welt abbildet, da die **Erkenntnisfähigkeit**, vom Bau der Sinnesorgane bis hin zur Datenverarbeitung im Nervensystem, von den angeborenen Reflexen bis hin zur Sprachfähigkeit, **ein Produkt der Evolution** ist, und diese Strukturen und Leistungen aus diesem Grund der realen Umwelt angepaßt sind. Für die Existenz von Selektion und Modifikation »geistiger« Eigenschaften spricht die Variabilität und Erblichkeit von Talenten (Sprache, Musik), von Intelligenz, psychischen Krankheiten, der Leistung der Sinnesorgane (Sehvermögen), die Veränderung anatomischer Strukturen im Verlauf der Phylogenese (Verbesserung der Konstruktion von Augen, Vergrößerung des Gehirns, etc.). Hinweise darauf, daß unsere Erkenntnisfähigkeit von der Struktur der Umwelt geprägt ist, liefern die Übereinstimmung der Konstruktionsprinzipien von Sinnesorganen bei nicht verwandten Tiergruppen, die Passung der Leistungen der Sinnesorgane und Nervensysteme auf diejenigen Reize, die für das Überleben am informativsten sind (z.B. Ultraschallhören der Fledermaus, Strömungsrezeption bei Fischen, dreidimensionales Sehen bei Baumbewohnern), die Übereinstimmung der Information, die wir von verschiedenen Sinnesorganen erhalten: Strecken wir die Hand nach einem Gegenstand aus, finden wir ihn genau dort, wo wir ihn sahen; hat er eine rauhe Oberfläche, sehen und fühlen wir dies auch. Die Voraussetzungen für diese evolutive Anpassungsfähigkeit, also die Variabilität und die Erbbarkeit dieser Leistungen, sind nachgewiesen. Weiterhin steht die evolutionäre Erkenntnistheorie im Einklang mit anderen Theorien (Evolutionstheorie, Abstammung des Menschen, physiologische Funktion von Sinnesorganen, Sprachtheorien, Gesetze der Genetik).

Unser Erkenntnisapparat garantiert in den Grenzen des Mesokosmos, der für unser Überleben relevant ist, ein wirklichkeitsnahes Abbild der Umwelt. Dazu gehört die Begriffsbildung durch Abstraktion, eine Rechenleistung des Nervensystems, das in der Lage ist, aus eingehenden Daten die invariablen Anteile von Mustern zu identifizieren und mit früheren Erfahrungen zu vergleichen. Der vorwissenschaftliche Prozeß des Erlernens der Sprache ermöglicht deshalb die Entwicklung von Begriffen, die sich auf real existierende Dinge oder Prozesse beziehen. (vgl. Vollmer 1983). Die Erkenntnis ist jedoch kein vollständiges und in jedem Fall verläßliches Abbild der Umwelt, und muß daher vom Wissenschaftler kritisch geprüft werden.

Die evolutionäre Erkenntnistheorie beruft sich auf den sinnesphysiologischen Nachweis, daß es eine Korrelation zwischen Reizen, die aus der

Umwelt stammen, und den Reaktionen der Sinnesorgane und der Nervensysteme gibt. Die Optimierung dieser Korrelation, die eine z.T aufwendige »Datenverarbeitung« erfordert, ist als Ergebnis der Evolution zu deuten. Organismen mit Nervensystemen, die die für ihr Überleben relevanten, in der Realität vorkommenden Muster nicht identifizieren konnten, starben oder mußten in der Konkurrenz um Ressourcen unterliegen. Der Gibbon, der die Entfernung zum nächsten Ast falsch einschätzt, stürzt im Sprung vom Baum. Daß sich aus der Anpassung des organischen Erkenntnisapparates rationales Verhalten ergibt, welches ebenfalls der Evolution unterliegt, ist der zentrale Beitrag der Evolutionsforschung zur Erkenntnistheorie. Die Erkenntnisfähigkeit der Organismen ist also eine Anpassung an die Umwelt und entscheidet über Leben und Tod.

Dies erklärt, warum die Erkenntnis lebender Organismen Aspekten der Wirklichkeit entspricht und weshalb die vorwissenschaftliche Begriffsbildung zumeist verläßlich ist (Lorenz 1973; Riedl 1975).

Das bedeutet allerdings nicht, daß das Erlebte immer die sichere Beschreibung der Realität ermöglicht. Das Erlebte ist vielmehr mit gutem Grund Anlaß, unter Anwendung der Logik Hypothesen zu formulieren, die bei Auffinden neuer Evidenzen revidiert werden können und damit keine absolute Wahrheiten repräsentieren, sondern Aussagen, denen man Wahrscheinlichkeiten zuweisen kann. Die evolutionäre Erkenntnistheorie erklärt, weshalb unsere Wahrnehmung kein exaktes Abbild der Umwelt liefert: Für das Überleben ist nicht die exakte Erkenntnis entscheidend, sondern die für das Individuum nützliche Reaktion auf die Umwelt. Das ist der Anlaß, auch die wissenschaftliche Erkenntnis eines *Homo sapiens* als hypothetisch zu bezeichnen und seine Betrachtungsweise der Natur »hypothetischen Realismus« zu nennen (Oeser 1987).

2. Der Gegenstand der phylogenetischen Systematik

Die Systematiker beschäftigen sich mit den folgenden Gegenständen, von denen wir zunächst erfahren müssen, ob sie materielle Dinge, deren Eigenschaften, Prozesse, oder eher Konstrukte sind:

- Eigenschaften von Organismen
- Transfer genetischer Information zwischen Organismen
- Vererbung und Modifikation genetischer Information
- Populationen von Organismen
- monophyletische Gruppen von Organismen
- Arten
- Speziationsprozesse
- Stammbäume

Daß auch die Methoden der Datengewinnung und Datenauswertung Gegenstand der Forschung sind, muß nicht betont werden. In diesem Kapitel wenden wir uns jedoch Begriffen zu, die möglicherweise Dinge der materiellen Wirklichkeit repräsentieren. Der einzelne lebende oder ehemals lebendige Organismus ist das Untersuchungsobjekt, von dem alle Daten über »Merkmale« stammen, der Organismus ist ein reales Objekt. Der Begriff »Merkmal« wurde in Kap. 1.3.7 erläutert. Auf die Begriffe »Population«, »Monophylum«, »Art« und »Speziation« wird in folgenden Kapiteln eingegangen. Die Vererbung und Modifikation genetischer Information ist Gegenstand der Merkmalsanalyse (vgl. Kap. 5), die dem Nachweis historischer Vorgänge dient, ist aber auch unter mechanistischen Gesichtspunkten ein zentrales Thema in Lehrbüchern der Genetik.

Kenntnisse von der Existenz von Populationen, Speziationsereignissen (Kap. 2.3.1) und meistens auch der Vererbung und der Modifikation der genetischen Information werden entweder indirekt, durch Vergleich von Organismen, oder direkt durch Beobachtung von rezent ablaufenden Prozessen gewonnen. Der Vergleich erlaubt Aussagen über die Existenz von Fortpflanzungsbarrieren, die zeitliche Abfolge von Speziationsereignissen und die genetische Distanz zwischen Arten.

Grundlage für weitergehende Schlußfolgerungen ist ein meist graphisch dargestellter Stammbaum (= **Dendrogramm**, Kladogramm, Phylogramm, math. auch Baum, Baumgraph, Baumgraphik; vgl. Kap. 3), dessen Rekonstruktion ein zentrales Thema der folgenden Kapitel ist. In Kombination mit weiteren Daten, z.B. über die geographische Verbreitung oder die Lebensweise von Arten, sind zum Beispiel Schlüsse möglich über

- das historische Alter einer Organismengruppe,
- den Prozeß der evolutiven Anpassung an lokale ökologische Bedingungen,
- den Einfluß von Klimaveränderungen, Kontinentaldrift, der Einwanderung, der Evolution anderer Organismen auf die Evolution einer Organismengruppe.

Über das Studium von evolutiven Anpassungen und über den Einfluß der Umwelt wird in diesem Buch nicht berichtet. Es sei auf die umfangreiche Literatur der Evolutionsforscher verwiesen (was nicht bedeutet, daß Phylogenetiker nicht zugleich auch Evolutionsforscher sein sollten). Die **Existenz von Evolutionsprozessen** ist aber eine grundlegende Annahme für phylogenetische Analysen (Kap. 2.7). Ohne diese Annahmen ließe sich zwar die Phylogenese rekonstruieren, indem man ähnliche Muster daraufhin untersucht, ob sie durch Zufall übereinstimmen könnten oder mit größerer Wahrscheinlichkeit eine gemeinsame Informationsquelle haben (vgl. Kap. 5.1.1). Ohne Kenntnisse der Evolutionsbiologie wäre es aber nicht möglich, die Ursachen der Phylogenese zu verstehen oder zu rekonstruieren und die Plausibilität von Verwandtschaftshypothesen zu diskutieren.

2.1 Transfer genetischer Information zwischen Organismen

Die Tatsache, daß durch die Weitergabe von exakten Kopien der Nukleinsäuresequenzen eines Mutterorganismus oder der Eltern die Tochterorganismen sich aus einer nicht differenzierten Zelle zu einem dem Mutterorganismus weitgehend identischen Lebewesen entwickeln, berechtigt zu der üblichen Formulierung, daß »genetische Information« weitergegeben wurde (zum Begriff »Information« siehe Kap. 1.3.5). Die Übertragung von genetischer Information kann auf verschiedene Weise erfolgen. Zu unterscheiden sind folgende Möglichkeiten:

- horizontaler Gentransfer,
- klonale Fortpflanzung,
- bisexuelle Fortpflanzung.

2.1.1 Horizontaler Gentransfer

Der Begriff »**Gentransfer**« bezeichnet die materielle Übertragung von Nukleinsäuren von einer Zelle in eine andere. Er wird für Genübertragungen verwendet, die entweder nicht der Fortpflanzung dienen oder zur Fortpflanzung führen, ohne daß die Nachkommen des Empfängerorganismus große Genanteile des Spenderorganismus übernehmen. Empfänger und Spender sind allgemein nicht kreuzbar, also reproduktiv isoliert. Der Effekt ist stets, daß ein Organismus weitgehend das Genom (im Sinn einer Kopie der DNA-Sequenzen) der Eltern aufweist, zusätzlich jedoch einzelne Gene oder Genabschnitte, die aus Individuen anderer Populationen oder Arten stammen. Bei Prokaryonten treten Transformation, Konjugation oder Transduktion regelmäßig auf. Zwischen Eukaryonten ist Gentransfer ein sehr seltenes Ereignis, die Mechanismen sind, soweit Viren nicht als Überträger in Betracht kommen, ungeklärt.

Beispiele: Auf Grund der Unvereinbarkeit in der Sequenzähnlichkeit von »P-Elementen« bei *Drosophila*-Arten mit der vermuteten Phylogenese dieser Arten wird angenommen, daß Ähnlichkeiten durch horizontalen Gentransfer entstanden sind (Clark et al. 1994). – In Cyanobakterien (und Plastiden, die aus endosymbiontischen Cyanobakterien enstanden sind) kommen zwei verschiedene an der Photosynthese beteiligte Proteine vor, von denen eines in sehr ähnlicher Form bei grünen Schwefelbakterien, das andere bei Purpurbakterien verbreitet ist. Die plausibelste Erklärung ist, daß durch Gentransfer beide Gene in einer Vorfahrenzelle der Cyanobakterien zusammentrafen. – In der Stammlinie der Eubacteria waren bestimmte ATPasen, die bei *Thermus* und *Enterococcus* vorkommen, wahrscheinlich nicht vorhanden. Diese entsprechen den ATPasen von Archaebakterien. Die Verbreitung dieser Gene ist mit Gentransfer zu erklären (Gogarten 1995). – Bei Pilzen konnte nachgewiesen werden, daß nicht verwandte Arten nach Hyphenkontakt lineare Plasmide übetragen können (Kempken 1995). – Transfer existiert auch zwischen Endosymbionten und Wirtszellen (s. Kap. 5.2.2.3, Transposition).

Der horizontale Gentransfer kann eine Fehlerquelle in der phylogenetischen Analyse sein, wenn die Verbreitung von Homologien nicht der Phylogenese entspricht. Bei Tieren (Metazoa) wird die Evolution einer Population so gut wie ausschließlich durch den vertikalen Informationsfluß ermöglicht.

2.1.2 Klonale Fortpflanzung

Für den Systematiker ist die wesentliche Besonderheit der klonalen Fortpflanzung das völlige Fehlen der Rekombination der Gene. Fakultative oder zyklische Parthenogenese (Wasserflöhe, Blattläuse, Gallwespen) ist nur eine verzögerte bisexuelle Fortpflanzung und daher nicht rein klonal. In klonalen Populationen wird genetische Information in Form von weitgehend exakten Kopien der kodierenden Sequenzen des Mutterorganismus an Tochterindividuen weitergeben. Klonale Fortpflanzung liegt vor

- bei vegetativer Vermehrung,
- bei eingeschlechtlicher Vermehrung (Parthenogenese).

Der Weg des Informationsflusses (im Sinn der Weitergabe von Kopien der DNA) hat in diesen Systemen die Form eines Baumes (Abb. 20). Die richtende Selektion durch Umweltfaktoren und die begrenzte Kapazität von Lebensräumen be-

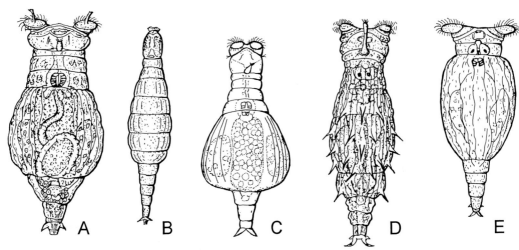

Abb. 17. Die Bdelloidea (Rotatoria) pflanzen sich rein parthenogenetisch fort, wobei eine große Formenvielfalt evolviert ist. **A.** *Mniobia magna*; **B.** *Adineta gracilis*; **C.** *Habrotrocha lata*; **D.** *Dissotrocha aculeata*; **E.** *Philodina megalotrocha* (verändert nach Streble & Krauter 1973).

wirken, daß einander ähnliche Individuen in begrenzter Zahl zeitgleich leben können, andere Varianten dagegen benachteiligt sind und keine Nachkommen haben. Derartige Gruppen bestehen aus **Klonen**, deren Gene stets nur auf ein Ursprungsindividuum zurückzuführen sind. Eine methodische Abgrenzung gegen andere Gruppen erfolgt über die Rekonstruktion der Herkunft eines Klones (ähnlich wie bei Monophyla): Alle Mitglieder des Klons stammen von einem bestimmten Mutterorganismus ab. Als Indiz für die Existenz eines Klones dient die genetische Übereinstimmung. Wichtig ist, daß es zwischen den Individuen keine genetische Rückkopplung gibt. Mutationen, die in einem Individuum erstmalig auftreten, können auch nach mehreren Generationen nicht bei Nachkommen anderer Individuen homolog vorkommen. Beispiele klonaler Organismen: Einige Nematoda (z.B. Arten von *Meloidogyne*), Ostracoda (Cyprididae, Darwinulidae), einige Phasmatodea *(Carausius morosus)*. Unter den Rotatoria pflanzen sich die Bdelloida rein parthenogenetisch fort (Abb. 17). Beim Amazonenkärpfling *(Poecilia formosa)*, einer hybriden mittelamerikanische Art der lebendgebärenden Zahnkarpfen, entwickeln sich die Eier nur nach Kontakt mit Spermatozoen verwandter Arten, ohne das es zu einer Befruchtung kommt. Der amerikanische Kilifisch (Bachling) *Rivulus marmoratus* pflanzt sich nur durch obligate Selbstbefruchtung fort (Harrington & Kallman 1968).

Unter den Angiospermen sind mehrfach aus bisexuellen Vorfahren sich ausschließlich ungeschlechtlich fortpflanzende, apomiktische oder vegetative Populationen durch Hybridisierung oder Polyploidie entstanden (z.B. in den Gattungen *Dentaria*, *Mentha*, *Acorus*, *Potentilla*, *Taraxacum*, diverse Rosaceae, Cichoriaceae, Poaceae).

2.1.3 Bisexuelle Fortpflanzung

Der Informationsfluß in Organismengruppen mit normaler geschlechtlicher Fortpflanzung kann als Netzwerk dargestellt werden (Abb. 20): Die in einem Individuum vorhandene genetische Information läßt sich nicht auf einen einzigen Ahnen zurückführen. Die Gesamtheit der zeitgleich lebenden Individuen bilden eine **potentielle** oder eine **funktionelle Fortpflanzungsgemeinschaft.** Sie ist nur dann eine funktionelle Einheit, wenn Individuen verschiedener Teilgruppen einander in der Natur begegnen können und sich erfolgreich fortpflanzen. Eine potentielle Fortpflanzungsgemeinschaft dagegen besteht aus Populationen, die sich nicht begegnen können, die aber im Experiment kreuzbare Individuen enthalten. Derartige Populationen sind von anderen, die nicht zu derselben Fortpflanzungsgemeinschaft gehören, dadurch abgegrenzt, daß ein Genaustausch mit anderen Fortpflanzungsgemeinschaften auch im experimentellen Kreuzungsversuch unmöglich ist. Funktionelle Fortpflanzungsgemeinschaften bilden natürliche, materielle Systeme (s. Kap. 1.3.2). Die Gesamtheit der genetischen Information oder der Varianten von Genen eines solchen Systems wird **Genpool** genannt. Die Zusammensetzung des Genpools kann sich im Verlauf der Zeit kontinuierlich ändern, ohne daß die horizontale Abgrenzung des Systems verloren geht.

Der Begriff »**Biopopulation**« wird manchmal als Synonym für den Artbegriff (Mayr 1963, 1982, Mayr & Ashlock 1991) oder für Gruppen von Organismen einer Art im Sinn der potentiellen Fortpflanzungsgemeinschaft (Mahner & Bunge 1997) gebraucht.

2.1.4 Der Sonderfall der zu Organellen evolvierten Endosymbionten (Mitochondrien und Plastiden)

Obligate intrazelluläre Endosymbionten, die ihre Wirtszellen nicht verlassen und sich ausschließlich ungeschlechtlich vermehren, sind Klone, deren Evolution von der Existenz und Evolution der Wirtszellen abhängt. Die Informationsweitergabe erfolgt allgemein wie bei Klonen, auch wenn der Wirt sich geschlechtlich vermehrt. Nicht alle Endosymbionten sind derart spezialisiert, es gibt alle Übergänge in der Natur (Margulis 1993):

– fakultative Endosymbionten, die in der Natur auch außerhalb der Wirte vorkommen (z.B. Bakterien in *Paramecium*, *Rhizobium* in Leguminosen, *Chlorella* in *Paramecium bursaria* oder in *Hydra*),
– obligatorische Endosymbionten (z.B. Cyanobakterium in *Glaucocystis*, methanogene Bakterien in *Pelomyxa*), und
– vom nukleären Wirtsgenom abhängige Endosymbionten, deren eigenes Genom oft nicht vollständig ist und die als funktionelle Einheit mit dem Wirt evolvieren (z.B. Cyanellen in eukaryontischen Einzellern, in Cnidaria, »Plastiden« von *Euglena*). Eine Verlagerung von Genen des Endosymbionten in den Kern der Wirtszelle ist möglich (Transposition, Kap. 5.2.2.3).

Mitochondrien und Plastiden gehören zur zuletzt genannten Gruppe von Endosymbionten, die mit der Wirtszelle eine funktionelle Einheit bilden. Es ist zu erwarten, daß Gendrift und Selektion der

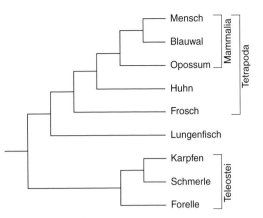

Abb. 18. Verwandtschaft einiger Wirbeltiere, berechnet aus vollständigen mitochondrialen Genomen (mtDNA-Sequenzen; nach Zardoya & Meyer 1996)

endosymbiontischen Klone u.a. von der Lebensweise und der Populationsdynamik der Wirte abhängen, wenn die Symbionten nicht mehr in der Lage sind, den Wirt zu verlassen. Die endosymbiontischen Genome sollten daher parallel zur Wirtsart evolvieren, sofern kein Genaustausch zwischen Endosymbionten verschiedener Wirte erfolgt (Abb. 18). Dieses gilt für Mitochondrien und Plastiden, die ein eigenes Genom haben, sowie für Cyanellen und andere endosymbiontische Einzeller, die die Wirte nicht mehr verlassen können. Ist die Substitutionsrate der Nukleinsäuren abhängig von der Zahl der Replikationen, sollten Symbiont und Wirt unterschiedliche Substitutionsrate aufweisen können (vgl. Moran et al. 1995).

Für die mitochondrialen Genome der Tiere gilt, daß in den meisten Fällen die Mitochondrien über die weibliche Keimbahn vererbt werden, männliche Mitochondrien nicht in die Zygote aufgenommen werden. Es entstehen dadurch maternal transmittierte Klone. Für die Rekonstruktion der Phylogenese der Träger der Mitochondrien sind die mitochondrialen Gene sehr gut geeignet, ebenso aber auch für Populationsstudien, mit denen z.B. die Verbreitungswege weiblicher Tiere analysiert werden sollen. Es sind nur wenige Ausnahmen von der Regel der maternalen Vererbung bekannt: Von Muscheln weiß man, daß es geschlechtsspezifische mtDNA gibt (Geller 1994, Liu & Mitton 1996).

Bei Pflanzen können durch Hybridisierung »fremde« Plastiden in Arten gelangen, deren Kerngenom dann eine andere Stammesgeschichte als die Plastiden aufweist. Bei der einjährigen Asteracee *Microseris douglasii* aus Kalifornien sprechen die Befunde dafür, daß durch Hybridisierung mit *M. bigelovii* Individuen entstanden, die überwiegend das Kerngenom von *M. douglasii* haben (das maternale Genom wurde weitgehend eliminiert), während in einigen Fällen die Chloroplasten von *M. bigelovii* erhalten blieben (Roelofs & Bachmann 1996). In derartigen Fällen läßt sich für die Plastiden eine andere Phylogenese rekonstruieren als für das Kerngenom.

2.2 Die Population

Der Begriff »Population« wird in der Biologie für eine Ansammlung von Organismen verwendet, wobei entweder vorausgesetzt wird, daß diese derselben Art angehören, oder daß sie Eigenschaften aufweisen, die auch einer Art zugesprochen werden (z.B. genetische Übereinstimmungen, Kreuzbarkeit der Individuen). Mit dem Begriff können sehr verschiedene Individuengruppen gemeint sein (Mahner & Bunge 1997):

– zufällige Ansammlungen von Individuen,
– in begrenztem Raum (ein Tal, ein Teich) lebende Individuen,
– alle zeitgleich lebenden oder im Raum-Zeit-Gefüge betrachteten Individuen einer Art (abhängig vom Artkonzept!),
– Mitglieder eines Klons,
– alle Individuen, zwischen denen vernetzter Genfluß prinzipiell möglich ist oder stattfindet (»Biopopulation« oder potentielle Fortpflanzungsgemeinschaft; z.B. alle lebenden Pferde),
– alle Individuen, zwischen denen reale, vernetzte Fortpflanzungsbeziehungen bestehen können (funktionelle Fortpflanzungsgemeinschaft; z.B. alle Pferde einer Herde).

Um die Klassifikation der Organismengruppen auf einer objektiven, für den Biologen relevanten Grundlage durchzuführen, müssen wir nach Gesetzmäßigkeiten suchen. Eine gesetzmäßige Beziehung untereinander haben nur

– alle Mitglieder eines **Klons**, weil sie durch vegetative oder eingeschlechtliche Prozesse entstandene Nachkommen eines einzelnen Individuums und daher genetisch weitgehend identisch sind,
– die Mitglieder einer **funktionellen Fortpflanzungsgemeinschaft**, die durch sexuelle Prozesse viele gemeinsame Gene erben und ein natürliches, materielles System bilden,
– und die Mitglieder einer **potentiellen Fortpflanzungsgemeinschaft** (Biopopulation), die alle Nachkommen derselben Ahnenpopulation sind und daher einander genetisch sehr ähnlich sind. In dieser Gruppe müssen Paarungsmöglichkeiten nicht notwendigerweise realisierbar sein, z.B. wenn zwischen Individuen unüberwindbare räumliche Hindernisse existieren.

Die Mitglieder eines Klons und einer funktionellen Fortpflanzungsgemeinschaft weisen innerhalb der Population **tokogenetische Beziehungen** auf, also Eltern-Kind-Beziehungen. Diese fehlen der potentiellen Fortpflanzungsgemeinschaft. Mit diesen Überlegungen wird deutlich, daß wir eine Klassifikation nach **genetischen** Gesichtspunkten durchführen.

Identifikation der Gruppenmitglieder: Fortpflanzungsgemeinschaften, in denen Paarungsmöglichkeiten realisiert sind, kann man an den erfolgreichen Paarungen ihrer Mitglieder erkennen, **ohne daß ein Konzept für den Artbegriff benötigt wird**. Einzelne Klone dagegen sind nicht an Ihrer Fortpflanzungsweise zu identifizieren (es sei denn, die Entstehung des gesamten Klons konnte beobachtet werden), sondern mit dem Nachweis, daß ihre große, genetisch fixierte Ähnlichkeit wahrscheinlich auf Abstammung von einem Stammindividuum zurückgeht. Der Nachweis kann mit einer Analyse genetischer Distanzen oder mit dem Auffinden von Apomorphien geführt werden. Ähnlich verhält es sich mit potentiellen Fortpflanzungsgemeinschaften, deren Mitglieder meist auf Grund ihrer morphologischen Ähnlichkeit zu Gruppen zusammengefaßt werden. Letzteres entspricht dem Artbegriff der Laien, der Biologe wertet die Ähnlichkeit als Indiz für Abstammung von einer gemeinsamen Ahnenpopulation. Die Begriffe »**Biospezies**« für potentielle Fortpflanzungsgemeinschaften und »**Agamospezies**« für klonale Populationen werden wir hier zunächst nicht verwenden, da sie den Speziesbegriff voraussetzen. Mahner & Bunge (1997) verwenden das Wort Biospezies als Synonym für die biologische Art, andere Autoren meinen damit nur die Fortpflanzungsgemeinschaft (s. Sudhaus & Rehfeld 1992).

Organismus: Individuelles Lebewesen (lebendes Objekt).

klonale Population: Gruppe von Organismen (mit weitgehend identischen Genen), die durch vegetative oder eingeschlechtliche Fortpflanzung von einem einzigen Vorfahrorganismus abstammen.

potentielle Fortpflanzungsgemeinschaft: Gruppe von zeitgleich lebenden, aber räumlich getrennten Organismen, deren Mitglieder sich im Experiment mit Partnern derselben Gruppe erfolgreich paaren können. Auch wenn sie räumlich und damit reproduktiv isoliert sind, werden sie derselben Gruppe zugeordnet.

funktionelle Fortpflanzungsgemeinschaft: Gruppe von zeitgleich lebenden Organismen, aus der sich in der Natur Individuen mit Partnern derselben Gruppe paaren können, so daß der Genfluß in der Gruppe nicht behindert ist.

Ontologischer Status der Populationen: Von diesen Gruppen sind lediglich die funktionellen Fortpflanzungsgemeinschaften **natürliche materielle Systeme** (siehe weiter unten). Die übrigen dagegen sind **Konstrukte**, die sich in der Ökologie und Evolutionsforschung als nützlich erwiesen haben, da diese Gruppen aus genetisch identischen oder sehr ähnlichen Individuen bestehen. Da es sich im Fall von Klonen oder potentiellen Fortpflanzungsgemeinschaften um Individuen handelt, die tatsächlich miteinander nah verwandt sind, sind die benannten Gruppen zwar Konstrukte, aber zugleich natürliche Klassen (engl. »natural kinds«) mit einem objektiv erkennbaren Bezug zur Realität, ohne daß »reale« Objekte oder Systeme vorliegen müssen. Natürliche materielle Systeme und Individuen existieren real nur in der Zeitebene (Kap. 1.3.2). Daher sind alle Betrachtungen von Populationen oder von Abschnitten von Stammbäumen im Raum-Zeit-Gefüge Konstrukte.

Oft entstehen aus bisexuellen Populationen parthenogenetische. So gibt es unter den Philosciidae (Landasseln) sowohl bisexuelle als auch parthenogenetische Arten (Johnson 1986), viele Ostracoden des Süßwassers, Arten der Collembolen sind parthenogenetisch (Danielopol 1977, Palevody 1969), arktische Populationen von *Daphnia pulex* sind obligat parthenogenetisch (van Raay & Crease 1995).

Funktionelle Fortpflanzungsgemeinschaften können als Systeme aufgefaßt werden. **Klone** sind nur dann Systeme, wenn sich die zeitgleich lebenden Individuen gesetzmäßig gegenseitig beeinflussen, so daß die Gemeinschaft neue Eigenschaften hat, die dem einzelnen Individuum fehlen, z.B. wenn sie ihr Milieu formen und damit allen Mitglieder des Klons geeignete Lebensbedingungen schaffen. Klone und bisexuelle Fortpflanzungsgemeinschaften sind in Hinsicht auf die Präsenz von Systembeziehungen nicht gleich: Zwischen Mitgliedern eines Klons findet kein vernetzter Genfluß statt (s. Abb. 20). Gibt es keine anderen gesetzmäßigen Beziehungen, die die Entwicklung der Population beeinflussen, entwickeln sich derartige Populationen nicht als Einheit: Die in einer klonalen Population vorhandenen Gene gehen immer nur auf ein einziges Individuum zurück (es sei denn, horizontaler Gentransfer ist möglich: Kap. 2.1.1) und die Vorfahren-Nachkommen-Ketten divergieren ohne Rückkopplung mit anderen Mitgliedern der Population. **Die gemeinsame Abstammung ist kein heute wirkender Prozeß, und damit keine Systemeigenschaft.**

Bei bisexuellen Organismen geht der Genbestand eines Individuums auf viele Gruppen von Vorfahren zurück, die zeitgleich existiert haben. Durch Rekombination wird genetische Information in einer **funktionellen Fortpflanzungsgemeinschaft** verbreitet. Damit funktioniert eine derartige Population wie ein besonderer Organismus, dessen Teile nicht physisch miteinander verbunden sind und wie Zellen im Körper ausgetauscht und ersetzt werden können, wo aber durch den »Genfluß« dafür gesorgt wird, daß der Ersatz (neu entstandenes Individuum) Informationen (z.B. genetische »Konstruktionsanweisungen«) aus anderen Teilen des Organismus erhält. Ist der vernetzte Genfluß nachweisbar, können wir die Organismen der Population auch als derselben »Art« zugehörig bezeichnen.

Der **Umfang von Populationen**, also die Zahl der beteiligten Organismen, hängt scheinbar vom Zeitraum ab, der berücksichtigt wird. Die Zahl der berücksichtigten Individuen der Menschheit ist im Zeitraum 1.1.1930-1.1.1970 größer als die Population am 1.1.1970. Beide Gruppen umfassen andere Mengen, sind also nicht identisch. Widersprüche entstehen bei diesen Betrachtun-

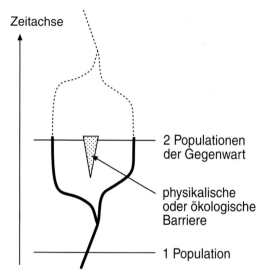

Abb. 19. Schema für die mögliche künftige Entwicklung von 2 physikalisch getrennten Populationen (im Sinn von funktionellen Fortpflanzungsgemeinschaften).

gen jedoch selten, auch wenn man vergißt, daß ein System nur in der Zeit*ebene* real existiert: Die reale Population existiert nicht gestern und heute, sondern nur jetzt. Die Formulierung »in der Population von Darwinfinken änderte sich im Verlauf von 2 Jahren die durchschnittliche Schnabelgröße« wird von einem Biologen trotzdem unzweideutig verstanden: Verändert hat sich die Häufigkeit von Allelen, die die Schnabelgröße beeinflussen, in aufeinander folgenden Zeitebenen. (Man sollte sich auch dessen bewußt sein, daß die Gruppe »Population« keine Eigenschaft »Schnabelgröße« hat, sondern nur der individuelle Vogel eine reale Eigenschaft aufweist.)

Divergenz von Populationen: Daß wir meist mit Konstrukten operieren, wird an folgender Überlegung deutlich: Zwei Populationen einer potentiellen Fortpflanzungsgemeinschaft können einige Zeit absolut getrennt leben, sich jedoch später wieder vereinen, so daß über einen größeren Zeitraum nur *eine* potentielle Fortpflanzungsgemeinschaft erkannt werden kann. Sollten sich jedoch die beiden Populationen nicht wieder vereinen und so lange genetisch divergieren, bis keine erfolgreichen Paarungen zwischen den Populationen mehr möglich sind, hört die ursprüngliche Stammpopulation schon mit der Trennung der Teilpopulationen auf, als Einheit zu existieren (s. Analogie des Feuers, Kap. 1.3.2 und Abb. 19). Der gleiche heute existierende Sachverhalt könnte also in Abhängigkeit von der Entwicklung in der Zukunft zu unterschiedlicher Gruppeneinteilung führen. Da aber die Zukunft von 2 räumlich getrennten Fortpflanzungsgemeinschaften nicht bekannt sein kann, ist es sinnlos, darüber zu streiten, ob in diesem Zustand beide Populationen immer noch eine »Einheit der Natur« sind oder nicht. In der Zeitebene bilden sie kein natürliches System, sie könnten es aber in Zukunft wieder werden, wenn sie in Kontakt kommen. Sie könnten aber auch endgültig divergieren.

Diese Überlegungen haben Konsequenzen für den Status von Populationen als Teile einer biologischen »Art«: Alle jetzt lebenden Tiere von potentiellen Fortpflanzungsgemeinschaften wären als Mitglieder einer biologische »Art« zu bezeichnen, wenn eine Wiedervereinigung der räumlich isolierten Populationen in Zukunft sicher angenommen werden könnte (Abb. 19). Exakt dieselben Tiere würden aber 2 verschiedenen Arten zugeordnet, wenn die Populationen endgültig divergierten. Dieses Gedankenspiel zeigt, daß die Ontologie der biologischen Art (als reale Einheit der Natur) allgemein falsch beurteilt wird: Auch der Artbegriff ist ein Konstrukt (s. Kap. 2.3).

Die Divergenz von Populationen ist objektiv feststellbar: Lassen sich die genetischen Distanzen aller Paare von Individuen in zwei Cluster gruppieren (vgl. Kap. 8.2), ist eine Distanz zwischen den beiden Clustern berechenbar. Wird diese Distanz im Zeitverlauf größer, divergieren die Populationen. Genfluß zwischen den Clustern kann die Distanz reduzieren.

Abgrenzung von Populationen: In der Natur können alle von uns als Gruppenmitglieder klassifizierten Individuen bisexueller Arten durch biologische Interaktionen (Konkurrenz, Paarung, Kooperation) Kontakte haben. Für die **genetische Klassifikation** sind jedoch nur die Folgen von Fortpflanzungskontakten interessant. In der Horizontalen (also zu einem bestimmten Zeitpunkt) ist die funktionelle Fortpflanzungsgemeinschaft gegen andere Populationen dadurch abgegrenzt, daß die Systembeziehungen zu anderen Populationen fehlen. Mitglieder von Klonen und von potentiellen Fortpflanzungsgemeinschaften werden auf Grund ihrer genetischen Ähnlichkeit klassifiziert, nur selten wird die Möglichkeit realisiert, die Kreuzbarkeit von Individuen experimentell zu testen. **Entlang der Zeitachse** gibt es sowohl für Fortpflanzungsgemeinschaften als auch für klonale Populationen **keine Grenzen**, sie gehen ineinander über (Abb. 19, 20, 28): Von der ersten eukaryontischen Zelle bis zum Menschen gibt es eine ununterbrochene Linie von auseinander hervorgehenden Generationen. Das Fehlen von Grenzen in der Vertikalen, d.h. in der Zeitachse, ist für natürliche Systeme normal (s. Kap. 1.3.2).

Die **zeitliche Dimension** ist in der Beschreibung von Populationen nicht ausgeschlossen: Es ist allgemein üblich, von »Populationswachstum«, »Populationsschwankungen« etc. zu sprechen. Eine Benennung der verschiedenen Stadien dieser Systeme zu verschiedenen Zeitebenen bereitet jedoch Schwierigkeiten, da bei realistischer Betrachtung individuelle Populationen, die verschiedenen Arten zugeordnet werden, sich wohl zu einem bestimmten Zeitpunkt (in der Horizontalen) unterscheiden, wobei die Unterschiede (z.B. genetische Distanzen) objektiv meßbar sind, es in der Vertikalen jedoch keine eindeutige Grenze gibt (z.B. in Abbildung 20 zwischen Gruppe **A** und Gruppe **X** oder zwischen **D** und **Y**). Jeder Versuch, entlang der Zeitachse eine Grenze zu definieren, ist ein willkürlicher Akt, in der Natur gibt es diese Grenze nicht. Aus diesem Grund muß mit der Benennung einer Population auch deutlich der Zeitraum festgelegt werden, für den die Benennung gültig sein soll. Diese Beobachtung ist für die Diskussion des Begriffes »biologische Art« von großer Bedeutung.

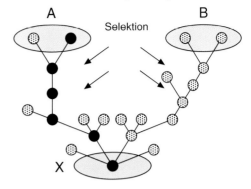

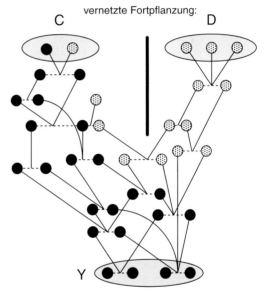

Entstehung von neuen Gruppen: Damit wir Gruppen unterscheiden können, müssen sie genetisch divergieren. Die Entstehung von mehreren differenzierbaren, zeitgleich existierenden Organismengruppen (A-D in Abb. 20) aus einheitlichen Stammpopulationen muß bei klonalen Organismen mit dem Auftreten von Mutationen, dem selektionsbedingten Aussterben von bestimmten Mutanten und der Erhaltung identischer Genkopien innerhalb einer Gruppe erklärt werden. Beispiele: Zu der kaukasischen Eidechsenart *Lacerta valentini* gehören parthenogenetische Populationen, deren Weibchen nach Paarung mit Männchen triploide, sterile Nachkommen hervorbringen; ein Genaustausch mit bisexuellen Rassen ist nicht mehr möglich, ob-

Abb. 20. Klonale und bisexuelle Populationen haben unterschiedliche Systemeigenschaften: In der oberen Darstellung hat jedes Individuum nur einen Vorfahren, unten dagegen mehrere. Der vertikale Balken in der unteren Abbildungshälfte symbolisiert eine physikalische oder eine fortpflanzungsbiologische Barriere. Die Kreise stellen individuelle adulte Organismen dar, die Linien symbolisieren die Abstammung. Der horizontale Abstand symbolisiert das Ausmaß der genetischen Unterschiede, der vertikale den Zeitabstand.

wohl die Tiere morphologisch sehr ähnlich sind und zu derselben »Art« gezählt werden. Eine weitere Veränderung der parthenogenetischen Populationen könnte dazu führen, daß eine neue Art benannt wird. In Nordamerika haben sich bei obligat parthenogenetischen »Rassen« von

Daphnia pulex morphologisch unterscheidbare diploide und polyploide Populationen entwickelt. Parthenogenetische Populationen von spanischen Salinenkrebschen *(Artemia parthenogenetica)* sind derart morphologisch und genetisch differenziert, daß man diese mit eigenen Artnamen bezeichnen könnte (Perez et al. 1994). Unter den Rädertieren sind die Bdelloida rein parthenogenetisch, es sind aber trotzdem viele verschiedene Lebensformtypen entstanden, denen eigene Artnamen zugewiesen werden.

Bei bisexuellen Organismen dagegen ist die Unterbindung der Fortpflanzung mit genetisch ähnlichen Individuen notwendig, also die Entstehung einer »Fortpflanzungsbarriere«, damit das Kontinuum genetischer Variation der Stammgruppe (Y in Abb. 20) unterbrochen wird.

Der Ausdruck »**Fortpflanzungsbarriere**« bedarf einer kurzen Erläuterung: Es ist dies natürlich nur eine Metapher für den Effekt sehr verschiedener Prozesse, die dazu führen, daß entlang der Zeitachse aus einer einheitlichen Population mindestens zwei neue Gruppen entstehen, die nur noch mit Mitgliedern derselben Gruppe Nachkommen zeugen können. Für eine endgültige Trennung der Populationen ist es notwendig, daß die »Barriere« in den Tieren selbst genetisch fixierte Ursachen hat. Die Begriffe »angeborene Fortpflanzungsbarriere« und »reproduktive Isolation« beziehen sich auf den Sachverhalt, daß einige Organismen die notwendigen Eigenschaften haben, die eine erfolgreiche Paarung ermöglichen, anderen Organismen diese spezifischen Eigenschaften jedoch fehlen. Es sind also nicht »Nichteigenschaften«, sondern reale Neuheiten (mechanische Kopulationsstrukturen, Pheromone, Balzverhalten, Rezeptormoleküle etc.), deren Existenz mit den Begriffen umschrieben wird.

2.3 Die »biologische Art«

Wir müssen unterscheiden:
- Die Frage nach der Realität von Erscheinungen oder Objekten der Natur, die wir mit dem Begriff »Art« bezeichnen wollen (das theoretische Problem), und
- Die Kriterien für die Identifikation der Arten (das praktische Problem).

Die Lösung des praktischen Problems hängt von der Definition des Begriffes »Art« ab, die wir verwenden wollen. In den folgenden Textabschnitten wird erläutert, weshalb der Nachweis der »irreversiblen Divergenz« von Populationen als Kriterium für die Abgrenzung von »Arten« dienen muß.

Es ist die Frage zu stellen, ob es in der Natur ein Ding oder System gibt, das als »biologische Art« bezeichnet werden kann. Aus der umgangssprachlichen Verwendung des Begriffes »Art« für Organismengruppen ergibt sich, daß stets Organismen gemeint sind,

a) die über den Prozeß der sexuellen Fortpflanzung ein System bilden, das von anderen Systemen reproduktiv isoliert ist.

b) Wenn die Fortpflanzungsfähigkeit nicht beobachtet worden ist, werden Individuen wegen ihrer morphologischen Ähnlichkeit derselben Art zugeordnet. Dabei beruht die Annahme, daß Ähnlichkeit allgemein ein Indiz für Artzugehörigkeit ist, auf analoge Erscheinungen in anderen Fortpflanzungsgemeinschaften, deren Paarungsfähigkeit bekannt ist. Ähnlichkeiten werden auch für die Klassifikation klonaler Organismen genutzt.

Biologen haben über die Definition des Artbegriffes derart gegensätzlich diskutiert, daß allein diese Tatsache den Verdacht weckt, es gäbe in der Natur keinen Gegenstand, der als »Art« in realistischer Weise von der Umgebung abgegrenzt werden kann (z.B. Bachmann 1998), im Gegensatz zu vielen Autoren, die in der »Art« reale, evolvierende »Individuen« sehen (z.B. Ghiselin 1974). An der materiellen Existenz der lebenden Organismen und der Populationen (s. Kap. 2.2) ist nicht zu zweifeln. Weiterhin ist zu beobachten, daß Organismen sich fortpflanzen und daß die Nachkommen den Eltern morphologisch und genetisch sehr ähnlich sind.

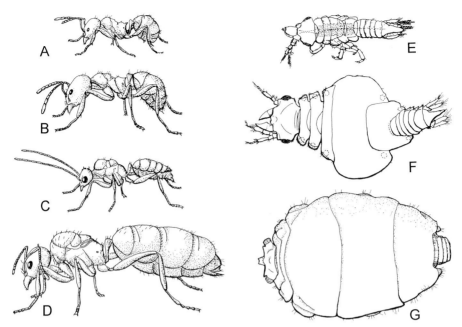

Abb. 21. Morphologische Variationen innerhalb einer Art. **A-C**: Kasten der Ameise *Aneuretus simoni*: Arbeiterin (**A**), Soldat (**B**), Männchen (**C**) und Weibchen (**D**). Stadien der Assel *Caecognathia calva*: Larve (**E**), Männchen (**F**), Weibchen (**G**). A-D nach Wilson et al. 1956, E-F nach Wägele 1987.

Ähnlichkeit läßt sich messen oder schätzen (z.B. Beinlänge, chemische Zusammensetzung von Sekreten, Frequenz des Gesanges, Zahl der Borsten auf einem Laufbein). Daher lassen sich objektiv individuelle Organismen gruppieren, so daß sie innerhalb der Gruppe einander ähnlicher sind als zwischen den Gruppen. Kleine Gruppen, deren Mitglieder einander ähnlich sind, werden traditionsgemäß Arten genannt, größere Gruppen sind aber ebenfalls erkennbar (Huftiere, Vögel, Haie), ebenso wie noch kleinere (»Rassen«), die sich jedoch auf Grund der Kreuzbarkeit als Untergruppen der Art erkennen lassen. Schwierigkeiten entstehen, weil Organismengruppen, die äußerlich gut zu unterscheiden sind und zu verschiedenen Arten gezählt werden (Tiger im Vergleich zum Löwen), sich trotzdem fruchtbar paaren können. Andererseits gibt es Tiere, die äußerlich nicht unterscheidbar sind und trotzdem durch Fortpflanzungsbarrieren getrennten Populationen angehören können. Beispiele: Kryptische Arten wie *Anopheles gambiae* und *Anopheles arabiensis* (Culicidae), die mit RAPD-Markern identifizierbar sind (Wilkerson et al. 1993), Arten von Miesmuscheln, die mit Enzymelektrophoresen erkannte wurden (McDonald et al. 1991), kryptische Arten von Korallen der Gattung *Mont-*

astraea (Knowlton et al. 1992). Eine weitere Erscheinung, die berücksichtigt werden muß, ist der intraspezifische Polymorphismus (Abb. 21).

Die Ähnlichkeit ist kein universell einsetzbares Kriterium, um »Arten« zu unterscheiden (Abb. 21), weder auf dem Niveau morphologischer Merkmale noch mit Hilfe genetischer Distanzen. Populationen entwickeln sich in der Zeit, die Morphologie der Individuen verändert sich ebenso wie Gensequenzen, bei manchen Populationen schneller als bei anderen. Beispiele: Schwesterarten haben bei Säugetieren größere Distanzen des Cytochrom-b-Gens als bei Vögeln oder Fischen (Johns & Avise 1998). Eine ungewöhnliche morphologische Variabilität in der Zeit zeigen fossile Populationen von Süßwasserschnekken der griechischen Insel Kos (Abb. 22).

Es gibt kein objektives Kriterium, um mit dem Ausmaß der Veränderung zwei zeitlich aufeinander folgende Populationen (z.B. vertreten durch einzelne Fossilien) als **Chronospezies** abzugrenzen und ihnen einen Artstatus zuzuweisen; die Benennung und Begrenzung der Arten unterliegt dann rein subjektiven Entscheidungen. Zur Trennung von Arten ist aber die »Fortpflanzungs-

2.3 Die »biologische Art«

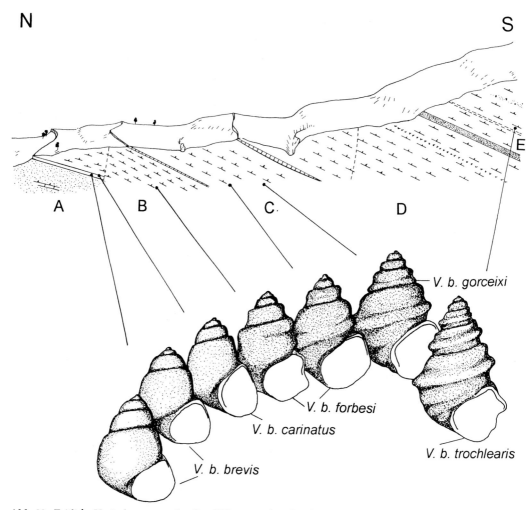

Abb. 22. Zeitliche Veränderung von fossilen Süßwasserschnecken *(Viviparus brevis)* im Pliozän und Pleistozän der Insel Kos (Griechenland). Solange keine irreversible Abspaltung einer anderen Populationslinie nachweisbar ist, gibt es kein Kriterium, um objektiv Artgrenzen zu definieren (aus Willmann 1985).

barriere« ebenso wenig geeignet, da es auch klonale Organismengruppen gibt, bei denen naturgemäß zwischen *allen* Individuen eine Fortpflanzungsbarriere besteht. Soll der Artbegriff für alle Organismengruppen anwendbar sein, muß er sowohl den Begriff »**Biospezies**« (mit bisexuellen Populationen) als auch den Begriff »**Agamospezies**« (mit klonalen Populationen) umfassen. Diese Bedingung wird nicht von allen Definitionen der biologischen Art erfüllt.

Biospezies: Bezeichnung für entlang der Zeitachse betrachtete Individuenfolge einer potentiellen Fortpflanzungsgemeinschaft. Der Begriff umfaßt nur bisexuelle Populationen.

Agamospezies: Bezeichnung für eine entlang der Zeitachse betrachtete Gruppe verwandter klonaler Organismen, die von anderen Organismengruppen genetisch divergiert.

Chronospezies: Gruppen von Organismen, die in verschiedenen Zeithorizonten lebten und auf Grund morphologischer Unterschiede mit verschiedenen Artnamen bedacht werden

Einige Definitionen für den Artbegriff

Definition	Probleme	Autor
Arten sind Gruppen von Organismen mit derselben Morphologie (Morphospezies; typologisches Artkonzept).	Eine objektive Unterscheidung von Rassen und Arten ist nicht möglich.	Linnaeus 1758
Arten können von Varietäten durch das Vorkommen intermediärer Formen innerhalb der Art und das Ausmaß der morphologischen Abweichungen unterschieden werden, sie haben konstante Merkmale.	Keine Berücksichtigung der Grenzen in der Zeitachse, subjektive Wahl des Grades der Unähnlichkeit.	u.a. Darwin 1859 (vgl. Grant 1994)
Arten sind Gruppen sich miteinander kreuzender natürlicher Populationen, die hinsichtlich ihrer Fortpflanzung von anderen derartigen Gruppen isoliert sind (biologischer Artbegriff).	Keine Berücksichtigung der Zeitachse, Klone werden nicht erfaßt.	Mayr 1942, 1969
Eine Art ist eine Linie von Klonen oder von Vorfahren-Nachkommen Populationen, die eine adaptive Zone besetzt, welche sich im Verbreitungsgebiet von anderen Linien unterscheidet und im Vergleich zu allen Linien außerhalb des Verbreitungsgebietes eigenständig evolviert.	Linien können nicht evolvieren; die Definition ist nicht anwendbar, solange Arten dieselben Ressourcen nutzen und im Verdrängungswettbewerb stehen; lokale Rassen erfüllen die Bedingungen ebenfalls.	Van Valen 1976
Arten sind reproduktiv isolierte Gruppen natürlicher Populationen. Sie entstehen durch ein Speziationsereignis und lösen sich mit der nachfolgenden Speziation auf oder erlöschen durch Aussterben (phylogenetischer Artbegriff).	Klone sind ausgeschlossen. Abhängig von der Definition des Speziationsereignisses.	Hennig 1982
Eine Art ist eine einzelne Linie von Vorfahr-Nachkommen-Populationen, die ihre Identität gegenüber anderen derartigen Linien erhält und die ihre eigenen Evolutionstendenzen und ein eigenes geschichtliches Schicksal aufweist (evolutionäres Artkonzept).	Eine »Linie« im Raum-Zeitgefüge kann nicht evolvieren. Es bleibt offen, wann die Linie beginnt und endet. Evolution findet auch auf der Ebene von lokalen Populationen statt.	Wiley 1978, 1980
Eine Art ist die umfassendste Gruppe von bisexuellen Organismen, die ein gemeinsames Befruchtungssystem haben (Arterkennungskonzept, *recognition species concept*).	Klone sind ausgeschlossen, die Grenzen in der Zeitachse sind nicht definiert, infertil hybridisierende Arten werden vereint.	Paterson 1985
Eine Art ist ein nicht unterteilbarer Cluster von Organismen mit Vorfahren-Nachkommen Beziehungen und mit diagnostischen Merkmalen, die anderen Clustern fehlen.	Diagnostische Merkmale finden sich auch für Rassen und Artgruppen, Unterscheidung von Rassen und Arten ist nicht möglich. Die Charakterisierung »diagnostischer Merkmale« hängt vom Wissenschaftler ab und ist keine Eigenschaft der Organismen.	Cracraft 1987; ähnlich Mishler & Brandon 1987
Eine Art ist die umfassendste Gruppe von Organismen, die das Potential zum genetischen und/oder demographischen Austausch haben *(cohesion species concept)*.	Trifft nur für bisexuelle Organismen zu.	Templeton 1989

2.3 Die »biologische Art«

Eine Biospezies ist eine natürliche Klasse (»natural kind«), deren Mitglieder Organismen sind. Die »Art als natürliche Klasse« ist eine Gruppe von materiellen Objekten mit denselben gesetzmäßig in Beziehung stehenden Eigenschaften.	Probleme beim Bestimmen der relevanten »Eigenschaften«, der Zuordnung von Morphen und Varianten zu derselben Art, der Begrenzung in der Zeit.	Mahner 1993, Mahner & Bunge 1997
Der Artbegriff bezeichnet eine Gruppe von Vorfahren und deren Nachkommen, die von anderen Gruppen entlang der Zeitachse irreversibel genetisch divergiert, und die keine irreversibel divergierende Untergruppen enthält (phylogenetischer Artbegriff).	Für gegenwärtig isolierte Populationen läßt sich oft nicht vorhersagen, ob sie künftig irreversibel divergieren werden.	–

Die Definitionen beziehen sich z.T. darauf, wie man Arten erkennt, nicht was Arten sind. Einigkeit besteht darin, daß eine Art aus einer Gruppe von Organismen besteht, die entlang der Zeitachse durch Fortpflanzung in einer Vorfahren-Nachkommen-Beziehung stehen, die sich weiterhin entweder untereinander paaren können oder (bei klonalen Organismen) die in der Gruppe vorhandenen Gene in der Zeitebene weitgehend identisch sind.

Die in der Tabelle zuletzt genannte Definition der biologischen Art wird in diesem Buch bevorzugt.

2.3.1 Der Artbegriff als Werkzeug der Phylogenetik

Der **Begriff** »Art« bezeichnet **ein Konstrukt** (logische Klasse), mit dem je nach persönlicher Einstellung des Wissenschaftlers verschiedene Eigenschaften von Organismen klassifiziert werden (vgl. Definitionen der »biologischen Art« im vorhergehenden Abschnitt). Begriffe, die logische Klassen bezeichnen, müssen exakt definiert werden, sollen sie der wissenschaftlichen Verständigung dienen. Damit ein Begriff einheitlich verwendet werden kann, ist es notwendig, daß er sich auf eine gegenständliche oder gedankliche Einheit bezieht. Die Art ist weder ein bestimmtes materielles Objekt noch in jedem Fall ein materielles System (Begriff »System«: s. Kap. 1.3.2). Der Begriff wird einerseits für klonale Populationen, andererseits für bisexuelle Populationen verwendet, wobei beide entlang der Zeitachse (»vertikal«) keine natürlichen Grenzen aufweisen, wenn man vom Absterben einer Population absieht.

Wie bereits besprochen, sind Klone und sexuelle Fortpflanzungsgemeinschaften horizontal (in der Zeitebene) objektiv gegen andere Klone oder Fortpflanzungsgemeinschaften abzugrenzen, vertikal (in der Dimension Zeit) jedoch nicht, da es Übergänge gibt (Abb. 20). Diese Grenzziehung ist aber notwendig, damit eine der Verständigung der Wissenschaftler dienende Benennung von Organismengruppen möglich ist.

Eine Grenzziehung in der Vertikalen erfolgt willkürlich, aber nach pragmatischen und intersubjektiv prüfbaren Gesichtspunkten. Es gibt folgende prüfbare Beobachtungen, die zur Begrenzung genutzt werden können:

– Das Auftreten **neuer Merkmale**,
– das Überschreiten eines **genetischen Distanzwertes** (Definition der genetischen Distanz: Kap. 8.2),
– die dauerhafte Unterbrechung des vernetzten Genflusses (Entstehung einer **Fortpflanzungsbarriere**),
– die **genetische Divergenz** von Teilpopulationen.

Welche dieser Beobachtungen genutzt werden, um Arten abzugrenzen, hängt u.a. vom verwendeten Artkonzept ab. Das phylogenetische Artkonzept erfordert den Nachweis, daß Populationen irreversibel genetisch divergieren.

Der Ausdruck **genetische Divergenz** muß erläutert werden: Er steht für die Beobachtung, daß der Genbestand zweier Populationen sich in unterschiedlicher Richtung (durch Anhäufung von Mutationen) und oft mit verschiedener Geschwindigkeit (mit verschiedenen Substitutionsraten) entwickelt. Meßbar sind u.a. die genetische Di-

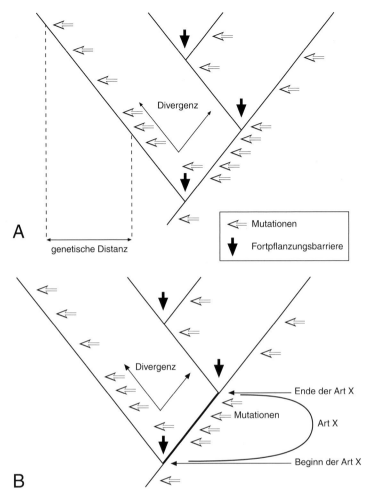

Abb. 23. A. Speziationen sind Prozesse, die zur irreversiblen Divergenz von Populationen führen. Die genetische Distanz ist hier vereinfacht zweidimensional dargestellt, sie ist real mehrdimensional, parallele dargestellte Linien divergieren im mehrdimensonalen Raum. (Achtung: Mit der »genetischen Distanz« ist nicht die Distanz zwischen Paaren von einzelnen Individuen gemeint, sondern die »generalisierte Distanz« zwischen Gruppen von Individuen; vgl. dazu Kap. 8.4). **B.** Geltungsbereich für ein Taxon der Kategorie Art.

stanz oder die morphologischen Unterschiede, die zwischen Individuen »innerhalb« einer Population kleiner bleiben als zwischen Individuen verschiedener Populationen. Die Distanzen zwischen allen Organismen ergeben dann deutlich getrennte Cluster. Die Ursachen für die genetische Ähnlichkeit innerhalb einer funktionellen Fortpflanzungsgemeinschaft sind a) der Selektionsdruck, der z.B. auf jede Variante einer Gestalt (z.B. verschiedene Schnabelformen der Darwinfinken) unterschiedlich wirkt, so daß Träger optimaler Varianten sich erfolgreicher fortpflanzen, und b) der sexuelle Genaustausch. Dieser »Genfluß« zwischen Organismengruppen (z.B. zwischen Herden der Giraffe) verhindert langfristig, daß die Divergenz von lokalen Herden, Schwärmen oder Familienverbänden irreversibel wird. Die Divergenz von klonalen Organismen wird nur durch Selektion bestimmt (Kap. 2.2).

In der Graphik Abb. 23A symbolisiert die vertikale Achse die Zeit, die horizontale genetische Distanzen (z.B. gemessen an der Zahl der Sequenzunterschiede). Dadurch, daß in der Natur neue Mutationen oder Merkmale in hoher Zahl auftreten, könnten willkürlich fast beliebig viele

Grenzen für Arten festgelegt werden, wenn Arten allein mit Neuheiten abgegrenzt würden. Dasselbe gilt für genetische Distanzen. Es verbleiben daher als **Kriterien** nur die **genetische Divergenz** und die **Fortpflanzungsfähigkeit**. Distanzen und diskrete Merkmale können nur als **Indizien** dafür dienen, daß diese Kriterien erfüllt sind.

Bei **klonalen Populationen** ist nur die genetische Divergenz erkennbar. Erst wenn zwei Gruppen von Individuen an ihren sichtbaren oder meßbaren Merkmalen deutlich unterscheidbar sind, kann der Verdacht aufkommen, daß sie von unterschiedlichen Stammindividuen abstammen und verschiedenen Selektionsbedingungen unterliegen.

Bei **bisexuellen** Populationen sind Divergenz und Verlust der Fortpflanzungsfähigkeit zunächst gekoppelte Prozesse, da eine durch Selektion erzwungene oder eine zufällige, durch Isolation ermöglichte starke Divergenz zum Verlust derjenigen Eigenschaften führen kann, die für eine erfolgreiche Paarung mit Individuen einer Schwesterpopulation notwendig sind. Die Divergenz schreitet nach der Trennung der Populationen weiter fort. **Irreversible Divergenz** besteht nur dann, wenn der Genaustausch zwischen den divergierenden Populationen endgültig unterbrochen ist.

In der Praxis erweist sich die Unterscheidung von Organismengruppen als nützlich, die jeweils folgende Eigenschaften aufweisen:

– Hohe Übereinstimmung der genetisch determinierten Merkmale
– Übereinstimmung der ökologischen Ansprüche
– Abstammung von derselben Ahnenpopulation
– gleichartige Veränderung des Genoms einzelner Organismen in der Zeit (auch »historische Entwicklung« einer Population genannt)
– Sexueller Genaustausch ist nur innerhalb der Gruppe möglich (im Fall der Fortpflanzungsgemeinschaft)

Damit ist zu begründen, daß der Artbegriff am nützlichsten ist, wenn damit jene Folgen von Vorfahren und Nachkommen bezeichnet werden, die zwischen zwei irreversiblen Divergenzereignissen liegen (Abb.23B). Es ist sinnvoll, den Beginn einer Art mit einer irreversiblen Divergenz zu definieren, und das Ende mit der Nächstfolgenden. Es wäre zirkulär, die Spezies mit dem Speziationsereignis zu definieren, weshalb der Begriff »Divergenzereignis« besser geeignet ist. Dieses Konzept entspricht dem **phylogenetischen Artbegriff** von Hennig (1982), wobei der Ausdruck »Speziation« vermieden wird.

Das phylogenetische Artkonzept impliziert, daß nach einem Divergenzereignis (der »Speziation«) beide Nachkommenpopulationen als Angehörige neuer Arten von der Mutterpopulation, die dem geschichtlich jüngsten Teil der »Stammart« entspricht, unterschieden werden, auch wenn eine der Tochterarten mit der Mutterpopulation genetisch weitgehend identisch ist. Die phylogenetischen Beziehungen in unserem gedanklichen, rekonstruierten Stammbaum sind nach der Speziation (nach dem Ende der Art X in Abb. 23B) andere als vorher (Art X in Abb. 23B) und unabhängig vom Ausmaß der genetischen Divergenz in einem bestimmten Zeithorizont.

Folgende Erkenntnisse über den Artbegriff sind wichtig:

– Die Art als »Einheit der Natur« im Sinn eines gegenständlichen Systems kann nur die funktionelle Fortpflanzungsgemeinschaft sein.
– Arten sind oft keine »Einheiten der Natur« (wenn sie aus Klonen oder mehr als einer funktionellen Fortpflanzungsgemeinschaft bestehen).
– Die Definition des Artbegriffes (»Was wollen wir darunter verstehen?«) ist eine Konvention.
– Es ist sinnvoll, Beginn und Ende einer Art mit irreversiblen Divergenzereignissen zu definieren, da damit objektiv begrenzbare Dendrogrammabschnitte benannt werden können, auch dann, wenn eine der neuen Arten mit der vorhergehenden genetisch weitgehend identisch ist.
– Daher hört der Geltungsbereich eines Artnamens auf, wo mindestens zwei neue Arten beginnen.
– Bei bisexuellen Populationen ist die Entstehung einer beständigen »Fortpflanzungsbarriere« (Kap. 2.2) mit einer irreversiblen Divergenz verbunden. Bei klonalen Organismen entsteht die Divergenz durch Selektionsfak-

toren, die die »Evolutionsrichtung« bestimmen. Dieser Vorgang der beginnenden Divergenz wird auch »**Speziation**« genannt.
– Die Art markiert bei bisexuellen Organismen die Grenze zwischen tokogenetischen und phylogenetischen Verwandtschaftsbeziehungen: Wo zwei Populationen irreversibel divergieren gibt es keine Fortpflanzung mehr zwischen beliebigen Individuen, dafür sind zwei neue Stammlinien entstanden.
– Grundlage für die Unterscheidung von Arten müssen entweder rekonstruierte Stammbäume sein oder Indizien für die Irreversibilität der genetischen Divergenz zwischen ähnlichen Organismengruppen.

Sowohl bei Klonen als auch bei bisexuellen Organismen kann jedes Individuum bzw. Individuenpaar einer Population Ausgangspunkt für eine neue divergente Vorfahren-Nachkommen-Linie sein (Abb. 20). Daß eine büschelartige genetische Auseinanderentwicklung von klonalen Organismen in der Natur nur selten vorkommt, ist auf das begrenzte Vorkommen von Ressourcen (Nahrung, Verstecke, Raum für Nachkommen etc.) zurückzuführen, die nur wenigen Varianten Lebenschancen bieten. Damit hat der Systematiker die Möglichkeit, die genetische Ähnlichkeit als Kriterium zur Abgrenzung von anderen Organismengruppen zu verwenden, das Kriterium der Divergenz ist anwendbar. Bei großer genetischer Distanz zu anderen Populationen bereitet es keine Schwierigkeiten, die Mitglieder eines Klons zu identifizieren und als **Agamospezies** zu benennen (Beispiel: Abb. 17). Bei geringer Distanz jedoch kann es zu Meinungsverschiedenheiten kommen, die Benennung der Klone bedarf daher einer Konvention.

Die Unterscheidung von Taxa der Bakterien beruht auf der Klassifikation von Klonen. Die einzelne »Art« ist für die Mikrobiologen eine Gruppe von individuellen Organismen, die sich von anderen in ihren Eigenschaften so deutlich unterscheidet, daß das Bedürfnis entsteht, die Gruppe zu benennen. Es ist erwünscht, daß neben der Beschreibung der physiologischen und morphologischen Eigenschaften einer neu beschriebenen Art auch eine 16SrRNA Sequenz publiziert wird. Als Faustregel gilt, daß ein Sequenzunterschied von mindestens 1,5 bis 2 Prozent ausreicht, um eine neue Art zu begründen. Andere Ähnlicheitswerte werden angegeben, wenn DNA-DNA-Hybridisierungen verglichen werden (mindestens 70 %). Die Taxonomie der Bakterien hatte bisher vor allem das Ziel, die Benennung der und den Umgang mit den Organismen im Labor zu erleichtern (Brock et al. 1994).

Das vorgestellte Konzept für den **biologischen Artbegriff** (im Unterschied zum Artbegriff der Logik) in Form des **phylogenetischen Artbegriffes** hat den Vorzug, durch den Bezug auf einen realen, historischen Prozeß überprüfbar zu sein und für Klone wie für Fortpflanzungsgemeinschaften gleichermaßen zu gelten. Daß der Zeitraum der Populationsspaltung (s. »Übergangsfeld zwischen Arten«, Kap. 2.4) nicht exakt begrenzt werden kann, liegt in der Natur der Systeme »Fortpflanzungsgemeinschaft«. Kreuzungsversuche mit Organismen rezenter Populationen ermöglichen die experimentelle Überprüfung, ob die Spaltung bereits irreversibel ist oder nicht. Weiterhin spielt es keine Rolle, wann und in welcher Zahl genetische Neuheiten in einer Population auftreten, um eine Art zu erkennen: Die Neuheiten können kontinuierlich und in beliebiger Zahl entstehen, entscheidend ist nur, ob es zu einer Auseinanderentwicklung von Populationen kommt oder nicht. Es ist nicht sinnvoll, neue Varianten (Populationen mit eigenen Merkmalen) als neue phylogenetische Arten zu bezeichnen, da es in der Praxis nicht mehr möglich wäre, allgemein gültige Kriterien für die Abgrenzung von Arten aufzustellen. Es wäre in diesem Fall die Frage zu diskutieren, welche Anzahl von in der Population homozygot auftretende Mutationen nötig ist, damit eine neue Variante als Art anerkannt werde. Es gibt für eine derartige Konvention kein objektives Kriterium.

Die phylogenetische Art ist die einzige Kategorie der Systematik, deren Begrenzungen in einem Stammbaum ohne taxonspezifische Konventionen erkannt werden können. Dieses ist der Grund, weshalb oft behauptet wird, die Art sei das einzige Taxon, das als Einheit der Natur real existiere. Wie oben erläutert, ist nicht ein System »Art« eine reale Einheit, vielmehr sind die Prozesse, die die genetische Divergenz erzeugen, reale Vorgänge.

Das phylogenetische Artkonzept, das im Sinn Hennigs (1950) Grundlage der phylogenetischen Systematik ist, steht nicht in Konflikt mit der Verwendung des Artbegriffes im Alltag. Es ist daher auch zu rechtfertigen, wenn der Begriff im Sinn der Alltagssprache wie bisher benutzt wird. Wenn z.B. von einer rezenten Art gesprochen wird, sind Organismen gemeint, die von einer Stammpopulation abstammen und heute leben, unabhängig davon, ob sie zur Zeit eine funktionelle Fortpflanzungsgemeinschaft bilden oder nicht. Da wir nicht in die Zukunft blicken können, um zu entscheiden, ob eine der isolierten Populationen Ausgangspunkt für eine divergierende Entwicklung zu einer irreversibel reproduktiv isolierten Population (= neuen Art) sein wird, ignoriert man diese Möglichkeit bei der Begriffsbildung. Die Redewendung »die Art X ist ausgestorben«, ist zweifellos ontologisch falsch, da ein Konzept (ein Stammbaumabschnitt) weder lebendig ist noch stirbt. Der Satz ist vielmehr eine Kurzform für »die letzen Mitglieder der Population, die von der Stammpopulation X abstammt, sind gestorben«. Mißverständnisse ergeben sich jedoch daraus nicht, die Redewendung ist ob ihrer Kürze praktisch.

Um die Frage nach dem ontologischen Status der Art abschließend zu illustrieren, sei die Frage aufgeworfen »**Gibt es in der Natur die Art »Pferd«?**«. Wenn wir uns darüber einig sind, welche **Eigenschaften** ein Tier haben muß, um »Pferd« genannt zu werden, kann man die Frage bejahen: Es gibt reale Organismen mit diesen Eigenschaften, und wir können sie als logische Klasse zusammenfassend benennen. Ist aber das Pferd als Gruppe (Tierart) eine »**Einheit der Natur**«? Die rezenten Herden der Pferde sind über die ganze Welt verstreut und bilden daher in der Zeitebene keine funktionelle Fortpflanzungsgemeinschaft, (obwohl potentiell alle Tiere kreuzbar sind). Die einzelne Herde ist aber ein **reales System** (»Fortpflanzungsgemeinschaft«, s. Kap. 2.2). Im Raum-Zeit-Gefüge gehen die Herden auf eine Stammpopulation zurück und sind vorläufige Endprodukte eines historischen Prozesses, wobei es jedoch objektiv nicht möglich ist, eine natürliche Grenze zu finden, die als Anfang des Prozesses (»Evolution der Art Pferd«, Abb. 24) gelten kann: Die Populationen der verschiedenen ausgestorbenen Organismenformen der Stammlinie der rezenten Arten der Gattung *Equus* gehen nahtlos ineinander über. Wenn wir also in diesem Kontinuum **künstlich eine Grenze ziehen** und uns auf die Konvention einigen, daß nur Tiere mit bestimmten Eigenschaften, die in der fossilen Dokumentation deutlich unterscheidbar sind (z.B. gerade Zähne mit hohen Kronen, komplexen Schmelzfalten, lange Metacarpalia/Metatarsalia III, gut entwickelte intermediäre Tuberkel am distalen Humerus: MacFadden 1992), *Equus sp.* zu nennen seien (Abb. 24), ist diese Konvention sinnvoll. Sie dient vor allem der Kommunikation über

– die Eigenschaften der Organismen,
– den Zeitraum, in dem Organismen mit diesen Eigenschaften existierten,
– den Zeitpunkt von Divergenzereignissen, die Indizien für Umweltveränderungen sein können,
– die Zugehörigkeit von Organismen zu einem materiellen System.

> **biologische Art:** Prädikator für unverzweigte Stammbaumabschnitte. Die Begrenzung dieser Abschnitte bedarf der Konvention. Die Gleichsetzung des Begriffes mit der phylogenetischen Art ist die einzige Möglichkeit, Prozesse der Natur objektiv und allgemein gültig zu klassifizieren.
>
> **phylogenetische Art:** Stammbaumabschnitt zwischen zwei irreversiblen Divergenzereignissen.
>
> **terminale Art:** Art, zu der rezente Populationen gehören oder ausgestorbene Art, von der es keine Folgearten gibt.
>
> **Divergenzereignis:** Prozeß der zeitgleichen Entstehung von 2 oder mehr irreversibel divergierenden Populationen aus Vorfahrorganismen oder aus einer funktionellen Fortpflanzungsgemeinschaft.
>
> **Speziation:** Anderes Wort für Divergenzereignis.

Schließlich sei auf Formulierungen aufmerksam gemacht, die sehr häufig benutzt werden, sachlich aber unsinnig sind (vgl. Mahner & Bunge 1997): »Ich habe die Art *Anthura gracilis* untersucht« bedeutet: »Ich habe Exemplare untersucht, die Mitglieder der Art *Anthura gracilis* sind.« Die Art selbst ist nur eine logische Klasse; alle Mitglieder oder »Vertreter« (nicht »Teile«) dieser Klasse, insbesondere die vergangener Jahrtausende (die durchaus anders ausgesehen haben können) wurden nicht untersucht, sondern einzelne Exemplare rezenter Populationen. – **Haben Arten Eigenschaften**? Eine Eigenschaft hat immer nur ein einzelnes materielles Ding. Der Satz »Die Art *Acrocephalus arundinaceus* (Drosselrohrsänger) ist deutlich größer als *Acrocephalus scirpaceus* (Teichrohrsänger)« ist daher falsch formuliert, da es z.B. auch kleine Jungtiere der großen Art gibt. Die Größenangaben beziehen sich, was natürlich jeder begreift, auf die Durchschnitts- oder auf die Maximalgröße adulter Tiere, die verkürzte Formulierung dient hier der Sprechökonomie. – »Die Art hat typische gelbe Streifen auf dem Rücken« bedeutet, daß die untersuchten Individuen gelbe Streifen aufwiesen und zu vermuten ist, daß alle Mitglieder der Art diese eben-

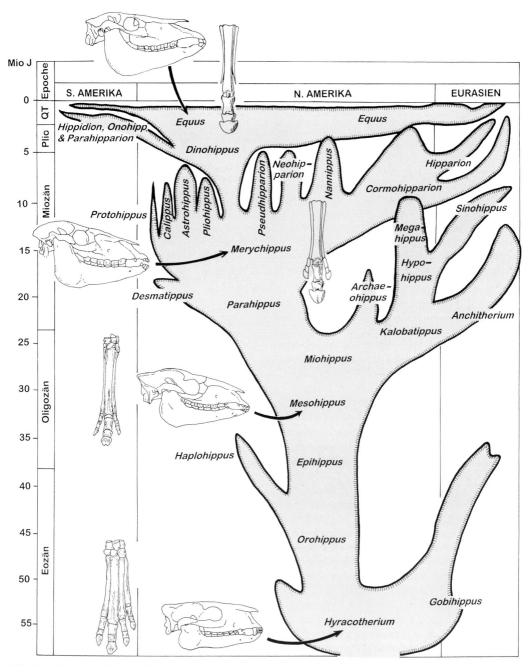

Abb. 24. Evolution der Equidae (verändert nach McFadden 1992). Die Serie von Vorfahren-Nachkommen-Beziehungen ist ein Kontinuum ohne natürliche Grenzen.

so besitzen. – **Haben Arten Lebensäußerungen?** Arten fressen und paaren sich nicht, sondern nur die einzelnen Organismen, deren Beobachtung auf Grund der genetischen Identität auf die Ei- genschaften anderer Organismen schließen läßt. – Die Aussage »die Art X evolvierte zu einer blinden Höhlenform« ist nicht korrekt: **Arten**, also Abschnitte eines Stammbaumes, **evolvieren** nicht. Was sich verändert, ist die Präsenz von Genen in Populationen. In der Praxis versteht jedoch jeder Biologe, was mit dieser Aussage gemeint ist. – Die Formulierung »in der Art X entstand Mutation M« ist ebenfalls jedem verständlich, obwohl sie nicht exakt ist: Gemeint ist, daß im Verlauf der Entwicklung einer bestimmten Kette von Vorfahren-Nachkommen-Populationen eine Mutation bei einem einzelnen Organismus entstand, die vererbt wurde und schließlich ab einem bestimmten Zeitpunkt bei allen Organismen einer Population vorhanden war. – **Können Arten sterben**? Da nur einzelne Organismen leben, können auch nur diese Individuen sterben. Die Begriffe »Artensterben« oder »Aussterben von Arten« sind Metaphern, die jeder Laie und jeder Biologe intuitiv versteht: »Am Ende der Art« sterben sämtliche individuellen Organismen, die wir zu einer Art zählen, ohne überlebende Nachkommen hervorgebracht zu haben. – **Haben Arten Nachkommen**? Nur individuelle Organismen können Nachkommen zeugen, und diese Nachkommen sind wiederum individuelle Organismen und nicht Arten. Wenn von den Nachkommen einer Art gesprochen wird, ist bildhaft gemeint, daß in einem Stammbaum, dessen Zweige die von uns unterschiedenen Arten repräsentieren, ein Zweig sich in weitere aufspaltet. – Wenn im Text die »Gene von Arten« verglichen werden, ist dies eine sehr vereinfachte und dadurch genau genommen falsche Formulierung, für die jedoch kein Ersatz gesucht wurde, da der Sinn jedem Biologen bekannt ist. Falsch ist die Annahme, eine Sequenz sei repräsentativ für eine Art. Sie stammt allgemein aus einem Individuum, das einer rezenten Population angehört. Kurz nach der Divergenzzeit zur Schwesterart waren wahrscheinlich alle Gene der Individuen einer Population denen der Schwesterart viel ähnlicher als heute. Die heutigen Gene sind daher nicht die »der Art«. – Dieselben Ungenauigkeiten treten auch bei Aussagen über umfangreichere Taxa auf: **Kann man eine Gattung entdecken**? Wer eine »Gattung entdeckt«, formuliert falsch. Gattungen sind Konzepte, die definiert (Kap. 3.5), aber auch begründet werden können (Kap. 2.6). Entdeckt werden bisher unbekannte Organismen, deren mutmaßliche Stellung im System nicht zu den bisher tradierten Abgrenzungen von Gattungen paßt. – Die Aussage »die Arten *Helianthus annuus* und *Helianthus petiolaris* **lassen sich kreuzen**, folglich ist das biologische Artkonzept ungültig« ist ein Zirkelschluß, weil vorausgesetzt wird, daß Arten unabhängig von der Prüfung der reproduktiven Isolation erkannt wurden, also ein anderes Artkonzept als das biologische schon vorausgesetzt wird. Dasselbe gilt für Aussagen über die Häufigkeit, mit der Arten in der Natur hybridiseren (vgl. Arnold 1997).

Eine Stammlinie (oder die »Kante eines rekonstruierten Stammbaumes«) ist immer begrenzt. Man kann daher formulieren, eine Art habe ein Anfang und ein Ende. Ghiselin (1966) vertritt in diesem Zusammenhang die Ansicht, **eine Art sei ein Individuum**. Was tatsächlich »aufhört« oder »beginnt«, muß man sich durch die Betrachtung von Generationsfolgen verdeutlichen (Abb. 20, 24, 28): Am Beginn gibt es keine Geburt eines organismischen Individuums oder einen Neuanfang, sondern eine allmähliche, »grenzenlose« Veränderung. Die »Grenzen« existieren nur in unserem Art*konzept*.

2.3.2 Erkennen von Arten

Setzt man das phylogenetische Artkonzept voraus, kann ein Beweis für die Zugehörigkeit zu derselben Art bei bisexuellen Organismen nur die Beobachtung der Fortpflanzung selbst sein, ein Kreuzungsexperiment kann das Ausmaß der reproduktiven Isolation klären. Da dies nur selten möglich ist, werden in der Praxis Indizien für die Existenz von Fortpflanzungsbarrieren oder für den Genaustausch in einer Population genutzt, um Arten zu erkennen. Ebenso dienen Indizien der Zuordnung klonaler Organismen zu Arten. Indizien können nur Hypothesen begründen, sie sind keine »Beweise« und können durch neue Evidenzen ihren Wert verlieren. Solche Indizien sind:

– Übereinstimmungen und Unterschiede der Merkmale von Organismen. Die Merkmalsverteilung erlaubt die Unterscheidung von Gruppen, zwischen denen keine Zwischenformen existieren.

– Das Vorhandensein von sehr spezialisierten Strukturen (z.B. spezifische Kopulationsapparate nach dem Schlüssel-Schloß-Prinzip) oder von Verhaltensweisen, die die Fortpflanzung nur mit »passenden« mit Partnern erlauben.

– Sympatrie von morphologisch unterscheidbaren Gruppen, zwischen denen keine Hybride entstehen. Kommen ähnliche, auf Grund der diskontinuierlichen Verteilung von Eigenschaften jedoch unterscheidbare Gruppen von Organismen am selben Ort vor, ist die nahe-

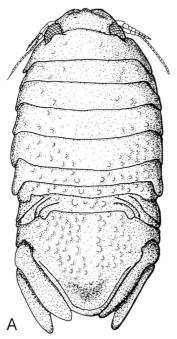 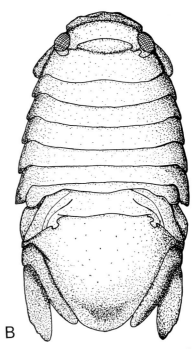

Abb. 25. Sympatrische Arten der Sphaeromatidae (Crustacea, Isopoda; brackige Küstengewässer Nordeuropas). Die Individuen eines Fundortes lassen sich auf Grund der dorsalen Skulptur entweder der Art *Lekanesphaera hookeri* (A) oder der Art *Lekanesphaera rugicauda* (B) zuordnen. Zwischenformen gibt es nicht, was als Indiz für das Fehlen von Genfluß gedeutet werden kann.

liegende Hypothese für das Fehlen von Zwischenformen die Existenz einer Fortpflanzungsbarriere. Jede Gruppe gehört dann einer anderen Fortpflanzungsgemeinschaft an.
– Unfruchtbarkeit von Hybriden.
– Stellung im rekonstruierten Dendrogramm: Bilden Individuen, die bisher derselben Art zugeordnet wurden, in einem Dendrogramm mit verwandten Arten eine para- oder polyphyletische Gruppe, gehören sie möglicherweise verschiedenen Arten an. Fehlerquelle: Para- oder Polyphylie bei Analyse eines Gens kann auch das Ergebnis horizontalen Genflusses oder ungenügenden Informationsgehaltes der Alinierungen sein. (Eine Alinierung ist eine Tabelle oder Matrix, in der homologe Sequenzen derart untereinander geschrieben werden, daß homologe Positionen jeweils in einer Spalte stehen; vgl. Abb. 99 und Kap. 5.2.2.1).
– Genetische Distanz: Die genetische Distanz kann in derselben Weise genutzt werden wie morphologische Merkmale: Sind 2 Cluster zu erkennen, die je aus einander ähnlichen Individuen bestehen, und fehlen Zwischenformen zwischen den beiden Clustern, liegt der Verdacht nahe, daß es Fortpflanzungsbarrieren oder, im Fall klonaler Organismen, daß es eine ökologische Separation gibt. Ein absoluter Distanzwert kann als Kriterium für die Existenz einer Fortpflanzungsbarriere nicht angegeben werden.

Der Taxonom, dem nur morphologische Merkmale zur Verfügung stehen, erkennt Merkmalsverteilungen, die eine Gruppierung der Organismen nach ihren äußeren Eigenschaften ermöglicht. Diese Übereinstimmung und das Fehlen von intermediären Formen zwischen Mitgliedern verschiedener Gruppen dienen als Indiz für die Existenz unterschiedlicher funktioneller Fortpflanzungsgemeinschaften (Abb. 25). Derartige »**Morphospezies**« sind aber auch immer wieder irrtümlich unterschieden worden, wenn es sich z.B. um geographische Rassen, unterschiedliche Geschlechter oder Entwicklungsstadien derselben Art handelt (Abb. 21). Es gehört Erfahrung dazu, um das Ausmaß der möglichen intraspezifischen Variabilität einschätzen zu können. Weitere Hinweise für die Existenz von getrennten Fortpflanzungsgemeinschaften:

Die Deutung genetischer Distanzen ist nicht sinnvoll, wenn nur wenige Individuen untersucht wurden und die Unterschiede gering sind, da bei jedem Individuum eigene Mutationen vorkommen können. Es ist weiterhin möglich, daß 2 allopatrische Populationen sich genetisch unterscheiden, also 2 Cluster erkennbar sind, die Organismen sich aber trotzdem fertil kreuzen lassen. Bei Pflanzen geschieht dies häufig, bei Tieren gibt es aber ebenfalls diese Erscheinung. Schon geringe Differenzierungen erlauben die Unterscheidung von intraspezifischen Gruppen. Beispiele: Die Sequenzen des COI-Gens von Populationen von *Pollicipes elegans* (Crustacea: Cirripedia) aus Südkalifornien und von der Küste Perus weisen auf Grund reduzierten Genflusses 1,2 % Unterschiede auf, die Individuen lassen sich eindeutig den lokalen Populationen zuordnen (Van Syoc 1994). Viele marine Tierarten der westatlantischen Küste Nordamerikas sind in deutlich unterscheidbare Populationen zu trennen, die einerseits am Golf von Mexiko, andererseits an der Ostküste Floridas und weiter nördlich vorkommen.

Ist die genetische Differenzierung von unterscheidbaren Populationen weiter fortgeschritten, werden oft fälschlich »Arten« benannt, obwohl die genetische Divergenz noch nicht irreversibel ist, da noch fruchtbare Hybride entstehen. So unterscheiden sich die Fruchtfliegen *Dacus tyroni* und *Dacus neohumeralis* sowohl in ihrer Färbung als auch im Verhalten (Individuen von *D. tyroni* paaren sich abends, die von *D. neohumeralis* dagegen am Tage); trotzdem kommen Hybride vor (Lewontin & Birch 1966). In der Natur gibt es Hybride zwischen Blauwal und Finnwal (Arnason & Gullberg 1993). Die Darwinfinkenart *Geospiza fortis* (mittlerer Bodenfink) hat einen kräftigen Schnabel und kann harte Samen aufbrechen, während *G. fuliginosa*, die kleinste Bodenfinkenart des Galápagos-Archipels, kleinere, weiche Samen frißt. Obwohl diese Unterschiede in der Natur aus ökologischen Gründen nebeneinander bestehen bleiben, gibt es zwischen diesen »Finkenarten« Hybride. Die »Arten« sind nicht reproduktiv isoliert (Grant 1993). Wird derartigen Populationen trotzdem der Artstatus zuerkannt, impliziert dies die Annahme, daß in Zukunft die Populationen weiter divergieren.

2.4 Das Übergangsfeld zwischen Arten

Eine Fortpflanzungsgemeinschaft kann sich wie ein Feuer teilen, die neuen Systeme sich divergierend weiter entwickeln (Kap. 1.3.2). Die Teilung kann ein sehr langsamer, zunächst potentiell reversibler Prozeß sein. Es wird meist nicht feststellbar sein, von welchem Moment an die Divergenz der Populationen irreversibel ist: Der Blick in die Zukunft von nur potentiell kreuzbaren, real aber physisch oder ökologisch getrennten (»separierten«) Populationen ist nicht möglich. Im Fall historischer Speziationen ist es in der Praxis ebenso unmöglich, den exakten Zeitpunkt zu bestimmen. Dieses ist eine der Ursachen für die Probleme, die Biologen mit der Abgrenzung von Arten haben. Ob das Java-Bronzemännchen (*Lonchura leucogastroides*) und das Spitzschwanz-Bronzemännchen (*Lonchura stricta*), die derzeit Hybride bilden (Clement et al. 1993), künftig irreversibel divergieren oder irgendwann wieder eine einheitliche Population bilden, ist heute nicht zu erraten. Wir müssen uns damit abfinden, daß es ein Übergangsfeld gibt, in dem der Versuch einer »objektiven« Abgrenzung keinen Sinn hat. In diesem Übergangsfeld können Populationen als «Rassen», «Rassenkreise», geographisch getrennte «Allospezies» (z.B. amerikanischer Bison/eurasiatischer Wisent) oder als geographisch in Kontakt stehende und regional hybridisierende, aber evolutiv getrennte, sich nicht vermischende «Semispezies» (Nebelkrähe/Rabenkrähe) auftreten.

Beispiel: Die südamerikanische Fliegenart *Drosophila paulistorum* ist in morphologisch nicht unterscheidbare geographische Populationen gegliedert, von denen nur einige mit anderen nicht mehr kreuzbar sind: Innerhalb der Art beginnt die Entstehung reproduktiver Barrieren (Dobzhansky & Spassky 1959). Unter den Kleibern

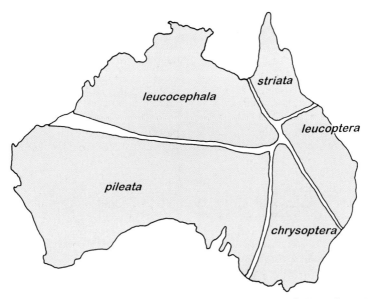

Abb. 26. Verbreitung australischer Kleiberarten der Gattung *Daphoenositta* (nach Cracraft 1989).

Australiens (Sittidae: *Daphoenositta*) lassen sich 5 Morphen unterscheiden, die jeweils eigene Verbreitungsschwerpunkte haben (Abb. 26). Man könnte sie für separate Arten halten, wenn sie sich nicht über ihre Kernareale hinaus bewegen und in Queensland hybridisieren würden. Die lokalen Morphen sind zweifellos an lokale Bedingungen adaptiert, und es fehlt nur die Unterbindung des Genflusses zu Populationen der anderen Morphen, damit sie völlig getrennte Arten bilden. Eine künftige Klimaveränderung, die das Wachstum einer gleichmäßigeren Vegetation über ganz Australien ermöglichen würde, könnte die Vermischung der Morphen verursachen. Die Streitfrage, ob die Morphen Rassen oder beginnende Arten sind, ist sinnlos, da uns der Blick in die Zukunft verwehrt ist, die australischen Kleiber befinden sich im Übergangsfeld.

Rings um den Schweizer Jura gibt es Populationen eines Tausendfüßlers (Diplopoda: *Rhymogona montivaga*), die sich geringfügig unterscheiden und von Taxonomen teils als Rassen, teils als eigene Arten benannt wurden. Vermutlich sind die Populationen während der letzten Eiszeit lange getrennt gewesen und erst nach Rückgang der Vergletscherung wieder in die Gebirge vorgedrungen. Eine genetische Analyse belegt, daß es sich um 5 unterscheidbare Populationen handelt, die mit den jeweils benachbarten Populationen am ähnlichsten sind und einen ringförmigen Gradienten genetischer Übereinstimmungen aufweisen. Der Ring schließt sich in der Schweizer Jura, wo Hybride zwischen den genetisch entferntesten Populationen vorkommen (Scholl & Pedroli-Christen 1996; Abb. 27). Die Hybridzone belegt, daß ein Genfluß noch möglich ist, die Unterscheidung mehrerer Arten ist nicht sinnvoll.

Bei den Leguanen der Galápagos Inseln kommen vereinzelt Hybridisierungen zwischen dem Meeres- und dem Landleguan vor (Rassmann et al. 1997), beides Arten, die in separate Gattungen gestellt wurden (*Conolophus* bzw. *Amblyrhynchus*). Da keine Introgressionen nachweisbar sind, ist eine künftige Vermischung der in Lebensweise und Aussehen unterschiedlichen Tiere nicht zu erwarten; die Populationen gehören wahrscheinlich zu divergierenden Arten jenseits des Übergangsfeldes. Bei den Finken der Galápagos gibt es jedoch Hybridisierungen (*Geospiza fortis* × *G. fuliginosa*, *Geospiza fortis* × *G. scandens*: Grant 1993) und Introgression von artfremden Genen, so daß die »Arten« offensichtlich unter gleichförmigen Umweltbedingungen wieder verschmelzen könnten. Die Divergenz dieser Galápagos-Finken ist reversibel. Andere diskutierbare Fälle sind die Hybridisierung von Wolf und Koyote oder von Bison und Hausrind in Nordamerika.

2.4 Das Übergangsfeld zwischen Arten

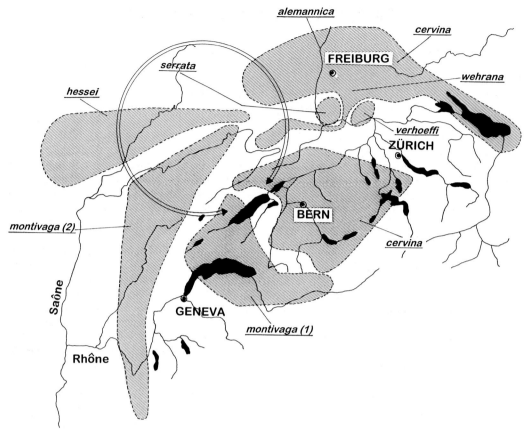

Abb. 27. Unvollständig genetisch isolierte Populationen des Diplopoden *Rhymogona montivaga* bilden einen Ring, der sich in der Schweiz schließt (verändert nach Scholl & Pedroli-Christen 1996).

Achtung: Hybridisierung, nach der fertile Nachkommen entstehen, kann dazu führen, daß die Divergenz von Populationen unterbrochen wird (ungenaue Formulierung: »Artgrenzen verwischen«). Ein anderer Fall ist die Entstehung einer dritten Population durch Allopolyploidie, die sich morphologisch von den Ausgangspopulationen unterscheidet. Entwickelt sich die Hybridpopulation unabhängig weiter, spricht man auch von der »Artbildung durch Hybridisierung«. Es kann aber auch sein, daß Hybride laufend entstehen, der Genfluß nicht unterbrochen ist und daher keine unabhängige Evolution der Hybride erfolgen kann (Beispiel des Teichfrosches, ein Hybrid aus Wasserfrosch und Seefrosch). Bei Angiospermen ist die Hybridbildung durch Allopolyploidie ein sehr häufiger Prozess. Auch in diesem Fall gilt: Solange vernetzter Genfluß durch Hybridisierung möglich ist, kann aus methodischen Gründen (Erkennen von Monophyla mit Hilfe von Autapomorphien) eine einzelne Linie von Vorfahren- und Nachkommenpopulationen nur für jene Strecke als phylogenetische Art definiert werden, die isoliert ohne Genintrogression aus anders benannten Populationen existiert. Für andere Situationen ist der phylogenetische Artbegriff nicht anwendbar. (Zur Erinnerung: Allopolyploidie bedeutet, daß die Zahl der homologen Chromosomen erhöht ist, weil die Chromosomensätze der Eltern, die verschiedenen »Arten« angehören, vollständig erhalten bleiben, womit die Meiose normal ablaufen kann. Ohne diese Polyploidisierung entstehen meist sterile Bastarde).

2.5 Die Speziation als »Schlüsselereignis«

2.5.1 Begriffe und reale Prozesse

Der Begriff »Speziation« ist schon mehrfach im vorhergehenden Text gefallen. Abb. 23B deutet an, daß diesem Prozeß eine zentrale Bedeutung zukommt, da er die Spaltung von Fortpflanzungsgemeinschaften oder die Divergenz von Klonen verursacht, die wir als Verzweigungen im Stammbaum visualisieren. Die **genetische Divergenz** kann von vielen verschiedenen realen Prozessen verursacht sein (zufällige Anhäufung verschiedener Mutationen in räumlich oder zeitlich separierten Populationen; natürliche Selektion verschiedener Eigenschaften in getrennten Lebensräumen (allopatrisch) oder in verschiedenen Mikrohabitaten am selben Ort (sympatrisch); plötzliche Entstehung von parthenogenetischen Populationen durch Mutationen oder Hybridisierung, s. Lehrbücher der Evolutionslehre). Das Ergebnis ist in jedem Fall die Zunahme der genetischen Distanz zwischen Mitgliedern zweier divergierender Populationen. Die Speziation wird auch metaphorisch **Cladogenese** genannt (»Entstehung der Zweige«, eigentlich Entstehung neuer Arten). Über die verschiedenen Mechanismen, die eine Speziation bewirken können, klären Lehrbücher der Evolutionsbiologie auf.

Von Relevanz für den Systematiker ist die Kenntnis der Gegenstände, die an dem Prozeß beteiligt sind. **Die Evolution wirkt auf Organismen und reale Systeme, nicht auf Konzepte** (wie dem Artbegriff). Die einzelnen, unter dem Begriff »Evolution« vereinigten Prozesse beeinflussen den Zustand des Systems »Fortpflanzungsgemeinschaft« und den klonaler Populationen durch Erzeugung von modifizierten Genen und Auslese von Individuen. Die genetische Divergenz der Populationen, objektiv sichtbar gemacht z.B. als Cluster von genetischen Distanzen zwischen Individuen, ist das Ergebnis dieser Prozesse: Es kommt bei bisexuellen Organismen zu einer Ausbreitung von Neuheiten innerhalb der funktionellen Fortpflanzungsgemeinschaft, die in Schwesterpopulationen fehlen. Bei den angeborenermaßen »reproduktiv isolierten« klonalen Organismen ist es allein die Selektion, die das Überleben einer neuen und die Stabilität einer »bewährten«, d.h. gut adaptierten Lebensform erlaubt. (Mit »Lebensform« ist der durchschnittliche Phänotypus und die Lebensweise der Organismen einer Population gemeint).

Die Folgen der unter dem Begriff »Speziation« vereinigten Prozesse werden am einzelnen Organismus, dem »Träger der Neuheiten«, sichtbar, weshalb es möglich ist, ein einzelnes Individuum als Exemplar einer neuen Art zu identifizieren. Ob allerdings die Prozesse zu der endgültigen Trennung führen oder nicht, hängt von der Entwicklung der Populationen ab, nicht von einem bestimmten Individuum. Sind Gene, die eine Paarung zwischen Individuen verschiedener Populationen ermöglichen, bei nur wenigen Individuen vorhanden, könnte das dazu führen, daß 2 Populationen mit überwiegend reproduktiv isolierten Mitgliedern sich doch wieder vereinen. Auch kann die räumliche Ausdehnung der Populationen darüber entscheiden, ob die Divergenz fortschreitet oder Kontakte zwischen Populationen entstehen. Daran sei erinnert, wenn darüber gestritten wird, ob der Organismus oder die Population die »Einheit der Speziation« ist.

Da das Studium der genetischen Divergenz *kein Artkonzept voraussetzt*, sondern die Folgen jener Prozesse zum Gegenstand hat, die den Genbestand einer Population dauerhaft verändern, liegt kein Zirkelschluß vor, wenn das phylogenetische Artkonzept sich auch auf diese Prozesse bezieht.

2.5.2 Dichotomie und Polytomie

Eine Divergenz von Populationen, die sich zu einer Speziation weiterentwickelt, erzeugt mindestens 2 genetisch unterscheidbare Gruppen (Abb. 23A), die man als Arten ansprechen kann. Dieser Fall wird als Dichotomie im Dendrogramm abgebildet und scheint in der Natur an häufigsten vorzukommen. Es läßt sich aber nicht ausschließen, daß immer wieder in einem bestimmten Zeitabschnitt in peripheren Bereichen des Verbreitungsgebietes einer Art einzelne Populationen sich gleichzeitig und unabhängig voneinander divergent entwickeln, so daß mehrere Arten zeitgleich entstehen. Dieser Fall der »multiplen Speziation« wird mit einer Polytomie abgebildet (vgl. Abb. 49).

Beispiel: Auf Jamaica leben mehrere endemische Arten von Landkrabben der Gattung *Sesarma*, die einen nur ihnen gemeinsamen Vorfahren haben. Die Arten weisen verschiedene Lebensweisen auf, entwickeln sich in brackigen oder süßen Gewässern, z.T. an Bromelien oder in Schneckengehäusen. Die Radiation erfolgte sehr schnell im Pliozän. Die frühen Speziationsereignisse lassen sich nicht unterscheiden, weshalb nicht auszuschließen ist, daß mehrere evolutive Linien fast gleichzeitig divergierten (Schubart et al. 1998). – Ein ähnlicher Prozess hat wahrscheinlich in ostafrikanischen Seen stattgefunden. Cichliden der Gattung *Tropheus* haben sich im Tanganjika-See nach der Erstbesiedlung sehr schnell diversifiziert, so daß fast gleichzeitig 6 »evolutive Linien« entstanden sind, von denen die meisten begrenzte Regionen des Sees besiedeln (Sturmbauer & Meyer 1992).

2.6 Monophyla

»Monophyletisch« nennen wir eine Gruppe von Organismen, die einen nur ihnen gemeinsamen Vorfahren haben. Monophyla sind keine Dinge oder Systeme der Natur, sondern Gruppen, die wir nach bestimmten, wissenschaftlich begründeten Regeln zusammenstellen und unterscheiden. Monophyla sind also Konstrukte, die einen Bezug zur Realität haben (natürliche Klassen). Der Begriff Monophylum ist ein Instrument der Systematik, mit dem Organismen, die eine nur ihnen gemeinsame Geschichte haben, von anderen unterschieden werden.

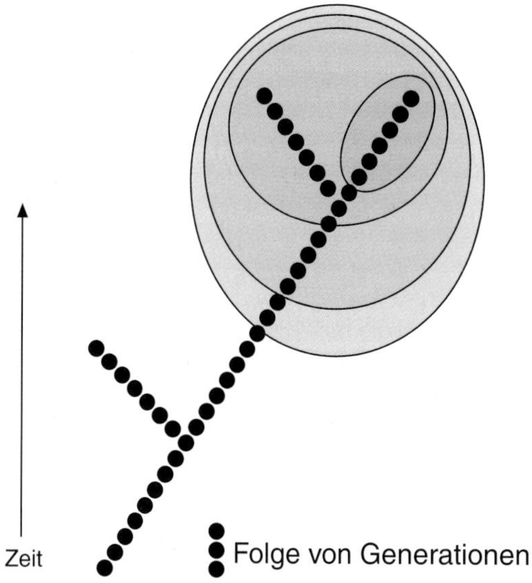

Diese Auffassung von Monophylie birgt eine Unschärfe: Wer oder was gilt als »Vorfahre«? In Betracht kommen a) ein einzelner Organismus, von dem ein Klon abstammt, b) eine Fortpflanzungsgemeinschaft, die zu einem bestimmten Zeitpunkt existiert, c) eine biologische Art.

Klone stammen unzweideutig von einem einzigen Stammorganismus ab, Fortpflanzungsgemeinschaften dagegen von einer Serie aufeinander folgenden Generationen. Verfolgt man in Gedanken die Linie der Generationen »rückwärts« in die Vergangenheit, verschmilzt die Linie irgendwann mit Generationen eines anderen Monophylums (dem Schwestertaxon). Da es ein Kontinuum von Generationen gibt, muß per Konventionen entschieden werden, wie Grenzen gezogen werden, um Monophyla abzugrenzen.

Der Abbildung 28 ist zu entnehmen, daß es real eine unüberschaubare Anzahl von Organismengruppen gibt, die alle monophyletisch sind, wenn man die oben aufgeführte Definition von Monophylie akzeptiert. Für die Praxis der Systematik wäre es verhängnisvoll, alle diese Gruppen jeweils benennen zu wollen. Es ist offenbar notwendig, zwischen »**monophyletischen Gruppen**«, die auch Gruppen von Individuen innerhalb von rezenten Arten sein können, und **monophyletischen Taxa** zu unterscheiden. Für den Systematiker ist es wichtig, Arten und Artgruppen voneinander abzugrenzen und als monophyletische Taxa zu benennen. Nur ausgewählte Monophyla sollten mit Eigennamen benannt werden.

Abb. 28. Wie ist in der Folge von Generationen ein Monophylum abzugrenzen? Jeder Kreis umfaßt eine monophyletische Gruppe, es gibt eine unübersehbare Zahl von derartigen Gruppen.

An dieser Stelle sei vorausgesetzt, daß Arten aus auseinander folgenden Generationen von Klonen oder von potentiellen Fortpflanzungsgemeinschaften und monophyletische Taxa aus Arten bestehen (zum Artbegriff siehe Kap. 2.3). Es ist dann die Frage zu klären, wie die Abgrenzung von Monophyla gewählt werden sollte.

In der Abbildung 29 können theoretisch vier Abstammungseinheiten erkannt werden, wenn man nicht Populationen, sondern Arten gruppieren möchte:

Schließen wir die einzelne Art aus der Betrachtung aus, bleibt die Frage, ob die Benennung der Einheit X, die objektiv eine andere Organismengruppe umfaßt als die Einheiten Y und Z, sich in der Praxis als sinnvoll erweisen könnte. Umfaßt eine Gruppe die Einheit X (Abb. 29), fehlt die gemeinsame Stammpopulation der Arten 3 und 2. Wird diese Stammpopulation nicht mit eingeschlossen, könnte es noch unbekannte Abkömmlinge geben, die nicht in der Menge X enthalten sind, womit X nicht monophyletisch wäre. Umfaßt sie die Menge Y, ist sie zwar monophyletisch, enthält aber bereits Generationen, die zur Art 1 gehören! Die Gruppe mit den Arten 3 + 2 ist weder mit der Menge X noch mit der Menge Y sinnvoll abzugrenzen. Das über die einzelne Art hinausgehende, nächstgrößere und eindeutig aus Arten zusammengesetzte Monophylum umfaßt jeweils die Schwesterart und die gemeinsame Stammart, oder das **Schwestertaxon (= Adelphotaxon)** und die gemeinsame **Stammart**. Daraus ergibt sich die Definition des Begriffes »Monophylum« (s.u.). Da die allererste Population, die zu einer bestimmten Art gezählt werden kann, in der Regel nicht zu identifizieren ist, verbleibt hier eine Unschärfe. Die Abgrenzung von Monophyla kann nicht exakter sein als die Unschärfe des Überganges im Bereich der Artentstehung.

> **Monophylum:** Ein Monophylum besteht aus der Stammart und allen Nachkommen dieser Stammart, oder aus einer terminalen Art.
>
> **Monophyletische Gruppe:** Eine Stammpopulation (oder ein Stammorganismus) und alle Nachkommen derselben.
>
> **Schwestergruppe (Adelphotaxon):** Das zu einem gegebenem Monophylum nächstverwandte Monophylum in einem dichotomen Dendrogramm.
>
> **Kladus** (engl. »clade«)**:** Zweig eines Dendrogramms, unabhängig davon, ob die Topologie korrekt ist oder nicht. Ein Kladus muß nicht auch ein Monophylum sein.
>
> **Grundmustermerkmale:** Merkmale, von denen man annimmt, daß sie in der letzten gemeinsamen Stammpopulation eines Monophylums vorhanden waren

Der Umfang eines Monophylums wird mit der Benennung einer zu einem bestimmten Zeitpunkt existierenden Stammart bestimmt (Kap. 4.4). Dieselbe Gruppe kann man auch identifizieren, indem man die Schwestertaxa bezeichnet, die aus der Stammart hervorgingen (Abb. 80). Innerhalb einer Art erfordert die Abgrenzung einer monophyletischen Organismengruppe die Benennung einer bestimmten Ahnenpopulation oder, bei Klonen, eines individuellen Ahnen. Bei bisexuellen Organismen muß der Nachweis erbracht werden, daß eine »monophyletische« Population seit der Abstammung von den bezeichneten Ahnen keine Fortpflanzungskontakte mit anderen Populationen hatte.

Da alle Mitglieder eines Monophylums von einer letzten gemeinsamen Ahnenpopulation abstammen, haben sie auch gemeinsame Merkmale, die sie von dieser Population geerbt haben. Da Organismen, die Stammarten zuzurechnen sind, in der Regel nicht bekannt sind, hat in der Praxis die Untersuchung der »letzten gemeinsamen

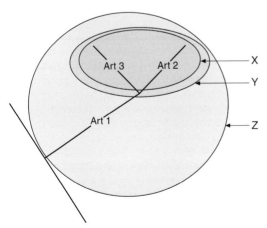

Abb. 29. Welches ist die richtige Abgrenzung von Monophyla? Die Einheiten X und Y umfassen die Arten 2 und 3, die Einheit Z zusätzlich die Art 1. (Erklärung im Text).

Stammpopulation« und der »Stammart« keine Bedeutung, die Merkmale dieser Ahnen müssen rekonstruiert werden. Nicht alle Ahnenmerkmale bleiben im Verlauf der Evolution der Folgepopulationen erhalten. Aus den erkannten Gemeinsamkeiten aller Mitglieder eines Monophylums läßt sich aber rekonstruieren, welche Merkmale bereits in der Stammpopulation vorhanden waren und welche Merkmale später neu entstanden sind (Kap. 6.2). Merkmale, von denen man annimmt, daß sie in der letzten gemeinsamen Stammpopulation eines Monophylums vorhanden waren, nennt man **Grundmustermerkmale des Monophylums.** Ein Grundmuster ist immer eine Zusammenstellung von Hypothesen (weitere Details dazu in Kap. 5.3.2). Beispiel: Die meisten Säugetiere haben Zitzen und im weiblichen Geschlecht dazugehörige Milchdrüsen, bei den Monotremata jedoch fehlen die Zitzen. Die Rekonstruktion ergibt, daß die Zitzen wahrscheinlich nicht zum Grundmuster der Säugetiere gehören, wohl aber die Milchdrüsen.

Reale monophyletische Gruppen von Arten sind historisch entstandene Gruppen (natürliche Klassen), jedoch keine materielle Systeme, da zwischen den Teilen des Monophylums keine Prozesse mehr ablaufen (»die einzelnen Feuer brennen unabhängig voneinander«). Die Betrachtung eines Monophylums als isolierte »Einheit der Natur« ist ein Konstrukt: Diese konzeptionelle Einheit ist ein künstlich abgesägter Ast des Stammbaumes der Organismen, und auch der gesamte Stammbaum ist eine Rekonstruktion, kein existierendes Ding. Der Beginn einer monophyletischen Gruppe ist stets mit dem Zeitpunkt definiert, zu dem exakt eine erste Stammpopulation (Fortpflanzungsgemensichaft, Klon) existierte (Ausnahme: 2 Populationen bei Hybridisierungen), und daher nur so scharf von anderen abzugrenzen, wie der Zeitpunkt bestimmbar ist.

Achtung: Unter einem »Monophylum« kann man entweder eine monophyletische Gruppe realer Organismen verstehen, oder eine gedankliche Konstruktion, von der angenommen wird, sie repräsentiere eine materielle Gruppe im Sinn der obigen Definition. Die »Monophyla« in Dendrogrammen sind immer Hypothesen. Oft sind die Teile der Dendrogramme offensichtlich Artefakte der Methode, die von niemandem als Abbild monophyletischer Gruppen akzeptiert werden. Dendrogrammteile kann man als »**Kladus**« von materiellen Monophyla unterscheiden.

Darf man **eine Art** als »Monophylum« bezeichnen? Im Sinn der Definition des Begriffes Monophylum kann nur eine terminale Art (d.h., eine Art, die nicht mit einer Speziation endet) ein Monophylum sein. Dagegen sind alle internen Abschnitte eines Stammbaumes zwischen zwei Speziationen keine Monophyla, weil die Nachkommen dieser »internen Arten« nicht im Monophylum enthalten sind. Dieses **Paradoxon** erklärt sich daraus, daß der Stammbaum ein gedankliches Konzept im Raum-Zeitgefüge ist! In der Realität waren einmal die »internen Abschnitte« Folgen von Generationen, die zum Zeitpunkt ihrer Existenz jeweils als terminale Arten erkannt worden wären, ehe die nächste Speziation eintrat. In der Rekonstruktion jedoch müssen wir aus rein methodischen Gründen die »interne Art« als Teil eines umfassenderen Monophylums behandeln.

Im philosophischen Sinn haben Monophyla Eigenschaften von »**Individuen**«: Sie haben ein Anfang und ein Ende, man könnte sie als »historische Einheiten« auffassen. Was aber macht eine Artengruppe zu einer »Einheit«? Offensichtlich sterben die Individuen eines Monophylums unabhängig voneinander aus, sie stehen nicht in gesetzmäßiger Wechselwirkung mit den anderen Mitgliedern der Gruppe. Wir fassen gedanklich die Raubtiere als Monophylum zusammen, es gibt aber keinerlei Prozesse, die zwischen einem Löwen in Afrika und einem Polarfuchs ablaufen, also keine materiellen Systembeziehungen. Monophyla sind offensichtlich Einheiten unseres Denkens, aber keine zusammenhängende Objekte oder Systeme der Natur. Die Eigenschaft, ein Individuum zu sein, hat nur unser gedankliches Konzept (der Begriff »Carnivora«). In derselben Weise ist eine Romanfigur ein Individuum.

Wieviele Monophyla gibt es? Betrachten wir die Art als kleinste Einheiten: Hat der Stammbaum der Lebewesen N irreversible Populationsspaltungen (Speziationen; Kap. 2.3) aufzuweisen, dann gibt es, die terminalen Arten mitgerechnet,

$$2N + 1$$ monophyletische Taxa.

Das ist weitaus mehr, als man sinnvollerweise benennen kann. Die Praxis entscheidet darüber, welche Monophyla für eine bessere Verständigung der Wissenschaftler einen Eigennamen bekommen sollen. (Besonders ehrgeizige Systema-

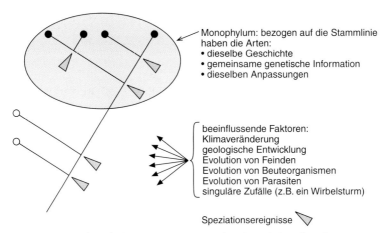

Abb. 30. Mitglieder von Monophyla haben gemeinsame Merkmale und dieselbe Abstammungsgeschichte.

tiker benennen so viel wie möglich, was die Kommunikation erschwert).

Obwohl Monophyla keine materielle Individuen sind, ist es zweckmäßig, Arten gemeinsamer Abstammung zu erkennen und zu unterscheiden. Die **Identifikation von Monophyla** (s. Kap. 4.4) hat in der Biologie viele **Vorteile**:

- Die zu einem korrekt identifizierten Monophylum gezählten Arten haben dieselbe Stammlinie des Monophylums, also denselben historischen Hintergrund, der Anpassungen hervorbrachte. Kenntnisse über die Biologie einer Art des Monophylums gestatten daher oft Vorhersagen über die Biologie verwandter Arten (Abb. 30).
- Das bedeutet, daß Mitglieder eines Monophylums gemeinsame genetische Information tragen können, die anderen Organismen fehlt.
- Eine Klassifikation der Organismen ist nur dann intersubjektiv prüfbar und ein Abbild phylogenetischer Prozesse, wenn die unterschiedenen Klassen jeweils Monophyla sind.

Die vorgestellte Definition des Begriffes »monophyletische Gruppe« berücksichtigt die Praxis, in der auch »monophyletische Populationen« innerhalb der Grenzen einer Art anerkannt werden. Es ist nicht zu bestreiten, daß es große Populationen gibt, die auf wenige Gründerindividuen zurückgehen. Man kann diese Gruppe dann als monophyletisch bezeichnen, unabhängig davon, ob die Entstehung neuer Arten innerhalb dieser Gruppe erkannt wurde oder nicht, vorausgesetzt, alle Nachkommen der Stammpopulation hatten keine Fortpflanzungskontakte zu Nachbarpopulationen. Bei bisexuellen Populationen, von denen behauptet wird, sie seien monophyletisch, ist es allerdings schwer, eindeutig nachzuweisen, daß nicht doch vereinzelte Kontakte (Fortpflanzungserfolge mit Individuen benachbarter Populationen) existieren. Die Definition ermöglicht es weiterhin, auch Gruppen von Mitochondrien oder Plastiden als monophyletisch zu bezeichnen, um dem realen Sachverhalt gerecht zu werden, der in einer von den Trägerorganismen partiell unabhängigen Evolution bestehen kann. Weiterhin ist der Begriff unabhängig vom Artkonzept, welches sehr unterschiedlich sein kann (Kap. 2.3).

Die Identifikation und Abgrenzung von Monophyla wird in Kap. 4.4 weiter ausgeführt.

2.7 Die Evolutionstheorie und Evolutionsmodelle als Grundlage der Systematik

Wenn in den folgenden Abschnitten von Evolution gesprochen wird, ist nichts anderes gemeint als die »Veränderung in der Zeit«. Der Evolutionsbegriff wird damit nicht an den adaptiven Wert der Neuheiten geknüpft. Es gibt mit diesem Konzept auch »Evolution«, wenn neutrale Sequenzabschnitte sich verändern, was zunächst keine morphologisch erkennbaren Folgen hat. Es läßt sich aber nicht ausschließen, daß diese »stillen Mutationen« sich akkumulieren und irgendwann Sequenzen entstehen, die eine Funktion haben.

Ohne die Annahme, daß es Evolutionsprozesse gegeben hat, fehlt eine Motivation für die phylogenetische Forschung.

- Die Annahme der Existenz der Evolutionsvorgänge liefert die Erklärung, weshalb die Phylogenese stattfand.
- Die Existenz von Mutationen, von Rekombinationen, von genetischer Drift und von unterschiedlichen Selektionsvorteilen oder Nachteilen der Neuheiten erklärt, weshalb sich nur einige wenige Neuheiten in Populationen ausbreiten.
- Das Studium der Mechanismen, die die genetische Divergenz isolierter Populationen verursachen, liefert die Erklärung für die Erscheinung, daß Populationen einen charakteristischen Genbestand haben können, so daß Mitglieder von verschiedenen Populationen unterscheidbar sind.
- Mit der Identifikation von »Fortpflanzungsbarrieren« kann der Evolutionsbiologe erklären, weshalb Populationen dauerhaft genetisch divergieren und der vernetzte Genfluß bisexueller Populationen unterbrochen wird. Dieses ist eine der Grundlagen für das phylogenetische Artkonzept.
- Vorstellungen über die Evolution von Sequenzen sind die Grundlage für die modellabhängigen Verfahren er Stammbaumrekonstruktion.

Wiley (1975) nennt 3 Axiome, die Voraussetzung für die phylogenetische Analyse sein können: a) Evolution ist eine Tatsache und findet statt, b) es gibt nur *eine* Phylogenese und c) Merkmale werden vererbt. Es läßt sich jedoch zeigen, daß Verwandtschaftsaussagen möglich sind, ohne daß diese Axiome bekannt sind, wie uns jedes Naturvolk vorführt.

Stellen wir uns einen Wissenschaftler vor, der die Evolutionstheorie nicht kennt und der Aufgabe nachgeht, die Ursachen der Ähnlichkeit lebender Objekte zu erkunden: Er wird zunächst die Frage klären können, ob die Ähnlichkeit (Anatomie und Lebensweise von Löwe und Tiger z.B.) ein Produkt des Zufalls ist oder ob wahrscheinlicher ein gemeinsamer Prozeß angenommen werden muß, der diese Ähnlichkeit verursacht. Gemäß den in Kap. 5.1 vorgestellten Argumenten ist die Annahme, daß die Ähnlichkeit von Löwe und Tiger »aus derselben Quelle« stammt, die wahrscheinlichere. Der Vergleich von Löwen und Tigern würde den Schluß erzwingen, daß es weitgehend identische »Bauanleitungen« und Mechanismen der Informationsweitergabe geben muß. Aufbauend auf der Überlegung, daß von demselben Prozeß erzeugte Ähnlichkeiten von zufälligen Übereinstimmungen zu unterscheiden sind, ließen sich Algorithmen für die numerisch-phylogenetischen Analysen finden, ohne daß Kenntnisse der Evolutionsvorgänge notwendig sind. Die Gruppierung von Organismen mit Maximum-Parsimony Methoden erfordert keine Annahmen über die Vorgänge, die zur Entstehung der Merkmale führten.

Mit dieser deskriptiven Rekonstruktion der Phylogenese ist jedoch kein Verständnis für die treibenden Kräfte gewonnen, insbesondere ist eine **Prüfung der Plausibilität** der Ergebnisse nicht möglich, die vor allem dann notwendig ist, wenn die verfügbare Informationsmenge gering ist. So ist es nachvollziehbar, daß haematophage, ektoparasitisch an Fischen lebende Crustaceen allmählich aus marinen Aasfressern hervorgegangen sein könnten (Abb. 171); dagegen erfordert eine Evolution von Parasiten ausgehend von spezialisierten Geschwebe-Filtrierern mehr Zwischenschritte in Form von weiteren Lebensformtypen. Um dieses zu verstehen, muß ein Wissenschaftler über Kenntnisse der Evolutionsmechanismen verfügen.

Während eine Analyse morphologischer Ähnlichkeiten ohne Annahmen über Evolutionsprozesse auskommt, werden diese benötigt, wenn Molekülsequenzen mit Distanzmethoden und »Maximum-Likelihood« Methoden analysiert werden. Diese Methoden erfordern Annahmen über Evolutionsmechanismen, die in Form von Modellen der Sequenzevolution in die Berechnungen eingehen. Die Frage nach der **Modellierbarkeit der Evolution** und der grundsätzlichen Nutzbarkeit von Modellen für die Rekonstruktion der Phylogenese ist jedoch bisher wenig beachtet worden. Nach der Theorie der neutralen Evolution (Kap. 2.7.2.2) ist zumindest für molekulare Merkmale zu erwarten, daß Substitutionen in Genbereichen, die nicht unter Selektionsdruck stehen, über längere Zeiträume stochastisch auftreten. Dieses ist die Voraussetzung für die Nutzung von modellabhängigen Methoden der Sequenzanalyse. In den meisten Fällen wird diese Voraussetzung weder geprüft noch diskutiert, was ein grober Fehler ist (vgl. Logik der Deduktion: Kap. 1.4.2).

Für die Gestalt der Organismen gilt, daß sie in höchstem Maße der Selektion und damit der Veränderung der Umwelt unterliegt. Es ist zwar möglich, den Mutations- und Selektionsdruck mathematisch zu beschreiben, um damit bei gegebenen Anfangszuständen und bekannten Randbedingungen den Verlauf der Populationsentwicklung vorherzusagen. In der Praxis ist jedoch die Variabilität und Komplexität der Randbedingungen meist nicht zu erfassen. Historische Speziationsereignisse können von sehr unterschiedlichen und unterschiedlich vielen Umweltprozessen beeinflußt worden sein. Dazu gehören:

– Veränderungen der kosmischen Strahlung
– Einschläge von Meteoriten
– Vulkanismus
– Orogenesen (Entstehung neuer Berge, die z.B. neue Klimazonen schaffen),
– Drift von Inseln und Kontinenten (Populationen werden getrennt)
– marine Transgressionen und Regressionen (Landschaften werden durch Meereseinbrüche getrennt, Meerestiere gelangen in Karstgebiete, usw.)
– Klimaveränderungen
– außerordentliche Stürme (tragen z.B. Insekten auf entfernte Inseln)
– Auftreten neuer Feinde, Parasiten, Krankheitserreger
– Auftreten neuer Nahrungsquellen

Daß diese Faktoren zu einem bestimmten erdgeschichtlichen Zeitpunkt auftreten, ist nicht vorhersagbar, so wenig wie das Wetter zu Ostern in Göttingen in exakt 20 Jahren vorhersagbar ist. Es sind Aussagen darüber möglich, wie wahrscheinlich es ist, daß mit zunehmender Entfernung von der Küste Insekten auf eine Insel gelangen (vgl. MacArthur & Wilson 1967), es ist jedoch nicht berechenbar, wann welcher Wind welches Fliegenpaar nach Hawaii transportieren wird. Die Phylogenetik analysiert die realen historischen Ereignisse, wobei grundsätzlich davon auszugehen ist, daß auch das Unwahrscheinliche (ein Affenpaar schwimmt auf einem losgerissenen, fruchtenden Baum über ein großes Meer) eintreten kann. Da diese Ereignisse Radiationen und Veränderungen der Morphologie der Organismen zur Folge haben, müssen wir annehmen, daß die Evolution morphologischer Merkmale ein **chaotischer Prozeß** ist, der nur zeitweise unter von uns überschaubaren Umweltbedingungen in vorhersagbarer Weise verläuft (s. Schnabelgröße von Galápagos-Finken: Greenwood 1993).

Die Evolution ist, über Zeiträume betrachtet, in denen Speziationen eintreten, kein mechanisch ablaufender Prozeß, dessen Ergebnis auf Grund der Anfangsbedingungen mit einer Wahrscheinlichkeitsaussage geschätzt werden kann. Durch Erwerb von Neuheiten bekommt z.B. ein lebendes System unvorhersehbare neue Eigenschaften, womit auch die Evolutionsrate sich ändern kann. Konrad Lorenz (1988) verweist in diesem Zusammenhang auf die Analogie der gänzlich neuen Systemeigenschaften eines Schwingkreises, die sich nicht aus der Summe der Eigenschaften eines Kondensators und der einer Spule ableiten lassen. Da es dem Wissenschaftler zudem nicht möglich ist, die wohl begrenzte, real aber große Zahl von geschichtlichen Ursachen kennenzulernen, die die Evolution einer Folge von Fortpflanzungsgemeinschaften beeinflußt haben, folgert Lorenz, daß die Konstruktionen der höheren Systeme (Lebewesen) aus den niederen nicht analytisch deduzierbar sind. Aus demselben Grund wird mit einem auf Indizien bezogenem Modell die Evolutionsweise eines Merkmals nicht für lange Zeiträume präzise rekonstruiert oder vorhergesagt werden können, wenn das Merkmal eine Funktion hat. Lediglich für funktionslose Merkmale (z.B. Pseudogene) kann eine nur von der Mutationsrate und der genetischen Drift abhängige stochastische Evolutionsweise angenommen werden, solange die Population keinen katastrophalen Rückgang der Individuenzahlen erlebt. Die Annahme, daß eine Neuheit wirklich funktionslos ist, müßte überprüft werden.

Mit Simulationen zur Veränderung von Allelfrequenzen in Populationen konnte gezeigt werden, daß chaotische, nicht-stochastische Evolution schon unter relativ wenig komplexen Bedingungen in Modellpopulationen auftritt, sogar unter konstanten Selektionsbedingungen, häufiger unter dichteabhängiger Selektion (Ferrière & Fox 1995). Daraus läßt sich folgern, daß nicht-modellierbare Evolutionsvorgänge in der Natur oft vorkommen müssen.

Es ist zusammenfassend festzustellen, daß es nicht unbedingt notwendig ist, die Ursachen und Mechanismen des evolutiven Wandels zu kennen, um die Phylogenese zu rekonstruieren. Diese Kenntnisse sind nur nötig, wenn die Wahrscheinlichkeit der Merkmalstransformation geschätzt, wenn der Wandel modelliert werden soll. Nach dem derzeitigen Kenntnisstand muß festgestellt werden, daß es weitgehend ungeklärt ist, für welche Merkmale und Taxa die Voraussetzungen für eine Modellierung der Merkmalsevolution gegeben sind. Die phänomenologische Analyse (s. Kap. 5), mit der das System der Organismen in wesentlichen Aspekten im 19. und 20. Jahrhundert rekonstruiert werden konnte, kommt ohne diese Voraussetzungen aus. Um jedoch die Plausibilität einer Verwandtschaftshypothese zu diskutieren und um ein Szenario der Evolution einer Organismengruppe entwerfen zu können, ist die Kenntnis der Evolutionstheorie erforderlich.

2.7.1 Variabilität und Evolution morphologischer Strukturen

Die Evolution morphologischer Strukturen wird bestimmt durch

- die Variabilität, die durch Mutationen entsteht,
- die Anpassungen durch Selektionsprozesse an variierende Lebensbedingungen (Klima, Nahrung, Konkurrenten, Parasiten, etc.),
- die individuelle Umgebung einer Struktur im Organismus, die die Zahl möglicher Modifikationen einschränkt,
- die bereits verfügbare genetische Information.

Der Selektionsdruck beeinflußt Variabilität und Evolutionsgeschwindigkeit von Organen: Morphologische Strukturen sind eingebunden in den gesamten »Apparat« eines Organismus, weshalb ihre individuelle Variabilität eingeschränkt ist. Nicht »passende« Varianten eines Organs benachteiligen den Träger des Merkmals: Die Größe der Zähne muß den Proportionen der Kiefer angepaßt sein, der Durchmesser der Beinknochen muß ausreichend sein, um das Körpergewicht tragen zu können. Riedl (1975) spricht von der **Bürde** der vorhandenen Konstruktion, die die Zahl möglicher Variationen eines Organs einschränkt. Die »Bürde« wirkt als Selektionsdruck, der von der Funktionsfähigkeit einer Konstruktion abhängt. Nicht nur die Passung eines Organs zu der gesamten Konstruktion eines Organismus ist eine »Bürde«, sondern auch die Passung zur Umwelt: Es gibt für einen segelnden Vogel nicht viele Möglichkeiten, die Flügelkonstruktion zu variieren, ohne daß die Effizienz der Tragflächen bei der gegebenen Luftdichte und Fluggeschwindigkeit sinkt. Von Mutationen, die keine beobachtbaren Modifikationen hervorrufen, muß man dagegen annehmen, daß sie nicht unter Selektionsdruck stehen. Sie haben auf die Evolution von Morphologie, physiologischer Leistung oder Verhalten keinen Einfluß und können sich ungehindert ausbreiten, im Gegensatz zu funktionell wichtigen Mutationen, die meistens schädlich sind.

Es ist vorauszusehen, daß zeitliche Variationen des Selektionsdrucks Veränderungen der Evolutionsgeschwindigkeit bewirken. Daß die **Evolutionsgeschwindigkeit** morphologischer Merkmale in der Zeit variiert, ist nachweisbar. Phasen schneller Anpassung an neue Umweltbedingungen und rascher Entstehung neuer Arten wechseln mit langen Zeiträumen stabilisierender Evolution ab. **Fossilfunde** belegen, daß Säugetiere Millionen von Jahren unauffällig neben den Dinosauriern koexistierten, bis im Paleozän eine explosive Entfaltung der Säuger folgte: In kurzer Zeit entstanden die Vorfahren der heutigen Hunde, Katzen, Affen, Huftiere. Es besteht offensichtlich ein Zusammenhang mit dem Aussterben der

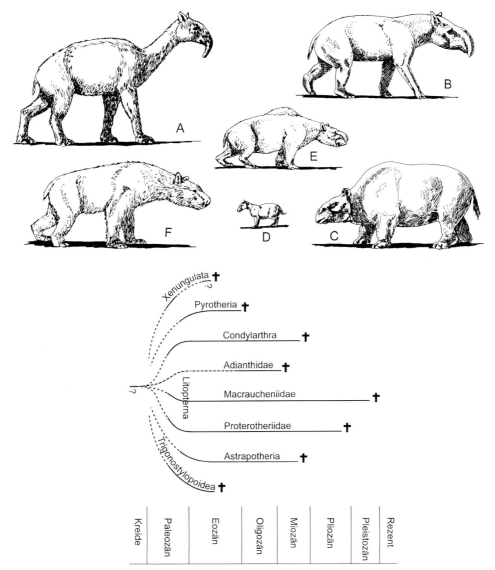

Abb. 31. Nachdem die ersten, etwa hasengroße Huftiere Südamerika besiedelten, folgte eine rasche Evolution neuer Lebensformen. Sie starben im Verlauf des späten Tertiärs wieder aus. Oben: Formen südamerikanischer Ungulata (Rekonstruktionen). Unten: Radiation der Ungulata (ohne Notungulata; nach Patterson & Pascual 1968). **A.** *Macrauchenia* (Pleistozän); **B.** *Astrapotherium* (Miozän); **C.** *Toxodon* (Pleistozän); **D.** *Paedotherium* (Pliozän); **E.** *Nesodon* (Miozän); **F.** *Scarrittia* (Oligozän).

Dinosauria: Wahrscheinlich konnten die freiwerdenden Ressourcen »erobert« werden. Es ist aber unwahrscheinlich, daß ein in der Kreide lebender Biologe in der Lage gewesen wäre, das Aussterben der Riesenechsen und die künftige Formenvielfalt der Säuger vorherzusagen, zumal, wenn die Ursache für den raschen Wandel der Einschlag eines Meteoriten ist.

Neben Fossilfunden finden sich auch Indizien für die Unregelmäßigkeit der Evolutionsrate auch in der rezenten Fauna, da die **unterschiedliche, taxonspezifische Variabilität morphologischer Strukturen** sehr auffällig ist. So haben die meisten der ca. >20 000 Arten der Bienen allgemein relativ gleichartig aussehende Larven, die isoliert in einzelnen Wabenzellen heranwachsen. Die

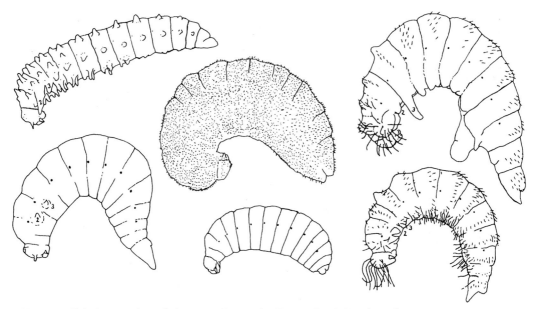

Abb. 32. Vielfalt der Larvalmorphologie von Bienen des Taxons *Ceratini* (nach Michener 1977).

Morphologie der Larven steht unter stabilisierender Selektion, vermutlich sind die Larven optimal an ihre Lebensweise adaptiert. In einer monophyletischen Untergruppe der *Ceratini* jedoch werden im Nest keine Zellenwände mehr gebaut, es leben mehrere Larven zusammen, die interagieren und um Futter konkurrieren. Der Effekt ist, daß diese Bienen die größte Variabilität der Larvalmorphologie aller Bienenarten aufweisen (Abb. 32). Die Evolutionsgeschwindigkeit der Larvalmorphologie muß in diesem Monophylum wesentlich höher als die der Adultmorphologie gewesen sein.

Einzelne Organe variieren unterschiedlich stark: Augen der Wirbeltiere sind vom Hai bis zum Menschen sehr ähnlich konstruiert, es sind wenig Variationen möglich, die die Funktion nicht beeinträchtigen. Dagegen gibt es innerhalb der Bovidae eine große Vielfalt von Hörnern (gegabelte, spiralisierte, lange und kurze Hörner), die Paradiesvögel haben eine exotisch wirkende Fülle von Farben und Formen der Schmuckfedern an Schwanz- und Kopf. Dieselbe Körperregion ist manchmal verschiedenem Selektionsdruck ausgesetzt: Bei den Zikaden ist wie bei fast allen Insekten das Pronotum ein einfacher Rückenschild, bei den Buckelzikaden aber *(Membracidae)* gibt es rückwärts gerichtete Fortsätze, zugespitzte Aufwölbungen und kugelförmige oder hornartige Bildungen, deren biologische Funktion nicht geklärt ist (Abb. 33). Die Evolutionsgeschwindigkeit der Form des Pronotums ist innerhalb der *Membracidae* offensichtlich viel höher als bei den übrigen Zikaden.

Auch wenn grundsätzlich die Mechanismen, die zu einer Beschleunigung der Evolutionsrate führen, verstanden sind, wird es wahrscheinlich nie vorhersehbar sein, ob und wann für eine bestimmte Tiergruppe in einer geographischen Region eine Radiation oder eine Veränderung von Organen eintritt, weil Zahl und Dynamik der Umweltfaktoren unübersehbar sind.

Ein allgemein beobachtetes Phänomen ist die Zunahme an Komplexität von Organismen, wenn sie eine entlang der Zeitachse schnell evolvierenden Ahnenserie haben. Langsam evolvierende Organismen konservieren altertümliche Konstruktionen und belegen, daß es a) einen Unterschied der Konstruktion zwischen konservierten und evolvierten Organismen und es b) Unterschiede der Evolutionsgeschwindigkeit gibt. Rezente Quastenflossler *(Latimeria chalumnae)* haben einen Bauplan, der schon vor 350 Millionen Jahren existierte, Frösche und Salamander haben eine Skelettanatomie, die seit mindestens 200 Millionen Jahren besteht, die Vielfalt der Huftiere dagegen ist, ausgehend von etwa hasengroßen

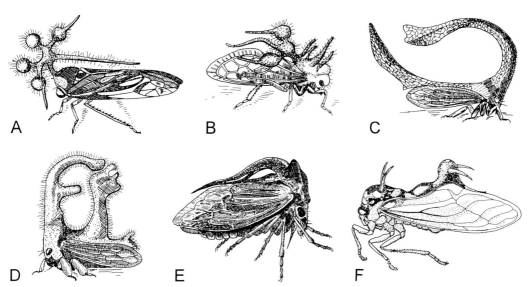

Abb. 33. Ungewöhnliche Variabilität des Pronotums bei Buckelzikaden (Membracidae). Arten der Gattungen *Bocydium* (**A**), *Cyphonia* (**B**), *Spongophorus* (**C, D**), *Centronotus* (**E**), *Heteronotus* (**F**).

Tieren, in den letzten 65 Millionen Jahren entstanden.

Die Entstehung komplexer Neuheiten erfordert Zeit: Das gilt für die Entwicklung technischer Geräte ebenso wie für die Evolution von Organismen. Ausgangspunkt für die Anagenese (»Höherentwicklung«) sind einfach konstruierte Organe und Organismen: Vielzeller entstanden aus Einzellern, Metazoen mit mesodermalen Organen entstanden aus Organismen, die nur aus äußeren Epithelien bestanden, Articulaten mit vielen Metameren entstanden aus unsegmentierten Vorfahren, Arthropoden mit zu vielseitigen Werkzeugen spezialisierten Extremitäten entstanden aus Arthropoden mit gleichartigen Extremitäten. Genetische Grundlagen der Evolutionsvorgänge, die zur Spezialisierung von Bauplänen führen, werden zur Zeit nach und nach aufgedeckt. So wird die Spezialisierung der Segmente, metamerer Organe und der Extremitäten von Vertebraten und Arthropoden durch mehrere homeotische Gene gesteuert. Diese sind untereinander ähnlich und offenbar durch Genduplikationen und schrittweise evolutive Differenzierung im Verlauf der Phylogenese der Metazoa entstanden (vgl. Hall 1992, Shubin et al. 1997). Die morphologische Differenzierung hat eine Entsprechung in der Differenzierung der Gene (Abb. 34). Damit aus einem Vorfahren der Insekten, einem homonom segmentierten, tausendfüß-

lerartigen Tier ein sechsbeiniges Insekt ohne Laufbeine am Abdomen evolviert, muß offenbar u.a. die Entwicklung der Thorakopoden im hinteren Körperbereich unterdrückt werden. Eines der steuernden Gene für die Beinentwicklung ist *Distal-less (dll)*, dessen Aktivität wiederum von Produkten der Gene aus dem *Bithorax*-Komplex im Abdomen der Insekten unterdrückt wird. Nicht alle scheinbaren Reduktionen sind aber durch Abschalten von Genen zu erklären. Es ist z.B. die evolutive Umbildung der Hinterflügel der Pterygota zu Halteren bei den Diptera wahrscheinlich eine Folge zahlreicher Mutationen mehrerer vernetzt wirkender Gene, deren Expression vom *Ubx*-Gen *(Ultrabithorax)* gesteuert wird. Eine Mutation des *Ubx*-Gens hat nicht die Umkehrung der Evolution zur Folge, also die Rückbildung von Halteren zu Flügeln, sondern den vollständigen Ausfall der Regulation der Halterenbildung, so daß die phylogenetisch älteren Gene für die Flügelkonstruktion exprimiert werden und an Stelle der Halteren Flügel entstehen (Carroll 1994). Die evolutive Halterenbildung hat einen viel höheren Komplexitätsgrad als die scheinbare Reversion der Evolution durch eine einfache Mutation des *Ubx*-Gens.

Verlustmutationen, mit denen komplexe Strukturen rückgebildet werden, entstehen wahrscheinlich oft mit nur wenigen Mutationen, der »Aufwand« ist daher mit der evolutiven Entste-

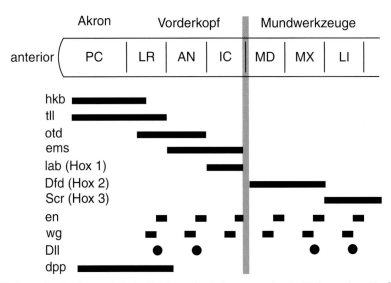

Abb. 34. Im Embryo der Insekten wird ein Kopf angelegt, dessen vorderster Teil aus den Abschnitten Akron (enthält das Protocerebrum *PC*), Region des Labrums *(LR)*, Antennensegment *(AN,* enthält das Deutocerebrum) und Interkalarsegment *(IC,* enthält das Tritocerebrum) gebildet wird, gefolgt von den drei Segmenten der Mundwerkzeuge *(MD, MX, LI).* Die Differenzierung der Segmente wird durch steuernde Gene beeinflußt, die regional exprimiert werden (in der Abbildung für das Beispiel *Drosophila* durch horizontale Balken gekennzeichnet). Das engrailed Gen *(en)* markiert Segmentgrenzen (verändert nach Cohen & Jürgens 1991).

hung dieser Strukturen nicht vergleichbar. Dieser Überlegung entspricht die Beobachtung, daß durch Mutationen entstandene Schädigungen (Albinismus, reduzierte Sehfähigkeit, deformierte Knochen) in Populationen einer Art häufiger vorkommen als grundlegende Verbesserungen der Leistungen von Organen (hoch entwickelter Geruchsinn, Wahrnehmung von Ultraschall, etc.).

Solange die Gene und entwicklungsbiologischen Prozesse nicht bekannt sind, die morphologische Strukturen hervorbringen, sind präzise Aussagen über die **genetische Komplexität von morphologischen Neuheiten** nicht möglich. Es kann jedoch angenommen werden, daß die Konstruktion eines komplexen Organs (z.B. einer Statozyste) mehr genetische Information erfordert als die einer einfacheren Struktur (z.B. einer Synapse).

Evolution ist irreversibel: Aus physikalischer Sicht muß Evolution irreversibel sein, da Evolutionsvorgänge die Entropie der Umgebung erhöhen und dieser Prozeß nicht umkehrbar ist. Was der Systematiker als »Rückmutation« bezeichnet, ist physikalisch nicht die Rückkehr in den älteren Zustand, sondern die Entstehung eines neuen Zustandes, der dem älteren ähnlich ist. Was Kladisten als Merkmalsreversion (engl. »reversal«) bezeichnen, beruht entweder auf Fehlern in der Rekonstruktion der Verwandtschaftsverhältnisse oder auf dem Unvermögen, ältere von ähnlichen neueren Zuständen zu unterscheiden. Da die Lebensbedingungen eines Organismus historische Zustände der Umwelt sind, addieren sich im Verlauf der Zeit die Effekte historischer Umweltveränderungen.

»**Dollos Regel**« besagt, daß die Evolution von Organismen irreversibel ist. Die Irreversibilität ist oft zu beobachten: Die Flossen der Wale haben einen anderen Aufbau als die der Knochenfische, die Flossenbildung ist daher keine Reversion zu einem älteren Merkmalszustand. Kein einziges aquatisches Säugetier hat sekundär wieder Kiemen erworben. Wie Dollo (1893) feststellte, kann ein komplexer, phylogenetisch älterer Merkmalszustand nicht nach Reduktion aus einem jüngeren erneut entstehen. In abgeschwächter Form bedeutet die Regel, daß die Wahrscheinlichkeit für das Auftreten einer komplexen Rückmutation geringer ist als die einmalige Entstehung einer evolutiven Neuheit. Es sollte demnach nicht möglich sein, daß z.B. von einem blinden Tiefseekrebs, der intakte Gene für die Konstruktion von

Abb. 35. Reversionen morphologischer Strukturen müssen nicht auf Rückmutationen beruhen.

Augen nicht mehr besitzt, ein Flachwasserkrebs abstammt, der sekundär (konvergent) dieselben funktionsfähigen Komplexaugen aufweist, wie sie bei den Vorfahren der blinden Tiefseeart vorkamen.

Durch Verlustmutationen kann ein Merkmalszustand entstehen, der scheinbar einem phylogenetisch älteren entspricht (z.B. Verlust der Geißel eukaryontischer Einzeller; Schalenreduktion bei conchiferen Mollusken; Verlust der Spiralisierung der Schneckenschale bei *Fissurella*, *Ancylus*; Reduktion der Parapodien der Polychaeta bei *Arenicola*). Handelt es sich nur um das »Abschalten« eines neuen Gens, wird dieses Gen mit Techniken der Molekulargenetik nachweisbar sein, womit die scheinbare Reversion als weitere Neuheit identifiziert ist.

Ein Beweis für die Existenz »abgeschalteter Gene« ist schon länger bekannt: Entstehen durch abnorme Mutationen phylogenetisch alte Strukturen (**Atavismen**), die lange Zeit in der Geschichte einer Fortpflanzungsgemeinschaft nicht vorhanden waren, deutet dies auf die Aktivierung von Genen durch Mechanismen der Genregulation oder durch Rückmutation hin. Die Expression der Gene war über viele Generationen unterdrückt. Beispiele: Auftreten dreihufiger Extremitäten bei rezenten Pferden, Entwicklung eines Schwanzfortsatzes oder zusätzlicher Milchdrüsen entlang der Milchleiste beim Menschen.

Das Argument, Evolution sei allgemein irreversibel, hat jedoch (nur scheinbar) keine universelle Gültigkeit: Punktmutationen in DNA-Molekülen können einen phylogenetischen älteren Zustand für eine Sequenzposition wiederherstellen. Dieser Prozeß macht sich in der Analyse von DNA-Sequenzen als »Rauschen« bemerkbar, da er Analogien mit Außengruppentaxa erzeugen kann (s. Kap. 6.3.2). Diesen **punktuellen Rückmutationen** kann jedoch nur eine sehr begrenzte Wirkung zugeschrieben werden, sie erfolgen zufällig und können nur einen geringen Teil der Variabilität betreffen. Betrachtet man die umgebende Sequenz, ist leicht feststellbar, daß die Sequenz nach einiger Zeit eine andere geworden ist, auch wenn punktuell Rückmutationen vorkommen. Sind viele evolutive Neuheiten vorhanden, ist es höchst unwahrscheinlich, daß durch zufällige Mutationen ein älterer Zustand erneut entsteht.

Daß die Evolution morphologischer Strukturen oft nur scheinbar reversibel ist, kann die Untersuchung der Schnäbel der Darwinfinken belegen: Beobachtungen auf den Galápagos Inseln ab dem Dürrejahr 1977 ergaben, daß es einen Trend zur Größenzunahme von Körper und Schnabel der Art *Geospiza fortis* (Abb. 36) gab, der wahrscheinlich durch Nahrungsangebot und sexuelle Selektion angetrieben wurde. Als 1983 das unregelmäßig periodische Klimaphänomen »El Niño« einsetzte und auf den Galápagos starke Regenfälle niedergingen, entwickelte sich eine Vegetation, die kleine Samen produzierte und daher Vögel mit kleinen Schnäbeln und wegen der geringeren Nährstoffmenge auch kleinere Körpergrößen begünstigte: Der durch die trockenen Jahre ausgelöste Trend kehrte sich um (zusammengefaßt in Weiner 1994). Dieser Fall ist jedoch nur eine scheinbare Umkehr, da der Effekt auf einer Verschiebung von Genfrequenzen beruht und nicht auf Evolution von Genen. Wären die Gene für kleine Schnäbel nach der Dürrezeit aus den Populationen völlig eliminiert, würde es viel länger dauern, bis sie neu evolvierten. Zumindest

Abb. 36. Variationen der Schnabelform beim mittleren Galápagos-Bodenfinken *Geospiza fortis*. In Dürreperioden, wenn nur große, harte Samen verfügbar sind, vergrößern sich die durchschnittlichen Schnabelmaße in einer Population (nach Weiner 1994).

2.7 Die Evolutionstheorie und Evolutionsmodelle als Grundlage der Systematik auf dem Niveau der Gene wäre der Zustand (die Sequenz) nicht mehr derselbe wie der alte.

Dieses Beispiel zeigt auch, daß die morphologischen Veränderungen nur dann vorhersagbar sind, wenn a) bekannt ist, welche Anpassungen an eine veränderte Umwelt bei einer Tierart möglich sind und b) die Entwicklung der Umweltfaktoren vorhersagbar ist. Nur wenn diese Randbedingungen bekannt sind, läßt sich der Prozess der Evolution morphologischer Merkmale modellieren.

2.7.2 Variabilität und Evolution von Molekülen

Das Studium der Evolution von Molekülen ist relevant, da viele Verfahren, die der Rekonstruktion der Phylogenese auf der Grundlage von Sequenzen dienen, Annahmen über die Evolutionsprozesse machen (s. Kap. 8). Da die Struktur der organischen Moleküle direkt oder indirekt mit der Struktur von Nukleinsäuren kodiert ist, lohnt sich für die Analyse von molekularen Evolutionsvorgängen vor allem der Vergleich von RNA- oder DNA-Sequenzen.

Da Sequenzabschnitte oder einzelne Sequenzpositionen häufig nicht oder nur geringfügig dem Selektionsdruck ausgesetzt sind, haben zufällige Vorgänge einen größeren Einfluß als bei morphologischen Merkmalen. Evolutive Veränderungen der Nukleinsäuren sind eine Folge von Mutationen, die entweder selektionsneutral sind oder selektiert werden. Diese Unterscheidung ist für die Gewichtung von Merkmalen nach Ereigniswahrscheinlichkeiten und für die Entwicklung von Modellen der Evolutionsprozesse von großer Bedeutung. Es gibt offenbar Moleküle oder Sequenzbereiche, die strikter als morphologische Merkmale bei allen Lebewesen konserviert sind und daher bei makroskopisch sehr verschiedenen Organismen homologisiert werden können (z.B. rDNA bei Einzellern, Pflanzen, Tieren, Vitellogenine bei Nematoden, Insekten, Wirbeltieren). Das andere Extrem stellen schnell evolvierende Sequenzen dar, die innerhalb von Arten variieren (z.B. Kontrollregion der mitochondrialen DNA, Introns, Satelliten-DNA). Kenntnisse dieser Unterschiede sind bedeutsam für die Wahl geeigneter Sequenzen für phylogenetische oder populationsgenetische Studien.

2.7.2.1 Veränderungen in Populationen

Der Ort eines Gens in den Chromosomen ist der **Locus**, Varianten eines Gens an einem Locus sind **Allele**. Die Zahl der diploiden Organismen der Population einer Art, die ein mutiertes Allel einzeln (heterozygot) oder gepaart (homozygot) tragen, ändert sich im Verlauf der Zeit. Einige Allele gehen aus der Population verloren, andere werden häufiger, bis sie schließlich in jedem Individuum vorkommen und als einziges Allel in der Population »fixiert« sind (vgl. Abb. 5). Das Schicksal des einzelnen Allels wird bestimmt durch

- die Selektion, und
- die zufällige genetische Drift.

Die **Selektion** bewirkt eine **gerichtete** Änderung der Allelfrequenz in Abhängigkeit von Umweltbedingungen, die vorhersagbar ist, wenn die Population groß ist, die selektionswirksamen Umweltbedingungen und der Beitrag der Gene zur Fitneß des Organismus bekannt sind. Jede Mutation eines Gens, das zur Überlebens- und Fortpflanzungsfähigkeit des Organismus beiträgt, kann die Fitneß des Organismus im Vergleich zu Konkurrenten derselben Art entweder verbessern, verschlechtern, oder unverändert lassen. Die letztgenannte Mutation wird **neutral** genannt. Es hat sich eingebürgert, von der Fitneß des Allels zu sprechen, wenn die durch die Expression dieses Allels bewirkte Fitneß des Organismus gemeint ist. Ist das neue Allel vorteilhaft und dominant, wird es nach mehreren Generationen in der Population das ältere Allel verdrängt haben. Von diesem Moment an ist die Neuheit fixiert und ein Merkmal der gesamten Population, es hat eine **Substitution** stattgefunden.

Werden beim Vergleich von Individuen derselben Art Mutationen festgestellt, läßt sich die **Mutationsrate** (z.B. Mutationen pro Generation einer Art) berechnen, wenn bekannt ist, welches der gemeinsame Ahne war, bei dem die Mutation erstmalig auftrat, und wann dieser lebte. Aus der Forensik sind zum Beispiel derartige Studien über Mutationen beim Menschen bekannt (s. Gibbons 1998). Aus diesen Mutationsraten lassen sich **Substitutionsraten** ableiten, wenn genaue Analysen der Dynamik der Populationsentwicklung und des Selektionsdruckes auf bestimmte Mutationen vorliegen. Dieses komplexe Geschehen zu beschreiben ist eine Aufgabe der Populationsgenetik.

Neue Mutationen entstehen kontinuierlich in Populationen, ebenso werden immer wieder neue Allele fixiert, viel öfter aber gehen neue Allele verloren (Kimura 1962). Die Wahrscheinlichkeit, daß Allele fixiert werden, hängt ab von

– der ursprünglichen **Häufigkeit** des Allels,
– dem Beitrag des Allels zur **Fitneß** des Organismus,
– und der effektiven **Populationsgröße**.

Ob und wie schnell eine Mutation sich als evolutive Neuheit in einer Population durchsetzt, hängt u.a. davon ab, wie groß der Fitneßunterschied der Allele in einer bestimmten Umwelt ist. Haben Heterozygote den höchsten Fitneßwert (Heterosis, Heterozygotenvorteil) im Vergleich zu den Homozygoten wird dann das ältere Allel nicht aus der Population verdrängt, sondern es entsteht ein Gleichgewicht der Allelfrequenzen (Beispiel: Sichelzellenanämie des Menschen). Bei kodominanten Allelen haben Heterozygote einen mittleren Fitneßwert der dazugehörigen Homozygote, Homozygote eines Allels können einen höheren Fitneßwert haben als Homozygote mit dem anderen Paar und Heterozygoten. Weiterhin kann ein Allel, das keinem oder nur geringem Selektionsdruck ausgesetzt ist (neutrale oder fast neutrale Allele), durch räumliche Kopplung mit einem anderen sich wie ein stark selektiertes Allel verhalten.

Allelfrequenzen können sich auch durch Zufall oder **ungerichtet** verändern, weil nicht immer alle Allele einer Generation an die nächste weitergegeben werden. Diese Änderung nennt man **genetische Drift**: Sind Allele funktionell gleichwertig, bestimmt die genetische Drift die Allelhäufigkeit. Der Verlust von Allelen in einer Fortpflanzungsgemeinschaft kann mehrere Ursachen haben: Da von Generation zu Generation viel mehr Gameten als Nachkommen entstehen, kann nur ein Bruchteil der bei der Gametogenese kopierten Allele der Elterngeneration erhalten bleiben. Bei diploiden Organismen trägt zudem ein Teil der Nachkommen homozygote Gene und damit einen geringeren Anteil der Vielfalt. Weiterhin schwankt die Mortalität in Populationen mit den Umweltfaktoren, Katastrophen können einen großen Anteil der genetischen Vielfalt vernichten.

In kleinen Populationen gehen Neuheiten wieder verloren, wenn die vorhandenen Genvarianten nicht alle an Nachkommen weitergegeben werden können, die Neuheiten können aber auch schneller fixiert werden als in großen Populationen, die Evolutionsgeschwindigkeit ist dann erhöht (z.B. Li 1997, Ohta 1997). Katastrophale Populationsrückgänge treffen kleine Populationen drastischer als große, es geht mehr genetische Vielfalt verloren. Da die Populationsgrößen einer Art im Verlauf ihrer Existenzzeit sehr schwanken können, bedeutet dies, daß die genetische Drift und damit auch die Substitutionsraten in kleinen Zeiträumen variieren können. Sind Populationsrückgänge durch Änderungen von Selektionsfaktoren verursacht, breiten sich Allele, die positiv selektierte Eigenschaften bewirken, rascher aus. Für morphologische Strukturen ist der Effekt von »Flaschenhalssituationen« der Populationen mehrfach nachgewiesen (z.B. Willmann 1995). Es ist daher zu erwarten, daß molekulare Evolutionsraten in ähnlich unvorhersehbarer Weise variieren wie z.B. langfristige Schwankungen des durchschnittlichen lokalen Wetters.

Für neutrale Allele in einer idealen Population gilt, daß die Fixierungswahrscheinlichkeit nur von der Driftrate abhängt. Die Substitutionsrate der neutralen Allele in einer Population ist identisch mit der Mutationsrate und unabhängig von der Populationsgröße (Kimura 1968). Die letzte Aussage gilt allerdings nicht in sehr kleinen Populationen, die von Zeit zu Zeit durch Katastrophen auf wenige Individuen reduziert werden können. Mit einem einfachen Modell, das drastische Fluktuationen der Mortalität und Vermehrungsrate nicht berücksichtigt, kann der Einfluß der effektiven Populationsgröße gezeigt werden (Abb. 37). In kleinen Populationen ist die genetische Drift viel schneller als in großen. Schwankt die Populationsgröße, was in der Natur gewöhnlich geschieht, ändert sich auch die Driftrate.

Für nicht neutrale Mutationen gilt, daß die Substitutionsrate der Allele von der Populationsgröße und zusätzlich vom Selektionsvor- oder -nachteil der neuen Variante abhängt. Diese Überlegungen sind für die Theorie der neutralen Evolution wesentlich (s.u.).

Für den Systematiker ist es wichtig, zu berücksichtigen, daß für historische, nicht beobachtbare Populationen weder die Driftrate für neue Allele noch der Fitneßwert geschätzt werden kann, da weder Selektionsvorteile noch Populationsgrößen und -schwankungen ermittelbar sind. Für neutrale Mutationen in Populationen, deren Größe nicht gelegentlich auf einige Gründerindivi-

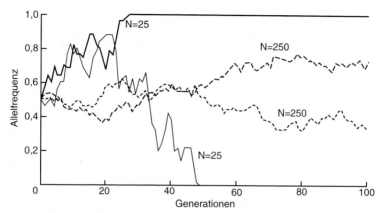

Abb. 37. Modellvorstellung der Änderung der Allelfrequenzen durch genetische Drift in verschieden großen Populationen (N: effektive Populationsgröße) (verändert nach Li 1997). Die Wahrscheinlichkeit für die Fixierung oder den Verlust eines Allels ist in der kleinen Population (N=25) viel größer.

duen schrumpft, ist theoretisch zu erwarten, daß sie sich unabhängig von den Populationsschwankungen mit gleichförmiger Rate ausbreiten; für alle anderen Mutationen muß mit Schwankungen der Substitutionsraten gerechnet werden. Kodiert ein Allel die optimale Proteinstruktur, ist in großen Populationen die Wahrscheinlichkeit der Fixierung einer anderen, suboptimalen neuen Variante extrem gering. Daher können gut adaptierte Sequenzen über Hunderte von Jahrmillionen unverändert erhalten bleiben.

2.7.2.2 Theorie der neutralen Evolution

Bis Ende der 50er Jahre des 20. Jahrhunderts betrachtete man die Evolution als die Folge von Mutation, Rekombination, Migration, und vor allem von Selektion. Die evolutive Ausprägung der Merkmale und die Evolutionsgeschwindigkeit sollten vor allem von der Selektion abhängig sein. Diese Ansichten ergaben sich aus der Analyse der Morphologie, auf die Umweltfaktoren direkt einwirken. Erst die mit der Entwicklung der Molekulargenetik akkumulierten Daten belegten, daß Moleküle auch ohne Einwirken der Selektion evolvieren können. Es wurden Polymorphismen aufgedeckt, die morphologisch nicht erkennbar sind. Die aus einzelnen Beobachtungen und theoretischen Überlegungen entwickelte Theorie der neutralen Evolution ist eine wichtige Ergänzung der Evolutionstheorie. Der Inhalt der Theorie darf nicht aus ihrem Namen abgeleitet werden: Die Evolution ist nicht grundsätzlich neutral, sondern es ist nachweisbar, daß es grundsätzlich selektionsneutrale Mutationen gibt.

Die Theorie der neutralen Evolution besagt, daß ein großer Anteil der Veränderungen von Molekülen auf zufällige Mutationen zurückzuführen ist, die nicht oder nur geringfügig der Selektion unterliegen. Eine allgemeinere Aussage ist die gut begründete Hypothese, daß die Substitutionsrate unter anderem vom Selektionsdruck auf die Neuerung abhängt, und damit selektionsneutrale Mutationen häufiger erhalten bleiben als nicht neutrale, da die meisten nicht neutrale Mutationen schädlich sind. Die Theorie wurde für die Evolution von Molekülen entwickelt. Die Erkenntnisse, wie sie gerade formuliert wurden, sind jedoch grundsätzlich auch für die Bewertung der Variabilität morphologischer Merkmale relevant.

Substitutionen, die selektionsneutral sind, häufen sich nur in Abhängigkeit von der Mutationsrate an (Kimura 1968, 1983, 1987). Erfolgen Mutationen zufällig, läßt sich die Häufigkeit des Auftretens neutraler Substitutionen vorhersagen, wenn die Mutationsrate schätzbar ist.

Neutral sind
- viele Mutationen, die keine Veränderung in den kodierten Proteinen hervorrufen (**synonyme Substitutionen**, Abb. 48), die die Translation nicht beeinflussen oder die Funktion von RNA-Molekülen nicht verändern,
- Substitutionen in Aminosäuresequenzen, die

die Funktion des Proteins nicht modifizieren,
- Mutationen von Sequenzpositionen, die funktionslos sind.

Die Annahme, daß es neutrale Evolution gibt, bedeutet nicht, daß alle Allele dieselbe Fitneß haben, sondern daß für neutrale Mutationen die genetische Drift einen größeren Einfluß auf die Allelfrequenz hat als die Selektion. Auch die Ausbreitung von der Selektion unterliegenden Mutationen wird durch genetische Drift beeinflußt. Eine Folge davon ist die **relative Konstanz von Substitutionsraten**, da von den in einer Population substituierten Mutationen der größere Anteil neutral ist. Von den Proteinen Aldolase C und Triosephosphat-Isomerase (TPI) wird z.B. angenommen, daß bei eukaryontischen Organismen die Substitutionsrate relativ konstant ist und je nach Berechnungsmodell für die Aldolase etwa 0,23 bis $0,29 \times 10^{-9}$ Substitutionen pro Position und Jahr, für TPI 0,30 bis $0,42 \times 10^{-9}$ Substitutionen pro Position und Jahr beträgt (Nikoh et al. 1997). Man muß aber damit rechnen, daß zellbiologische Prozesse wie Veränderung der Reparaturmechanismen für die DNA sowie drastische Populationsschwankungen über längere Zeiträume betrachtet auch für neutrale Mutationen unregelmäßige Substitutionsraten zur Folge haben.

Ein hoher Anteil der DNA (Säuger: < 90 %) wird nicht transkribiert und evolviert vermutlich selektionsneutral, ein großer Anteil der Mutationen ist wahrscheinlich nicht der Selektion ausgesetzt. Vorsicht ist jedoch geboten. Von Introns und Pseudogenen wird vermutet, daß sie funktionslos sind, was jedoch im Fall der Introns nicht immer stimmt: Die Konservierung von Sekundärstrukturen in nicht kodierenden Bereichen kann z.B. für Enzymaktivitäten von Bedeutung sein. Weiterhin muß man in Erinnerung behalten, daß die funktionslose DNA aus Sicht des Phylogenetikers sich nicht für Analysen eignet, da die Sequenzen schnell verrauschen (u.a. Kap. 2.7.2).

Kimuras ursprüngliches Konzept der Theorie der neutralen Evolution wurde mehrfach modifiziert. Nach Ohta (1973, 1992) sind die meisten nicht intensiv selektierten Mutationen schwach schädlich, nicht strikt neutral. Populationsgenetische Modelle suggerieren, daß aus diesem Grund genetische Drift vor allem in kleinen Populationen wirksam und die Evolutionsrate schneller ist (Ohta 1997), während in großen Populationen die Selektion auch gegen schwach nachteilige Mutationen effektiv ist.

Für den Systematiker ergibt sich aus dieser Theorie eine Möglichkeit zur Bewertung der Wahrscheinlichkeit, daß Merkmale informativ sind: Betrachtet man Taxa mit langen Divergenzzeiten, sind Merkmale zu wählen, die unter größerem Selektionszwang stehen, da diese langsamer evolvieren und daher mit größerer Wahrscheinlichkeit unveränderte Apomorphien bewahren. Es sind dieses Merkmale, die nicht neutral evolvieren, also auch Substitutionsraten haben, die in hohem Maße von der sich verändernden Umwelt abhängen. Möchte man dagegen Taxa mit kurzer Divergenzzeit analysieren, sind Merkmale zu wählen, von denen angenommen werden kann, daß sie neutral oder fast neutral, also schnell evolvieren. Evolutionsraten werden in Kap. 2.7.2.4 besprochen.

Neutrale Position: Sequenzposition, an der ein Austausch von Nukleotiden oder Aminosäuren erfolgen kann, der selektionsneutral ist.

Synonyme Substitution (engl. »silent« oder »synonymous substitutions«): Substitution in einer kodierenden DNA-Sequenz, die keine Veränderung der Aminosäuresequenz bewirkt. Synonyme Substitutionen müssen nicht immer neutral sein (s. Kap. 2.7.2.4)

2.7.2.3 Die molekulare Uhr

Evolvieren Sequenzen neutral, erfolgen Veränderungen über Jahrmillionen hinweg mit einer vorhersagbaren, gleichmäßigen Rate. Die Evolution der Sequenzen ist dann ein Zufallsprozeß, der von der Selektion unabhängig ist. Das Auftreten von selektionsneutralen Substitutionen ähnelt dem Zerfall von radioaktiven Elementen: In kurzen Zeiträumen ist die Häufigkeit von Einzelereignissen nur sehr ungenau vorhersagbar, über längere Zeiträume sind die Vorhersagen recht genau und die Variationen von parallelen Beobachtungen desselben Prozesses gering. Für uns ist die Annahme der Existenz einer molekularen Uhr interessant, weil sich daraus eine Möglichkeit ergibt, die Phylogenese zu rekonstruieren (Abb. 38).

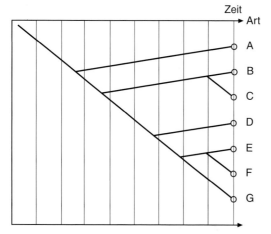

Abb. 38. Anschauliche Darstellung der Hypothese der molekularen Uhr: Die senkrechten Linien repräsentieren eine Zeiteinheit und zugleich dieselbe Zahl von Substitutionen, die pro Zeiteinheit auftreten. Könnte man die Zahl der Substitutionen möglichst genau schätzen, wäre die Rekonstruktion der Phylogenese sehr einfach.

Setzt man einen stochastischen, regelmäßigen Zufallsprozeß für das Auftreten von Substitutionen voraus, ist es möglich, die Sequenzevolution zu modellieren und aus genetischen Distanzen Divergenzzeiten und das Alter von Monophyla zu berechnen (Abb. 38). Die genetische Distanz d sei dabei die Gesamtzahl der aufgetretenen Substitutionen, die beim Vergleich der Sequenzen von 2 Arten feststellbar sind. Die Divergenzzeit t von 2 Arten (oder von 2 Monophyla) ließe sich dann bei geschätzter Distanz d zwischen den Arten (oder zwischen den letzten gemeinsamen Vorfahren zweier Monophyla) und geschätzter Substitutionsrate λ einfach nach der Formel $t = d/(2\lambda)$ berechnen (Abb. 38, 41, Abb. 155, Distanzanalysen: Kap. 8.2). Folgende Beobachtungen sind jedoch zu beachten:

– Neutral evolvierende Sequenzpositionen mit in der Zeit konstanter Substitutionsrate evolvieren schnell und verrauschen auch schnell durch multiple Substitutionen. Das heißt, sie konservieren mit großer Wahrscheinlichkeit evolutive Neuheiten nur über kurze Zeit (zum Begriff »Rauschen« s. Kap. 1.3.5 und 4.1). Ein Indiz für das Auftreten multipler Substitutionen ist ein niedriges Verhältnis von Transitionen zu Transversionen im paarweisen Sequenzvergleich (Abb. 39).

– Sequenzen von funktioneller Bedeutung evolvieren langsamer und konservieren besser evolutive Neuheiten. Die Substitutionsraten variieren mit größerer Wahrscheinlichkeit in Abhängigkeit von Änderungen der Umweltfaktoren und der Populationsgröße.

Da der Systematiker oft Taxa mit großen Divergenzzeiten analysiert, sind neutrale Sequenzen, die schnell verrauschen, nicht informativ. Daher werden für Studien über die Verwandtschaft größerer Artgruppen immer kodierende Sequenzen benutzt, die zumindest partiell unter stabilisierendem Selektionsdruck stehen.

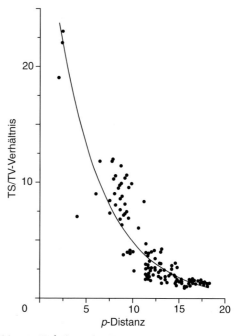

Abb. 39. Verhältnis der Transitionen zu Transversionen gegen die unkorrigierte sichtbare Distanz im paarweisen Sequenzvergleich (Cytochrom c von diversen Raubvogelarten und Geiern, verändert nach Seibold & Helbig 1995). Je größer die genetische Distanz zwischen den homologen Sequenzen zweier Arten, desto geringer wird der Anteil an sichtbaren Transitionsunterschieden. Obwohl rein statistisch Transversionsmutationen häufiger eintreten sollten als Transitionsmutationen (vgl. Abb. 42), werden bei nah verwandten Arten viel mehr Transitionen gezählt. Offenbar treten Mutationen, bei denen die Purin- bzw. Pyrimidinringe erhalten bleiben, leichter ein. Werden durch multiple Substitution Transitionsunterschiede durch Transversionsunterschiede ersetzt, akkumulieren diese sich in der Zeit.

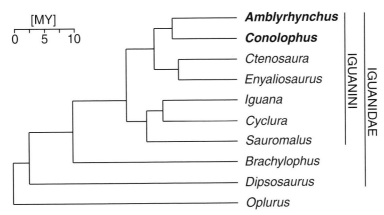

Abb. 40. Herkunft der Galápagos-Leguane *(Amblyrhynchus* und *Conolophus).* Aus 12S- und 16S-Genen der mitochondrialen DNA rekonstruiertes Dendrogramm mit Kantenlängen, die die Divergenzzeit repräsentieren. Die relativen Kantenlängen wurden mit einer ML-Analyse erhalten. Zur Schätzung der Divergenzzeit (s. Zeitskala) sind die von Ungulaten bekannten Substitutionsraten verwendet worden (Rassmann 1997). Die Galápagos-Leguane habe einen gemeinsamen Vorfahren, die Divergenz der beiden Gattungen (über 10 Millionen Jahre) ist nach dieser Schätzung älter als die heutigen Inseln.

Evolvieren nur Teilbereiche einer Sequenz neutral oder unter nur geringem Selektionsdruck, wird oft angenommen, daß der Effekt bei Berücksichtigung der gesamten Sequenz einer Verlangsamung der molekularen Uhr gleichkommt und, über lange Zeiträume betrachtet, die Sequenzevolution weiterhin ein Zufallsprozeß sei. Die Folgen dieser Annahme für die Praxis der molekularen Systematik sind noch nicht gründlich untersucht. Es ist jedoch oft der Fall, daß die neutral evolvierenden Positionen schnell verrauschen und dann für die Phylogenetik nicht informativ sind, während in den konservierteren Positionen keine oder nur wenige Substitutionen stattfinden, so daß die gesamte Sequenz unbrauchbar ist. Um diese Verhältnisse sichtbar zu machen, ist eine Spektralanalyse zu empfehlen (Kap. 6.5).

Eichung der molekularen Uhr

Die Evolutionsrate kann zunächst nur als relativer Wert (Zahl der Substitutionen pro Kantenlänge) festgestellt werden, der durch Vergleich der Zahl der Substitutionen verschiedener terminaler Arten gewonnen wird. Die Zahl der Substitutionen in einem Stammlinienabschnitt eines Dendrogramms kann z.B. mit Distanzverfahren geschätzt werden, die Korrekturen für nicht sichtbare Substitutionen erlauben (s. Kap. 8.2 und 14.3). Will man das Alter eines Monophylums aus den Distanzen bestimmen, muß dieser relative Wert »geeicht« werden, also in absolute Substitutionsraten (Substitutionen pro Zeiteinheit) transformiert werden, indem ein Bezugspunkt in der Zeitachse gesucht wird. Das ist u.a. mit Fossilfunden oder mit geologischen Daten möglich (Abb. 40).

Beispiel: Nikoh et al. (1997) nehmen auf Grund von Indizien an, daß die Substitutionsrate der Aldolase C bei allen Eukaryoten gleichförmig ist. Die durchschnittliche genetische Distanz pro Position zwischen rezenten Amphibien und Amnioten beträgt in einem mit Aldolase-Sequenzen rekonstruierten Stammbaum ca. 0,17 Substitutionen; aus Fossilfunden ergibt sich eine Divergenzzeit von ca. 350 Millionen Jahren. Daraus errechnet sich $(0,17/(2 \cdot 350)$ Mio. J.) eine Substitutionsrate von $0,24 \times 10^{-9}$ Substitutionen pro Jahr und Position. Bei Berücksichtigung anderer Taxapaare ergibt sich eine mittlere Substitutionsrate von $0,23 \times 10^{-9}$. – Die Distanz zwischen *Branchiostoma* und rezenten Vertebraten beträgt durchschnittlich 0,36. Daraus errechnet sich unter Berücksichtigung einer Rate von $0,23 \times 10^{-9}$ eine Divergenzzeit von über 780 Millionen Jahren $(10^9 \times 0,36/(2 \times 0,23))$. (Ein komplexeres Beispiel mit Gruppen unterschiedlicher Substitutionsraten kann in Berbee et al. 1993 nachgelesen werden). Die Qualität dieser Schätzung hängt von der korrekten Zuordnung der Fossilfunde und von der korrekten Schätzung der genetischen Distanz ab (vgl. Kap. 8.2).

2.7 Die Evolutionstheorie und Evolutionsmodelle als Grundlage der Systematik

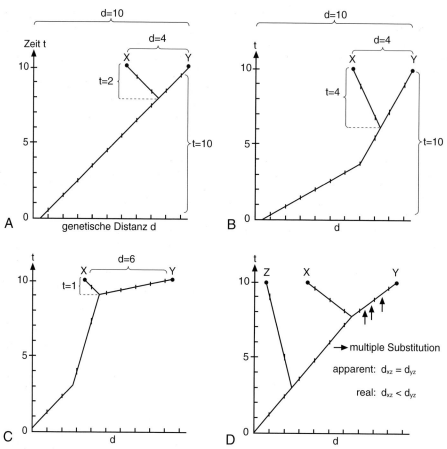

Abb. 41. Schema zur Fehleinschätzung von Divergenzzeiten bei irregulärer molekularer Uhr. **A:** Bei Existenz einer regelmäßigen Uhr ist die Divergenzzeit $t = d/(2\lambda)$, dabei ist λ die Zahl von Substitutionen pro Zeiteinheit (Substitutionsrate). **B:** Die Summe der aufgetretenen Substitutionen und damit der Durchschnitt der Substitutionen pro Zeiteinheit ist identisch wie im Fall A, das Alter des Monophylums X+Y würde jedoch unterschätzt werden (t=2 statt t=4). **C:** Die Art Y weist wesentlich mehr Substitutionen auf als die Art X. Dieser Unterschied wird im Vergleich mit einer dritten Art entdeckt (s. auch »relative rate test«, Kap. 14.8). **D:** Multiple Substitutionen und irreguläre Uhren lassen sich auch bei Vergleich mit einer dritten Art nicht entdecken. Diese Situation ist zu erwarten, wenn die Sequenzen sich der »Sättigung« nähern (Kap. 2.7.2.4) und zahlreiche multiple Substitutionen auftreten (mehr als eine Substitution an einer Sequenzposition).

Da für die Zählung der Substitutionen nur terminale Sequenzen verglichen werden können, erhält man Durchschnittswerte für die gesamte Divergenzstrecke, die die Sequenzen mit dem nächsten basalen Knoten eines Dendrogramms verbindet. Eine unbemerkte, ungleichmäßige Substitutionsrate, also eine **unregelmäßige molekulare Uhr**, kann daher zu einer **Fehleinschätzung** von Divergenzzeiten führen, was in Abb. 41 schematisiert dargestellt ist. Die Realität ist noch komplexer, da in Phasen rascher Evolution sich auch multiple Substitutionen anreichern können, die nicht bemerkt werden, so daß die Divergenz unterschätzt wird. Auf Grund der Unterschätzung von Distanzen bei Existenz multipler Substitutionen ist es wichtig, mit Sequenzen zu arbeiten, die nicht gesättigt sind (vgl. Abb. 39, 43).

Mit diesen Überlegungen wird anschaulich, daß zwar neutral evolvierende Sequenzen den Vorteil haben, daß Variationen der Evolutionsgeschwindigkeit weniger zu erwarten sind als bei selektionsabhängigen Sequenzen, jedoch für die Verwendung einer geschätzten Substitutionsrate zur Berechnung von Divergenzzeiten nicht die Neutralität der Substitutionen, sondern die Taktgenauigkeit der molekulare Uhr vorausgesetzt werden muß.

Tickt die molekulare Uhr unregelmäßig?

Die Nutzung der »molekularen Uhr« zur Datierung des Alters von Monophyla (Kap. 8) und zur Rekonstruktion von Verwandtschaftsverhältnissen setzt voraus, daß diese Uhr gleichförmig tickt, d.h., daß die Substitutionsraten im Verlauf von Tausenden oder Millionen Jahren entlang einer Stammlinie gleich bleiben. Welche Fehler entstehen könnten, wenn die Substitutionsraten stark schwanken, wurde im vorhergehenden Abschnitt erläutert (Abb. 41). Zu vermuten ist,

– daß Sequenzen von funktioneller Bedeutung ebenso wie andere Merkmale variierende Evolutionsraten haben, die in Radiationsphasen mit geringerem Selektionsdruck oder in Phasen gerichteter Selektion höher als in Phasen stabilisierender Selektion sind (Schema Abb. 41B). Indizien dafür gibt es: Die Substitutionsrate von rDNA-Sequenzen war wahrscheinlich in der Stammlinie der Diptera 20 mal höher als bei anderen Insekten und sank später um die Hälfte (Friedrich & Tautz 1997).

Es besteht weiterhin der Verdacht, daß die Existenz einer molekularen Uhr eine Hypothese ist, die oft auch für neutral evolvierende Sequenzen nicht anwendbar ist, weil Faktoren, die vom Selektionsdruck unabhängig sind, die Sequenzevolution beeinflussen. Hierzu gehört vor allem die

– genetische Drift in Abhängigkeit von der Populationsgröße (s. Abb. 37).
– Vorstellbar ist auch, daß Variationen der Generationsdauer und der Stoffwechselintensität die Mutationsrate in der Keimbahn beeinflussen.

Beispiele für Variationen von Substitutionsraten: Läuse der Gattungen *Geomydoecus* und *Thomomydoecus* leben ektoparasitisch auf Taschenratten (Geomyidae), mit denen sie koevolvierten. Das COI-Gen weist bei den Läusen durchschnittlich dreimal höhere Substitutionsraten (zehnmal höher nur für synonyme Substitutionen) als bei den Wirtsarten auf, ein Indiz für den Einfluß der Generationsdauer auf die Rate. – Es gibt einige Beispiele für nachweisbare »Sprünge« der Substitutionsraten, wobei über die Ursachen nur spekuliert werden kann: Die Substitutionsrate in mitochondrialen Genen von Wirbeltieren ist bei Säugern mindestens sechsmal höher als bei Fischen (Einfluß der Stoffwechselrate), in 18SrDNA-Sequenzen von parasitischen Angiospermen (Balanophoraceae, Hydnoraceae, Rafflesiaceae) 3,5 mal höher als bei autotrophen Arten (Einfluß der Populationsgröße), dasselbe Gen evolviert bei planktischen Foraminifera 50 bis 100 mal schneller als bei benthischen Arten (Einfluß von Schwankungen der Populationsgröße) (Adachi et al. 1993, Nickrent & Starr 1994, Pawlowski et al. 1997). – Wachstumshormone von Säugetieren evolvierten sprunghaft, wobei sich gemäß den Rekonstruktionen Phasen raschen Wandels mit Zeiten geringer Veränderungen abwechselten (Wallis 1997). – Auffällige Unterschiede gibt es auch bei nah verwandten Arten und intraspezifischen Gruppen. So ist die Substitutionsrate in Populationen von *Mus musculus domesticus* deutlich höher als bei *Mus musculus musculus* (Boursot et al. 1996). Bei Taufliegen (Drosophilidae) wurde festgestellt, daß die Substitutionsrate für Aminosäuren (Enzym GPDH) in einigen Stammlinien zwölffach höher gewesen sein muß als in anderen (Kwiatowski et al. 1997). Bei Kolibris wurde eine Verlangsamung der Substitutionsrate in höheren Gebirgslagen festgestellt (Bleiweiss 1997).

Tests für die Konstanz der molekularen Uhr sind zum Teil bereits verfügbar. Dazu gehören der Ratentest oder »relative rate test« (Kap. 14.8), parametrisches Bootstrapping (Kap. 6.1.9.2), Maximum-Likelihood-Verfahren (Kap. 14.6) oder Kantenlängentests (z.B. Takezaki et al. 1995), für die noch wenig Erfahrungen vorliegen.

2.7.2.4 Evolutionsraten

Angaben über Evolutionsraten von Molekülen beruhen überwiegend auf dem **paarweisen Vergleich von Sequenzen** (Kap. 8.2). Es ist bisher nicht versucht worden, für Monophyla Grundmuster zu rekonstruieren, um Raten in Stammlinien von Monophyla zu schätzen. Um Substitutionsraten von Nagern mit denen von Primaten zu vergleichen, werden z.B. Sequenzen von Maus und Huhn sowie Schimpanse und Huhn paarweise ausgewertet. Der Unterschied in der Rate

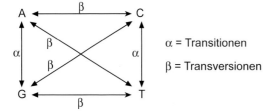

Abb. 42. Mögliche Mutationen einer Sequenzposition.

kann dann auf die Linien zurückgeführt werden, die vom letzten gemeinsamen Vorfahren von Schimpanse und Maus zu den terminalen Taxa führt (vgl. auch »relative rate test«, Kap. 14.8). Damit erhält man geschätzte Mittelwerte der Substitutionsraten für lange Evolutionslinien. Die Schätzungen sind zudem noch oft mit Korrekturen behaftet, die auf weiteren Annahmen beruhen (vgl. Distanzkorrekturen in Kap. 8 und Kap. 14.3). Trotz der Fehler, die durch falsche oder ungenaue Annahmen entstehen können, ergeben sich aber aus der Fülle der bekannten Daten Tendenzen, die zweifellos auf die Existenz von Gesetzmäßigkeiten verweisen.

Die Existenz einer **absoluten »molekularen Uhr«** (engl. »universal molecular clock«) wird aus guten Gründen (s.u.) nicht ernsthaft in Betracht gezogen, wohl aber setzen modellabhängige Verfahren und Schätzungen des absoluten Alters von Taxa (s. Kap. 2.7.2.3) die Existenz von taxaspezifischen **ephemeren molekularen Uhren** (engl. »local molecular clock«) voraus.

Träfe die Annahme einer universellen molekularen Uhr zu und wäre damit die Evolutionsrate einzelner Gene bei verschiedenen Arten gleich, müßten verschiedene Arten, die durch dieselbe Divergenzzeit getrennt wären, dieselbe Anzahl von Substitutionen aufweisen. Ein eleganter Nachweis für das **Fehlen einer universellen molekularen Uhr** ist der Vergleich homologer Gene bei koevolvierenden Parasiten oder Symbionten und deren Wirten: Bei endosymbiontischen, in Aphiden lebenden Bakterien der Gattung *Buchnera* sind Substitutionsraten festgestellt worden, die durchschnittlich 36 mal höher liegen als in den Wirten (Moran et al. 1995), obwohl die Divergenzzeiten dieselben sind. Die molekulare Uhr tickt in unterschiedlichen Organismen verschieden schnell. Zusätzlich zu den Substitutionen gibt es andere unregelmäßige Mutationen: Gäbe es nur Substitutionen, müßten Sequenzen im Verlauf der Evolution dieselbe Länge beibehalten, sprunghafte Veränderungen wären nur durch Variationen der Substitutionsraten zu erwarten. In der Natur variieren aber auch Sequenzlängen erheblich. So ist das 18SrRNA-Gen bei den meisten Eukaryonten etwa 1800 bp lang, bei einigen Arthropoden jedoch mehrfach unabhängig auf >2400 bp verlängert. Durch Replikationsfehler können Insertionen oder Deletionen auftreten, die zu sprunghaften, nicht vorhersehbaren Veränderungen führen. Evolutionsraten für derartige Ereignisse sind nicht bekannt, offensichtlich aber im Tierreich sehr unregelmäßig.

Evolutionsraten für Nukleotidsubstitutionen variieren unter anderem in Abhängigkeit vom Selektionsdruck, der auf Veränderungen von bestimmten, funktionell bedeutsamen Sequenzbereichen wirkt. Gene evolvieren daher unterschiedlich schnell, aber auch nicht-kodierende Bereiche erscheinen im Vergleich verschiedener Organismen unterschiedlich konserviert. Weiterhin treten einzelne Typen von Mutationen nicht gleich häufig auf. Am bekanntesten ist die Analyse der **Transitions-/Transversionsrate (Ti/Tv)**, die die relative Häufigkeit dieser Substitutionen angibt und in Modellen der Sequenzevolution verwendet wird.

Transitionen (Punktmutationen: A⇔G oder T⇔C), bei denen die chemische Stoffklasse der Nukleotide erhalten bleibt, werden weniger selektiert oder entstehen in der Zelle leicher als **Transversionen** (Punktmutationen: Purin ⇔ Pyrimidin) und treten daher häufiger auf. Da es für jedes Nukleotid die doppelte Anzahl Möglichkeiten für Transversionen als für Transitionen gibt (s. Abb. 42), sollte man das Gegenteil erwarten, wenn die Punktmutationen alle gleichwertig wären. In der mtDNA von Hominiden sind z.B. Transitionsraten beobachtet worden, die 17mal höher sind als die Transversionsraten (Kondo et al. 1993). Die Folge der Ungleichheit der Raten für Transitionen und Transversionen ist, daß Transitionen durch multiple Substitutionen schneller überlagert werden als Transversionen (Abb. 43, 39).

Die empirische Beobachtung der *Ti/Tv*-Rate wird dadurch erschwert, daß in variablen Positionen einer Sequenz die Transitionen schneller zu multiplen Substitutionen führen. Es finden also nacheinander 2 oder mehr Mutationen an einer Se-

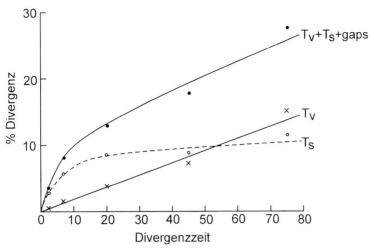

Abb. 43. Prozentuale Divergenz von mitochondrialen Sequenzen einiger Säugetiere (Huftiere, Mensch und Maus) im paarweisen Sequenzvergleich (nach Miyamoto & Boyle 1989). Nur die Transversionen (Tv) akkumulieren linear mit der Divergenzzeit, die Transitionen (Ts) sind schnell gesättigt, was sich auf die gesamte Divergenz der Sequenzen auswirkt (Tv + Ts + gaps).

quenzposition statt, so daß bei größeren Divergenzzeiten die Zahl der real eingetretenen Substitutionen nicht direkt sichtbar ist. Bei Schätzung dieser verdeckten Substitutionen wurde die **Ti/Tv-Rate** für das Cytochrom-b-Gen der Säuger im Mittel auf 5,5 und für das 12SrRNA-Gen auf 9,5 geschätzt, mit großen **taxaspezifischen Variationen** (Cyt. b: ca. 1,0-18,6; 12SrDNA: 0,9-12,0) (Purvis & Bromham 1997). Eine Voraussetzung für diese Bestimmung ist die korrekte Schätzung der Divergenzzeiten. Aus diesen Daten ersieht man, daß Annahmen über einheitliche Transversionsraten für ein umfangreicheres Monophylum wahrscheinlich meistens falsch sind.

Wenn variable Positionen eines Gens im Vergleich verschiedener Arten multiple Substitutionen aufweisen, kann sich bei großer Divergenzzeit von 2 Arten, die dieses Gen tragen, die **sichtbare genetische Distanz** der Sequenzen mit steigender **evolutionärer Distanz** sich nicht mehr vergrößern. Man spricht von der »**Sättigung**« der Sequenz, ein Begriff, der nur den methodisch relevanten Informationsgehalt einer Alinierung aus der Sicht des Phylogenetiker betrifft (Abb. 43).

Ob die Sättigung eintritt, hängt von der Zeitspanne der Divergenz und der Substitutionsgeschwindigkeit ab. Aus diesem Grund gibt es kürzere Zeitspannen, für die Transitionen informativ sind, für längere Zeiträume müssen Transversionen betrachtet werden, solange diese nicht auch in den Bereich der Sättigung kommen. Wird diese Erscheinung nicht berücksichtigt, werden die Divergenzzeiten zu kurz geschätzt: In der Distanzanalyse oder in modellierenden Verfahren werden entsprechende Korrekturen eingeführt (Kap. 14.1.1). Zu beachten ist weiterhin, daß in einer Sequenz einige Positionen hochkonserviert sein können, während benachbarte Positionen variabel sind. Treten zahlreiche Substitutionen auf, werden sie überwiegend die variablen Positionen betreffen, wo die Ereignisse sich überlagern. Zur Erinnerung: Variabel sind die Positionen, weil sie funktionell eine geringere Bedeutung haben und daher der Selektionsdruck auf Mutanten geringer ist. Sättigung kann mit Kurven wie in Abb. 43 detektiert werden, aber auch indirekt mit einer phänomenologischen Merkmalsanalyse (s. Kap. 6.5), da multiple Substitutionen das Signal/Rauschen-Verhältnis verschlechtern (Abb. 147).

Auch andere Substitutionen erfolgen nicht gleichförmig. Für Pseudogene von Säugetieren sind unterschiedliche Anteile (in Prozent der Gesamtzahl aller Substitutionen) beobachtet worden (Abb. 44).

Die Werte für die Pseudogene und die Kontrollregion in Abb. 44 sind nicht direkt vergleichbar, da die Werte der unteren Zeile von derselben Art

Substitution	A → T	C → T(Ts)	T → C(Ts)	A → G(Ts)	G → A(Ts)	G → T	C → A
Pseudogene	4,7 %	21,0 %	8,2 %	9,4 %	20,7 %	7,2 %	6,5 %
Kontrollregion	0,4 %	25,8 %	33,8 %	14,1 %	20,0 %	1,1 %	1,1 %

Abb. 44. Beispiele für Anteile bestimmter Substitutionen in Pseudogenen und der Kontrollregion der mtDNA von Säugern (nach Gojobori et al. 1982, Li et al. 1984, Tamura & Nei 1993) *(Ts* = Transitionen).

Taxon	Nematoda	Collembola	Hymenoptera	Echinoidea	Mammalia
AT-Gehalt (%)	69-74	60-71	76-80	57-59	58-61,5

Abb. 45. AT-Gehalt des COII-Gens einiger Tiere (aus Simon et al. 1994).

stammen *(Homo sapiens),* die Werte der Pseudogene den Durchschnitt für 13 verschiedene Säugerarten angeben, die Divergenz der untersuchten Sequenzen für die Pseudogene damit größer ist. Auffällig ist, daß die Richtung einer Substitution die Rate beeinflußt (vergleiche C→T und T→C, A→G und G→A). Welche Mechanismen diese Variationen hervorbringen, soll hier nicht weiter analysiert werden (s. dazu z.B. Li 1997). Der Systematiker sollte von der Existenz dieser Unregelmäßigkeit Kenntnis haben. Die Annahme einer gleichförmigen Substitutionsrate für alle Nukleotide ist wahrscheinlich selten richtig. Wird sie für Modellierungen der Sequenzevolution benutzt, ist sie eine Fehlerquelle.

Weitere Unregelmäßigkeiten bestehen in der **Verschiebung der Nukleotidverhältnisse** von der Gleichverteilung (1:1:1:1) zu der Anreicherung von A-T- oder G-C-Basenpaarungen. Die Zusammensetzung variiert von Taxon zu Taxon und damit variiert auch die Wahrscheinlichkeit für das Eintreten bestimmter Substitutionen (Abb. 45).

Variationen der Substitutionsraten existieren auch für größere Genbereiche. Der Vergleich der Sekundärstruktur von **rRNA**-Molekülen belegt, daß oft die einzelsträngigen Bereiche eine höhere Variabilität aufweisen als die doppelsträngigen, was zu erwarten ist, da eine Mutation im helikalen Bereich die Bindung durch Wasserstoffbrücken unterbricht. Daraus sind jedoch keine Regeln ableitbar: Es gibt durchaus gepaarte Stränge (engl. »stems«), die sehr variabel sind, und einzelsträngige Schleifen (engl. »loops«), die keine Modifikationen aufweisen (Abb. 46). In **t-RNA**-Sequenzen sind gerade die Anticodon-Schleifen konserviert. Die Erklärung dafür ist der unterschiedliche Selektionsdruck, der allein von der funktionellen Bedeutung der Molekülregionen abhängt. Helikale Regionen haben einen großen Anteil an der Festlegung der Molekülstruktur; einige Sequenzregionen sind für die Bindung von ribosomalen Proteinen, von mRNA und tRNA bedeutsam und daher hochkonserviert. Wo immer die Form wichtig ist, werden Mutationen wahrscheinlich selektiert oder durch passende Mutationen des Gegenstranges kompensiert. (Zur Erinnerung: Die Alinierungen lassen im interspezifischen Vergleich in der Regel keinen Schluß über die Häufigkeit der individuellen Mutationen zu; sichtbar werden diejenigen Mutationen, die sich in Populationen ausbreiteten und konserviert wurden, also die Substitutionen.)

Introns proteinkodierender Sequenzen zeigen oft dieselbe Substitutionsrate wie synonyme Substitutionen von Exons, was der Annahme einer neutralen Evolution entspricht. Bei Nagetieren sind z.B. synonyme Substitutionen in Exons und Substitutionen in Introns dreimal häufiger als nichtsynonyme Substitutionen (Hughes & Yeager 1997). Von **nicht-kodierenden Sequenzen** oder scheinbar funktionslosen Sequenzen, die keine Regulatorfunktion haben, darf man jedoch nicht immer annehmen, daß sie neutral evolvieren, was ITS-Sequenzen belegen (s.u.). Es empfiehlt sich, die Annahme des Fehlens eines Selektionsdruckes nicht ungeprüft vorauszusetzen. Schnell evolvierende oder »neutrale« Sequenzen sind besonders für Populationsstudien interessant. Die Kontrollregion der mtDNA von Vertebraten wird oft zu diesem Zweck sequenziert. Da die Kontrollregionen bei Wirbellosen oft extrem reich an A und T sowie sehr längenvariabel sind (Crozier & Crozier 1993), sind sie jedoch in diesem Fall wenig für phylogenetische Studien geeignet, da die korrekte Alinierung schwierig oder unmöglich ist.

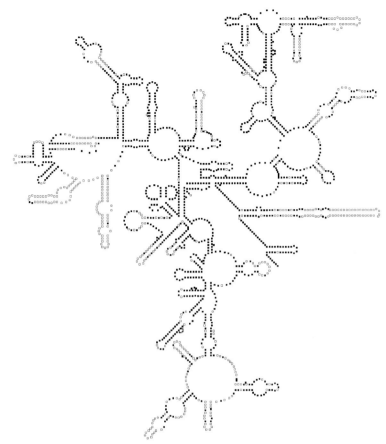

Abb. 46. Variabilität der Substitutionsrate für einzelne Positionen des 18SrRNA-Gens der Eukaryota, eingetragen in der rekonstruierten Sekundärstruktur des Moleküls von *Saccharomyces cerevisiae*. Konservierte Positionen sind dunkel, variable hell markiert (verändert nach van de Peer 1997, s. auch van de Peer et al. 1996).

ITS-Sequenzen (engl. »internal transcribed spacer«), die Abstände zwischen ribosomalen Genen halten, zählen zu den nichtkodierenden Sequenzen, von denen angenommen wird, daß sie neutral evolvieren. Sie wurden daher für populationsgenetische Studien sequenziert. Es gibt jedoch Beobachtungen, wonach zumindest die Sekundärstruktur und partiell auch die Primärsequenz in einigen Taxa hochkonserviert ist, was auf eine Funktion der Sekundärstruktur bei der Prozessierung des primären RNA-Transkriptes deutet (z.B. Mai & Coleman 1997).

Aminosäuresequenzen evolvieren unterschiedlich schnell. Histone verändern sich nicht, Hämoglobine langsam, Immunglobuline schneller. Für Proteine der Säugetiere wurden mittlere Substitutionsraten von ca. 0,7 Substitutionen pro Sequenzposition in 10^9 Jahren ermittelt (Li 1997). Sind die Proteine nicht sequenziert worden, kann der Grad der Konservierung auch in der Variabilität der dazugehörigen Gene untersucht werden. So ist vom mitochondrialen Genom bekannt, daß NADH-Gene deutlich stärker variieren als Cytochrom-Gene, was mit einer größeren funktionellen Bedeutung der Molekülstruktur der Cytochrome erklärt werden muß. Ebenso evolvieren auch einzelne Regionen der Moleküle verschieden schnell: Für Cytochrom-b-Proteine und Cytochromoxidase konnte nachgewiesen werden, daß äußere Bereiche, die für die enzymatische Reaktion bedeutsam sind, weniger veränderlich sind als Regionen, die in der Membran oder in der mitochondrialen Matrix liegen (Irwin et al. 1991, Disotell et al. 1992; weitere Beispiele in Kimura & Ohta 1973, Kimura 1983, Green & Chambon 1986).

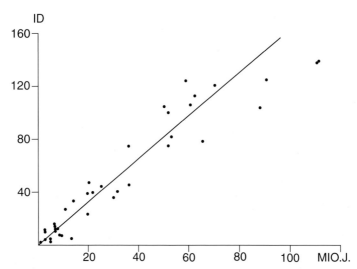

Abb. 47. Immunologische Distanzen (**ID**) der Albumine und Divergenzzeit diverser Vertebraten (Anuren, Krokodile, Ungulaten, Carnivoren, nach Maxson 1992). Die Divergenzzeit wurde mit Fossilfunden belegt. Es ist erkennbar, daß die immunologische Distanz ein gutes Maß für die Schätzung der Divergenzzeit ist, was darauf zurückzuführen ist, daß diese Proteine selektionsneutral evolvieren.

Die Ähnlichkeit von **Serumalbuminen** der Wirbeltiere wurde oft mit immunologischen Methoden untersucht. Da Albumine eine relativ unspezifische Funktion haben (Osmoregulation, Proteinreserve, Transportfunktionen), erscheint die Annahme berechtigt, daß sie »selektionsneutral« evolvieren und starke Variationen der Evolutionsrate durch Einfluß von Umweltfaktoren nicht zu erwarten sind (was mit Analysen verschiedener Taxa der Vertebrata oft, aber nicht immer bestätigt wurde: Cadle 1988; Maxson 1992). Darauf aufbauend lassen sich immunologische Distanzen als Maß für Divergenzzeiten deuten. Ein Bezug zu der Anzahl von Nukleotidsubstitutionen der kodierenden DNA ist nicht eindeutig herstellbar, die Plausibilität der immunologisch abgeleiteten Verwandtschaftsverhältnisse läßt sich jedoch durch Vergleich mit Fossilfunden und geologischen Ereignissen bekräftigen (Joger 1996).

Der Vergleich von **mitochondrialen** und nukleären Genen (z.B. Cytochromoxidase, rDNA) derselben Arten zeigt, daß mitochondriale Gene variabler sind, was auf eine durch die höhere Stoffwechselrate verursachte höhere Mutationsrate zurückgeführt wird. Die Rate für synonyme Positionen homologer Gene ist bei Säugern in den Mitochondrien ca. 10 mal höher als im Zellkern, während sich die Genomgröße und Genanordnung wenig verändert. Die Raten variieren zusätzlich taxaspezifisch: Bei *Drosophila*-Arten soll die Evolutionsrate mitochondrialer Gene in der dritten Codonposition dreimal höher sein als bei Säugern (Sharp & Li 1989).

Da die Mitochondrien nicht wie phänotypische Merkmale den Umwelteinwirkungen direkt ausgesetzt sind, könnte man annehmen, daß mitochondriale Gene stochastisch und bei verschiedenen Arten mit vergleichbaren Raten evolvieren. Empirische Daten belegen jedoch, daß diese Annahme oft nicht zutrifft: Die beschleunigte Evolution von COII bei Primaten, die unregelmäßige Verteilung synonymer zu nicht-synonymer Substitutionen in Populationen nah verwandter Arten deuten auf das Einwirken von Selektion oder auf Folgen genetischer Drift hin (Ballard & Kreitman 1995). Weiterhin könnte man erwarten, daß die Evolutionsrate mitochondrialer Gene unabhängiger von der Generationslänge der Arten ist, da die Vermehrung der Mitochondrien nicht im Gleichtakt mit der Vermehrung der Keimzellen verläuft. Trotzdem ist beim Vergleich verschiedener Arten eine Abhängigkeit von der Generationsdauer gefunden worden (Bromham et al. 1996).

In Alinierungen von **proteinkodierenden DNA-Sequenzen** wird sichtbar, daß die **dritten Codonpositionen** stärker variieren als die ersten (s. z.B.

Aminosäure	Ala	Ala	Ala	Ala	As	As	Gly	Gly	Gly	Gly	Trp
1. Codonposition	G	G	G	G	G	G	G	G	G	G	U
2. Codonposition	C	C	C	C	A	A	G	G	G	G	G
3. Codonposition	*A*	*C*	*G*	*U*	*C*	*U*	*A*	*C*	*G*	*U*	*G*

Abb. 48. Beispiel für die Degeneration des universellen genetischen Kodes. Kursiv: Variable Positionen. Codons, die für dieselbe Aminosäure kodieren, nennt man »synonym«. Synonyme Substitutionen treten meist in der 3. Codonposition auf.

Sharp & Li 1989). Die Ursache ist wieder der Selektionsdruck: Viele Mutationen der dritten Codonposition (ca. 70 %) haben keinen Einfluß auf die kodierte Aminosäure (synonyme Substitutionen), was sich aus dem genetischen Code ergibt (Kimura 1983; s. Abb. 48): Für 20 Aminosäuren gibt es 64 (4^3) mögliche Codons (die nicht immer bei allen Organismen in derselben Weise benutzt werden). Synonyme Substitutionen, also Substitutionen, die die kodierte Aminosäure nicht ändern, sind häufiger: Die Substitutionsraten können den zehnfachen Wert annehmen, obwohl statistisch (ohne Selektionseffekte) mehr nichtsynonyme Mutationen auftreten sollten. Da die dritte Position schnell verrauscht, wird sie oft für phylogenetische Analysen ausgeschlossen. Empfehlenswert ist auch, alinierte Kodonpositionen mit synonymen Substitutionen im R-Y-Alphabet zu verschlüsseln, um nur Transversionen zu berücksichtigen.

Es scheint nicht immer gleichgültig zu sein, welches Nukleotid an der dritten Stelle steht, da die Nukleotide nicht gleich verteilt sind: Codons, die dieselbe Aminosäure verschlüsseln, sollten im Genom mit derselben Häufigkeit vorkommen. Dieses ist jedoch nicht der Fall, je nach Organismus werden offenbar andere Codons für dieselbe Aminosäure bevorzugt (Grantham et al. 1980). Es besteht also auch auf synonyme Mutationen ein gewisser Selektionsdruck (Bulmer 1988). Eine Erklärung für diese Erscheinung ist die vermutete Bevorzugung derjenigen Codons, für die mehr tRNA-Moleküle in der Zelle verfügbar sind oder die allgemein effizienter transkribiert werden.

Als Hilfe für die Gewichtung der Homologiewahrscheinlichkeit von Substitutionen (Kap. 6.3.1) können kodierende Positionen danach klassifiziert werden, ob 4, 2 oder 0 Nukleotide synonym substituiert werden können. Das setzt jedoch voraus, daß alle synonyme Codons in einem Organismus gleich häufig sind, was in der Natur oft nicht der Fall ist.

Das Verhältnis der Nutzung einzelner Codons wird mit dem RSCU-Wert geschätzt (RSCU = relative synonymous codon usage; Sharp et al. 1986): X_{ij} sei die Häufigkeit des Codons j für die Aminosäure i, und n_i sei die Zahl alternativer Codons für die Aminosäure i. Dann gilt:

$$RSCU_{ij} = \frac{X_{ij}}{\frac{1}{n_i}\sum_{j=1}^{n_i} X_{ij}}$$

Eine weitere, analoge Möglichkeit zur Bewertung von Substitutionen ist das Studium der Häufigkeit, mit der Aminosäuren ausgetauscht werden. Tabellen, die Angaben zur Häufigkeit der spezifischen Substitutionen enthalten (s. Dayhoff et al. 1978), können zur Gewichtung von Homologien verwendet werden, wenn die Ereigniswahrscheinlichkeit bewertet werden soll (Kap. 6.3.1, 8.2.3).

Aus den vorher genannten Fällen wird deutlich, daß es zwischen den Extremen der neutralen und der völlig konservierten DNA-Bereichen beliebige Übergänge gibt. Die Erklärung für diese Unterschiede liefert die Theorie der neutralen Evolution: Einige Mutationen werden stärker selektiert als andere.

Wie oben schon erwähnt, sind zusätzlich zu den Variationen der Evolutionsraten, die beim Vergleich verschiedener Moleküle bemerkt werden, Unterschiede beim **Vergleich von Arten** feststellbar. Mitochondriale Gene von Haien evolvieren langsamer als die von Säugern; beim Vergleich von Nagetieren und Säugern fiel auf, daß einige Proteine bei den Nagern, andere bei den Säugern größere Variationen aufwiesen (Gu & Li 1992). Die beschleunigte Evolutionsrate des mitochondrialen Proteins COII bei Primaten deutet auf einen Selektionsprozeß hin. Ein Vergleich mehrerer Gene ergab, daß nicht-synonyme Substitutionen pro Position und Zeiteinheit bei Nagern etwa doppelt so oft vorkamen als bei Säugern (Ohta 1995): Die höheren Raten der Rodentia können mit der kürzeren Generationszeit erklärt werden (Wu & Li 1985). Bei Insekten sind wiederum höhere Raten als bei Säugern festgestellt worden (Sharp & Li 1989).

Als Ursachen für **taxaspezifische** und **lebensformspezifische Evolutionsraten** sind bisher mehrere Faktoren in Betracht gezogen worden (vgl. Beispiele in Kap. 2.7.2.3), für die jedoch bisher kaum Korrelationsanalysen gibt, um ihren Effekt nachzuweisen (Bromham et al. 1996):

- höhere Stoffwechselraten könnten mehr Schädigungen der DNA durch Radikale verursachen, was die höheren Substitutionsraten in Mitochondrien im Vergleich zu homologen nukleären Genen, aber auch schnellere Evolution bei Warmblütern erklären könnte,
- Polymerasen können unterschiedlich exakt arbeiten,
- Reparaturmechanismen und die Genauigkeit der DNA-Replikation können verschieden effizient sein,
- die Generationsdauer oder die Anzahl der Zellteilungen in der Keimbahn können die Mutationsrate beeinflussen, so daß z.B. Nagetiere schneller als Hominiden und Tierläuse schneller als ihre Wirte evolvieren, ebenso könnte die Körpergröße mit der Substitutionsrate korreliert sein,
- der Selektionsdruck auf ein Allel kann von Population zu Population in Abhängigkeit von den herrschenden Umweltbedingungen variieren,
- die Populationsgröße hat einen Einfluß auf die genetische Drift, so daß Arten mit kleinen Populationen (z.B. parasitische Angiospermen) sich schneller verändern.

Variationen der Evolutionsraten existieren beim Vergleich von

- kodierenden und nicht kodierenden Sequenzen,
- Codonpositionen 1, 2 und 3,
- synonymen und nicht-synonymen Codons,
- synonymen Codons in Mitochondrien und Zellkernen,
- verschiedenen Regionen eines Moleküls,
- homologen Molekülregionen in verschiedenen Taxa,
- mitochondrialen und nukleären Genen.

Von Molekularsystematikern wird oft axiomatisch ein stochastischer Verlauf der Sequenzevolution angenommen. Da aber durch den Einfluß von Populationsschwankungen und unbekannter Selektionseffekte unvorhersehbare Veränderungen von Substitutionsraten zu erwarten sind (vgl. Kap. 2.7.2.1), ist ein solches Axiom wahrscheinlich oft eine falsche Annahme.

2.8 Zusammenfassung: Konstrukte, Prozesse und Systeme

Die folgende Tabelle ist nicht vollständig und soll als Anregung zum Nachdenken dienen. Mit Dingen und Systemen, die konkret existieren, sind jeweils die individuellen, real existente Objekte gemeint, ebenso beziehen sich die Begriffe für Prozesse auf den individuellen Vorgang; der Begriff selbst ist bereits ein Konstrukt. Jede Abstraktion ist eine Hypothese und bedarf der sorgfältigen Prüfung ihrer Qualität.

Dinge/materielle Systeme/ Zustände von Dingen	Prozesse/Ereignisse	Konstrukte
individuelle Organismen	Fortpflanzung	Arten
individuelle Organe und andere Strukturen	Vererbung	Monophyla, Stammlinien
individuelle Moleküle	horizontaler Gentransfer	Taxa
funktionelle Fortpflanzungsgemeinschaften	Mutation und Substitution	Merkmale
Eigenschaften von Organismen oder Organismenteilen	Entstehung reproduktiver Isolation	Homologien
	genetische Drift	Apomorphien
	Selektion, evolutive Adaptation	genetische Information
	Zunahme genetischer Unterschiede zwischen Organismengruppen (genetische Divergenz)	Populationsbegriffe
		System der Organismen
		Stammbäume

Die Themen »Selektion«, »Adaptation«, »Entstehung von reproduktiver Isolation« und andere Schwerpunkte der Evolutionsforschung werden in diesem Buch nicht weiter erläutert, da sie in anderen Lehrbüchern vorgestellt werden und trotz Ihrer Bedeutung für die Aufdeckung von Mechanismen, die die Phylogenese verursachten, nur wenige Argumente für die Praxis der Systematisierung liefern.

Manche Begriffe können sich entweder auf Konstrukte oder auf real existierende Gegenstände beziehen. Ob eine »Population« ein reales System ist oder die gedankliche Gruppierung von Objekten, muß im Einzelfall überprüft werden (s. Kap. 2.2). Bei allen Konstrukten (s. Kap. 1.2) muß der Wissenschaftler fragen, welchen Bezug sie zur materiellen, außersubjektiven Natur haben und ob die dazugehörigen Begriffe nützliche Werkzeuge der Wissenschaft sind.

3. Stammbaumdiagramme und Benennung von Abschnitten

3.1 Ontologie und Begriffe

Es sei daran erinnert, daß die Stammbaumdiagramme (= **Dendrogramme**, Phylogramme, Kladogramme, Baumgraphiken) nur Hypothesen visualisieren sollen und die darin mit Symbolen vertretenen Arten und Artgruppen nur methodologisch nützliche Konzepte sind (vgl. Kap. 2.6 und 2.3).

Wir können in einem Stammbaum (Abb. 49) folgende Abschnitte unterschieden:

- Jede Linie (= Kante) repräsentiert entlang der Zeitachse ein Kontinuum von aufeinander folgenden Organismen, die in der Zeitebene jeweils einem Klon oder einer Fortpflanzungsgemeinschaft angehören, unabhängig davon, ob man entlang dieser Linie mehrere Arten unterscheiden möchte oder nicht.
- Innere Äste (= innere Kanten, Zweige, engl. »internal branch«, »edge«, »internode«) stellen immer Stammlinien dar, also Organismengruppen, die zu einer oder mehreren nicht mehr existierenden aufeinander folgenden Arten gehören.
- Terminale Äste repräsentieren einzelne Arten, die ausgestorben sind oder von denen noch rezente Populationen existieren, oder Stammlinien von terminalen Monophyla.
- Verzweigungspunkte (Knoten, engl. »nodes«) symbolisieren Speziationsereignisse, also Prozesse, die auf dem Niveau von Populationen stattfinden, oder die Punkte werden als Symbol für Stammarten, für Stammpopulationen oder für Grundmuster aufgefaßt. Die Deutung ergibt sich oft aus dem Kontext der dazugehörigen Texte.

Jede innere Kante eines nicht vernetzten Diagramms trennt zwei Gruppen von Taxa. Eine derartige Trennung wird auch »**Split**« genannt. Je nach Darstellungsart repräsentiert die **Kantenlänge** die genetische Distanz, die Zahl der Merkmalsänderungen, ein Maß für die Sicherheit, mit der die Kante identifizierbar ist, oder nur die Trennung beider Gruppen. Merkmale, die einen Split begründen oder im Rechenverfahren erzeugen sind **split-stützende Merkmale**.

Achtung: Die Kantenlänge entspricht in den meisten Graphiken nicht der Divergenzzeit. Sie ist in vielen Diagrammen, die eine reale Merkmalsevolution repräsentieren sollen, das Produkt λt aus Änderungsrate λ der Merkmale (Substitutionsrate) und der Zeit t. Geringe Raten und lange Zeitabschnitte ergeben ebenso wie hohe Raten und kurze Zeitabschnitte lange Kanten.

Dendrogramme werden meist als dichotome Diagramme dargestellt, was impliziert, daß nach einer Speziation exakt 2 reproduktiv isolierte oder irreversibel divergierende Populationen vorhanden sind. Dieses scheint in der Natur der Regelfall zu sein. Das Vorkommen multipler Speziation, die als Polytomie abgebildet werden kann, ist jedoch nicht auszuschließen (vgl. Kap. 2.5.2). In jedem Fall stellt das Dendrogramm den Kenntnisstand eines Autors oder das Ergebnis irgendeiner Kalkulation dar, nicht unbedingt die reale Naturgeschichte.

Graphentheoretisch sind dichotome Dendrogramme »binäre Bäume«, in denen jeder **Knoten** mit nicht mehr als 3 weiteren Knoten verbunden ist. Interne Knoten oder Verzweigungspunkte eines Stammbaumes repräsentieren Ahnen oder Grundmuster, terminale Knoten oder »Blätter« sind terminale Taxa, die oft rezente Arten repräsentieren.

Jede Gruppierung von Organismen, die Systematiker mit Eigennamen benennen, ist ein **Taxon** (s. Kap. 3.5). Jedes Taxon sollte ein Monophylum repräsentieren (»monophyletisch sein«), wenn Wert darauf gelegt wird, daß die Taxa von anderen Systematikern anerkannt werden sollen. Jeder abgeschnittene Ast des Dendrogramms repräsentiert mit allen daran hängenden Zweigen im Rahmen der dargestellten Verwandtschaftshypothese ein Monophylum. Wir unterscheiden zwischen Monophylum und Taxon, da nicht jedes Monophylum benannt wird: Es gibt viel mehr Monophyla als Taxa (s. Kap. 2.6 und 3.4). Auch ein monophyletisches Taxon ist stets eine logi-

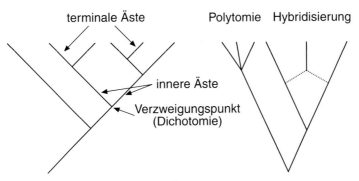

Abb. 49. Begriffe zur Benennung von Topologieabschnitten

sche Klasse und nicht ein reales materielles Individuum, da das Taxon nicht ein in der Zeitebene existierendes Objekt oder materielles System ist und die Abgrenzung und Benennung auf Konventionen beruht (vgl. auch Abb. 24).

Es muß also die Gruppe definiert (festgelegt) werden, auf die sich ein bestimmter **Taxonname** beziehen soll (Mahner & Bunge 1997). Die Definition bezieht sich auf einen Divergenzzeitpunkt (= **systematisierende Definition**, vgl. Kap. 2.6, Kap. 4.4) oder auf Merkmale, die aus Eigenschaften der Organismen ableitbar sind (= **klassifikatorische Definition**). Mit beiden Methoden können die Grenzen von monophyletischen Taxa festgelegt werden. Wurde ein Monophylum erkannt, muß der Systematiker entscheiden, ob dieses Monophylum in der Praxis oft Erwähnung findet und auch von anderen Wissenschaftlern unterschieden wird. In diesem Fall könnte ein **Eigen-**

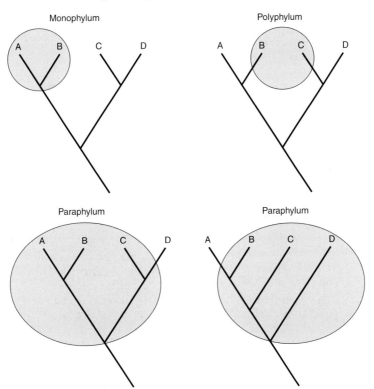

Abb. 50. Mögliche Gruppierungen von terminalen Taxa.

3.1 Ontologie und Begriffe

name für die Verständigung der Wissenschaftler nützlich sein. Daß ein Monophylum derart hervorgehoben wird, ist eine Konvention. Achtung: Eine Definition bezieht sich auf das Gleichsetzen eines Taxonnamens mit einem Monophylum. Monophyla dagegen werden nicht definiert, sondern erkannt oder entdeckt.

Ein **terminales Taxon** (**OTU**: engl. »operational taxonomic unit«) ist in der Baumgraphik der Endpunkt einer terminalen Kante. Er symbolisiert eine Organismengruppe, deren Monophylie vorausgesetzt wird. Soll die Graphik eine Rekonstruktion der Phylogenese visualisieren, müssen die Merkmale, die das terminale Taxon charakterisieren, **Grundmustermerkmale** sein, also Merkmale, die beim letzten gemeinsamen Vorfahren der Taxonmitglieder vorhanden waren (s. Kap. 5.3.2).

In einem Dendrogramm werden Gruppen nach ihrer Abstammung und Zusammensetzung unterschieden (Abb. 50).

Kennzeichen dieser Gruppen sind:

- **Monophyletische Gruppen** enthalten alle Nachkommen einer einzigen Stammart.
- **Polyphyletische Gruppen** enthalten Nachkommen von Arten verschiedener Stammlinien und nicht alle Nachkommen des letzten gemeinsamen Vorfahren sind in dem Polyphylum enthalten.
- **Paraphyletische Gruppen** enthalten nur einige der Nachkommen von Arten einer einzigen Stammlinie und bilden daher nie ein terminales Taxon.

Topologie: Anordnung von Taxa zueinander in einem gerichteten oder ungerichteten Dendrogramm

Kante: Trennlinie zwischen zwei Taxa oder Gruppen von Taxa in einem Dendrogramm (auch »Ast« genannt)

innere Kante: Kante, die Gruppen von je 2 oder mehr Taxa trennt

Knoten: Verbindungspunkt von 3 oder mehr Kanten

terminales Taxon: Taxon, das nur mit einer Kante verbunden ist, also eine Art ohne Tochterarten oder ein Monophylum, das durch sein Grundmuster repräsentiert wird

Split: Aufspaltung einer Menge von Arten in zwei Gruppen

3.2 Topologie

Mit dem Begriff **Topologie** wird die Lagebeziehung oder Nachbarschaft von Taxa zueinander in einer Baumgraphik bezeichnet, unabhängig von der Art der geometrischen Darstellung, dem räumlichen Blickwinkel und unabhängig von der Lage der »Wurzel«. Eine ungewurzelte Baumgraphik kann dieselben Lagebeziehungen zeigen wie ein Stammbaum. (Abb. 51).

3.2.1 Darstellung kompatibler Monophyliehypothesen

Jeder Stammbaum ist eine Zusammenfassung zahlreicher Monophyliehypothesen in einem übersichtlichen Diagramm. Die Hypothesen sind kompatibel (engl. »compatible« oder »congruent«), wenn sie sich zu einem einzigen Venn-Diagramm vereinen lassen, in dem es keine Überschneidungen gibt (Abb. 51).

Es gibt keine Konventionen (und auch keine Argumente für deren Einführung), wie Stammbäume dargestellt werden sollen. Sie können abgestuft oder spitzwinklig, als Klammerdiagramm oder Venn-Diagramm gezeichnet werden, entscheidend ist die Topologie und die Lage der Wurzel. Eine bestimmte **Topologie** enthält eine spezifische relative Lage der Knotenpunkte und der terminalen Taxa einer Baumgraphik zueinander, unabhängig von der Lage der Wurzel (des Ursprungs) und der Form der graphischen Darstellung. Die Linien zwischen den Knoten nennen wir **Kanten**. Kanten können Stammlinien repräsentieren oder auch nur die Präsenz von Merkmalen im berücksichtigten Datensatz, wenn die Topologie keine Stammbaumhypothese darstellt.

- Die Topologie eines dichotomen Baumes ist eindeutig definiert, wenn zu jedem Punkt im

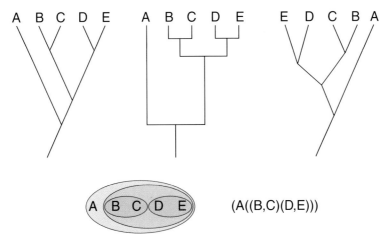

Abb. 51. Gleichwertige Darstellungen einer Topologie.

Diagramm die 3 Nachbarpunkte festgelegt sind.

Die Orientierung im Raum und die Winkel der Kanten zueinander sind dabei belanglos, man kann die Äste um jeden Punkt in jede Richtung drehen, ohne daß die Topologie verloren geht. Stellen die Kantenlängen keine Distanzen oder die Zahl stützender Merkmale dar, ist es irrelevant, in welchem Längenverhältnis sie zueinander stehen.

Ein »ungewurzeltes« oder ungerichtetes Diagramm enthält weniger Information als ein Dendrogramm. In Abb. 51 ist zu ersehen, daß Taxon A an der Basis steht und das Adelphotaxon zu (BCDE) ist. Das ungerichtete Diagramm (Abb. 52) weist dieselbe Topologie auf, es fehlt jedoch der Ort des Ursprunges und damit fehlt auch ein Knotenpunkt, so daß das relative Alter von Taxon A nicht erkennbar ist.

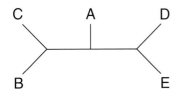

Abb. 52. Ungerichtete Topologie.

Ungerichtete Diagramme sind nicht »wertlos«, da sie alle Gruppierungen enthalten, die auch der zugehörige Stammbaum aufweist, sie sind jedoch ärmer an Information. Es ist die Lesrichtung von Merkmalen nicht sichtbar, die Graphik erlaubt nicht die Rekonstruktion der Evolution.

Liegt keine phylogenetische Information vor, ist der Sachverhalt in einem »**Buschdiagramm**« visualisierbar (Abb. 53). Die beste Darstellung von wiedersprüchlicher Information, also von inkompatiblen Gruppierungen der Taxa, sind das Venn-Diagramm und die Netzgraphik (s. Abb. 54, 55).

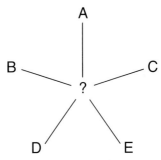

Abb. 53. Busch- oder sternförmige Topologie.

Zu unterscheiden sind weiterhin Topologien, die keine genetische Divergenzen angeben und solchen, die skaliert gezeichnet sind. In skalierten Graphiken kann zum Beispiel die relative Länge der Linien der Zahl der geschätzten Substitutionen, die in einer Stammlinie aufgetreten sein könnten, entsprechen. Diese Darstellung wird vor allem für Distanzdendrogramme gewählt (Kap. 8.2).

3.2.2 Darstellung inkompatibler Monophyliehypothesen

Lassen sich Hypothesen über die Monophylie von Artgruppen nicht ohne Überschneidungen in einem Venn-Diagramm abbilden (Abb. 54), repräsentieren die sich überschneidenden Gruppen inkompatible Monophylie-Hypothesen. Dabei muß man beachten, daß zu jeder Monophyliehypothese stets 2 Gruppen gehören (Innengruppe/Außengruppe), so daß eine Monophylieaussage auch durch Ausschluß von Taxa eine Aussage über die Zusammensetzung anderer Gruppen impliziert.

Inkompatible Monophyliehypothesen lassen sich auch als Netzdiagramme darstellen (Abb. 55). Trägt man auf die Kanten der Graphik die Merkmale ein, die jeweils die Kanten stützen, visualisiert man Informationen über die Inkompatibilität der stützenden Homologiehypothesen.

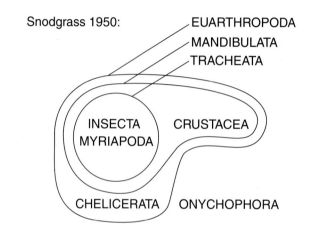

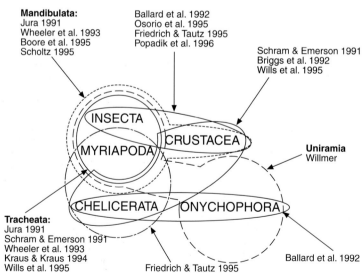

Abb. 54. Inkompatible Hypothesen über die Verwandtschaft der Arthropoden. **A.** Nach Snodgrass (1950) bilden die Taxa Euarthropoda, Mandibulata und Tracheata eine enkaptische Ordnung. Die Taxa sind untereinander kompatibel, die Monophylie der Chelicerata, Crustacea, etc. wird vorausgesetzt. **B.** Ergebnisse neuerer Analysen sind untereinander nicht kompatibel, mehrere davon oder alle müssen demnach fehlerhaft sein. Daß in A) keine inkompatiblen Gruppen zu sehen sind, heißt nicht, daß die Hypothesen korrekt sind, es gibt aber in der Graphik keine Hinweise auf Widersprüche.

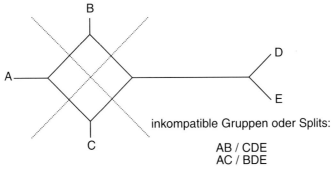

Abb. 55. Vernetztes Diagramm mit inkompatiblen Splits.

Vernetzte Diagramme haben den Vorteil, daß in einer Graphik zahlreiche Alternativen visualisiert werden können. Ist die Kantenlänge ein Maß für die Unterstützung eines Splits, z.B. ein Maß für die genetische Distanz, wird quantitativ das Verhältnis der Stützung alternativer Hypothesen sichtbar (s. Split-Zerlegung, Kap. 6.4 und 14.4).

Eine weitere Möglichkeit ist die Abbildung je eines Dendrogramms für jede alternative Hypothese. Derartige Alternativen können mit Konsensusdendrogrammen (s. Kap. 3.3) zusammengefaßt werden, die jedoch weniger Information enthalten als vernetzte Diagramme.

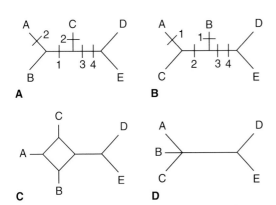

Abb. 56. Schema zur Darstellung des Unterschiedes zwischen Netzgraphiken und Konsensus-Diagrammen. Die Netzgraphiken enthalten mehr Information. **A** und **B** sind die Topologien, die durch einen Datensatz gestützt werden, **C** das dazugehörige Netzdiagramm, **D** eine Konsensustopologie. Letztere zeigt nicht an, daß es Information zu Gunsten der Gruppe (A+C) und auch zu Gunsten von (A+B) gibt. Der Konsensus ergäbe sich auch, wenn keine Information zur Gruppenbildung der Taxa A,B,C vorläge.

3.2 Topologie

3.2.3 Darstellung von Lesrichtungs- und Apomorphiehypothesen

In Graphiken kann angezeigt werden, für welche Artengruppe Merkmale oder Merkmalszustände als Apomorphien gewertet werden, indem das Auftreten der Neuheit an eine Kante geschrieben wird (s. z.B. Abb. 57, 73, 100, 149). In ungerichteten Diagrammen wird damit nur eine Merkmalsänderung ohne Lesrichtungsbestimmung

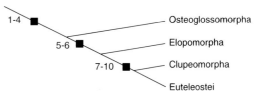

Abb. 57. Beispiel für ein Argumenationsschema: Phylogenese der modernen Knochenfische (Teleostei) nach Lauder & Liem (1983). An den Kanten eines Dendrogramms angeschriebene Merkmale symbolisieren die Entstehung evolutiver Neuheiten und implizieren die Deutung der Lesrichtung. Die Apomorphien: 1: Besitz eines endoskelettalen Basihyale. 2: Vier Pharyngobranchiale vorhanden. 3: Drei Hypobranchiale vorhanden. 4: Zahnplatten auf der Medialseite des knorpeligen Basibranchiale und Basihyale. 5: Ausdehnung zweier Uroneuralia nach vorne bis zum zweiten uralen Zentrum. 6: Ausbildung knöcherner Epipleuralia in der Abdominal- und vorderen Caudalregion. 7: Retroarticulare nicht am Unterkiefer beteiligt. 8: Zahnplatten mit den endoskelettalen Kiemenbogenelementen verwachsen. 9: Neuralbogen über dem ersten uralen Zentrum zurückgebildet oder ganz fehlend. 10: Articulare mit dem Angulare verwachsen. (Achtung: Diese Argumentation ist unvollständig, solange nicht diskutiert wird, warum diese Merkmale homolog sind, welches die plesiomorphen Merkmalszustände und welches die Autapomorphien der nachgewiesenermaßen monophyletischen terminalen Taxa sind.)

dargestellt, in gerichteten Diagrammen ist die Neuheit eine Apomorphie des zeitlich folgenden Knotens. Die an der Kante notierten Merkmale sind Grundmustermerkmale des folgenden Monophylums. Das Grundmuster wird mit dem Endknoten der Kante symbolisiert, der Knoten ist auch als Stammpopulation des Monophylums zu deuten. Die Reihenfolge, in der Merkmale an einer Kante aufgeführt werden, wird beliebig gewählt und entspricht nicht der Reihenfolge der Evolution der Merkmale, wenn dies nicht explizit gesagt wird.

Die in Abb. 57 zusammengefaßten Argumente zu Gunsten einer Stammbaumhypothese bilden zusammen mit der dazugehörigen Merkmalsliste ein **Argumentationsschema**. In diesem können auch widersprüchliche Merkmale (z.B. Konvergenzen, s. Kap. 4.2) enthalten sein. In Kapitel 5 und 7 wird besprochen, wie man die Merkmale phänomenologisch oder modellierend bewerten kann, in Kap. 6 und 8 werden die dazugehörigen Verfahren der Stammbaumrekonstruktion vorgestellt.

3.3 Konsensus-Dendrogramme

Werden mit demselben Verfahren für einen Datensatz mehrere gleich gut begründete Dendrogramme gefunden, und verfügt man nicht über zusätzliche Information, die die Wahl eines dieser Dendrogramme als Grundlage für Verwandtschaftshypothesen rechtfertigt, kann mit einem Konsensusdendrogramm visualisiert werden, welche Verzweigungen unbestritten bleiben. Verwendet man MP-Verfahren der Baumkonstruktion, ist zu empfehlen, die Ergebnisse von Bootstrap- und Jackknifing-Tests (Kap. 6.1.9.2) mit Konsensusbäumen darzustellen.

Ein Konsensusbaum wird nicht aus Originaldaten berechnet, sondern aus bereits vorliegenden Dendrogrammen. Die für die Konstruktion des Konsensus benutzten Topologien können aus einem einzigen Datensatz erhalten worden sein, z.B. wenn die Widersprüche alternativer Topologien eliminiert werden sollen, oder aus unterschiedlichen Daten, wenn die Gemeinsamkeiten verschiedener Analysen (z.B. von morphologischen und molekularen Daten) dargestellt werden. Es gibt verschiedene Verfahren zur Konstruktion von Konsensusdendrogrammen:

Striktes Konsensusverfahren: Aus den verglichenen Topologien werden nur jene Gruppierungen übernommen, die in allen Topologien vorkommen (Abb. 58).

Es besteht die Möglichkeit, nur solche Gruppen (oder Knoten) beizubehalten, die mit einer vorgegebenen Häufigkeit in den alternativen Topologien zu finden sind (engl. »majority-rule consensus«). Sollen im Beispiel der Abb. 58 Gruppen, die in mehr als 50 % der Topologien vorkommen, beibehalten werden, wird die Gruppe (C, D, E) als Monophylum dargestellt.

Mit dem **Nelson-Konsensusverfahren** werden diejenigen Taxa, die wechselnde Orte in den alternativen Topologien aufweisen, so plaziert, daß ein Kompromiß entsteht. Die Nelson-Konsensustopologie kann mit einem Cliquen-Verfahren gefunden werden (Page 1989, vgl. Kap. 14.5).

Mit dem **Adams-Verfahren** werden diejenigen Taxa, die wechselnde Orte in den alternativen Topologien aufweisen, an die Wurzel des Dendrogramms geknüpft, während der Rest der Topologien beibehalten wird. Die Konsensustopologie zeigt also die Struktur, die bei verschiedenen Topologien übereinstimmt. Im obigen Beispiel könnte Taxon B mit der Wurzel verknüpft werden, die Gruppe (C, D, E) bleibt dann erhalten. Durch dieses Verfahren können jedoch unerwünschte Gruppierungen entstehen, die in den alternativen Topologien nicht enthalten waren, das Verlagern der Taxa mit wechselnder Stellung an die Wurzel der Topologie ist keine phylogenetische Hypothese.

Die Konsensusbäume haben den großen Vorteil, daß sie auch Polytomien zulassen, die entweder das Fehlen von Information oder reale Speziationsereignisse repräsentieren. Es kann nicht ausgeschlossen werden, daß in der Natur zeitgleiche multiple Speziationen vorkommen (Kap. 2.5.2). Weiterhin ist zu erwarten, daß ein Merkmalssatz

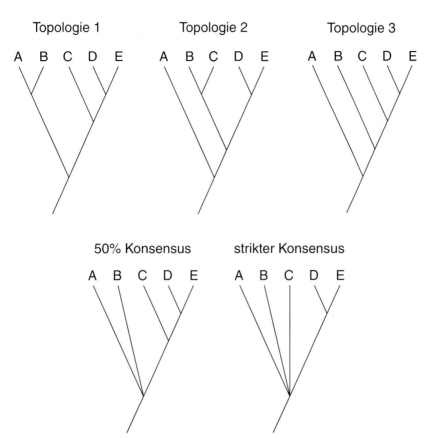

Abb. 58. Drei Topologien und Konsensusdiagramme dazu. Die einzige Gruppe, die in allen Topologien vorkommt, ist (D, E); die Beziehungen zwischen den Taxa A-C bleiben im strikten Konsens ungeklärt. Die Gruppe (C, (D, E)) kommt in mehr als 50 % der Fälle vor.

für die Rekonstruktion einiger Speziationsfolgen keine Information enthält, die Polytomie somit eine Folge des Mangels an informativen Daten ist. Wie bereits erwähnt (Kap. 3.2.2) unterdrücken aber Konsensusdiagramme die Visualisierung inkompatibler Merkmale, die in Datensätzen enthalten sind, während Netzwerkdiagramme wenigstens einen wesentlichen Anteil der Widersprüche sichtbar machen.

Achtung: Es ist ein Fehler, eine Konsensustopologie aus Topologien zu berechnen, die auf verschiedenen Datensätzen mit unterschiedlichem Informationsgehalt beruhen. Die Konsensustopologie ist dann weniger informativ als die beste der Ausgangstopologien. Beispiel: Eine Topologie wird aus konservierten Positionen einer Alinierung berechnet, eine zweite aus den variablen. Sind die variablen Positionen verrauscht, die konservierteren dagegen infromativ, entstehen in der zweiten Topologie Zufallsgruppen von Taxa, die die Konsensustopologie verschlechtern.

3.3 Konsensus-Dendrogramme

3.4 Zahl der Elemente eines Dendrogramms und Zahl der Topologien

Zahl der Kanten und Knoten

Ist **n** die Anzahl der terminalen Taxa (n ≥ 3), dann hat ein dichotomes, nicht polarisiertes Dendrogramm

- $2n-3$ Kanten (terminale und innere Kanten),
- $n-2$ interne Knoten, und
- $n-3$ interne Kanten.

Es gilt deshalb: Ist die Zahl der internen Kanten, die in einem Datensatz gefunden wurden, größer als n −3, wie es zu erwarten ist, wenn Analogien auftreten, können die Splits nicht alle in einem dichotomen Diagramm dargestellt werden. Es bietet sich in diesem Fall an, vernetzte Darstellungen zu verwenden (s. Kap. 3.2.2, 6.4, 14.4), oder ein Kriterium für die Auswahl der besten Kanten zu wählen

Zahl der Splits in einem Datensatz

Jede mögliche Gruppierung der Arten eines Datensatzes erzeugt einen Split. Der **Split** ist die Spaltung aller terminalen Einheiten eines Datensatzes (Taxa, Arten, Individuen) in 2 Gruppen, meist definiert als Innengruppe (ein potentielles Monophylum) und Außengruppe (der Rest der terminalen Einheiten; s. Kap. 3.1). Dadurch, daß zu einem Split immer zwei Gruppierungen gehören, gibt es weniger Splits als Gruppen. Die maximale Zahl von Splits, die auftreten können, beträgt einschließlich derjenigen, die nur eine Art (eine terminale Einheit) separieren:

$$2^{n-1}-1$$

Berücksichtigt man auch den Split zwischen der betrachteten Artgruppe und dem Rest der Welt (ein Split, der keine Aufspaltung innerhalb der Gruppe ist), beträgt die Zahl 2^{n-1}.

Maximale Anzahl alternativer dichotomer, ungerichteter Topologien

Gegeben seien n Taxa. Für n=3 läßt sich nur eine Topologie konstruieren (s. Abb. 59), die 3 Kanten hat. Ein weiteres Taxon läßt sich an jede der drei Kanten anknüpfen, mit 4 Taxa können also 3 Topologien konstruiert werden, die jeweils 5 Kanten aufweisen. Das nächste Taxon läßt sich an 3×5 Kanten anknüpfen.

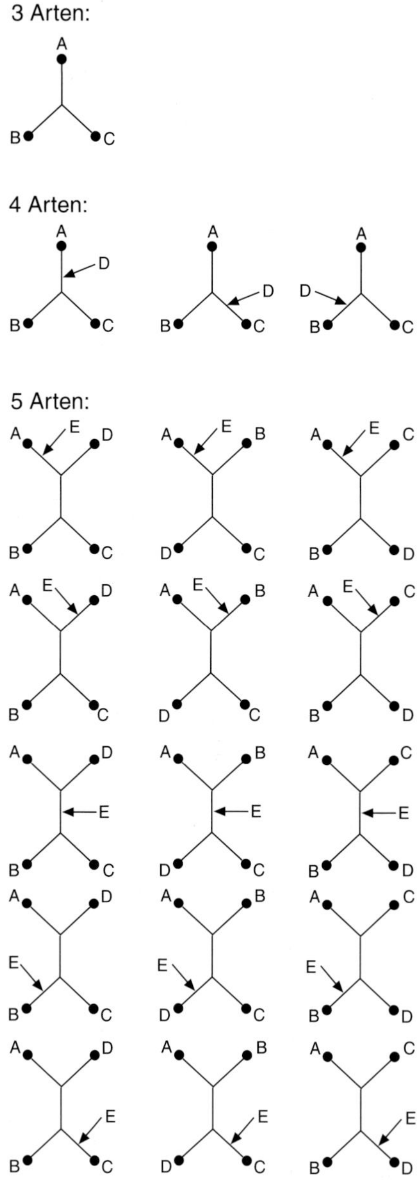

Abb. 59. Konstruktion von ungewurzelten dichotomen Topologien aus einer gegebenen Zahl von Taxa.

J.-W. Wägele: Grundlagen der Phylogenetischen Systematik

Für n Taxa gilt (Felsenstein 1978a): Die Zahl der möglichen dichotomen und **ungewurzelten** Topologien beträgt $B_{(n)} = 1 \cdot 3 \cdot 5 \ldots \cdot (2n-5)$, oder:

$$B_{(n)} = \prod_{n=3}^{n}(2n-5) \qquad (n \geq 3)$$

Die Zahl der möglichen dichotomen und **gewurzelten** Topologien beträgt:

$$B_{(n)} = \prod_{n=2}^{n}(2n-3) \qquad (n \geq 2)$$

Daraus ergibt sich mit dem Ansteigen der berücksichtigten Taxa eine rapider Zunahme der Zahl der Topologien, die für das MP-Verfahren (s. Kap. 6.1.2) zu berücksichtigen sind, so daß bei exakter Suche der sparsamsten Topologie für mehr als 15 Arten manche Computer die Grenzen ihrer Kapazität erreichen:

n	$B_{(n)}$
4	3
5	15
6	105
7	945
10	$\sim 2 \times 10^6$
15	$\sim 8 \times 10^{12}$
20	$\sim 2{,}2 \times 10^{20}$

Abb. 60. Tabelle der Anzahl möglicher dichotomer ungewurzelter Bäume bei gegebener Artenzahl n.

3.5 Das Taxon

Taxa sind die Organismengruppen, die wir in der Natur unterscheiden und benennen. Sie müssen definiert werden, da die Zuweisung von Eigennamen (»Mammalia«) nicht selbstverständlich ist (Kap. 3.1).

In der phylogenetischen Systematik werden nur Monophyla benannt. Soll ein Taxonname Anerkennung finden und im phylogenetischen System verwendet werden, wird also vorausgesetzt, daß ein Monophylum erkannt worden ist (Kap. 4.4). Eigennamen sind keine Prädikatoren (Kap. 1.2), beziehen sich auf konzeptionelle oder gegenständliche Individuen und verweisen nicht per se auf die für die Klassifikation wichtigen Eigenschaften von Organismen, auch wenn oft Organismennamen so gewählt werden, daß sie sich auf Eigenschaften beziehen: Der Name *Lum-*

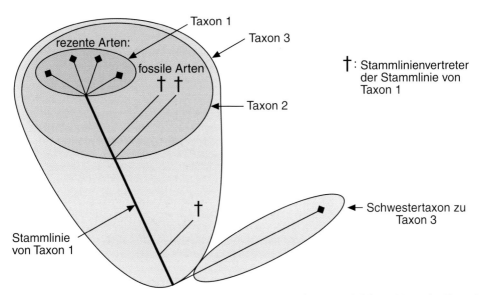

Abb. 61. Ein Taxon muß definiert werden: Wo sind die Grenzen zu anderen Taxa? Gilt ein Name für Taxon 1, Taxon 2, oder Taxon 3? Die Beziehung von monophyletischen Taxa zueinander sind dieselben wie die von Zweigen und Ästen eines Baumes, die man an beliebiger Stelle willkürlich abschneiden kann.

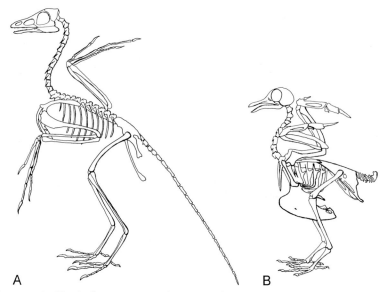

Abb. 62. *Archaeopteryx* im Vergleich mit einem modernen Vogel. War das ausgestorbene Tier ein Vogel oder nicht? Das ist nur eine Frage der Definition des Begriffes »Vogel«. Die mit dem Gattungsnamen *Archaeopteryx* bezeichneten Tiere hatten u.a. im Vergleich zu rezenten Arten Zähne, längere Finger, kein großes Brustbein und einen langen Schwanz, aber auch Federn.

bricus terrestris bezeichnet den landlebenden Wurm, könnte also ein Landegel (terrestrische Tricladida), ein bodenlebender Fadenwurm (Nematoda), irgendein terrestrischer Oligochaet sein. Der durch Wissenschaftler verwendete Name bezeichnet aber nur eine bestimmte Art der Oligochaeta.

Da die meisten Tiergruppen zunächst an Hand der bekannten rezenten Arten in die Sprache eingeführt wurden, beziehen sich viele Taxonbeschreibungen auf die Merkmale rezenter Arten. Wenn später phylogenetisch ältere Fossilien bekannt werden, die nicht alle dieser Merkmale aufwiesen, gibt es die Möglichkeit, die Taxonbeschreibung anzupassen und die Fossilien zu berücksichtigen oder die Fossilien auszuschließen, d.h. der althergebrachte Taxonname kann entweder dem Taxon 1 in Abb. 61 entsprechen oder den Taxa 2 oder 3. Konventionen und Gewöhnung entscheiden zur Zeit darüber, welche Alternative allgemein anerkannt wird. Entscheidet man sich dafür, auch Fossilien einzubeziehen, kann man die **Kronengruppe** (Jefferies 1979; engl. »crown group« = Gruppe rezenter Arten = Taxon 1 in Abb. 61) von den **Stammlinienvertretern** (engl. »stem-lineage representatives«) unterscheiden

(s. nächstes Kapitel). Man muß sich dabei stets auf ein Schwestertaxon beziehen, da sonst die Stammlinie basalwärts nicht begrenzt wäre.

Üblicherweise wird die nächstverwandte Gruppe rezenter Arten als Schwestertaxon definiert, was zwangsläufig zur Folge hat, daß alle Fossilien der Stammlinie demselben Taxon angehören müssen wie die rezenten Arten (Taxon 3 in Abb. 61).

Kategorie: Ein Begriff, der die Rangordnung einer Klasse angibt. (Begriff »Klasse«: s. Kap. 1.2)

Linnésche Kategorien: System von Kategorien zur Kennzeichnung der Rangordnung in der Hierarchie von Taxa, eingeführt von Carl von Linné (1707-1778) (vgl. Kap. 3.7)

Taxon: Klasse von Organismen, die als Artgruppe oder Art von anderen Gruppen unterschieden und benannt wird. Taxa eines phylogenetischen Systems sind erkannte Monophyla (Begriff »Monophylum«: s. Kap. 2.6)

Adelphotaxon (Schwestergruppe): Eines der zwei Monophyla, die nach einem (dichotomen) Speziationsereignis entstehen, in Relation zum jeweils anderen genannt

> **Kronengruppe:** Artenreiches Monophylum am Ende einer Stammlinie. Der Ausdruck wird meist für rezente Arten verwendet.
>
> **Stammlinie:** Gedachte Vorfahren-Nachkommen-Linie, die zur letzten Stammart eines Monophylums führt. Der Anfang der Linie muß per Konvention festgelegt werden.
>
> **Stammlinienvertreter:** Organismus, der von der Stammlinie abstammt oder zu einer Stammlinienpopulation gehört und nicht zur Kronengruppe gezählt wird.
>
> **Panmonophylum:** Ein aus der Kronengruppe und den Stammlinienvertretern bestehendes Monophylum. Auch hier muß der Anfang der Stammlinie per Konvention festgelegt werden.

Ein typischer Konflikt ist der folgende: Man kann sich darüber streiten, ob *Archaeopteryx* zu dem Taxon Aves gezählt werden soll oder nicht. Wären die Aves per Konvention das Taxon 1 in Abb. 61, müßte ein übergeordnetes Taxon benannt werden, daß dem Taxon 2 entspricht und das Fossil einschließt. *Archaeopteryx* wäre dann per Definition kein Vogel. In diesem Fall wäre das Taxon *Aves* systematisierend mit einem Divergenzzeitpunkt definiert worden, wenn man den letzten gemeinsamen Vorfahren der rezenten Arten als Grenze des Taxons angibt. Bezeichnet man alle Organismen mit Federn als Aves, wäre die Grenze des Taxons nicht klar, da nicht bekannt ist, an welcher Stelle der Stammlinie die modernen Federn auftraten, zudem sind dann befiederte, primär flugunfähige Stammlinienvertreter als Vögel zu bezeichnen (federtragende Saurier: *Protarchaeopteryx*, *Caudipteryx*, s. Swisher et al. 1999). Das Taxon würde in diesem Fall *Archaeopteryx* mit einschließen, es wäre klassifikatorisch definiert.

Vor diesem Hintergrund leuchtet es ein, daß die Formulierung »Taxon **A** stammt von Taxon **B** ab« logisch unsinnig ist, da Abstammung nur von einzelnen Organismen (Eltern und Vorfahren in einer Population) möglich ist, nicht von Gruppen von Monophyla. Weiterhin kann Taxon **B** durchaus Seitenzweige haben (s. Stammlinienvertreter), die nicht zur Vorfahrenpopulation von **A** gehören müssen. Zudem sind die Taxa Konstrukte, die nicht real als Individuen leben.

3.6 Die Stammlinie

Als Stammlinie (engl. »stem-lineage«) wird die in der Zeit auftretende Folge von Vorfahren und Nachkommen von Individuen oder Populationen (im Sinn von Fortpflanzungsgemeinschaft) bezeichnet, die zu der letzten gemeinsamen Vorfahrenpopulation eines Monophylums führt. Damit hat die Stammlinie in Bezug auf ein Monophylum einen festgelegten Endpunkt. Probleme bereitet jedoch die Bestimmung des Anfangspunktes einer Stammlinie. Jede Stammlinie läßt sich bis zur ersten lebenden Zelle zurückverfolgen. Spricht man jedoch von der Stammlinie eines Monophylums, meint man die Serie von Vorfahren und Nachkommen, in der evolutive Neuheiten des Monophylums erstmalig aufgetreten sind. In der phylogenetischen Systematik wird der Begriff »Stammlinie« nur für diesen auf ein Monophylum bezogenen Abschnitt der Ahnenreihe benutzt. Eine Aussage über die zu einer Stammlinie zugeordneten Organismen erfordert daher einen Bezug zu einem Adelphotaxon. Da man als Schwestergruppe sowohl Fossilien als auch Monophyla mit rezenten Organismen bezeichnen kann, muß stets die gewählte Schwestergruppe bezeichnet werden, damit deutlich ist, auf welchen Abschnitt der Linie man sich beziehen möchte.

Als **Stammlinienvertreter** bezeichnet man Arten oder Mitglieder von Arten, die in Stammbaumrekonstruktionen an Seitenästen der Stammlinie oder auf der Stammlinie befindlich aufgefaßt werden und nicht zum terminalen Monophylum gehören. Der Begriff hat sich bewährt, da man nicht für jede durch Fossilien belegte Speziation entlang der Stammlinie Namen für supraspezifische Taxa einführen muß. Der Begriff »Stammgruppe« sollte nicht verwendet werden (Ax 1987, 1988), da er die Assoziation hervorrufen kann, es handele sich um ein Monophylum. »Stammgruppen« sind bestenfalls Gruppen von Stammlinienvertretern und immer paraphyletisch.

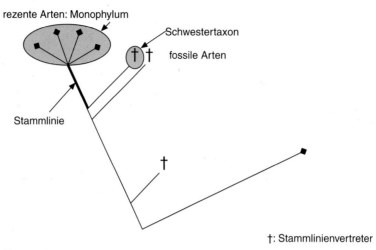

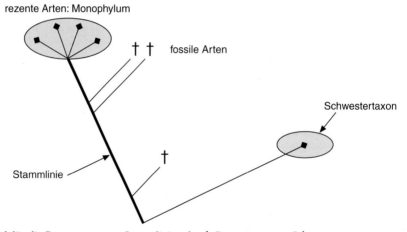

Abb. 63. Beispiel für die Begrenzung von Stammlinien durch Benennung von Schwestertaxa.

Stammlinienvertreter müssen nicht unbedingt Fossilien sein: Würde ein rezentes Tier entdeckt, daß nicht zum Monophylum rezenter Tracheaten (Insekten + Myriapoden), sondern zur Stammlinie gehört, z.B. ein marines Tier, das noch keine Tracheen, wohl aber bereits spezifische Merkmale der Anatomie und der Konstruktion der Mundwerkzeuge aufweist, die als Apomorphien der Tracheata gelten, dann wäre dieses Tier bezogen auf das Monophylum Tracheata ein Stammlinienvertreter. Das Beispiel verdeutlicht, daß die Bezeichnung einer bestimmten Stammlinie vom jeweiligen Kenntnisstand und von Konventionen abhängt: Das Taxon Tracheata könnte neu definiert werden, so daß die marine Art mit aufgenommen wird, oder man einigt sich auf einen neuen Eigennamen für ein Monophylum, daß die Tracheata und die neue Art umfaßt (was zu empfehlen ist, um Mißverständnisse zu vermeiden). In diesem Fall würde das Konzept der Stammlinie der Tracheata auf die Strecke zwischen der neuen Art und den terrestrischen Tracheata verkürzt.

Da für viele Kronengruppen zunächst, oft auch bis heute noch, keine fossilen Stammlinienvertreter entdeckt werden konnten, sind die Eigennamen der Taxa auf die Gruppen rezenter Arten angewandt worden (Taxon 1 in Abb. 61). Für Monophyla, die die Stammlinienvertreter mit

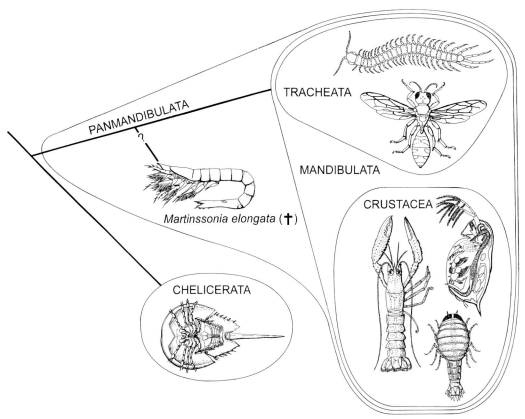

Abb. 64. Das Taxon, das Stammlinienvertreter der Mandibulata mit einschließt, wird mangels tradierter Namen vorläufig »Panmandibulata« genannt, solange die Evolution in der Stammlinie der Mandibulata nicht befriedigend erforscht ist.

einschließen, gibt es oft keine tradierten Namen. Für diese Fälle besteht die Möglichkeit, zu der Kronengruppe das dazugehörige **Panmonophylum** zu benennen, das die Stammlinienvertreter mit einschließt (Lauterbach 1989). Dem Namen der Kronengruppe wird die Silbe »Pan-« vorgesetzt, um das umfangreichere Taxon zu benennen. Auf diese pragmatische Weise kann eine Inflation von Taxanamen vermieden werden. Man beachte, daß auch für das Panmonophylum eine Schwestergruppe benannte werden muß, damit die Stammart bzw. die basale Grenze der Stammlinie festgelegt ist.

Beispiel: Mit der Entdeckung phosphatisierter kambrischer Arthropoden wurden 1985 erstmalig Stammlinienvertreter der Mandibulata bekannt, die zunächst für Crustaceen gehalten wurden (Müller und Walossek 1985). Um diese Arten zu klassifizieren, kann man das Taxon, das die Stammlinie der Mandibulata einschließt, die »Panmandibulata« nennen.

3.7 Linnésche Kategorien

Carl von Linné (1707-1778) war ein schwedischer Arzt und Naturforscher, der vor allem durch seine klassifikatorischen Arbeiten im Zusammenhang mit seiner Tätigkeit als Direktor des Botanischen Gartens in Uppsala bekannt wurde. Er führte die binäre Nomenklatur ein und nutzte Kategorien, um Hierarchien zu beschreiben.

Eine Kategorie ist die Benennung des Ranges einer Hierarchie-Ebene (s. Kap. 1.2). Einer monophyletischen Gruppe wird in der traditionellen Systematik nicht nur der Eigenname (= Taxonname), sondern auch eine Kategorie zugeordnet. Den Kategorien wird die Eigenschaft zugesprochen, die Rangordnung oder Hierarchieebene zu benennen. Es ist in der Tat so, daß Spezialisten an der Angabe der Kategorie eines bisher unbekannten Taxons erkennen können, welche Einordnung in das System der bekannten Taxa vom Autor des Taxons ausgeschlossen ist, ohne daß die exakte Plazierung bekannt sein muß: Eine »neue Familie« kann nur in ein übergeordnetes Taxon mit dem Rang »Überfamilie« oder »Unterordnung« gehören, nicht in eine der bereits beschriebenen Familien. Insofern ist die Angabe einer Kategorie informativ.

Es ist jedoch falsch, anzunehmen, daß die Kategorien Aussagen erlauben über

- die genetische Distanz zwischen Taxa (s. auch Johns & Avise 1998),
- das Alter der Taxa,
- die Zahl betroffener Organismen (Umfang des Taxons),
- die verwandtschaftliche Beziehung zu anderen Taxa.

Die Festlegung von Kategorien erfolgt subjektiv und ohne rationale Begründung. Bei rationaler Betrachtung ist festzustellen, daß die Verwendung von Kategorien überflüssig ist und die erwünschte Information viel besser (eindeutiger) in Form von Dendrogrammen dargestellt werden kann. Der Biologe muß in jedem Fall wissen oder lernen, auf welche Organismengruppe sich ein Taxonname bezieht. Auf das Memorieren von den Taxa zugeordneten Kategorien höherer Ordnung kann heute ohne Folgen für den Autor verzichtet werden (»taxonomischer Ballast«). Für den Ersatz der niederen Kategorien (z.B. »Gattung« und »Familie«) gibt es noch keine Konventionen, Herausgeber von taxonomischen Zeitschriften verlangen meist diese Angaben.

Die Beibehaltung der Linnéschen Kategorien bringt es mit sich, daß Taxanamen und Kategorien vergeben werden, die »leer« und redundant

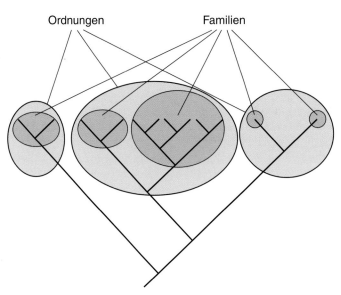

Abb. 65. Kategorien geben weder Auskunft über die genealogische Ordnung noch über den Umfang der Taxa.

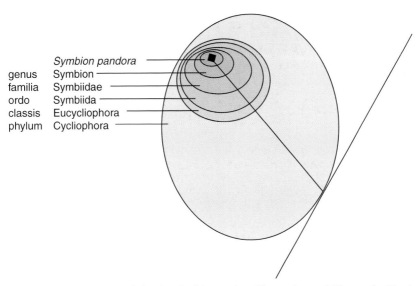

Abb. 66. Redundante Taxa am Beispiel der Art *Symbion pandora* (Kategorien und Namen der Taxa).

sind. Dieses dient nur dem Zweck, die Kaskade von Kategorien beizubehalten, die über dem Art-Taxon stehen. Ein Beispiel ist die Systematisierung der 1995 entdeckten Art *Symbion pandora* (Funch & Kristensen 1995). Alle supraspezifischen Taxa dieses Beispiels sind »monotypisch«, beziehen sich auf nur 1 Art (Abb. 66).

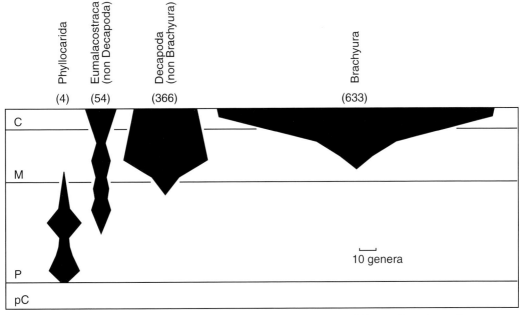

Abb. 67. Beispiel für die Diversitätsbeschreibung auf Gattungsniveau. Daß der Umfang einer »Gattung« von Traditionen und subjektiven Meinungen abhängt, weniger von der Formenvielfalt der betreffenden Artgruppen, wird von vielen Autoren übersehen. Gezeigt ist die Anzahl der beschriebenen fossilen und rezenten Gattungen der Malacostraca (Crustacea; zusammengestellt aus Moore 1969).

3.7 Linnésche Kategorien

Man kann argumentieren, daß diese leeren Taxa Platzhalter für unentdeckte oder ausgestorbene Organismen sind, es gibt jedoch keinen empirisch begründeten Anlaß für die Einführung leerer Taxa außer der Tradition der Taxonomie.

Ein häufiger Fehler ist die Gleichsetzung von Taxa, die derselben Kategorie angehören. So behaupten manche Ökologen (aus Gründen der Arbeitsökonomie oder Bequemlichkeit), daß sie die Formenvielfalt der Organismen einer Landschaft, also die »Biodiversität«, auch bestimmen können, wenn sie nicht Arten, sondern nur Gattungen unterscheiden. Ebenso versuchen Paläontologen, Diversitätsänderungen auf dem Niveau höherer Kategorien zu beschreiben (Abb. 67). Dabei wird übersehen, daß das Ergebnis derartiger Untersuchungen von zwei Faktoren abhängt: a) Je mehr Taxa erkannt werden, desto größer ist zweifellos die Formenvielfalt, b) der Umfang der Taxa hängt aber auch von den klassifikatorischen Traditionen der Spezialisten ab, die z.B. in der Ornithologie viel weniger Arten zu Gattungen und Familien zusammenfassen als in der Entomologie. Dadurch ist der Vergleich der Formenvielfalt auf dieser Grundlage irreführend.

4. Die Suche nach Indizien für Monophylie

Eine intersubjektiv prüfbare und damit dauerhafte Klassifikation der Organismen muß sich auf Speziationsereignisse beziehen, benannte Organismengruppen sollten Monophyla sein (Kap. 2.6). Um diese Monophyla zu erkennen, benötigen wir Information über historische Vorgänge. Es ist also zu fragen, welche Art von Information wir suchen müssen.

4.1 Was ist Information in der Systematik?

Die wichtigste Aussage von Kap. 1.3.5 lautet, daß Information eine für einen bestimmten Empfänger lesbare Spur eines Prozesses oder Dinges ist. In der Systematik sind die Prozesse, die uns interessieren, die Speziationsereignisse (s. Kap. 2.5). Die Spur, die diese hinterlassen haben, sind genetische Unterschiede zwischen Organismen, die entweder direkt in den Nukleinsäuren (»im Genom«) oder indirekt in der Modifikation morphologischer Strukturen (»im Phänotypus«) analysiert werden können. Wir müssen noch exakter formulieren und feststellen, daß die gesuchte Spur der Evolution in Populationen einer Stammliie die Apomorphien sind, die bei den Nachkommen einer letzten gemeinsamen Ahnenpopulation nachweisbar sind (vgl. Abb. 68, 73). Der Empfänger der Information ist der ausgebildete Phylogenetiker, die erkannten Apomorphien sind das »**phylogenetische Signal**« (Begriff: s. Kap. 1.3.5; vgl. Abb. 5, 68).

Die **einzigen Informationen**, die existieren und die wir nutzen können, sind die in rezenten Organismen, Fossilien, Genomen der Organismen

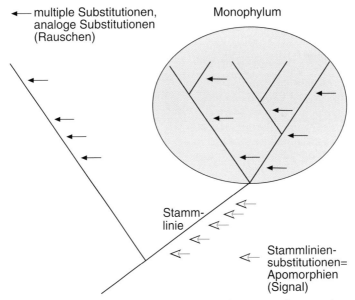

Abb. 68. Die Evolution erzeugt »phylogenetische Signale« und »phylogenetisches Rauschen«. Diese Spuren der Phylogenese sind nur für den ausgebildeten Phylogenetiker lesbar. Das Signal besteht aus Substitutionen, die in den durch Stammlinien repräsentierten Populationen entstanden sind. Das Signal verrauscht durch das Auftreten von Analogien und durch Überlagerung von Apomorphien mit späteren Neuheiten bzw. sekundären Substitutionen.

etc. real vorhandenen **Apomorphien**, und die schwierigste Aufgabe des Phylogenetikers besteht darin, diese Merkmale mit Sicherheit zu identifizieren und von zufälligen Ähnlichkeiten zu unterscheiden. In Kap. 5.1 wird erläutert, daß diese Sicherheit durch Schätzung relativer Homologiewahrscheinlichkeiten gewonnen wird. Je mehr Identitäten in Merkmalen erkennbar sind, die auf Grund ihres Vorkommens bei einer begrenzten Gruppe von Organismen als potentielle Apomorphien gelten können, desto mehr Information haben diese Merkmale. Das bedeutet, daß die informativeren Merkmale mehr Spuren von Ereignissen aus der Stammlinie eines Monophylums tragen. Die durch Substitutionen entstandene Muster in den DNA-Sequenzen verraten auch Einiges über molekulare Evolutionsprozesse (Kap. 2.7.2). Die Rekonstruktion der Prozesse gelingt jedoch ebenfalls nur, wenn Identitäten überwiegend auf Apomorphien und nicht auf zufällig übereinstimmenden Mustern beruhen.

Die Evolution bringt nicht nur evolutive Neuheiten hervor, die aus der Sicht des Phylogenetikers Apomorphien sind, sondern auch Neuheiten, die Merkmalen nicht näher verwandter Organismen ähneln oder (besonders auf molekularer Ebene) mit Merkmalen anderer Organismengruppen identisch sind. Diese Analogien oder Konvergenzen sind aus der Sicht des Phylogenetikers »**Rauschen**«, also verfälschte oder falsche Signale. Erkennt der Phylogenetiker diesen Sachverhalt nicht, kann er fälschlich Analogien oder Konvergenzen für Apomorphien halten und die Stammesgeschichte nicht korrekt rekonstruieren. »Rauschen« entsteht auch dadurch, daß Apomorphien unkenntlich werden, weil weitere Neuheiten die Apomorphie verändern (Abb. 68). Wird die Apomorphie völlig durch Neuheiten substituiert, ist sie objektiv nicht mehr vorhanden, »das Signal ist bis zur Unkenntlichkeit verrauscht« oder »erodiert«. Beispiel: Die Amniota sind Wirbeltiere, die u.a. als evolutive Neuheit dotterreiche und hart beschalte Eier legen, welche sich außerhalb des Wassers entwickeln können. Diese Eigenart ist uns von Echsen und Vögeln bekannt, die meisten Säugetiere jedoch bilden dotterarme Eier ohne Eischalen. Die Monotremata belegen, daß auch die Säugetiere ursprünglich echsenartige Eier bilden konnten, die Merkmale »Dotter« und »Eischale« wurden sekundär durch Entstehung der Viviparie rückgebildet, hier sind Apomorphien der Amniota bei den Theria »erodiert«.

Zweifellos gibt es dazugehörige Mutationen im Genom der betroffenen Organismen.

Auf dieser Grundlage läßt sich der Informationsgehalt von Merkmalen qualitativ bewerten. **Komplexe morphologische Merkmale** haben gegenüber einzelnen Gensequenzen folgende Vorteile:

- Sie sind das Produkt komplexer Genexpression, visualisieren also Unterschiede in vielen Genen und sind in hohem Maße informativ,
- sie lassen sich ohne großen Aufwand bei einer sehr großen Zahl von Organismen feststellen, was die Gefahr von Stichprobenfehler bei der Artenwahl verringert,
- sie lassen den adaptiven Wert von Neuheiten erkennen, der für Plausibilitätsüberlegungen (nicht für die Begründung von Schwestergruppenverhältnissen) von Bedeutung ist.

Sie haben aber auch Nachteile:

- Sie stehen nur in geringer Anzahl zur Verfügung,
- Morphologische Unterschiede lassen sich nicht ohne sehr aufwendige (und in der notwendigen Anzahl unbezahlbare) genetische Analysen mit der Zahl von Substitutionsereignissen, also mit der genetischen Divergenz korrelieren, Unterschiede und Neuheiten sind damit nicht quantitativ zu erfassen.

Es überwiegt jedoch der hohe Informationswert komplexer Merkmale, die die meisten der bisher mit großer Sicherheit in der »vormolekularen« Zeit der Biologie identifizierten Monophyla begründen.

Sequenzen haben andere Vorteile:

- Sie erlauben die Unterscheidung von kryptischen Arten, die morphologisch identisch sind,
- sie liefern Homologien für Arten, die morphologisch keine Gemeinsamkeiten erkennen lassen (vergleiche z.B. Pilze mit Tieren),
- neutrale Sequenzen liefern Verwandtschaftsdaten, die unabhängig vom Selektionsdruck sein können,
- sie evolvieren gleichmäßiger (weniger sprunghaft), da viele Mutationen unter geringem oder keinem Selektionsdruck stehen,
- Unterschiede lassen sich exakt quantifizieren und auf einzelne, historische Substitutionsereignisse zurückführen, wenn Divergenzzei-

ten gering sind.
- Es stehen sehr viel mehr Merkmale (Sequenzpositionen) zur Verfügung als die vergleichende Morphologie liefern kann. Es darf jedoch nicht übersehen werden, daß diese Merkmale arm an Komplexität sind, also einen geringen Informationsgehalt haben.
- Der Prozeß der Sequenzevolution ist modellierbar (s. Kap. 14.1). Ob allerdings die Modelle realistisch sind, ist in den meisten Fällen nicht überprüfbar.

Die Nachteile der Sequenzen sind

- der geringe Informationswert des einzelnen Nukleotids (es gibt nur 4 alternative Merkmale) oder der einzelnen Nukleinsäure, der nur durch Verwendung sehr langer Sequenzen aufgehoben werden kann,
- das Fehlen des Bezuges zur Anpassung an die Umwelt,
- Probleme bei der Alinierung variabler Sequenzbereiche (s. Kap. 5.2.2.1),
- die Genealogie einzelner Sequenzen muß nicht der Phylogenese des Hauptanteils des Genoms entsprechen,
- die Gefahr, daß Kontaminationen sequenziert werden. Solange keine Daten über verwandte Arten vorliegen, kann man einer Sequenz ihre Herkunft nicht ansehen.

Man darf nicht vergessen, daß die Umweltfaktoren durch Wechselwirkung mit dem Phänotypus wirken, der adaptive Wert von Neuheiten an Morphologie, Physiologie oder Verhalten analysiert werden muß. Für die Rekonstruktion der Evolution benötigen wir Kenntnisse der Morphologie und Lebensweise der Tiere, für die Rekonstruktion der Phylogenese reichen die Sequenzen aus.

4.2 Klassen von Merkmalen

4.2.1 Ähnlichkeiten

In Kapitel 1.3.7 wurde erläutert, daß ein »Merkmal« keine »Tatsache«, sondern ein Konstrukt, eine Hypothese für wahrgenommene Ähnlichkeiten ist. Es sind 3 Klassen von Ähnlichkeiten unterscheidbar:

a) **Oberflächliche Ähnlichkeit**, welche auf ungenauer Beobachtung beruht. Bei näherer Betrachtung stellt man fest, daß die Strukturen im Detail völlig unterschiedlich aufgebaut sind. Aus einer Homologieaussage kann nach genauerer Analyse eine Analogieaussage werden (Beispiel: Stielaugen bei Dipteren, Abb. 69).

b) **Zufällige Ähnlichkeit**: Die Ähnlichkeit besteht auch im Detail und ist intersubjektiv feststellbar; sie ist auf Prozesse zurückzuführen, die bei den verglichenen Objekten jeweils unabhängig stattfanden (**zufällige Übereinstimmung, Analogie**). Sind die Prozesse durch vergleichbare Umweltfaktoren beeinflußt, liegt eine **Konvergenz** vor. Auch das ist ein Zufall, da nicht überall und zu jeder Zeit sowohl geeignete Organismen und gleich wirkende Selektionsfaktoren vorhanden sind. Entsteht eine Konvergenz bei verwandten Organismen, sind es oft dieselben Anlagen, aus denen ähnlichen Strukturen evolvierten. So sind stechende, stilettförmige Mandibeln bei Mücken und Wanzen aus denselben Extremitäten konvergent entstanden: Die Extremitätenanlage ist homolog, der Feinbau analog. Derartige Konvergenzen nennt man auch **Homoiologien**. Sind die Arten nahe verwandt, so daß die Organismen fast dasselbe Aussehen haben, spricht man auch von **Parallelismen;** dieser Begriff impliziert, daß die Evolution eines Merkmals bei zwei Arten parallel abläuft. Die Entscheidung, wo die Grenzen für die Anwendung dieser Begriffe liegt, wird subjektiv getroffen. (Das Wort »Parallelismus« wird aber auch für andere Begriffe benutzt, z.B. für die parallele Evolution von Parasiten und Wirte). Achtung: Der Begriff »Konvergenz« bezeichnet sowohl den evolutiven Prozeß als auch das Ergebnis des Prozesses, die adaptierte Struktur.

c) **Homologie**: Die Übereinstimmung ist kein Zufall, sondern stammt aus derselben Quelle. Homologien in der Biologie sind Übereinstimmungen, die auf identischen oder partiell mutierten Kopien von DNA- (oder RNA-) Molekülen eines gemeinsamen Vorfahren beruhen.

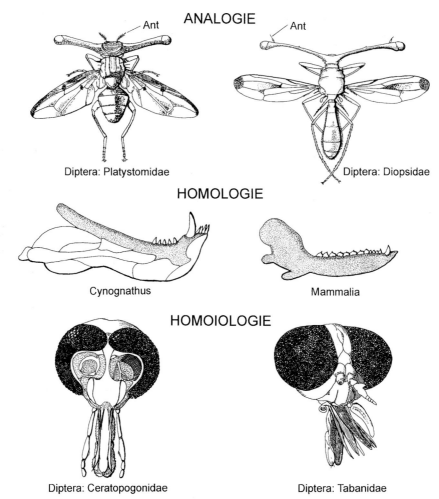

Abb. 69. Beispiele für Homologien, Analogien, Homoiologien. Daß die Stielaugen bei Dipteren konvergent entstanden sind, ist sofort an der unterschiedlichen Lage der Antennen (*Ant*) erkennbar. *Cynognathus sp.* ist ein Fossil aus der Trias, das zu den Stammlinienvertretern der Säugetiere gezählt wird. Das Dentale (punktiert) ist homolog mit dem Unterkiefer der modernen Mammalia. Bei den Diptera sind die Mundwerkzeuge homologe Strukturen, die sich mehrfach parallel zu ähnlichen Stechapparaten entwickelt haben.

Die Unterscheidung von Homologie und Analogie wird auf R. Owen zurückgeführt, der die Begriffe in einem Glossar definiert (Owen 1843): »HOMOLOGUE The same organ in different animals under every variety of form und function.«. Die Begriffe sind jedoch älter (s. Panchen 1994). – Definitionen, die der hier bevorzugten entsprechen, sind z.B. die von Van Valen (1982: »correspondence caused by continuity of information«) oder Osche (1973: Homolog sind demnach Strukturen, deren nicht zufällige Übereinstimmung auf gemeinsamer Information beruht«).

Homologien beruhen grundsätzlich auf Vererbung. In den meisten Fällen ist es die DNA, die kopiert wird. Morphologische Strukturen, die durch ein komplexes Zusammenspiel von Genen und Genprodukten aufgebaut werden, sind dadurch homolog, daß Ähnlichkeiten durch die Anwesenheit von Kopien derselben »Bauanleitung«, die ein komplexes genetisches Entwicklungsprogramm sein kann, entstehen. Je mehr über die Wechselwirkungen zwischen steuernden Genen und Strukturgenen bekannt ist, desto präziser läßt sich eine Homologieaussage formulieren. Die Übereinstimmung der homologen Strukturen muß nicht perfekt sein, die »Kopien« können also im Detail voneinander abweichen.

Solange jedoch erkennbar ist, daß ähnliche Strukturen wahrscheinlich Kopien derselben Vorlage sind, kann angenommen werden, daß sie homolog sind (vgl. Homologiekriterien, Kap. 5.2.1).

Für eine bestimmte Arthropodenextremität sind u.a. folgende Homologien vorstellbar, für die jeweils eine vererbte Kodierung erforderlich ist:

– Ort der Anlage der Extremitätenknospe
– Zeitpunkt der Anlage der Extremität im Verlauf der Ontogenese
– Struktur von Signalmolekülen
– Anlage von Spaltästen, Exiten, Enditen
– Zahl der Glieder
– Gestalt eines Gliedes
– Kutikuläre Strukturen
– Anatomie der Haarsensillen
– Zahl der Haarsensillen
– Struktur von Propriorezeptoren
– Muskelanlagen, Insertionsorte
– Verlauf der Innervierung
– Ausbildung ektodermaler Drüsen
– Ort der Anlage von Chromatophoren
– Merkmale der Zellorganellen
– usw ...

Viele dieser Details sind voneinander unabhängig. Die Struktur von Haarsensillen und ihre Anzahl können in der Natur unabhängig voneinander variieren, die Verschmelzung von 2 Gliedern muß die Präsenz von Sensillen nicht beeinflussen, die Ausbildung von Enditen muß keine Folgen für die Zahl der Glieder haben, usw. Dieses ist ein Hinweis darauf, daß zahlreiche Gene an der Morphogenese beteiligt sind, die jeweils einzeln homologisierbar sind.

Man beachte, daß die Definition des Homologiebegriffes **keine Aussage über die Funktion** der Strukturen macht (Abb. 97, Kap. 5.2.1). Strukturen können unabhängig von ihrem Gebrauch homolog sein. Beim Menschen haben »Männchen« Brustwarzen, die funktionslos sind, deren Anlage aber zum genetisch fixierten »Bauprogramm« gehört. Ihre Anlage ist offenbar festgelegt, weil die homologen Brustwarzen beim »Weibchen« für den Fortpflanzungserfolg von essentieller Bedeutung sind. Folglich erlaubt eine Analyse der Funktion keinen Rückschluß auf die Homologiewahrscheinlichkeit. Man erinnere sich auch an Konvergenzen, die meist funktionsgleiche, nicht-homologe Strukturen sind.

Achtung: Der Begriff »Homologie« hat 2 Bedeutungen: Er kann a) das bezeichnen, was in der Natur real als Kopien von DNA-Sequenzen (und deren Expressionen) der Vorfahren vorliegt, oder b) das, was wir dafür halten. In der Praxis können wir zwischen a) und b) nicht unterscheiden, die »Homologie« ist immer eine Hypothese. – Mitunter sprechen Autoren von »monophyletischen Merkmalen«. Dieser Ausdruck sollte vermieden werden, um die scharf umrissene Bedeutung der Begriffe nicht zu verwässern. Monophyletisch sind nur Organismengruppen, Merkmale sind *homolog*. Meist sind die Homologien auch nicht in dem erwünschten Sinn »monophyletisch«, stammen also nicht von einer einzigen Vorfahrenpopulation, sondern entstanden schrittweise in mehreren aufeinander folgenden Arten. Für die »Monophylie« von Homologien ist der Begriff »Apomorphie« einzusetzen (s.u.).

Der Systematiker ist darauf angewiesen, reale Homologien zu entdecken und von zufälligen Ähnlichkeiten zu unterscheiden. Wie diese Unterscheidung erfolgt, wird in Kapitel 5.1 erläutert.

Der hier vorgestellte Homologiebegriff, der für die Systematik von Nutzen ist, impliziert, daß die Homologie ein »Alles oder nichts«-Konzept ist. Ein Detail ist »hundertprozentig« homolog oder nicht homolog. Eine Aussage, eine Struktur sei zu 50 % homolog, kann nur sinnvoll derart interpretiert werden, daß 50 % der Bausteine der Struktur, die übrigen Bausteine aber »hundertprozentig« homolog sind. – Die Unterscheidung zwischen einem morphologischen, einem biologischen und einem historischen Homologiekonzept ist für den Systematiker belanglos, er muß vielmehr die Ontologie verstehen. Das »**historische Konzept**« hebt die phylogenetische Herkunft hervor. Diese ist die phylogenetische Ursache für das Vorkommen von Homologien. Das »**morphologische Konzept**« bezieht sich auf die strukturelle Identität: Diese ist die Spur, die die Phylogenese hinterließ. Das »**biologische Konzept**« betont die Anwesenheit derselben Entwicklungszwängen, die autoregulatorisch die ontogenetische Entstehung eines morphologischen Merkmales verursachen. Der Systematiker ist nicht darauf angewiesen, diese Mechanismen zu kennen, er muß die Qualität der Merkmale bewerten (Kap. 5.1). Er muß auch nicht die phylogenetische Herkunft eines Merkmals kennen, um eine Homologiehypothese zu postulieren: Es ist nicht notwendig, jene fossilen Tiere zu kennen, bei denen erstmalig Federn aufgetreten sind, oder die Phylogenese der Aves zu kennen, um die Feder als Homologie der Vögel identifizieren zu können.

4.2 Klassen von Merkmalen

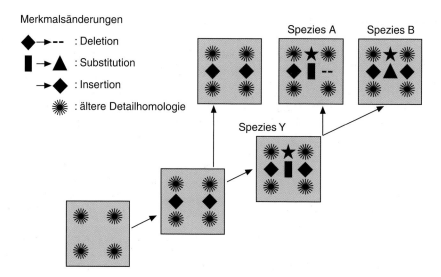

Abb. 70. Mögliche Veränderungen von Details in einer Rahmenhomologie. Achtung: Mit den Begriffen »Insertion«, Deletion« und »Substitution« wird in der Praxis sowohl der Prozeß benannt, der die Veränderung erzeugte, als auch das Ergebnis des Prozesses. Die Bedeutung ergibt sich aus dem Kontext. Das gemeinsame apomorphe Merkmal (Synapomorphie) von A und B ist das bei den rezenten Arten noch erkennbare Merkmal, mit dem ein Schwestergruppenverhältnis von A und B begründet werden kann (vgl. auch Abb.73).

4.2.2 Klassen von Homologien

Konstitutive und diagnostische Merkmale

Organismengruppen kann man an ihren Merkmalen erkennen, wenn diese Merkmale Homologien sind. Es sind zwei Klassen von Merkmalen zu unterscheiden, die der Identifikation dienen können:

- **Konstitutive Merkmale**: Evolutive Neuheiten (= **Apomorphien**), die in der Stammlinie einer monophyletischen Gruppe entstanden sind.
- **Diagnostische Merkmale**: Erkennungsmerkmale, die für Bestimmungsschlüssel geeignet sind. Diese Merkmale können, müssen aber nicht zugleich auch konstitutiv sein.

Beispiel: Unter den europäischen Amphibien erkennt man die Schwanzlurche (Urodela, Caudata) an ihrer Schwanzwirbelsäule, die den Froschlurchen fehlt. Dieses Merkmal ist diagnostisch, aber nicht konstitutiv, da diese Schwanzwirbel ein altes Tetrapodenmerkmal sind und auch bei anderen Tetrapoda, die nicht zu den Amphibia gehören, vorkommen. Dieses Merkmal ist ein phylogenetisch altes Merkmal, eine Plesiomorphie (s.u.). Die Sprungbeine der Frösche (Anura) und die dazugehörigen, spezialisierten Beckenknochen und die verstärkte Muskulatur sind zugleich diagnostische und konstitutive Merkmale der Frösche, Besonderheiten, die erst in der Stammlinie der Frösche evolvierten.

Rahmen- und Detailhomologien

Bei komplexen morphologischen Merkmalen bedeutet eine Homologieaussage, daß **nur die übereinstimmenden (identischen) Details**, die tatsächlich von einem gemeinsamen Vorfahren geerbt wurden, homolog sind. Die komplexeren Strukturen können zugleich Details aufweisen, die bei den Organismen variieren und nicht homolog sind. Das Schema in Abb. 70 verdeutlicht diese Zusammenhänge.

Was der Morphologe »homologes Merkmal« nennt, kann a) eine **komplexe Rahmenhomologie** sein, die sowohl Neuheiten als auch ältere Detailhomologien enthält, oder b) eine einzelne **Detailhomologie**. Da auch die Rahmenhomologie Teil eines größeren Organs oder Organismus sein kann, gibt es eine Hierarchie von enkaptischen Homologien (d.h., ein homologes Detail ist Teil einer komplexeren Homologie).

Beispiel: Die gesamte Morphologie (einschließlich der inneren Organe) von Mensch und Schimpanse weist eine große Zahl von Detailhomologien auf. Unter Abzug der Besonderheiten der jeweiligen Art ist diese gesamte Morphologie die größtmögliche Homologie zwischen Mensch und Schimpanse, also ein hochkomplexes Muster mit einer kaum überschaubaren Fülle von Details. Eine untergordnete Homologie ist die Vorderextremität, dazu gehört die Hand, dazu der Daumen, auch die Gene, die für die Synthese des Hornmaterials des Daumennagels aktiviert werden. Diese Strukturen sind, unabhängig von ihrer Komplexität oder ihrem Volumen, nur dann homolog, wenn ihre ontogenetische Entstehung von einer homologen »Bauanleitung« kodiert wird. Es muß also die Anlage einer Vorderextremität an einer bestimmten Stelle des Körpers, daran wieder die Anlage eines Daumens und die Konstruktion der dazugehörigen Knochen, an der Spitze des Daumens die Anlage eines Fingernagels von jeweils homologen Genen gesteuert sein.

Die Unterscheidung von Rahmen- und Detailhomologien kann man mit der Erscheinung begründen, daß genetische Entwicklungsprogramme sich im Verlauf der Evolution verändern, indem kleinere Mutationen Details des Entwicklungsprogramms modifizieren. Auch wenn diese Details bei zwei Organismen nicht alle identisch oder gleichen Ursprunges sind, kann das übergeordnete Entwicklungsprogramm eine Kopie eines älteren Vorbildes, also eine Homologie sein. Kennt man diesen Sachverhalt, macht man nicht den Fehler, mit der einzelnen Genexpression die Homologie von Organen zu begründen (Fallbeispiele in Kap. 5.2.1). Abstrakt formuliert, können Homologien verrauschte Kopien eines Vorbildes sein: Die Kopien sind die Rahmenhomologien, verrauscht (verändert) sind Details darin.

Beispiele: Rahmenhomologien und (in Klammern genannte) dazugehörige Details, die in nicht-homologer Weise verändert (verrauscht) sein können: Armskelett (Zahl und Form der Handknochen), Entwicklungsprogramm für die Morphogenese der Vorderextremität (einzelne daran beteiligte Gene), Eukaryontenzelle (Präsenz und Struktur von Organellen), ein 18SrDNA-Gen (Nukleotide). Siehe auch Abb. 93.

Achtung: Wir müssen auch hier zwischen dem realen Sachverhalt und dem Erkennen des Sachverhaltes unterscheiden. Ist eine Rahmenhomologie weitgehend verrauscht, sind also die Details sehr verändert, kann es sein, daß eine Homologiehypothese nicht mehr zu begründen ist. Obwohl die sehr verschiedenen Muster aus einer Folge von Kopien einer gemeinsamen Vorlage entstanden sind, real also als komplexe Strukturen homolog sind, kann dieser Sachverhalt nicht mehr erkennbar sein.

Detailhomologien unterschiedlichen erdgeschichtlichen Alters

Eine Homologieaussage über Merkmale von 2 Organismen impliziert, daß diese Organismen gemeinsame Vorfahren haben. Es ist jedoch nichts darüber ausgesagt, ob es ein ferner oder naher Vorfahre war, von dem das Merkmal stammt (Abb. 71).

Betrachtet man in Abb. 71 das Taxon (A, B), sind für die Arten A, B drei Homologien nachweisbar, die von der Art Z geerbt wurden. Für die Arten des übergeordneten Taxons (A, B, C) sind nur 2, für (A, B, C, D) nur 1 Homologie nachweisbar. Die Zahl homologer Details nimmt also ab, je umfangreicher ein Taxon ist. Dasselbe gilt für komplexe Merkmale, die homologisiert werden: Die Vorderextremität eines Menschen ist der des Schimpansen sehr ähnlich, stimmt also in vielen

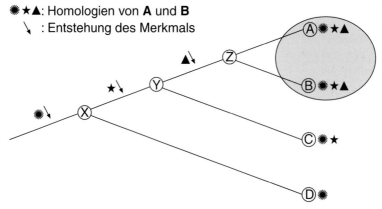

Abb. 71. Verschiedene Homologien von 2 Arten können unterschiedlichen Alters sein.

Details überein, man sagt die Arme seien homolog. Im Sprachgebrauch der Biologen heißt es aber auch, der Arm sei homolog mit dem Vorderbein eines Pferdes oder eines Frosches (Abb. 72). Damit ist nur gemeint, daß es im Vorderbein des Frosches, dem Pferdebein und dem Primatenarm Details gibt, die von einem gemeinsamen Vorfahren geerbt wurden. Die Homologie »Arm des Menschen – Arm des Schimpansen« ist, gemessen an der Zahl der Details, viel umfangreicher als die Homologie »Menschenarm – Brustflosse«. Bei der Ausdehnung des Homologiebegriffes auf andere Hierarchieebenen verändert sich demnach der Umfang der Homologie.

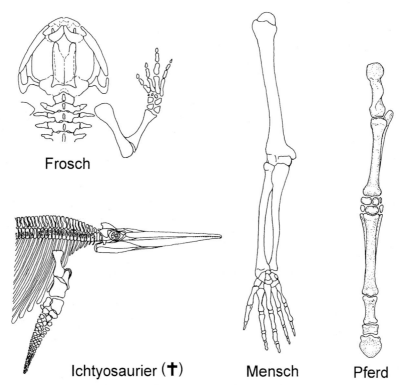

Abb. 72. Was ist eine Homologie? Vorderextremität bei Frosch, Mensch, Ichtyosaurier und Pferd. Ist der Menschenarm dem des Frosches »homologer« als dem des Pferdes? Homolog ist nur identisches Erbgut (s. Text).

Arten:	D	C	B	A
Merkmale:	1	1-2	1-2-3	1-2-3
Homologien von A + B:			1-2-3	1-2-3
Apomorphie von A + B:			3	3
Autapomorphie von A:				4

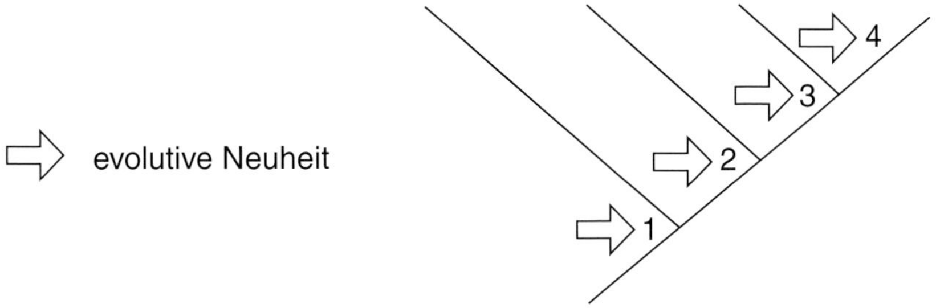

Abb. 73. Der Begriff Apomorphie bezeichnet eine Untermenge der Homologie. Apomorphie und Homologie sind nicht dasselbe.

Erbhomologien und andere Kopien

Der oben beschriebene Homologiebegriff entspricht der **Erbhomologie** und soll in diesem Buch ausschließlich mit dem Wort »Homologie« gemeint sein. Die Homologie von technischen Entwicklungen, von literarisch weitergegebener Information, von erlerntem Verhalten usw. entsteht nicht durch das Kopieren von Nukleinsäuresequenzen und ist für die Phylogenetik ohne Bedeutung.

Exprimierte und nicht exprimierte Sequenzen

Der Homologiebegriff umfaßt auch Sequenzen, die normalerweise nicht transkribiert werden. Es kann sich um nicht kodierende Sequenzen, um defekte oder inaktive Gene handeln. Daß es inaktive Gene gibt, ist auch ohne Analyse des Genoms bekannt geworden, da ihre Präsenz gelegentlich sichtbar wird, wie im Fall der **Atavismen** (Mutanten: dreihufige Pferde, Menschen mit verlängerter Wirbelsäule, zebroide Streifung bei Maultieren). Wenn bei der schwertlosen Art *Xiphophorus xiphidium* (Poeciliidae) aus der Gruppe der Schwertträger-Zahnkarpfen durch Hormongaben das Wachstum eines Schwertes induziert wird, sind experimentell Gene aktiviert worden, die homolog zu denen anderer *Xiphophorus*-Arten sind. Derartige Gene (»Kryptotypen«, »latente Potenzen«: Saller 1959, Osche 1965, Sudhaus 1980) können auch dauerhaft reaktiviert werden.

Beispiele: Wiederauftreten des zweiten unteren Molaren bei skandinavischen Luchsen (Kurtén 1963) oder des Mandibelpalpus bei holognathiden Valvifera (Asseln) (Poore & Lew Ton 1990).

Homonomie

Die **Homonomie** ist eine »iterative« oder serielle Homologie, die am selben Organismus durch Verdopplung eines Organs oder eines Gens entsteht. Die Laufbeine eines Hundertfüßlers (Chilopoda) oder die Kopien eines rRNA-Gens sind homonome Strukturen. Die Homonomie morphologischer Merkmale beruht wahrscheinlich meistens auf der wiederholten Aktivierung derselben Gene an verschiedenen Stellen des Körpers. Solange nicht die Verdopplung selbst als Merkmal gelten kann, ist nur das einzelne Merkmal, von dem es mehrere »Kopien« geben kann (Konstruktion des Chilopodenbeines), für die phylogenetische Analyse von Bedeutung. Gibt es allerdings in komplexeren homonomen Strukturen abweichende Details in den einzelnen »Kopien«, können wiederum diese Details bei verschiedenen Arten homologisiert werden. So ist ein dritter Maxilliped einer Krabbe (Decapoda: Brachyura) in seiner Eigenschaft als Thoraxextremität mit dem Scherenbein desselben Tieres homolog, der Feinbau des Maxillipeden ermöglicht jedoch die Homologisierung der Besonderheiten der dritten Maxillipeden bei verschiedenen Arten der Decapoda.

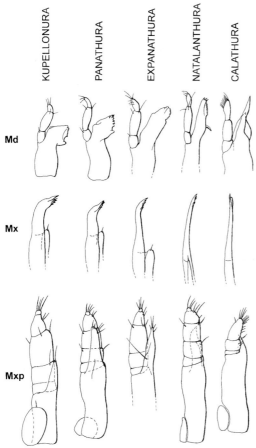

Abb. 74. Beispiel für eine Transformationsserie (»morphologische Reihe«). Evolution der Mundwerkzeuge innerhalb der Anthuridea (marine Asseln). Die Hyssuridae *(Kupellonura)* leben carnivor und haben schneidende Mandibeln (Md) und greifende Maxillen (Mx), während am Ende der Reihe die Mundwerkzeuge der spezialisierten Paranthuridae (Beispiel einer *Calathura*-Art) zu sehen sind, die dem Anstechen anderer Arthropoden dienen, deren Körpersäfte eingesogen werden. Die Mandibel und die Maxille können als Rahmenhomologien betrachtet werden, deren Details sich im Verlauf der Evolution verändern.

Apomorphie und Plesiomorphie

Die evolutive Neuheit ist eine **Apomorphie**. Die **Rahmenhomologie**, die eine Apomorphie aufweist (Abb. 70), hat einen »apomorphen Merkmalszustand« oder ist ein »abgeleitetes Merkmal«. Zu einer Apomorphieaussage gehört auch immer eine Organismengruppe, bei der die Neuheit erstmalig vorkommt. Die durch die Neuheit ersetzten älteren Details, die bei anderen Organismen vorhanden sind, sind **Plesiomorphien**. Die Rahmenhomologie dieser Organismen hat einen »plesiomorphen Merkmalszustand« oder ist ein »ursprüngliches Merkmal«.

Die evolutive Neuheit ist das Ergebnis von Mutationen (Insertionen, Deletionen, Substitutionen, Inversionen, Genduplikationen) oder von Gentransfer. Nicht alle Neuheiten haben sichtbare Folgen, viele Mutationen sind »neutral« (vgl. Kap. 2.7.2.2). Auf genetische Veränderungen beruhende und daher erbliche Modifikationen der Morphologie, der Physiologie oder des Verhaltens werden ebenfalls und mit Recht Apomorphien genannt, auch wenn nur selten die genetische Grundlage derartiger Veränderungen bekannt ist.

Der Begriff »Neuheit« impliziert den Bezug zu einer Zeitebene: Die Benennung einer Apomorphie erfordert daher die Zuordnung zu einer bestimmten Zeitebene, einer historischen Stammlinie oder Stammpopulation.

Achtung: In der Praxis wird der Morphologe oft die Rahmenhomologie, die Neuheiten aufweist, insgesamt als »Apomorphie« bezeichnen, den phylogenetisch älteren Zustand als »Plesiomorphie«, was eine ökonomischere Formulierung ermöglicht. Es ist jedoch zu empfehlen, präzise die Neuheit (das Detail) zu benennen, da eine Rahmenhomologie immer auch Plesiomorphien aufweist. – Eine morphologische Neuheit kann das Ergebnis zahlreicher Mutationen sein, die in einer Stammlinie auftraten. Die Begrenzung der Stammlinie, auf die sich die Aussage bezieht, ergibt sich aus dem betrachteten Schwestergruppenverhältnis (s. Abb. 61).

Das Verhältnis zwischen den Begriffen »Apomorphie« und »Homologie« wird mitunter mißverstanden. Einige Autoren meinen, die Begriffe »Apomorphie« und »Homologie« seien synonym (Patterson 1982, De Pinna 1991, Nelson 1994) und übersehen, daß die Apomorphie eine besondere Homologie, nicht jede Homologie aber eine Apomorphie ist (Abb. 73).

Eine Apomorphie, die nur bei einer Art oder im Grundmuster eines terminalen Taxons vorkommt, nennt man eine **Autapomorphie**. In Abb. 73 ist zu erkennen, daß mit dem Nachweis von Autapomorphien einer terminalen Art (Merkmal 4

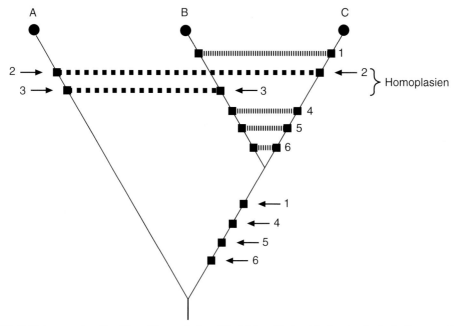

Abb. 75. Erläuterung des Begriffes »Homoplasie«: Die Mehrzahl der Merkmale (1, 4, 5, 6) unterstützt die abgebildete Topologie, sie gelten als potentielle Synapomorphien der Taxa B und C. Die Merkmale 2 und 3 sind mit der Topologie nicht kompatibel. Solange nicht bekannt ist, welche dieser Merkmale mit größerer Wahrscheinlichkeit homolog sind, bezeichnet man die inkompatiblen Merkmale (hier 2 und 3) neutral als »Homoplasien« und nicht als »Analogien« oder »Konvergenzen«.

von Art A) keine Aussage über die Verwandtschaft derselben möglich ist. Autapomorphien sind daher **triviale Merkmale**.

Eine Apomorphie, die bei Schwestertaxa (A und B in Abb. 73) vorkommt und offensichtlich bei allen anderen Taxa (Außengruppentaxa) primär fehlt, also in der Stammart der beiden Schwestertaxa erstmalig auftrat, ist eine **Synapomorphie** (Abb. 70; Begriff von Hennig 1953, 1966). Nur diese Merkmale können als Indiz für das Schwestergruppenverhältnis gewertet werden.

Der Zustand einer Rahmenhomologie vor dem Auftreten einer Neuheit ist in Bezug auf diese Apomorphie »**plesiomorph**«. Eine Plesiomorphie, die bei Schwestertaxa nachgewiesen wird, ist eine **Symplesiomorphie**. Symplesiomorphien können auch bei anderen (ggf. ausgestorbene, nicht bekannte) Organismen vorkommen und sind nicht geeignet, ein Schwestergruppenverhältnis zubegründen.

Merkmalsreihen

Die verschiedenen Zusammensetzungen einer Rahmenhomologie, die im Zeitverlauf auftreten, lassen sich zu einer Kette erdgeschichtlich aufeinander folgenden Zustände aneinanderreihen. Derartige Ketten sind **morphologische Reihen** oder, allgemeiner, **Transformationsserien** (Beispiel: Abb. 74).

Der Nachweis der zeitlichen Reihenfolge, in der Neuheiten historisch auftraten, ist die **Bestimmung der Lesrichtung** (s. Kap. 5.3). Dieser Begriff wird dann verwendet, wenn die Veränderungen innerhalb einer Rahmenhomologie (Abb. 74) beschrieben werden. Oft sind schrittweise Veränderungen nachweisbar, ohne daß die Lesrichtung bekannt ist

Homoplasie

Man darf nicht vergessen, daß mit den Begriffen »Homologie«, »Apomorphie«, »Plesiomorphie«

immer nur Hypothesen bezeichnet werden, von denen man hofft, daß sie einem realen Sachverhalt entsprechen. Hypothesen erweisen sich in der Praxis oft als falsch, was vor allem bemerkt wird, wenn Apomorphiehypothesen inkompatible Gruppierungen unterstützen. Derartige inkompatible Merkmale nennt man »**Homoplasien**«: Es sind dies potentielle Homologiehypothesen, die im Dendrogramm als Analogien eingetragen sind (Abb. 75). Eine Homoplasien kann sein:

- Eine reale Homologie in einem nicht korrekten Stammbaum, in dem das Merkmal als apparente Analogie auftritt.
- Eine durch unabhängige Ereignisse evolvierte reale Analogie oder Konvergenz im korrekten Stammbaum, die auf Grund ihrer Struktur von einer Homologie nicht zu unterscheiden ist und als Homologie kodiert wurde.
- Eine Analogie, die durch Rückmutation entstanden ist und im korrekten Stammbaum eingetragen wird, und die von einer Homologie nicht zu unterscheiden ist.
- Eine inkorrekte Analogiehypothese, die auf einer fehlerhaften Merkmalsanalyse beruht.

Konvergenz: nicht homologe Ähnlichkeit, die durch Anpassung an dieselben Umweltbedingungen evolviert ist.

Analogie: nicht homologe Ähnlichkeit, die durch Zufall evolviert ist.

Homoiologie: Konvergenz, die aus homologen Organanlagen entstanden ist.

Homologie: Genetisch fixierte Information oder die Expression dieser Information, die von einem gemeinsamen Vorfahren der Arten, die das Merkmal aufweisen, geerbt wurde.

Rahmenhomologie: Gruppe von Homologien, die ein komplexes Muster (Merkmal) bilden oder physisch zusammenhängen. Innerhalb des Musters müssen nicht alle Details bei verschiedenen Organismen homolog sein.

Apomorphie: Evolutive Neuheit, die als Ergebnis von Mutationen oder Gentransfer in Populationen der Stammlinie eines Monophylums entstanden ist. Oder: Rahmenhomologie, in der evolutive Neuheiten vorkommen.

Autapomorphie oder **triviales Merkmal:** Apomorphie eines terminalen Taxons. Derartige Merkmale sind für die Rekonstruktion von Verwandtschaftsverhältnissen nicht informativ.

Synapomorphie: Homologe evolutive Neuheit, mit der ein Schwestergruppenverhältnis begründbar ist, die also bei der letzten gemeinsamen Stammart von Schwestertaxa erstmalig auftrat.

Plesiomorphie: Homologer Merkmalszustand (Zustand einer Rahmenhomologie) vor der Entstehung einer evolutiven Neuheit, mit dem ein Schwestergruppenverhältnis nicht zu begründen ist, weil er auch außerhalb des betrachteten Monophylums vorkommen kann.

Symplesiomorphie: Plesiomorphie, die bei Schwestertaxa vorkommt.

Apomorphe Merkmalsausprägung: Zusammensetzung einer Rahmenhomologie aus plesiomorphen und apomorphen Detailhomologien

Homoplasie: Begriff aus der Terminologie der Kladistik. Er bezeichnet ein Merkmal, dessen Vorkommen in einem Stammbaum nicht mit anderen Merkmalen kompatibel ist. Eine Entscheidung zu Gunsten einer Homologie- oder einer Analogiehypothese wird nicht getroffen.

Merkmalsreihe oder **Transformationsserie:** Kette von aufeinanderfolgenden Veränderungen in einer Rahmenhomologie. Die Kette ist rekonstruierbar, auch ohne daß die Polarität bekannt ist.

Lesrichtung oder **Polarität** einer Merkmalsreihe: Richtung in der Zeit für eine Folge von evolutiven Merkmalsveränderungen.

4.2.3 Gruppenbildung durch verschiedene Merkmalsklassen

Gruppen mit konvergenten Merkmalen: Diese Gruppen haben, wenn keine gemeinsamen Apomorphien nachweisbar sind, wahrscheinlich keine engeren verwandtschaftlichen Beziehungen. Stammen die Arten von Vorfahren ab, die verschiedenen Monophyla angehören, nennt man die Gruppen **polyphyletisch** (Abb. 50). Wenn ein Beutelmull Australiens (*Notoryctidae*) als unterirdisch lebender Insekten- und Wurmjäger mit seinem walzenförmigen Körper, rückgebildeten Augen, kurzen und kräftigen Grabbeinen an Maulwürfe erinnert (*Talpidae*), dann ist das für Evolutionsforscher und Ökologen interessant: Die Tiere gehören demselben Lebensformtyp an und haben sehr ähnliche ökologische Ansprüche. Derartige Konvergenzen können aber nicht verwendet werden, um verwandtschaftliche Beziehungen zu begründen. Das Phänomen der Konvergenz darf nicht ignoriert werden, da der Systematiker Homologien und Konvergenzen unterscheiden muß.

Gruppen mit plesiomorphen Merkmalen: Wird die Unterscheidung einer Organismengruppe mit dem Nachweis von Plesiomorphien begründet, entstehen **paraphyletische**, manchmal auch polyphyletische Gruppen. Die Reptilien sind jene Amniota, die weder Federn haben noch Säugetiere sind. Die Gemeinsamkeiten der »Reptilia«, also das Legen von beschalten Eiern, die verhornte, meist schuppige und drüsenarme Haut, das Vorkommen von Halsrippen und andere Merkmale, sind Plesiomorphien. Das Ausgliedern der Säugetiere und der Vögel aus den »Reptilia« bewirkt, daß diese Gruppe paraphyletisch ist.

Gruppen mit apomorphen Merkmalen: Von apomorphen Merkmalen kann man nur sprechen, wenn eine Homologie eine evolutive Neuheit ist. Wird mit diesem Merkmal die Gruppenbildung begründet, indem die Hypothese postuliert wird, daß es eine letzte gemeinsame Stammart mit diesem Merkmal gab, ist die Gruppe ein **Monophylum**. Allerdings gehören zu einem Monohylum nicht nur alle Träger dieses Merkmals, sondern auch andere Nachkommen, bei denen die Apomorphie sekundär reduziert oder modifiziert ist.

Es muß aber daran erinnert werden, daß zwischen dem **Sein** und dem **Erkennen** eines Monophylums zu unterscheiden ist. Ein Monophylum ist ein gedankliches Konzept, daß die Hypothese der Existenz eines gemeinsamen Vorfahren beinhaltet (Kap. 2.6). Die Gruppe ist monophyletisch, weil sie eine gemeinsame Abstammung hat, nicht, weil sie bestimmte Merkmale aufweist. Abstammug ist kein Merkmal, sondern ein historischer Prozess. Apomorphien sind die identifizierten Indizien für die Existenz dieses Prozesses, weshalb wir Merkmale benennen, mit denen eine Monophyliehypothese gestützt wird. So werden Schlangen, Blindschleichen oder Wale zu den Tetrapoda gerechnet, obwohl sie nicht vier Laufbeine haben. Das Sein des Monophylums Tetrapoda wird durch die Abstammung der dazugehörigen Arten bestimmt, die Laufbeine und andere Merkmale sind der Anlaß, das Monophylum zu erkennen.

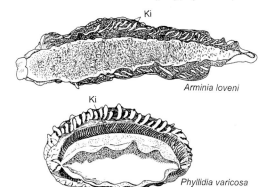

INFEROBRANCHIA (polyphyletisch)

Arminia loveni

Phyllidia varicosa

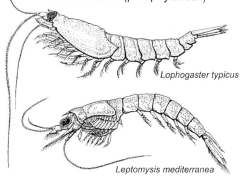

MYSIDACEA (paraphyletisch)

Lophogaster typicus

Leptomysis mediterranea

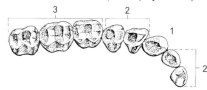

CATARRHINI (monophyletisch)

Abb. 76. Beispiele für die Gruppenbildung mit nicht homologen Merkmalen, mit Plesiomorphien und Apomorphien. Die »Inferobranchia« (Gastropoda: Nudibranchia) haben sekundäre Kiemen (*Ki*), die aus Hautfalten des Mantelepithels entstehen. Es handelt sich um eine Konvergenz der Arminidae und Phyllidiidae. Die »Mysidacea« sind urtümliche Peracarida, deren Gemeinsamkeit der plesiomorphe Garnelenhabitus ist. Die Monophylie der Catarrhini (Altweltaffen), zu denen auch der Mensch gehört, läßt sich u.a. mit der Zahnformel (1 Prämolar fehlt) und der Form der Molaren (im Grundmuster Ansätze zur Bilophodontie) begründen (abgebildet: fossiles Gebiß eines *Dolichopithecus*; nach Szalay & Delson 1979).

4.2.4 Homologe Gene

Für Homologien von Genen sind weitere Begriffe geprägt worden (Patterson 1988):

Paralogie: Homologie von in einem Organismus vorhandenen duplizierten Sequenzen (z.B. α- und β-Hämoglobin); entspricht der **Homonomie** verdoppelter morphologischer Strukturen.

Orthologie: Anderes Wort für Homologie, auf Sequenzen verschiedener Organismen angewandt.

Xenologie: Homologie mit der Sequenz eines nicht verwandten Organismus, die durch horizontalen Gentransfer entstand (s. Kap. 2.1.1).

4.3 Prinzipien der Merkmalsanalyse

In Kap. 1.3.7 wurde dargelegt, daß Merkmale Konstrukte sind, die auf wahrgenommenen Ähnlichkeiten beruhen. Die weitere Auswertung der Merkmale setzt voraus, daß die Übereinstimmungen zwischen den Merkmalen real existieren, unsere Wahrnehmung nicht fehlerhaft ist.

Der entscheidende Schritt der Merkmalsanalyse ist die Unterscheidung von Homologien und zufälligen Übereinstimmungen (Konvergenzen, Analogien). Gemäß den Ausführungen in Kap. 1.4.5 kann eine Wahrscheinlichkeitsaussage über die Alternative »Homologie oder Analogie« entweder die vorliegende Informationsmenge, die von einem geeigneten Empfänger als Spur eines Prozesses identifiziert werden kann (Erkenntniswahrscheinlichkeit), oder die natürlichen Prozesse betreffen, die die Merkmale erzeugten (Ereigniswahrscheinlichkeit).

Damit ergeben sich zwei sehr verschiedene Ansätze:

a) **Phänomenologische Merkmalsanalyse:** Schätzung der Wahrscheinlichkeit, daß die Übereinstimmung von 2 Merkmalen aus einer gemeinsamen Quelle stammt (**Analyse von Mustern, Schätzung der Erkenntniswahrscheinlichkeit**) (Abb. 77, s. auch Abb. 83 und Abb. 134).

b) **Prozeßorientierte (modellierende) Analyse** der Wahrscheinlichkeit, daß ein Merkmal (Merkmalszustand) entsteht (**Rekonstruktion von Prozessen, Schätzung der Ereigniswahrscheinlichkeit**) (Abb. 78).

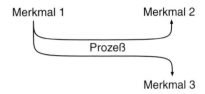

Abb. 78. Macht man Aussagen über den wahrscheinlichsten Prozeßverlauf, können daraus Annahmen über einen gemeinsamen Ausgangszustand zweier Merkmale abgeleitet werden, auch wenn diese Merkmale keine Identitäten aufweisen.

Diese Unterscheidung erinnert an R. Riedls Trennung des »**Akts des Erklärens**« vom »**Akt des Erkennens**« (Riedl 1975). Wird ein Merkmal als Ergebnis eines rekonstruierten historischen Vorganges erkannt, erklärt man, wie es entstanden ist. Etwas ganz anderes ist es, zu hinterfragen, ob das Beobachtete tatsächlich eine Spur historischer Ereignisse darstellt oder nicht. Die prozeßabhängige Analyse ist immer dann ein unsicheres Verfahren, wenn das, was erkannt werden soll (Ho-

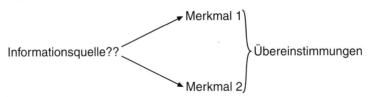

Abb. 77. Der Vergleich von Mustern kann der Schätzung der Wahrscheinlichkeit dienen, daß eine Homologie vorliegt.

mologie), schon mit axiomatischen Sätzen vorausgesetzt wird (Annahme über den Ablauf des Vorganges, der Homologien erzeugt).

Die phänomenologische Merkmalsanalyse dient der Schätzung der Homologiewahrscheinlichkeit für beobachtete Übereinstimmungen. Sie wird in Kap. 5 vorgestellt.

Die prozeßorientierte Analyse dient der Schätzung der Ereigniswahrscheinlichkeit für die Merkmalstransformation (Kap. 7). Hierzu müssen die Faktoren berücksichtigt werden, die die Entstehung der Merkmale beeinflussen, was für morphologische Merkmale selten versucht wird (vgl. Kap. 2.7.1). Im Fall der Evolution von Sequenzen sind diese Faktoren der Zustand der Ahnensequenz und die Zahl der aufgetretenen Veränderungen. Geschätzt werden vor allem Häufigkeiten von Nukleotidsubstitutionen. Umfangreiche Insertionen usw. scheinen kaum vorhersagbar zu sein. Die Substitutionsweisen lassen sich nur schätzen oder modellieren, wobei zu berücksichtigen ist, daß eine Voraussetzung erfüllt sein muß: Die Substitutionsprozesse müssen stochastisch verlaufen. Weiteres hierzu wird in den Kapiteln 7, 8 und 14.1 erläutert.

4.4 Abgrenzung und Identifikation von Monophyla

Eine monophyletischen Gruppe ist nur zu erkennen, weil die historische Existenz gemeinsamer Vorfahren eine Tatsache ist. Alle Individuen, die von einem bestimmten Vorfahren abstammen, tragen spezifische Gene, die bereits bei diesem Vorfahren vorhanden waren. Hieraus ergibt sich die Möglichkeit, ein Monophylum zu identifizieren. Da unmittelbar nach einer Speziation die divergierenden Tochterpopulationen zunächst sehr ähnlich sind, ist die Identifikation einer isolierten Tochterpopulation zu diesem Zeitpunkt erschwert. Das *Sein* ist jedoch vom *Erkennen* unabhängig. Wir müssen unterscheiden:

– Die Ursache für die Existenz eines bestimmten Monophylums (ein bestimmtes Speziationsereignis)
– Der Anlaß für das Erkennen eines bestimmten Monophylums (eine evolutive Neuheit)

4.4.1 Die Abgrenzung

Es gibt real im Raum-Zeitgefüge mehr monophyletische Gruppen, als es Speziationen in der Erdgeschichte gab (s. Kap. 2.6, Abb. 79). Nur ein sehr geringer Teil dieser Monophyla ist heute noch

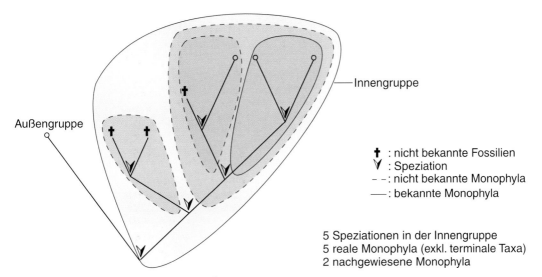

Abb. 79. Existente und erkennbare Monophyla.

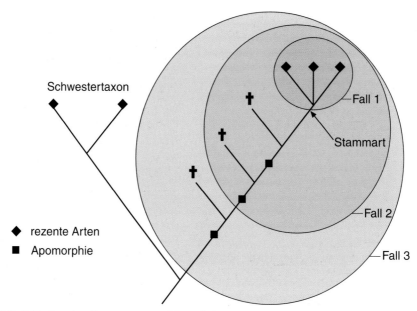

Abb. 80. Möglichkeiten der Abgrenzung von Monophyla.

erkennbar, da von den allermeisten Organismen keine Fossilien erhalten sind. Ein noch geringerer Teil wird für die wissenschaftliche Kommunikation mit Eigennamen versehen. Damit keine Mißverständnisse entstehen, muß aufgezeigt werden, auf welches Monophylum sich ein Eigenname bezieht.

Es gibt theoretisch drei Möglichkeiten, Monophyla abzugrenzen, die jeweils andere Organismengruppen umfassen, wobei damit stets eine bestimme Zeitebene festgelegt wird, in der die Grenze zu anderen Monophyla verläuft:

1) Das Monophylum kann mit dem Verweis auf die **letzte gemeinsame Stammart** von anderen abgegrenzt werden. Die indirekte Identifizierung der Stammart erfolgt in der Praxis meist dadurch, daß bekannte Arten zusammengefaßt werden, deren unbekannter letzter gemeinsame Ahne zwangsläufig die Stammart ist. (Fall 1 in Abb. 80). Diese Festlegung schließt die Stammlinienvertreter aus.

2) Durch Wahl von Merkmalen (**Apomorphien**), die nur bei Mitgliedern des Monophylums auftreten (Fall 2 in Abb. 80). Aus diesem Taxon müssen Stammlinienvertreter, die die bezeichneten Apomorphien noch nicht besitzen, ausgeschlossen werden. Aus Abb. 80 ist jedoch zu ersehen, daß Definitionen von Monophyla nur unmißverständlich sind, wenn sie sich auf die Topologie eines Stammbaumes und nicht auf Merkmale beziehen. Definiert man die Merkmale »Federn« und »Pygostyl« als konstitutiv für das Taxon »Aves«, wird damit die Gattung *Archaeopteryx* ausgegliedert, da hier das Pygostyl fehlt. Wählt man statt dessen den Tarsometatarsus, ist *Archaeopteryx* ein Mitglied des Taxons »Aves«. Apomorphien sind weniger für die Abgrenzung geeignet, da sie schrittweise und mosaikartig und auch innerhalb der Existenzzeit einer Art entstehen.

3) Durch **Bezeichnung des Schwestertaxons** (Fall 3 in Abb. 80). Diese Abgrenzung hat den Vorzug, daß auch mit wachsendem Kenntnisstand über z.B. Merkmale von Fossilien und mit Änderungen der Homologisierung von einzelnen Merkmalen der Bezugspunkt im Dendrogramm erhalten bleibt, Stammlinienvertreter sind nicht ausgeschlossen (vgl. Begriff »Panmonophylum«, Kap. 3.5, 3.6).

Die **erste Stammart eines Monophylums,** das die Stammlinie einer Kronengruppe einschließt, ist in der Praxis allgemein nicht bekannt. Die Theorie erlaubt aber eine eindeutige Identifikation dieser Stammart: Da definitionsgemäß eine

Art aufhört zu existieren, wenn »sie sich in Tochterarten spaltet« (s. Kap. 2.3), darf man jene Stammart eines Monophylums, von der auch das Schwestermonophylum abstammt, nicht ebenfalls zu dem ersten Monophylum zählen, da sonst dieselbe Stammart zu zwei Monophyla gehören würde. Die phylogenetisch älteste Art, die zu einem Monophylum gehören kann, ist diejenige, deren (konzeptionelle) Existenz unmittelbar nach der Abspaltung des Schwestertaxons beginnt.

4.4.2 Die Identifikation

Auch wenn es verschiedene Möglichkeiten gibt, in einem Stammbaum Monophyla von anderen Gruppen abzugrenzen, muß es einen Anlaß zur Gruppenbildung geben. In der phylogenetischen Systematik können nur erkannte Apomorphien, also evolutive Neuheiten hoher Homologiewahrscheinlichkeit, von denen wir annehmen, daß sie in der Stammlinie des Monophylums erstmals auftraten, die Gruppenbildung begründen (Kap. 4.2.3). Methodische Grundlagen der Identifikation von Homologien und der Unterscheidung von Plesiomorphien und Apomorphien werden in Kap. 5 vorgestellt.

4.4.3 Empfohlenes Vorgehen für die Praxis

1) Die Monophylie einer Gruppe bekannter (rezenter oder fossiler) Arten wird mit Apomorphien begründet. Die Apomorphien müssen eine hohe Homologiewahrscheinlichkeit haben und als diskrete Merkmale benannt werden können, oder es werden genetische Distanzen nachgewiesen, von denen angenommen werden kann, daß sie auf Apomorphien beruhen.
2) Das Schwestergruppenverhältnis zu einem anderen Monophylum wird nachgewiesen.
3) Beide Adelphotaxa schließen zwangsläufig die Stammlinienvertreter mit ein, unabhängig davon, ob letztere die Apomorphien der bekannten Arten bereits aufweisen oder nicht. Die Adelphotaxa sind damit jeweils Panmonophyla (Kap. 3.6).
4) Wo die Tradition dazu führte, daß Namen von Monophyla nur auf die Kronengruppe angewendet werden, muß entweder ein neuer Name für das Panmonophylum vergeben oder das umfangreichere Taxon *Pan*taxon genannt werden.

Die Natur ist oft kompliziert und mit unseren Begriffsklassen schwer oder nicht zu erfassen: Es gibt in seltenen Fällen auch zwischen Monophyla horizontalen Genaustausch, insbesondere über Prozesse, die mit der Entstehung von Endosymbiosen auftreten (siehe auch Kap. 2.1.1, 2.1.4). Wo Hybridisierungen möglich sind, muß mit der Introgression von Genen gerechnet werden. Man muß in derartigen Fällen erwarten, daß evolutive Neuheiten bei Organismen auftreten können, die nicht einen nur ihnen gemeinsamen Vorfahren haben.

4.5 Analyse von Fossilien

4.5.1 Merkmalsanalyse

Fossilien sind Spuren von Organismen mit Merkmalen, die sich in ihrem ontologischen Status in keiner Weise von denen rezenter Organismen unterscheiden. Daß in der Praxis Probleme auftreten, weil die Fossilien schlecht konserviert sind, ist keine Besonderheit von Fossilien: Viele rezente Arten wurden so schlecht beschrieben, daß der Kenntnisstand nicht besser ist als bei schlecht konservierten Fossilien. Aus diesem Grund gelten für die Einbeziehung von Fossilien in eine phylogenetische Analyse keine anderen Gesetzmäßigkeiten. Fossilien liefern aber sehr interessante Daten. Sie ermöglichen es oft,
– ein Mindestalter von Merkmalen (und Taxa) zu bestimmen,
– Lücken in Transformationsreihen von Merkmalen zu schließen, wodurch oft erst die Homologisierung sehr verschiedener Strukturen möglich wird,
– die zeitliche Reihung von Transformationen zu bestimmen (»was war zuerst da«).

Die für die phylogenetische Analyse relevanten Informationen gewinnt man wie bei rezenten

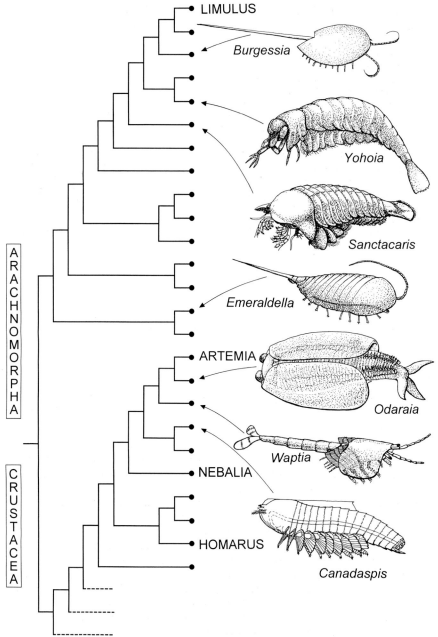

Abb. 81. Nicht begründete Zuordnung von Fossilien zu Taxa, die ursprünglich für rezente Arten errichtet wurden (Topologie nach kladistischer Analyse von Briggs et al. (1992), morphologische Darstellungen nach Briggs (1992) und Briggs et al. (1994)). Nach Briggs et al. (1994) gehört *Sanctacaris* zu den Chelicerata. Cheliceren i.e.S. sind jedoch nicht vorhanden, zudem hat dieses Fossil auch Antennen, die bei den Chelicerata fehlen. Die Körpergliederung (Prosoma mit 6 Laufbeinen, Opisthosoma mit 11 Segmenten und blattartigen Exopoditen) paßt zu der Vorstellung, daß es sich um einen Stammlinienvertreter der Chelicerata handeln könnte. – Die Körpergliederung von *Burgessia* erinnert nicht an Cheliceraten. – *Odaraia*, *Waptia* und *Canadaspis* werden den Crustacea zugeordnet, obwohl weder Apomorphien der Mandibulata (Differenzierung der Mundwerkzeuge und der 2. Antenne) noch mögliche Apomorphien der Crustacea nachgewiesen sind. Diese Zuordnung ist unbegründet.

Organismen durch eine sorgfältige Merkmalsanalyse (Kap. 5).

Für die Merkmalsbewertung können Fossilien sehr wertvoll sein. Daß Übereinstimmungen bei rezenten Arten auf Konvergenz beruhen, läßt sich mit Fossilien nachweisen (Willmann 1990): Die Weibchen der rezenten Dermaptera haben wie die Mantodea + Isoptera + Blattaria einen rückgebildeten Ovipositor, der in einer Genitalkammer liegt. Hennig (1986) betrachtet das Merkmal als mögliche Synapomorphie. Bei fossilen Dermaptera ist jedoch noch ein langer Ovipositor vorhanden, die Verkürzung bei rezenten Arten ist eine Konvergenz zu den Mantodea + Isoptera + Blattaria. Fossilien können Synapomorphien aufweisen, die bei rezenten Arten unkenntlich (überlagert, verrauscht) sind: Die Schnabelform fossiler Flamingos stimmt mit der von Regenpfeifern überein, was bei rezenten Arten nicht erkennbar ist.

4.5.2 Monophylie-Nachweis mit Formenreihen

Liegen lückenlose Formenreihen vor, deren Chronologie bekannt ist, sind die Fossilien Dokumente für Monophylie, auch wenn keine Apomorphien nachgewiesen ist: Die Formenreihe gibt Aufschluß über die Reihenfolge der Speziationsereignisse (Willmann 1981, 1990; eine Reihe wie die von Abb. 22 ist jedoch selten vollständig erhalten). Die zusätzliche Information über die Zeitebene, in der ein Fossil auftritt, wird allgemein erst bedeutsam, wenn molekulare Uhren geeicht werden sollen (Kap. 2.7.2.3) oder wenn naturhistorische Zusammenhänge betrachtet werden, die jenseits der Phylogenetik i.e.S. liegen.

Singuläre Fossilien, die (in ungenauer Formulierung) als »Vorläufer« eines rezenten Monophylums betrachtet werden, müssen evolutive Neuheiten aufweisen, die in der rezenten Fauna nur bei dem betreffenden Monophylum vorkommen. Paläontologen haben sich in der Vergangenheit oft durch ihr »Gefühl« leiten lassen und Fossilien irgendwelchen ähnlichen rezenten Taxa zugeordnet (Beispiel: Abb. 81). Nur eine Apomorphie hoher Homologiewahrscheinlichkeit kann eine derartige Zuordnung begründen. Derartige »Vorläufer« rezenter Monophyla werden »**Stammlinienvertreter**« genannt (vgl. Kap. 3.5).

Abb. 82. Autapomorphie eines Stammlinienvertreters: *Hesperornis regalis* ist ein altertümlicher Vogel aus der Kreidezeit, der noch Zähne besaß. Autapomorphien dieser Gruppe der Zahntaucher sind die Reduktion der Flügel, die Reduktion des Luftsacksystems, die Verlängerung des Beckens, die Kniescheibe bildet als Muskelansatzstelle einen Fortsatz (Abb. nach Marsh 1880).

Da es unwahrscheinlich ist, daß von den vielen Arten, die zu einer Stammlinie gehören und von ihr abzweigen, ausgerechnet ein Fossil erhalten ist, das zu einer direkten Vorfahrenart der rezenten Organismen gehört, ist der Begriff »Stammlinienvertreter« dem Begriff »Vorfahrenart« vorzuziehen. Daß ein Stammlinienvertreter einem Seitenast der Stammlinie angehört, läßt sich mit Autapomorphien der Art nachweisen. (Abb. 82). Fossilien können, müssen aber nicht terminalen Arten angehören.

5. Phänomenologische Merkmalsanalyse

Jede phänomenologische Merkmalsanalyse muß mit der Untersuchung der Eigenschaften eines Organismus beginnen. Je eingehender ein Organismus untersucht wird, desto mehr Eigenschaften können entdeckt werden. Häufig beobachtete Eigenschaften physischer Strukturen können die materielle Gestalt (auch histologischer Aufbau, Gestalt von Organellen), die chemische Zusammensetzung, die Lagebeziehung, die spezifische Wechselwirkung mit der Umwelt (z.B. Lichtbrechung oder Qualität der reflektierten Wellenlängen (Farbigkeit)) sein. Eigenschaften von Makromolekülen sind die chemische Zusammensetzung und die Lagebeziehung (Sequenz), Eigenschaften von Verhaltensweisen sind z.B. die spezifische Abfolge von Bewegungen und die Voraussetzung für die Ausführung dieser Bewegungen. Die Feststellung von Identität wird mit der Aussage »zwei Organismen haben dasselbe Merkmal« mitgeteilt. Ziel der phänomenologischen Merkmalsanalyse ist die Entdeckung von homologen Identitäten.

Die phänomenologische Methode geht über das Beobachtete nicht hinaus (Kap. 1.4.6). Im Folgenden werden jene Arbeitsweisen zu den phänomenologischen gerechnet, die mit der Beobachtung von Eigenschaften der Organismen beginnen und diese Beobachtungen auswerten, ohne zunächst Annahmen über die historischen Prozesse zu machen, die Identitäten und Unterschiede erzeugt haben. Diese ersten Beobachtungen münden in die Formulierung von Homologiehypothesen, womit die hypothetisch-deduktiven Arbeitsweise eingeleitet wird.

5.1 Die Schätzung der Homologiewahrscheinlichkeit und die Gewichtung der Merkmale

Wir müssen folgende Sachverhalte unterscheiden:

- Die historische Ursache für das Vorkommen von Homologien (Abstammung und Vererbung),
- den Effekt, der durch Abstammung und Vererbung entsteht (Ähnlichkeit der Organismen),
- den Anlaß zur Identifikation von Homologien (auffällige, durch zufällige Übereinstimmung nicht erklärbare Ähnlichkeit von Strukturen).

In den folgenden Abschnitten werden die Einschätzung der Homologiewahrscheinlichkeit (der Anlaß zur Postulierung einer Homologiehypothese) und die Nutzung dieser Einschätzung in der phylogenetischen Analyse (Gewichtung von Merkmalen) vorgestellt.

5.1.1 Die Homologiewahrscheinlichkeit und Kriterien zu ihrer Bewertung

Die Identifizierung einer Homologie ist die Voraussetzung für das Aufstellen einer Verwandtschaftshypothese. Die Homologieaussage ist ihrerseits eine Hypothese (vgl. Kap. 1.3.7 und 4.2), die der Begründung bedarf. Sie darf nicht als »Faktum« angesehen werden, da diese Fehldeutung des ontologischen Status immer dann zu fehlerhaften Verwandtschaftsaussagen führen kann, wenn die Homologieaussage auf einem Irrtum beruht. Viele unglaubwürdige kladistische Analysen (vgl. Abb. 54) beruhen auf dem Irrglauben, daß die in Merkmalstabellen aufgelisteten Homologien Fakten sind, die nicht diskutiert werden müssen. Dieser Irrglaube betrifft sowohl morphologische als auch molekulare Merkmale. Wir müssen schätzen, wie **informativ** Merkmale sind, oder, anders ausgedrückt, wie wahrscheinlich es ist, daß wir in zwei ähnlichen Mustern die Homologie erkennen. In der phänomenologischen Analyse wird dabei nicht ver-

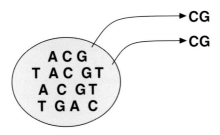

Abb. 83. Das Komplexitätskriterium zur Unterscheidung von Analogie und Homologie beruht auf einem probabilistischen Gesetz.

sucht, den Prozeß der Entstehung der Merkmale zu modellieren.

In Kap. 1.3.6 wurde vorgestellt, wie in der Informatik »Information« quantitativ erfaßt wird. Leider läßt sich die Formel Shannons in der Praxis der Systematik nicht anwenden: Um den Informationsgehalt der Merkmale mit einer Maßeinheit (»bits«) angeben zu können, müßte die Wahrscheinlichkeit bekannt sein, mit der ein einzelnes Detail, also eine einzelne Mutation, auftritt und in Populationen erhalten bleibt. Dies entspricht in der Analogie der Wahrscheinlichkeit, daß ein bestimmter Buchstabe aus einem Vorrat zufällig gewählt wird (Abb. 83). Da diese Wahrscheinlichkeit ohne genaue Kenntnis der für die Evolution der betreffenden Organismen relevanten Randbedingungen nicht schätzbar ist, ist es zwecklos, Angaben in »bits« errechnen zu wollen.

Weiterhin setzt Shannons Formel voraus, daß die »Übertragung«, (also im Fall der Homologie die Vererbung der homologen Gene) störungsfrei verläuft, daß also kein Rauschen die Information zerstört oder irreführende Muster erzeugt. Störungen im Informationsfluß der Fortpflanzungsgemeinschaften entstehen z.B. aus der Sicht des Phylogenetikers mit der genetischen Drift, durch die Genvarianten verloren gehen und mit Mutationen, die Analogien erzeugen oder Apomorphien verdecken. Die grundlegende Gesetzmäßigkeit, die die Homologienforschung berücksichtigen muß, ist jedoch dieselbe wie in dem analogen Beispiel der Buchstabenwahl (Abb. 83): Je komplexer ein Merkmal, und je mehr alternative Bausteine es gibt, um ein Merkmal zu konstruieren, desto informativer ist das Merkmal. Aus diesem Grund ist es sinnvoll, den Informationsbegriff von Shannon zu kennen.

Dieser Zusammenhang sei mit der Analogie der Buchstabenwahl verdeutlicht (Abb. 83): Aus einem Buchstabenvorrat werden zufällig Buchstaben gewählt, um 2 Worte gleicher Länge aufzubauen. Setzen wir voraus, daß die Buchstaben im unerschöpflichen Vorrat gleich häufig sind, hängt die Wahrscheinlichkeit P, daß 2 Worte durch Zufall erhalten werden, nur von der Länge n des Wortes und vom Umfang des Alphabets M ab. Die Tabelle in Abb. 83 zeigt, welchen drastischen Einfluß **M** und **n** auf **P** haben.

Diese Analogie erfordert Annahmen über den Apparat, der die Buchstaben auswählt: Der auswählende Apparat darf nicht eine Vorliebe für bestimmte Buchstaben haben, er arbeitet wie ein »fairer Würfel«, und die Häufigkeit aller Buchstaben im Vorrat ist gleich. Ist der Apparat dagegen unfair und bevorzugt bestimmte Buchstaben, erhöht sich die Wahrscheinlichkeit, daß identische Zeichenfolgen durch Zufall entstehen. Je komplexer die Zeichenfolge, desto geringer aber ist die Bedeutung der Fairness. Bei langen Zeichenketten und einem großen Alphabet kann man Abweichungen von der Gleichverteilung der Buchstaben oder der fairen Wahl der Buchstaben vernachlässigen und annehmen, daß es sehr wenig wahrscheinlich ist, daß durch Zufall dieselbe Zeichenfolge entsteht. Eine allgemeinere Formulierung ist

$$P = (\sum_{i=1}^{M} p_i^2)^n$$

In dieser Formel ist p_i die Frequenz der einzelnen Buchstaben. Die Formel in Abb. 83 ist davon nur ein Spezialfall, wenn man annimmt, daß p_i für alle Buchstaben gleich ist.

Man beachte, daß die Prozeßgeschwindigkeit in diesem Zusammenhang nicht relevant ist. Eine präzise Schätzung der Wahrscheinlichkeit benötigt Angaben über die entstandenen Muster, über den Umfang des Alphabets und die Frequenz einzelner Buchstaben im Vorrat oder in der Bevorzugung durch den auswählenden Apparat. Während der Vergleich von Sequenzen die Schätzung der Frequenzen p_i erlaubt, haben Morphologen in der Regel diese Möglichkeit nicht. Trotzdem kann man annehmen, daß Komplexität ein Maß für die Homologiewahscheinlichkeit ist. In der Annahme, daß die Häufigkeit verschiedener p_i-Werte zufällig verteilt ist, kann angenommen werden, daß der wahrscheinlichste Fall eine Zunahme der Homologiewahrscheinlichkeit mit zunehmender Komplexität ist.

Der Auswahlprozeß für Bauelemente von Merkmalen ist im Rahmen der Phylogenese die Evolution, der Buchstabenvorrat ist die Zahl alternativer Moleküle, Organellen, Zelltypen, Anordnung von Organen, je nach Betrachtungsebene (z.B. Biochemie, Zytologie, Anatomie). Übertragen auf die Homologienforschung bedeutet dies, daß wir für den Verlauf der Evolution eine »Wahlmöglichkeit« voraussetzen müssen, daß grundsätzlich ein Organ für bestimmte Funktionen aus unterschiedlichen, alternativen Bauteilen verschiedener Herkunft aufgebaut werden kann. Die Richtigkeit dieser Annahme ist prüfbar: Eine Retina z.B. kann im Tierreich aus Epidermisanlagen (bei vielen Wirbellosen) oder aus embryonalen Nervenzellen (bei Wirbeltieren) entstehen, sie kann evers oder invers konstruiert sein, Lichtsinneszellen können Reize mit Cilien oder mit Mikrovilli aufnehmen, usw. Die Auswahl ist aber nicht beliebig, da das verfügbare Rohmaterial, also z.B. die bei Eukaryoten vorhandenen Zellorganellen und die Eigenschaften der verfügbaren organischen Moleküle, die Zahl begrenzt. Dies ist die Zahl der verfügbaren Alternativen, analog dem Umfang des Alphabets. Da wir bei morphologischen Merkmalen die Zahl grundsätzlich möglicher Alternativen in der Regel nicht kennen, kann ein absoluter Wahrscheinlichkeitswert **P** für ein Merkmal nicht angegeben werden. Wohl aber können wir eine **relative Folge von Wahrscheinlichkeiten** schätzen, indem wir obige Gesetzmäßigkeit berücksichtigen: Je komplexer ein Merkmal ist und je mehr alternative Bauelemente in der Natur verfügbar sind, desto wahrscheinlicher ist es, daß zwei gleiche Muster nicht durch Zufall entstanden sind. Dieses ist das **Komplexitätskriterium** der Homologienforschung. Es bezieht sich stets auf die Bewertung eines einzelnen Merkmals.

Dieses Kriterium impliziert, daß die Homologiewahrscheinlichkeit bei steigender Komplexität nicht nur für das gesamte Muster (Rahmenhomologie) steigt, sondern auch für die einzelnen, dazugehörigen Details. Dasselbe Detail hat für den Systematiker mehr Gewicht, wenn es in einer konservierten Rahmenhomologie zu finden ist, als wenn es isoliert auftritt (vgl. »Kriterium der Lage«). In anderen Worten: Haben zwei Worte gleicher Struktur eine hohe Homologiewahrscheinlichkeit, gilt das auch für den einzelnen identischen Buchstaben. Dieses ist ein Beispiel für das **Prinzip der wechselseitigen Erhellung**, das ohne die probabilistische Begründung etwas mystisch wirkt: Die Details verstärken ihre Aussagekraft gegenseitig. Ein Beispiel aus dem Alltag: Hören wir einen einzigen Anschlag einer Klaviertaste, einen Ton, der aus einer Konzertaufnahme ausgeschnitten wurde, können wir nicht erraten, aus welchem Musikstück die dazugehörige Note stammt. Hören wir dagegen wenige Takte, in denen der betreffende Ton vorkommt, ist es uns oft möglich, das Musikstück zu identifizieren (Abb. 85). Damit wurde nicht nur eine Komposition erkannt, sondern auch die Herkunft des einzelnen Tones: Mit der Steigerung der Homologiewahrscheinlichkeit eines komplexen Musters steigt auch die Homologiewahrscheinlichkeit des Details.

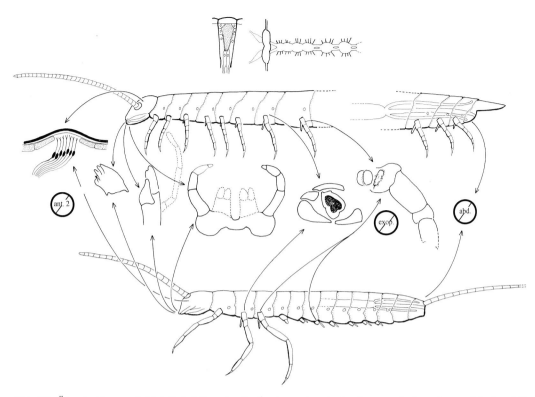

Abb. 84. Übereinstimmende Details bei Taxa der Tracheata ergeben in der Summe ein komplexeres Muster, daß die Homologiewahrscheinlichkeit der Details für das Grundmuster der Tracheata erhöht. Einige der Details, deren Homologie diskutiert wird: Tracheen und Lage der Stigmen, Ommatidium mit Kristallkegel (Plesiomorphie), Elevation des Gehirns, Reduktion der zweiten Antenne (ant. 2), Postantennalorgane, Mandibel ohne Palpus, Maxille mit 2 Enditen und ohne Exopoditen, Labium basal verwachsen, im Grundmuster mit 2 Enditen und ohne Exopoditen, subcoxale Sklerite, Coxa mit Styli und Coxalbläschen, Laufbeine ohne Exopoditen (sofern die Styli nicht Rudimente davon sind), Reduktion des primär extremitätenlosen Abdomens, ektodermale Malpighische Gefäße.

Diesen Zusammenhang erkannte bereits Hennig (1950: 185): »Jede Eigenschaft der Holomorphe, jede Übereinstimmung und jeder Unterschied zwischen den Organismen wiegt also in der phylogenetischen Systematik nicht absolut, sondern sie gewinnen ihr Gewicht, mit dem sie als Zeugen für den Grad der phylogenetischen Verwandtschaft auftreten, nur durch ihre Stellung im Gesamtgefüge der die Holomorphe des Organismus ausmachenden Einzeleigenschaften.«

Dieselbe Gesetzmäßigkeit läßt sich als **Kompatibilitätskriterium** formulieren: Je größer die Zahl der einzelnen potentiell homologen Merkmale ist, die für eine Organismengruppe gefunden wurde, die also in dem Sinn kompatibel sind, daß sie **zu demselben Grundmuster** passen, desto größer ist die Homologiewahrscheinlichkeit des einzelnen Merkmals. Die probabilistische Grundlage ist dieselbe wie beim Komplexitätskriterium. So haben die Tracheata Merkmale, bei denen trotz struktureller Übereinstimmung die Möglichkeit einer Analogie nicht ausgeschlossen wurde (Malpighische Gefäße, Tracheen), da es sich um Anpassungen an das Landleben handelt. Zusammen mit weiteren spezifischen Merkmalen der Tracheata (Struktur der Mundwerkzeuge, der Thoraxextremitäten, der Postantennalorgane, Reduktion der zweiten Antenne, spezifische Form der Subcoxalskleriten, Fehlen der Mitteldarmdrüsen, direkte Entwicklung: s. Abb. 84), die wahrscheinlich apomorphe Homologien der Tracheata sind, ergibt sich auch eine erhöhte Homologiewahrscheinlichkeit für Tracheen und

Malpighische Gefäße. Kompatibilität bedeutet hier, daß eine Homologiehypothese für eine Apomorphie zu einer zweiten Homologiehypothese paßt, weil beide dieselbe Monophyliehypothese stützen. Ontologisch ist es dasselbe, festzustellen, daß aus den Einzelmerkmalen ein Muster höherer Ordnung (»Elemente eines Grundmusters«) entsteht.

Daß die Wahrscheinlichkeit der mehrfachen und zufälligen Entstehung identischer komplexer Strukturen gering ist, bedeutet nicht, daß komplexe Organismen gar nicht erst entstehen dürften. Die Aussage bedeutet nur, daß eine zweite Evolution (z.B. auf einem anderen Planeten) mit größter Wahrscheinlichkeit andere Organismen hervorbringt.

Im Gegensatz zum Komplexitätskriterium, daß man direkt auf materielle Strukturen anwenden kann, erfordert das Kompatibilitätskriterium mehr Annahmen: Für die Homologiehypothese eines jeden Grundmustermerkmals müssen Evidenzen vorliegen, die einzelnen Homologieannahmen sind der Grundmusterrekonstruktion (vgl. Kap. 5.3.2) vorgeschaltet. Zudem sind oft weitere Monophyliehypothesen vorausgesetzt.

Achtung: Unterscheide zwischen der Komplexität einer realen Struktur und der Komplexität eines Grundmusters, die einer Kompatibilität von Homologiehypothesen entspricht (s.o.). Eine einzelne Struktur (z.B. Schädel einer individuellen Katze) kann beschrieben werden, ohne daß Homologiehypothesen notwendig sind, das Komplexitätskriterium wird nicht benötigt. Der Vergleich verschiedener individueller Raubtierschädel erlaubt eine Homologieaussage über Schädelstrukturen wo immer individuelle Strukturen in ihrer spezifischen Form und Lage übereinstimmen, das Komplexitätskriterium wird angewendet. Vergleiche ich jedoch den Schädel der Edentata mit dem der Marsupialia, setze ich voraus, daß die Monophyliehypothesen für die Edentata und Marsupialia jeweils gut begründet sind und für jedes Monophylum ein Grundmuster rekonstruiert wurde. Auch für den Vergleich der rekonstruierten Grundmuster muß das Komplexitätskriterium (in der Variante des Kompatibilitätskriteriums) berücksichtigt werden. Für die Tracheata (Abb. 84) gilt entsprechend, daß Grundmuster der Insecta und der Taxa der Myriapoda verglichen werden, um eine Aussage über die Zahl der Details, die in diesen Grundmustern übereinstimmen, gewinnen zu können.

Das Kompatibilitätskriterium unterscheidet sich vom **Kongruenzkriterium** der phänetischen Kladistik (vgl. Kap. 6.1): potentielle Neuheiten sind kongruent, wenn sie derselben Stammlinie zugeordnet werden. Das Kongruenzkriterium erfordert, anders als das Kompatibilitätskriterium, als ersten Schritt die Rekonstruktion eines Dendrogramms. Kongruenzaussagen sind abhängig von der Homologiewahrscheinlichkeit des einzelnen Merkmals, abhängig von der Auswahl, Anzahl und Gewichtung der Merkmale und abhängig von den Algorithmen, die für die Baumkonstruktion eingesetzt wurden (s. auch Kap. 6.1.2, 6.1.10, Abb. 134), und damit mit viel mehr Annahmen belastet als das Komplexitätskriterium für materielle Strukturen oder das Kompatibilitätskriterium für Grundmustermerkmale.

Sowohl das Kompatibilitäts- als auch das Kongruenzkriterium erfordern die Annahme, daß die betrachteten Merkmale zu einem Grundmuster gehören. Im ersten Fall bewertet man jedoch das Muster zusammenpassender Hypothesen über einzelne Grundmustermerkmale, die zu einer Monophyliehypothese gehören, im zweiten Fall bewertet man die Zahl potentieller Neuheiten einer Kante eines vollständigen, zum Datensatz passenden Dendrogramms.

Das Kompatibilitätsverfahren oder Cliqueverfahren der Baumkonstruktion (Estabrook et al. 1977) ist etwas Anderes, es dient der Gruppierung von Taxa (vgl. Kap. 14.5). Mit dem Clique-Verfahren kann man in einem Datensatz jene Merkmale suchen, die die Mehrheit der untereinander kompatiblen Merkmale stellen. Zur Rekonstruktion von Dendrogrammen eignet sich das Verfahren nicht, da es keine Schätzung der Qualität des Datensatzes erlaubt (vgl. Kap. 9.1).

Wir können also drei Ebenen unterscheiden, in denen jeweils die Komplexität von Mustern bewertet wird. Diese Ebenen weisen in der aufgeführten Reihenfolge eine **zunehmende Unsicherheit** auf, weil die Zahl der Annahmen wächst:

– Ebene des materiellen Objektes (**Komplexitätskriterium** i.e.S.): Benötigt wird die Annahme, daß wir unseren Sinnesorganen trauen können.

- Ebene der Grundmuster (**Kompatibilitätskriterium**): Zusätzlich benötigt werden die Annahmen über die Homologie und Lesrichtung der für das Grundmuster rekonstruierten Merkmale, sowie die Annahme der Monophylie des Taxons.
- Ebene der Dendrogramme (**Kongruenzkriterium**): Zusätzlich benötigt wird die Annahme, daß das Baumkonstruktionsverfahren realistische, den Daten adäquate Annahmen macht, daß die Auswahl der terminalen Taxa und Merkmale repräsentativ ist.

Diese Betrachtungen zur Bewertung von Identitäten betreffen wohlgemerkt nicht die Frage, wie wahrscheinlich es ist, daß ein einzelnes Merkmal *evolviert*: Obwohl das Komplexitätskriterium auf einer Annahme über den Prozeß der Musterentstehung beruht (Abb. 83) analysieren wir nicht den Prozeß der Merkmalsentstehung, sondern vergleichen die Endprodukte der historischen Prozesse. Diese Fragestellung ist uns aus dem Alltag vertraut und vergleichbar mit einer Entscheidung, die wir täglich treffen:

Hören wir in zwei gleichzeitig laufenden Rundfunkempfängern nur wenige Sekunden lang dieselben Geräusche, nehmen wir intuitiv an, daß beide denselben Sender empfangen. Wir wissen aus Erfahrung, und vielleicht angeborenermaßen (s. Riedl 1992), daß das Komplexitätskriterium (Abb. 83) in der realen Welt von Bedeutung ist. Die Wahrscheinlichkeit, daß ein komplexes Muster (Satz, Tonfolge, Gemälde, Sequenz) allein durch Zufall zweimal entsteht, ist sehr gering, und wir treffen eine Entscheidung, ohne den Prozeß, der das Muster erzeugte, zu analysieren. Es ist nicht relevant, ob die zeitgleich wahrgenommene Tonfolge in einer bestimmten Frequenz gesendet, von einer Schallplatte oder einem Mikrophon übertragen wurde, ob ein Musikstück gerade populär ist und deshalb gesendet wurde. Wir bewerten das Phänomen, nicht den Prozeß, der es erzeugte. Dasselbe gilt für die phänomenologische Merkmalsanalyse.

Für alternative Homologiehypothesen können wir relative Wahrscheinlichkeitsaussagen machen, die angeben, welche der Alternativen durch bessere (mehr) Information gestützt wird. Das Ausmaß der Übereinstimmung der Details zwischen zwei Merkmalsmustern bestimmt den Ent-

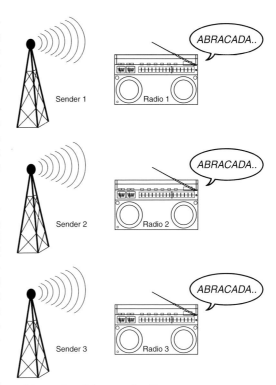

Abb. 85. Das Erkennen der Existenz einer gemeinsamen Quelle der Information entspricht dem Erkennen einer Homologie.

scheidungsprozeß zu Gunsten einer Analogie- oder einer Homologiehypothese. Je mehr Information vorliegt, desto größer ist die Wahrscheinlichkeit, daß die Entscheidung »richtig ist«, daß also eine reale Homologie erkannt wurde. Sind wenig Details identifizierbar, bedeutet das nicht, daß sie nicht homolog sein können, sondern daß wir eine geringere Sicherheit für ihre Identifikation haben. Damit ergibt sich die jedem Systematiker vertraute Möglichkeit, zwischen »wertvollen« oder »guten« und »schwachen« Merkmalen zu unterscheiden. Der erfahrene Systematiker wird für Verwandtschaftshypothesen nur Merkmale verwenden, für die er eine hohe Homologiewahrscheinlichkeit annehmen kann (Abb. 86).

Das Komplexitätskriterium ist lange bekannt. Es ist die Schätzung der Wahrscheinlichkeit des unabhängigen Zusammentreffens übereinstimmender Merkmale, die schon K. Lorenz (1943) für die phylogenetische Rekonstruktion empfahl. W. Hennig (1950: 175) spricht vom »Kriterium der Kompliziertheit der Merkmale«.

5.1 Die Schätzung der Homologiewahrscheinlichkeit und die Gewichtung der Merkmale

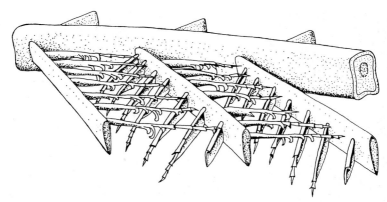

Abb. 86. Aufbau einer Vogelfeder. Die Wahrscheinlichkeit, daß dieses komplexe Muster durch Zufall in der Natur zweimal unabhängig entstanden ist, ist äußerst gering.

Das **Erkennen der Komplexität** von Neuheiten und damit der Einmaligkeit eines Merkmals ist ein zentrales Problem des Systematikers. Er muß sich davon überzeugen, daß eine kompliziert aussehende Variation eines morphologischen Merkmals auf einer genetischen Neuheit beruht. Ebenso muß er prüfen, ob eine Neuheit in der DNA-Sequenz eine komplexe Homologie sein könnte. Während die Veränderungen einer DNA-Sequenz quantitativ zu erfassen ist, gibt es in der Morphologie für die Quantifizierung in Bezug auf die genetische Grundlage meist keine bekannten Daten. Man muß sich mit Indizien begnügen.

Beispiele: Das Pigmentmuster in Schalen von *Conus*-Arten (Mollusca: Gastropoda) entsteht durch die Aktivität von pigmentbildenden Drüsen in der schalenbildenden Zone des Mantels. Man vermutet, daß durch eine gegenseitigen Hemmung der Pigmentbildung und die Abhängigkeit von der Konzentration der für die Pigmentsynthese benötigten Rohstoffe die pigmentfreien Stellen entstehen (Abb. 87). Eine mathematische Modellierung dieser Zusammenhänge erlaubt die künstliche Erzeugung dieser Muster. Geringe Variationen der Modellparameter haben zur Folge, daß neue Muster entstehen, die kompliziert aussehen, so wie sie auch in der Natur bei *Conus*-Arten vorkommen. Ob in der Natur ebenfalls nur wenige Mutationen ausreichen, um diese Variationen der Pigmentmuster zu erzeugen, läßt sich ohne Kenntnis der genetischen Grundlagen nur indirekt erschließen: Der Vergleich verschiedener *Conus*-Arten zeigt, daß wesentliche Elemente der Schalenmuster konserviert sind, wogegen Anzahl, Größe und Anordnung der Elemente eine größere Variabilität aufweisen, die auch intraspezifisch auftritt. Dies läßt den Schluß zu, daß die genetische Grundlage für die Variationen simpel sein muß, es sich also nicht um komplexe Neuheiten handeln kann. Ähnliche Argumente gelten für Variationen in der Fellfärbung von Säugetieren (z.B. Flecken in der Fellzeichnung), für die Anzahl von Borsten in Borstenfeldern bei Arthropoden, für die Flügelfärbung bei Schmetterlingen, usw.

Defektmutationen und **Reduktionen** beruhen in der Regel auf wenigen Mutationen, die mehrfach konvergent eintreten können, und sind damit nicht komplexe Merkmale. Daraus läßt sich ableiten, daß derartige Neuheiten eine geringe Homologiewahrscheinlichkeit haben (s. auch konvergente Augenreduktion: Abb. 90).

Beispiel: Die Erforschung der genetischen Grundlage von Defektmutationen wird vor allem in der Humanmedizin finanziert. So ist bekannt, daß die phänotypisch als *Dystonia musculorum deformans* (Bewegungsunregelmäßigkeit) sichtbare Störung z.T. auf DOPA-Mangel zurückzuführen ist. Dieser Mangel kann durch sehr verschiedene Mutationen entstehen: An der Synthese von DOPA sind u.a. das Enzym TyrH und der Kofaktor BH_4 beteiligt, dessen Synthese wiederum vom Enzym GTP-Cyclohydrolase I abhängt. Verschiedene einzelne Punktmutationen der Gene, die diese Proteine kodieren, erzeugen dieselbe phänotypische Erscheinungsform, deren Homologiewahrscheinlichkeit damit gering ist (z.B. Ichinose et al. 1994). – Die Entstehung von Resistenzen gegen bestimmte Insektizide bei Insekten ist ein entsprechend unspezifisches Merkmal, was daran zu erkennen ist, daß die Resistenz schnell entstehen kann (dokumentiert ist Resistenz bei ca. 500

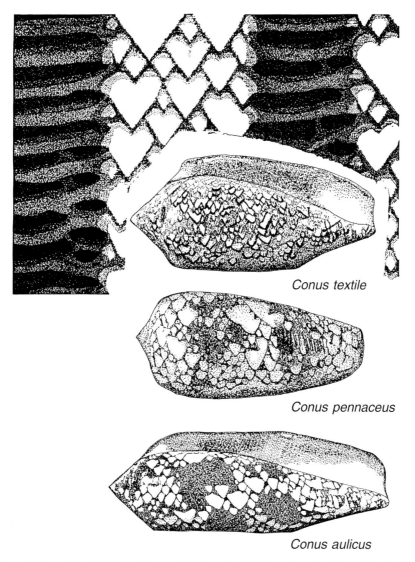

Abb. 87. Was auf den ersten Blick komplex erscheint, muß nicht komplex sein. Muster in den Schalen von verwandten *Conus*-Arten. Im Hintergrund ein entsprechendes Muster, das mit einem einfachen mathematischen Modell erzeugt werden konnte (nach Meinhardt 1996, 1997).

Arthropodenarten). Die molekulare Ursache können z.B. Punktmutationen in Genen der Azetylcholinesterase oder von GABA-Rezeptoren sein (Alzogaray 1998).

Wenn die Qualität von Merkmalen diskutiert wird, wird oft das **Kriterium der Unabhängigkeit** genannt, das auf fehlerhaften Argumenten beruht. Dieses Kriterium besagt, daß zwei voneinander abhängige Merkmale nicht denselben Wert für die phylogenetische Analyse haben wie zwei funktionell unabhängige Merkmale. Abhängigkeit bedeutet dabei, daß die Präsenz eines Details auch die Präsenz eines weiteren Details zwangsläufig bedingt. Hat ein stridulierendes Insekt eine Zahnleiste, muß auch das Gegenstück vorhanden sein, das über die Leiste streicht. Die Entwicklung eines Flügels erfordert die Entwicklung geeigneter Flugmuskulatur. Eine Nukleotidsubstitution in einem RNA-Doppelstrang erfordert im Gegenstrang die komplementäre Substitution (Abb. 88).

5.1 Die Schätzung der Homologiewahrscheinlichkeit und die Gewichtung der Merkmale

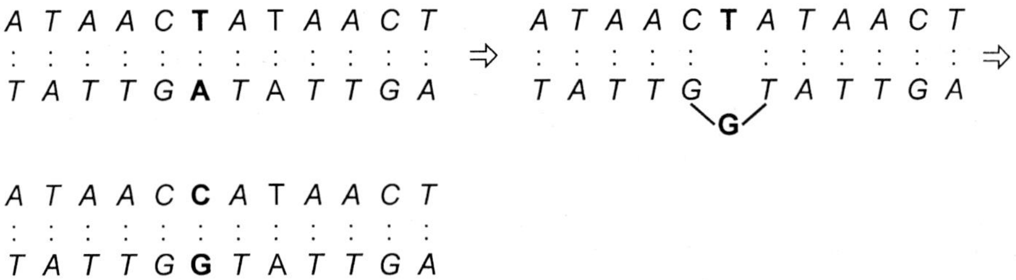

A T A A C T A T A A C T
T A T T G A T A T T G A
A T A A C T A T A A C T
T A T T G T A T T G A
G
A T A A C C A T A A C T
T A T T G G T A T T G A

Abb. 88. Abhängige Substitutionen: Das zweite Substitutionsereignis kompensiert die Folgen der ersten Mutation, ist aber eine eigenständige evolutive Neuheit.

Gen 1
Merkmal 1
Gen 2
Mutation
Gen 3
Merkmal 2
Gen 4
Gen 1
Merkmal 1'
Gen 2
Gen 3'
Merkmal 2'
Gen 4

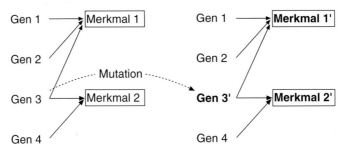

Abb. 89. Abhängigkeit morphologischer Merkmale: Beeinflußt ein Gen mehrere Merkmale (»Polyphänie« oder »Pleiotropie«), kann eine einzige Mutation zwei (oder mehr) Merkmale modifizieren.

Es muß zunächst die Frage gestellt werden, warum die unabhängige Berücksichtigung oder Gewichtung von gekoppelten Merkmalen vermieden werden soll. Hier muß man zwischen genetischer und funktioneller Abhängigkeit unterscheiden.

Genetische Kopplung: Relevant für die Gewichtung der Merkmale ist nur die Homologiewahrscheinlichkeit. In welchen Fällen ist die Homologiewahrscheinlichkeit durch Abhängigkeit von zwei Details, die man separat homologisieren könnte, reduziert? Offenbar nur dann, wenn die Präsenz von 2 (oder mehr) Neuheiten zwei (oder mehr) **Ereignisse vortäuscht**, wo nur 1 Ereignis stattfand, z.B. wenn die Mutation in einem Gen Modifikationen in zwei oder mehr Merkmalen (Schema in Abb. 89) verursacht. Addiert man die sichtbaren Übereinstimmungen von zwei Organismen, wird eine höhere Zahl potentiell homologer Mutationen vorgetäuscht.

Beispiele: Pleiotropien sind vor allem von intraspezifischen Mutanten bekannt: Allele, die die Blütenfarbe bestimmen, können auch die Farbe von Samen und Blättern beeinflussen. Mutationen der Maus beeinflussen zugleich Fellfarbe und Knochenwachstum, beim Menschen ist die Kombination von »Spindelfingrigkeit« mit Defekten der Augenlinse bekannt. – Viele Schleichen haben keine Beine, folglich fehlen auch die Zehen. Sollte bei einer beinlosen Art nachweisbar sein, daß ein Gen mutiert ist, das während der Embryogenese die Aktivierung weiterer für die Beinbildung wichtiger Gene induziert, handelt es sich um ein Einzelereignis, an das das Fehlen aller Beinmerkmale gekoppelt ist. Ist jedoch nachweisbar, daß die Reduktion der Extremität schrittweise erfolgte, kann jedes Reduktionsereignis einzeln gezählt werden.

Etwas anderes ist aber die **funktionelle Kopplung** von Positivmerkmalen, wenn Detailstrukturen ausgetauscht werden oder hinzukommen. Das Linsenauge eines achtarmigen Tintenfisches ist komplexer aufgebaut als das Lochkameraauge eines urtümlicheren Schiffsboots *(Nautilus)*. Das Auge des Octopoden weist mehr Detailhomologien auf und es ist legitim, diese auch einzeln zu zählen, obwohl diese funktionell gekoppelt sind. Im Fall der komplementären Substitution von DNA-Sequenzen (Abb. 88) ist die zweite Mutation aus funktionellen Gründen vorteilhaft, weil sie die ursprüngliche Sekundärstruktur des Moleküls wiederherstellt. Sollte eine Modifikation der Sekundärstruktur unter Selektionsdruck stehen, ist die Ereigniswahrscheinlichkeit für die Konservierung der komplementäre Mutation in einer Population größer als die Konservierung der ersten Mutation. Für die phänomenologische Merkmalsanalyse und Gewichtung der Merkmale ist dies jedoch ohne Bedeutung: Die zweite Mutation muß nicht zwangsläufig stattfinden, und wenn zwei Organismen beide Mutationen aufweisen, steht mehr Information zur Verfügung als wenn nur eine Mutation erkannt werden kann. Es ist also richtig, beide Mutationen zur Bewertung der Erkenntniswahrscheinlichkeit (s. Kap. 1.4.5) getrennt zu zählen. In vielen Fällen ist die funktionelle Kopplung von Nukleotiden oder Aminosäuren in Sequenzen (z.B. über die Tertiärstruktur) nicht bekannt, die Sequenzen können trotzdem phylogenetisch ausgewertet werden. Die Schätzung von Ereigniswahrscheinlichkeiten ist nur dann sinnvoll, wenn mit guten Gründen angenommen werden kann, daß diese Wahrscheinlichkeit korrekt geschätzt wird. Dieses Argument gilt auch für morphologische Merkmale.

Für Merkmale der Physiologie und des Verhaltens gilt dasselbe. So ist zu erwarten, daß Echsen aktiv in der Umwelt jene Temperatur aufsuchen, die für ihre Fortbewegung optimal ist. Die Temperaturpräferenz ist abhängig von der Anpassung der Muskulatur an die durchschnittliche Umgebungstemperatur. Diese Koadaptation erfordert wahrscheinlich die Modifikation mehrerer Gene. Die Analyse australischer Skinke (Lygosaminae) ergab auch, daß die Temperaturpräferenz schneller evolviert als die Adaptation des Fortbewegungsapparates (Huey & Bennett 1987). Die koadaptierten Merkmale können daher als unabhängige Merkmale gezählt werden.

Alle funktionellen Merkmale eines Organismus sind voneinander abhängig. Auch wenn morphologische Strukturen nicht funktionell gekoppelt sind, so sind sie trotzdem voneinander abhängig, wenn sie für das Überleben des Organismus von Bedeutung sind. Behaarung und Muskulatur sind funktionell unabhängig. Erfriert jedoch das Tier oder leidet es an einer Muskelkrankheit, werden alle übrigen Merkmale nicht an die nächste Generation weitervererbt. – Funktionell unabhängig sind wahrscheinlich nur Merkmale, die selektionsneutral sind. Diese haben aber aus der Sicht des Phylogenetikers den großen Nachteil, daß sie sehr variabel sind, eine Folge des Fehlens von Selektionseinflüssen (Form der Ohrläppchen, absolute Zahl der Haare, absolute Zahl der Chromatophoren, Lage von Hautfalten, etc.). Die Variabilität macht diese Merkmale unbrauchbar für die phylogenetische Analyse interspezifischer Verwandtschaftsbeziehungen, sie sind »verrauscht«. Für die intraspezifische Charakterisierung von Individuengruppen mögen sie mitunter informativ sein.

Homologiehypothesen sind prüfbar. Sie erlauben Voraussagen über Verwandtschaftshypothesen, die mit weiteren Merkmalen entweder bestätigt oder abgelehnt werden (s. Kap. 1.4.3).

5.1.2 Gewichtung

Die Gewichtung der Merkmale dient der Unterscheidung ihrer geschätzten Homologiewahrscheinlichkeiten. Schon die bewußte oder unbewußte Auswahl von Merkmalen ist eine **Gewichtung**:

	Merkmal wird berücksichtigt	Merkmal wird nicht berücksichtigt
Gewichtung:	1	0

In der kladistischen Analyse ergibt sich die Möglichkeit, sehr differenziert zu gewichten, z.B. Merkmalen Gewichte zwischen 1 und 10 zuzuweisen. Dies setzt voraus, daß eine Rangfolge von Homologiewahrscheinlichkeiten unterschieden werden kann. Auch wenn eine derartige Differenzierung möglich ist, bleibt die Zuweisung von Zahlen eine sehr subjektive Entscheidung. Ein Gewicht kann methodisch in kladistischen Analysen auch als »Kosten« betrachtet werden: Wir nehmen an, daß ein Merkmal hoher Komplexität hohe Kosten für die Entwicklung desselben erfordert; dieser Begriff ist aber nicht gemeint. In der Kladistik wird die Bezeichnung »Kosten« auf die Zählung von Merkmalsänderungen im Parsimonieverfahren angewandt. Im Dendrogramm hat das »teure« Merkmal denselben Wert wie mehrere einfache Merkmale (vgl. Kap. 6.1).

Der Begriff »Kosten«, der in der kladistischen Literatur verwendet wird, könnte a) den Energiebedarf während der Evolution oder b) die methodischen Folgen der Gewichtung betreffen. Zu a): Wieviel Mutationen notwendig sind, um ein neues Merkmal hervorzubringen, wieviele Individuen ihren Lebenszyklus vollenden und Nachkommen produzieren müssen, um die Ausbreitung des Merkmals in einer Population zu gewährleisten, wieviele Fehlentwicklungen selektiert werden, ist unbekannt. Derartige Kosten sind für historische Prozesse nicht schätzbar. Es ist aber zu vermuten, daß in diesem Sinn komplexe Merkmale höhere Kosten verursachen. Zu b): Ein höher gewichtetes Merkmal erhöht die »Länge« eines Baumes. Diese »Kosten« sind vom Phylogenetiker oder von einem Algorithmus gewählt und haben keinen meßbaren Bezug zum realen Auf-

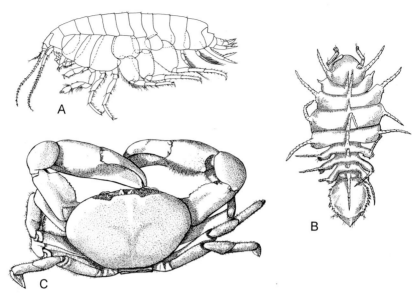

Abb. 90. Reduktion der Augen bei Crustaceen der Tiefsee. **A:** *Venetiella sulfuris* (Amphipoda: Lysianassidae), **B:** *Notoxenoides dentata* (Isopoda: Paramunnidae), **C:** *Austinograea williamsi* (Brachyura: Bythograeidae) (nach Barnard & Ingram 1990, Hessler & Martin 1989, Menzies & George 1972)

wand, der in der Natur nötig war. In diesem Sinn werden unter Verwendung des MP-Verfahrens (»Maximum Parsimony« Algorithmen, s. Kap. 6.1.2) »Kosten« zur »Gesamtlänge« einer Topologie addiert.

Theoretisch könnte die Gewichtung zwei verschiedene Aspekte betreffen:

a) die Wahrscheinlichkeit, daß eine Gruppe evolutiver Neuheiten **entsteht und erhalten bleibt** (Bewertung der Ereigniswahrscheinlichkeit), und

b) die Wahrscheinlichkeit, daß eine reale Homologie **korrekt identifiziert werden kann** (in Kap. 1.4.5 »Erkenntniswahrscheinlichkeit« genannt).

Ein Beispiel für die Gewichtung der Ereigniswahrscheinlichkeit ist die Gewichtung von Transitionen und Transversionen (s. Kap. 6.3.1). Wird eine Transversion doppelt gezählt, bedeutet dies nicht, daß das Merkmal komplexer ist, sondern daß es mit größerer Wahrscheinlichkeit in einer Population erhalten bleibt.

In der Praxis der vergleichenden Morphologie werden sowohl Überlegungen über den Verlauf der Evolution als auch über die Bewertung der erkennbaren Strukturen berücksichtigt. Die Ereigniswahrscheinlichkeit kann jedoch in der Regel nicht quantifiziert werden, so daß modellabhängige Methoden der phylogenetischen Analyse (Kap. 8) nicht einsetzbar sind. Beispiel: Bei Tiefseetieren, die von Augen tragenden Flachwasserarten abstammen, sind oft die Augen zurückgebildet (Abb. 90). Die Schätzung der Wahrscheinlichkeit, daß eine Homologiehypothese gut begründet ist, kann auf zwei Weisen bewertet werden:

A) **Bewertung der Ereigniswahrscheinlichkeit**: Es ist anzunehmen, daß ein Verlust des Sehvermögens durch verschiedene Mutationen entstehen kann, und daß wahrscheinlich oft nur wenige Mutationen dafür notwendig sind. In der Tiefsee haben die Mutanten geringere Nachteile oder durch Materialersparnis Vorteile gegenüber denselben Mutanten im Flachwasser. Daher kann Blindheit oft konvergent entstehen, das Merkmal »Blindheit« hat eine geringe Homologiewahrscheinlichkeit und wird gering gewichtet. Der Evolutionsprozess ist für den Einzelfall nicht bekannt, wir begründen die angenommenen Vorgänge mit analogen Fällen (z.B. Frequenz von Defektmutationen in der Tierzucht).

B) **Bewertung der Erkenntniswahrscheinlichkeit**: Wir wissen nicht, ob bei nah verwandten Tiefseearten schon die gemeinsamen Vorfahren die Augen verloren haben und wie

Merkmal	Zahl der Merkmale
Paukenhöhle mit 3 Gehörknöchel	1

Merkmal	Zahl der Merkmale
Malleus vorhanden	1
Manubrium mallei mit Trommelfell verbunden	1
Incus vorhanden	1
Columella verkürzt zu *Stapes*	1
	Summe: 4

Abb. 91. Die Aufteilung komplexer morphologischer Merkmale führt zu einer höheren Gewichtung.

wahrscheinlich es ist, daß die vorliegenden Mutationen in der verfügbaren Evolutionszeit der Stammlinie eines Taxons auftreten. Daher wählen wir andere Argumente für die Gewichtung: Das Merkmal »Augen fehlend« (ohne weitere Angaben) ist nicht komplex genug, um eine Homologieaussage zu begründen, obwohl es vorstellbar ist, daß es eine evolutive Neuheit und damit eine (apomorphe) Homologie der betreffenden Arten ist. Der Mangel an Komplexität begründet die geringe Gewichtung des Merkmals, sie entspricht der Unsicherheit bei der Identifikation einer Homologie.

»Schwache« Merkmale können ein Schwestergruppenverhältnis nicht begründen, sind aber mitunter evolutionsbiologisch interessant und können »ins Bild passen«, also mit einer gut begründeten Verwandtschaftshypothese und einer Hypothese über die Evolution von Lebensweisen kompatibel sein. Ist eine Organismengruppe, die ausschließlich Tiefseearten enthält, monophyletisch, dann paßt das Merkmal »Augen reduziert« zu der Hypothese einer Radiation in der Tiefsee, und es vergrößert die Menge verfügbarer Information. Diese »Passung« vergrößert die Wahrscheinlichkeit, daß das Merkmal eine reale Homologie ist (Kompatibilitätskriterium).

Wie bereits erläutert, muß die **Gewichtung morphologischer Merkmale** in der Praxis auf der Schätzung der Homologiewahrscheinlichkeit beruhen. Ein praktikables Verfahren besteht darin, ein komplexes Merkmal gedanklich in seine Bestandteile zu zerlegen und diese getrennt aufzuführen, sofern diese Teile ebenfalls mit großer Wahrscheinlichkeit Homologien sind. Damit erreicht man eine höhere Gewichtung, die von der erkannten Komplexität abhängt. Für das Merkmal der Säugetiere »Paukenhöhle mit 3 Gehörknöchel« könnte zum Beispiel die Gewichtung wie in Abb. 91 erhöht werden.

Durch weitere Analyse des Feinbaues der Gehörknöchel, der Innervierung und der Muskulatur ließe sich diese Liste noch verlängern. Es kommt damit die strukturelle Komplexität derart zur Geltung, daß nachprüfbar wird, ob das Muster »Gehörknöchel« eine einmalige Besonderheit der Mammalia ist. Dieses Vorgehen hat auch den Vorzug, daß eine oberflächliche Ähnlichkeit als solche erkannt wird und nicht in die Datenmatrix aufgenommen wird.

> **Homologiewahrscheinlichkeit:** Geschätzte Wahrscheinlichkeit, daß eine reale Homologie richtig erkannt wurde
>
> **Gewichtung:** Unterscheidung von Merkmalen nach einer Rangfolge relativer Homologiewahrscheinlichkeiten, bewertet nach der Erkenntnis- oder der Ereigniswahrscheinlichkeit
>
> **Komplexitätskriterium:** Je größer die Zahl übereinstimmender Elemente zweier Muster ist, desto größer ist die Wahrscheinlichkeit, daß die Muster durch denselben Prozeß erzeugt wurden bzw. dieselbe Informationsquelle haben. Das Kriterium wird in der Systematik auf die Struktur einzelner Merkmale bezogen und dient der Bewertung der Homologiewahrscheinlichkeit.
>
> **Kompatibilitätskriterium:** Je größer die Zahl der strukturell übereinstimmenden Merkmale, die bei derselben Organismengruppe vorkommen, desto größer ist die Wahrscheinlichkeit, daß das einzelne Merkmal homolog ist. Das Kriterium wird auf Grundmuster bezogen und dient der Bewertung der Homologiewahrscheinlichkeit und – wenn es sich um evolutive Neuheiten handelt – der Bewertung der Monophyliewahrscheinlichkeit.

5.1 Die Schätzung der Homologiewahrscheinlichkeit und die Gewichtung der Merkmale

> **Kongruenzkriterium:** Merkmale sind kongruent, wenn sie in einer Topologie an derselben Kante als potentielle Neuheiten auftreten. Homologiekriterium der phänetischen Kladistik.

Achtung: Bei der Gewichtung morphologischer Merkmale in der Kladistik (Kap. 6.1.3) muß man unterscheiden, ob die Homologiewahrscheinlichkeit einer Rahmenhomologie oder die einer Detailhomologie bewertet werden soll. Es ist nicht korrekt, das Rahmenmerkmale insgesamt zu gewichten, da die *Zustandsänderung* zu bewerten ist, also das Auftreten einer neuen Detailhomologie. Die Homologiewahrscheinlichkeit ist für eine komplexe Rahmenhomologie größer als für das Detail, die Zustandsänderung könnte durch diese Verwechslung zu hoch bewertet werden.

Die Gewichtung von **Sequenzdaten** (Kap. 5.2.2.2) ist nur sinnvoll, wenn phänomenologisch gearbeitet wird (Kap. 6). In modellabhängigen Verfahren (Kap. 8) wird nicht die Homologiewahrscheinlichkeit der Merkmale terminaler Taxa, sondern die Wahrscheinlichkeit, daß ein bestimmter Prozess stattgefunden hat, bewertet.

5.2 Praxis der Homologisierung morphologischer und molekularer Merkmale

In den folgenden Absätzen werden keine Laborrezepte für die Histologie oder für molekulare Analysen vorgestellt, diese können entsprechenden Fachbüchern entnommen werden. Wir gehen der Frage nach, ob die mit Labormethoden gewonnenen Daten für die phylogenetische Analyse wertvoll sind. Die Bewertung der Homologiewahrscheinlichkeit der Merkmale steht im Vordergrund.

5.2.1 Homologiekriterien für morphologische Merkmale

Im vorhergehenden Kapitel wurde die theoretische Grundlage dargestellt, die eine intersubjektive Bewertung alternativer Homologiehypothesen ermöglicht. Für die Praxis sind mehrfach Kriterien beschrieben worden, die die Identifikation von Homologien erleichtern. Die eingehende Betrachtung dieser Kriterien zeigt, daß sie nur dann widerspruchsfrei einzusetzen sind, wenn der Homologiebegriff wie in Kap. 4.2 definiert wird (»Identität geerbter Information«).

Remane (1961) formulierte drei Homologiekriterien für morphologische Merkmale (Kriterium der Lage, der speziellen Qualität, der Kontinuität), die sich auf das Komplexitätskriterium zurückführen lassen. Weitere Kriterien finden sich verstreut in der jüngeren Literatur.

Das **Kriterium der Lage** ist die Annahme, daß ein Detail homologisiert werden kann, wenn es in einem komplexen Muster stets dieselbe Lage hat. Bei Sequenzen von Makromolekülen spricht man auch von Positionshomologie, wenn eine bestimmte *Sequenzposition* homologisiert werden soll. Letzteres ist nur möglich, wenn die Umgebung des Details konserviert, also bei verschiedenen Organismen identifizierbar ist (vgl. Abb. 94, 99). Die Homologisierung gelingt um so sicherer, je komplexer oder spezifischer die Umgebung aufgebaut ist.

Man sagt, die Mandibel verschiedener Crustaceen sei homolog, unabhängig davon, ob sie ein Schneid- und Kauwerkzeug, ein Stilett (wie bei parasitischen den Larven der Gnathiidae (Isopoda)) oder eine funktionslose Extremitätenknospe ist (z.B. bei geschlechtsreifen Gnathiidae, viele Sphaeromatidae): Die relative Lage zu anderen Kopfteilen (zwischen Labrum und Hypopharynx bzw. Maxille 1) gestattet die Identifikation. Ähnliches gilt für seriell im Organismus wiederholte Strukturen. So sind bei vielen Arthropoden Gonopoden an der Stelle zu finden, wo andere Körpersegmente normale Extremitäten aufweisen (Abb. 92), so daß Gonopoden mit Extremitäten homologisiert werden.

Es bleibt allerdings die Frage, worin die Homologie besteht, welches also die gemeinsam geerbte genetische Information ist, die indirekt in der

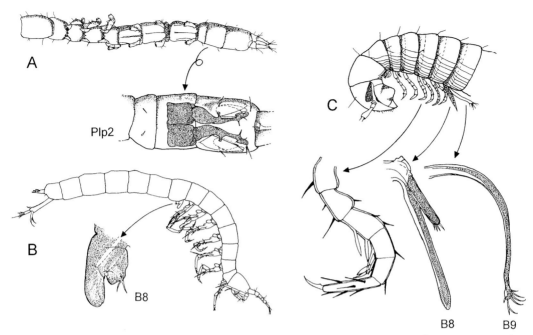

Abb. 92. Männliche Gonopoden können auf Grund ihrer Lage mit normalen Extremitäten homologisiert werden. **A:** modifizierter Pleopod am zweiten Pleomeren bei Microcerberiden (Isopoda). **B:** Modifiziertes achtes Bein bei Bathynellaceen (Syncarida). **C:** Modifiziertes achtes und neuntes Bein bei Diplopoden (nach Schminke 1987, Schubart 1934, Wägele 1982).

Morphologie erkannt wird. Im Fall der Gonopoden wird offenbar, daß es bei einzelnen Arten neue Informationen geben kann, die zur artspezifischen Umformung und Spezialisierung der Gonopoden führt (vgl. unter den Krebsen die umgebildete Pleopoden bei männlichen Decapoden, bei Peracariden, 6. Thorakopoden der Copepoda, 8. Thorakopod der Bathynellacea). Diese taxaspezifischen Neuheiten können nicht mit der älteren Information, die die ontogenetische Entwicklung normaler Thoraxbeine kodiert, homologisiert werden. Gleich geblieben ist u.a. im Vergleich mit den nicht modifizierten Extremitäten der Ort der Anlage einer Extremitätenknospe im Gefüge der segmentalen Sklerite und Muskeln. Wenn also Details im Aufbau der Extremität nicht homolog sind, so besteht zumindest die Homologie in der Anlage an einem bestimmten Ort und dem Kontakt der Extremität mit benachbarten Strukturen.

Ist das Kriterium der Lage nicht erfüllt, können Merkmale trotzdem homolog sein. Man denke an die unterschiedliche Lage von Federn, Schuppen oder Haaren, von Plastiden, Mitochondrien, usw., die jeweils unabhängig von ihrem Ort identisch aufgebaut sind. Betrachten wir den Fall der *Antennapedia*-Mutante von *Drosophila melanogaster*, die an Stelle der Antenne ein Thoraxbein am Kopf ausbildet: Hier versagt scheinbar das Kriterium der Lage. Die Extremität inseriert an einer Stelle, an der andere Individuen von *D. melanogaster* eine Antenne tragen, trotzdem kann man die Extremität der Mutante nicht als Antenne bezeichnen. Dieses Beispiel verdeutlicht, daß zum Lagekriterium bestimmte Kontakte zwischen einer Struktur und ihrer Umgebung gehören. Homolog sind die Beziehungen der Coxa der Thoraxextremitäten der Insekten mit den benachbarten pleuralen Skleriten, die im Fall der Kopfextremität der Mutante nicht existieren. Die Insertionsstelle der Kopfextremität ist also nicht homolog mit der der Thoraxextremitäten, sehr wohl aber sind Beinglieder homologisierbar, da auch an der »falsch« angeordneten Extremität z.B. die Tibia zwischen Femur und Tarsus liegt und die charakteristischen Gelenke, Haarsensillen etc., also neben der »richtigen« Lage auch die »spezifische Qualität« aufweist.

Abb. 93. Federn sind bei Vögeln homologe Gebilde. Beim Vergleich verschiedener Federn desselben Tieres fallen aber Unterschiede auf: Diese Unterschiede beruhen auf genetischer Information, die sehr wahrscheinlich nicht identisch, also nicht homolog ist. Vergleicht man die Federn, gehören die unveränderlichen Gemeinsamkeiten zur Rahmenhomologie, die Details jedoch müssen nicht alle homolog sein. Reihenfolge der Federtypen: Armschwinge, Steuerfeder, dorsale Armdeckfeder, Achselfeder, dorsale Handdecke.

Das Kriterium der Lage bezieht sich demnach auf identische genetische Information, die im Verlauf der Ontogenese bewirkt, daß eine spezifische Lagebeziehung von Strukturen entsteht. Mit fortschreitenden Kenntnissen der molekularen Entwicklungsbiologie wird es möglich werden, diese Homologie auf Ebene der Gene zu identifizieren. Die Wahrscheinlichkeit, daß eine solche Homologie vorliegt, ist in der vergleichenden Morphologie um so größer, je mehr spezifische Elemente (z.B. bestimmte Sklerite, Knochen) eine konstante Lagebeziehung zueinander aufweisen. Abstrakt betrachtet, bewerten wir mit dem Kriterium der Lage ein komplexes Muster und nicht nur das zu homologisierende Detail.

Das **Kriterium der speziellen Qualität** ist ebenfalls eine Betrachtung eines komplexen Musters. Liegen ähnliche Merkmale bei verschiedenen Organismen in unähnlicher Umgebung, ist eine Homologiehypothese nur dann gut gestützt, wenn die Details innerhalb der Merkmale übereinstimmen. So sind Federn (Abb. 93) immer in dem Sinn homolog, daß es bestimmte Gene geben muß, die für die Anlage der Feder, für die Produktion von Hornsubstanz, für den Aufbau einer Federscheide Information tragen, unabhängig davon, ob die Gene auf dem Flügel oder woanders aktiviert werden. Es gibt jedoch Unterschiede zwischen z.B. Konturfedern und Daunen in Größe, Feinbau und Färbung. Auch diese Unterschiede müssen eine genetische Grundlage haben. Auch wenn die Kaskaden der Genaktivierung, die zur spezifischen Morphogenese führen, nicht bekannt sind, liefert die Morphologie der Federn Hinweise auf die gleichzeitige Präsenz verschiedener Gene, von denen oft nur einige für die Konstruktion eines Typs von Feder aktiviert werden.

In Sequenzen ist die spezielle Qualität die Abfolge von Nukleotiden oder Aminosäuren. Tritt wiederholt dieselbe, aus vielen Bausteinen bestehende »Signatur« auf, ist eine Homologiehypothese mit größerer Wahrscheinlichkeit richtig als eine Analogiehypothese. Eine Insertion (Abb. 94) läßt sich auf diese Weise homologisieren.

Das **Kriterium der Kontinuität** ist bedeutsam, um in Mustern aus vielen unähnlichen Details die verbleibenden Ähnlichkeiten zu homologisieren: Wenn zwei unähnliche Muster durch Zwischenformen verbunden sind, sind die Muster (Rahmenhomologien) homologisierbar. Dies entspricht der Betrachtung eines Details in einer Reihe wie in Abb. 74, wo der Ausgangszustand

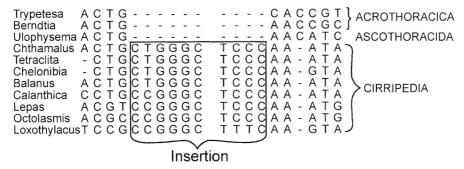

Abb. 94. Das Kriterium der speziellen Qualität ist auch auf molekulare Merkmale anwendbar: Identischer Aufbau einer Insertion des 18SrRNA Gens von Krebsen des Taxons Cirripedia.

über Zwischenformen mit dem Endzustand verglichen werden kann.

Das Kriterium der Kontinuität ist bei genauer Betrachtung eine spezielle Anwendung der beiden vorhergehenden Kriterien. Eine Homologisierung wird z.B. durch Beobachtung der **Ontogenese** möglich, wobei meist das Kriterium der Lage und/oder das Kriterium der spezifischen Qualität genutzt werden, um embryonale Strukturen mit Strukturen anderer, adulter Organismen zu identifizieren. Das Saugnapfpaar an der Kopfunterseite der parasitischen »Fischläuse« (Branchiura, Crustacea) ist als erste Maxille identifizierbar, da es ontogenetisch aus einer Extremität entsteht, die bei der Larve dort zu finden ist, wo die erste Maxille anderer Crustaceen auftritt. Es ist dies eine Beobachtung der Lage bei der Larve, gefolgt von der direkte Beobachtung der weiteren ontogenetischen Entwicklung der Struktur. Ein anderes bekanntes Beispiel ist die Homologisierung der Kieferknochen der gnathostomen Fische mit den Gehörknöcheln (Hammer und Amboß) der Säugetiere (Reichert-Gaupp'sche Theorie). Während der Embryogenese der Säuger wird u.a. der Meckelsche Knorpel, der dem primären Unterkiefer der urtümlichen Gnathostomata entspricht, im caudalen Abschnitt als Kiefergelenk angelegt, verwandelt sich dann aber in den Hammer. Menschliche Embryonen zeigen äußerlich erkennbare Pharyngealbögen in der Region, in der bei Fischen Kiemen entstehen. Die vier embryonalen Aortenbögen der Säugetiere, die auf Grund ihrer Lage mit Kiemengefäßen homologisiert werden können, entwickeln sich so weiter, daß nur das linke zweite Gefäß den Aortenbogen bildet. Eine Homologisierung mit den Aortenbögen anderer Vertebraten ist dadurch möglich.

Das Kriterium der ontogenetischen Herkunft **läßt sich nicht umkehren**: Da mit seltenen Ausnahmen grundsätzlich jede Zelle den vollständigen Genbestand eines Organismus enthält, können Organe, Zellstrukturen und Moleküle homolog sein, obwohl sie während der Embryonalentwicklung aus unterschiedlichen Anlagen oder an verschiedenen Orten entstehen. Es ist nicht verwunderlich, daß bei Wirbeltieren sowohl das Mesenchym als auch die Neuralleiste Knorpel bilden können (s. Thorogood 1987). Der Ort der Entstehung ist nicht relevant, wenn die Homologie von Haaren oder von Erythrozyten der Säugetiere diskutiert wird. Homologieaussagen lassen sich auch auf Moleküle anwenden: Die Linsenproteine der Wirbeltieraugen (Crystalline) werden nicht nur im Auge produziert, sondern dienen oft auch als Enzyme im Zellstoffwechsel (Wistow 1993). Vor diesem Hintergrund ist z.B. das Argument zu verstehen, daß die Halteren der Strepsiptera homolog mit denen der Diptera sein könnten, obwohl sie an einem anderen Thoraxsegment angelegt werden (Whiting et al. 1997; molekulare Synapomorphien für eine Schwestergruppenverhältnis Diptera/Strepsiptera konnten bisher allerdings nicht nachgewiesen werden: Hwang et al. 1998).

Weitere Anwendungen des Kontinuitätskriteriums ergeben sich, wenn **Fossilien als Zwischenformen** bekannt sind. Die Homologisierung von Coxa und Basis des Thoraxbeines der modernen Crustaceen mit dem Protopoditen der Trilobiten oder Cheliceraten gilt erst als gesichert, seitdem kambrische Fossilien bekannt sind, bei denen die Abgliederung der Coxa aus dem Protopoditen zu sehen ist (Abb. 95). Auch dieses ist ein spezieller Fall der Anwendung des Kriteriums der Lage.

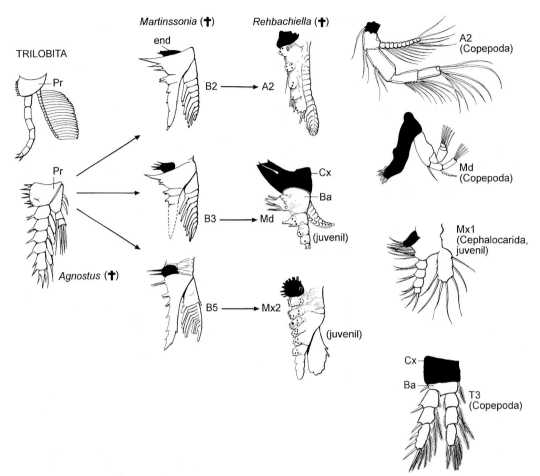

Abb. 95. Gut erhaltene phosphatisierte Fossilien (z.B. *Agnostus, Martinssonia, Rehbachiella*) belegen die Entwicklung des Protopoditen in der Stammlinie der Mandibulata. Das Kriterium der Kontinuität kann hier angewandt werden, um Coxa (Cx) und Basis (Ba) der Crustaceen mit dem Protopoditen (Pr) der Trilobiten zu homologisieren. Die Coxa entwickelt sich aus dem proximalen Enditen (end) des Protopoditen. Die Pfeile geben nicht Vorfahren-Nachkommen-Beziehungen an, sondern die mutmaßliche Veränderungen von Konstruktionsprinzipien. A2: 2.Antenne; B2-5: postantennale Extremitäten; end: proximaler Endit; Md: Mandibel; Mx1, 2: 1. oder 2. Maxille; Pr: Protopodit; T3: 3. Thorakopode. (Verändert nach Angaben in Walossek 1993 und weiteren Abbildungen nach Huys & Boxshall 1991, Müller & Walossek 1986, Schram 1986).

Damit lassen sich Remanes Homologiekriterien zu dem Kriterium der **Komplexität** verallgemeinern, wie es im vorhergehenden Kapitel erklärt wurde. Es sind weitere Hilfsmittel für die Praxis bekannt:

Kriterium der Expression homologer Gene: Der Nachweis der Expression von Segmentpolaritätsgenen (z.B. *engrailed* oder *wingless*) wird verwendet, um die Präsenz von Segmentanlagen zu postulieren. Die Lage und Zahl der Anlagen erlaubt die Homologisierung von Segmenten, wenn in einer Serie von Segmentanlagen zusätzliche Markierungen existieren (z.B. die Anlage spezifischer Extremitäten), die als Bezugspunkt der Segmentzählung dienen können. Solange Gene untersucht werden, die für die Entwicklung einer spezifischen Struktur notwendig sind, und die nur für diese exprimiert werden, ist eine Homologisierung der Struktur auf der Grundlage homologer Genexpression logisch korrekt. Es ist jedoch unzulässig, irgendeine Genexpression zu nutzen, um Strukturen zu homologisieren. So wachsen in der Säugetierhaut Haare an sehr verschiedenen Körperteilen, ohne daß aus diesem Grund Körperteile (Kopf und Finger z.B.) homologisierbar wären. Die homologen Gene *Pax-6* (Wirbeltiere) und *eyeless* (Insekten) werden bei der ontogenetischen Entwicklung der Augen exprimiert. Das bedeutet jedoch nicht, daß die Facettenaugen der Insekten mit den Linsenaugen der Wirbeltiere homolog sind, sondern daß homologe Genprodukte in der Ontogenese eine Funkion für die Entstehung von Bauteilen der Augen haben: Das *Pax-6*-Gen ist nicht die gesamte genetische Information, die für die Konstruktion eines Wirbeltierauges benötigt wird. Das *distal-less* Gen wird während der Entwicklung der Extremitäten von Arthropoden und Tetrapoden exprimiert, woraus jedoch eine Homologie der Extremitäten dieser Tiergruppen nicht abgeleitet werden kann.

Ein Beispiel für diesen logischen Fehler ist die These, Epipodite der Krebse seien homolog mit Flügeln der Insekten (Averof & Cohen 1997). Die Argumentationskette lautet:

1) Flügel und Thoraxbeine der Insekten entstehen aus denselben embryonalen Regionen.
2) Gene, die den *Drosophila*-Genen *apterous* und *pdm* homolog sind, konnten bei einem Krebs (*Artemia*) nachgewiesen werden. (Ein homologes Gen kommt auch bei Wirbeltieren und Echinodermen vor!)
3) Bei *Drosophila* werden *pdm* und *ap* während der frühen Embryogenese in Flügel- und Beinanlage exprimiert, bei *Artemia* zunächst in der Beinanlage, später im Epipoditen (den Kiemenanhängen), *ap* zusätzlich in der Beinmuskulatur von *Artemia*.
4) Die Expression derselben Gene belegt die Homologie von Epipoditen (Kiemen) der Krebse und Flügeln der Insekten.
5) Daraus folgt, daß alle primär flügellosen Tracheaten Epipodite konvergent reduziert haben, bei pterygoten Insekten evolvierten sie jedoch zu Flügeln.

In der Argumentation gibt es mehrere Unschärfen: Die embryonalen Anlagen entwickeln sich in der pleuralen Region, an deren Grenze zum Tergit auch die Flügel entstehen. Die räumliche Nähe impliziert keine Homologie. Die untersuchten Gene sind nicht einzigartig für Krebse und Insekten, und die Genexpression beschränkt sich nicht auf die Epipodite, die Gene und ihre Expression können also nicht spezifisch für Epipodite sein. Die Homologie wurde nur für die Gene selbst belegt, nicht für die Auslösung der Expression. Wären auch die Auslöser für die Expression homolog, könnte trotzdem der Schluß 4) nicht gezogen werden, da ein bestimmtes Protein durchaus an verschiedenen, nicht homologen Körperteilen benötigt werden kann. Schließlich ist der Schluß 5) nicht plausibel, da die Epipodite (= Kiemen bei Crustaceen) an Land keine Funktion

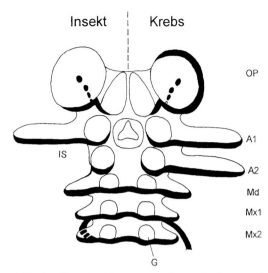

Abb. 96. Homologisierung von Segmentanlagen auf der Grundlage nachgewiesener Genexpression. Schematisierte Darstellung der *engrailed*-Expression im Kopf von Insekten (links) und Krebsen (rechts). Die Abfolge der Ganglien, Extremitätenanlagen und die *engrailed*-Expression belegen, daß das Interkalarsegment (IS) der Insecta (und entsprechend auch der Myriapoda) dem Segment der zweiten Antenne der Krebse entspricht. OP: optisch-protocerebrale Region; A1, A2: erste und zweite Antenne; Md: Mandibel; Mx1, Mx2: erste und zweite Maxille (verändert nach Scholtz 1997).

hätten und es höchst unwahrscheinlich ist, daß sie bis zu den Ahnen der Pterygota beibehalten wurden. Das Beispiel anderer Landtiere mit aquatischen Ahnen (Pulmonata, Amphibia, Chelicerata) zeigt, daß in Anpassung an das Landleben Kiemen entweder zurückgebildet oder internalisiert werden. Weiterhin gibt es nirgends bei Tracheaten Rudimente oder embryonale Anlagen der Epipodite, die die Theorie einer Homologie von Flügeln und Epipoditen stützen könnten.

Expression derselben Gene muß also nicht ein Indiz für die Homologie der Körperregionen sein. Hinweise auf die Expression homologer Gene in nicht homologen Organen gibt es auch für homeotische Gene. So werden Homologa des *distal-less* Transkriptionsfaktors in sich entwickelnden Insektenbeinen und Extremitäten anderer Articulata, in Extremitätenanlagen der Gnathostomata, in extremitätenlosen Tunicata, und in Ambulakralfüßchen der Echinodermen exprimiert. Das *hedgehog* Gen wird nicht nur in Extremitätenanlagen der Arthropoden und Vertebraten, sondern auch in Anlagen der Kiemenbögen des Hühnchens exprimiert (Shubin et al. 1997). Das

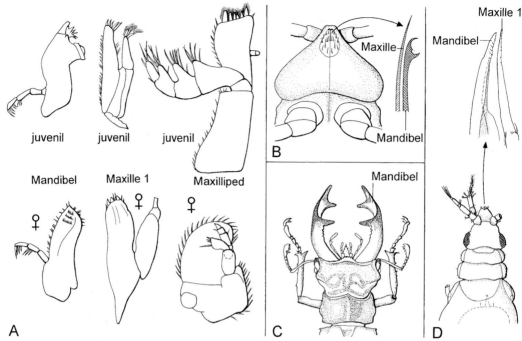

Abb. 97. Die Homologiehypothese für die Mandibel der Crustacea und Tracheata ist unabhängig von der Funktion der Mandibel. **A:** Die kauenden Mundwerkzeuge von *Dynamenella curalii* (Crustacea: Isopoda) sind nur bei unreifen Tieren (obere Reihe) normal ausgebildet, bei reifen Weibchen atrophiert und funktionslos (untere Reihe). **B:** Stechende Mundwerkzeuge von *Neanura muscorum* (Collembola). **C:** Die Mandibeln des Männchens von *Lucanus cervus* (Coleoptera) sind ungefährliche Angriffswaffen, mit denen andere Männchen verdrängt werden können. **D:** Stechende Mundwerkzeuge der Gnathiidae (Crustacea: Isopoda) sind nur bei Jungtieren vorhanden *(Caecognathia calva)*.

fringe Gen wird an der Flügelkante von Insekten und von Vögeln exprimiert (Gaunt 1997), die Flügel der Vögel sind trotzdem nicht homolog mit denen der Pterygota. Ähnlich unbegründet ist die Annahme, die Metamerie der Vertebrata sei homolog mit der der Insekten (Hypothese von De Robertis 1997).

Das **Kongruenzkriterium** ist bereits vorgestellt worden (s. Kap. 5.1.1): Die erst nach der kladistischen Konstruktion eines Dendrogramms feststellbare Verteilung von Merkmalen auf dieselbe Stammlinie eines Monophylums dient als Indiz für Homologie. Dieses Kriterium ist nur wertvoll, wenn vorher die Merkmale nach ihrer Homologiewahrscheinlichkeit gewichtet wurden und wenn der verwendete Algorithmus der Baumkonstruktion diese Gewichtung berücksichtigt. Eine Kritik des Kriteriums ist in Kap. 6.1.10 zusammengefaßt.

Wird die Evolution eines Merkmals oder eines Gens direkt beobachtet, wie es bei Züchtungen geschehen kann, ist es möglich, das **Kriterium der gemeinsamen Abstammung** anzuwenden. In den meisten Fällen verfügt der Systematiker jedoch nicht über Daten, die durch direkte Beobachtung gewonnen wurden. Die gemeinsame Abstammung ist daher nur die theoretische Erklärung für die beobachteten Muster.

Mitunter wird behauptet, es sei notwendig, die **Funktion** von Strukturen zu kennen, um Homologiehypothesen stützen zu können. Eine Mandibel ist z.B. ein spezielles Kauwerkzeug, das aus funktionellen Gründen bei Insekten oder Krebsen lateral der Mundöffnung liegt und vom Labrum frontal verdeckt wird; das Funktionsgefüge sei ein Indiz für Homologie. Dem ist zu entgegnen, daß die **Funktion irrelevant** ist, da auch die Mandibel stechend-saugender Insekten oder die rudimentäre, funktionslose Mandibel mancher adulter Crustaceen (Abb. 97A) mit der kauenden Mandibel im Sinn eines Merkmals aus dem Grundmuster der Mandibulata homolog sind. Sollte ein Krebs entdeckt werden, der die Mandibel zu Schwimmpaddel umgebildet hat, wäre diese Struktur trotzdem einer »normalen« Mandibel homolog.

Die **Ablehnung von Homologiehypothesen** ergibt sich aus den vorhergehenden Aussagen. Es gibt aber auch Vorschläge für besondere Begründungen einer Ablehnung. Das **Konjunktionskriterium** (engl. »conjunction«; Patterson 1982) besagt, daß zwei ähnliche Strukturen, die am selben Organismus auftreten, nicht homolog sein können. Patterson konstruiert das folgende Beispiel: Gäbe es Engel, und wären die Flügel der Engel homolog mit denen der Vögel, wäre damit die These abgelehnt, daß der Vogelflügel mit der Vorderextremität der Säuger homolog sei, weil Engel sowohl Flügel als auch Arme haben. Die Argumentation ist nicht korrekt: Es gibt genügend Beispiele für Organverdopplungen im Tier- und Pflanzenreich, die es ermöglichen, daß an einem Organismus homologe Organe mehrfach auftreten (metamere Organe der Articulaten, Wirbel der Vertebraten, Vermehrung der Beinzahl bei Notostraken, Pantopoden, usw.). Das Konjunktionskriterium ist nicht brauchbar. Für die Ablehnung von Homologiehypothesen gibt es nur die folgenden Argumente:

– Die Merkmale weisen im Detail keine Übereinstimmungen auf und ähneln sich nur oberflächlich (Auge eines Tintenfisches, Auge eines Fisches)
– Es gibt Merkmale höherer Homologiewahrscheinlichkeit, deren Verbreitung auf die Organismen sich nicht mit der des fraglichen Merkmals deckt (z.B. Pigmentreduktion bei Höhlenspinne und Höhlengrille im Vergleich zum Auftreten von Spinnwarzen bei Höhlenspinne und pigmentierten Spinnen: Beispiel von Abb. 132). Vorausgesetzt wird, daß das komplexere Merkmal nicht durch horizontalen Gentransfer verbreitet wird.

Für die Wahl von potentiell homologen Merkmalen liefern Systematiker sehr unterschiedliche Empfehlungen:

Kriterium	Begründung	bewerteter Sachverhalt
Konservierte oder langsam evolvierende Merkmale sind besser (Sober 1986)	Schnell evolvierende Merkmale »verrauschen«, d.h. es entstehen häufiger Autapomorphien und Analogien	Evolutionsprozess
Komplexe Merkmale sind besser (Hennig 1950, Remane 1961, u.a.)	Die Homologiewahrscheinlichkeit ist höher	Komplexität der Muster
Funktionslose Merkmale sind besser, adaptive weniger geeignet (Darwin 1859)	Konvergenzen sind weniger wahrscheinlich	Evolutionsprozess
Funktionell voneinander unabhängige Merkmale sind besser (z.B. Mayr & Ashlock 1991)	Bei funktionell gekoppelten Merkmalen treten häufiger sich gegenseitig bedingende Mutationen auf, das Gewicht der Merkmale wird überschätzt	Evolutionsprozess
Merkmale, die mit anderen bei denselben Arten vorkommen, sind bedeutsamer	Die Homologiewahrscheinlichkeit ist höher (Kompatibilitätskriterium)	Komplexität der Muster
Reduktionen sind schwache Merkmale	Konvergenzen können oft auftreten. Oder: Reduktionsmerkmale sind nicht komplex	Evolutionsprozess oder Komplexität der Muster
Geschlechts- oder kastenunabhängige *polymorphe* Merkmale sind ungeeignet (Darwin 1859, Simpson 1961, Wiens 1995 u.a.)	Wenn polymorphe Merkmale keine Grundmustermerkmale sind, sind sie keine Merkmale des Taxons, sondern von einzelnen Organismen; eine Homologisierung ist nicht möglich	Komplexität der Muster

Abb. 98. Tabelle mit Kriterien für die Wahl »guter« Merkmale.

5.2 Praxis der Homologisierung morphologischer und molekularer Merkmale

Aus den Argumenten (Abb. 98) ergibt sich zwangsläufig, wann Homologiehypothesen schwach begründet sind, z.B. wenn Merkmale so schnell evolvieren, daß Gemeinsamkeiten nicht konserviert werden oder Konvergenzen häufig zu erwarten sind, wenn Merkmale nicht komplex genug sind, wenn mangels Daten die relative Homologiewahrscheinlichkeit nicht geschätzt werden kann.

Merkmale unterschiedlicher Entwicklungsstadien

Dürfen morphologische Merkmale nur dann homologisiert werden, wenn sie an demselben Entwicklungsstadium (z.B. 3. Naupliuslarve) verglichen werden? Die Berücksichtigung der Ontogenesestadien ist unwichtig, wenn die Komplexität eines Merkmals die Homologisierung erlaubt: Da das Auftreten einer komplexen Struktur die Präsenz bestimmter Gene anzeigt, ist die Struktur auch dann homolog, wenn die homologen Gene in unterschiedlichen Phasen der Ontogenese exprimiert werden. Eine Zahnanlage der Säugetiere ist eine Zahnanlage, unabhängig davon, ob sie beim Wal im Mutterleib oder beim Menschen als Säugling auftritt. Daher ist auch die biogenetische Grundregel für die Homologisierung von Bedeutung (Kap. 5.3.5). Das Problem besteht in der Sicherheit, mit der die Präsenz homologer Gene erkannt werden kann. Schwierigkeiten bereiten Merkmale geringer Komplexität, deren Homologisierung unsicher ist. Ist die Zahl der Borsten auf Extremitäten bei Krebsen ein Merkmal zur Unterscheidung von Arten, muss sehr auf Größe, Geschlecht und Alter der Tiere geachtet werden, da mit zunehmender Größe meist die Zahl der Borsten zunimmt, die Borstenzahl ist ein »schwaches« Merkmal.

Achtung: Es muß sehr genau darauf geachtet werden, welche Details als homolog erachtet werden. Daß Anlagen von Kiemenspalten bei embryonalen Säugetieren auftreten, bedeutet nicht, daß die Kiemen der adulten Fische mit diesen Kiemenspalten homolog sind. Die Anlagen weisen nicht den Feinbau der Kiemen auf. Es können nur die Details homologisiert werden, die in den Anlagen nachweisbar sind.

Eine ganz andere Frage ist, ob der Zeitpunkt des Auftretens eines Merkmals eine Homologie sein kann. So erfolgt der Durchbruch der Milchzähne bei Menschaffen später als bei anderen Catarrhini. Dieses Detail gehört zu einem umfangreicheren raum-zeitlichen Muster, dem verzögerten postnatalen Wachstum der Menschenaffen. Dieses Muster dient als Indiz für die Präsenz homologer genetischer Merkmale, wenn man annimmt, daß der Zeitpunkt eines morphogenetischen Prozesses durch homologe Gene gesteuert ist.

Darf man Merkmale für eine phylogenetische Analyse ignorieren?

Am Schluß dieses Abschnittes sei diese Frage gestellt, weil ein Vorwurf von phänetisch arbeitenden Kladisten lautet, die Phylogenetiker würden subjektiv Information auswählen und andere Daten ohne Gründe verwerfen. Die Antwort auf die Frage lautet eindeutig »**ja**«: Man darf und soll alle Merkmale nicht berücksichtigen, deren Homologiewahrscheinlichkeit sehr gering ist, da derartige Merkmale zahlenmäßig überwiegen können und in die Analyse nur »Rauschen« und falsche Signale einbringen. Die Antwortet lautet aber auch »**nein**«: Bekannte Merkmale hoher Homologiewahrscheinlichkeit zu ignorieren ist ein Akt der Ignoranz oder der Manipulation der Ergebnisse.

5.2.2 Homologisierung molekularer Merkmale

Für die Homologisierung von Molekülen gelten grundsätzlich dieselben Regeln wie für molekulare Merkmale, auch wenn Sequenzen eine exaktere Quantifizierung von Ähnlichkeiten erlauben und Vergleiche besser mathematisiert werden können. Homologien von Nukleinsäuren können auf sehr verschiedenen Ebenen gesucht werden. Folgende Möglichkeiten werden in der Praxis genutzt:

– Bestimmung der Homologie einer Sequenzposition mit Hilfe von Alinierungsverfahren (Kap. 5.2.2.1)
– Phänomenologische Bestimmung der Homologie einer Nukleotidfolge (Kap. 5.2.2.2)
– Phänomenologische Bestimmung der Homologie eines Gens (Kap. 5.2.2.3)
– Phänomenologische Bestimmung der Homologie einer Genanordnung (Kap. 5.2.2.3)

- Phänomenologische Bestimmung der Homologie duplizierter Sequenzen (Kap. 5.2.2.3)
- Bewertung von Hybridisierungs-Distanzdaten (Kap. 5.2.2.8)

Andere molekulare Daten ermöglichen die Bewertung der Ähnlichkeit von Stoffwechselprodukten, von Allozymen, Amplifizierungs- oder Restriktionsfragmenten, von Aminosäuresequenzen. Grundsätzlich ist zu berücksichtigen, daß DNA-Sequenzen den Vorteil haben, in jeder Zelle präsent zu sein, wohingegen Proteine und andere Stoffwechselprodukte oft nur in bestimmten Organen oder in bestimmten physiologischen Zuständen entstehen. Das Fehlen eines Stoffwechselproduktes darf nicht unkritisch mit dem Fehlen der zu dem Stoffwechselweg gehörigen kodierenden Gene gleichgesetzt werden.

5.2.2.1 Alinierungsverfahren

Werden DNA-Sequenzen identisch kopiert, sind die Kopien in allen Details homolog, die einzelnen Nukleotide ebenso wie die Reihenfolge, in der sie stehen. Wird ein Nukleotid durch ein anderes ersetzt, steht damit die Neuheit an der Position des Vorgängers. Das neue Nukleotid ist dem alten nicht homolog, wohl aber der Platz, an dem es steht, die **Position**.

Längere Sequenzabschnitte oder Gene sind mit großer Wahrscheinlichkeit homolog, wenn sie dieselbe Nukleotidfolge aufweisen. Die Homologisierung einer derartigen Nukleotidfolge setzt voraus, daß die wahrscheinlichste **Positionshomologie** korrekt bestimmt wurde. Dies geschieht mit Hilfe von **Alinierungsverfahren**, mit denen Sequenzen derart untereinander geschrieben werden, daß mutmaßlich homologe Positionen in derselben Spalte stehen.

Längere homologe Sequenzen können auch nichthomologe Zonen enthalten, die z.B. durch Verlust oder Insertion von Nukleotiden entstehen. Sequenzen können durch diese Insertionen oder Deletionen unterschiedlich lang sein, weshalb in kürzeren Sequenzen Lücken (engl. »gaps«) eingeführt werden müssen, damit alle homologen Positionen in Spalten untereinander stehen und alle Sequenzen der Alinierung dieselbe Länge haben (Abb. 99). Die Lücken stehen für die Positionen, in denen andere Sequenzen Insertionen

	Alinierung 1	Alinierung 2
Art A	G C G T A A T	G C **G** T A A T
Art B	G **G** - T A A T	G - **G** T A A T
Art C	G **G** T T A A T	G G T T A A T

Abb. 99. Beispiel für 2 alternative Alinierungen derselben Sequenzen. Hervorgehoben sind die Nukleotide, die unterschiedlich homologisiert werden.

aufweisen oder an denen Nukleotide verloren gingen. Diese Lücken verursachen Unsicherheiten bei der Wahl der beten Alinierung: Es gibt oft mehr als eine Alternative, zwischen denen gewählt werden muß.

Es darf nicht verkannt werden, daß die Alinierung einer der entscheidenden Schritte in der Verwandtschaftsanalyse mit Sequenzen ist. Sie entspricht der Homologiebestimmung in der vergleichenden Morphologie. Alternative Alinierungen desselben Datensatzes können auf das Ergebnis der Verwandtschaftsanalyse einen größeren Einfluß haben als alternative Methoden der Baumkonstruktion (Morrison & Ellis 1997). Enthalten Sequenzen viele Lücken, lassen sich allein mit Varianten der Alinierung verschiedene Dendrogramme erzeugen.

Es gibt verschiedene Verfahren zur Optimierung der Alinierungen, die Forschung auf diesem Gebiet ist noch nicht abgeschlossen. Das grundlegende Problem aller Alinierungen ist, daß ein Optimierungsverfahren nicht unbedingt den Verlauf der Phylogenese rekonstruieren muß (Abb. 100).

Derzeit populäre Algorithmen zur Optimierung von Alinierungen verfahren nach dem Prinzip, daß bei der Angleichung der Sequenzlängen verschiedener Sequenzen bestimmte Schritte mit Punkten bestraft werden und diejenige Alinierung gewählt wird, die die niedrigste Punktzahl hat. Ein Schritt kann sein: Die Einfügung einer Alinierungslücke oder das Beibehalten einer variablen Position. Die Schritte können gewichtet werden, indem z.B. das erstmalige Eröffnen einer Lücke »teurer« ist als die Verlängerung der Lücke, oder indem beim Vergleich zweier Sequenzen die Präsenz einer Transition geringer gewichtet wird als Transversionen. Algorithmen werden u.a. von Needleman & Wunsch 1970, Waterman 1984, Davison 1985, Lipman & Pearson 1985 erläutert (Lerntexte zu Alinierungsalgorithmen finden sich auch im Internet: Kap. 15). Weiterhin können die Zahl der konstanten Positionen und die formale Zahl der Merkmalsänderungen gezählt werden, um Alinierungen zu charakterisieren.

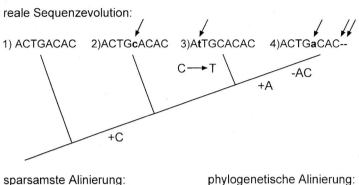

Abb. 100. Angenommen, die Evolution einer Sequenz sei so verlaufen wie in diesem Beispiel (Modellvorstellung), dann ist die sparsamste Alinierung nicht die historisch korrekte. Neuheiten, die in Sequenz 1 noch nicht vorkommen, sind mit kleinen Buchstaben dargestellt.

Bei Alinierungen von proteinkodierenden Sequenzen ist das Leseraster der kodierten Aminosäuren zu berücksichtigen, um die Homologiewahrscheinlichkeit von Nukleotidfolgen zu bestimmen (vgl. Altschul 1991, Claverie 1993). Die Sequenzen werden üblicherweise wie nicht-kodierende DNA-Sequenzen paarweise aliniert. Für die Bewertung verschiedener Alinierungen kann die Zahl identischer Nukleotidpaare, die chemischen Eigenschaften der kodierten Aminosäuren, die Zahl der Alinierungslücken berücksichtigt werden. Eine andere Möglichkeit ist die Zählung der Kodonänderungen, die die Kodierung einer neuen Aminosäure zur Folge haben. Am häufigsten werden empirisch ermittelte Mutationsfrequenzen verwendet (Dayhoff-Matrix, vgl. Kap. 5.2.2.10). Wenn verfügbar, kann die Übereinstimmung mit bekannten Sekundär- und Tertiärstrukturen der gefalteten Moleküle berücksichtigt werden.

Aufbauend auf Algorithmen, die die sparsamste Alinierung von 2 Sequenzen finden, wurden Verfahren entwickelt, die entlang eines Dendrogrammes alinieren: Entweder wird die Topologie vorgegeben (z.B. auf der Grundlage morphologischer Merkmale) oder es wird mit einem Baumkonstruktionsverfahren eine erste Topologie aus den Rohdaten berechnet, z.B. durch paarweise Alinierung und Berechnung eines Distanzdendrogrammes aus den paarweisen Distanzen (z.B. Computerprogramm CLUSTAL, Higgins & Sharp 1988, Thompson et al. 1994). Dendrogramme können auch mit anderen Verfahren berechnet werden (Maximum Parsimony (MALIGN: Wheeler & Gladstein 1994), Maximum Likelihood), die jedoch den Nachteil haben, die Rechenzeit sehr zu verlängern. Diese erste Topologie bestimmt, in welcher Reihenfolge die Sequenzen weiter aliniert werden, indem die Alinierung für die einander ähnlichsten Sequenzen zuerst optimiert wird. (Achtung: Die Reihenfolge, in der Sequenzen eingelesen werden, hat einen Einfluß auf das Ergebnis vieler Alinierungsalgorithmen!). Nach dem ersten Schritt werden die zuerst alinierten Sequenzen durch eine Konsensussequenz vertreten, die nächstähnliche Sequenz wird in die Alinierung aufgenommen und der Konsensussequenz angeglichen. Dieses Verfahren ist im Prinzip iterativ durchführbar, indem nach Abschluß der ersten Alinierung ein Dendrogramm berechnet wird, auf dessen Grundlage deszendierend, also mit den nächstähnlichen terminalen Sequenzen beginnend, erneut aliniert wird.

Einen gänzlich anderen Ansatz verfolgen Morgenstern et al. (1996): Es werden nicht einzelne Nukleotide verschoben und Alinierungslücken gewichtet, sondern Sequenzfragmente gesucht, die in hohem Maße übereinstimmen. Diese Fragmente können aliniert werden, wobei eine Gewichtung der Übereinstimmung der Fragmente zweier Sequenzen darüber entscheidet, welche

Fragmente vorrangig aliniert werden. In weiteren Schritten werden die weniger übereinstimmenden Regionen nachaliniert, wobei das Ergebnis der Alinierung der Fragmente »erster Wahl« unverändert erhalten bleibt. Lücken müssen nicht ausdrücklich eingefügt werden, sonder sind dann nur noch die verbleibenden Regionen zwischen den alinierten Fragmenten.

Erfahrungsgemäß liefern Computerprogramme gute Alinierungen für Sequenzregionen, die wenig Variabilität aufweisen. Hypervariable Regionen werden ebenfalls aliniert, das Ergebnis ist jedoch meist wertlos. Nicht selten können mäßig variable Regionen »per Hand« nachaliniert werden.

Empfehlungen für die Praxis:
- Eine durch Computer berechnete Alinierung sollte stets visuell kontrolliert werden, um zu prüfen, ob sehr variable Sequenzregionen vorkommen, die nicht optimal aliniert wurden oder nicht alinierbar sind.
- Sehr variable Regionen, für die es zahlreiche gleichwertige Alinierungsalternativen gibt, sind aus dem Datensatz zu entfernen bzw. bei der Dendrogrammberechnung zu ignorieren, weil die Homologiewahrscheinlichkeit gering ist.
- Die unkontrollierte Entfernung aller Positionen, die Alinierungslücken aufweisen, kann dazu führen, daß gerade die informativen, weil variablen Positionen, verloren gehen. Zur Zeit sollte man sich auf das »Augenmaß« verlassen und Bereiche auswählen, für die keine oder nur wenige Alinierungsalternativen erkennbar sind. Computerprogramme, die diese Arbeit leisten, sind in der Entwicklung.
- Sind mehrere gleich sparsame Alinierungen möglich, sollte geprüft werden, ob aus ihnen unterschiedliche Dendrogramme rekonstruiert werden.
- Werden sehr unterschiedliche Sequenzen aliniert, erhält man bessere Ergebnisse, wenn gruppenweise aliniert wird. Dazu werden kleine Gruppen von Sequenzen von Taxa, deren Monophylie gut belegt ist, einzeln bearbeitet, und erst anschließend so aliniert, daß innerhalb der Gruppen die Positionshomologie erhalten bleibt (»profile aligment«). Dadurch erfolgt eine bessere Annäherung an die phylogenetisch korrekte Alinierung (vgl. Abb. 100).

- Kann eine Stammbaumtopologie aus guten Gründen vorausgesetzt werden, sollten Algorithmen gewählt werden, die die Vorgabe einer Topologie erlauben.
- Sind Monophyla a priori nicht bekannt, sind Algorithmen zu bevorzugen, die nicht entlang einer Topologie alinieren, sondern die Alinierung für die Splits mit dem höchsten Signal optimieren. (Derartige Verfahren müssen noch entwickelt werden).
- Ist die Sekundärstruktur von rRNA-Sequenzen bekannt, sollten die konservierten gepaarten Regionen vorrangig aliniert werden.

Die Homologisierung von Sequenzpositionen ist deshalb so problematisch, weil das einzelne Merkmal (die Position) keine Komplexität aufweist. Sicherheit für die Homologisierung ist nur dadurch zu erhalten, daß man in einem Sequenzabschnitt nach Übereinstimmungen der Nukleotide sucht (s. nächstes Kapitel). Es ist also de facto das Muster benachbarter Nukleotide, das darüber entscheidet, wie die Homologisierung erfolgt. Im Beispiel von Abb. 99 ist das Muster »TAAT« homologisiert. Je länger ein derartiger Sequenzabschnitt ist, desto geringer ist die Wahrscheinlichkeit, daß die Übereinstimmung auf Zufall beruht.

Verfahren, mit denen Alinierungen iterativ optimiert werden, indem aus einer Alinierung ein Dendrogramm berechnet wird, das als Grundlage für den folgenden Alinierungszyklus dient, benötigen lange Rechenzeiten. Neue Wege der Alinierung werden zur Zeit entwickelt. Ein vielversprechender Ansatz besteht darin, nicht ein Dendrogramm als Grundlage für die Wahl der ersten zu alinierenden Sequenzen zu verwenden, sondern in einem mit Näherungsverfahren (z.B. mit CLUSTAL, Higgins & Sharp 1988) voralinierten Datensatz die gut erkennbaren Splits zuerst so zu alinieren, daß das phylogenetische Signal zu Gunsten dieser Splits optimiert wird. Innerhalb der optimierten Splits kann dann nach weiteren Splits gesucht werden.

5.2.2.2 Bestimmung der Homologie von Nukleotiden und Sequenzabschnitten

Nach einigen Autoren ist die Sequenzposition das Merkmal, das Nukleotid ist die Merkmalsausprägung. Ebenso könnte man formulieren, die

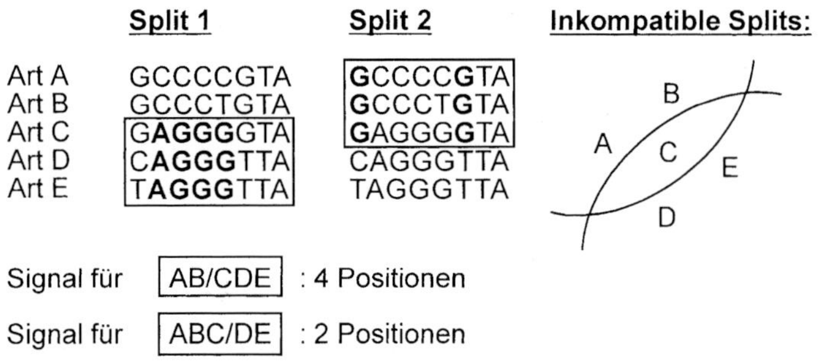

```
              Split 1           Split 2        Inkompatible Splits:
     Art A   GCCCGTA         GCCCCGTA
     Art B   GCCCTGTA        GCCCTGTA
     Art C   GAGGGGTA        GAGGGGTA
     Art D   CAGGGTTA        CAGGGTTA
     Art E   TAGGGTTA        TAGGGTTA
```

Signal für   AB/CDE   : 4 Positionen

Signal für   ABC/DE   : 2 Positionen

Abb. 101. Inkompatibilität von zwei Signalen.

Position sei eine Rahmenhomologie, zu der auch die benachbarten Regionen gehören, das Nukleotid ist die Detailhomologie. Die Identität eines einzelnen Nukleotids in zwei oder mehr Sequenzen ist noch kein Beleg für Homologie. Das Beispiel (Abb. 101) zeigt in derselben Alinierung inkompatible Identitäten (Homoplasien, Inkonsistenzen), die zwei verschiedene Gruppierungen (**Splits**) stützen, von denen höchstes eine die Spur einer realen Speziation sein kann.

Die Bewertung der Homologiewahrscheinlichkeit kann wie bei morphologischen Merkmalen (Kap. 5.1.2, 6.1.3) durch **Gewichtung** erfolgen. Die Gewichtung der Nukleotide ist auf verschiedene Weise möglich (s. auch Brower & DeSalle 1994):

– Phänomenologische a-priori-Gewichtung: Bewertung des einzelnen Nukleotids als Teil eines komplexen Musters, z.B. mit einer phänomenologischen »Spektralanalyse« (Kap. 6.5), in der Artgruppen differenziert betrachtet werden. Die Positionen, die zu den deutlichsten Signalen eines Spektrums gehören, können höher gewichtet werden. Beispiele für dieses Vorgehen gibt es noch nicht. Weiterhin kann die in der Alinierung sichtbare variabilität einzelner Positionen zur Gewichtung genutzt werden.
– Phänomenologische Gewichtung mit dem einfachen, weniger gut begründeten »combinatorial weighting« (Anhang 14.2.2).
– Modellabhängige a-priori-Gewichtung (s. Kap. 6.3.1, Kap. 7, Abb. 148): Gewichtung der Wahrscheinlichkeit, daß bestimmte Substitutionen eintreten, z.B. Transversionen oder spezifische Substitutionen wie G⇒C (Fitch & Ye 1991), oder Gewichtung kompensatorischer Substitutionen in helikalen RNA-Abschnitten, Gewichtung mit modellabhängigen Hendy-Penny-Spektren (Kap. 8.4, 14.7). Zur modellabhängigen Gewichtung zählt auch die Bewertung des Selektionsdruckes (z.B. niedrige Gewichtung der dritten Codonposition: Kap. 6.1.2.5. Kap. 6.3.1).
– A-posteriori-Gewichtung: Bewertung der Merkmalsverteilung in einem berechneten Dendrogramm, z.B. mit sukzessiver Gewichtung im MP-Verfahren (Kap. 6.1.4), analog zur zirkulären (!) Gewichtung morphologischer Merkmale, oder indirekt mit Maximum-Likelihood Methoden.

Die modellabhängige Gewichtung wird ohne Aussagen über den Einzelfall (»Position 1131 mutiert von A nach C«) durchgeführt, wie es bei den Distanz- und Maximum-Likelihood-Verfahren erläutert wird (Kap. 8). Es handelt sich hier nicht um eine Bewertung von Homologien nach der Erkenntniswahrscheinlichkeit, sondern um Aussagen um die Wahrscheinlichkeit, daß bestimmte Evolutionsprozesse ablaufen. Es ist noch wenig über die Evolutionsweise von Sequenzen bekannt, weshalb Annahmen über die Wahrscheinlichkeit einer Merkmalstransformation, die für ein Taxon plausible Ergebnisse ermöglichen, bei anderen Taxa oder anderen Genen möglicherweise nicht verwendet werden können. Im Rahmen der modellabhängigen Verfahren werden Gewichtungen auch auf der Grundlage der Basenfrequenz (»Nukleotidfrequenz«) in den terminalen Sequenzen (das Verhältnis A:G:C:T ist nicht unbedingt 1:1:1:1) und der Häufigkeit, mit der bestimmte Substitutionen in einem Dendrogramm vorkommen (A⇒C und C⇒A können verschieden häufig sein), gewählt (Kap. 8.1). Gewichtungen können auch in einer MP-Analyse eingesetzt werden (Fitch & Ye 1991) (s. Kap 6.1.3).

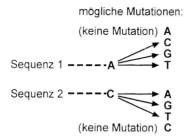

(4 zufällige Übereinstimmungen bei 16 Möglichkeiten)

Abb. 102. Wie groß ist die Wahrscheinlichkeit der Entstehung zufälliger Identitäten einer Position in zwei DNA-Sequenzen?

Die a-posteriori Gewichtung entspricht der morphologischer Merkmale (Kap. 6.1.3, 6.1.4) im Rahmen phänetisch-kladistischer Verfahren und ist ein zirkuläres, nicht statthaftes Verfahren.

Sequenzabschnitte

Betrachtet man eine einzelne Sequenzposition von 2 alinierten DNA-Sequenzen, ist die Wahrscheinlichkeit, daß durch Zufall nach Mutationen dasselbe Nukleotid auftritt ca. ¼. Für längere Sequenzen reduziert sich diese Wahrscheinlichkeit, sie beträgt bei n Positionen 4^{-n} (wenn näherungsweise alle Nukleotide gleich häufig sind und die Mutationen gleichwertig, selektionsneutral). Die zufällige Übereinstimmung einer Sequenz von 5 Positionen käme mit einer Wahrscheinlichkeit von ca. 10^{-3} vor, wäre also viel seltener als die von 1 Position.

Aus diesem Grund ist zu erwarten, daß **Signatursequenzen** von z.B. 10 oder mehr Nukleotiden Apomorphien hoher Homologiewahrscheinlichkeit sind. Bisher sind nur wenige derartige Sequenzen gezielt gesucht worden, sie finden sich sowohl in kodierenden als auch in funktionslosen DNA-Bereichen. So ist für die Cirripedia eine Insertion in der 18SrDNA mit der Sequenz CTGGGCTCCC charakteristisch (Spears et al. 1992). Microsporidia haben im EF-1-Peptid eine Sequenz von 10 Aminosäuren, die auch bei Pilzen und Metazoen vorkommt, was gegen die Einordnung an der Basis der Eukaryonten spricht (Philippe & Laurent 1998). Signatursequenzen finden in der **PCR-Technik** eine verbreitete Anwendung: Homologe Gene werden mit Hilfe von Primermolekülen amplifiziert, die so lang sind, daß eine zufällige Übereinstimmung mit nicht homologen Sequenzen sehr unwahrscheinlich ist.

So kann die Sequenz 5'-CCTACCTGGTTGATC-CTGCCAGT-3' als Primer für die Identifikation des Anfangs des 18SrRNA-Gens dienen.

Interessante Marker sind die SINEs (short interspersed nuclear elements), deren Funktion nicht bekannt ist und die 5-10 % des Genoms bei Säugetieren ausmachen. Obwohl diese Sequenzen neutral evolvieren müßten, wenn sie funktionslos wären, sind sie hochkonserviert und können mindestens 100 Millionen Jahren in den Genomen erhalten bleiben. Die Sequenz MIR (GCCT-CAGTTTCCTCATC) erlaubt Hybridisierungen oder PCR-Amplifikationen bei Säugern und ist auch bei Vögeln nachgewiesen; die Sequenz ARE-A2 (ACTGAATCACTTTGCTGTACAG) kommt nur bei Paarhufern und Walen vor, BOV-A2 bei Wiederkäuern (Tragulina + Pecora, nicht bei Tylopoda und Suiformes) (Buntjer et al. 1997).

5.2.2.3 Homologie von Genen, Genanordnungen, Sequenzduplikationen

Während die Analyse der Nukleotidfolge eine große Zahl von gering gewichteter Merkmale ergibt, wobei jedes Merkmal eins von 4 Nukleotiden ist, sind spezifische Genanordnungen komplexere Merkmale. Die Komplexität beruht auf der größeren Zahl von »Buchstaben« der Muster, in diesem Fall der Gene, die eine Position auf einem Chromosom einnehmen können.

Verlustmutationen größerer Sequenzabschnitte sind, ähnlich wie bei morphologischen Merkmalen, unspezifische, nicht komplexe Merkmale und können konvergent auftreten (z.B. konvergenter Verlust von repetitiven cpDNA-Sequenzabschnitten bei Koniferen und Leguminosen (Lavin et al. 1990) oder von cpDNA-Introns bei mehreren Blütenpflanzen (Downie et al. 1991). Sie sollten nicht hoch gewichtet werden.

Genanordnungen können wertvolle Apomorphien sein, wenn sich komplexe Änderungen nachweisen lassen. Die Verlagerung eines einzigen Gens der mtDNA ist ein Ereignis, für das Analogie nicht ausgeschlossen werden kann, die Kombination mehrerer Merkmale erlaubt eine sicherere Homologieaussage.

Beispiele für Änderungen der Genanordnung: Komplexere Änderungen sind für Echsen nachgewiesen: Die Monophylie der Acrodonta im Vergleich mit der Schwestergruppe Iguanidae wird gestützt durch die Reduktion des Replikationsursprunges O_l für den leichten Strang der mitochondrialen DNA, weiterhin haben die tRNAs für Glutamin und Isoleucin vertauschte Plätze und die Cystein tRNAs haben die D-Helix verloren (Macey et al. 1997). Das gekoppelte Vorkommen dieser Merkmale erhöht die Homologiewahrscheinkeit. – Vögel haben wie Schlangen und Eidechsen im mitochondrialen Genom tRNA-Gene in der Reihenfolge $tRNA^{His}$–$tRNA^{Ser}$–$tRNA^{Leu}$, während Krokodile die Folge $tRNA^{Ser}$–$tRNA^{His}$–$tRNA^{Leu}$ aufweisen. Diese Verlagerung ist eine Autapomorphie der Krokodile (Kumazawa & Nishida 1995). – Bei Seesternen findet man die Genfolge 16S-ND2-ND1, bei Seeigeln ist die Reihenfolge umgekehrt (Asakawa et al. 1991). Eine Rekonstruktion der Genanordnung im Grundmuster der Echinodermen steht noch aus.

Wie häufig Änderungen der Genanordnung erfolgen, und ob bestimmte Verlagerungen durch zelluläre Mechanismen gefördert werden, ist nicht bekannt. In der mitochondriale DNA des Menschen werden immer wieder Anomalien entdeckt, wie die Duplizierung von Abschnitten, die keinerlei Folgen für den Träger haben und darauf hinweisen, daß derartige Mutationen nicht selten sind (Tengan & Moraes 1998). Bei häufigem Vorkommen derartiger Mutationen ist Homologie weniger wahrscheinlich.

Transpositionen von Sequenzen aus Organellen in den Zellkern hinein sind relativ seltene Ereignisse. Werden im Zellkern Sequenzen gefunden, die aus Organellen stammen, ist eine Homologisierung auf Grund der Identität der Sequenz und des Ortes, an dem sie gefunden wird, möglich.

Derartige Transpositionen sind von Nukleinsäuren aus Chloroplasten und Mitochondrien bekannt (Blanchard & Schmidt 1995, Zischler et al. 1998). Beispielsweise kommt bei Gibbons, Orang-Utans, Gorillas, Schimpansen und beim Menschen im Zellkern (beim Menschen auf Chromosom 9) eine Insertion von ca. 360 Nukleotiden vor, die eine Kopie eines Teils der mitochondrialen DNA (D-loop) ist. Mit dieser Insertion ist eine Apomorphie der Hominoidea entdeckt worden: Das Ereignis muß in der Stammlinie der Hominoidea stattgefunden haben (Zischler et al. 1998).

Duplikationen können Sequenzabschnitte, komplette Gene, Chromosomen oder ganze Genome betreffen. Genduplikationen können zu redundanten Genen führen, welche alle dieselbe Funktion haben und von der Zelle in höherer Kopienzahl benötigt werden (repetitive Gene). So gibt es in Metazoen je nach Taxon z.T. Hunderte bis Tausende gekoppelte Kopien (engl. »tandem repeats«) der rDNA-Gene in jeder Zelle, die wohl gelegentlich individuelle Mutationen aufweisen können, jedoch nach wenigen Generationen weitgehend durch Verluste und Verdopplungen »homogenisiert« werden (»concerted evolution«: s. Elder & Turner 1995). Diese Prozesse verlaufen so schnell, daß in den einzelnen Organismen unterscheidbare Kopien verschiedener Verdopplungsereignisse allgemein nicht nachweisbar sind. Diese Gene sind untereinander paralog oder serial homolog (vgl. Kap. 4.2.2, 4.2.4). Evolvieren die Gene nach der Verdopplung unabhängig weiter, sind orthologe und paraloge Gene unterscheidbar: Wird das Gen A verdoppelt, entstehen die Gene A1 und A2. Beide Genkopien kommen in verschiedenen Individuen vor: Gen A1 in Individuum X ist ortholog zu Gen A1 in Individuum Y, aber paralog zu jeder Kopie von Gen A2.

Brauchbare Merkmale entstehen mit seltenen Duplikationen. Sowohl das Duplikationsereignis selbst als auch das Auftreten von Neuheiten im Verlauf der weiteren Evolution der Genkopien liefern phylogenetische Information. Aus Duplikationsereignissen können »Genfamilien« hervorgehen, in denen einzelne paralogen Genkopien getrennt evolvieren und daher an individuellen Besonderheiten identifiziert werden können. Bei der phylogenetischen Analyse ist es dann wichtig, paraloge von orthologen Genen zu unterscheiden: Isoliert man Gensequenzen aus Individuen, kann es sein, daß die Sequenzen nicht ortholog (homolog i.e.S.) sind, sondern zu zwei verschiedenen Linien paraloger Gene gehören. Diese Linien treffen in einem Stammbaum nicht unbedingt dort zusammen, wo die untersuchten Arten sich trennen, sondern zu dem früheren Zeitpunkt der Genduplikation (s. Abb. 6). Orthologe und paraloge Gene werden auf Grund der ungleichen Sequenzunterschiede erkannt, paraloge Gene sind untereinander unähnlicher als orthologe Gene. Die Unterscheidung erfordert den Vergleich mehrer Sequenzen.

Beispiele: Homeodomänen sind Transkriptionsfaktoren, die wichtige Funktionen bei der Steuerung der Embryogenese haben. Durch Genduplikation bei eukaryotischen Vorfahren von höheren Pflanzen, Pilzen und Metazoen sind 2 Proteingruppen entstanden, die unabhängig evolvierten (Bharathan et al. 1997). – Die Gene der *antennapedia*-Gruppe (*Antp* – Klasse) sind nach bisherigem Kenntnisstand teils spezifisch für Säuger, teils für Wirbeltiere, teils für alle Metazoa (Zhang & Nei 1996). Ebenso bilden Tubulingene der Metazoa und Hämoglobingene der Vertebrata Genfamilien. Durch Verdopplung sind bei Säugern Gene für embryonale, fötale und adulte Hämoglobine differenziert.

5.2.2.4 Homologie von Restriktionsfragmenten

Restriktionsfragmente erhält man durch Behandlung von nukleärer oder mitochondrialer DNA mit Restriktionsendonukleasen. Diese schneiden die DNA an spezifischen Nukleotidfolgen, so daß bei Behandlung derselben DNA-Sequenz mit denselben Enzymen stets dieselben Fragmente entstehen (Rezepte finden sich u.a. in Dowling et al. 1990). Auch wenn lange Sequenzen analysiert werden, erhält man spezifische Informationen nur über Mutationen in den kleine Abschnitten, die den Erkennungssequenzen der Enzyme entsprechen (meist unter 1 % der Sequenzlänge). Da viele homologe Schnittstellen im Verlauf der Evolution unverändert erhalten bleiben, sind nur die wenigen variablen für die phylogenetische Analyse wertvoll. Homologisiert werden können

a) die Schnittstellen, und
b) die Fragmente.

Das Enzym EcoRI erkennt zum Beispiel die Nukleotidfolge GAATC und schneidet das Molekül zwischen G und A. Die Homologiewahrscheinlichkeit der Schnittstelle ist viel geringer als die langer Primersequenzen, die z.B. aus 20 Nukleotiden bestehen (ca. 4^{-5} statt ca. 4^{-20}). Der Verlust der Schnittstelle kann durch eine beliebige Mutation an einer der Schnittstellenpositionen erfolgen.

Spezifischer als die Homologisierung der Schnittstellensequenzen ist die Homologisierung der Anordnung der Schnittstellen. Um Schnittstellen zu lokalisieren, muß eine Schnittstellenkarte angelegt werden (s. Abb. 103), was ein zeitaufwendiges Verfahren ist. Auf dieser Grundlage kann eine Merkmalsmatrix erarbeitet werden, in der eingetragen wird, welche Schnittstellen bei welchen Individuen vorhanden sind. Folgende Merkmalsveränderungen können auftreten:

– Verlust der Schnittstelle durch Punktmutation (GAATC wird zu GGATC oder GATTC, usw.). Da nicht nur zufällig gleiche sondern auch verschiedene Mutationen denselben Verlust der Schnittstelle hervorrufen, ist die Annahme, daß der Verlust homolog ist, mit einem Risiko behaftet. Jegliche Mutation der Erkennungssequenz führt zum Verlust der Schnittstelle.
– Entstehung einer neuen Schnittstelle: Wie beim Verlust gibt es auch mehrere Möglichkeiten für die Entstehung neuer Schnittstellen, so daß die Homologie mit dem Auftreten der neuen Schnittstelle nicht bewiesen ist. Die Wahrscheinlichkeit, daß eine neue Schnittstelle aus einer vorgegebenen Sequenz entsteht, ist jedoch viel geringer, als die des Verlustes einer Schnittstelle, da nur eine spezifische Mutation die Erkennungssequenz erzeugen kann (Beispiel: GGATC muß zu GAATC mutieren).

Da in einer langen Sequenz viele Orte mutieren können, kann man davon ausgehen, daß bei nah verwandten Organismen, deren Sequenzen sich nur wenig unterscheiden, die Wahrscheinlichkeit sehr gering ist, daß zufällig dieselbe lokale Schnittstelle betroffen ist, weil wenige Mutationen real stattfinden und viele alternative Orte möglicher Mutationen existieren.

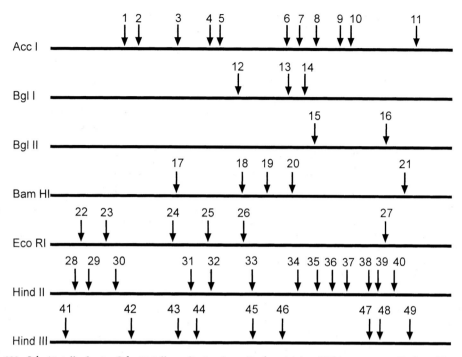

Abb. 103. Schnittstellenkarte: Schnittstellen, die in der mitochondrialen DNA von europäischen Hasenarten gefunden worden sind (Pérez-Suárez et al. 1994). Die Präsenz einer jeden Schnittstelle kann als Merkmal für die Rekonstruktion der Phylogenese dienen. Links stehen jeweils die Abkürzungen für die Restriktionsenzyme, die Linie repräsentiert den DNA-Strang, die Schnittstellen wurden alle durchnumeriert.

Weniger aufwendig als die Kartierung der Schnittstellen ist der Vergleich von Fragmentlängen (RFLP Analyse; RFLP = Restriktions-Fragmentlängen-Polymorphismus). Die Fragmentlänge verändert sich durch

- Insertionen von Nukleotiden,
- Deletionen von Nukleotiden,
- Transpositionen und Inversionen von Sequenzabschnitten, die Schnittstellen enthalten,
- Verlust einer Schnittstelle,
- Entstehung einer Schnittstelle.

Da der Verlust oder die Entstehung einer Schnittstelle die Länge von 2 Fragmenten und die Anzahl verändert, sind die Fragmente als Merkmale nicht voneinander unabhängig. Eine einzige Mutation kann, je nach Auswertung, 3 Neuheiten erzeugen (z.B. 1 Verlust, 2 neue Fragmente). Weiterhin kann durch Zufall eine bestimmte Fragmentlänge aus unterschiedlichen Sequenzen entstehen. Eine Insertion erzeugt ein längeres Fragment, das die Länge eines anderen, nicht homologen Fragmentes erreichen kann. Allein die Präsenz eines Fragmentes bestimmter Länge kann kein Argument für die Aufstellung einer Homologiehypothese sein. Wertvoller ist das Erzeugen komplexer Muster, die aus vielen Fragmenten bestehen und mit einem Fingerabdruck vergleichbar sind (s. Komplexitätskriterium, Kap. 5.1). Stimmen 2 komplexe Fragmentmuster im Detail überein, ist auch die Homologiewahrscheinlichkeit für das einzelne Fragment höher. Die Homologiewahrscheinlichkeit ist auch bei Sequenzen höher, die langsam evolvieren, also pro Zeiteinheit von weniger Mutationen betroffen sind (phänomenologisch bestimmbar durch Bewertung des Rausch-Signal-Verhältnisses: Kap. 6.5.1).

Aus der Präsenz von Fragmenten lassen sich Distanzschätzungen ableiten (Kap. 14.3.6, Abb. 181). Will man Fragmentlängen für eine phylogenetisch-kladistische Analyse nutzen, muß versucht werden, die Fragmente gemäß geschätzter Homologiewahrscheinlichkeiten zu gewichten. Die Gewichtung wird meist mit Annahmen über den Evolutions*prozess* vorgenommen. Allein aus

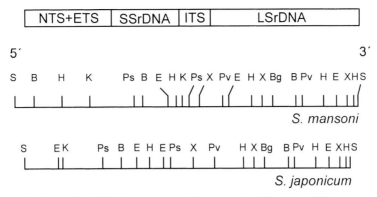

Abb. 104. Schnittstellenkarte für rDNA-Sequenzen von Erregern der Bilharziose *(Schistosoma mansoni* und *Schistosoma japonicum).* Individuen von *S. japonicum* haben unabhängig von ihrer Herkunft (China, Philippinen) dieselbe Schnittstellenfolge. Die Buchstaben geben an, für welches Enzym eine Schnittstelle vorhanden ist. Die Anordnung der Sequenzen: NTS = nicht transkribierte Spacersequenz, ETS: externe transkribierte Spacersequenz, SSrDNA: rRNA-Gen für die kleine ribosomale Untereinheit; LSrDNA: rRNA-Gen für die große ribosomale Untereinheit; ITS: interne Spacersequenz (nach Bowles et al. 1993).

der Tatsache, daß Verluste von Schnittstellen an einem bestimmten Ort viel wahrscheinlicher sind als die Entstehung, ergibt sich die Möglichkeit zur Gewichtung nach Ereigniswahrscheinlichkeiten. (siehe Albert et al. 1992). Ein anderer populärer Ansatz besteht in der Berechnung einer Distanzmatrix, die die geschätzte Divergenz zwischen Artenpaaren enthält (Kap. 14.3.6) und mit dem neighbor-joining-Verfahren ausgewertet wird.

5.2.2.5 Immunologie

Proteinvergleiche mit immunologischen Methoden liefern Daten über die Ähnlichkeit der Proteine (z.B. Mikrokomplementfixierung, Präzipitintest; Rezepte in Maxson & Maxson 1990). Antikörper gegen ein bestimmtes Referenzprotein werden erzeugt, das Ausmaß der Reaktion zwischen Antikörper und Antigen wird bewertet. Diese Reaktion hängt von der Affinität und Spezifität der Antikörper ab, sowie von der Struktur der Bindungsorte am getesteten Protein. Je ähnlicher der Bindungsort des getesteten Proteins dem des Referenzproteins ist, desto intensiver ist die Reaktion. Es ist nachgewiesen, daß die immunologische Reaktion für begrenzte Divergenzintervalle der Arten ein Maß für die Übereinstimmung der Aminosäuresequenzen ist. Die Übereinstimmung ist um so besser zu schätzen, je reiner und spezifischer der Antikörper ist und je reiner das isolierte Testprotein.

Für phylogenetische Analysen werden Proteine aus verschiedenen Arten isoliert, die mit dem einer Referenzart verglichen werden. Das Antigen der Referenzart wird »homolog« genannt, das der anderen Arten »heterolog«. Das Ausmaß der Unähnlichkeit heterologer Tests wird relativ zu der homologen Immunreaktion ausgedrückt und als genetische Distanz aufgefaßt. Bei Verwendung weiterer Arten als Referenzarten erhält man die Möglichkeit, die Distanzschätzungen zu vergleichen und Meßfehler zu ermitteln. Ziel der Experimente ist es, eine Matrix mit paarweisen Distanzen zu erhalten (vgl. Abb. 154), die Distanzen lassen sich dann mit Clusterverfahren auswerten (vgl. Kap. 14.3.7).

Zu berücksichtigen ist, daß die 5-10 Aminosäuren des Bindungsortes nicht repräsentativ für das gesamte Protein sind und die Bindungsenergie Antigen/Antikörper nicht unbedingt linear mit der Divergenz der Proteine sinkt. Zwei nicht homologe Mutationen am Bindungsort könnten dieselbe Verminderung der Bindungskraft bewirken. Ähnlich wie bei anderen indirekten Distanzmethoden sind diskrete Analogien und Homologien nicht unterscheidbar, die einzelne evolutive Neuheit ist nicht zu identifizieren, verschiedene, nicht homologe Neuheiten sind nicht unterscheidbar, wenn sie dieselbe immunologische Wirkung haben.

Wer immunologisch arbeitet, darf nicht vergessen, daß mit zunehmender Distanz multiple Substitutionen gehäuft auftreten und Korrekturen notwendig sind (s. Dayhoff et al. 1978). Multiple Substitutionen, also zeitlich aufeinander folgende Mutationen an derselben Molekülposition erzeugen dieselbe immunologische Distanz wie eine einfache Mutation am selben Ort, weshalb die genetische Distanz unterschätzt wird. Weiterhin muß für die Schätzung der Divergenzzeit wie bei anderen Distanzmethoden (Kap. 2.7.2.3) vorausgesetzt werden, daß die Substitutionsraten in der Zeit relativ konstant sind. Abweichungen von der regelmäßigen Evolutionsrate sind beim Vergleich von Populationen derselben Art groß, erst mit wachsender Divergenzzeit ergibt sich über einen großen Zeitraum ein stabiler Mittelwert. Mit weiter steigender Distanz häufen sich multiple Substitutionen, so daß die Schätzung der Divergenzzeit ungenau wird. Für Serumalbumine gilt, daß bei Divergenzzeiten von mehr als 120 Millionen Jahren die Nachweisgrenze erreicht ist (Joger 1996).

Wie bei allen Rekonstruktionsverfahren sind die Analogie- und Plesiomorphie-Probleme zu berücksichtigen (s. Kap. 6.3.2, 6.3.3).

5.2.2.6 Homologisierung von Isoenzymen

Isoenzyme sind unterscheidbare Enzyme mit derselben Funktion aber verschiedenem Aufbau. Unterschiede im Aufbau können durch Herkunft von verschiedenen Genloci (z.B. nach Genduplikation) oder von verschiedenen Allelen desselben Locus (Allozyme) entstehen, bei polymeren Enzymen können Unterschiede der Struktur und Zahl monomerer Bausteine bestehen. Für phylogenetische Analysen werden überwiegend Allozyme genutzt, da hier die Homologie der kodierenden Genloci vorausgesetzt werden kann. Allozyme werden oft für Vergleiche nah verwandter Arten genutzt, sofern die Variabilität der Merkmale ausreicht. Bei größeren Divergenzzeiten kann die Variabilität so groß werden, daß keine Homologien nachweisbar sind oder Rück- und Parallelmutationen Analogien in größerer Zahl hervorbringen.

Isoenzyme werden elektrophoretisch getrennt. Folgende Annahmen sind vorauszusetzen:

– Unterschiede der Beweglichkeit der Proteine im elektrischen Feld beruhen auf Unterschieden der kodierenden DNA.
– Die Enzyme beider Allele diploider Organismen werden in derselben Menge exprimiert.
– Die Enzymexpression in Gewebeproben unterschiedlicher Herkunft ist vergleichbar.

Bestehen Zweifel an der Richtigkeit dieser Annahmen, müssen weitere Untersuchungen durchgeführt werden. Ist zu vermuten, daß ein Allel nicht exprimiert wird, kann z.B. mit Kreuzungsversuchen die Expression bei homozygoten Nachkommen geprüft werden.

Homologisiert werden Enzyme, die die Nachweisreaktionen katalysieren und im elektrischen Feld gleich weit gewandert sind. Die Homologisierung von gleich mobilen Proteinen kann unsicher sein, da

– Proteine gleicher Mobilität unterschiedliche Aminosäuresequenzen aufweisen können.

Bei sorgfältiger Anwendung mehrerer Trennungsverfahren wird jedoch meist der größte Anteil der Varianten korrekt unterschieden (Murphy et al. 1990). Die Unterscheidung der Varianten erlaubt aber keine quantitativen Aussagen über das Ausmaß der Verschiedenheit der kodierenden DNA-Sequenzen, es können nur Proteine als »identisch« oder »verschieden« erkannt werden.

Die gewonnenen Daten lassen sich auf unterschiedliche Weise auswerten:

1) Es läßt sich eine Datenmatrix erstellen, in der das Fehlen oder die Anwesenheit der Isozyme für jedes Individuum einer Art notiert wird. Diese Matrix entspricht einer Merkmalsmatrix (Abb. 118), es werden dafür diskrete Merkmale benötigt.
2) Eine Merkmalsmatrix kann in eine Distanzmatrix transformiert werden.
3) Eine dritte Dimension enthält die Matrix, wenn die Frequenzen der Allele für verschiedene Populationen oder Arten berücksichtigt werden.

Die Daten können für populationsgenetische oder phylogenetische Analysen ausgewertet werden, nur Letzteres wird im Folgenden berücksichtigt.

Allele als diskrete Merkmale

Allele können wie morphologische Merkmale behandelt werden, wenn die Arten keinen intraspezifischen Polymorphismus aufweisen, einzelne Allele also kennzeichnend für Arten oder Artgruppen sind. Das Fehlen oder Vorhandensein von Allelen sind die Merkmalszustände, die Lesrichtung muß mit dem Außengruppenvergleich bestimmt werden. Die Daten können kladistisch ausgewertet (Kap. 6) oder zu Distanzen transformiert werden. Als Distanz wertet man die Zahl der Unterschiede zwischen Paaren terminaler Taxa. Eine derart erhaltene Distanzmatrix kann sodann mit Distanzverfahren (Kap. 8.2) weiter analysiert werden. Daß die Distanzen jedoch einen Bezug zu den Divergenzzeiten haben, ist anzuzweifeln, da der quantitative Unterschied der kodierenden DNA-Sequenzen unbekannt bleibt. Weiterhin besteht wie bei Restriktionsfragmenten die Gefahr, daß die Koppelung von Merkmalen nicht bemerkt wird: Durch eine Mutation kann ein Allel ausfallen und in ein anderes umgewandelt werden, die genetische Distanz wird überschätzt.

Die Präsenz bestimmter Allozyme kann verwendet werden, um Arten zu unterscheiden: Narang et al. (1989) identifizierten auf diese Weise kryptische Arten aus dem *Drosophila quadrimaculatus* (Insecta: Diptera) Komplex. Patton und Avise (1983) verwendeten die elektrophoretisch bestimmte Präsenz von Allozymen (»Elektromorphen«) als diskrete Merkmale zur Analyse der Phylogenese von Entenvögeln (Anatidae), wobei die Autoren versuchten, Apomorphien für Artgruppen zu identifizieren.

Allelfrequenzen als Merkmale

Man muß sich dessen bewußt sein, daß Allelfrequenzen keine artspezifischen Merkmale sind, sondern Charakteristika einer Population zur Zeit t. Die Frequenzen ändern sich im Verlauf der Zeit durch Genfluß und genetische Drift *unabhängig* von den Substitutionsraten der DNA. Derartige Daten sind für Populationsstudien besser geeignet als für phylogenetische Analysen.

Sind die Allele bei mehreren Arten vorhanden, kann ihre Frequenz als Merkmal genutzt werden (Swofford & Berlocher 1987). Es muß berücksichtigt werden, daß bei Frequenzdaten der Stichprobenfehler groß sein kann, wenn die Allelfrequenzen von Population zu Population intraspezifisch variieren. Ob Ereignisse, die zu einer Verschiebung von Allelfrequenzen führen, konvergent vorkommen, kann a priori nicht festgestellt werden. Es besteht jedoch die Möglichkeit, die Frequenzen einer großen Anzahl von Allelen zu untersuchen, um ein komplexeres Muster zu erhalten. Die Wahrscheinlichkeit, daß Frequenzveränderungen für viele Allele zufällig gleich ausfallen, ist dann um so geringer, je mehr Genloci berücksichtigt werden. Es ist nicht möglich, nach einzelnen Apomorphien zu suchen, da keine diskreten Merkmale verfügbar sind. Allelfrequenzen werden kaum noch für phylogenetische Studien verwendet. Wie Frequenzdaten in Distanzen umgerechnet werden, wird in Kap. 14.3.5 erläutert.

5.2.2.7 Cytogenetik

Für taxonomische Studien wird gelegentlich die Veränderung der Chromosomenzahl oder -struktur verwendet. Der Vergleich von Zahlen allein kann nicht der Charakterisierung von Taxa dienen, da die Homologie einer Zahl allein zweifelhaft ist. Wenn unter den urtümlichen Gastropoden die Acmaeidae 10, die meisten Neritidae 12 und die meisten Trochidae 18 Chromosomen haben (Nakamura 1986), so läßt sich daraus keine Aussage über die Phylogenese ableiten. Um Veränderungen als evolutive Neuheiten individuell zu erkennen, müssen die Chromosomen homologisiert werden. Als Hilfsmittel dazu können Färbetechniken dienen (vgl. Methoden in Macgregor & Varley 1983, Summer 1990), mit denen individuelle Farbmuster der Chromosomen sichtbar werden können, was nicht immer gelingt und im Einzelfall geprüft werden muß. Fortschritte bei der Identifizierung einzelner Chromosomen und größerer chromosomaler Umbauten sind mit dem Einsatz der in situ Hybridisierung in Kombination mit Fluoreszenzfarbstoffen zu erwarten. Die Auswertung erfolgt wie die anderer diskreter Merkmale (Kap. 6).

5.2.2.8 DNA-Hybridisierung

Ziel der DNA-DNA-Hybridisierung ist es, für einen möglichst großen Anteil des Genoms zweier Arten ein Maß für die Sequenzunterschiede zu erhalten. Dieses Maß kann nicht als Zahl variabler Sequenzpositionen ausgedrückt werden, sondern als Distanz relativ zu anderen Arten. Eine Distanz zwischen zwei Sequenzen wird durch Autapomorphien einer Sequenz oder des Monophylums, das die Sequenz repräsentiert, vergrößert, sie wird verringert durch zufällige Übereinstimmungen, Symplesiomorphien und Synapomorphien der beiden Sequenzen. Die Messung der Distanz beruht auf der indirekten Messung der Bindungskraft von komplementären DNA-Strängen, die von der Zahl der Wasserstoffbrücken abhängt. Diese ist wiederum um so kleiner, je unähnlicher die Sequenzen sind, da mehr ungepaarte Positionen auftreten. Weiterhin sind GC-Paarungen stärker als AT-Paarungen, so daß nicht nur die Zahl gepaarter Positionen die Messung beeinflußt.

Gewonnen werden die Hybridisierungs-Daten, indem die Schmelztemperatur (Temperatur der Trennung der gepaarten Stränge) von hybriden DNA-Doppelsträngen gemessen wird. Zu diesem Zweck werden lange DNA-Fragmente in kleinere Stücke geteilt und repetitive DNA-Fragmente entfernt. Vergleichbare Schmelztemperaturen werden durch standardisierte Protokollierung der Reassoziation der Fragmente bei verschiedenen Temperaturen erhalten. Überprüft wird die Distanz zu einer Referenzart. Geschätzt wird, daß eine Temperaturdifferenz der Schmelztemperatur von 1 °C etwa 1 % Sequenzunterschied entspricht. Die Hybridisierung kann mit DNA derselben Art (Kontrollwert für die Referenzart) oder zwei verschiedenen Arten (Referenzart/zu prüfende Art) erfolgen. Je größer der gemessene Temperaturunterschied zwischen intra- und interspezifischer Hybridisierung ist, desto größer ist die genetische Distanz einer Art zur Referenzart (weitere Details in Werman et al. 1990). Einige methodische Nachteile sind die Empfindlichkeit der Messungen gegenüber den Versuchsbedingungen und die relativ große DNA-Menge, die benötigt wird.

Folgende Fehlerquellen können auftreten:

– Meßfehler (die strenge Einhaltung standardisierter Labormethoden ist erforderlich)
– Analogien (zufällige Übereinstimmungen bei 2 Arten) verringern meßbare Distanzen.
– Autapomorphien einer Sequenz, also irrelevante Merkmale, vergrößern die Distanzen.
– Ist die Artenstichprobe ungenügend, erzeugen Symplesiomorphien falsche Schwestergruppen (vgl. Kap. 6.3.3).
– Unterschiede der Mutationsraten können Unterschiede zwischen meßbaren Distanzen und Fehleinschätzungen der realen Divergenzzeiten hervorrufen.
– Da der Verlauf der Hybridisierung der einzelsträngigen Fragmente von der Zahl unterschiedlicher Fragmente in der Lösung abhängt, können Arten mit sehr verschieden großem Genom nicht verglichen werden.
– Die intraspezifische Variabilität kann groß sein. Die interspezifischen Distanzen müssen für phylogenetische Studien deutlich über den intraspezifischen liegen.

Hybridisierungs-Daten sind nicht additiv (s. Kap. 14.3.3), weshalb einfache Clusterverfahren für die Baumkonstruktion nicht verwendbar sind. Für die Auswertung muß berücksichtigt werden, daß die gemessene Distanz geringer ist als die reale Divergenz, da öfters Rückmutationen und Analogien vorkommen. Es wird daher empfohlen, Korrekturen in derselben Weise vorzunehmen, wie bei Distanzanalysen für DNA-Sequenzen (s. Kap. 8.2), wobei auf Grund der meist relativ geringen Divergenzzeiten das Jukes-Cantor-Modell (s. Kap. 14.1.1) ausreicht (Werman et al. 1990). Ohne diese Korrekturen wird die Zahl der Autapomorphien terminaler Arten unterschätzt, die Topologie der Dendrogramme ändert sich aber erfahrungsgemäß nicht oder nur wenig. Da im Vergleich mit sequenzierten Genen die Zahl berücksichtigter Nukleotide sehr hoch ist, ist zu erwarten, daß die Abweichungen von der erwarteten Zahl durchschnittlich auftretender Analogien gering sind, wenn das gewählte Modell der realen Sequenzevolution entspricht. Die Effekte zufälliger Übereinstimmungen sollten sich gegenseitig aufheben (Abb. 105).

Hybridisierungs-Daten erlauben nicht die Identifikation von taxonspezifischen Merkmalen, evolutive Neuheiten werden nicht individuell identifiziert. Mit der DNA-DNA-Hybridisierung berücksichtigt man nicht einzelne Nukleotide, sondern eine Vielzahl von Sequenzen, die zusammen als sehr komplexes Muster einer Art (oder eines Organismus) angesehen werden können. Die Muster selbst werden nicht beschrieben, vielmehr wird das Ausmaß der Unterschiede zwischen zwei Mustern indirekt gemessen und quantifiziert. Die Komplexität von potentiellen Syna-

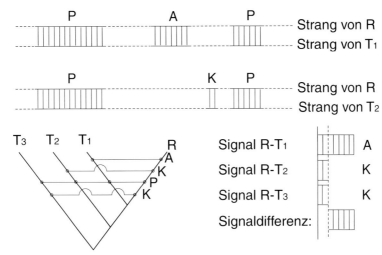

Abb. 105. Schema zur Erläuterung der Wirkungsweise von DNA-DNA-Hybridisierungen. Das zur Referenzart R benachbarte Taxon T_1 wird dadurch entdeckt, daß die Schmelztemperatur der Hybrid-DNA R-T_1 größer ist als für R-T_2 oder R-T_3. Eine mit der Phylogenese korrelierende Schmelztemperatur-Differenz (»Signaldifferenz«) entsteht dann, wenn die Zahl der Konvergenzen **K** geringer ist als die Zahl der Synapomorphien **A**. **P**: Plesiomorphien.

pomorphien zweier Taxa (das »Signal« zu Gunsten eines Monophylums) wird mit einer Maßzahl erfaßt, von der nur grob geschätzt werden kann (was meist nicht versucht wird), wieviele gemeinsame Substitutionen vorkommen. Falsche Signale (Rauschen) entstehen durch Analogien. Das »Signal« muß deutlicher als das »Hintergrundrauschen« sein, damit es bemerkt werden kann.

Die bekannteste mit dieser Methode durchgeführte phylogenetische Analyse ist die der Vögel durch Sibley & Ahlquist (1990). Sie erhielten Indizien dafür, daß der rätselhafte südamerikanische Hoatzin (s. auch Abb. 109) zu den Kuckucksartigen (Cuculiformes) gehört, daß Eulen nicht mit Tagraubvögeln, sondern mit Schwalmvögeln und Ziegenmelkern (Caprimulgiformes) verwandt sind, daß die Aasgeier Südamerikas nicht mit den Altweltgeiern sondern mit den Störchen verwandt sind (Ciconiiformnes), die amerikanischen Stärlinge (Icteridae) sind nicht mit Rabenvögeln (Corvidae) verwandt sondern das Schwestertaxon der neuweltlichen Spottdrosseln (Mimidae).

5.2.2.9 RAPD

Die RAPD-Methode (»random amplified polymorphic DNA«) besteht darin, mit zufällig gewählten Primersequenzen unbekannte DNA-Abschnitte von ca. 200 bis 2000 bp Länge aus einem Organismus mit Hilfe der PCR-Technik zu amplifizieren, ohne daß bekannt ist, aus welchen Sequenzbereichen oder Genen die amplifizierten Abschnitte stammen: Die Loci sind »anonym«. Damit nur Sequenzen amplifiziert werden, die von exakt zu den Primern komplementären Sequenzen begrenzt werden, müssen die Versuchsbedingungen der PCR so gewählt werden, daß ungenaue Primerpassungen vermieden werden. Ein Elektrophorese-Gel mit einem typischen RAPD-Produkt enthält mehrere Banden, den RAPD-Markern, die aus der gesamten DNA eines Organismus stammen und als »Fingerabdruck« Verwendung finden. Die Methode ist unkompliziert, es ist nicht erforderlich, spezifische Primersequenzen zu suchen, wie es bei der Amplifikation ausgewählter Gene notwendig ist. Probleme kann es mit der Reproduzierbarkeit einzelner Experimente geben, die von den Reaktionsbedingungen abhängt, ein Vorteil der Methode ist der relativ geringe Laboraufwand. Anwender dieser Methode können in der Literatur Rezepte und Empfehlungen finden (z.B. in Grosberg et al. 1996).

Oft entdeckt man durch Vergleich von Individuen verschiedener Populationen oder Arten Polymorphismen, also Variationen der Bandenpräsenz, die durch evolutionäre Verlängerung oder

Verkürzung von Sequenzen oder durch Ausfall oder Neubildung einer Primer-Erkennungsstelle entstehen. Derartige Variationen können zur Identifikation von Populationen oder Arten genutzt werden. Zur Entdeckung diagnostischer Banden muß man meist mehrere zufällig gewählte Primer ausprobieren. So lassen sich z.B. die morphologisch nicht oder schwer unterscheidbaren Arten der Malaria-Mücken (*Anopheles*-Arten) gut identifizieren (Wilkeson et al. 1993). Auch Populationsstudien sind mit RAPD-Analysen durchführbar.

Homologiehypothesen für amplifizierte Sequenzen gleicher Länge beruhen auf der Annahme, daß es wenig wahrscheinlich ist, daß die zufällig amplifizierte Region auch zufällig bei zwei Arten dieselbe Länge hat, oder daß verschiedene Primer denselben homologen Abschnitt amplifizieren. Eine hohe Homologiewahrscheinlichkeit wird also vorausgesetzt. Diese Hypothese ist überprüfbar, indem die Abschnitte sequenziert werden. Dieser Aufwand wird aber allgemein nicht getrieben. Für phylogenetische Studien kann man die Präsenz einer Bande wie einen Merkmalszustand kodieren, um mit kladistischen Verfahren (Kap. 6.1.2) Dendrogramme zu konstruieren.

5.2.2.10 Aminosäuresequenzen

Aminosäuresequenzen werden häufig nicht durch Sequenzierung von Proteinen, sondern durch Übersetzung von kodierenden DNA-Sequezen gewonnen, was mit Computerprogrammen wie MacClade möglich ist (Maddison & Maddison 1992). Grundsätzlich lassen sich Aminosäuresequenzen in derselben Weise auswerten wie DNA-Sequenzen. Unterschiede bestehen in der Gewichtung von Substitutionen, die bei der Alinierung und in der Distanzberechnung bedeutsam sind. Die Gewichtung von Substitutionen, die die Ereigniswahrscheinlichkeit bewertet, wird meist nach empirisch ermittelten Daten durchgeführt:

Für die Nutzung empirisch ermittelter Mutationsfrequenzen wird eine Matrix verwendet, die für jedes Aminosäurepaar einen Wert angibt (Dayhoff et al. 1978). Der Wert ist eine Schätzung der Wahrscheinlichkeit, daß eine bestimmte Aminosäure durch eine andere ersetzt wird. Die Matrix mit 2023B Werten entspricht einem universellem Modell für die Substitutionswahrscheinlichkeit von Aminosäuren. Für die Dayhoff-Matrix sind 1572 Mutationen in 71 Sequenzfamilien untersucht worden, deren Phylogenese rekonstruiert worden ist. In jedem Datensatz wurde die Häufigkeit der Aminosäuren gezählt und berücksichtigt, um die Wahrscheinlichkeit eines Austausches zu schätzen. Die Einheiten werden PAM-Einheiten genannt (»point accepted mutations per 100 residues per 10^8 modelled evolutionary years«). In der Matrix (Anhang 14.11) haben Paare einen negativen Wert, die empirisch seltener vorkommen, als eine Zufallskombination der Aminosäuren erwarten ließe. Positive Zahlen kennzeichnen Paare, die häufiger als durch Zufall erwartet beobachtet wurden. Die Ursache für die empirisch beobachtete Substitutionsvariabilität ist in den physikalischen und chemischen Eigenschaften der Aminosäuren zu suchen. Die Anwendung der Dayhoff-Matrix setzt die Annahme voraus, daß die Substitutionsraten für die einzelnen Aminosäuren unterschiedlich sind, die Raten aber nicht von der Sequenzposition abhängen.

Für die Bewertung der chemischen Ähnlichkeit geht man von der Überlegung aus, daß die Enzymaktivität von den physikalisch-chemischen Eigenschaften der Aminosäuren abhängt, und somit Varianten einer Aminosäuresequenz je nach Funktion des mutierten Ortes unter verschiedenem Selektionsdruck stehen. Die Aminosäuren werden nach Molekülgröße, Hydrophobie und Polarität klassifiziert (McLachlan 1972, Taylor 1986a,b).

Da Analysen auf DNA-Ebene wesentlich populärer sind, soll hier auf weitere Details der Auswertung von Peptidsequenzen verzichtet werden.

5.3 Bestimmung der Lesrichtung (Polarität) der Merkmale

In Kapitel 3.2 wird erläutert, daß ohne Kenntnis der Lesrichtung eine Baumgraphik konstruiert werden kann, in der Gruppen unterscheidbar sind. Diese Graphik ist aber ungerichtet, die Gruppen sind entweder Monophyla oder Paraphyla, die Evolutionsrichtung ist nicht dargestellt. Eine gerichtete Baumgraphik ist daher informativer und die Polarisierung ist notwendig, wenn die Phylogenese dargestellt werden soll. Wir müssen zwischen der **Lesrichtung der Merkmale** und der **Lesrichtung der Baumgraphen** unterscheiden. Unter »Lesrichtung« versteht man konventionell die der Merkmale. Die Bestimmung der Polarität der Dendrogramme wird auch bildlich »Wurzelung« genannt.

Für jedes Merkmal, von dem angenommen wird, daß es eine Homologie sei, kann versucht werden, die zeitliche Folge der Merkmalsentstehung zu bestimmen. Es kann sich a) um ein Merkmal handeln, daß bei einigen Taxa vorhanden und bei anderen gänzlich abwesend ist, oder b) um zwei oder mehr Merkmalszustände. Definieren wir das Fehlen eines Merkmals als Zustand, oder beschreiben wir den Unterschied der Zustände als Merkmal, gibt es grundsätzlich keinen Unterschied zwischen Fall a) und Fall b).

Zweifellos unbrauchbar ist die Annahme, das häufigere Merkmal sei das urtümlichere: Der Entwicklungszyklus der meisten Tetrapoden enthält zum Beispiel keine wasserlebenden Larven, trotzdem ist die Annahme begründet, daß der Lebenszyklus der Amphibien urtümlicher ist. Für die Bestimmung der Lesrichtung sind folgende Verfahren bekannt:

a) Phylogenetische Merkmalsanalyse mit Außengruppenvergleich (Kap. 5.3.2)
b) Kladistische Außengruppenaddition (»Außengruppenvergleich« der phänetischen Kladistik, s. Kap. 5.3.3, 6.1)
c) Bewertung der evolutiven Komplexitätszunahme (Kap. 5.3.4)
d) Das ontogenetische Kriterium (Kap. 5.3.5)
e) Das paläontologische Kriterium (Kap. 5.3.6)

Diese Methoden werden nachfolgend vorgestellt.

5.3.1 Innen- und Außengruppe

In der Praxis ist die **Innengruppe** nichts anderes als eine ausgewählte Gruppierung von Arten, deren Monophylie geprüft werden soll. Die **Außengruppe** ist die Gruppe aller Organismen, die nicht zur Innengruppe gehören, also »alle übrigen Lebewesen«. Die Mitglieder der Innengruppe werden in der Praxis an konstitutiven Merkmalen (s. Kap. 4.2.2) erkannt, unabhängig davon, ob die Gruppe monophyletisch ist oder nicht. Alle Organismen, die diese Eigenschaften nicht aufweisen, gehören nicht zur Innengruppe. Exakt in dieser Weise wird verfahren, wenn man der Hennigschen Methode (Kap. 6.2) folgt: Alle bekannten Organismen werden in Betracht gezogen, wenn man nach Analogien oder Homologien sucht. Während der Suche nach homologen Merkmalen kann die Innengruppe erweitert werden, sobald weitere Taxa gefunden werden, die die konstitutiven Merkmale aufweisen. Dieses ist eine **phylogenetische Merkmalsanalyse mit Außengruppenvergleich**.

Die Methode des phänetischen Kladismus (Kap. 6.1) setzt die Kenntnis aller übrigen Organismen nicht voraus, was u.a. eine Folge der Praxis ist, die Suche nach Homologien dem Computer zu überlassen, der stets nur begrenzte Informationen über wenige Organismen erhält. Diese Einschränkung ist eine Fehlerquelle, da Plesiomorphien für Apomorphien gehalten werden können (s. Plesiomorphiefalle, Kap. 6.3.3). Die Algorithmen der Kladistik erfordern nicht, daß mehr als 1 Taxon als »Außengruppe« festgelegt wird. Aus diesem Grund sind 2 Formen des Außengruppenvergleichs zu unterscheiden.

Phylogenetischer Außengruppenvergleich (engl.: »outgroup character comparison«): Analyse der Wahrscheinlichkeit, daß ein Merkmal eine evolutive Neuheit (= Apomorphie), und das Fehlen dieses Merkmales bei allen anderen Organismen (= Außengruppe) der phylogenetisch ältere Zustand (= Plesiomorphie) ist.

Kladistischer Außengruppenvergleich (engl.: »cladistic outgroup addition«): Festlegung mindestens eines Taxons als Außengruppe. Eine Merkmalsanalyse erfolgt nicht.

5.3.2 Phylogenetische Merkmalsanalyse mit Außengruppenvergleich, Rekonstruktion von Grundmustern

Wir setzen voraus, daß eine phylogenetische Analyse für eine Gruppe von Arten durchgeführt werden soll, die im folgenden Innengruppe genannt wird. Die phylogenetische Merkmalsanalyse besteht aus folgenden Schritten:

- Wähle eine Artgruppe, deren Monophylie nachgewiesen ist. Ist eine solche Artgruppe nicht bekannt, beginne mit einzelnen Arten und suche die nächstähnlichen. Definiere diese Gruppe einander ähnlicher Arten als Innengruppe (Arbeitshypothese: Die Innengruppe ist ein potentielles Monophylum).
- Suche nach Identitäten oder Ähnlichkeiten, die bei allen Arten oder einigen Arten der Innengruppe vorkommen. Analysiere jedes dieser Merkmale einzeln.
- Wähle nur solche Merkmale aus, die bei allen Arten der Innengruppe vorkommen oder von denen nachgewiesen werden konnte, daß sie dort, wo sie fehlen, sekundär reduziert oder verändert sind. Die ausgewählten Merkmale sind als potentielle **Grundmustermerkmale** der Innengruppe zu bezeichnen (Rekonstruktion der Grundmuster: s.u.). Die weitere Analyse kann nur mit Grundmustermerkmalen durchgeführt werden.
- Beschreibe das Merkmal so detailliert wie möglich. Je mehr Details einschließlich der Kontakte zu räumlich oder zeitlich benachbarten Merkmalen bei allen Arten identisch sind, desto größer ist die Wahrscheinlichkeit, daß das Merkmal homolog ist (s. Kap.5.1)
- Wähle für die weitere Analyse nur Grundmustermerkmale aus, bei denen die geschätzte Homologiewahrscheinlichkeit hoch ist.
- Prüfe, ob das Merkmal auch außerhalb der als Innengruppe gewählten Artengruppe vorkommt. Berücksichtige dazu alle bekannten Organismen, besonders gründlich solche, die ähnlich sind (nah verwandt zu sein scheinen).
- Ist das Merkmal auch außerhalb der Innengruppe vorhanden, gilt es als **Plesiomorphie** der Innengruppe. Die Plesiomorphiehypothese kann durch Indizien geschwächt werden, die für eine **Konvergenz** sprechen.
- Ist das Merkmal nur in der Innengruppe vorhanden, kann es als potentielle evolutive Neuheit (**Autapomorphie**) der Innengruppe bezeichnet werden. Dieses Argument gilt nur bei hoher Homologiewahrscheinlichkeit, da anderenfalls die Übereinstimmung eine zufällige Analogie sein kann.
- Ist eine Autapomorphie identifiziert worden, dient diese als Indiz zu Gunsten der Monophyliehypothese für die Innengruppe.
- Das Grundmuster der Innengruppe besteht aus allen identifizierten Plesiomorphien und Autapomorphien.

Indizien dafür, daß Ähnlichkeiten **Konvergenzen** sein können, erhält man a priori durch Analyse der Details und der Variabilität eines Merkmals; oberflächliche Übereinstimmung und viele Unterschiede in Details, oder eine ggf. schon intraspezifisch auftretende hohe Variabilität eines Merkmals (z.B. Zahl der Haare, Form von Pigmentflecken) erhöhen die Wahrscheinlichkeit, daß Übereinstimmungen durch Zufall entstehen können. A posteriori erkennt man Konvergenzen nach der Dendrogrammkonstruktion, wenn die potentielle Apomorphie bei nicht näher verwandten Organismen vorkommt.

Auf diese Weise wird ein Grundmuster rekonstruiert und gleichzeitig die Monophyliehypothese begründet. Im weiteren Verlauf einer Analyse von Verwandtschaftsverhältnissen übergeordneter Taxa muß das Monophylum durch die Grundmustermerkmale repräsentiert werden, wenn man nicht weiterhin mit den subordinierten Taxa der ersten Analyse arbeiten will.

Die Apomorphie kann auch als Merkmalsausprägung eines übergeordneten Merkmals aufgefaßt werden. Arbeitet man mit »Merkmalsausprägungen«, handelt es sich um komplexe Rahmenhomologien, in denen Detailhomologien als evolutive Neuheiten auftreten. Nur Letztere sind wie oben beschrieben zu analysieren. Bei Fehlen der Neuheit liegt eine plesiomorphe Ausprägung, bei Präsenz eine apomorphe Ausprägung des Merkmals vor. Die Unterscheidung dieser Ausprägungen oder die Unterscheidung von Präsenz und primärer Abwesenheit evolutiver Neuheiten ist die »Bestimmung der Lesrichtung« (siehe dazu auch Kap. 5.3).

Die formalere Beschreibung der Argumentation lautet: Die Rahmenhomologie R kommt bei Arten der Außengruppe T_A und im Grundmuster der Innengruppe T_I vor, wobei die Außengruppe kein Monophylum sein darf. Eine Detailhomologie D von R kommt nur im Grundmuster von T_I vor. Schlußfolgerung: D ist eine potentielle evolutive Neuheit von T_I, die die Monophylie von T_I belegt. (Erläuterung: Die Außengruppe sollte kein Monophylum sein, da anderenfalls die Gefahr besteht, daß eine plesiomorphe Merkmalsausprägung der Innengruppe fälschlich für apomorph gehalten wird, wenn diese Ausprägung im Schwestertaxon nicht vorkommt).

Die weitere Analyse dient dem Test der oben gefundenen Monophylie- und Homologiehypothesen:

– Suche weitere potentielle Apomorphien für das zuerst betrachtete potentielle Monophylum.
– Suche andere Homologien und prüfe, ob die Merkmalsverteilung auf die Arten und die sich daraus ergebenden Artengruppen mit der Monophyliehypothese kompatibel sind (vgl. Abb. 51, 118, 183, 188).
– Je mehr potentielle Apomorphien hoher Homologiewahrscheinlichkeit dieselbe Gruppe stützen, desto größer ist die Wahrscheinlichkeit, daß a) die Einzelmerkmale evolutive Neuheiten sind und b) die Gruppe monophyletisch ist. Wenn die zu dieser Gruppe inkompatiblen Artgruppen mit deutlich weniger potentiellen Apomorphien gleicher Qualität gestützt werden, sind die betreffenden Merkmale wahrscheinlich Analogien.

Der Außengruppenvergleich dieser Analyse besteht darin, daß zur Identifikation einer potentiellen evolutiven Neuheit Merkmale der Arten der Innengruppe, seien es potentielle Rahmenhomologien oder Detailhomologien, bei allen anderen Lebewesen (der Außengruppe) ebenfalls gesucht werden.

Die Kodierung der Merkmale für eine kladistische Analyse sollte so erfolgen, daß alle plesiomorphen Merkmale mit einer »0« in die Datenmatrix (Kap. 6.1.1) eingetragen werden, alle Apomorphien (sofern nur 2 Merkmalszustände vorliegen) mit einer »1«. Die gewünschte Lesrichtung läßt sich in der MP-Analyse (Kap. 6.1.2) erzwingen, indem ein hypothetisches Taxon als Außengruppe definiert wird, für das alle Merkmale den plesiomorphen Zustand haben (»all-zero-outgroup«).

Beispiel: Innerhalb der Cnidaria haben die Hydrozoa, Cubozoa und Scyphozoa übereinstimmend Nesselzellen mit einem steifen Cnidocil. Die genannten Taxa seien als Innengruppe »Tesserazoa« gewählt, alle anderen Lebewesen bilden die Außengruppe. Ein Cnidocil (das die Entladung einer Nesselzelle auslösende Cilium) kommt außerhalb dieser Gruppe nur bei den Anthozoa vor. Die weitere Analyse des Cnidocils zeigt, daß (soweit bekannt: s. Ax 1995) in der Innengruppe das Cnidocil distal nicht das 9×2+2-Muster der Mikrotubuli aufweist, sondern eine variable Zahl einzelner Mikrotubuli. Weiterhin fehlen Cilienwurzel und akzessorisches Centriol. Das Cnidocil und die dazugehörige Nesselzelle wird als Rahmenhomologie betrachtet, die Anordnung der Mikrotubuli sowie das Fehlen von Cilienwurzel und Centriol sind dann Detailhomologien. Die Veränderungen gegenüber der Außengruppe sind potentielle evolutive Neuheiten. Der Vergleich mit der Außengruppe ergibt, daß dort Cilienwurzeln und akzessorisches Centriol weit verbreitet sind und auch bei den Anthozoa vorkommen, die betrachtete Rahmenhomologie kommt nur bei den Anthozoa vor. Bezeichnen wir das steife Cnidocil der Tesserazoa als apomorphe Merkmalsausprägung, ist das apomorphe Muster durch das gleichzeitige Auftreten mehrerer potentieller Detailhomologien komplexer als z.B. das Merkmal »akzessorisches Centriol reduziert« allein betrachtet, womit sich eine relativ höhere Homologiewahrscheinlichkeit für diesen Typ des Cnidocils ergibt als für die Detailhomologie allein. Die potentiell plesiomorphe Merkmalsausprägung ist demnach die der Anthozoa. Dieser Schluß wird dadurch verstärkt, daß einige Details der Rahmenhomologie (Aufbau des Ciliums) in der Außengruppe weit verbreitet vorkommen.

In diesem Beispiel ist die Unterscheidung von plesiomorphem und apomorphem Merkmalszustand des Cnidocils die »Bestimmung der Lesrichtung«. Die weitere Argumentation in diesem Beispiel erfordert die Suche nach zusätzlichen Merkmalen, die den Split Tesserazoa/Außengruppe und damit die Homologiehypothese für die potentiellen evolutiven Neuheiten stützen. Derartige Merkmale sind: Präsenz von Nesselkapseln des Typs »mikrobasische Eurytele« in der Innnengruppe; mtDNA in der Innengruppe linear, in der Außengruppe meist, insbesondere auch bei den Anthozoa, ringförmig. Eine weitere

Übereinstimmung ist die Präsenz von Medusen in der Innengruppe. Die Überprüfung der Homologiewahrscheinlichkeit des Merkmales »Meduse« weckt Zweifel an der Homologiehypothese, da die Medusen verschieden konstruiert sind und auf unterschiedlichem Weg gebildet werden. Das Merkmal wird daher zur Begründung der Monophyliehypothese der Gruppe »Tesserazoa« nicht verwendet (Ax 1995).

Rekonstruktion von Grundmustern

Das Grundmuster ist die Summe der Merkmale, die für eine Ahnenpopulation rekonstruiert wurden, während ein »Bauplan« eine planlose, subjektiv gewählte Sammlung von Merkmalen ist. Die Ahnenpopulation ist die letzte vor einer Speziation und damit die Stammpopulation eines Monophylums (vgl. Kap. 2.6). Betrachtet man lange Zeiträume und große Artgruppen spricht man auch von den Merkmalen im Grundmuster der letzten gemeinsamen Stammart, ohne die Populationen dieser Art zu differenzieren, weil in der Praxis meist keine Information über die Evolution der Stammart vorliegt. Das Grundmuster enthält alte Merkmale, also Plesiomorphien, und evolutive Neuheiten, die in der Stammlinie des Monophylums entstanden sind, also Apomorphien des Monophylums. Die Rekonstruktion dieser Grundmuster ist besonders wichtig für jedes terminale Taxon einer phylogenetischen Analyse, da für diese nur Grundmustermerkmale verwendet werden dürfen.

Folgende Schritte sind notwendig:

Um das Grundmuster eines ausgewählten Monophylums zu rekonstruieren, muß man die homologen Merkmale aller Mitglieder des Monophylums berücksichtigen. Jedes Merkmal ist einzeln zu analysieren (Abb. 106):

1. Homologe Merkmale, die in gleicher Ausprägung bei allen Mitgliedern des Monophylums vorkommen, sind Grundmustermerkmale des Monophylums. Es können dieses Plesiomorphien (Abb. 106A) oder Apomorphien (Abb. 106D) des betrachteten Monophylums sein.
2. Für Merkmale mit mehreren Ausprägungen muß eine Merkmalsanalyse durchgeführt werden. Zu diesem Zweck faßt man Artgruppen mit derselben Merkmalsausprägung vorläufig als Innengruppe zusammen und prüft für diese oder für die einzelne Art, falls nur diese die Ausprägung aufweist, ob die Ausprägung eine Apomorphie (der Einzelart oder der Artengruppe) sein kann (s.o.). Dies erfordert einen Außengruppenvergleich mit Berücksichtigung der Arten, die nicht zum Monophylum gehören. Apomorphien von Untergruppen des Monophylums gehören nicht ins Grundmuster des Monophylums.
3. Die zu diesen Homologien dazugehörigen plesiomorphen Merkmalsausprägungen müssen bei allen weiteren Arten des Monophylums untersucht werden. Es könnte sein, daß diese für eine kleine Gruppe von Arten plesiomorphe Ausprägung zugleich eine Apomorphie einer übergeordneten, größeren Gruppe innerhalb des Monophylums ist (Abb. 106C).
4. Von den variablen Merkmalen wird in das Grundmuster jeweils nur die Merkmalsausprägung übernommen, die innerhalb des Monophylums nirgends als Apomorphie auftritt. Hochvariable Merkmale, bei denen Rückmutationen und Analogien vorkommen, sollten nicht verwendet werden, da deren Bewertung problematisch ist (siehe z.B. »Rauschen« in DNA-Sequenzen, Kap. 6.5).
5. Ist nachweisbar, daß in der letzten Ahnenpopulation des Monophylums polymorphe Merkmale vorhanden waren, gehören alle betreffenden Merkmalszustände in das Grundmuster des Monophylums. Polymorphe Merkmale lassen sich nur bei genauer Kenntnis ihrer Entwicklung für die phylogenetische Analyse verwenden (Kap. 1.3.7).

Abbildung 106 suggeriert vielleicht, daß für die Merkmalsanalyse bereits ein Stammbaum bekannt sein muß. Das ist jedoch nicht richtig. In der Praxis betrachtet man nur Splits (Abb. 106E), deren Artgruppen alle zunächst *potentielle* Monophyla sind. Für jene Splits, für die man im Verlauf der Analyse Apomorphien nachweisen kann, kann man eine Monophyliehypothese aufrechterhalten. So werden im Verlauf der Merkmalsanalyse Monophyla erkannt. Die Merkmalsanalyse kann zu einer deszendierenden Rekonstruktion der Phylogenese führen, oft wird aber nur für einen Teil der Artgruppen die Monophylie nachgewiesen und die Reihenfolge, in der man diese Monophyla findet, hängt von der zufälligen Wahl der betrachteten Merkmale ab. Entscheidend ist aber, daß für jedes terminale Taxon in einer vorhergehenden Merkmalsanalyse die Grundmuster erarbeitet wurden.

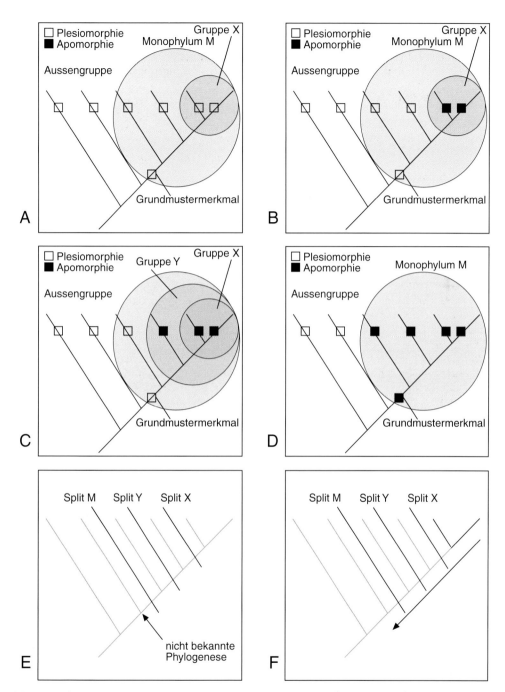

Abb. 106. Rekonstruktion von Grundmustermerkmalen. **A:** Plesiomorphie des Monophylums im Grundmuster. **B:** Apomorphie von Gruppe X nicht im Grundmuster. **C:** Plesiomorphie von X im Vergleich zu Gruppe Y nicht im Grundmuster, da die Ausprägung eine Apomorphie von Gruppe Y ist. **D:** Apomorphie des Monophylums im Grundmuster. **E:** In der Praxis werden Splits, also jeweils eine einzelne Art oder eine Gruppe von Arten, mit dem Rest der Arten verglichen. Kenntnisse über die Verzweigung des Stammbaumes müssen nicht vorliegen, ergeben sich aber im Verlauf der Analyse. **F:** Merkmalsanalyse und deszendierende Rekonstruktion der Phylogenese können simultan erfolgen.

5.3 Bestimmung der Lesrichtung (Polarität) der Merkmale

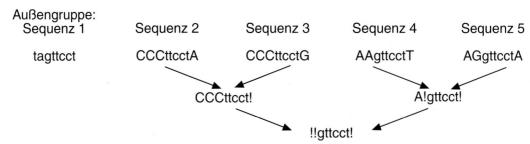

Abb. 107. Rekonstruktion von Grundmustersequenzen. Nukleotide in variablen Positionen sind groß geschrieben, nicht bekannte Merkmalsausprägungen im Grundmuster mit Rufzeichen (!) gekennzeichnet. Das konservierte Motiv »ttcct« kennzeichnet invariable Postionen und stellt mit hoher Wahrscheinlichkeit eine Homologie aller Sequenzen dar. Das »g« vor dieser Signatur kommt in einer Teilgruppe der Innengruppe und in der Außengruppensequenz vor und gehört daher wahrscheinlich in das Grundmuster der Innengruppe.

Die phylogenetische Merkmalsanalyse ist im Vergleich zu der phänetisch-kladistischen Analse (Kap. 6.1) sicherer, da

- für supraspezifische Taxa Grundmuster rekonstruiert werden, was die Gefahr reduziert, daß Autapomorphien abgeleiteter Arten für Merkmale des gesamten Taxons gehalten werden,
- die Merkmale aller bekannter Organismen berücksichtigt werden. Der kladistische Außengruppenvergleich (Kap. 5.3.3) birgt z.B. die Gefahr, daß Autapomorphien eines als Außengruppe gewählten Monophylums als Plesiomorphien gedeutet werden.
- Merkmale von geringer Homologiewahrscheinlichkeit werden von der Analyse ausgeschlossen.

Auch in der Analyse von DNA-Sequenzen können Grundmuster wie für morphologische Merkmale rekonstruiert werden. In der Praxis ist bisher dieses Verfahren nicht genutzt worden, es ist jedoch sinnvoll, wenn ein größeres Taxon durch eine einzelne Sequenz repräsentiert werden soll. Bisher wurde in phylogenetischen Analysen z.B. stellvertretend für das Grundmuster der Aves die Sequenz eines Huhns verwendet, ohne daß geprüft werden konnte, welche Merkmale Autapomorphien der Gattung *Gallus* sind und nicht ins Grundmuster der Aves gehören. Eine deszendierende Rekonstruktion von Grundmustern könnte wie in Abb. 107 durchgeführt werden.

Abb. 107 illustriert die Tatsache, daß eine Grundmustersequenz weniger bekannte Merkmale enthält als eine terminale Sequenz, weil für die phänomenologische phylogenetische Analyse jene Positionen ausgeklammert werden, deren Merkmalsausprägung unsicher ist. Das supraspezifische Taxon wird durch Merkmale repräsentiert, die nicht Autapomorphien von untergeordneten Gruppen sind.

Die kladistische Grundmusterkonstruktion wird in Kap. 6.1.2.1 näher erläutert (Abb. 123).

Achtung: Die Rekonstruktion der Grundmuster erfordert eine **geeignete Artenstichprobe**! Je mehr Taxa eines Monophylums berücksichtigt wurden, desto geringer ist die Gefahr, daß Fehler gemacht werden. Es besteht die Gefahr, daß Autapomorphien untergeordneter Artgruppen ins Grundmuster gestellt werden, wenn urtümlichere Arten oder Arten, die als einzige noch bestimmte Plesiomorphien tragen, nicht berücksichtigt werden. Beispiel: Die falsche Aussage, die Mammalia seien primär (also im Grundmuster) lebendgebärend, läßt sich nur begründen, wenn man nichts von der Existenz der eierlegenden Monotremata weiß.

5.3.3 Kladistische Außengruppenaddition

Die kladistische Bestimmung der Lesrichtung erfordert die Polarisierung einer Baumgraphik (eines Dendrogramms) als Voraussetzung für die Bestimmung der Lesrichtung der Merkmale. Eine Polarisierung (»Wurzelung«) der Baumgraphik wird erhalten, indem ein Außengruppentaxon bestimmt wird (Maddison et al. 1984). Die Bestimmung der Lesrichtung der Merkmale wird nicht für jedes Merkmal einzeln und *a priori* durch-

Kladistische Bestimmung der Lesrichtung:

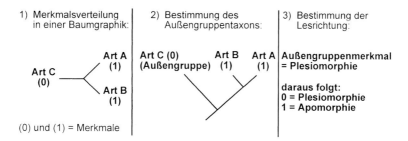

Phylogenetische Bestimmung der Lesrichtung:

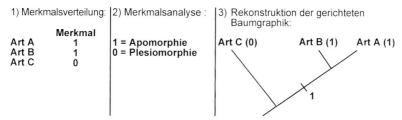

Abb. 108. Bestimmung der Lesrichtung: *A-posteriori* in der kladistischen Weise und *a-priori* durch phänomenologische Merkmalsanalyse.

geführt. Viele Kladisten (Anwender der phänetischen Kladistik, s. Kap. 6.1) halten die Ergebnisse der Merkmalsanalyse (Kap. 5.3.2) für subjektive, unbegründete Entscheidungen.

Beispiel: Addiert man zu einer Datenmatrix mit morphologischen Merkmalen der Asseln (Isopoda) als Außengruppe das Grundmuster des Schwestertaxons (Tanaidacea, Scherenasseln), erhält man innerhalb der Asseln ein Monophylum mit allen Taxa, die fächerförmige Uropoden haben, weil bei den Tanaidacea und einigen Asseln die Uropoden nicht fächer- sondern griffelförmig sind, die fächerförmigen Uropoden wären eine Apomorphie. Wählt man dagegen als Außengruppe die Mysida (Schwebgarnelen), erscheinen die fächerförmigen Uropoden innerhalb der Asseln als Plesiomorphie, weil die Mysida auch fächerförmige Uropoden aufweisen. Die phylogenetische Analyse erfordert a priori eine detaillierte anatomische Untersuchung der Homologie der verschiedenen Uropodenformen, insbesondere in Hinblick auf die Frage, ob griffel- und fächerförmige Uropoden Konvergenzen oder Homologien sind.

Die Bestimmung einer Außengruppe hat zur Folge, daß alle Merkmale der Innengruppe, die bei der Außengruppe eine andere Ausprägung haben, ohne vorherige Merkmalsanalyse als Apomorphien identifiziert werden. Dieses ist ein Aspekt der kladistischen Homologisierung von Merkmalen (s. auch Kap. 6.1, 6.1.10). Für die kladistische Lesrichtungsbestimmung muß nur bekannt sein, bei welchen Taxa das Merkmal vorkommt und welches Taxon als Außengruppe gelten soll. Weitere Informationen fließen in die kladistische Analyse nicht ein. Die phylogenetische Merkmalsanalyse dagegen berücksichtigt zusätzlich die Homologiewahrscheinlichkeit der Merkmale, also die Komplexität ihres Aufbaus, und die Merkmalsverteilung bei *allen* bekannten oder für die Analyse relevanten Taxa (s.o.). Die Erfahrung lehrt, daß das kladistische Verfahren zur Fehlbestimmung der Merkmalszustände führt, und damit zur Rekonstruktion unglaubwürdiger Stammbäume.

Der Unterschied dieser beiden Verfahren ist in Abb. 108 dargestellt.

Achtung: Die kladistische Bestimmung der Lesrichtung liefert nur dann zuverlässige Ergebnisse, wenn die Merkmale in der Außengruppe den plesiomorphen Zustand aufweisen. Folgende Fehler können unbemerkt auftreten:

5.3 Bestimmung der Lesrichtung (Polarität) der Merkmale

- Eine Autapomorphie der Außengruppe wird für den plesiomorphen Zustand, die plesiomorphe Merkmalsausprägung der Innengruppe für eine Apomorphie gehalten.
- Zufällige Übereinstimmungen bei Arten der Außengruppe und Arten der Innengruppe werden als Plesiomorphien als bewertet.

Je mehr Außengruppenarten berücksichtigt werden, desto geringer ist die Gefahr, daß Merkmalsausprägungen falsch gedeutet werden. Je komplexer die Homologien sind, desto geringer ist die Gefahr, daß zufällige Übereinstimmungen für Grundmustermerkmale gehalten werden.

Die Ergebnisse einer vor der Analyse durchgeführten und begründeten Bestimmung der Lesrichtung lassen sich dadurch berücksichtigen, daß ein hypothetisches Außengruppentaxon zur Datenmatrix hinzugefügt wird, das ausschließlich Plesiomorphien enthält.

5.3.4 Zunahme der Komplexität

Da die Evolution von Komplexität Zeit erfordert, läßt sich daraus ableiten, daß in einer Entwicklungsreihe einer homologen morphologischen Struktur die einfacheren Konstruktionen die phylogenetisch älteren sind. Diese Annahme trifft häufig zu: Ein Linsenauge entsteht aus einem Lochkamera-Auge, der differenzierte Kauapparat der Crustaceen entsteht aus 3 Paar weitgehend gleichartiger Laufbeine, das doppelte Kreislaufsystem mit dem gekammerten Herz der Säuger entsteht aus dem einfacheren Durchflußsystem der primär aquatischen Vertebraten. Auch auf molekularer Ebene ist die Komplexitätszunahme bekannt: Das 18S-rDNA Gen ist in weiten Abschnitten dem 16S-rDNA Gen der Prokaryonten homolog, es trägt aber Erweiterungen, von denen einige für große Artgruppen charakteristisch sind (Euglenozoa: Verlängerungen in den helikalen Regionen E21-9 und E21-3; Eukaryota: Verlängerungen E10-1 und E10-2; s. Wolters 1991). Genduplikationen erzeugen zunächst redundante Sequenzen, die sich jedoch unabhängig differenzieren können, so daß die Duplikate neue Funktionen übernehmen (Kap. 5.2.2.3.). Genduplikation ist zweifellos ein wichtiger Evolutionsprozeß, der ganze Genfamilien erzeugte (Kollagene, Aktine, Immunoglobuline, tRNAs, Globine) und die Komplexität der Organismen steigert.

Die Annahme einer Komplexitätszunahme läßt sich jedoch nicht auf beliebige Merkmale anwenden: Eine Schlange hat im Vergleich mit anderen, vierbeinigen Amnioten einen »einfacheren« Bewegungsapparat, es sind weniger verschiedenartige Strukturen vorhanden. Trotzdem ist die Bewegungsweise der Schlangen nicht die urtümliche der Tetrapoden. Die parasitischen Rhizocephala sind Krebse, deren Weibchen darm- und extremtitätenlos sind, ihre Morphologie weist im Vergleich mit anderen Crustaceen wenig Strukturen auf: Die Komplexität ist durch Anpassung an die Lebensweise zurückgebildet. Diese Beispiele zeigen, daß die Zunahme der Komplexität als Kriterium für die Bestimmung der Lesrichtung nicht geeignet ist.

5.3.5 Das ontogenetische Kriterium

Für die Bewertung der Lesrichtung wird oft empfohlen, den Verlauf der ontogenetischen Merkmalsentwicklung zu analysieren. Dabei sei davon auszugehen, daß plesiomorphe Merkmalszustände zeitlich vor apomorphen Alternativen auftreten. Die Bedeutung dieser Regel für die Praxis wird dabei überschätzt.

Biogenetische Grundregel

Dieses Kriterium ist auf Haeckels (1866) **Biogenetische Grundregel** (= Rekapitulationsregel) zurückzuführen: »Die Ontogenie ist die kurze und schnelle Rekapitulation der Phylogenie ...«. Demnach kann eine frühe embryonale Merkmalsausprägung als urtümlicher angesehen werden als eine später auftretende. Rekapitulierte Merkmale nennt man **Palingenesen**. Heute ist bekannt, daß die Rekapitulation bei vielen Organismen vorkommt (Abb. 109), da Entwicklungszwänge die Anlage embryonaler oder larvaler Strukturen konservieren. Die Rekapitulation stellt aber keine Gesetzmäßigkeit dar.

Die Anwendung der biogenetischen Regel für die Lesrichtungsbestimmung erfordert die folgende Aussagen:

1) Ein homologes Adultmerkmal M ist bei der Art oder der Artengruppe A im Zustand M_1 vorhanden, bei den Arten B im Zustand M_2.
2) Entwicklungsstadien der Arten B weisen vorübergehend den Merkmalszustand M_1 auf.

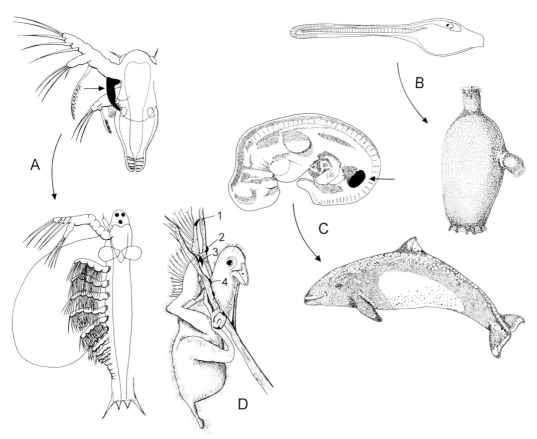

Abb. 109. Beispiele für Rekapitulation. **A:** Nauplius-Larven vieler Krebse (hier *Limnadia stanleyana*, nach Andersson 1967) nutzen die zweite Antenne als Mundwerkzeug, der proximale Endit (schwarz) wird erst im Verlauf der Ontogenese zurückgebildet. Rekapituliert wird der phylogenetisch ältere Zustand der ersten postantennalen Extremität, die in der Stammlinie der Mandibulata wie die Mandibel Nahrung manipulieren konnte. **B:** Die Larve der Seescheiden hat die Fortbewegungsweise und Gestalt urtümlicher Chordaten. **C:** Beim Embryo der Wale wird noch das hintere Beinpaar angelegt. **D:** Küken des Hoatzins (*Opisthocomus hoazin*, nach Foto aus Attenborough 1998) weisen an den Flügeln noch je ein Paar Krallen auf, mit denen die Tiere in der Vegetation klettern können.

3) Daraus ist zu schließen, daß M_1 der phylogenetisch ältere Zustand ist.

Das Merkmal M_1 kann auch eine Neuentwicklung von Larven sein (**Caenogenese, caenogenetisches Merkmal**, z.B. Fangmaske der Libellenlarve). In diesem Fall wäre in der Argumentation (Abb. 110) das Adultmerkmal durch ein funktionsfähiges Larvalorgan zu ersetzen, vorausgehende Entwicklungsstadien müßten eine Organanlage aufweisen.

Beispiel für die Argumentation:

1) Kiemenspalten sind ein Adultmerkmal der Knorpel- und Knochenfische, fehlen aber den adulten Vögeln.
2) Anlagen von Kiemenspalten treten vorübergehend bei Embryonen der Vögel auf.
3) Das Vorhandensein von Kiemenspalten bei Adulttieren ist der phylogenetisch ältere Zustand.

Diese Argumentation kann aber auch zu Fehlschlüssen führen:

1) Adulte Salamander (*Proteus anguinus, Ambystoma mexicanum, Typhlomolge rathbuni*, u.a.) können äußere Kiemen haben, bei den meisten Arten fehlen sie.
2) Larven der Salamander haben allgemein temporäre Kiemen,

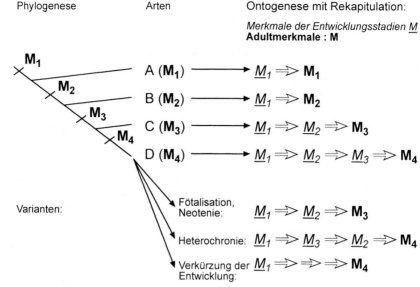

Abb. 110. Mögliche Variationen der Rekapitulation.

3) folglich ist der Besitz von Kiemen beim Adultus der urtümliche Zustand (*Fehlschluß!*).

Die biogenetische Regel setzt voraus, daß die evolutive Addition von Strukturen in derselben Umgebung und Reihenfolge auch während der Ontogenese wiederholt wird. Von dieser Regel gibt es jedoch Abweichungen (s. Osche 1985):

– Heterotopien (Verschiebungen des Anlageortes einer Struktur: Bei den meisten Malacostraca inserieren die Epipoditkiemen außen an den Grundgliedern der Thoraxbeine, bei den Amphipoda (Flohkrebse) dagegen an der Innenseite)
– Heterochronien (Verschiebungen des Zeitpunktes der Anlage während der Ontogenese: Einige Larven von Seescheiden legen bereits als Larve die Siphone und einige Kiemenspalten an, die ansonsten erst während der Metamorphose zum sessilen Adultstadium auftreten)
– Caenogenesen (evolutive Neuheiten, die Anpassungen von Embryonal- oder Larvalstadien sind, wie die Entwicklung von Kiemen bei aquatischen Insektenlarven, die adulten Insekten fehlen)
– Reduktionen larvaler Merkmale (z.B. Ausfall der Schwimmlarven bei direkter Entwicklung von Arten der Annelida, Mollusca oder Crustacea).

– Reduktion von Adultmerkmalen. Fötalisation (Beibehaltung larvaler Merkmale beim Adultus) und Neotenie (Geschlechtsreife larvaler Tiere, siehe larvale Kiemen beim Axolotl) können formal als Reduktion von Adultmerkmalen gedeutet werden. Welche entwicklungsphysiologische Mechanismen diese Erscheinung verursachen, ist für den Systematiker nicht in jedem Fall relevant, er muß nur den plesiomorphen Merkmalszustand identifizieren können.

Diese Abweichungen werden mit Nelsons Regel weitgehend berücksichtigt (De Queiroz, 1985).

Nelsons Regel

Dieses ist eine Variante des ontogenetischen Kriteriums, die keine exakte Reihenfolge der Rekapitulation voraussetzt: *Durchläuft ein Merkmal ontogenetische Zustände, ist der allgemeinere Merkmalszustand der primitivere und der weniger verbreitete der abgeleitete Zustand.* (»... given an ontogenetic character transformation, from a character observed to be more general to a character observed to be less general, the more general character is primitive and the less general advanced«: Nelson 1978).

Das allgemeine Merkmal ist nicht das häufigere, sondern diejenige Merkmalsausprägung, die zusammen mit einer zweiten Ausprägung in einem Individuum, aber ohne diese zweite Ausprägung in einem anderen Individuum vorkommt. Die zweite Ausprägung wäre dann die phylogenetisch jüngere Spezialisierung, die erste die Plesiomorphie. Im Unterschied zu Haeckels Rekapitulationsregel wird hier nicht vorausgesetzt, daß eine Reihenfolge der Rekapitulation eingehalten wird. Dieser Zusammenhang lautet, formal ausgedrückt:

1) Ein homologes Merkmal M kommt bei der Art oder Artengruppe A nur im Zustand M_1 vor,
2) bei der Art oder Artengruppe B in den Zuständen M_1 und M_2,
3) folglich ist der Zustand M_1 der weiter verbreitete und urtümlichere.

Das ontogenetische Auftreten der Merkmale in der der Phylogenese entsprechenden Reihenfolge ist bei Anwendung von Nelsons Regel *nicht erforderlich*. Die größere Verbreitung (im oben erläuterten Sinn) des urtümlicheren Merkmals ergibt sich zwangsläufig aus der Struktur des Stammbaumes. Ist im Einzelfall der urtümliche Zustand nicht erhalten, oder fehlen Entwicklungsstadien, wird die Regel nicht anwendbar sein, eine Fehldeutung tritt nicht auf. Fötalisation oder Neotenie haben zur Folge, daß Adultmerkmale fehlen; da Nelsons Regel keine Aussagen über den Verlauf der Ontogenese erlaubt sondern der Bewertung von Merkmalen dient, ist Neotenie keine Fehlerquelle: Das Kreislaufsystem des Axolotl wird z.B. mit den externen Kiemen als urtümlicher als das der nicht-neotenen Arten von *Ambystoma* erkannt; Zeitpunkt und entwicklungsphysiologische Ursache der ontogenetischen Entstehung oder Rückbildung der Kiemen sind irrelevant. Für die phylogenetische Analyse ergibt sich die korrekte Aussage, daß bei den neotenen Salamandern die Kiemen selbst keine Autapomorphie sind, sondern jene Mutationen, die die Rückbildung der Kiemen unterbinden.

Die Anwendung des ontogenetischen Kriteriums für die Bestimmung der Lesrichtung erfordert, daß 1.) die beobachtete larvale oder embryonale Struktur mit einem funktionsfähigen Adult- oder Larvalorgan homolog ist, und daß 2.) Varianten homologer Merkmale nicht ihren Ursprung in duplizierten Kopien (Homonomien) haben, da sonst durch Ausfall einer Kopie in einer Art die Kopie fälschlich als Spezialisation der anderen Arten erscheint.

Da für die meisten Merkmale keine ontogenetische Daten bekannt sind und zudem viele molekulare Merkmale keine ontogenetische Entwicklung erfahren, ist das ontogenetische Kriterium für die Bestimmung der Lesrichtung von untergeordneter Bedeutung.

Anders verhält es sich mit der Analyse der Rekapitulation zum Nachweis der *Präsenz* von Merkmalen, die für die Systematisierung bedeutsam sind (wichtige Apomorphien: z.B. Naupliuslarven als Merkmal der Krebse bei den sehr modifizierten Seepocken; die Anlage segmentale Cölomsäckchen bei Prot- und Euarthropoden als Merkmale der Articulata, usw.). Wichtig ist die Rekapitulation auch für die Homologisierung mit dem Kriterium der Kontinuität (Kap. 5.2.1), sie liefert Hinweise auf die Herkunft und Evolution von Merkmalen.

5.3.6 Das paläontologische Kriterium

Wenn in einer monophyletischen Gruppe ein Merkmal regelmäßig in einem Zustand bei älteren Fossilien, in einem anderen Zustand bei jüngeren Fossilien oder rezenten Arten auftritt, ist der Zustand bei älteren Fossilien plesiomorph (nach De Jong 1980).

Diese Entscheidungshilfe sollte nicht unkritisch angenommen werden. Die Erwartung, daß phylogenetisch alte Organismen urtümlichere Merkmale haben, ist gut begründet, es gibt aber zwei Fehlerquellen:

1) Auch Fossilien können Autapomorphien aufweisen, so daß ein plesiomorpher Zustand bei jüngeren Taxa auftreten kann. So ist die geringe Größe der Flügel der altertümlichen, zahntragenden aber flugunfähigen Vogelarten *Hesperornis regalis* (Abb. 82) und *Baptornis advenus* zweifellos eine sekundäre Anpassung an eine den Kormoranen ähnliche Lebensweise, also eine Autapomorphie. Die Präsenz der Zähne dagegen kann als Plesiomorphie gewertet werden. Die Merkmalsanalyse mit Außengruppenvergleich ermöglicht die korrekte Bewertung: Flugtaugliche Flügel sind bereits bei *Archaeopteryx* vorhanden, Zähne bei anderen fossilen Vögeln und bei anderen

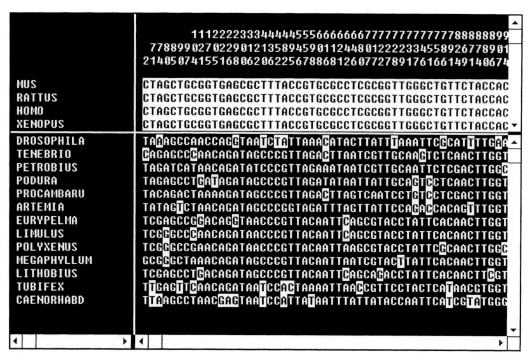

Abb. 111. Beispiel für stützende Positionen in einer 18SrDNA-Alinierung. Der Split zwischen Vertebraten (obere 4 Reihen) und Invertebraten kommt in diesem Beispiel in 105 Positionen vor, von denen nur 54 gezeigt sind. Die obere Zahlenreihe gibt die Sequenzposition in der verwendeten Alinierung an. Die hell unterlegten Nukleotide der Aussengruppe sind zufällige Übereinstimmungen mit der Innengruppe (»Rauschen«).

Tetrapoden. Zudem läßt sich die Präsenz der »Zahngene« auch noch bei rezenten Arten der Vögel nachweisen (Kollar & Fisher 1980).

2) Die zeitliche Folge, in der Fossilien gefunden werden, entspricht nicht immer der Divergenzzeit der Taxa. So ist zu vermuten, daß die Scleractinia (Steinkorallen), die ab Mitte Trias auftreten, von solitären Anthozoen abstammen, die kein Skelett besaßen; die Wahrscheinlichkeit, daß die Weichkörper dieser Ahnenarten fossilisiert wurden und entdeckt werden können, ist aber gering (Veron, 1995).

5.3.7 Phänomenologische Bestimmung der Lesrichtung von Nukleinsäuresequenzen

Sequenzen unterscheiden sich als »Muster«, die Spuren phylogenetischer Ereignisse enthalten, in keiner grundsätzlichen Weise von morphologischen Merkmalen und können mit denselben methodischen Ansätzen analysiert werden. Eine Alinierung ist nichts anderes als eine Datenmatrix, in der Arten und ihre Merkmale aufgelistet sind (Abb. 112, 113). Aus einer derartigen Matrix läßt sich eine enkaptische Ordnung rekonstruieren, falls die Daten informativ sind, die Lesrichtung muß jedoch bewußt gesucht werden. Diese Suche entfällt, wenn man Außengruppen bestimmt, um dann Baumkonstruktionsverfahren zu verwenden. Die damit verbundenen Gefahren sind dieselben wie in der phänetischen Kladistik (Kap. 5.3.3, 6.1.11).

Um die Lesrichtung *vor der Baumkonstruktion* zu bestimmen, muß eine Merkmalsanalyse in ähnlicher Weise durchgeführt werden, wie für morphologische Merkmale in Kap. 5.3.2 erklärt. Anders als bei morphologischen Merkmalen, wo ein kompaktes Organ modifiziert sein kann, liegen jedoch selten auffällige längere Sequenzabschnitte (Signaturen) als Apomorphien vor (Abb. 94), sondern meist einzeln substituierte Positionen, die über die Länge der Sequenz verteilt sind. Die Summe dieser Positionen ergibt das zu analysierende Muster, nicht die Einzelposition (vgl. Abb. 111).

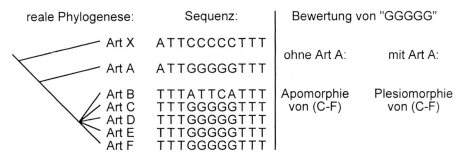

Abb. 112. Die korrekte Deutung der Merkmale erfordert Kenntnisse über Merkmale vieler Arten. Ohne Art *A* wird fälschlich die Monophylie der Artengruppe *C-F* angenommen.

Folgende Schritte sind erforderlich:

- Suche nach Sequenzabschnitten (»Signaturen«) oder mehreren Einzelpositionen mit Nukleotiden, die bei einer oder mehr Arten, aber nicht bei allen Arten vorkommen. Bezeichnung dieser Art oder Arten als »Innengruppe«. Diese Einzelpositionen und Positionen in Signaturen sind »stützende Positionen« für die Innengruppe.
- Bezeichnung aller übrigen Arten als »Außengruppe«.
- Prüfung der Artenstichprobe: Es müssen genügend Außengruppensequenzen vorhanden sein, um zu garantieren, daß in Bezug zur Innengruppe sowohl nah verwandte als auch entfernt verwandte Arten enthalten sind. Es ist legitim, hierfür bereits gut belegte Abschnitte des phylogenetischen Systems zu berücksichtigen. Nur solche Merkmale werden verwendet, die in der Innengruppe eine andere Ausprägung als in der Außengruppe haben.
- Vergleiche die Zahl stützender Positionen (das »Signal«) für die Innengruppe mit dem Hintergrundrauschen, wie in Kap. 6.5.1 beschrieben. Ist das Signal deutlich höher als das Hintergrundrauschen, sind Merkmalszustände (Nukleotide), die für die Innengruppe charakteristisch sind, wahrscheinlich Apomorphien.

Kompliziert wird die Analyse von Sequenzen dadurch, daß in der Innengruppe Abweichungen vom Grundmuster sehr oft auftreten können und »Rauschen« oder »Inkonsistenzen« bei einzelnen Arten erzeugen. Will man den Sequenzen möglichst viel Information entnehmen, muß dieses Rauschen berücksichtigt werden (Näheres in Kap. 6.5.1).

Dieses Verfahren erfordert wie in der vergleichenden Morphologie die Kenntnis, daß einige Arten garantiert nicht zur Innengruppe gehören. Dies bereitet dem Morphologen in der Praxis keine Schwierigkeiten, da er in jedem Fall Organismen kennt, die niemand für nahe Verwandte der Innengruppe halten würde. Der Molekularsystematiker hat jedoch zur Zeit nur eine begrenzte Zahl von Sequenzen zur Verfügung. Es ist wichtig, daß mehrere Taxa in den Außengruppen enthalten sind, damit nicht fälschlich Plesiomorphien der Innengruppe für Apomorphien gehalten werden (Abb. 112).

In entsprechender Weise können auch Aminosäuresequenzen analysiert werden.

6. Rekonstruktion der Phylogenese: Phänomenologische Verfahren

Für die Rekonstruktion der Phylogenese muß man zwischen folgenden Schritten unterscheiden:

- Bewertung von Merkmalen (phänomenologisch oder modellierend, a priori oder a posteriori),
- Konstruktion von Topologien (kombinatorisch aus den terminalen Taxa oder aus den in den Daten vorhandenen Mustern),
- Auswahl der am besten begründeten Topologieabschnitte oder Topologien durch Wahl von Optimalitätskriterien (»sparsamste« Topologie, »wahrscheinlichste« Topologie) und durch Überprüfung der Plausibilität.

Da alle drei Schritte je nach Verfahren in unterschiedlicher Weise miteinander verknüpft werden, sollen sie im methodisch erforderlichen Zusammenhang dargestellt werden.

Der Vergleich von homologen Merkmalen ermöglicht grundsätzlich das Auffinden einer enkaptischen Ordnung. Diese Ordnung ist primär nicht polarisiert, wenn die Lesrichtung der Merkmale unbekannt ist, d.h. eine Baumgraphik ist in diesem Fall ungerichtet oder »ungewurzelt«. Wie diese Ordnung aufgedeckt werden kann, wird in den folgenden Abschnitten erläutert. Es sei hier vorweggenommen, daß die Grundlage jeder Darstellung von Hierarchien von Merkmalen oder Taxa die Unterscheidung von Gruppen ist, die Ähnlichkeiten aufweisen. Wir setzen voraus, daß in einem vorhergehenden Schritt homologe und analoge Ähnlichkeiten unterschieden wurden (Kap. 5) und nur mit potentiellen Homologien weitergearbeitet wird.

Die Gruppenbildung sei an einer kurzen Sequenzalinierung illustriert (Abb. 113).

Jede Position dieser Alinierung (Abb. 113) kann die Trennung einer terminalen Art oder einer Gruppe von Arten von allen übrigen begründen. Dabei hat z.B. in Position 1 das Merkmal A für die Gruppe (A, B) dieselbe Funktion wie das Merkmal T für die Gruppe (C, D, E).

Jedes Merkmal begründet eine Gruppe in der folgenden Weise: Ist ein Merkmal bei einigen Arten vorhanden, bei den anderen nicht vorhanden, sind damit die Gruppen mit und ohne das Merkmal gegeneinander abgegrenzt. Ist das Merkmal ein »Merkmalszustand« (= Merkmalsausprägung), und sind exakt 2 Zustände unterscheidbar, charakterisiert jeder Zustand eine Gruppe. Über die Lesrichtung muß also nichts bekannt sein, um Gruppen zu finden. Die Graphik, die die enkaptische Ordnung visualisiert, ist ein »ungerichteter« oder »ungewurzelter Baum« (vgl. Kap. 3.2).

6.1 Phänetische Kladistik

Das im angelsächsischen Sprachraum als »**cladistics**« bezeichnete Verfahren der Datenanalyse wird im folgenden »phänetische Kladistik« genannt, um den Unterschied zur phylogenetischen Analyse, die dieselben Algorithmen verwenden kann, hervorzuheben.

Die **Phänetik** ist die Analyse von sichtbaren Struktur und von Ähnlichkeiten. Es hat sich eingebürgert, damit Methoden zu bezeichnen, die nicht die Suche nach Homologien und Lesrichtungen implizieren, z.B. die numerische Beschreibung von Allometrien. Phänetische Methoden der Systematik sind ursprünglich unter dem Namen »**numerische Taxonomie**« entwickelt worden (z.B. Sokal & Sneath 1963), um Ähnlichkeiten quantitativ auszuwerten: Diese Verfahren bestehen darin, eine Arten/Merkmalsmatrix mit willkürlich gewählten Parametern in eine Ähnlichkeitsmatrix zu transformieren, die Aussagen über die Ähnlichkeit der Arten enthält. Homologiehypothesen werden nicht geprüft, der Prozess der Merkmalsevolution wird nicht berücksichtigt. Clusteranalysen ermöglichen die graphische

Darstellung in Form von Dendrogrammen. Die numerische Taxonomie wird allgemein nicht mehr praktiziert. Einfache Distanzverfahren sind phänetische Verfahren, bei denen das Kriterium für die Errechnung der Ähnlichkeit z.B. die Zahl von Unterschieden der DNA-Sequenzen ist. Eine phänetische Aussage über morphologische Merkmale ist z.B., daß die Seepocke einer Napfschnecke äußerlich mehr ähnelt als einem Krebs. Die phylogenetisch korrekte Aussage lautet, daß die Seepocke ein Krebs ist, dessen Habitus Konvergenzen zu dem der Napfschnecken aufweist. Modellierende Distanzverfahren gehören nicht mehr zur Phänetik i.e.S., da aus sichtbaren Ähnlichkeiten Prozessannahmen abgeleitet werden (s. Kap. 8.2).

Aus der Tradition der numerischen Taxonomie entstanden die kladistischen Verfahren, die nicht die numerisch beschriebene Ähnlichkeit von Organismen oder Merkmalen bewerten, sondern die Präsenz von diskreten Merkmalen, wobei jedoch die Behandlung der einzelnen Merkmale als diskrete Ähnlichkeiten (ohne Bewertung der Merkmalsqualität) beibehalten wird. Viele der zeitgenössische Wissenschaftler, die diese Verfahren anwenden, nennen sich selbst »Kladisten« (engl. »cladists«).

Die phänetische Kladistik wird auch **transformierte Kladistik** genannt. Gemeint ist damit die Modifikation der Hennigschen Methode. Es ist dies ein methodischer Ansatz, bei dem Artgruppen mit potentiellen Apomorphien charakterisiert werden, ohne daß eine theoretische Begründung (eine Analyse der Homologiewahrscheinlichkeit und der Lesrichtung) für die Verwendung dieser Merkmale notwendig ist (Nelson & Platnick 1981). Arten werden definiert als Klassen, die *bestimmte Merkmale* aufweisen. Daß dieses Artkonzept für die Systematik wenig nützlich ist, wurde bereits diskutiert (Kap. 2.3: s. Artbegriff von Cracraft 1987). Ein Aspekt des methodischen Ansatzes ist jedoch wissenschaftstheoretisch gut begründet und wird auch in diesem Buch vertreten: Wenn die Phylogenese unabhängig von a-priori-Annahmen über den Evolutionsverlauf objektiv rekonstruiert werden soll, müssen Merkmalsmuster (»Spuren der Evolution«) mit Methoden analysiert werden, die möglichst keine ad-hoc Annahmen benötigen.

Wesentliche Axiome der phänetischen Kladistik sind:

— Merkmale sind homolog, wenn sie kongruent sind (**Kongruenzkriterium**); Kongruenz

Position:	1	2	3	4	5	6	7
Art A	A	A	T	A	A	A	A
Art B	A	A	A	T	A	A	A
Art C	T	A	A	A	T	A	A
Art D	T	T	A	A	A	T	A
Art E	T	T	A	A	A	A	T

Gruppen dazu:

```
      A         C           D
       \ 3   1  5+   2   6 /
        X              X
       / 4          7 \
      B                 E
```

Abb. 113. Identitäten in Sequenzen begründen die Unterscheidung von Gruppen von Taxa. Die Zahlen in der Baumgraphik entsprechen den Mermalsänderungen in Positionen (Merkmalen, Rahmenhomologien) der Datenmatrix.

bedeutet hier: Ihre Verteilung auf Taxa ist kompatibel mit einem bestimmten Dendrogramm. (Dies erfordert eine a-posteriori - Bestimmung der Homologie, vgl. Kap. 6.1.10, 6.1.11).
— Das Optimierungskriterium für die Stammbaumrekonstruktion muß das Sparsamkeitsprinzip sein (s. Kap. 1.4.3 und 6.1.2).
— Der plesiomorphe Merkmalszustand von Arten innerhalb eines Monophylums ist der, der in den nächstverwandten Außengruppentaxa vorkommt (= kladistische Bestimmung der Lesrichtung durch Außengruppenaddition, vgl. Kap. 5.3.3).

Die Nachteile der kladistischen Lesrichtungsbestimmung werden in Kap. 5.3.3, die Problematik der a-posteriori-Homologisierung in Kap. 6.1.10 besprochen.

Aus dem Kongruenzkriterium (s. Kap. 5.1.1) ergibt sich für viele Kladisten, daß eine a-priori-Gewichtung der Merkmale überflüssig ist (z.B. Goloboff 1993), eine Ansicht, die eine Anwendung der hypothetiko-deduktiven Methode verhindert und daher abzulehnen ist (Bryant 1989).

Als **Vorteile** der phänetischen Kladistik werden genannt:

— die Möglichkeit, exakte und schnelle Computerprogramme zu verwenden,
— die Auffindung aller alternativer Topologien, wenn Homoplasien vorhanden sind.

Diese Vorteile können auch in der *phylogenetischen* Kladistik genutzt werden (Kap. 6.2), wobei dann die Nachteile der Phänetik entfallen.

Lineare Transformationsreihe eines Merkmals:

Art:	A		B		C		D
Merkmal:	M_a	←→	M_b	←→	M_c	←→	M_d
Kodierung	1	←→	2	←→	3	←→	4

Matrix:

Art/Merkmal	binäre Kodierung:				Transformations-kodierung:
	M_a	M_b	M_c	M_d	M
A	1	0	0	0	1
B	0	1	0	0	2
C	0	0	1	0	3
D	0	0	0	1	4

Abb. 114. Kodierung von Transformationsreihen. Die Transformationskodierung setzt voraus, daß die Merkmale schrittweise auseinander hervorgehen, die abgebildetet binäre Kodierung der Merkmalspräsenz dagegen nicht, sie würde die Merkmalsevolution nicht beschreiben. Eine binäre Kodierung der Transformationsreihe ist in Abb. 115 gezeigt.

Erste Vorschläge zur Wahl sparsamster Topologien stammen von Edwards und Cavalli-Sforza (1963), die die **Methode der minimalen Evolution** (engl. »minimum evolution method«) vorschlugen: Diejenige Topologie ist vorzuziehen, die die geringste »Menge von Evolution« erfordert. Die Autoren bezogen sich auf die Wahrscheinlichkeit, daß seltene Merkmale nur einmal entstanden sind. Gemeint war die »Sparsamkeit der Evolution«, was nicht dasselbe ist wie »Maximum Parsimony« im MP-Verfahren, wo das Sparsamkeitsprinzip ein methodisches Prinzip ist (s. Edwards 1996 und Kap. 1.4.5). Die Methode, die aus den ersten Vorschlägen entstand, ähnelt dem »Maximum Parsimony« Verfahren. Im Gegensatz zum Parsimonieverfahren werden bei der »minimum evolution«-Methoden für Paare terminaler Taxa Distanzen berechnet (und nicht diskrete Merkmale verglichen), um »Astlängen« zu schätzen. Erste Vorschläge für Algorithmen stammen von Kluge und Farris (1969) sowie Farris (1970), die explizit auf W. Hennig Bezug nahmen. Einen vergleichbaren Algorithmus hatte W. Hennig nie vorgeschlagen. Die Methode hat sich nicht durchgesetzt, da die Berechnung der Astlängen aller alternativer Topologien sehr lange dauert und mit dem »neighbor-joining«-Algorithmus (s. Kap. 8.2.7) ein schnelles Distanzverfahren existiert.

6.1.1 Kodierung der Merkmale

Grundlage einer kladistischen Analyse ist die Datenmatrix (Abb. 114, 115). Für jedes Merkmal sind zwei Aussagen möglich (»vorhanden« oder »nicht vorhanden«, gleichbedeutend mit »Ausprägung 1« oder »Ausprägung 2«), die mit Symbolen dargestellt werden (üblicherweise »1« und »0«). Diese Kodierung impliziert keine Lesrichtung! Sind Transformationsreihen bekannt (s. Abb. 74), gibt es zwei gleichwertige Möglichkeiten, diese zu kodieren: Es kann die Reihung mit einer Zahlenfolge festgelegt werden, wobei vorausgesetzt wird, daß z.B. der Merkmalszustand »3« vorher die Zustände »1« und »2« durchlief (Transformationskodierung). Oder der gleiche Sachverhalt wird binär kodiert (Abb. 114, linke Spalten).

Die Auswertung der **binären Kodierung** von Transformationsreihen erfordert eine Anweisung über die erlaubten Schritte (Merkmalstransformationen): M_a/M_b ist erlaubt, M_a/M_c nicht). Diese Anweisung entfällt mit der additiven binären Kodierung:

Diese **additive Kodierung** impliziert, daß das Merkmal M_a bei der Art B auch vorhanden und die Neuheit M_b hinzugekommen ist (Abb. 115).

Matrix:

Art / Merkmal	M_a	M_b	M_c	M_d
A	1	0	0	0
B	1	1	0	0
C	1	1	1	0
D	1	1	1	1

Abb. 115. Additive binäre Kodierung für die Merkmalsevolution aus Abb. 114.

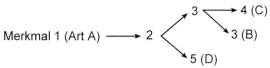

Additive binäre Kodierung:

Art/Merkmal	1	2	3	4	5
A	1	0	0	0	0
B	1	1	1	0	0
C	1	1	1	1	0
D	1	1	0	0	1

Abb. 116. Verzweigte Transformationsreihe eines Merkmals.

Wäre die Art A die phylogenetisch ältere, bedeutet diese Kodierung, daß für die Art B das Merkmal M_a eine Plesiomorphie und M_b eine Apomorphie von B + C + D ist.

Evolviert ein Merkmal in Schwestertaxa divergierend, ist dieser Sachverhalt mit **verzweigten Transformationsreihen** darstellbar (Abb. 116)

Es ist zu empfehlen, verzweigte Transformationsreihen in additiver binärer Kodierung (Abb. 115) zu beschreiben, da damit weitere Anweisungen über die Interpretation der Zahlenreihen entfallen.

Merkmale, für deren Zustände eine Reihung bekannt ist, werden »**geordnete Merkmale**« genannt (engl. »ordered characters«). Ist es unbekannt, in welcher Folge die Zustände auseinander hervorgehen, liegen »**ungeordnete Merkmale**« vor (engl.: »unordered characters«). Geordnete Reihen können bekannt sein, ohne daß die Lesrichtung bestimmt wurde! Ungeordnet sind zum Beispiel die Nukleotide einer DNA-Sequenz in ihrer Eigenschaft als Zustände des Merkmals »Sequenzposition«: Jedes Nukleotid kann durch jedes andere ersetzt werden.

Ist die Reihung der Zustände bekannt, ist es sinnvoll, sie in den für die kladistische Analyse gewählten Computerprogrammen als »geordnete Merkmale« zu kennzeichnen, da damit viele alternative Transformationen entfallen. Mit der Angabe der Reihung gewinnt man zusätzliche Information für die phylogenetische Analyse.

Ein weiterer Informationsgewinn ist die Bestimmung der **Lesrichtung** oder **Polarität** (s. Kap. 5.3). Ist diese für alle Merkmale bekannt, wird für die kladistische Analyse der **Dollo**-Algorithmus gewählt, während der **Wagner**-Algorithmus eine Lesrichtung nicht voraussetzt. Merkmalsreihen mit bekannter Lesrichtung sind **gerichtet** oder **polarisiert**, ohne Lesrichtung werden sie **ungerichtet** oder **nicht polarisiert** genannt.

Zustände eines geordneten, polarisierten Merkmals: $\quad 1 \Rightarrow 2 \Rightarrow 3 \Rightarrow 4$

Zustände eines geordneten, unpolarisierten Merkmals: $\quad 1 \Leftrightarrow 2 \Leftrightarrow 3 \Leftrightarrow 4$

Fehlende Merkmale: Sind Detailhomologien bei einem terminalen Taxon nicht beschrieben worden, oder ist die Rahmenhomologie sekundär reduziert, so daß über Merkmalszustände keine Aussage möglich ist, wird dieser Kenntnismangel in der Matrix meist durch ein Fragezeichen

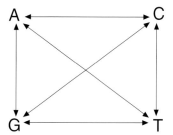

Abb. 117. Ungeordnetes Merkmal am Beispiel der in einer Sequenzposition auftretenden Nukleotide. Im Vergleich mit morphologischen Merkmalen ist die Position im Gefüge der Alinierung das Merkmal (oder die Rahmenhomologie), das Nukleotid die Ausprägung (Detailhomologie), wobei hier jedoch jede Ausprägung aus jeder anderen hervorgehen kann.

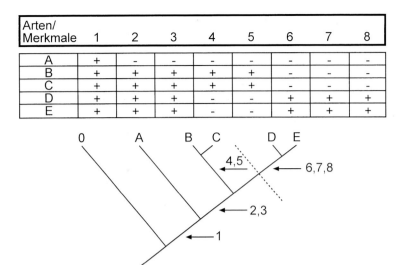

Abb. 118. Sind Merkmale kompatibel verteilt, enthält die Merkmalsmatrix dieselben Artgruppen wie das dazugehörige dichotome Dendrogramm. In dieser Datenmatrix bedeuten »–«: Merkmal fehlt, »+«: Merkmal vorhanden. Um die Wurzelung des Dendrogramms zu begründen, müssen alle Zustände »–« plesiomorph sein, anderenfalls ist die Topologie ungerichtet.

»?« dargestellt. Das Fragezeichen kann jeden Merkmalszustand, der bei anderen Taxa gefunden wird, repräsentieren. Im MP-Verfahren wird automatisch an Stelle des Fragezeichens der Merkmalszustand angenommen, der die Baumlänge am wenigsten vergrößert. Ist nachweisbar, daß eine Detailhomologie sekundär fehlt, sollte man diese Hypothese auch als dritten Zustand kodieren: 1→2 (Entstehung einer Neuheit) →3 (sekundäre Reduktion der Neuheit).

Hinweis: Die Vorgaben von Lesrichtungen, Gewichtungen und Transformationsreihen einzelner Merkmale für die Parsimonieanalyse mit PAUP (Swofford 1990) lassen sich besonders leicht mit dem Programm MacClade (Maddison & Maddison 1992) eingeben.

6.1.2 Das MP-Verfahren der Baumkonstruktion

Die in den folgenden Abschnitten erläuterten Verfahren sind in mehreren Computerprogrammen implementiert, ihre Verwendung erfordert den bewußten Umgang mit den verfügbaren Daten. Wesentlich sind vor allem Kenntnisse der Annahmen, die diese Verfahren axiomatisch voraussetzen.

Die Methode der phänetische Kladistik beschränkt sich auf den »kladistischen Schritt« der Stammbaumrekonstruktion (Abb. 119, s. auch Abb. 134). Sie beansprucht, das Sparsamkeitsprinzip (Kap. 1.4.5) in objektiver und automatisierbarer Weise zu berücksichtigen, weshalb in der angelsächsischen Literatur vom »**maximum parsimony**«-Verfahren (*MP*-Verfahren) gesprochen wird. Dabei wird meist übersehen, daß das Sparsamkeitsprinzip auch für die Merkmalsanalyse eingesetzt werden muß (Kap. 5).

Für die Konstruktion von Baumgraphiken gilt: Wenn ein Datensatz keine Konflikte enthält, also keine Homoplasien, dann ist die Struktur des Dendrogramms schon mit dem Datensatz eindeutig bestimmt (Abb. 118; zum Begriff »Homoplasie« s. Abb. 75). Das Dendrogramm ist aber nur dann eine Darstellung der Phylogenese, wenn die Merkmale im Datensatz real Homologien sind und die Lesrichtung bekannt ist. Weiterhin wäre das Dendrogramm schon ein vollständig rekonstruiertes Abbild der Phylogenese, wenn für jedes Monophylum nur eine einzige reale Apomorphie bekannt wäre.

Sind inkompatible Merkmale vorhanden (vgl. Abb. 75: Homoplasien, Abb. 119, 183, 184), gibt es mehrere dichotome Dendrogramme, die die

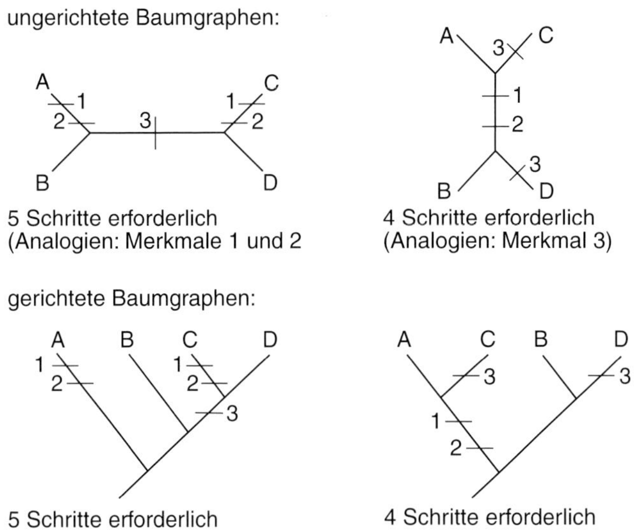

Abb. 119. Alternative Topologien für die Arten A-D und die Merkmale 1-3. Die Striche neben den Zahlen deuten an, daß ein Merkmal auf der betreffenden Kante den Zustand ändert, die Lesrichtung wird damit nicht impliziert. Die Wahl einer Topologie ist möglich, unabhängig davon, ob die Wurzel bekannt ist oder nicht. In diesem Beispiel sind alle Merkmale gleichwertig (gleich gewichtet). Wählt man eine Topologie als die wahrscheinlichere aus, müssen die Merkmalsänderungen auf inneren Kanten (potentiellen Stammlinien) als potentielle Homologien angesehen werden.

Struktur des Datensatzes beschreiben. Das MP-Verfahren dient dazu, die »beste« Topologie zu finden.

Das Verfahren besteht in der Suche nach der Baumtopologie, die die geringste Anzahl von Merkmalsänderungen erfordert. Jede Merkmalsänderung wird als 1 Schritt bewertet, die Zahl der Schritte für die gesamte Topologie ergibt die »Baumlänge«. Die Merkmalsänderung ist entweder das Auftreten einer evolutiven Neuheit oder die Änderung eines Merkmalszustandes, auch mehrfache Änderungen desselben Merkmals werden einzeln und gleichwertig gezählt. Dabei spielt die Lesrichtung keine Rolle, weshalb es ausreicht, an eine Stammlinie die Nummer der Rahmenhomologie zu schreiben, die sich hier ändert (Abb. 118). Der »kürzeste Baum« wird als Grundlage für eine Verwandtschaftsaussage gewählt. Anders ausgedrückt: Jeder »**Schritt**« verursacht »**Kosten**«, der »billigste« Baum wird bevorzugt (in Abb. 119: 4 Schritte sind »besser« als 5 Schritte).

Wie der »billigste« oder kürzeste Baum gesucht wird, ist im Anhang (Kap. 14.2) erklärt. Eine gezielte Berechnung des kürzesten Baumes ist nicht möglich. Statt dessen werden alternative Dendrogramme (wenn möglich, alle Kombinationen der verfügbaren Taxa) konstruiert, um ihre Länge zu vergleichen. Wenn von »Berechnung« gesprochen wird, ist damit die programmierbare heuristische oder exakte Suche des kürzesten Baumes gemeint.

Das kladistische MP-Verfahren ermöglicht es, Topologien zu unterscheiden, auch wenn die Lesrichtung der Merkmale nicht bekannt ist (Abb. 119). Die **Polarisierung** oder **Wurzelung** erfolgt durch Verwendung polarisierter Merkmale (Kap. 5.3.2) oder durch die kladistische Außengruppenaddition (Kap. 5.3.3).

Das MP-Verfahren reagiert empfindlich auf Variationen der Zahl und Gewichtung der potentiellen Apomorphien (Abb. 120). Aus diesem Grund ist es wichtig, daß die Merkmale gemäß ihrer Homologiewahrscheinlichkeit gewichtet werden. Werden keine Gewichtungen vorgenommen, können wenige bedeutungslose Merkmale die Topologie eines Dendrogrammes drastisch verändern. Viele Kladisten lehnen es jedoch ab, Merkmale a priori zu bewerten.

Das Verfahren impliziert, daß **triviale Merkmale** (Autapomorphien terminaler Taxa, die keine

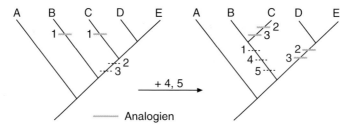

Abb. 120. Die Neuheiten 2 und 3 für die Gruppe C-E (linkes Dendrogramm) seien Merkmale, die als gewichtige Apomorphien gelten. Derartige Merkmale können im MP-Verfahren durch Addition real konvergenter Merkmale (4 und 5 im rechten Dendrogramm) zur ursprünglichen Datenmatrix durch die Überzahl der Homoplasien ihre Wirkung einbüßen: Die Analogien (1 im linken Dendrogramm) werden zu Synapomorphien (1, 4 und 5 im rechten Dendrogramm), die Synapomorphien zu Analogien (2 und 3 im rechten Dendrogramm).

Konvergenzen aufweisen) und Plesiomorphien, die nur bei einem Außengruppentaxon vorkommen, keinen Einfluß auf die Topologie haben, wohl aber auf die Baumlänge, wenn sie mitgezählt werden. Wirksam sind alle Merkmale, die mit 2 oder mehr Zuständen bei jeweils 2 oder mehr terminalen Taxa vorkommen. Derartige Merkmale nennt man **parsimonie-informative Merkmale**. Sie erzeugen in einem Datensatz einen Split, der Gruppen mit jeweils mehr als 1 Art trennt. Es muß nicht vorausgesetzt werden, daß die Splits miteinander kompatibel sind.

> **Voraussetzung für die Verwendung der MP-Methode** zur Rekonstruktion von Stammbäumen:
>
> – Von allen Merkmalen muß angenommen werden, daß es sich um **Homologien** handelt.
> – Alle Merkmale müssen entweder **dieselbe** geschätzte **Homologiewahrscheinlichkeit** haben, oder derart bewertet sein, daß hohe Homologiewahrscheinlichkeiten hoch gewichtet werden.
> – Alle Merkmale müssen einer Rekonstruktion des **Grundmusters der terminalen Taxa** entnommen sein bzw. artkonstante Merkmale terminaler Arten repräsentieren.
> – Terminale Taxa müssen **monophyletisch** sein.

Die oben aufgeführten Voraussetzungen für die Anwendung der Maximum Parsimony-Methode haben die Funktion von **Axiomen**, die im Rahmen der **Deduktion** (Suche nach dem »sparsamsten Baum«) nicht überprüft werden können (vgl. Kap. 1.4.2)! Verstöße gegen diese Axiome erzeugen Topologien, denen irrtümlich hohes Vertrauen geschenkt wird, weil die üblichen kladistischen Prüfverfahren (Kap. 6.1.9) logischerweise keine Fehlerquelle im Bereich der Axiome detektieren können.

Probleme und Fehlerquellen dieser numerischen Analysen werden in Kap. 6.1.11 und Kap. 9 besprochen.

6.1.2.1 Wagner-Parsimonie

Die Wagner-Parsimonie (= Optimierungskriterium von Wagner 1961) ist eine Methode der Kladistik zur Bestimmung der Baumlänge, die die folgenden Annahmen voraussetzt:

– Die Merkmale sind reversibel, d.h. die Wahrscheinlichkeit der Transformation von Merkmalszuständen ist unabhängig von der Richtung der Transformation ($0\rightarrow1 = 1\rightarrow0$).
– Merkmalszustände sind geordnet: Ein sehr abgeleiteter Zustand kann nur stufenweise über alle Zwischenzustände erreicht werden ($0\rightarrow2$ = 2 Schritte; vgl. Abb. 114).

Die **Annahme der Reversibilität** bedeutet, daß zum Beispiel vorausgesetzt wird, ein Facettenauge könne im Verlauf der Evolution in einem Schritt reduziert werden, um im nächsten »gleich langen« Schritt wieder neu zu entstehen. Daß eine Verlustmutation ein unkompliziertes Ereignis ist, die evolutive Konstruktion eines Facettenauges jedoch Millionen Jahre der Selektion von Varianten erfordert, wird mit dieser Annahme übersehen.

Arten	MP-informative Merkmale	triviale Merkmale	konstante Merkmale
A	1 1	1 0 1	1 0
B	1 0	0 1 1	1 0
C	0 0	0 0 1	1 0
D	0 1	0 0 0	1 0

Abb. 121. Klassifikation von Merkmalen nach ihrer Wirkung im MP-Verfahren. Triviale Merkmale sind meistens potentielle Autapomorphien einzelner Arten oder terminaler Taxa. Die MP-informativen Merkmale erzeugen in diesem Beispiel einen Split {(A,B),(C,D)} und den Split {(A,D),(B,C)}.

Die Wagner-Parsimonie ist charakteristisch für den ursprünglichen Ansatz der phänetischen Kladistik. Basierend auf Konzepten von Wagner (1961, 1963) haben Kluge & Farris (1969) und Farris (1970) sich darauf konzentriert, Computerprogramme zu schreiben, die geeignet waren, aus einer Arten-/Merkmalsmatrix ein Dendrogramm zu berechnen. Dieser Ansatz übte eine so große Faszination auf viele Wissenschaftler aus, daß die Bedeutung der Merkmalskomplexität selbst als Informationsquelle übersehen wurde. Die Forschungsanstrengungen wurden der Verbesserung der Baumkonstruktionsmethoden gewidmet, nicht der Bewertung der Datenqualität.

Das Optimierungskriterium der Wagner-Parsimonie ist die »Baumlänge«. Ausgehend von einer Datenmatrix mit binär oder additiv binär kodierten Merkmalen wird die Baumlänge in folgender Weise berechnet:

- Gegeben sei ein Dendrogramm, dessen Länge bestimmt werden soll.
- Bestimme für jedes Merkmal den Zustand in den inneren Knoten (entspricht der kladistischen Bestimmung des Zustandes in Grundmustern, Abb. 123, 127).
- Wähle das erste Merkmal der Datenmatrix und zähle, wie oft der Merkmalszustand sich entlang der Baumtopologie ändert. Jede Änderung ist ein Schritt (vgl. Abb. 119). Die Reihenfolge oder Richtung, in der die Kanten (Äste) der Topologie ausgewertet werden, ist irrelevant.
- Wiederhole diese Zählung für jedes Merkmal der Datenmatrix.
- Addiere alle gefundenen Schritte, die Summe ist die »Baumlänge«.

Da die Polarität der Merkmale nicht berücksichtigt wird, ist es gleichgültig, ob der Baum polarisiert (»gewurzelt«) ist oder nicht.

> »Schritt« (engl. »step«): Merkmalsänderung in einer gegebenen Topologie, unabhängig von der Lesrichtung
> **Baumlänge** (engl. »tree length«): Summe der Merkmalsänderungen (=«Schritte«) aller Merkmale eines Datensatzes in einer gegebenen Topologie
> »kürzester Baum« (engl. »shortest tree«): Topologie mit der geringsten Zahl von Merkmalsänderungen

6.1.2.2 Fitch-Parsimonie

Die Fitch-Parsimonie (Fitch 1971) ist eine Variante der oben beschriebenen Wagner-Parsimonie. Die grundlegende Annahme, Merkmalszustände seien beliebig reversibel, wird beibehalten, hinzu kommt die Annahme, daß jeder Merkmalszustand ohne Zwischenschritte in jeden anderen transformierbar ist und jede Transformation gleichwertig ist. Dies entspricht der Verwendung ungeordneter Merkmale (0→1 = 0→2 = 1→2; Abb. 117). Damit ist es möglich, DNA- oder Protein-Sequenzen auszuwerten, bei denen jede Merkmalstransformation erlaubt ist (z.B. A→T, A→C, A→G).

6.1.2.3 Dollo-Parsimonie

Dollos Regel (Kap. 2.7.1) wird im MP-Verfahren angewandt, wenn die Wahrscheinlichkeit von Verlustmutationen (Rückmutationen) größer ist als die der Neuentstehung von Merkmalen. Jedes abgeleitete Merkmal sollte daher nur einmal entstehen, jede Homoplasie wäre durch Verlustmutation (Rückmutationen) zu erklären und damit eine sekundär entstandene Plesiomorphie im Vergleich mit dem anderen dazugehörigen Merkmalszustand. Dies erfordert a priori eine Bestimmung der Lesrichtung der Merkmale oder zumindest eine Bewertung der Wahrscheinlichkeit

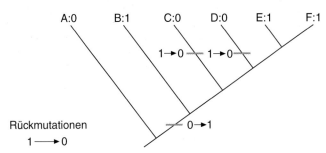

Abb. 122. Beispiel einer Merkmalsverteilung in einer gegebenen Topologie zur Erläuterung der Dollo-Parsimonie, die das Vorkommen von Rückmutationen erlaubt. Rückmutationen erzeugen apparente Plesiomorphien, obwohl jedes Ereignis (im obigen Beispiel) eine evolutive Neuheit ist.

der Rückmutation oder Neuentstehung von Merkmalen. Die im Beispiel (Abb. 122) auftretenden Merkmale der Arten C und D wären Konvergenzen, die durch Rückmutation entstanden sind. Im (für morphologische Merkmale nicht zu empfehlenden) vereinfachten Einsatz von Computeranalysen ohne Merkmalsbewertung bedeutet Dollo-Parsimonie, daß Rückmutationen in den plesiomorphen Zustand erlaubt sind, die erneute Entstehung einer Apomorphie jedoch nicht.

Eine weitere Variante ist die **Camin-Sokal Parsimonie** (Camin & Sokal 1965), die die Annahme benötigt, die Evolution eines jeden Merkmals sei grundsätzlich irreversibel. Rückmutationen sind in diesem Fall ausgeschlossen. Jede Homoplasie muß dann mit Analogien erklärt werden.

Die Bestimmung der Merkmalszustände in inneren Knoten unterscheidet sich in beiden Verfahren, da unter der Dollo-Parsimonie eine Rückmutation, unter der Camin-Sokal Parsimonie die Konservierung einer Plesiomorphie im inneren Knoten und das Auftreten von Analogien angenommen wird:

Eine unbegründete Verallgemeinerung beruht darauf, daß derselbe Algorithmus für die Auswertung der gesamten Datenmatrix verwendet wird. Bei Verwendung von Computerprogrammen ist zu empfehlen, Merkmale, die wahrscheinlich irreversibel sind (z.B. Reduktion eines Facettenauges), auch als solche zu kodieren. Eine Differenzierung in Rückmutationen, die wenig wahrscheinlich sind (Neuentstehung von Facettenaugen bei blinden Tiefseekrebsen) und solchen, die öfters auftreten könnten (Verlust von

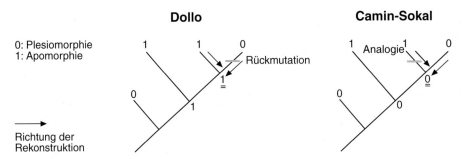

Abb. 123. Rekonstruktion von Grundmustern im kladistischen MP-Verfahren, alternativ mit dem Dollo- oder dem Camin-Sokal Algorithmus. Die Pfeile geben die Richtung der Rekonstruktion an. Die Zahl der Merkmalsänderungen ist in beiden Fällen gleich, die Wahl des Algorithmus für die Bestimmung der sparsamsten Topologie daher ohne Bedeutung. Zu erkennen ist, daß unter der Dollo-Bedingung der Weg von einem abgeleiteten Merkmal eines terminalen Taxons über die Kanten der Topologie zum nächsten abgeleiteten Merkmal nicht durch Knoten (Grundmuster) mit Plesiomorphien führt (hier mit »0« kodiert).

Pigmentmustern, Änderung von Borstenzahlen usw.) entspricht viel besser den natürlichen Geschehnissen und wird von Phylogenetikern, die eine phänomenologische Merkmalsanalyse anwenden, berücksichtigt (Kap. 5).

6.1.2.4 Allgemeine Parsimonie

Die oben aufgeführten Verfahren sind nur für Spezialfälle geeignet, da sie jeweils besondere Annahmen für den gesamten Datensatz voraussetzen, wie die der gleichartigen Gewichtung oder der allgemeinen Reversibilität von Substitutionen. Algorithmen, die unter Verwendung des Parsimonieprinzips der Dendrogrammkonstruktion eine **differenzierte Gewichtung** von Merkmalstransformationen erlauben, werden »allgemeine Parsimonieverfahren« genannt (»generalized parsimony«). Die Berücksichtigung einer differenzierten Gewichtung wird dadurch ermöglicht, daß für jedes Merkmal eine Kostenmatrix aufgestellt wird. Soll für die Merkmalsreihe 1→2→3 die Entstehung eines jeden Zustandes aus dem vorhergehenden 8 mal höher gewichtet als die Rückbildung, ergibt sich für die möglichen Transformationen die folgende Matrix:

Ausgangszustand	Endzustand		
	1	2	3
1	-	8	2x8
2	1	-	8
3	2	1	-

Abb. 124. Beispiel für eine Tabelle mit Gewichten für Merkmalstransformationen (s. Text).

In diesem Beispiel würde das konvergente Vorkommen der Transformation 2→3 die Baumlänge um 8 Schritte verlängern, die zweifache Reduktion 3→2 dagegen nur um 1 Schritt. Damit wäre für dieses Merkmal die Dollo-Parsimonie kodiert worden. Soll eine Rückmutation unmöglich sein, wird dieser der Wert ∞ zugewiesen. Für DNA-Sequenzen lassen sich auf diese Weise auch Transversionen und Transitionen unterschiedlich gewichten.

Nachteile dieses Verfahrens sind die Mehrarbeit bei der Kodierung der Merkmale und die längere Rechenzeit. Nach Auffassung vieler Kladisten ist ein weiterer Nachteil die Subjektivität der Gewichtung. Dem ist jedoch entgegenzuhalten, daß die Annahme, alle Merkmale würden gemäß den Axiomen der Wagner- oder Dollo-Parsimonie evolvieren ebenso subjektiv und dazu in den meisten Fällen unrealistisch ist. (Weitere Erläuterungen zur Begründung der Gewichtung in Kap. 6.1.3).

6.1.2.5 Nukleinsäuren und Aminosäuresequenzen

Sequenzen werden meist so ausgewertet, daß jede Position der Sequenz als eigenes Merkmal gezählt wird (Näheres in Kap. 6.3). Eine weitere Möglichkeit ist die Nutzung von besonderen Insertionen, Deletionen oder Serien von Substitutionen als komplexe Merkmale, sofern derartige Merkmale gefunden werden können.

Die Analyse von DNA-Sequenzen impliziert ebenso wie bei der Analyse diskreter morphologischer Merkmale, daß die neuen Merkmale, mit denen ein potentielles Monophylum identifiziert wird, Apomorphien sind. Die Wahrscheinlichkeit, daß es sich nicht um zufällige Übereinstimmungen handelt, kann analog zur Bewertung morphologischer Merkmale mit einer a-priori-Analyse geschätzt werden (Spektren: Kap. 6.5). A-posteriori empfiehlt es sich, für potentielle Monophyla einer berechneten Topologie diejenigen Positionen einer Alinierung, welche potentielle Apomorphien enthalten, auszudrucken und zu bewerten. Im Idealfall haben diese Positionen zwei Merkmalszustände: Den plesiomorphen Zustand in der Außengruppe, den apomorphen in der Innengruppe. Je mehr Abweichungen (Fehlen der Apomorphie bei Taxa der Innengruppe, Konvergenzen in der Außengruppe) pro Position auftreten, desto variabler ist diese Position und desto geringer die Wahrscheinlichkeit, daß eine reale Apomorphie identifizierbar ist.

Werden Gene verglichen, die Proteine kodieren, gibt es mehrere Möglichkeiten, das kladistische Parsimoniekriterium anzuwenden:

– Vergleich der kodierenden DNA-Sequenzen: Jede Basensubstitution kann in der phylogenetischen Analyse berücksichtigt werden, also auch synonyme Substitutionen, die nicht unter Selektionsdruck stehen. Es können Codonpositionen nach ihrer Variabilität unterschiedlich gewichtet werden (vgl. Kap. 2.7.2.4 und Abb. 48). Ein einfaches Verfahren besteht darin, aus den Sequenzen probeweise die dritte, oder die dritte und zweite Position zu entfernen, um den Effekt einzelner Positionen z.B. auf die Qualität der Bootstrap-Werte oder das Signal-Rauschen-Verhältnis zu prüfen.

Stehen nur die Aminosäuresequenzen zur Verfügung:

- Vergleich der Aminosäuresequenzen: Es werden nur noch Basensubstitutionen wirksam, die nicht synonym sind (synonyme Substitutionen: s. Abb. 48), wenn man nicht die Gene, sondern die Proteine analysiert. Es steht damit weniger Information zur Verfügung als bei der DNA-Analyse (für 3 Nukleotide nur 1 Aminosäure). In vielen Fällen entfällt aber auch die Berücksichtigung der Mehrfachsubstitutionen (z.B. der dritten Codonposition), was vorteilhaft sein kann, wenn damit »Rauschen« ausgeklammert wird. Im einfachsten Fall werden nur die Unterschiede der Aminosäuresequenzen bewertet, ohne Berücksichtigung der Mindestzahl von Substitutionen, die auf Niveau der DNA nötig sind, um das Codon einer Aminosäure in ein anderes zu transformieren (Eck & Dayhoff 1966).
- Zählung der Anzahl von Basensubstitutionen, die notwendig sind, um das Codon einer Aminosäure in ein anderes zu überführen (vgl. PHYLIP Programm von Felsenstein 1993).
- Gewichtung der Aminosäuresubstitutionen nach den chemischen Eigenschaften unter der Annahme, daß eine Änderung der chemischen Eigenschaft weniger wahrscheinlich ist, da sie unter stärkerem Selektionsdruck steht (vgl. Dayhoff et al. 1978, Kap. 5.2.2.10).

Man beachte, daß die Gewichtung nach der Mindestzahl von Substitutionen, die eine Codontransformation benötigt, eine Musteranalyse ist, also eine Bewertung der sichtbaren Unterschiede, während eine Gewichtung nach den chemischen Eigenschaften der Aminosäuren einer Prozessannahme gleichkommt, da Annahmen über Selektionsprozesse vorausgesetzt werden. Wird die Gewichtung so ausgeführt, daß die Merkmalsänderungen entlang einer vorgegebenen Topologie gezählt werden, ist das Verfahren zirkulär und damit nicht zulässig (vgl. Kap. 6.1.4).

Es ist auch grundsätzlich möglich, das MP-Verfahren in Kombination mit Modellen der Sequenzevolution zu nutzen. Die Zahl der potentiellen Apomorphien kann um den Wert der nicht sichtbaren multiplen Substitutionen korrigiert werden, wenn man nicht mit paarweisen Distanzen arbeitet, sondern die Hadamard-Transformation nutzt, um generalisierte Distanzen zwischen Gruppen von Taxa zu schätzen (Charleston et al. 1994, s.auch Kap. 14.7).

6.1.3 Gewichtung im MP-Verfahren

Wenn Merkmale im MP-Verfahren wie hier beschrieben bewertet werden, hat das zur Folge, das letztlich den *Zustandsänderungen* oder den evolutiven Neuheiten ein Gewicht zugewiesen wird. Die Homologiewahrscheinlichkeit sollte daher stets nur für diejenigen Detailhomologien geschätzt werden, die sich ändern, nicht für eine gesamte Rahmenhomologie. Die Gewichtung kann mit dem phänomenologischen Asatz begründet werden (Wahrscheinlichkeit des Erkennens von Homologien) oder mit dem modellierenden Ansatz (Wahrscheinlichkeit des evolutiven Entstehens von Identitäten).

Die Topologie eines mit dem kladistischen Verfahren berechneten Dendrogrammes hängt vom reinen Zahlenverhältnis der parsimonie-informativen Merkmale ab und ist unabhängig von der Qualität der Merkmale. Werden die Merkmale nach geschätzter Qualität (Homologiewahrscheinlichkeit) **gewichtet**, erhält man denselben Effekt wie bei der Vermehrung der berücksichtigten Merkmale eines Taxons (Abb. 125).

Der phänomenologisch arbeitende Systematiker kann ein geschätztes Verhältnis der Homologiewahrscheinlichkeiten derart in die Analyse einbringen, daß er ein »wertvolles« Merkmal höher gewichtet oder mehrfach in die Datenmatrix einträgt. Die objektivste Methode besteht darin, jede Homologie so exakt wie möglich zu analysieren und jede identifizierte Detailhomologie als Merkmal zu verwenden.

Die Verfechter der phänetischen Kladistik schließen explizit eine phänomenologische Merkmalsanalyse aus, da aus Unkenntnis der in Kap. 5.1.1 besprochenen Gesetzmäßigkeit (siehe Komplexitätskriterium) behauptet wird, die gewonnenen

	Merkmal (*Gewichtung)	
Art A	1 (*5)	0 (*1)
Art B	1 (*5)	0 (*1)
Art C	0 (*1)	1 (*1)
Art D	0 (*1)	1 (*1)

ist dasselbe wie:

	Merkmal (*Gewichtung)					
Art A	1 (*1)	1 (*1)	1 (*1)	1 (*1)	1 (*1)	0 (*1)
Art B	1 (*1)	1 (*1)	1 (*1)	1 (*1)	1 (*1)	0 (*1)
Art C	0 (*1)	0 (*1)	0 (*1)	0 (*1)	0 (*1)	1 (*1)
Art D	0 (*1)	0 (*1)	0 (*1)	0 (*1)	0 (*1)	1 (*1)

Abb. 125. Das im MP-Verfahren wirksame Gewicht der Homologien der Arten A+B ist in beiden Tabellen gleich, obwohl die untere Tabelle mehr Merkmale enthält. In der unteren Tabelle wurde das Merkmal 1 der oberen Tabelle fünfmal aufgeführt, was denselben Effekt hat wie die fünffache Gewichtung der Transformation 0→1 der oberen Tabelle. Dieselbe Wirkung erreicht man auch, wenn man im Rahmenmerkmal 1 fünf Detailhomologien findet, die jeweils für den Split {(A,B)/(C,D)} eine Transformation zeigen. Das letzgenannte Vorgehen ist das besser begründete.

Homologieaussagen seien unbegründete ad-hoc Hypothesen. Pattersons Aussage (1988) »the ... most decisive test of homology is by **congruence** with other homologies« bedeutet, daß eine Homologiehypothese vor allem mit der »Passung« auf einem »sparsamsten« Dendrogramm begründet werden muß. Es muß also zunächst ein Dendrogramm berechnet werden, erst anschließend sind Homologieaussagen möglich (Abb. 134). Der Bezug zu einem Dendrogramm impliziert, daß für jedes Merkmal auch sogleich eine Lesrichtung festgelegt wird, wenn die Topologie gewurzelt ist. Die Problematik der kladistischen Homologisierung wird in Kap. 6.1.10 diskutiert.

Achtung: Verwendet man Merkmalsreihen, also Merkmale, die sich schrittweise von Taxon zu Taxon weiter entwickeln, sollte jede Zustandsänderung dieser Reihe separat bewertet werden. Es ist ein Fehler, das Merkmal pauschal zu gewichten, da dann angenommen wird, daß alle Zustandsänderungen dieselbe Homologiewahrscheinlichkeit haben. Manche Computerprogramme ermöglichen es, für jede Merkmalsänderung eine gesonderte Gewichtung vorzusehen (vgl. Abb. 124).

6.1.4 Iterative Gewichtung

Farris (1969) schlug eine iterative Gewichtung vor (engl. »successive weighting«), die aus folgenden Schritten besteht:

– Rekonstruktion eines Dendrogramms mit dem MP-Verfahren und mit gleich gewichteten Merkmalen,
– Wahl der Gewichtungswerte auf Grund der Merkmalsverteilung im sparsamsten Dendrogramm: Stärkere Gewichtung derjenigen Merkmale, die wie Synapomorphien verteilt sind, niedrige Gewichtung von Homoplasien. Als Indiz für die Gewichtung kann der Konsistenzindex des Merkmals verwendet werden (Kap. 6.1.9.1).
– Erneute Berechnung eines MP-Dendrogramms mit der neuen Gewichtung der Merkmale.
– Wiederholung der Gewichtung an Hand des neu berechneten Dendrogramms.
– Wiederholung des Verfahrens, bis die Dendrogrammtopologie sich nicht mehr ändert.

Das Ergebnis dieses Verfahrens ist sehr sensibel für die Struktur des ersten berechneten Dendrogramms und die Gewichtung in der ersten Datenmatrix, da durch iterative Gewichtung vor allem die Merkmale, die zur Topologie des ersten Dendrogramms passen, verstärkt »belohnt« werden. Damit ist die iterative Gewichtung keine von der Dendrogrammkonstruktion unabhängige Hypothesenbildung (Homologisierung), sondern ein **zirkuläres Verfahren**! Dasselbe gilt für Verfahren, die auf Iterationen verzichten, jedoch Merkmalsgewichtungen nach der Zahl der Homoplasien der einzelnen Merkmale vorsehen (sie-

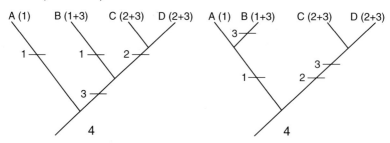

Abb. 126. Für dieselbe Merkmalsverteilung gibt es in diesem Beispiel zwei gleichwertige Topologien. Hier sind entweder das Merkmal (1. Topologie) oder das Merkmal 3 (2. Topologie) Homoplasien. Es wird deutlich, daß die Homoplasien Widersprüche in Verwandtschaftshypothesen sind.

he z.B. Goloboff 1993). Man kann für Parsimonieberechnungen mit PAUP (Swofford 1990) verschiedene topologieabhängige Statistiken für die Gewichtungen nutzen (z.B. Konsistenzindex, Zahl der Merkmalsänderungen), die Gewichtung läßt sich z.B. mit MacClade (Maddison & Maddison 1992) berechnen. Dieses Verfahren ist nicht zulässig.

6.1.5 Homoplasie

Homoplasien sind Merkmale, die mit einem Dendrogramm nicht kompatibel sind (Abb. 75, 126, 183, 184). Solange nicht entschieden ist, welches Dendrogramm das sparsamste ist bzw. welche Topologie der Kladist bevorzugt, ist das inkompatible Merkmal weder als Homologie noch als Analogie zu bezeichnen, weshalb ein eigener Begriff für diesen Sachverhalt verwendet wird. Hat ein Merkmal n Zustände, bildet es in einem Dendrogramm keine Homoplasien, wenn das Dendrogramm alle Merkmalsänderungen aufweist und $n-1$ Zustandsänderungen vorkommen. Ist die Zahl der Zustandsänderungen größer, sind Homoplasien vorhanden. Oft gibt es auf Grund der Präsenz von Homoplasien 2 oder mehr gleich sparsame Topologien (Abb. 126).

Es wird deutlich, daß die Homoplasien Widersprüche in Verwandtschaftshypothesen erzeugen und damit Hypothesen schwächen oder falsifizieren. Es gibt verschiedene Möglichkeiten, Homoplasien in der weiteren Analyse zu berücksichtigen (s. auch Siebert 1992):

- Analyse der Homologiewahrscheinlichkeit (Kap. 5.1), um neu identifizierten Analogien neue Merkmalsnamen zuzuweisen, unsichere Merkmale aus dem Datensatz zu entfernen, oder Merkmale neu zu gewichten.
- Visualisierung der Konflikte, z.B. mit einem Konsensusdendrogramm (s. Kap. 3.3) oder mit einem Netzdiagramm (s. Kap. 3.2.2, Kap. 14.4, Abb. 55, 56, 185).

Treten in einem Dendrogramm, das wahrscheinlich die Phylogenese korrekt darstellt, Homoplasien auf, gibt es dafür folgende Ursachen (Givnish & Sytsma 1997):

- evolutive Konvergenz (Ähnlichkeit durch Anpassung an dieselben Umweltfaktoren)
- Analogie (zufällige Übereinstimmung) (engl. auch »recurrence«)
- horizontaler Gentransfer (engl. »transference«)
- Fehlbestimmung von nur oberflächlich ähnlich aussehenden Strukturen als Homologien

Die ersten beiden Fehlerquellen lassen sich mit einer detaillierten Merkmalsanalyse identifizieren, wenn die Merkmale komplex sind. Transferierte Gene dagegen sind echte Homologien, die jedoch in nicht-homologer Umgebung auftreten, weshalb beim Vergleich verschiedener Gene derselben Organismen widersprüchliche Genstammbäume gefunden werden können. Daß oberflächliche Ähnlichkeit nicht als solche erkannt wird, ist allgemein eine Folge unachtsamer Arbeitsweise.

Verschiedene kladistische Indizes werden verwendet, um das Zahlenverhältnis von potentiellen Apomorphien zu Homoplasien zu beschreiben (Kap. 6.1.9.1).

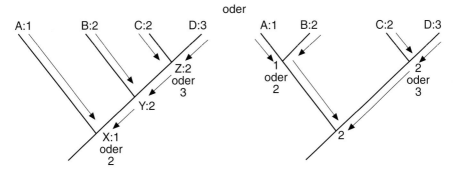

Abb. 127. Bestimmung der »Knotenmerkmale« für die Grundmuster X, Y und Z. (1-3: Transformationsserie eines Merkmals; Pfeile: Richtung der Rekonstruktion)

6.1.6 Manipulation der Datenmatrix

Da die Struktur eines Dendrogrammes von der Verteilung der Merkmalszustände auf die Taxa und von der Gewichtung der Merkmale einer Datenmatrix abhängt, läßt sich die Topologie durch Manipulationen modifizieren. »Störende« Merkmale können entfernt, »passende« Merkmale höher gewichtet werden, wobei nicht selten das unbegründete »Gefühl« eines Autors die Entscheidungsgrundlage ist. Derartige Manipulationen können unwissenschaftlich bis betrügerisch sein. Objektive, wissenschaftlich begründete Manipulationen können nur auf der Grundlage der Neubewertung der Merkmalsqualität durchgeführt werden. Was die Merkmalsqualität bestimmt, wird in Kap. 5 diskutiert.

6.1.7 Kladistische Rekonstruktion von Grundmustern

Das Verfahren der Rekonstruktion von Grundmustern, das den von W. Hennig entdeckten Gesetzmäßigkeiten der phylogenetischen Systematik genügt, erfordert phänomenologische Merkmalsanalysen (vgl. Kap. 5.3.2). Die phänetische Kladistik dagegen rekonstruiert die Grundmuster nicht mit Hilfe der Merkmalsanalyse sondern auf der Grundlage der Merkmals*verteilung* in einem Dendrogramm. Damit wird die Zusammenstellung von Merkmalen im Grundmuster (»Dendrogrammknoten«) abhängig von der Topologie der Dendrogramme und unabhängig vom Informationsgehalt der Merkmale selbst.

Jede kladistische Bestimmung von Baumlängen (s. MP-Verfahren, Kap. 6.1.2) macht Annahmen über den Merkmalszustand in inneren Knoten eines Dendrogramms, also über den Merkmalszustand in einem Grundmuster. Dieser Zustand wird unter Verwendung der Wagner-Parsimonie (Annahme: Merkmale sind reversibel) mit folgenden Schritten bestimmt:

- Gegeben sei ein polarisiertes oder unpolarisiertes Dendrogramm.
- Wähle ein Paar benachbarter terminaler Taxa.
- Wähle ein Merkmal.
- Wähle für den Merkmalszustand des verknüpfenden Knotens den häufigsten Zustand der terminalen Taxa. Ist dieser nicht bestimmbar, wähle im Knoten die Verknüpfung »oder« für die Zustände der terminalen Taxa (Abb. 127).
- Bestimme den Merkmalszustand in dem nächstfolgenden, »tieferen« Knoten. Sollten Informationen für Nachbarknoten fehlen, muß erst von den terminalen Taxa ausgehend, die mit diesem Knoten verbunden sind, der Merkmalszustand des Nachbarknotens (entspricht dem Grundmuster des Schwestertaxons) rekonstruiert werden.

Die Bestimmung der Knotenmerkmale hat Annahmen über die Merkmalsänderungen zur Folge. Die Unbestimmtheit der Zustände in einigen inneren Knoten verhindert jedoch eine objektive Festlegung des Ortes einiger Merkmalsänderungen. Für die Berechnung der Merkmalsänderungen kann man deshalb zwischen alternativen Algorithmen wählen, die entweder für alle Merkmale Rückmutationen oder Analogien (Parallelismen) bevorzugen (Abb. 128).

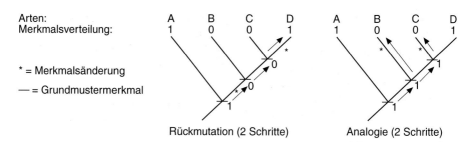

Abb. 128. Alternative Annahmen für die Rekonstruktion von Grundmuster: Bevorzugung von Rückmutationen (links, entspricht der »Dollo-Parsimonie«) oder von Analogien (rechts, entspricht der »Camin-Sokal Parsimonie«, vgl. dazu Abb. 123)

Damit erhält man alternative Grundmusterzustände, zwischen denen man nur mit zusätzlicher Information (z.B. über die Wahrscheinlichkeit, daß Analogien vorliegen) wählen kann. (In manchen Computerprogrammen sind diese Alternativen unter den Begriffen DELTRAN (»delayed transformation«: Analogien werden bevorzugt) und ACCTRAN (»accelerated transformation«: Rückmutationen werden bevorzugt) zu finden.)

Das Beispiel zeigt, daß die Zahl der gefundenen Merkmalsänderungen und damit die »Baumlänge« unabhängig davon ist, welcher dieser Algorithmen gewählt wird, obwohl der angenommene Evolutionsverlauf verschieden ist. Kladistische Computerprogramme benötigen deshalb keine eindeutige Festlegung der Merkmalszustände in Grundmustern (weitere Angaben über die Rekonstruktion von Grundmuster mit exakten Wagner-Algorithmen in Swofford & Maddison 1987).

Grundmuster werden von kladistischen Computerprogrammen nur dann zwingend rekonstruiert, wenn die Merkmalsmatrix gerichtete oder irreversible Merkmale enthält oder wenn Merkmale einer Stammart (»innere Knotenmerkmale«) vorgegeben werden. Der Anwender kann sich für eine polarisierte Baumgraphik im Nachhinein eine Liste von Merkmalszuständen oder von potentiellen Apomorphien der Stammarten ausgeben lassen. Diese Grundmuster werden unabhängig von der Schätzung einer Ereignis- oder phänomenologischen Homologiewahrscheinlichkeit allein aus der Verteilung der Merkmalsausprägungen in einer Topologie errechnet.

Die Rekonstruktion von Grundmustern mit der Methode der phänetischen Kladistik hat den **systematischen Fehler**, daß sich ein Mangel an Information nicht in den Rekonstruktionen niederschlägt. *Die Quelle dieser Unsicherheit ist das Fehlen der Merkmalsanalyse.* Es wird für jedes Merkmal in den »inneren Knoten« eines Dendrogramms eine Ausprägung angegeben, unabhängig davon, ob die verfügbare Information dafür ausreicht. Ist beispielsweise eine Sequenzposition derart variabel, daß sie nicht eindeutig zu einem Split paßt, wird diese Position im Parsimonieverfahren trotzdem wie konserviertere Positionen mitgezählt. Um das zu verhindern, ist in einer getrennten Analyse ein Gewichtungswert zu ermitteln.

Viele Kladisten verstehen nicht, wie man Merkmalsqualitäten a priori bewerten kann, weshalb sie die Grundmusterrekonstruktion ohne Computerprogramme abwertend »intuitiv« nennen (z.B. Yeates 1995). Eine Kombination aus Bewertung der Homologiewahrscheinlichkeit und anschließender Anwendung der Parsimoniemethode (Kap. 6.1.2) entspricht aber der Hennigschen Methode (phylogenetischen Kladistik).

Für quantitative Merkmale, die sich kontinuierlich verändern können, wie das durchschnittliche Körpergewicht oder immunologische Distanzen zu einem Außengruppentaxon, sind Methoden entwickelt worden, die die Schätzung des Zustandes im Grundmuster erlauben, wobei episodische Änderungen der Evolutionsgeschwindigkeit und die Homologiewahrscheinlichkeit nicht berücksichtigt werden können (s. Maddison 1991).

Hat eine Art ein **polymorphes Merkmal** derart, daß einige Individuen den plesiomorphen und andere den apomorphen Zustand aufweisen, muß geprüft werden, ob

a) der Polymorphismus schon bei der letzten gemeinsamen Vorfahrenpopulation der Art und ihrer Schwesterart vorhanden war (Polymorphismus im Grundmuster), oder ob
b) der apomorphe Zustand eine Neuheit ist, die nur in einer bestimmten monophyletischen Population auftritt, oder ob
c) die Merkmalszustände mehrfach konvergent entstanden sein könnten.

Der Nachweis eines Polymorphismus im Grundmuster liegt vor, wenn der Polymorphismus auch im Schwestertaxon auftritt und eine Analogie auszuschließen ist. Polymorphe Merkmale lassen sich nur dann phylogenetisch auswerten, wenn jede Morphe homologisiert werden kann und die Evolution einer Morphe rekonstruierbar ist, wie im Fall von Sexualdimorphismen.

Die Analyse polymorpher Merkmale liefert einen **Genstammbaum**, der oft nicht dem Artenstammbaum entspricht, da die Entstehung von neuen Allelen vor der Speziation stattfindet und somit mehrere Allele zugleich in verschiedenen Arten vorkommen können. Dieser Sachverhalt wird entdeckt, wenn die Monophylie der Artgruppen erwiesen ist und für das polymorphe Gen ein MP-Dendrogramm rekonstruiert wird. Dieses ist kürzer als ein Dendrogramm für dieses Gen, das die Topologie des Artenstammbaumes hat, da letzteres zahlreiche Konvergenzen impliziert, die im Genstammbaum nicht enthalten sind.

Mit polymorphen Merkmalen, die bei mehreren Arten vorkommen, muß man besonders bei nah verwandten Arten rechnen, die geringe Divergenzzeiten aufweisen. Es ist jedoch nie ganz auszuschließen, daß mehrere Genvarianten auch über längere Zeiträume nebeneinander in einer Population existieren, so daß der Genstammbaum nicht der Speziationsfolge entspricht (Abb. 6). Untersucht man mehrere unabhängige Gene, die nicht gekoppelt vererbt werden (was z.B. für mitochondriale Gene nicht zuträfe), ist zu erwarten, daß sich die Genstammbäume unterscheiden: Es ist unwahrscheinlich, das zufällig dieselben Genstammbäume mehrfach entstanden sind. Übereinstimmung der Topologie ist mit größerer Wahrscheinlichkeit die Folge desselben historischen Prozesses. (Was nicht bedeutet, daß mit einer gefundenen Übereinstimmung mehrerer Genstammbäume schon der Artenstammbaum gefunden wäre; s. »Plesiomorphie-Falle« in Kap. 6.3.3).

6.1.8 Polarisierung ungerichteter Baumgraphen

Mit den MP-Algorithmen können zunächst nur ungerichtete Baumgraphen konstruiert werden. Für die kladistische Analyse selbst ist eine Polarisierung (»Wurzelung«) nicht notwendig, wohl aber für die Deutung des Evolutionsverlaufes. Eine Bestimmung der Richtung der Zeitachse ist mit den folgenden Verfahren möglich:

– Verwendung von Merkmalen, deren Lesrichtung bestimmt und entsprechend kodiert wurde (Kap. 5.3)
– Verwendung irreversibler Merkmale
– Bestimmung mindestens eines Taxons als Außengruppe (vor oder nach der Rekonstruktion der Baumgraphik): Kladistische Außengruppenaddition (Kap. 5.3.3)
– Zuweisung eines Merkmalssatzes zu einem inneren Knoten

Es darf nicht übersehen werden, daß mit der Bestimmung der Lesrichtung zusätzliche wertvolle Information in die Analyse einfließt. Viele alternative Topologien entfallen, wenn sie eine Umkehr der Lesrichtung erfordern würden. Vorteilhaft ist vor allem die Notwendigkeit der Merkmalsanalyse, die den Wissenschaftler zwingt, wertvollere potentielle Homologien von zufälligen Ähnlichkeiten zu unterscheiden.

6.1.9 Kladistische Statistiken und Zuverlässigkeitstests

Man darf nie vergessen, daß die kladistische Prüfungen der Übereinstimmung zwischen Information im Datensatz und Information in der Topologie rein methodische Ziele hat, aber keine Aussagen über die Evolutionswahrscheinlichkeit von Merkmalen oder Artgruppen oder über Homologiewahrscheinlichkeiten erlaubt. Die Behauptung, ein Dendrogramm sei glaubwürdig, weil kladistische Tests gute Werte lieferten, ist unbegründet. Ein guter Wert belegt bestenfalls, daß die mit einer bestimmten Methode berechne-

Merkmalsmatrix:

Arten/Merkmale	1	2	3	4	5
A	0	0	0	0	0
B	1	0	0	0	1
C	1	1	0	0	1
D	1	1	1	1	1
E	1	1	1	1	0

Abb. 129. Beispiel zur Berechnung des Konsistenzindex. Die Gesamtzahl der bei den Merkmalen vorkommenden Merkmalsänderungen ist M = 5, die Gesamtzahl der Schritte im Dendrogramm S = 6. CI = ⅚ = 0,833. (Der Wert wird oft auch mit 100 multipliziert: CI = 83,3). Durch Addition eines trivialen Merkmals, das eine Autapomorphie der Art E darstellt und somit keinen Einfluß auf die Topologie hat, verbessert sich der CI-Wert: M = 6, S = 7, CI = 6/7 = 0,857.

te Topologie die Information im Datensatz gut widerspiegelt. Eine Aussage über die *Qualität des Datensatzes* ist mit diesen Verfahren nicht zu erhalten. Wer an der Prüfung der Qualität der Daten interessiert ist, muß sich mit der Homologiewahrscheinlichkeit (Kap. 5.1) und dem Signal-Rauschen-Verhältnis beschäftigen (Kap. 6.5, 14.7).

6.1.9.1 Konsistenzindex, Konservierungs-Index, F-Index

Der **Konsistenzindex** (engl. »consistency index«) bewertet die Zahl der Homoplasien als Anteil der Merkmalsänderungen in einer Topologie. Er wird wie folgt berechnet:

Es sei n_i die Anzahl der Merkmalsausprägungen, die im Datensatz für ein Merkmal i berücksichtigt wurden. Die geringste Anzahl von Merkmalsänderungen m_i, die zu erwarten sind, ist dann $n_i - 1$, also für jeden apomorphen Zustand ein einmaliges Auftreten.

Es sei s_i die Anzahl der in einer Topologie aufgetretenen Merkmalsänderungen. Der Konsistenzindex für ein Merkmal i ist dann

$$c_i = m_i / s_i$$

Gibt es zu einem variablen Merkmal keine Homoplasien, ist $c_i = 1$. Bei invariablen Merkmalen ist $c_i = 0$. Treten Homoplasien auf, gilt $s_i > m_i$. Der Index für die gesamte Topologie errechnet sich aus der Summe M aller m_i und der Summe S aller in der Topologie gefundenen Merkmalsänderungen s_i:

$$CI = M/S$$

Sind in der Topologie für ein Merkmal Homoplasien vorhanden, weist dieses Merkmal mehr Zustandsänderungen s_i auf als die Mindestanzahl der Änderungen m_i, womit der Index sinkt. Sind keine Homoplasien vorhanden, gilt CI = 1. Damit ist ein Vergleich von Datensätzen und Topologien möglich: Je näher der CI-Wert bei 1 liegt, desto besser stimmen Topologie und Datensatz überein.

Der CI-Wert ist aber bei gleicher Zahl von Homoplasien auch von der Anzahl der Taxa und der Merkmale sowie von Autapomorphien abhängig und daher auch aus rein methodischer Sicht kein gutes Maß. Für eine Buschtopologie, die keine Synapomorphien enthält, ist der CI-Wert größer als 0, was nicht der ursprünglichen Interpretation des Index entspricht. Ein Merkmal, das zwei konvergente triviale (autapomorphe) Merkmalszustände in einer Topologie aufweist, hat denselben CI-Wert wie ein Merkmal mit Zuständen, zu denen konvergent eine Autapomorphie und eine gruppenbildende Synapomorphie gehören. Nur im zweiten Fall wird die Topologie wenigstens partiell gestützt. Diese Schwäche des Konsistenzindex tritt beim Konservierungsindex nicht auf.

Der **Homoplasie-Index HI** ist komplementär zum Konsistenzindex ($HI = 1 - CI$) und gilt als Maß für den Anteil an Merkmalsänderungen, der durch Homoplasien verursacht wird. Die Schwächen sind dieselben des Konsistenzindex.

Der **Konservierungs-Index** (engl. »retention index« **RI,** s. Farris 1989a,b) soll, bezogen auf einen gegebenen Datensatz, ein Maß für die Menge an potentiellen Synapomorphien sein, die in einer konstruierten Topologie erhalten bleiben; je mehr

Merkmalsmatrix:

Arten/Merkmale	1	2	3	4	5
A	0	0	0	0	0
B	1	0	0	0	1
C	1	1	0	0	1
D	1	1	1	1	1
E	1	1	1	1	0
maximale Schrittzahl	1	2	2	2	2

Abb. 130. Beispiel zur Berechnung des Konservierungsindex. Die maximale Schrittzahl l_{max} ist eine Summe der Merkmalszustände in der Datenmatrix, wobei der seltenere Merkmalszustand pro Taxon gezählt wird. Hier ist $l_{max} = 9$, wie in Abb. 129 ist M = 5 und S = 6. Daraus ergibt sich: RI = (9-6)/(9-5) = 0,75.

Analogien vorkommen, desto geringer wird der RI-Wert. Dazu wird geprüft, wieviel Homoplasien in der Topologie vorkommen und die Zahl in Relation zur maximalen Anzahl möglicher Homoplasien gesetzt. Die Zahl der in der Topologie erhaltenen (konservierten) Synapomorphien wird als Komplement der Zahl der Homoplasien gezählt. Da Symplesiomorphien und Autapomorphien nicht als Homoplasien auftreten können, verfälschen sie, anders als beim Konsistenzindex, den Indexwert nicht. Der Index wird wie folgt berechnet:

Die Länge des gegebenen Dendrogramms (Zahl der beobachteten Merkmalsänderungen in einer Topologie, einschließlich Apomorphien und Analogien) sei S, l_{max} sei die maximal mögliche Länge eines Dendrogramms zu dem gegebenen Datensatz, M die Summe der pro Merkmal berücksichtigten Merkmalsänderungen m_i über alle Merkmale addiert. Der **Konservierungs-Index RI** wird wie folgt berechnet:

$$RI = \frac{l_{max} - S}{l_{max} - M}$$

Der Wert l_{max} wird aus der Summe der Werte l_i für alle Merkmale i eines Datensatzes erhalten. Der Wert l_i entspricht der Zahl der Merkmalsänderungen für das Merkmal i in einem »Buschdiagramm« (s. Abb. 53), in dessen Zentrum der häufigere Merkmalszustand steht (oder entspricht der Zahl der terminalen Taxa, die den selteneren Merkmalszustand aufweisen). Damit steht im Zähler ein Wert, der am höchsten ist, wenn die Merkmale keine Homoplasien aufweisen und unzweideutig, also wie Synapomorphien verteilt sind. Der Wert ist am niedrigsten, wenn die Merkmalszustände keine Synapomorphien sondern nur Analogien sind. Im Nenner steht eine Konstante. (Ein gleichzeitig entwickelter Homoplasie-Index (**homoplasy excess ratio:** Archie 1989, Farris 1991) entspricht dem Konservierungs-Index.)

Der **F-Index** (F steht für »fidelity«) dient ebenfalls der quantitativen Erfassung der Homoplasien. Er wird erhalten, indem man die Datenmatrix in eine Matrix phänetischer Distanzen umrechnet, die die Anzahl der phänetischen Unterschiede zwischen Artenpaaren angibt. Diese Matrix wird mit einer Distanzmatrix verglichen, die aus der Schrittlänge zwischen Arten des gewählten optimalen Dendrogramms berechnet wird. Sind keine Homoplasien vorhanden, ergibt sich kein Unterschied zwischen den beiden Matrizen (vgl. Anhang 14.10). Auch dieser Index variiert mit der Zahl der Autapomorphien terminaler Taxa, weshalb er nicht empfohlen werden kann.

Als weiteren Hinweis auf die Zahl der Homoplasien, die als »Rauschen« in einem Datensatz vorhanden sind, kann die Schiefe der Baumlängenverteilung gelten (Kap. 6.1.9.3, 14.9).

In der Praxis erweisen sich die Indices als irrelevant, da sie keine Aussage über die Qualität einzelner Merkmale und für die Qualität von Monophyliehypothesen erlauben.

6.1.9.2
Wiederfindungswahrscheinlichkeitstests

Bootstrap-Test

Als Indiz für die Vertrauenswürdigkeit von Monophyliehypothesen werden oft die »Bootstrap-Werte« verwendet (Felsenstein 1985). Diese Zahlen geben in Prozent an, wie oft ein Monophylum in Dendrogrammen wiederzufinden ist, die mit Modifikationen des ursprünglichen Datensatzes gewonnen wurden (Wiederfindungswahrscheinlichkeit). Tests dieser Art werden vor allem deshalb verwendet, weil sie den Effekt von Homoplasien, die alternative Topologien stützen, sichtbar machen, ohne daß alle Alternativen graphisch dargestellt werden müssen.

Der Wiederfindungstest besteht darin, aus einem Datensatz zufällig Merkmale (Spalten) auszuwählen, um einen neuen Datensatz gleichen Umfanges zusammenzustellen. In diesem neuen Datensatz fehlen naturgemäß einige Merkmale, andere treten doppelt oder mehrfach auf. Für jeden Datensatz wird die optimale Topologie (beim MP-Verfahren der »kürzeste Baum«) berechnet. Wiederholt man diese Schritte z.B. 100, 500 oder 1000 mal, kann man in Prozenten angeben, wie oft ein Monophylum in diesen Wiederholungen vorkommt. Es kann bei einer bestimmten Zusammensetzung eines Datensatzes dazu kommen, daß nur solche Monophyla Werte über 95 % erhalten, die z.B. von mehr als 3 potentiellen Apomorphien gestützt werden (unabhängig von der Qualität der Apomorphien). Diese Prozentangabe wird »Bootstrap-Wert« genannt. Viele Kladisten sind der Ansicht, daß ein Wert über 75-80 % einer hohen Monophyliewahrscheinlichkeit entspricht. Dieses ist jedoch aus folgenden Gründen ein Irrtum:

a) Mit dem Bootstrap-Wert wird weder die Güte der verwendeten Merkmale, noch
b) die Qualität der Stichprobe gewählter Taxa geschätzt,
c) er kann nicht dazu beitragen, daß das Fehlen von Information oder die Häufung zufälliger Ähnlichkeiten in polyphyletischen Artgruppen erkannt werden.

Der Bootstrap-Wert hängt vielmehr von den Eigenarten des Rekonstruktionsverfahrens und von der Zahl und Verteilung der Merkmale in der Datenmatrix ab, und erlaubt damit eine Aussage über die Übereinstimmung der berechneten Topologie mit der Datenstruktur.

Eine Gruppierung tritt immer dann häufig auf, bzw. hohe Bootstrap-Werte entstehen immer dann, wenn

– eine Gruppierung durch **viele Apomorphien** gestützt wird und damit trotz Ausfall einiger Merkmale in den zufällig zusammengestellten Datensätzen besser begründet wird als alternative Gruppierungen,
– eine Gruppierung durch **wenige Apomorphien** gestützt wird, es jedoch für alternative Gruppierungen keine Merkmale gibt, so daß nur ein einziges Merkmal ausreicht, um die Gruppe wiederzufinden.
– Eine falsche Gruppierung wird als Monophylum gestützt, wenn es für ein reales Monophylum keine oder wenige Apomorphien im Datensatz gibt, dafür aber **mehrere Analogien**, die eine falsche Gruppierung erzeugen,
– sowie immer dann, wenn **Plesiomorphien** eine paraphyletische Gruppe stützen, weil in den Außengruppen die Plesiomorphien nicht vorkommen.

Damit dient der Wiederfindungstest zwar einem wichtigen Zweck, den er jedoch **in der Praxis nicht zuverlässig** erfüllt, insbesondere nicht, wenn mit DNA-Sequenzen gearbeitet wird, die sehr viele Analogien aufweisen können.

Enthält ein Datensatz die vier Taxa A-D und Merkmale, die zur Hälfte die Gruppe (A,B) unterstützen, während die andere Hälfte zu (A,C) paßt, erhält man für jede Gruppe einen bootstrap-Wert von 50 %. Um eindeutig die Monophylie einer Gruppe zu belegen, muß demnach der Wert über 50 % liegen. Empirische Beobachtungen belegen jedoch, daß auch höhere Werte kein Vertrauen in die Monophylie einer Gruppe begründen, was sich aus den oben erwähnten Fehlerquellen ergibt.

Jackknifing (Eliminierungs-Test)

Bootstrap-Verfahren in Verbindung mit Parsimonie-Berechnungen und Umgruppierungen (»branch-swapping«, s. Kap. 14.2.1) sind sehr zeitraubend, was sich vor allem bei großen Da-

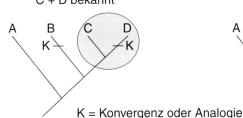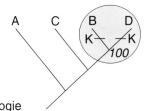

Abb. 131. Situation, in der hohe Bootstrap-Werte das falsche Monophylum (B+D) stützen, wenn für das richtige (C+D) keine Merkmale in der Datenmatrix vorhanden sind.

tensätzen bemerkbar macht. Eine wirksame Alternative sind Eliminierungs-Tests (»jackknifing«), die bei geeigneter Programmierung auch für Parsimonie-Berechnungen hohe Rechengeschwindigkeiten erreichen (Farris et al. 1996). Die Unterschiede in den Wiederfindungswerten beider Verfahren sind gering. Für den Eliminierungs-Test werden zufällig gewählte Merkmale aus dem Datensatz entfernt, um für die verbleibenden Merkmale die sparsamste Topologie zu berechnen. Diese Schritte wiederholt man z.B. 1000 mal, gezählt wird die Häufigkeit (Frequenz) G, mit der Artgruppen wiedergefunden werden. Jedes Merkmal wird mit derselben Wahrscheinlichkeit p entfernt. Enthält der Datensatz keine Fragezeichen (unbekannte Merkmalszustände), ist die Frequenz G von der Zahl r eindeutig stützender Merkmale (= potentielle Apomorphien, die keine Konvergenzen aufweisen) abhängig: $G = 1-p^r$. Damit ist die Frequenz von der absoluten Zahl der Merkmale und der Taxa unabhängig.

Im Programm JAC von Farris et al. 1996 ist die Wahrschienlichkeit p für die Eliminierung von Merkmalen auf den Wert e^{-1} (ca. 0,3679) eingestellt. Höhere Werte ergeben keine sinnvolle Beziehung zwischen der Zahl stützender Merkmale und der Frequenz G.

Bremers Index

Als Alternative zum Bootstrap-Verfahren für Parsimonie-Analysen hat Bremer (1988) indirekt geprüft, wieviele Apomorphien ein Monophylum stützen. Vergleicht man den sparsamsten Konsensusbaum aus einer MP-Analyse mit den Topologien, die länger sind, erhält man mit zunehmender Länge immer mehr gleich lange Topologien und damit Konsensustopologien, bei denen nur noch wenige oder schließlich keine Monophyla zu unterscheiden sind. Der Bremer-Index gibt an, um wieviel Schritte eine Topologie länger als die sparsamste sein muß, damit im Konsensusbaum für die größere Länge eine innere Kante (Stammlinie) verschwindet. Diese zusätzliche Anzahl (»Bremer Index«) ist von der Zahl der Homoplasien abhängig: Bei gleicher Anzahl von stützenden Merkmalen (= »Kantenlänge« der Stammlinie) erhält ein Monophylum, das mit einzigartigen Apomorphien begründet ist, einen höheren »Bremer Index« (engl. »Bremer support«, »decay index«) als ein Monophylum, dessen stützende Merkmale auch in anderen Stammlinien auftreten. Damit die Analyse sinnvoll ist, müssen Merkmale gemäß ihrer Homologiewahrscheinlichkeit gewichtet werden.

In einem gegebenen Datensatz kann zum Beispiel die minimale Zahl der zu erwartenden Merkmalsänderungen gezählt werden (Summe aller in der Datenmatrix berücksichtigten Schritte zwischen Merkmalszuständen, entspricht M im Konsistenzindex, s. Kap. 6.1.9.1). Weist die dazu rekonstruierte Topologie 151 Schritte auf, ist die minimal benötigte Schrittzahl aber 88, so müssen 151-88 = 63 Schritte auf Homoplasien zurückzuführen sein. Zu einer längeren Topologie gibt es mehr gleichwertige Topologien, die mehr Homoplasien und weniger potentielle Monophyla aufweisen. Ist zum Beispiel eine monophyletische Gruppierung im kürzesten Baum (151 Schritte) vorhanden, in dem Konsensus für die zweitkürzesten (152 Schritte) jedoch nicht mehr, wird der Wert »1« (= *decay index* oder *Bremer support*) als Unterstützung für diese Gruppe angegeben. Das bedeutet, daß eine einzige Änderung eines (bestimmten) Merkmals im Datensatz schon dazu führen kann, daß das Monophylum nicht mehr nachgewiesen wird.

Parametrischer Bootstrap-Test

Das auf einer Monte-Carlo-Simulation basierende »**parametrische Bootstrapping**« besteht darin, eine Topologie, die für die optimale gehalten wird, vorzugeben, um einen künstlichen Datensatz derselben Größe wie die der Originalalinierung der Länge L zu erzeugen. Dazu wird mit einem vorausgesetzten Modell die Evolution einer Zufallssequenz der Länge L entlang der vorgegebenen Topologie simuliert. Der Vorgang kann dann mit anderen Modellparametern wiederholt werden. Folgende Schritte sind durchzuführen:

- Wähle ein Modell der Sequenzevolution. Rekonstruiere eine Topologie oder wähle eine Topologie, die geprüft werden soll.
- Schätze die Modellparameter (Kantenlängen, Topologie, Verhältnis Transversionen zu Transitionen, etc.) auf der Grundlage der vorliegenden realen Daten mit der Maximum-Likelihood Methode (vgl. Kap. 8.3, 14.6).
- Erzeuge eine neue Datenmatrix (Alinierung) derselben Länge wie die der Originalalinierung bei Vorgabe dieser Modellparameter und der zu prüfenden Topologie.
- Berechne eine neue Topologie auf der Grundlage der simulierten Datenmatrix.

Durch mehrfache Wiederholung dieser Schritte kann geprüft werden, ob unter Voraussetzung der Modellannahmen immer wieder dieselbe Topologie gefunden wird. Damit läßt sich u.a. prüfen, ob die Evolution einer Sequenz mit dem Modell adäquat beschrieben wird (vgl. Adell & Dopazo 1994), ob zum Beispiel die in der Simulation erhaltenen Kantenlängen sehr von der vorgegebenen Topologie abweichen, wenn eine molekulare Uhr vorausgesetzt wird. Das Verfahren ist genutzt worden, um Paraphyla zu entdecken, die durch Konvergenzen in langen Kanten verursacht werden, um den Einfluß der Sequenzlänge oder einzelner Modellparameter und Rekonstruktionsmethoden auf die Wiederfindung einer Topologie haben. Weitere Details und Quellenangaben in Huelsenbeck et al. 1996.

6.1.9.3 Verteilung von Baumlängen, Randomisierungstests

Der Grundgedanke dieser Tests ist der Vergleich eines Ergebnisses mit einer Zufallsverteilung, die auf der Grundlage derselben Daten erhalten wird. Eine deutliche Abweichung von der Zufallsverteilung deutet auf die Präsenz von echtem »Signal« hin, das Ergebnis würde dann die realen historischen Prozesse zumindest partiell rekonstruieren und Elemente der realen Ordnung der Taxa enthalten.

Ein Permutationstest kann darin bestehen, daß ein künstlicher Satz von Merkmalen erzeugt wird, der denselben Umfang und dieselbe Anzahl von Merkmalszuständen wie der Originaldatensatz enthält. Die Merkmale werden zufällig auf die Taxa verteilt und Dendrogramme werden mit demselben Verfahren konstruiert, das für die Originaldaten verwendet wurde. Im **PTP-Test** (permutation tail probability test) bleibt der Anteil der Taxa, die für ein Merkmal einen bestimmten Merkmalszustand haben, konstant. Derartige Zufallsdatensätze können z.B. hundertmal erzeugt werden, so daß nach Berechnung der Topologien mit dem MP-Verfahren eine Längenverteilung der Zufallsdendrogramme erhalten wird. Hat die aus Originaldaten geschätzte Topologie dieselbe Länge wie z.B. die 5 kürzesten von 100 Zufallstopologien, wird der Schluß gezogen, daß die geschätzte Topologie mit 95 % Wahrscheinlichkeit mehr Elemente der realen Ordnung der Taxa enthält als durch Zufall erhalten werden kann. Dabei darf man jedoch nicht vergessen, daß keine Aussage möglich ist über

- die Unterstützung für einzelne Knoten,
- die Zuverlässigkeit des Baumkonstruktionsverfahrens, da es auch für die Erzeugung der Testdaten (Zufallstopologien) benutzt wurde,
- über die Qualität des Datensatzes, da eine Häufung von zufälligen Übereinstimmungen gut gestützte Gruppen erzeugen kann, die jedoch keine Monophyla sind,
- und über die Qualität der Artenstichprobe (vgl. Kap. 6.3.3).

Die Randomisierungstests haben deshalb nur geringen Nutzen (weitere Details in Kap. 14.9).

Merkmale / Organismus:	1 (Waldspinne)	2 (Höhlenspinne)	3 (Höhlengrille)	4 (Flußkrebs)
Körper weiß, depigmentiert	−	+	+	−
Augen groß, funktionsfähig	+	−	−	+
Beine lang, dünn	−	+	+	−
Hinterleib mit Spinnwarzen	+	+	−	−
Haarsensillen auffallend lang	−	+	+	−

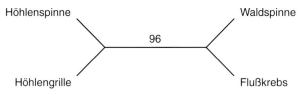

Abb. 132. Mit dem Programm PAUP ausgeführte Analyse der Merkmalstabelle (MP-Verfahren mit folgenden Einstellungen: Heuristische Suche, 500 Bootstrap-Läufe, TBR-branch swapping). Ergebnis: Im ungerichteten Diagramm (es wurde keine Außengruppe bestimmt) sind in jedem Fall die zwei Spinnen nicht miteinander verwandt. Entweder gehören die Höhlentiere zu einem Monophylum oder die Waldspinne und der Flußkrebs. Diese Gruppierung wird in 96 % der 500 Boostrap-Läufe gefunden. (zu den Verfahren s. Kap. 6.1.9.2)

6.1.10 Kann man mit dem MP-Verfahren Homologien identifizieren?

Was Homologien sind und wie man sie phänomenologisch erkennt, wurde bereits besprochen (Kap. 4.2 und Kap. 5). Anhänger des phänetischen Kladismus (engl. »pattern cladists«) behaupten, die Homologien seien ohne Einfluß des subjektiv urteilenden Wissenschaftlers mit Hilfe einer MP-Computeranalyse zu identifizieren. Die Erkenntnis, daß ein Dendrogramm Aussagen über die Grundmustermerkmale eines Monophylums impliziert, wird fälschlich von vielen Kladisten so gedeutet, daß auf die Bewertung von Homologiehypothesen vor der Analyse völlig verzichtet werden kann.

Übersehen wird dabei, daß ein **Zirkelschluß** entsteht, wenn man Homologien a posteriori bestimmt (vgl. Kap. 6.3.1 und Abb. 134), da das MP-Verfahren ja voraussetzt, daß die Merkmale mit vergleichbarer Wahrscheinlichkeit Homologien sind. An dieser Stelle soll nur ein fiktives, durchschaubares Beispiel vorführen, wie eine kladistische Homologiebestimmung Irrtümer erzeugen kann. Methodisch entspricht das Beispiel einer exakten, »automatisierten« kladistischen Analyse:

Nehmen wir an, daß ein ungebildeter Zoologe in einer Höhle eine Anzahl von Arthropoden entdeckt. Er vergleicht die Tiere mit Organismen, die außerhalb der Höhle leben und notiert sich die Merkmale, die ihm auffallen. In Klammern steht die Bezeichnung der Organismen, die unser Höhlenforscher nicht kennt (Abb. 132)

Das Ergebnis der Analyse (Abb. 132) ist aus der Sicht eines Kladisten methodisch nicht anfechtbar. Es impliziert, daß wahrscheinlich die Anpassungen an das Höhlenleben (Depigmentierung, Reduktion der Augen, Verlängerung von Extremitäten und Haarsensillen) Homologien sind, die Spinnwarzen sind nicht homolog. Der ausgebildete Phylogenetiker jedoch erkennt, daß der Fehler in der Verwendung von vielen Ähnlichkeiten liegt, die sehr wahrscheinlich nicht homolog sind und eine geringe Homologiewahrscheinlichkeit haben. In der Datenmatrix ist nur ein komplexes Merkmal hoher Homologiewahrscheinlichkeit enthalten (die Spinnwarzen), das in der MP-Analyse von der zahlenmäßigen Übermacht der wertlosen Merkmale in seiner Wirkung unterdrückt wird: Die Gruppe (Höhlenspinne + Höhlengrille) wird durch 4 Merkmale vereint, während nur 1 Merkmal die Monophylie der Spinnen stützt.

Mit der MP-Computeranalyse wird die Homologie nicht entdeckt! Die fehlerhafte Topologie könnte nur vermieden werden, indem die Homologiewahrscheinlichkeit vor der Analyse bewertet wird.

Diesem fiktiven Beispiel entsprechen zahlreiche veröffentlichte Studien, die, von den Autoren unbemerkt, denselben Fehler aufweisen. Welche Folgen die kladistische Homologisierung hat, kann auch die folgende Überlegung verdeutlichen: Sollte ein Datensatz so unglücklich zusammengesetzt sein, daß die nach dem »Maximum Parsimony«-Verfahren konstruierte Topologie polyphyletische Aves aufweist, wird daraus geschlossen, daß das Merkmal »Feder« nicht homolog ist!

Die **a-posteriori-Bestimmung von Homologien**, also die Formulierung einer Homologiehypothese auf der Grundlage eines Stammbaumes, ist nur dann sinnvoll, wenn der Stammbaum mit anderen Merkmalen (mit »wertvollen Homologien«, vgl. Kap. 5.1) begründet wurde. Nur dann ist das Vorgehen nicht zirkulär. In der Praxis wird man auf diese Form der Identifikation von Homologien nur zurückgreifen, wenn ein Merkmal nicht komplex genug ist, um eine hohe Homologiewahrscheinlichkeit ableiten zu können.

Beispiele: Bei Crustaceen, die unterirdisch oder in der Tiefsee leben, werden oft die Augen reduziert (Abb. 90). Das liegt wahrscheinlich daran, daß die Reduktion keine bestimmte und komplexe Serie von Mutationen erfordert und die Reduktion einen Selektionsvorteil (Material- und Energieersparnis) bietet. Das Merkmal »Augen zurückgebildet« ist daher von geringem Gewicht und allgemein nicht geeignet, um allein die Monophylie einer Gruppe zu begründen. – Die blinden, unterirdisch im Grundwasser lebenden Asseln des Taxons Microcerberidae werden als Mitglieder eines Monophylums identifiziert, weil sie zahlreiche evolutive Neuheiten aufweisen, wie z.B. besondere Mundwerkzeuge und vereinfachte, aber spezifisch konstruierte Pleopoden. Da die Monophylie sehr wahrscheinlich ist, kann auch das Fehlen von Augen als Merkmal im Grundmuster des Taxons angenommen werden: Die Homologie »Augen reduziert« kann nur a posteriori bestimmt werden. Dies ist die Anwendung des Kompatibilitätskriteriums, nicht des Kongruenzkriteriums (Kap. 5.1).

6.1.11 Fehlerquellen der phänetischen Kladistik

Da das Ergebnis einer Maximum-Parsimony Analyse schon in der Datenmatrix und ihrer Gewichtung festgelegt ist, findet die für das Ergebnis entscheidende wissenschaftliche Hypothesenbildung auf der Ebene der Zusammenstellung von Taxa, der Merkmalswahl und -gewichtung statt (vgl. Abb. 133). Analysen veröffentlichter phänetisch-kladistischer Studien belegen, daß die nachfolgend aufgezählten Fehler in der Praxis vorkommen (vgl. Wägele 1994):

- Gewählte Merkmale von Arten beruhen auf fehlerhafter Beobachtung der Organismen, sie existieren in der Natur nicht.
- Gewählte Merkmale supraspezifischer Taxa beruhen auf fehlerhafter oder fehlender Rekonstruktion der Grundmuster der Taxa.
- Bereits bekannte, gewichtige Homologien werden ignoriert.
- Für die Innengruppe werden Apomorphien angegeben, die mit größerer Wahrscheinlichkeit Plesiomorphien sind.
- Die gewählten Merkmale haben eine geringe Homologiewahrscheinlichkeit, die in der Datenmatrix erkennbaren Muster beruhen auf »Rauschen« (Homoplasien). Die gewählten Merkmale sind mit hoher Wahrscheinlichkeit Analogien oder Konvergenzen.
- Die Gewichtung erfolgt nicht nach der geschätzten Rangfolge der Homologiewahrscheinlichkeit.
- Wagner-Parsimonie läßt Reversionen (erneute unabhängige Entstehung) komplexer Merkmale zu.
- Die gewählte Außengruppe ist real Teil der Innengruppe.
- Die gewählte Außengruppe weist nur wenige plesiomorphe Merkmalszustände auf, weshalb die Lesrichtung der Merkmale falsch bestimmt wird (Fehlerquelle der kladistischen Außengruppenaddition).
- Merkmale wurden nur bei wenigen Außengruppentaxa betrachtet, weshalb nicht auffällt, daß apparente Autapomorphien der Innengruppe auch bei anderen Taxa vorkommen.
- Terminale Taxa sind nicht monophyletisch.
- Enkaptische terminale Taxa werden getrennt kodiert (z.B. in der Datenmatrix nebeneinander Marsupialia und Mammalia).

Neben diesen Fehlern, die bei der Zusammenstellung und Auswertung der Datenmatrix gemacht werden, ist ein weiterer Mangel die fehlende Prüfung der Plausibilität der erhaltenen Dendrogramme. Man muß stets fragen, welche Konsequenzen für die anzunehmende Evolution von Lebensweisen und Konstruktionen eine Verwandtschaftshypothese hat (vgl. Kap. 10).

6.2 Hennigsche Methode (phylogenetische Kladistik)

W. Hennig (1913-1976) kommt das Verdienst zu, eine im Sinn Karl Poppers strikt logische, wissenschaftstheoretisch begründbare Methode der Systematik gefunden zu haben. Hypothesen über Homologien und Monophyla lassen sich nach intersubjektiv prüfbaren Kriterien begründen und falsifizieren.

Im angelsächsischen Sprachraum wird der Begriff Kladistik sowohl für die Varianten des MP-Verfahrens (Kap. 6.1), deren Ursprünge nicht in Hennigs Gedankengut wurzeln, als auch auf Hennigs Methode angewendet. Das ist verständlich, da der deduktive Schritt unter Anwendung des Sparsamkeitsprinzip für die Baumkonstruktion derselbe ist. Die Methodik der Analyse ist jedoch sehr unterschiedlich, weshalb im deutschen Sprachraum mit dem Begriff »Kladistik« spezifisch die oben beschriebene phänetische Kladistik gemeint ist. Die Methode der »phylogenetischen Kladistik« wurde mit den methodisch präzisen Arbeiten von W. Hennig populär, die Prinzipien sind jedoch schon vorher von anderen Autoren erkannt und benutzt worden (Craw 1992). Die Methode wurde für morphologische Merkmale entwickelt, läßt sich aber auch für Sequenzen und andere diskrete Merkmale anwenden.

Die Darstellung der Entfaltung des Lebens mit Baumgraphiken oder die Verwendung der Metapher »Baum« wurde mit Darwins Evolutionstheorie populär. Darwin (1859) stellte das Aussterben von Arten und die Speziation mit einer Baumgraphik dar, entwickelte jedoch keine Stammbäume der Organismen. Fritz Müller setzte schon 1864 den Außengruppenvergleich und das ontogenetische Kriterium ein und machte auf evolutive Neuheiten aufmerksam. Der russische Paläontologe Woldemar Kowalewski verwendete ebenfalls evolutive Neuheiten, um Artgruppen zu charakterisieren, und er rekonstruierte auch Grundmuster, so für Ahnen der Huftiere. Diesen Ansätzen fehlte jedoch die ausformulierte Methodik, die Anwendung erfolgt nicht konsequent. Der Neuseeländer T. J. Parker trug bereits 1883 Merkmale in einen Stammbaum von Langusten ein.

Daß ein System dem Stammbaum entsprechen soll und dieser eine Darstellung einer Serie von »Artspaltungen« ist, hatte A. Naef 1919 deutlich erkannt. In Italien diskutierte 1918 Daniele Rosa, Spezialist für Anneliden, wesentliche Prinzipien der Kladistik (u.a. Monophylie von Taxa, Vermeidung paraphyletischer Gruppen, das Ende der Art nach einer Speziation), es ist aber nicht bekannt, ob Hennig Rosas Werk kannte. Andere Autoren, die in Ansätzen phylogenetisch-systematisch arbeiteten, waren z.B. E. Meyrick, A. Dendy, J. W. Tutt. Konrad Lorenz (1941) hatte schon vor Hennig das Prinzip des Argumentationsschemas eingeführt. Viele Wissenschaftler haben dazu beigetragen, die Beziehung zwischen Phylogenese und Systematik herzustellen und die benötigten Methoden zu entwickeln, Hennig hat jedoch mit seinen Arbeiten über Insekten die grundsätzliche Bedeutung der phylogenetischen Argumentation für die Systematik überzeugend dargestellt. Dem Einfluß dieser Arbeiten ist es zu verdanken, daß die Methoden und die Terminologie anerkannt und verbreitet wurden. Hennig hat die Anwendung des Sparsamkeitsprinzips für die Rekonstruktion der Stammbäume in seinem einflußreichen Buch von 1966 nicht als Handlungsanweisung formuliert; diese steht eher zwischen den Zeilen und wurde einerseits von Kladisten (u.a. Kluge & Farris 1969, Farris 1970), andererseits von späteren Autoren, die Hennigs Ansatz beschrieben (u.a. Ax 1984, 1988), präzisiert.

In seinem Buch zur Theorie der Phylogenetischen Systematik (1950) hat Hennig erläutert, wie die Grenzen der Art entlang der Zeitachse zu definieren sind, daß supraspezifische Taxa nur dann einen Bezug zur Realität haben, wenn sie monophyletisch sind, also die Stammart sowie alle Nachkommen der Stammart umfassen. Den Begriff »paraphyletisch« publizierte Hennig erst 1966. Hennig hatte 1950 noch nicht die Methoden zur Identifikation von Monophyla vorgestellt, die wir heute kennen, wohl aber den richtigen Weg eingeschlagen, der die spätere Entwicklung der Methoden ermöglichte. Er erkannte die Bedeutung von Haeckels Biogenetischer Grundregel für die Bestimmung der Lesrichtung (»Kriterium der ontogenetischen Merkmalspraecedens«) und das Kriterium der Komplexität für die Bewertung der Homologiewahrscheinlichkeit von Mekrmalen. Die Begriffe »apomorph« und »plesiomorph« hat Hennig zunächst für Taxa eingeführt (Hennig 1949), was methodisch nicht nützlich ist. Die heute übliche Bedeutung der Begriffe für die Unterscheidung von Merkmalszuständen erläutert Hennig 1953 zusammen mit der Einführung der Präfixe aut-, syn- und sym-. Die 1966 veröffentlichte und viel gelesene englische Version des Textes von 1950 enthält Präzisierungen, u.a. Kriterien für die Bestimmung der Lesrichtung, zu denen der Außengruppenvergleich nicht gehörte (vgl. Richter & Meier 1994).

Eine phylogenetische Analyse im Sinne Hennigs erfordert folgende Arbeitsschritte (Abb. 133):

- Suche bei den analysierten Artgruppen nach Ähnlichkeiten, die als Merkmale interessant sein könnten.
- Durchführung einer phänomenologischen Merkmalsanalyse (s. Kap. 5) zur Unterscheidung von Apomorphien, Plesiomorphien und Analogien. Dazu müssen Merkmale homologisiert werden (Kap. 5.2.), für die Homologien muß a priori die Lesrichtung durch den Außengruppenvergleich bestimmt werden (Kap. 5.3), eine kladistische Lesrichtungsbestimmung (a posteriori) durch Außengruppenaddition (Kap. 5.3.3) wird vermieden.
- Apomorphiehypothesen begründen Monophyliehypothesen.
- Synapomorphien begründen Schwestergruppenverhältnisse (Abb. 70, 75, 120).
- Subordinierte Monophyla, die als terminale Taxa dienen, werden nur durch rekonstruierte Grundmuster repräsentiert. Die Rekonstruktion von Grundmustern erfolgt mit einer Merkmalsanalyse (Kap. 5.3.2).
- Werden inkompatible Monophyla gefunden, behält man diejenigen bei, die durch die größte Anzahl gewichteter Homologien gestützt werden und die mit der Gesamttopologie kompatibel sind. Diese Gesamttopologie ist zugleich die »sparsamste«. Die Suche nach derartigen Topologien kann mit der MP-Methode erfolgen (Kap. 6.1).
- Die sparsamste(n) Topologie(n) ist Grundlage für die Rekonstruktion der Evolution, der historischen Biogeographie und für die Beschreibung evolutionärer Szenarien.

Das Dendrogramm erhält man auf diese Weise nach und nach durch Identifikation der Monophyla. Das Ergebnis darf keine inkompatiblen Gruppen enthalten, alle Monophyla sollten eine enkaptische Ordnung bilden. Inkompatible Gruppierungen (vgl. Kap. 3.2.2) deuten auf Fehler bei der Merkmalsanalyse.

Hennig hat die Bestimmung der Homologiewahrscheinlichkeit (Gewichtung) als methodische Grundlage nicht in den Vordergrund gestellt, weshalb in der kladistischen Literatur die Bedeutung der Bewertung von Homologiehypothesen übersehen worden ist. Hennig hat aber schon 1950 z.B. auf die phylogenetische Interpretation von intraspezifischen Polymorphismen hingewiesen, die Gleichsetzung von »Abstammungsgemeinschaft« mit »Ähnlichkeitsgemeinschaft« zurückgewiesen, im Zusammenhang mit interspezifisch auftretenden Allometrien auf der »wertenden Unterscheidung der einzelnen Merkmale« bestanden. Im Kapitel »Die Regeln für die Wertung der morphologischen Einzelmerkmale ...« beschreibt er Homologiekriterien, darunter das Komplexitätskriterium. Er verwendet auch den Begriff der Gewichtung von Homologien.

Sollen Computerprogramme für das MP-Verfahren der Baumkonstruktion benutzt werden (Kap. 6.1), müssen folgende Bedingungen und Schritte beachtet werden:

- Die terminalen Taxa der Datenmatrix müssen monophyletisch und durch Grundmustermerkmale möglichst hoher Homologiewahrscheinlichkeit repräsentiert sein.
- Zudem muß die Lesrichtung durch den phylogenetischen Außengruppenvergleich soweit möglich vor der Analyse bestimmt worden sein (Kap. 5.3), die betreffenden Merkmale sind als nicht reversibel zu kodieren (s. Handbücher der Computerprogramme). Mit kladistischen Tests kann das Ausmaß der Unterstützung für einzelne Monophyla geschätzt werden (Wiederfindungstests, Bremer Index: Kap. 6.1.9.2).

Dendrogramm und Datenmatrix bilden zusammen ein Argumentationsschema, aus dem zu erkennen ist, mit welchen Apomorphien die Monophylie einzelner Gruppen gestützt wird. Bei Veröffentlichung des Ergebnisses soll zusätzlich die Diskussion der Argumente aufgeführt sein, die für die Homologie der Apomorphien sprechen.

In jedem Fall ist mit der Rekonstruktion eines Dendrogramms die Analyse noch nicht abgeschlossen:

- Es muß mit allen verfügbaren zusätzlichen Daten geprüft werden, ob das Ergebnis plausibel ist (Kap. 10).

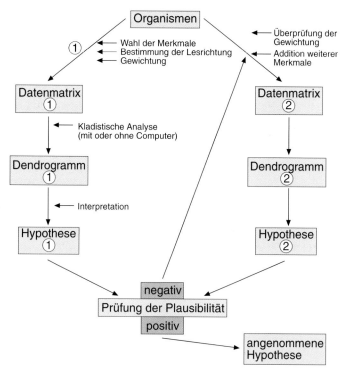

Abb. 133. Flußdiagramm für eine phylogenetische Analyse mit der Hennigschen Methode. Anwender der phänetischen Kladistik dagegen konzentrieren sich oft nur auf den Schritt »kladistische Analyse«.

Die Hennigsche Methode (phylogenetische Kladistik) erlaubt im Gegensatz zur phänetischen Kladistik eine wissenschaftstheoretisch gut begründete hypothetiko-deduktive Analyse (Bryant 1989).

6.2.1 Vergleich der phänetischen Kladistik mit der phylogenetischen Systematik (phylogenetische Kladistik)

Obwohl die kladistische Methode der Baumkonstruktion (Kap. 6.1) in der phylogenetischen Systematik als Methode verwendet werden kann, hat sie hier eine andere Funktion als in der phänetischen Kladistik.

Ziel jeder **phylogenetischen Analyse** ist die Rekonstruktion eines Dendrogramms, das als »Stammbaum« anerkannt werden kann. Die Information, die dafür benötigt wird, sind die Homologien. Dazu müssen

a) Individuen stellvertretend für Arten oder supraspezifische Taxa und

b) Eigenschaften der Individuen stellvertretend für Merkmale der Arten als Stichproben dienen.

Die Qualität der Rekonstruktion hängt von der Qualität der Stichproben ab, weshalb vor der Rekonstruktion des Stammbaums die Qualität dieser Daten geprüft wird. Dazu dienen die in Kap. 4 und 5 beschriebenen Prinzipien der phänomenologischen Merkmalsanalyse, der Lesrichtungsbestimmung und der Abgrenzung von Taxa.

Ziel der mit den Methoden der phänetischen Kladistik durchgeführten Analysen ist ebenfalls die Konstruktion eines Dendrogramms, wobei jedoch die dafür verwendete Information die in Tabellen zusammengefaßten Ähnlichkeiten sind. Die Qualität der Merkmale wird a posteriori bestimmt, also nach Auswahl eines Dendrogramms. Die Maximum Parsimony-Methode dient nach Auffassung der phänetisch arbeitenden Kladisten der Identifikation von Homologien (zur Kritik dieser Auffassung siehe Kap. 6.1.10). Dieser Unterschied ist in Abb. 134 dargestellt.

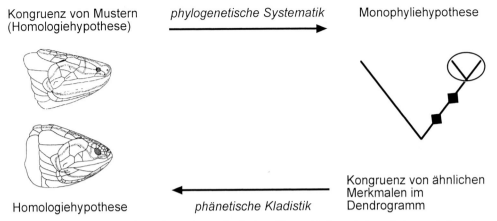

Abb. 134. Graphik zur Veranschaulichung der methodischen Unterschiede zwischen phylogenetisch-systematischen und phänetisch-kladistischen Analysen.

In der phylogenetischen Systematik wird der Begriff »**Prinzip der wechselseitigen Erhellung**« oft für dasselbe Argument benutzt, daß die phänetische Kladistik prägt: Stützen zwei funktionell unabhängige Merkmale dieselbe Topologie, bekräftigen sie sich gegenseitig. Diese Argumentation ist, wie bereits ausgeführt, nur dann sinnvoll, wenn die Homologiewahrscheinlichkeit aller Merkmale vergleichbar ist oder die Merkmale entsprechend gewichtet wurden und die Topologie die sparsamste ist.

6.3 Kladistische Analyse von DNA-Sequenzen

Für die kladistische Analyse von DNA-Sequenzen muß zunächst mit einer Alinierung (Kap. 5.2.2.1) die Positionshomologie bestimmt werden. Die positionsspezifischen Nukleotide einzelner Sequenzen gelten dann bei Verwendung des MP-Verfahrens (Kap. 6.1.2) als Merkmalszustände. Da eine Lesrichtung meist nicht bestimmt wird, müssen Algorithmen verwendet werden, die ungeordnete Merkmale voraussetzen (s. Abb. 117; Fitch 1971).

Eine MP-Analyse für ungeordnete und gleich gewichtete Merkmale kann in derselben Weise wie für morphologische Merkmale durchgeführt werden. Da in Alinierungen jedoch oft eine ungleiche Verteilung der Basen zu beobachten ist, ein Indiz dafür, daß bestimmte Substitutionen häufiger auftreten als andere, können Merkmalstransformationen unterschiedlich gewichtet werden. Die a-posteriori-Gewichtung sollte vermieden werden, da sie zu einem Zirkelschluß führt

(Kap. 6.1.10). Für die **a-priori**-Gewichtung (s. Kap. 5.1) gibt es zwei Alternativen:

– Phänomenologische Gewichtung nach dem Beitrag, den Nukleotide zum Signal-Rauschen-Verhältnis in der Alinierung leisten (Bewertung der Erkenntniswahrscheinlichkeit).
– Modellabhängige Gewichtung (Bewertung der Ereigniswahrscheinlichkeit).

In der Kladistik haben lange letztere Verfahren dominiert, da es keine Konzepte für die Berücksichtigung der Komplexität von Nukleotidmustern gab. Die phänomenologische Bewertung des Signal-Rauschen-Verhältnisses kann mit der Analyse von Spektren erfolgen (Kap. 6.5), weitere Verfahren zur Gewichtung von Nukleotiden nach ihrem Beitrag zu signalartigen Mustern werden derzeit entwickelt. Sie beruhen darauf, besonders variable Positionen niedrig zu gewichten (Lopez et al., im Druck).

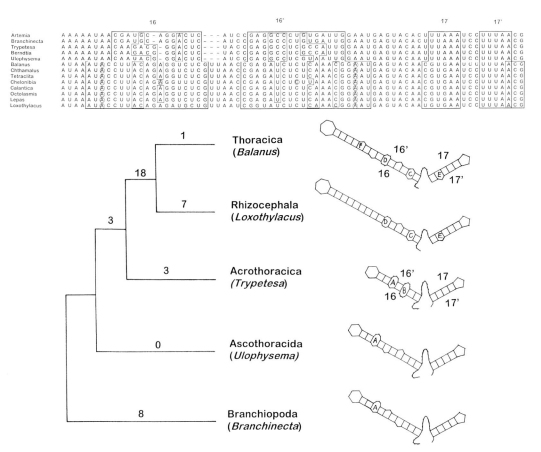

Abb. 135. Insertionen in 18SrDNA-Sequenzen können vom Standpunkt des Modellierers der Sequenzevolution unvorhersehbar auftreten. Das Beispiel zeigt Verlängerungen in der V3-Region der Sequenzen von Rankenfußkrebsen (Cirripedia) und die Folgen für die Sekundärstruktur (unten; verändert nach Spears et al. 1994). Die Zahlen auf dem Dendrogramm geben die Anzahl der Nukleotidänderungen (einschließlich Insertionen) an. Die eingerahmten Sequenzbereiche bilden Doppelstränge.

6.3.1 Modellabhängige Gewichtung

Mit einer modellabhängigen Gewichtung der Merkmale verläßt man die reine phänomenologische Methode. Sie soll trotzdem an dieser Stelle besprochen werden, da sie begrenzt für kladistische Analysen verwendet wird. Die meisten Modelle wurden für Distanz- und Maximum Likelihood-Verfahren entwickelt (Kap. 8), in der Kladistik haben sie keine Bedeutung erlangt. Folgende Verfahren können für die a-priori-Gewichtung genutzt werden (Williams 1992): Die Gewichtung nach der Sekundärstruktur und die Gewichtung von bestimmten Substitutionen.

Höhere Gewichtung helikaler Regionen

Helikale Regionen der Sekundärstruktur von DNA- oder RNA-Molekülen stehen stärker unter Selektionsdruck als Regionen mit ungepaarten Nukleotiden. Mit dieser Annahme (Wheeler & Honeycutt 1988) kann man eine stärkere Gewichtung derjenigen Sequenzpositionen begründen, die an einer Watson-Crick Basenpaarung beteiligt sind, indem z.B. alle gepaarte Positionen doppelt gezählt oder mit dem x-fachen Gewicht versehen werden. Eine niedrigere Gewichtung entspricht der Annahme, daß die Substitution einer ungepaarten Base häufiger vorkommt als die einer gepaarten Base (Ereigniswahrscheinlichkeit) oder daß die Homologiewahrschein-

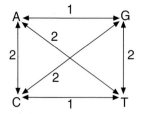

Abb. 136. Transformationsmatrix *(step matrix)* für die differenzierte Gewichtung von Transitionen und Transversionen.

keit in gepaarten Regionen x-mal größer ist (Erkenntniswahrscheinlichkeit).

Diese Modellvorstellung birgt drei Fehlerquellen: Die Gewichtung erfolgt willkürlich, und sie wird für alle Regionen der Sekundärstruktur einheitlich durchgeführt. Ob die Gewichtung die realen Prozesse simuliert, ist nicht prüfbar. Vergleicht man z.B. die Variabilität von 18SrRNA-Molekülen bei verschiedenen Tierarten, stellt man fest, daß es durchaus auch variable doppelsträngige und konservierte einzelsträngige Bereiche gibt, die Annahme also nicht immer zutrifft (vgl. Abb. 46). Schließlich kann die Variabilität der Sekundärstruktur bei einigen Organismen größer sein als bei anderen, was u.a. von Insertionen bekannt ist (s. Insertionen in Abb. 135).

Ein empirischer Nachweis der Variabilität einzelner Positionen in einer Sequenz kann darin bestehen, für eine rekonstruierte Topologie die Zahl der Merkmalsänderungen pro Position entlang dieser Topologie zu zählen. Topologieabhängige Diagramme der positionsspezifischen Variabilität lassen sich z.B. mit dem Programm MacClade (Maddison & Maddison 1992) berechnen.

Differentielle Gewichtung spezifischer Substitutionen

Grundlage für die differentielle Gewichtung ist die Beobachtung, daß in der Natur Transitionen häufiger Vorkommen als Transversionen, weshalb multiple Substitutionen und damit Konvergenzen sowie die Erosion von Synapomorphien bei Transitionen öfter zu erwarten sind als bei Transversionen (s. Kap. 2.7.2). Diese Unterscheidung kann mit einer Transformationsmatrix kodiert werden kann. Sollen Transversionen das zweifache Gewicht der Transitionen erhalten, sieht die Transformationsmatrix wie in Abb. 136 aus.

Eine Gewichtung der Ereigniswahrscheinlichkeit für **Transitionen und Transversionen** bedeutet, daß häufige Substitutionen niedrig gewichtet werden, weil sie schneller verrauschen, d.h., nach einiger Zeit nicht mehr nachweisbar sind. Dabei wird in der Regel nicht überprüft, in welchem Ausmaß dieses Verrauschen eintritt. Sieht man in der Alinierung Transitionen doppelt so häufig, könnte man die Transversionen doppelt so hoch gewichten. Dabei wird vorausgesetzt,

– daß die Ereignisse für alle Taxa zu allen Zeiten mit gleicher Wahrscheinlichkeit auftraten
– und daß keine multiplen Substitutionen das reale Substitutionsverhältnis verschleiern (Korrekturen für multiple Substitutionen werden in Kap. 8.2.6 vorgestellt).

Häufig werden verschiedene Gewichtungen ausprobiert (z.B. für Ts:Tv das Verhältnis 1:2, 1:4, 1:10), um die Gewichtung zu wählen, die das plausibelste Dendrogramm ergab. Es versteht sich von selbst, daß dieses Verfahren unbegründet und zirkulär ist (man bevorzugt diejenige Gewichtung, die eine gegebene Verwandtschaftshypothese besser stützt).

Eine extreme Gewichtung wäre das Ignorieren aller Transitionen. Das ist gleichbedeutend mit der Umschreibung der Sequenz in eine Purin-Pyrimidin-Sequenz.

Da Information über die realen Substitutionsprozesse allgemein nicht verfügbar ist, gibt es die Möglichkeit, die in Alinierungen sichtbaren Substitutionen differenziert danach zu gewichten, ob sie häufig, und damit weniger informativ, oder selten sind (Schöniger & von Haeseler 1993). Für jedes Nukleotidpaar einer Sequenzposition (Nukleotid *i* bei Sequenz 1, Nukleotid *j* bei Sequenz 2) wird die in einer Alinierung beobachtete Häufigkeit registriert, der Kehrwert der Häufigkeit als Gewicht für die betreffende Substitution eingesetzt (**combinatorial weighting,** Wheeler 1990; s. Anhang 14.2.2). Man kann aber auch die Zahl der Positionen zählen, in denen die Nukleotide *i* und *j* vorkommen (**existencial weighting** nach Williams & Fitch 1990). Diese Zählung der Substitutionen entspricht nicht der Zahl der in einem Dendrogramm auftretenden Substitutionen! Unrealistische Annahmen der differenzierten Gewichtung werden in Anhang 14.2.2 aufgelistet.

Ähnlich können **Codonpositionen** bewertet werden, die unterschiedlich schnell evolvieren, weil die 3. Position unter geringerem Selektionsdruck steht (s. Kap. 2.7.2.4). Ein einfacher Ansatz besteht darin, die Sequenzen paarweise zu vergleichen und auszuzählen, wie oft in den 1., 2. und 3. Codonpositionen eines proteinkodierenden Gens eine Substitution zu finden ist. So ergab der Vergleich vollständiger mitochondrialer Genome von zwei Robbenarten (Árnason et al. 1993), daß das Verhältnis der Substitutionszahlen für 1., 2. und 3. Codonposition 2,7 : 1 : 16 betrug. Ähnlich wie bei der Bewertung von Transversionen erfolgt die Gewichtung mit dem Kehrwert (0,37 : 1 : 0,06). Nach demselben Prinzip kann man eine empirisch ermittelte Substitutionsmatrix für die Aminosäuren eines Proteins verwenden (z.B. Matrix von Dayhoff 1978: Kap. 5.2.2.10), um Substitutionen zu gewichten. Dazu eignen sich die Algorithmen der allgemeine Parsimonie (Kap. 6.1.2.1.4). Ein anderer Weg kann darin bestehen, alle Codonpositionen, die in einer Alinierung synonyme Substitutionen aufweisen, nur im R-Y-Alphabet zu kodieren, um die Häufigkeit von Analogien zu vermindern. Das Vorgehen basiert auf der Beobachtung, daß der Selektionsdruck auf synonyme Substitutionen geringer ist und die betreffenden Positionen daher schneller evolvieren.

6.3.2 Das Analogieproblem: Die Bildung polyphyletischer Gruppen

Die Gruppenbildung durch Analogien oder Konvergenzen (Kap. 4.2.3) ist auch in der molekularen Systematik ein Problem. Das Analogieproblem wird in der angelsächsischen Literatur etwas mystisch (aber anschaulich) als das »Problem der langen Kanten« bezeichnet (engl. »long branches attract«; »the long-branch problem«; s. Hendy & Penny 1989). »Lange Äste« sind Stammlinien, die eine große Zahl von Substitutionen aufweisen, so daß Apomorphien substituiert sind und mit größerer Wahrscheinlichkeit zufällige Übereinstimmungen zwischen zwei Taxa existieren, die nicht Schwestergruppen sind. Die Fehlerquelle ist das *Mißverhältnis* zwischen Analogien und Homologien: Überwiegen Analogien, entstehen falsch begründete Schwestergruppenverhältnisse. Folgende Situationen können auftreten (Felsenstein 1978b, Hendy & Penny 1989):

1) Attraktion von Taxa durch hohe Substitutionsraten (Abb. 137).
2) Attraktion von Taxa durch sehr unterschiedliches Alter, auch wenn die Substitutionsraten nicht unterschiedlich sind (Abb. 138).
3) Aber auch (Achtung!): Reale Schwestertaxa können tatsächlich jeweils lange Stammlinien haben, was zur fälschlichen Annahme führen kann, daß die Gruppierung durch Analogien verursacht wurde. Diese Annahme läßt sich prüfen: Eine Monophyliehypothese muß durch eine ausreichende Anzahl von potentiell apomorphen Substitutionen (s. Kap. 6.5, 14.7) oder durch hochwertige morphologische Apomorphien (Kap. 5.1) begründet sein.

Die fälschliche Bildung von Gruppen durch Analogien läßt sich für 4 Taxa und DNA-Sequenzen (Abb. 137) gut modellieren. Je ungleicher die Substitutionswahrscheinlichkeit der langen und kurzen Kanten und je weniger Merkmalszustände unterscheidbar sind, desto eher entsteht eine falsche Gruppierung. Trägt man die Substitutionsrate q für die kurze Kante, die einen Split stützt (mittlere Kante in Abb. 137, links unten) gegen die Rate p der benachbarten langen Kanten auf, und ist k die Zahl der Merkmalszustände (im Fall von DNA: k = 4), dann ist mit der Kurve

$$q = p^2/(k-1)$$

der Bereich beschrieben, in dem Gruppierungen durch Analogien auftreten (Formel nach Mishler 1994). Dieser Bereich wird nach dem Entdecker (Felstein 1978b) auch *Felsenstein-Zone* genannt

Die fälschliche Gruppierung von Taxa kann auch dann erfolgen, wenn die Taxa real nicht wie in Abb. 138 »Nachbarn« sind. Beispiele: Eine 18SrDNA-Analyse von Metazoen ergab ein Schwestergruppenverhältnis zwischen den Taxa Nemathelminthes und Arthropoda (»Ecdysozoa-

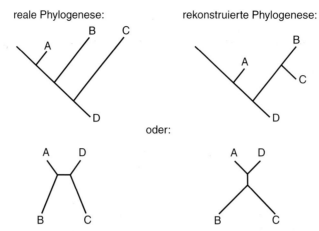

Abb. 137. Entstehung von Analogien durch hohe Substitutionsraten: Die Länge der Kanten symbolisiert die Zahl eingetretener Substitutionen. A-D: rezente Taxa.

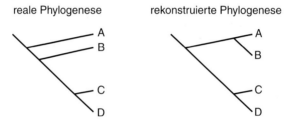

Abb. 138. A-D seien rezente Arten, die Länge der Kanten symbolisiert die Divergenzzeit. Die falsche Gruppierung A+B entsteht durch Analogien oder Symplesiomorphien (vgl. Abb. 140).

Hypothese«), beides Taxa mit »langen« Stammlinien. Die Autoren (Aguinaldo et al. 1997) meinten, die Präsenz einer Kutikula sei eine weitere Homologie der beiden Taxa, ignorierten aber dabei die große Zahl von Synapomorphien zwischen Annelida und Arthropoda. Eine erneute Analyse des Datensatzes ergab, daß die Alinierung sehr verrauscht ist und wahrscheinlich nur Analogien die Taxa der Ecdysozoa vereinen (Wägele et al. 1999). – Daß eine Gruppierung Monotremata + Marsupialia (Abb. 139), wie sie in molekularsystematischen Analysen beschrieben wurde (Janke et al. 1996), mit hoher Wahrscheinlichkeit nicht monophyletisch ist, sondern vielmehr die Marsupialia und Eutheria zusammen als Taxon »Theria« die Schwestergruppe der Monotremata sind, belegen viele evolutive Neuheiten wie komplexere Zahnstrukturen, eine spiralisierte Cochlea, ein Corpus callosum im Gehirn, Viviparie, Milchdrüsen mit Zitzen (vgl. Thenius 1979, Cifelli et al. 1993). Die überwältigende Zahl der sehr wahrscheinlich homologen Neuheiten darf nicht übersehen werden und macht das Ergebnis der molekularsystematischen Studie unglaubwürdig. Die molekulare Stützung der Marsupionta beruht zum Teil auf Analogien, zum Teil auf Symplesiomorphien und Annahmen der Evolutionsmodelle in der ML-Analyse (vgl. Kap. 8.3).

Fehlerbehebung: Eine Spektralanalyse kann klären, ob das Signal zu Gunsten einer Gruppe deutlich höher ist als das Hintergrundrauschen, das auch bei anderen Gruppierungen durch Analogien entsteht (Kap. 6.5). Häufig genügt auch ein Blick auf die Alinierung, um die hohe Variabilität der nicht konstanten Positionen zu erkennen. Nach bisher vorliegenden Erfahrungen zeigen Spektren von Alinierungen, die viele multiple Subsitutionen aufweisen, keine deutlichen Signale (Wägele & Rödding 1998). Weiterhin kann man prüfen, ob eine bestimmte Sequenz in den Spektren immer wieder Übereinstimmungen mit anderen in verschiedenster Artenkombination auf-

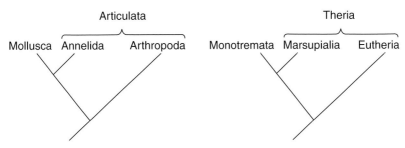

Abb. 139. Dendrogramme mit typischen Gruppierungen, die von Symplesiomorphien verursacht werden können. Für die Articulata und Theria dagegen sind viele Apomorphien bekannt.

weist, ein Indiz für hohe Substitutionsraten der betreffenden Sequenz. Schließlich liefert auch der »relative rate test« (Kap. 14.8) Hinweise auf »lange Äste«, allerdings nur dann, wenn die variablen Positionen nicht mit Substitutionen saturiert sind. Besteht der Verdacht, daß »lange Äste« vorhanden sind, kann man entweder die betreffenden Taxa aus dem Datensatz entfernen oder ein anderes Gen sequenzieren, das langsamer evolviert.

6.3.3 Die Symplesiomorphien-Falle: Paraphyletische Gruppen

Die falsche Stützung von Gruppen durch Plesiomorphien kann eine Ursache für die Postulierung unglaubhafter Hypothesen sein. In der Literatur finden sich einige Beispiele, bei denen die Fehlerquelle ohne zusätzliche Information nicht nachweisbar ist (Abb. 139).

Derartige nicht plausible Dendrogramme können auf der Grundlage desselben Datensatzes durch verschiedene Rekonstruktionsverfahren (z.B. NJ-, MP-, ML-Verfahren) immer wieder gefunden und mit hohen Boostrap-Werten gestützt werden, trotzdem aber nicht der realen Phylogenese entsprechen. Ursache für die konsistent falschen Ergebnisse kann das Vorhandensein von Merkmalen sein, die für eine falsche Gruppierung die Eigenschaften einer Synapomorphie haben, obwohl es Symplesiomorphien sind. Wie dieses möglich ist, erklärt Abb. 140.

Merkmale der Taxa A und B in Abb. 140 haben sich in der Stammlinie von (C,D,E) weiter entwickelt, so daß zwei Merkmalszustände bezogen auf das Monophylum (C,D,E) unterscheidbar sind: Plesiomorphien (Zustand 1) und Apomorphien (Zustand 2). Die Plesiomorphien sind auch bei basalen Taxa vorhanden und können als solche nicht erkannt werden. Sie unterstützen falsche Gruppen (Paraphyla), wenn

– für das reale Schwestergruppenverhältnis B+(C,D,E) (Abb. 140) keine oder im Verhältnis zur Zahl der Symplesiomorphien zu we-

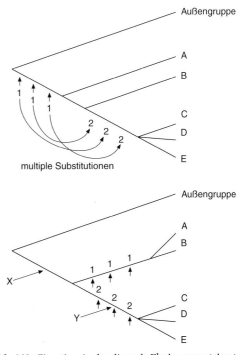

Abb. 140. Situation, in der die reale Phylogenese (oben) nicht rekonstruierbar ist: Die falsche Gruppierung A+B wird durch Symplesiomorphien (Merkmale vom Typ 1) gestützt, die nicht entdeckt werden, da die informativen Merkmale mehrfach durch neue substituiert sind (Merkmale von Typ 2). Die Symplesiomorphien können durch Einfügen weiterer Taxa (X oder Y) erkannt werden.

6.3 Kladistische Analyse von DNA-Sequenzen

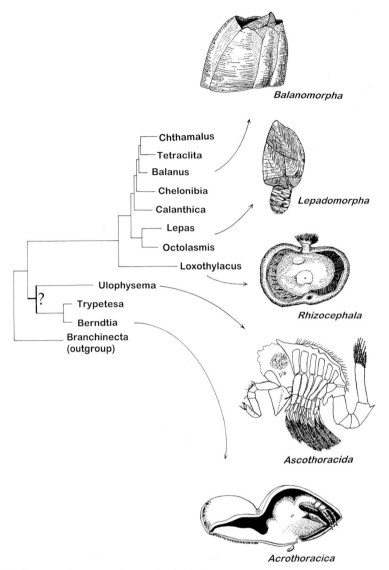

Abb. 141. Phylogenese der Cirripedia (Rankenfußkrebse), rekonstruiert aus 18SrDNA-Sequenzen (nach Spears et al. 1994). Die Gruppierung (Ascothoracida + Acrothoracica) im Genstammbaum ist nicht plausibel, da die Ascothoracida die urtümlichste Morphologie aller berücksichtigten Arten haben, die Acrothoracica dagegen dieselben Anpassungen an die sessile Lebensweise wie die anderen Cirripedia aufweisen. Tatsächlich ändert sich die Topologie und enthält basal die Ascothoracida, wenn man mehr Außengruppentaxa berücksichtigt (Wägele 1996).

nig Apomorphien vorhanden sind, z.B. weil die Stammlinie von B+(C,D,E) kurz oder die Substitutionsrate sehr niedrig ist, und in der Außengruppe die Plesiomorphie nicht vorkommt; oder
– eines von zwei Schwestertaxa ((C,D,E) im Vergleich zu B) mehr Veränderungen erfahren hat, z.B. nach einer intensiven Radiationsphase, so daß sehr viele ursprüngliche Merkmale nicht mehr konserviert sind (z.B. Arthropoda im Vergleich zu Annelida).

Fehlerbehebung: Die Folgen der Symplesiomorphien sind ein »Effekt langer Kanten« (»long-

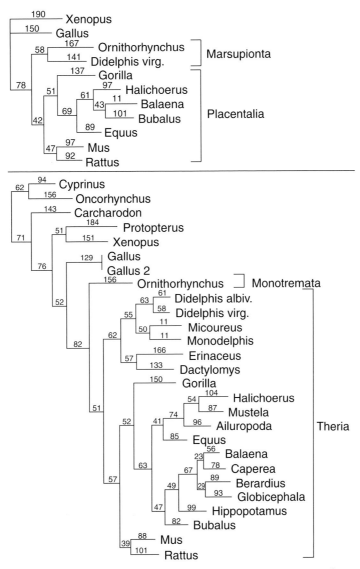

Abb. 142. Demonstration des Einflusses der Wahl der Taxa auf die Topologie: Cytochrom-b-Sequenzen von Säugetieren. Sparsamste MP-Topologie (Zahl der Merkmalsänderungen angegeben). Die obere Topologie stützt ein Schwestergruppenverhältnis Marsupionta/Placentalia, die untere ein Verhältnis Monotremata/Theria. Die Alinierung ist nicht sehr informativ, was an der Anordnung der Taxa der Theria erkennbar ist.

branch effect«), ähnlich wie bei der Häufung von Analogien. Da Plesiomorphien jedoch Homologien und keineswegs zufällige Übereinstimmungen sind, kann es für die paraphyletischen Gruppierungen ein über das Niveau des »Rauschens« sehr deutliches Signal geben. Aus diesem Grund wird jedes Verfahren der Baumkonstruktion die scheinbar monophyletische Gruppierung finden. Die »langen internen Kanten« lassen sich verkürzen, indem *weitere Taxa* in den Datensatz eingeführt werden, die die Symplesiomorphien aufweisen. Das können Außengruppentaxa (X in Abb. 140) oder Innengruppentaxa (Y in Abb. 140) sein. Die Anwesenheit von Symplesiomorphien in weiteren Taxa reduziert die Zahl stützender Merkmale für das Paraphylum. Ein Beispiel ist in Abb. 141 dargestellt.

6.3 Kladistische Analyse von DNA-Sequenzen

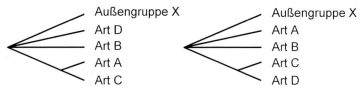

Abb. 143. Modell einer Alinierung, die die Auswirkung von Deletionen und Insertionen im Parsimonieverfahren illustriert (vgl. auch Abb. 159). Die Art X wird als Außengruppe definiert. Die Arten C und D haben einen gemeinsamen Vorfahren, bei dem eine Verlustmutation auftrat (Deletion von TT), die Arten A und C weisen eine Konvergenz (G) auf. Mit der Parsimoniemethode findet man die korrekte Gruppe C+D, wenn die Lücke als Homologie gewertet wird (»fünftes Nukleotid«), weil die Zahl der potentiellen Synapomorphien (Verlust von zwei »T«) größer ist als bei der Gruppe A+C (Mutation A→G). Werden die Lücken dagegen als »fehlende Information« gewertet, wirken sich die betreffenden Positionen nicht aus und die Sequenzen A und C sind dann ähnlicher.

Obige Ausführungen liefern die Erklärung für das Auftreten von Fehlern bei der Rekonstruktion der Phylogenese, die dann zu erwarten sind, wenn einige Taxa sehr lange Kanten aufweisen. Ob einige Taxa schnell evolvierten und daher in einem Dendrogramm Artefakte zu erwarten sind, läßt sich u.a. mit dem Ratentest und verwandten Methoden prüfen (»relative rate test«, Kap. 14.8). Mit diesem Test kann aber nicht erkannt werden, ob bei vergleichbaren sichtbaren Distanzen (gleich langen Kanten) eine unterschiedliche Anzahl von Mehrfachsubstitutionen existiert.

6.3.4 Umgang mit Alinierungslücken

Alinierungslücken sind die Folge von Insertionen oder Deletionen, die nur bei einem Teil der Sequenzen einer Alinierung vorhanden sind (s. Abb. 143). Da Alinierungslücken häufig Regionen kennzeichnen, in denen die Positionshomologie unsicher ist, empfiehlt es sich oft, derartige Sequenzbereiche nicht für die phylogenetische Analyse zu berücksichtigen. In manchen Fällen sind aber gerade diese Bereiche informativ, da einzelne Taxa an bestimmten Insertionen oder Deletionen unterschieden werden können (z.B. in rDNA-Sequenzen: Abb. 135).

Die Parsimonieprogramme (z.B. PAUP, Swofford 1990) sehen vor, daß der Nutzer selbst bestimmt, ob die Lücken als »fehlende Information« oder als »fünftes Nukleotid« behandelt werden. Im ersten Fall wirken sich die Positionen ohne Lücken stärker auf die Konstruktion einer Topologie aus. Diese Option ist dann zu wählen, wenn die Alinierung mehrdeutig ist, die Positionen mit Lücken auch bei gleichbleibenden Optimierungskriterien anders aliniert werden könnten und daher die Homologiewahrscheinlichkeit gering ist. Noch besser ist es, im Fall mehrdeutiger Alinierungen die betreffenden Positionen aus der Analyse ganz auszuklammern. Ist es jedoch wahrscheinlich, daß eine homologe Insertion oder Deletion vorliegt (was dann der Fall ist, wenn längere, konservierte Sequenzabschnitte betroffen sind), sollte die Lücke als Merkmal (»fünftes Nukleotid«) gewertet werden. Die Topologien können sich je nach Konstellation deutlich unterscheiden (Abb. 143).

Ein Problem ergibt sich aus der Überlegung, daß Insertionen oder Deletionen mit einem einzigen Ereignis mehrere Positionen betreffen können (z.B. ----- → AAGAT). Systematiker, die *Ereignisse* bewerten wollen, zählen eine derartige Insertion als 1 Merkmal, während bei Bewertung der *Homologiewahrscheinlichkeit* das spezifische Merkmal »AAGAT« höher gewichtet werden muß als das Merkmal »A« (vgl. Kap. 5.1). Es empfiehlt sich daher, im MP-Verfahren auch die Nukleotide von Insertionen einzeln zu bewerten. Es ist jedoch zu beachten, daß Deletionen ein unspezifisches Muster erzeugen (z.B. AAGAT → -----), das keine so spezifische Grundlage für die Bewertung der Homologiewahrscheinlichkeit bietet. Deletionen sollten nicht als Merkmale genutzt werden, solange ihre Homologie und Lesrichtung nicht wahrscheinlich erscheint.

Die Berücksichtigung von Alinierungslücken in Distanzverfahren wird in Kap. 8.2.4 besprochen.

6.3.5 Potentielle Apomorphien

Apomorphien gibt es in DNA-Sequenzen ebenso wie in morphologischen Datensätzen. Mit geeigneten Computerprogrammen (z.B. PAUP) lassen sich für alle Kanten einer gewurzelten Topologie Listen der potentiellen Apomorphien zusammenstellen. Es ist sehr zu empfehlen, für Gruppierungen, die nicht plausibel erscheinen, die betreffenden Sequenzpositionen auszulesen und zu betrachten. Es wird dann sichtbar, wiviele binäre Positionen zu dem betreffenden Split passen, wieviele Positionen nicht eindeutig den Split zu stützen scheinen. Die Zahl potentieller Apomorphien, die auch der »Astlänge« im Parsimonieverfahren entsprechen, ist oft höher als die Zahl der phänomenologisch eindeutig zu einem Split passenden Positionen. Sie hängt u.a. von der Sequenzlänge und der Artenzusammensetzung des Datensatzes ab. Ob die Zahl stützender Positionen durch zufällige Übereinstimmungen erzeugt sein könnte, läßt sich mit der Spektralanalyse überprüfen (Kap. 6.5).

6.3.6 Methode von Lake

Lake (1987) schlug eine Methode der Sequenzanalyse vor (»evolutionary parsimony«), die auf dem Vergleich von jeweils 4 Sequenzen beruht, wobei nur Transversionen berücksichtigt werden. Sie benötigt die unrealistische Annahme, daß die Transversionsraten für verschiedene Nukleotide gleich sind. Da es für 4 Taxa nur 3 alternative Topologien gibt, kann für jede Kombination von 4 Sequenzen geprüft werden, welche der 3 möglichen Topologien am besten gestützt wird. Die Methode ist umständlich und wird wenig genutzt (s. auch Felsenstein 1991, Swofford et al. 1996). Die bekannte Ineffizienz der Methode beruht darauf, daß sie zu wenig Information eines Datensatzes nutzt und daher größere Datensätze benötigt als andere Verfahren.

6.4 Split-Zerlegung

Die Split-Zerlegung (Bandelt & Dress 1992) erlaubt es, alternative, nicht kompatible Topologien in einer Graphik zusammenzufassen. In einem Datensatz können maximal $2^{n-1}-1$ Splits auftreten, in der Praxis sind es jedoch viel weniger. Gibt es zu einem Datensatz nur genau eine dichotome Topologie, ist die Zahl der Splits gleich der Zahl der Kanten (2n−3; Kap. 3.4). Treten Analogien auf, gibt es mehrere alternative, dichotome Topologien zu einem Datensatz. Die Zahl der aus realen Daten berechenbaren Topologien, die berücksichtigt werden müssen, kann sehr verschieden sein. Die Split-Zerlegung visualisiert diese Unterschiede und ist daher eine allgemeinere Methode als das MP-Verfahren. Im Folgenden werden **d-Splits** erläutert (zu »parsimony splits« siehe Bandelt & Dress 1993), eine ausführlichere Beschreibung ist im Anhang (Kap. 14.4) enthalten.

Grundlage für die Darstellung von d-Splits sind Distanzmaße, die den Unterschied zwischen zwei Gruppen von Taxa angeben. Es lassen sich sowohl diskrete Merkmale (phänomenologisch bestimmte Homologien) als auch genetische Distanzen verwenden. Die Distanz kann sein:

– die Zahl sichtbarer Sequenzunterschiede (Hamming-Distanz, vgl. Kap. 14.3.1),
– die geschätzte Zahl der Substitutionsereignisse (s. Modelle der Sequenzevolution, Kap. 8.1, 14.1),
– die Zahl split-stützender Sequenzpositionen,
– die Zahl der Merkmalsänderungen bei morphologischen Merkmalen.

Daß mit der Verwendung dieser Maße jeweils bestimmte Annahmen verbunden sind, sollte dem Anwender bewußt sein (Annahmen von Evolutionsmodellen: Abb. 152).

Die Split-Graphik wird aus den Distanzangaben aufgebaut. Da die Topologie eines dichotomen, ungerichteten Baumes durch die Beziehung von je 4 terminalen Taxa definiert ist (Kap. 14.3.3),

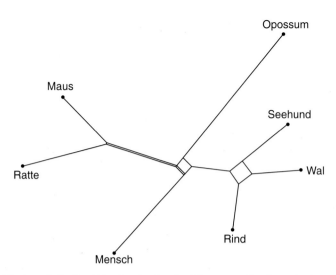

Abb. 144. Beispiel einer Split-Graphik. Gezeigt ist ein Diagramm für das mitochondriale ND2-Gen einiger Mammalia (verändert nach Wetzel 1995).

kann man die Analyse an Vierergruppen durchführen. Für jede Gruppe von 4 terminalen Taxa i,j,k,l wird geprüft, welche der 3 möglichen Splits ($d_{ij}+d_{kl}$ oder $d_{il}+d_{kj}$ oder $d_{ik}+d_{jl}$) am besten gestützt sind. Dabei werden von den jeweils 3 möglichen Splits die beiden beibehalten, die am besten gestützt werden, der dritte Split wird nicht berücksichtigt. In der Praxis werden dazu nicht alle denkbaren Gruppierungen geprüft, sondern es werden alle im Datensatz vorhandenen kompatible und inkompatible Splits (vgl. Abb. 101) ausgewertet und zu einer Graphik zusammengesetzt.

Abbildung 144 zeigt an, daß die genetische Distanz zwischen dem Opossum einerseits und den Eutheria andererseits in diesem Datensatz groß ist, dieser Split also gut gestützt wird, die Aufspaltung der Huf- und Raubtiere jedoch nicht geklärt werden kann, da es sowohl stützende Merkmale für den Split {(Robbe + Wal), (Rind + übrige Säuger)} als auch für den Split {(Rind + Wal), (Robbe + übrige Säuger)} gibt. Die korrekte Deutung muß lauten: Dieser Datensatz enthält zu viel widersrpüchliche Information, um mit Hilfe des verwendeten Distanzmaßes eine Klärung dieser Aufspaltung zu ermöglichen.

In der Split-Zerlegung der ursprünglichen Konzeption (Bandelt & Dress 1992) wirken sich auf die Graphik vor allem binäre Merkmale aus (s. Abb. 187). Leicht verrauschte Merkmale werden nicht berücksichtigt, weshalb viele Berechnungen von Topologien nur »Buschdiagramme« ergeben. Das Verfahren bewährt sich jedoch in Kombination mit der Spektralanalyse (Kap. 6.5).

Eine ältere Methode, die zum Ziel hat, Muster kompatibler Splits zu finden, ist die Clique-Methode (Kap. 14.5). Voraussetzung ist eine binäre Kodierung der Merkmale. Sie hat den Nachteil, aus einem Datensatz nur die Merkmale zu berücksichtigen, die eine Mehrheit untereinander kompatibler Splits stützen, alle übrigen Merkmale werden nicht für die Rekonstruktion der Dendrogramme berücksichtigt. Netzwerke werden nicht rekonstruiert. Modelle der Sequenzevolution werden nicht verwendet, im Unterschied zu der in Kap. 6.5 besprochenen Spektralanalyse werden aber auch keine verrauschten Positionen berücksichtigt.

6.5 Spektren

6.5.1 Grundlagen

Ein Spektrum (Abb. 147) ist in der Phylogenetik eine grafische Darstellung der sichtbaren oder geschätzten Distanzen zwischen je zwei Gruppen in Bipartitionen terminaler Taxa, mit oder ohne Berücksichtigung von Substitutionswahrscheinlichkeiten, oder der Zahl stützender Positionen für alle Splits eines Datensatzes. Ein Dendrogramm wird für diese Analyse nicht benötigt. Im Folgenden betrachten wir phänomenologisch nur die Merkmalsausprägung in Positionen (vgl. Wägele 1998). Splits werden, wenn es sich um die Abspaltung von Monophyla handelt, u.a. von Apomorphien gebildet. Zusätzlich gibt es zufällige Übereinstimmungen und Symplesiomorphien, weshalb man wertungsfrei von der »**Zahl stützender Positionen**« spricht.

Betrachtet man eine Topologie aus 4 Arten und die mögliche Verteilung der Merkmalszustände für ein binäres Merkmal ergeben sich 16 mögliche Merkmalskombinationen:

Arten	Muster von Merkmalszuständen
1	0 1 0 1 0 1 1 0 1 0 1 0 1 0 0 1
2	0 1 1 0 1 0 1 0 0 1 0 1 1 0 0 1
3	1 0 0 1 1 0 1 0 1 1 0 1 0 1 0
4	1 0 1 0 0 1 1 0 0 1 1 0 0 1 0 1
	s s i i i k k t t t t t t t

Abb. 145. Tabelle mit allen möglichen Kombinationen von Merkmalszuständen für ein binäres Merkmal und 4 Arten. Für den Split {(1,2),(3,4)} gibt es 2 stützende Muster (s) und 4 inkompatible Muster (i). 8 Muster sind trivial (t), 2 konserviert (k). Die 16 Muster entsprechen 8 möglichen Splits. Die Splits s und i sind nichttriviale Splits.

In dieser Tabelle ist zu erkennen, daß es bei Betrachtung von 4 Arten zu einer gegebenen dichotomen Topologie (z.B. Split S = {(1,2),(3,4)} jeweils 2 inkompatible Topologien gibt (Split {(1,4),(2,3)} und Split {(1,3),(2,4)}), die jeweils durch die gleiche Zahl von Mustern unterstützt werden. Sind alle Muster gleich häufig, dann gibt es zu einem Split zwei stützende (s) und 4 inkompatible (i) Muster. Die trivialen Muster (t) bilden keine Gruppen, sondern trennen nur einzelne Arten ab. Die konservierten Muster (k) tragen nicht zur Bildung einer Topologie bei.

Ziel der Spektralanalysen ist es, in einem gegebenem Datensatz diejenigen Muster und die dazugehörigen Sequenzpositionen zu identifizieren, die eindeutig einen Split stützen. Man könnte, ausgehend von der obigen Überlegung, die Wahrscheinlichkeit schätzen, daß bei gegebener Artenzahl in einer Sequenzposition Muster auftreten, die einen bestimmten Split eindeutig stützen (in der Tabelle Abb. 145 sind es für den Split {(1,2),(3,4)} 2 von 16 möglichen Mustern). In der Praxis geht man jedoch umgekehrt vor, und sucht zu den realen, in Alinierungen sichtbaren Mustern die dazugehörigen Splits. Die Analyse der Spektren kann phänomenologisch erfolgen (Kap. 6.5.1) oder modellierend (Kap. 8.4). Die phänomenologische Analyse ist ein Versuch, das Vorgehen von Morphologen nachzuahmen, die Merkmale auf der Grundlage ihrer Komplexität bewerten. Komplexität wird in Alinierungen sichtbar, wenn man die Zahl stützender Positionen analysiert.

6.5.2 Spektren stützender Positionen

Dieses Verfahren dient der Analyse des Informationsgehaltes von alinierten DNA-Sequenzen. Es ist eine phänomenologische Analyse, die das Ziel hat, für jeden im Datensatz vorhandenen Split die Zahl der stützenden Positionen zu ermitteln, wobei Rauschen berücksichtigt wird. Anders als bei Baumkonstruktionsverfahren wird sichtbar, wieviele inkompatible Splits ein Datensatz enthält, so daß man einen Eindruck davon gewinnen kann, ob ein Monophylum deutlich besser gestützt wird als zufällige Konstellationen der terminalen Taxa. Anders als bei der d-Split-Zerlegung (Kap. 6.4, Anhang 14.4) müssen also die stützenden Positionen nicht binär sein. Abb. 146 faßt zusammen, welche alternative Muster von Nukleotiden man in einzelnen Sequenzpositionen erwarten muß.

Es ist offensichtlich, daß **konservierte** Positionen keine phylogenetische Information enthalten, in **sehr verrauschten** Positionen die Information nicht erkennbar ist und **symmetrische** Positionen einen plesiomorphen und einen apomorphen Merkmalszustand konservieren (falls das Muster kein Zufallsprodukt ist). **Asymmetrische**

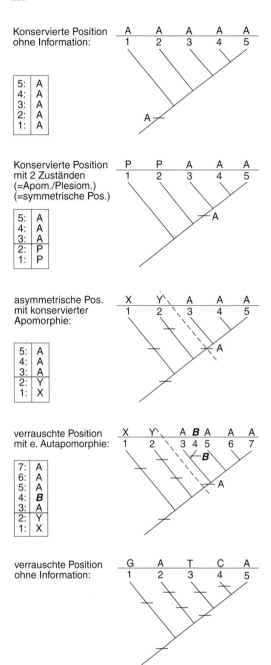

Für eine Analyse des in der Alinierung konservierten phylogenetischen Signals werden folgende Schritte durchgeführt:

- Suche in jeder Position einer Alinierung X die Gruppen von Taxa, die dasselbe Nukleotid haben; definiere jede derartige Gruppe A als potentielle Innengruppe; definiere den Split $S = \{(A,B)\}$ mit $A \cup B = X$ und Gruppe B als potentielle Außengruppe.
- Definiere die Positionen, die den Split erzeugen, als »stützende Positionen« des Splits oder als »potentielle Apomorphien« der Innengruppe
- Gestatte in stützenden Positionen einige Abweichungen (potentielle Autapomorphien in einzelnen Sequenzen) vom Merkmalszustand der Innengruppe (potentieller Grundmusterzustand). Gestatte in stützenden Positionen das Auftreten vereinzelter Konvergenzen zur Innengruppe in Sequenzen der Außengruppe. Diese Abweichungen werden als »Rauschen« definiert.
- Positionen, die in einzelnen Sequenzen der Innengruppe gehäuft potentielle Symplesiomorphien aufweisen, gelten nicht als stützende Positionen.
- Begrenze die Zahl der erlaubten Abweichungen derart, daß in dem Muster stützender Positionen (Abb. 111) die Abweichungen mit großer Wahrscheinlichkeit nur zufälliges Rauschen darstellen und kein nicht-zufälliges Muster bilden.
- Notiere für jeden Split S die Zahl n_A der Sequenzpositionen, die den Split stützen, wenn A als potentielle Innengruppe dient, aber auch die Zahl n_b der Sequenzpositionen, wenn B als potentielle Innengruppe dient.
- Notiere die Splits in der Reihenfolge der Zahl stützender Positionen.

Diese phänomenologische Methode befindet sich noch in der Entwicklung und stellt den Versuch dar, die Analyseverfahren der vergleichenden Morphologie auf die Sequenzanalyse zu übertragen. Das entscheidende Problem dabei ist die Wahrscheinlichkeitsentscheidung: Wieviel Rauschen darf man zulassen, ohne das Muster stützender Positionen nicht mit Symplesiomorphien oder Analogien zu verfälschen. Begrenzt man das Rauschen zu sehr, geht Information verloren und die Unterstützung vieler Splits wird zu gering, um potentielle Monophyla identifizieren zu können.

Abb. 146. Muster, die in Alinierungen von DNA-Sequenzen als Folge von Evolutionsprozessen sichtbar werden. A, B, P, X und Y sind Merkmalszustände.

Positionen entstehen, wenn die Plesiomorphie der Außengruppen verrauscht sind, die Apomorphie der Innengruppe jedoch konserviert ist.

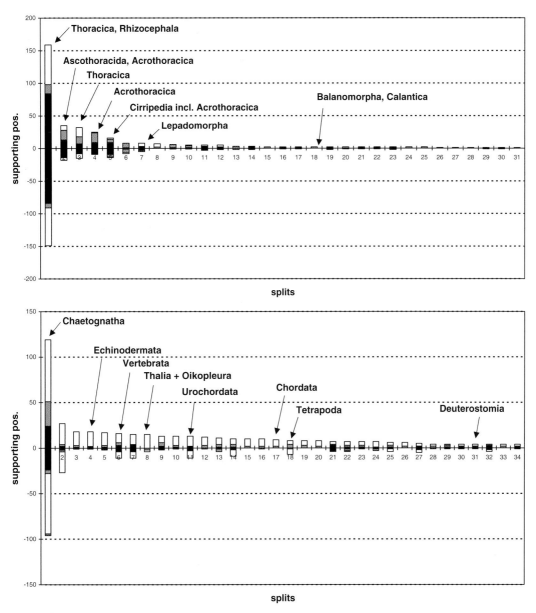

Abb. 147. Spektren stützender Positionen (engl. »supporting positions«): Im oberen Diagramm sind die meisten der kompatiblen Gruppen (mit Pfeilen bezeichnet), die auch in rekonstruierten Dendrogrammen auftreten, zugleich die Splits mit der besten Unterstützung. Im unteren Diagramm dagegen unterscheiden sich die meisten der bezeichneten Splits nicht von anderen Zufallsgruppierungen terminaler Taxa, der dazugehörige Datensatz ist für die Rekonstruktion der Phylogenese nicht geeignet. (aus Wägele & Rödding 1998, Originaldaten aus Spears et al. 1994 und Wada & Satoh 1994)

6.6 Kombination von molekularen und morphologischen Merkmalen

Stehen für eine Gruppe von Arten sowohl morphologische als auch molekulare Datensätze zur Verfügung, gibt es 3 Alternativen für die Hypothesenbildung:

a) Die Datensätze werden separat ausgewertet, die alternativen Dendrogramme in Hinblick auf ihre Plausibilität überprüft (s. Kap. 10). Ein Dendrogramm wird mit den kompatiblen und plausibel erscheinenden Monophyla zusammengesetzt.

b) Die Datensätze werden separat ausgewertet, aus den alternativen Dendrogrammen wird ein Konsensusdendrogramm konstruiert (Kap. 3.3), das nur die Gemeinsamkeiten der Alternativen enthält.

c) Alle verfügbaren Daten werden in einer Datenmatrix vereint, um ein Dendrogramm mit dem MP-Verfahren zu konstruieren.

Für a) und b) können verschiedene, den Daten angepaßte phänetische oder modellierende Rekonstruktionsverfahren eingesetzt werden. Für c) eignet sich nur das MP-Verfahren, da die derzeit verfügbaren modellierenden Verfahren nicht verschiedene Modelle gleichzeitig (für morphologische oder molekulare Daten) berücksichtigen können.

Diese Alternativen sind nicht gleichwertig. Da es in der Natur nur *eine* Phylogenese gibt, beruhen Widersprüche in den Dendrogrammen, die bei separater Analyse von Datensätzen erhalten werden, auf Unterschieden des Informationsgehaltes der Merkmale und der Fähigkeit der Verfahren, diese Information zu bewerten. Die auf verschiedenen Datensätzen beruhenden Dendrogramme müssen daher nicht gleichwertig sein, was eine Voraussetzung für die Bildung eines Konsensusdiagramms wäre (Fall b).

Komplexe morphologische Identitäten haben eine höhere Homologiewahrscheinlichkeit als einzelne Sequenzpositionen. Stehen beide Merkmale einzeln und gleich gewichtet nebeneinander in einer Datenmatrix, wird eine zufällige, konvergente Nukleotididentität die Aussage eines wichtigen morphologischen Merkmals aufheben. Die Kombination von Daten in einer Matrix (Alternative c) ist daher gefährlich: Informative Merkmale können in der Masse verrauschter Sequenzdaten wirkungslos werden. Da nicht bekannt ist, wie man die Homologiewahrscheinlichkeit von Sequenzdaten und morphologischen Daten gleichwertig quantitativ schätzen und gewichten kann, ist eine größere Objektivität mit einer getrennten Analyse (Alternativen a und b) zu erreichen. Ein Konsensusdendrogramm (Alternative b) ist anschaulich, kann aber aus den genannten Gründen trügen. Ist nicht sicher, ob die Datensätze ähnlich informativ sind, ist Alternative a) zu empfehlen, wobei das Konsensusdendrogramm durchaus weiterhin als Anschauungsmaterial dienen kann. Letztlich sollte in jedem Fall die Plausibilität der Ergebnisse diskutiert werden.

7. Prozessorientierte Merkmalsanalyse

Anders als bei den phänomenologischen Verfahren wird nicht geschätzt, wie wahrscheinlich es ist, daß eine Ähnlichkeit als Homologie korrekt erkannt wird (Erkenntniswahrscheinlichkeit), sondern es wird die Ereigniswahrscheinlichkeit geschätzt. Das Ereignis ist dabei der Prozess der evolutiven Modifikation eines Merkmals oder die Entstehung einer Neuheit. Es muß geschätzt werden, mit welcher Häufigkeit bestimmte Ereignisse zu erwarten sind, um die Wahrscheinlichkeit, daß Identitäten kein Zufallsprodukt sind, d.h. daß Homologien entstehen, berechnen zu können.

Die Gewichtung, also die Bewertung der Homologiewahrscheinlichkeit, ist reziprok zur erwarteten Häufigkeit (Abb. 148), da häufige Ereignisse öfter zufällige Identitäten erzeugen. Um die erwartete Häufigkeit zu schätzen, muß bekannt sein oder mit einiger Sicherheit korrekt vermutet werden, welcher Prozeß die Endzustände erzeugt, und das erwartete Ergebnis des Prozesses muß quantitativ beschrieben werden.

Für die Korrektur genetischer Distanzen wird berücksichtigt, wie wahrscheinlich es ist, daß bestimmte Substitutionen eintreten. Die statistisch häufigeren Ereignisse tragen am meisten dazu bei, daß multiple Substitutionen eintreten, die die sichtbare Distanz gegenüber der evolutionären verkleinern.

Alle modellierende Verfahren setzen voraus, daß die Merkmalsevolution vorhersagbar, also ein stochastischer Prozess ist.

Morphologische Merkmale

Die Homologiewahrscheinlichkeit morphologischer Merkmale wird in der Praxis meistens phänomenologisch bestimmt (s. Kap. 5), da die Prozesse, die zur Veränderung morphologischer Merkmale führen (Zahl der Mutationen pro Zeiteinheit und Selektionsprozesse), in den für die Praxis der Systematik relevanten Fällen nicht bekannt, nicht modellierbar oder nicht quantitativ erfaßbar sind. Wenn Annahmen über Prozesse in die Argumentation einfließen, dann meist unter Berücksichtigung weiterer struktureller Indizien für die Homologie von Merkmalen, so daß die Homologieaussage letztlich doch phänomenologisch begründet werden muß.

Beispiel: In der Gattung *Cylisticus* (terrestrische Asseln) gibt es normal epigäisch lebende Arten (Gruppe A) und kleinere, unterirdisch (endogäisch) lebende (Gruppe B). Es liegt nahe, anzunehmen, daß die endogäische Gruppe von einem epigäischen Vorfahren abstammt.

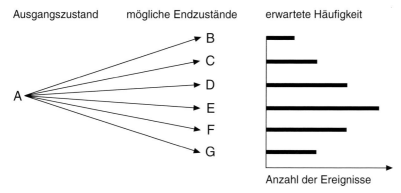

Abb. 148. Modellabhängige Gewichtung von Merkmalen unter Berücksichtigung von Evolutionsprozessen: Das häufigste Ereignis muß am niedrigsten gewichtet werden, weil hier die Wahrscheinlichkeit am größten ist, daß Konvergenzen auftreten. Seltenere Ereignisse erzeugen bessere, über längere Zeit konservierte phylogenetische Signale.

Folgender Sachverhalt wird beobachtet: 1) Arten der Gruppe B (endogäisch) haben komplexe Pleopodenlungen. 2) Arten der Gruppe A verfügen nicht über derartige komplexe Lungen. Prozessannahme: Es ist zu erwarten, daß in Anpassung an die unterirdische Lebensweise mit der Verkleinerung des Körpers auch die Lungen vereinfacht werden, nicht aber, daß Lungen evolutiv perfektioniert werden. Daraus folgt, daß Arten der Gruppe B nicht von einem Vorfahren abstammen, der zur Gruppe A gehört oder denselben Pleopodenbau hatte, vielmehr muß es einen Vorfahren mit bereits perfektionierten Lungen gegeben haben. Die erwartete Reduktion der Lungen ist bei Gruppe B nicht oder noch nicht eingetreten (aus Schmidt 1999).

In dieser Argumentation wird eine Aussage über die Abstammung von Gruppe B mit einer Prozessannahme (über die Wahrscheinlichkeit der Evolution von Lungen in endogäischen Habitaten) verknüpft. Eine Homologieaussage ist jedoch nicht mit der Prozessannahme verknüpft. Die Homologie der Lungen von Gruppe B muß aus strukturellen Übereinstimmungen erschlossen werden. Weiterhin wird deutlich, daß ein Modell mit quantifizierbaren Wahrscheinlichkeitsaussagen nicht zu entwickeln ist.

DNA-Sequenzen

Jede Mutation einer Sequenz eines Organismus ist eine evolutive Neuheit. Nicht jede Mutation ist jedoch nach einigen Generationen in einer Population noch vorhanden. Setzt man voraus, daß zwei homologe Sequenzen sich mit derselben regelmäßigen, niedrigen Mutationsrate je in zwei getrennten Populationen *unabhängig* verändern, und daß diese Rate für alle Nukleotide dieselbe ist und alle Nukleotide die gleiche Häufigkeit haben, sind folgende Ergebnisse zu erwarten:

- autapomorphe Mutationen bei einzelnen Sequenzen,
- Analogien (zufällige Übereinstimmungen) zwischen 2 homologen Sequenzen verschiedener Populationen,
- Rückmutationen zu einem früheren Zustand.

Unter den genannten Bedingungen entstehen im statistischen Mittel beim Vergleich von 2 homologen, parallel evolvierenden Sequenzen Autapomorphien nach jeder Mutation (Wahrscheinlichkeit 1), zufällige Übereinstimmungen (wenn vorher verschiedene Nukleotide vorhanden waren) bei jeder 3. Mutation (Wahrscheinlichkeit 0,333), Rückmutationen nach jeder 4. Mutation

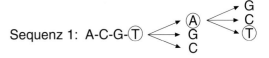

Sequenz 2: C-G-C-Ⓐ

Abb. 149. Mögliche Mutationen und die Entstehung von Analogien (zu Position 4 der Sequenz 2) und Rückmutationen in der Sequenz 1.

(3 von 12 Mutationen, Wahrscheinlichkeit 0,25) (Abb. 149).

Setzt sich eine Mutation durch Gendrift und/oder Selektion in einer Population durch, wird sie zur Substitution. Betrachtet man kurze Evolutionszeiträume, in denen multiple Substitutionen (mehrere Substitutionen derselben Sequenzposition) selten sind, sind erkennbare Autapomorphien mit größerer Wahrscheinlichkeit zu erwarten als Substitutionen, die aus Sicht des Phylogenetikers »Rauschen« erzeugen (Analogien, Rückmutationen). Autapomorphien werden nach Speziationsereignissen zu Synapomorphien, weshalb unter günstigen Bedingungen, d.h. wenn multiple Substitutionen unwahrscheinlich sind, Identitäten zwischen einem Teil der betrachteten Sequenzen mit größerer Wahrscheinlichkeit Homologien als Analogien darstellen. Synapomorphien sind natürlich nur dann identifizierbar, wenn in der Außengruppe der plesiomorphe Merkmalszustand vorhanden ist.

Aus diesem Grund ist die individuelle Substitution nur dann informativ, wenn keine oder sehr wenige multiplen Substitutionen zu erwarten sind. Über längere Zeiträume ist die einzelne Substitution für die Analyse unbedeutend, die Homologiewahrscheinlichkeit ist gering. Es müssen Substitutionen vieler Sequenzpositionen berücksichtigt werden und die Wahrscheinlichkeit muß geschätzt werden, daß multiple Substitutionen und Analogien entstehen. Diese Schätzungen werden mit Hilfe von Modellen der Sequenzevolution durchgeführt (Kap. 8.1), die z.B. in Distanzverfahren oder Maximum-Likelihood-Verfahren eingesetzt werden (s. Kap. 8.1, 8.3). Alternativ können Spektren (Kap. 6.5.2) dazu dienen, das Ausmaß zufälliger Übereinstimmungen sichtbar zu machen.

Das einzelne Merkmal wird nur im Muster aller Merkmale des Datensatzes bewertet, indem z.B. genetische Distanzen unter Berücksichtigung des angenommenen Evolutionsprozesses berechnet werden, oder um bei gegebener Topologie die Wahrscheinlichkeit zu schätzen, daß der gegebene Datensatz das Ergebnis des Evolutionsprozesses sein könnte. Die Verfahren werden in Kapitel 8 und in den vertiefenden Abschnitten des Anhangs (Kap. 14) erläutert. Bei Distanzverfahren werden Merkmale gezählt und die Zahlen werden zu weiteren Berechnungen mit Modellen der Sequenzevolution transformiert, bei Maximum-Likelihood-Verfahren betrachtet man einzelne Merkmale und schätzt die Wahrscheinlichkeit, daß mit einem gegebenen Modell der Sequenzevolution die Merkmalstransformation aus angenommenen Ahnenmerkmalen zu den terminalen Merkmalen einer Topologie paßt.

8. Rekonstruktion der Phylogenese: Modellabhängige Verfahren

Diese Verfahren wurden z.T. mit dem Wunsch entwickelt, die Rekonstruktion von Stammbäumen mit Mitteln der Statistik zu ermöglichen. Damit wird ein **Axiom** vorausgesetzt: Die Evolution von Merkmalen ist ein stochastischer, modellierbarer Prozeß. Es wird vorausgesetzt, daß jede Position einer Sequenz so evolviert, daß evolutionären Veränderungen der Sequenz mit einem Modell beschrieben werden können.

Jedes Modell kann nur Prozesse simulieren, und ist nicht von vornherein ein verläßliches Abbild der Natur selbst. Die Erfahrung lehrt, daß Modelle nur die Variablen enthalten, die auffällig sind und daher berücksichtigt werden konnten, modellierte Prozesse sind allgemein viel einfacher als reale. Weiterhin können historische Prozesse nur modelliert werden, wenn sie Spuren hinterließen oder wenn der Modellierer meint, Indizien für den Verlauf der Prozesse zu kennen, was gerade bei Evolutionsvorgängen problematisch sein kann. Die Gefahr ist groß, daß Irrtümer und unbegründete Vermutungen (ad-hoc-Hypothesen) das Modell entscheidend beeinflussen.

> **Voraussetzungen für die Nutzung modellabhängiger Verfahren:**
> – Die Evolution der untersuchten Merkmale ist ein stochastischer Prozeß
> – Das Modell weicht nicht sehr von der Realität der historischen Ereignisse ab
> – Die verfügbaren Daten sind für die historischen Ereignisse repräsentativ

8.1 Substitutionsmodelle

Komplexe probabilistische Modelle der Merkmalstransformation sind vor allem für DNA-Sequenzen entwickelt worden. Sie dienen in Distanzverfahren der Schätzung der Anzahl von nicht beobachtbaren Mehrfachsubstitutionen, in Maximum-Likelihood-Verfahren der Schätzung der Wahrscheinlichkeit für das Auftreten einer Substitution. Die formale Beschreibung einfacher Modelle wird im Anhang (Kap. 14.1) vorgestellt, ihr Einsatz in Distanzverfahren in Kap. 8.2 und 14.3, Maximum-Likelihood-Verfahren in Kap. 8.3 und 14.6.

Grundgedanke für die Beschreibung eines Modells der Sequenzevolution ist die Annahme, daß für bestimmte Substitutionen eine bestimmte Rate existiert. Die Modellannahmen lassen sich dann in einer Ratenmatrix darstellen. Für das Kimura-2-Parameter-Modell (K2P) zum Beispiel (vgl. Abb. 150) werden 2 Raten unterschieden (α für Transitionen, β für Transversionen). Findet man an einer Position einer Sequenz das Nukleotid A, dann kann es aus einer Vorfahrensequenz mit der Rate β ein C oder ein T ersetzt haben oder mit der Rate α ein G. Die Rate übernimmt also die Rolle einer Wahrscheinlichkeitsannahme: Ist eine bestimmte Rate höher als andere, wird die betreffende Substitution mit größerer Wahrscheinlichkeit pro Zeiteinheit eintreten. Die Raten werden so genormt, daß pro Zeiteinheit durchschnittlich 1 Substitution eintritt, im K2P-Modell gilt also $\alpha+2\beta=1$ (vgl. dazu Abb. 42). In der **Ratenmatrix** wird als Rate für das unveränderte Nukleotid $(-\alpha-2\beta)$ eingesetzt.

Aus diesen Überlegungen läßt sich für jedes Modell eine Matrix ableiten, mit der beschrieben

	A	C	G	T
A	$(-\alpha-2\beta)$	β	α	β
C	β	$(-\alpha-2\beta)$	β	α
G	α	β	$(-\alpha-2\beta)$	β
T	β	α	β	$(-\alpha-2\beta)$

Abb. 150. Ratenmatrix für das Kimura-2-Parameter-Modell. Das Modell ist reversibel (A→C = C←A).

	neuer Merkmalszustand			
	A	C	G	T
A	$-(\lambda_1\pi_C+\lambda_2\pi_G+\lambda_3\pi_T)$	$\lambda_1\pi_C$	$\lambda_2\pi_G$	$\lambda_3\pi_T$
C	$\lambda_4\pi_A$	$-(\lambda_4\pi_A+\lambda_5\pi_G+\lambda_6\pi_T)$	$\lambda_5\pi_G$	$\lambda_6\pi_T$
G	$\lambda_7\pi_A$	$\lambda_8\pi_C$	$-(\lambda_7\pi_A+\lambda_8\pi_C+\lambda_9\pi_T)$	$\lambda_9\pi_T$
T	$\lambda_{10}\pi_A$	$\lambda_{11}\pi_C$	$\lambda_{12}\pi_G$	$-(\lambda_{10}\pi_A+\lambda_{11}\pi_C+\lambda_{12}\pi_G)$

Abb. 151. Substitutionsmatrix mit Angaben über modellspezifische Substitutionsraten. In diesem Beispiel werden 12 verschiedene Substitutionsraten λ unterschieden, und es wird die Basenfrequenz π berücksichtigt.

wird, wie wahrscheinlich es ist, daß aus einem Nukleotid i ein Nukleotid j im Zeitintervall dt entsteht. In den bisher üblichen Modellen gehen in die Modellannahmen vor allem Überlegungen zur Häufigkeit von Nukleotiden in Alinierungen und zu erwartenden Substitutionshäufigkeiten ein, wobei es nicht möglich ist, erwartete Variationen von Selektionszwängen zu berücksichtigen, die die Substitutionsraten verändern können. Es kann nur an den vorliegenden Sequenzen im paarweisen Vergleich zum Beispiel das Ts:Tv-Verhältnis (K2P-Modell) gezählt werden, um den Wert im Modell zu verwenden. Das setzt voraus, daß die Selektion im Zeitverlauf stets gleich wirkt.

Modelle der Sequenzevolution implizieren Annahmen, die der historischen Realität entsprechen müssen, wenn das Modell zur Rekonstruktion der Phylogenese benutzt wird. Annahmen, deren Gültigkeit oft vorausgesetzt wird, sind z.B. die Unabhängigkeit der Substitutionsrate von der Region im Molekül, oder die Unabhängigkeit von den vorhergehenden Ereignissen. Während die erste Annahme oft nicht zutrifft, ist die zweite wahrscheinlich meist richtig: In der Folge von Substitutionen C→T→A ist die Wahrscheinlichkeit, daß T durch A ersetzt wird, unabhängig von der Tatsache, daß erdgeschichtlich ältere Populationen an Stelle des T an dieser Position ein C aufwiesen. Komplexere modellspezifische Annahmen über die Substitutionsraten können mit einer Substitutionsmatrix beschrieben werden (Abb. 151).

In dieser Matrix (Abb. 151) enthält die Diagonale einen Ausdruck für die Wahrscheinlichkeit, daß das Nukleotid unverändert bleibt. Der Wert wurde so gewählt, daß die Summe in einer Zeile der Matrix 0 ergibt, bzw. daß die Wahrscheinlichkeit einer Substitution eines Nukleotids pro Zeiteinheit 1 ist. Der Ausdruck $\lambda_1\pi_C$ bedeutet, daß die Wahrscheinlichkeit der Substitution A→C von der spezifischen Rate λ_1 und von der Häufigkeit, mit der das Nukleotid C in den realen Sequenzen vorhanden ist, abhängt.

Das Modell von Abb. 151 ist in der Zeitachse festgelegt, also nicht reversibel, da die Rate für A→C nicht dieselbe sein muß wie die Rate für C→A. Reversible Modelle enthalten dieselbe Rate für eine Substitution zweier Nukleotide, unabhängig von der Richtung (Rate für A→C = Rate für C→A) und lassen sich in einer diagonalsymmetrischen Matrix anordnen.

Allgemein machen Modelle Annahmen über:

– Das Modell der Nukleotidsubstitution, das beschreibt, welches Nukleotid durch welches andere am wahrscheinlichsten substituiert werden kann.
– Die Substitutionsrate pro Position: Unabhängig vom Substitutionstyp können Positionen schneller oder langsamer evolvieren, die Geschwindigkeit kann für die gesamte Sequenz uniform sein oder innerhalb der Sequenz sehr variieren, ein Anteil der Sequenzen kann invariabel sein.
– Die Homogenität der Sequenzevolution im Verlauf der Phylogenese: Das Evolutionsmodell gilt für alle Stammlinien eines Stammbaumes. Es gib derzeit keine modellierende Verfahren, die diese Annahme nicht benötigen. Es ist jedoch sehr wahrscheinlich, daß molekulare Evolutionspozesse in der Zeit und bei verschiedenen Arten variieren (engl. »nonstationarity«), daß die Zahl variabler Positionen bei verschiedenen Taxa unterschiedlich ist.

Achtung: Die Verbesserung von Modellen durch Hinzufügen von Parametern impliziert nicht zugleich eine Verbesserung der Rekonstruktion der Phylogenese! Viele der derzeit üblichen Modelle sind sehr vereinfacht. Je komplexer die Modelle sind, je mehr Parameter sie also berücksichtigen, desto weniger strikte Annahmen set-

Annahme	1	2	3	4	5	6	7	8
Die Substitutionswahrscheinlichkeit ändert sich in der Zeit nicht	+	+	+	+	+	+	+	+
Alle Substitutionen sind voneinander unabhängig	+	+	+	+	+	+	+	+
Die Sequenzevolution ist homogen	+	+	+	+	+	+	+	+
Die Substitutionsrichtung ist ohne Bedeutung (Modell ist in der Zeit reversibel)	+	+	+	+	+	+	+	+
Die Basenfrequenz ist in der Zeit konstant	+	+	+	+	+	+	+	+
Die Sequenzevolution erfolgt stochastisch	+	+	+	+	+	+	+	+
Die Basenfrequenzen sind gleich (1:1:1:1)					+	+	+	+
6 Klassen von Substitutionsraten sind unterscheidbar	+				+			
3 Klassen von Substitutionsraten sind unterscheidbar (Transitionen, 2 Klassen von Transversionen)		+				+		
2 Klassen von Substitutionsraten sind unterscheidbar (Transitionen und Transversionen)			+				+	
Es gibt nur eine Substitutionsrate für alle Ereignisse				+				+
Modell:	**1**	**2**	**3**	**4**	**5**	**6**	**7**	**8**

Abb. 152. Tabelle mit den Annahmen von Substitutionsmodellen; Bezeichnung der Modelle mit eingebürgerten Abkürzungen (nach Swofford et al. 1996, ergänzt):
1: GTR (»general time reversible model«: Lanave et al. 1984, Tavaré 1986, Rodriguez et al. 1990)
2: TrN (Modell von Tamura & Nei 1993)
3: F84, HKY85 (Modelle von Felsenstein 1984, 1993; Hasegawa-Kishino-Yano Modell von 1985)
4: F81 (Modell von Felsenstein 1981)
5: SYM (Modell von Zharkikh 1994)
6: K3ST (3-Substitutionen-Modell von Kimura 1981)
7: K2P (2-Parameter-Modell von Kimura 1980)
8: JC (Modell von Jukes & Cantor 1969)

zen sie voraus, desto größer wird aber auch die Abhängigkeit der Berechnung von der Richtigkeit der geschätzten Modellparameter (Waddell & Steel 1997, Philippe & Laurent 1998).

Die Wahl des Modells bleibt dem Phylogenetiker überlassen. Oft ist nicht genau bekannt, welche Voraussetzungen die Modelle implizit benötigen. Die obige Tabelle (Abb. 152) enthält wichtige, für die Analyse von DNA-Sequenzen benötigte Annahmen.

Verbesserungen dieser Modelle werden zur Zeit in größerer Zahl entwickelt, um die Heterogenität der Evolutionsraten, die Abhängigkeit von der Sekundärstruktur, oder die zeitliche und taxaspezifische Variabilität zu berücksichtigen.

Es gibt in jeder phylogenetisch interessanten Sequenz invariable Positionen, deren Zahl von Artgruppe zu Artgruppe unterschiedlich sein kann. Positionen können bei einigen Arten konserviert sein, in anderen Arten unter geringerem Selektionsdruck stehen und öfters Mutationen aufweisen. Für ein bestimmtes Gen kann die Substitutionsrate in den Sequenzregionen sehr verschieden sein (vgl. Abb. 46) und sich auch in der Zeit ändern. Wird dieses nicht berücksichtigt, können in der phylogenetischen Rekonstruktion Fehler auftreten. Will man modellabhängige Methoden einsetzen, kann auf Annahmen über den molekularen Evolutionsprozess nicht verzichtet werden. Die Verwendung der einfachen Jukes-Cantor-Korrektur ist dabei besser als der Verzicht auf jegliche Korrektur.

Einige der axiomatischen Annahmen sind modellunabhängig:

– Die Alinierung enthält die korrekte Positionshomologie
– Die für ein Taxon gewählte Artenstichprobe ist für das Taxon repräsentativ
– Der analysierte Sequenzausschnitt enthält keine Stichprobenfehler (ist repräsentativ für den Durchschnitt der Substitutionen)
– Die Sequenzevolution ist ein stochastischer, modellierbarer Pozess

– Das gewählte Modell ist für alle Abschnitte des Stammbaums anwendbar

Einige dieser Annahmen lassen sich nicht durch Auswahl geeigneter Modelle berücksichtigen, sondern durch Kontrolle der Alinierung, Auswahl geeigneter Arten und durch Verwendung langer und informativer Sequenzen (s. Symplesiomorphiefalle: Kap. 6.3.3, Einfluß der Sequenzlänge: Kap. 9.1). Die Annahme des Vorliegens stochastischer Prozesse bleibt immer als Paradigma und als Risiko bestehen, da sie nicht mit den Ergebnissen der modellabhängigen Methoden überprüft werden kann.

Die Modelle erlauben in der Regel keine Aussage über die Wahrscheinlichkeit, daß Insertionen oder Deletionen auftreten. Merkmalsspalten (Positionen) einer Datenmatrix, in denen Lücken auftreten, werden daher ignoriert. Damit tut man so, als seien diese Veränderungen für benachbarte Sequenzbereiche selektionsneutral.

Aus den Modellvorstellungen können Formeln abgeleitet werden, welche Wahrscheinlichkeitsaussagen der folgenden Art ermöglichen: Unter der Annahme, daß eine bestimmte Substitutionsrate λ und Zeitspanne t existiert, kann der Merkmalszustand A in den Zustand B wahrscheinlicher transformiert worden sein als in den Zustand C. (Zur Erinnerung: Arbeitet man mit DNA Sequenzen, ist das Merkmal im Sinn der Modelle die Sequenzposition, der Zustand das spezifische Nukleotid). Im einfachen Jukes-Cantor-Modell (vgl. Kap. 14.1.1) gilt z.B. für die Wahrscheinlichkeit P_{ij}, daß das Nukleotid i in den Zustand j übergeht:

für i=j (keine Veränderung, konservierte Sequenzposition)

$$P_{ij}(t) = \frac{1}{4} + \frac{3}{4} e^{-\lambda t}$$

für i≠j (Substitution findet statt)

$$P_{ij}(t) = \frac{1}{4} - \frac{1}{4} e^{-\lambda t}$$

In diesen Formulierungen treten die **Substitutionsrate** λ und die Zeit stets als Produkt $\lambda \cdot t$ auf, was der **Kantenlänge** (engl. »branch length«) entspricht, wenn man darunter die **Anzahl der Substitutionen** versteht, die entlang der Kante auftreten. Man muß für die phylogenetische Rekonstruktion den absoluten Wert der Substitutionsraten (Zahl der Substitutionen pro Million Jahre) nicht kennen, ebensowenig die reale Divergenzzeit zwischen terminalen Arten. Es genügt völlig, die relative Kantenlänge für eine Topologie zu bestimmen, um ein Dendrogramm zu zeichnen, was mit Distanz- und Maximum-Likelihood-Verfahren erreicht werden kann.

Damit ein Wahrscheinlichkeitswert für eine Topologie errechnet werden kann (vgl. Kap. 8.3: Maximum-Likelihood-Methode), müssen die für die Modelle benutzten Parameter geschätzt werden, z.B. die Basenfrequenz oder die vermutete Kantenlänge $\lambda \cdot t$.

Die **Basenfrequenz** läßt sich zum Beispiel aus paarweisen Vergleichen terminaler Sequenzen oder aus dem gesamten Datensatz ermitteln, indem jeweils der Durchschnitt der bekannten Basenfrequenzen berechnet wird (was voraussetzt, daß die jeweiligen Ahnensequenzen ebenfalls diese durchschnittliche Basenfrequenz aufwiesen). Eine weitere Variable, die in *alle* Modelle eingefügt werden kann, ist die **Positionsabhängigkeit der Substitutionsrate**. Dieses Vorgehen setzt voraus, daß die Sequenzpositionen eines Makromoleküls nach ihrer Variabilität klassifiziert wurden: Eine Schätzung ergibt sich aus der Beobachtung, daß einige Merkmalszustände beim Vergleich von zwei oder mehr Sequenzen konstant sind, andere mehr oder weniger oft Unterschiede aufweisen. In der einfachsten Einteilung lassen sich 2 Klassen unterscheiden: Konstante und variable Positionen. Das andere Extrem ist ein Kontinuum von Varianten der Substitutionsrate, darstellbar in einer Häufigkeitsverteilungskurve, die zeigt, wie oft Sequenzpositionen einzelne Raten aufweisen (s. Gamma-Verteilung, Kap. 14.1.5).

Die **Substitutionsrate** oder die **Kantenlänge** jedoch bleiben unbekannt und können nur indirekt geschätzt werden. Es gibt Methoden (»**model-fit**«), die eine Optimierung von Werten für Parameter während Maximum-Likelihood-Berechnungen ermöglichen (Zusammenfassung in Swofford et al. 1996, partiell durchführbar mit dem Programm PUZZLE, s. Strimmer und von Haeseler 1996, Strimmer 1997), wobei die Optimierung wiederum modellabhängig ist und es keine unabhängige Möglichkeit zur Überprüfung der Richtigkeit des geschätzten Parameters existiert. Die Topologie des berechneten Stammbaumes läßt sich lediglich mit Daten anderer Herkunft auf ihre Plausibilität prüfen. Eine direkte »Messung« der Parameter ist nicht möglich. Wird die optimale Passung der Modelle mit der Maximum-Likelihood Methode und einer vorgegebenen Topologie gesucht und anschließend mit demselben Modell eine ML-Topologie berechnet, ist die Argumentation **zirkulär**: Modell und Topologie werden auf die Daten abgestimmt, eine unabhängige Prüfung der Datenqualität und der Substitutionsprozesse fehlt.

Der Anwender steht vor der Frage der **Wahl des besten Modelles**. Theoretisch ist es möglich, Modelle der Sequenzevolution derart spezifisch und komplex zu wählen, daß mit einem derartigen Modell für einen spezifischen Datensatz die Wahrscheinlichkeit einer bestimmten Topologie gleich 1 ist. Für denselben Datensatz könnte mit einem anderen Modell eine andere Topologie denselben Wahrscheinlichkeitswert erreichen. Mit einem Modell, das »zu komplex« ist, kann also eine Verwandtschaftshypothese begründet werden, die falsch ist. Auch hier muß deshalb das Prinzip der sparsamsten Erklärung zur Anwendung kommen: Je mehr Annahmen *ad hoc* vorausgesetzt werden, desto geringer ist vermutlich die Wahrscheinlichkeit, daß die Hypothese der außermentalen Wirklichkeit entspricht. Mit dem »**Likelihood Ratio Test**« (Goldman 1993) kann überprüft werden, ob die Wahl zusätzlicher Modellparameter eine signifikante Verbesserung der Wahrscheinlichkeit für eine Topologie bewirkt. Ist die Verbesserung nicht signifikant, kann man das einfachere Modell beibehalten.

Für den »Likelihood Ratio Test« wird eine Topologie und eine Alinierung vorgegeben. L_0 und L_1 seien je die Wahrscheinlichkeiten für die gegebene Topologie unter Modell 0 und Modell 1. Die Prüfstatistik beta für den Unterschied der beiden Wahrscheinlichkeiten berechnet man mit: Beta = $-2 \log\ (\max L_0\ /\ \max L_1)$, wobei eine χ^2-Verteilung angenommen wird. Die Zahl der Freiheitsgrade entspricht der Zahl zusätzlicher Parameter des komplexeren Modells.

8.2 Distanzverfahren

Mit Distanzverfahren werden Dendrogramme derart konstruiert, daß passend für alle Daten eine optimale Topologie erzeugt wird, ohne die Stützung einzelner potentieller Monophyla durch die diskreten Merkmale zu prüfen. Meist werden die Dendrogramme mit Clusteranalysen berechnet. Es gibt jedoch weniger eingeschränkte Verfahren, mit denen nur dann ein Dendrogramm erzeugt wird, wenn die Daten *eindeutig* zu einem Dendrogramm passen. Anderenfalls entstehen Netzwerke (siehe Split-Zerlegung, Kap. 6.4, 14.4).

Distanzen können für beliebige Merkmale berechnet werden, wenn ein objektives numerisches Maß für Ähnlichkeit oder Unähnlichkeit existiert. Ein derartiges Maß kann zum Beispiel mit immunologischen Methoden für Proteine (Kap. 5.2.2.5) oder mit der DNA-DNA-Hybridisierung erhalten werden (Kap. 5.2.2.8). Der Distanzvergleich für diskrete morphologische Merkmale, wie er in den Anfängen der numerischen Taxonomie praktiziert wurde, kann nur zufällig zu einem plausiblen Ergebnis führen, da in der Regel nicht bekannt ist, welche Relation zwischen morphologischen Unterschieden und der Divergenzzeit besteht. Die Unregelmäßigkeit der Evolution morphologischer Merkmale (s. Kap. 2.7.1) läßt sich fast immer nicht modellieren, weshalb der Ansatz der numerischen Taxonomie aufgegeben werden mußte.

Am häufigsten werden diese Verfahren jedoch für die Analyse von Sequenzdaten verwendet: Grundlage der Distanzverfahren ist der Vergleich von jeweils 2 alinierten Sequenzen. Man vergleicht die Sequenzen Position für Position und zählt die Unterschiede (siehe unten, Kap. 8.2.2), die sich zu einem Distanzwert addieren. Daraus lassen sich letztlich Angaben über Verwandtschaftsverhältnisse berechnen. Zusätzlich können statistische Angaben über die einzelne Sequenz oder über Alinierungen gemacht werden:

– Häufigkeit der Nukleotide einer Sequenz (Verhältnis A:T:C:G)

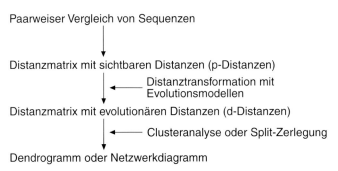

Abb. 153. Flußdiagramm für eine Distanzanalyse.

– Häufigkeit von Codons bei proteinkodierenden Sequenzen
– Häufigkeit von gepaarten Nukleotiden in der Alinierung von 2 Sequenzen, wobei zugleich Transitionsunterschiede T_s (A⇔G, T⇔C) und Transversionsunterschiede T_v (A⇔T, A⇔C, T⇔G, C⇔G) gezählt werden können, um das Verhältnis $T_s:T_v$ zu bestimmen.
– Zahl variabler Positionen einer Alinierung

Die Schätzung genetischer Distanzen ist notwendig für

– die Schätzung von Evolutionsraten,
– die Schätzung von Divergenzzeiten.

Distanzverfahren erlauben **nur dann** die Rekonstruktion der Phylogenese, wenn die Distanzwerte zwischen Artenpaaren oder Sequenzpaaren ein **Maß für die Divergenzzeit** sind.

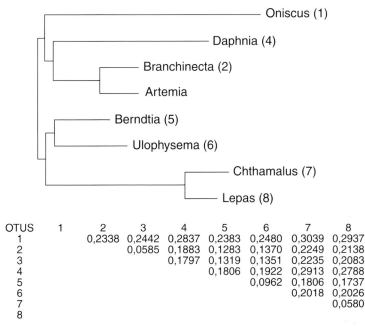

OTUS	1	2	3	4	5	6	7	8
1		0,2338	0,2442	0,2837	0,2383	0,2480	0,3039	0,2937
2			0,0585	0,1883	0,1283	0,1370	0,2249	0,2138
3				0,1797	0,1319	0,1351	0,2235	0,2083
4					0,1806	0,1922	0,2913	0,2788
5						0,0962	0,1806	0,1737
6							0,2018	0,2026
7								0,0580
8								

Abb. 154. Distanzdendrogramm für Taxa der Crustacea, berechnet aus einer 18SrDNA-Alinierung (2355 bp). Die dazugehörige Distanzmatrix zeigt, daß die geringsten Distanzen bei Sequenzen auftreten, die auch im Dendrogramm Nachbarn sind (2+3, 5+6, 7+8). (Neighbor-joining Algorithmus und Tamura-Nei-Distanz wie im Programm MEGA (Kumar et al. 1993) implementiert; Positionen mit Alinierungslücken im paarweisen Vergleich gelöscht. OTUS: terminale Taxa).

8.2.1 Prinzip der Distanzanalyse

Distanzanalysen werden nach folgendem Prinzip durchgeführt (Abb. 153, s. Fitch & Margoliash 1967):

- Wähle 2 alinierte Sequenzen und zähle die Positionen mit ungleichen Nukleotiden in beiden Sequenzen aus. Die Zahl der Unterschiede als Anteil der Alinierungslänge ist die sichtbare Distanz.
- Stelle die sichtbaren Distanzen für alle Sequenzpaare fest und erstelle eine Distanzmatrix (Abb. 154). Für n Sequenzen gibt es *n(n-1)/2* Distanzwerte.
- Wähle ein Distanzparameter (Evolutionsmodell), um die sichtbaren Distanzen in evolutionäre Distanzen zu transformieren.
- Wähle ein Clusterverfahren, um aus der Distanzmatrix ein Dendrogramm zu berechnen

Die Distanztransformation ist notwendig, um die Zahl der nicht sichtbaren multiplen Substitutionen zu schätzen (Kap. 2.7.2.4, Abb. 157). Je größer die Divergenzzeit zwischen 2 Arten, desto häufiger können multiple Substitutionen auftreten und desto größer ist auch der Unterschied zwischen der sichtbaren und der realen (evolutionären) Distanz. In der Praxis erweisen sich jedoch die komplexen Transformationen der Distanzen als wenig wirksam. Empirisch läßt sich nachweisen, daß die meisten Dendrogramme ihre Topologie behalten, unabhängig von der Wahl der für die Distanzkorrektur benötigten Evolutionsmodelle. Ist die Topologie unglaubhaft oder offensichtlich falsch, liegen die Fehlerquellen woanders, so im Mangel an phylogenetischem Signal oder in der Unvollständigkeit der Artenstichprobe.

Distanzverfahren sind phänetische Verfahren, sie unterscheiden auf allen Hierarchie-Ebenen grundsätzlich nicht zwischen Merkmalsklassen (s. Kap. 4.2, Abb. 156, 157). Sogar Autapomorphien, also **triviale Merkmale**, beeinflussen die berechneten Distanzen (Abb. 158). Bei sehr großen Datenmengen ist zu erwarten, daß die zufälligen Übereinstimmungen von Sequenzen keine deutlichen Ähnlichkeitsverhältnisse erzeugen, also als »Hintergrundrauschen« nicht wahrgenommen werden, während die nicht-zufälligen phylogenetischen Signale über die Dendrogrammtopologie entscheiden. Bei kleineren Datenmengen können zufällige Übereinstimmungen Monophylie vortäuschen.

Grundsätzlich sind Sequenzen nicht für eine phylogenetische Analyse auszuwerten, wenn die variablen Positionen einer Alinierung alle oder überwiegend mehrfach substituiert (gesättigt) sind (vgl. Abb. 43). Dies gilt auch für Distanzverfahren, auch wenn der Effekt von Mehrfachsubstitutionen mit Modellen berücksichtigt wird.

Distanzverfahren haben gegenüber Parsimonie- oder Likelihood-Verfahren den Vorteil, sehr schnelle Berechnungen zu ermöglichen. Distanzverfahren setzten voraus, daß der reale Prozessverlauf (Mutationen, Fixierung der Mutation in der Population, Auftreten multipler Substitutionen, Schwankungen der Substitutionsraten), der die beobachteten Distanzen erzeugte, mit Modellen der Sequenzevolution beschrieben werden kann. Da diese Prozesse um so mehr variieren, je mehr Zeit verstreicht und je entfernter Taxa verwandt sind, ist eine Distanzanalyse kein vertrauenswürdiges Verfahren, wenn variable Gene über lange Divergenzzeiten analysiert werden.

8.2.2 Sichtbare Distanzen

Grundlage für die Schätzung der Divergenzzeit ist die Schätzung der Anzahl von realen Substitutionen, die für eine bestimmte Sequenz pro Zeiteinheit zu erwarten sind. Die Zeiteinheit muß nicht einem realen Zeitmaß entsprechen, sondern nur eine Aussage über das Verhältnis der Divergenzzeiten verschiedener Organismen zueinander ermöglichen.

Sind reale Distanzen zwischen zwei Organismen wie in Abb. 155 bestimmbar, haben sie die Eigenschaft, **ultrametrisch** zu sein, die Distanzen sind dann der Divergenzzeit direkt proportional (Kap. 14.3.4). Perfekt ultrametrische Distanzen haben den Vorteil, daß sie eindeutig auf nur 1 gewurzelte, dichotome Baumgraphik passen. Könnte man Divergenzzeiten wie in Abb. 155 bei einer konstanten molekularen Uhr feststellen, wäre es möglich, mit einem einfachen Clusterverfahren (UPGMA: s. Kap. 14.3.7) einen Stammbaum zu erhalten. Sind die Substitutionsraten nicht konstant, treten aber keine Analogien auf, sind die Distanzen zumindest **additiv** (s. Anhang 14.3.3), sie passen zu genau einer ungewurzelten Topologie. Biologische Sequenzdaten sind aber meist nicht perfekt additiv. Das neighbor-joining Ver-

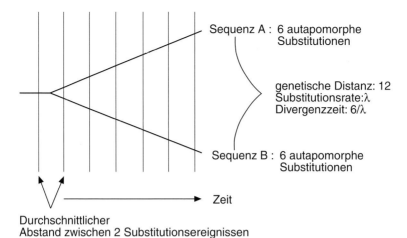

Abb. 155. Relation zwischen Divergenzzeit und genetischer Distanz bei konstanter Substitutionsrate (= konstante »molekulare Uhr«). Die Distanz der Sequenzen entspricht $2\lambda t$, die Kantenlänge zwischen dem basalen Knoten und den Endpunkten ist jeweils λt.

fahren (Kap. 14.3.7) ist zur Berechnung von Dendrogrammen mit diesen biologischen Daten geeignet.

Ein einfaches Distanzmaß ist der Anteil der Unterschiede zweier Sequenzen:

$$S = \frac{Anzahl\ gemeinsamer\ Merkmale\ (Nukleotide)}{N}$$

$$p = 1 - S$$

N: Länge der Alinierung
p: sichtbare Distanz
S: Ähnlichkeit (engl. »similarity«)

Dieses ist die sichtbare **p-Distanz** (vgl. Hamming-Distanz, Anhang 14.3.1). Eine andere Kalkulation dafür: Ist N die Länge von 2 alinierten Sequenzen und n die Zahl der Sequenzpositionen, die nicht dasselbe Nukleotid in beiden Sequenzen aufweisen, dann gilt $p = n/N$. Beispiel: Tragen von 10 Positionen zweier Sequenzen 2 unterschiedliche Nukleotide, ist p = 0,2. Beachte: Theoretisch beträgt die maximale evolutionäre Distanz 100 % (p = 1: keine Übereinstimmung). Die maximale sichtbare Distanz beträgt jedoch nur ca. 75 %, da in je 4 Positionen von 2 Sequenzen durch Zufall jeweils 1 Nukleotid übereinstimmt.

Zählt man die Zahl der Merkmalsänderungen, die zwischen zwei terminalen Taxa in einer vorgegebenen Topologie auftreten, erhält man die **patristische Distanz**. Diese ist von der Topologie abhängig und kann direkt mit Parsimonieverfahren erhalten werden, weil diese auf der Zählung von Merkmalsänderungen aufbauen (vgl. F-Index, Kap. 14.10).

> **Distanz:** Zahl der in einem komplexen Merkmal zweier Arten oder Organismen sichtbaren oder geschätzten Unterschiede in Relation zur Gesamtzahl der identifizierten Detailhomologien.
>
> **Sichtbare genetische Distanz, p-Distanz:** Zahl der zählbaren Unterschiede zwischen Sequenzen.
>
> **Patristische Distanz:** Zahl der Merkmalsänderungen auf dem Pfad zwischen zwei terminalen Taxa entlang einer gegebenen Topologie.
>
> **Evolutionäre Distanz, d-Distanz:** Geschätzte Zahl der Substitutionen, die im Verlauf der Evolution auf dem Weg zwischen einem letzten gemeinsamen Ahnen und zwei terminalen Taxa eingetreten sind. Dieser Wert ist höher oder gleich der sichtbaren Distanz.
>
> **Ultrametrische genetische Distanz:** Genetische Distanz, die der Divergenzzeit proportional ist.
>
> **Divergenzzeit:** Zeit, die verstrichen ist, seit der letzte gemeinsame Vorfahr (von klonalen Arten oder einzelnen Organismen) gelebt hat, oder (für ein Gen) seit der letzte Genaustausch in der gemeinsamen Vorfahrenpopulation von zwei Arten stattfand.

Achtung: In Dendrogrammen wird meist die Kantenlänge zwischen Knoten direkt proportional zur geschätzten Distanz gezeichnet. Die in diesem Zusammenhang benutzten Begriffe müssen klar unterschieden werden:

- Zahl der stützenden Positionen für eine Kante: Geschätzte Zahl oder sichtbare Zahl der Substitutionen, die einen Split des Dendrogramms stützen. Beispiel: Von einem Knoten zum nächsten sind 2 von 100 Nukleotiden einer Sequenz ausgetauscht. Absolute Zahl stützender Positionen für diese Kante: 2; Frequenz des Splits in diesen 100 Positionen: 0,02.
- p-Distanz zwischen zwei Knoten: Im Beispiel: 0,02.
- Substitutionswahrscheinlichkeit entlang der Kante: Für das genannte Beispiel: 0,02 pro Position entlang der Kante (unkorrigiert für multiple Substitutionen).
- Substitutionsrate: Substitutionswahrscheinlichkeit pro Zeiteinheit.
- Kantenlänge: Diese kann beliebig definiert werden. In Distanz- und ML-Verfahren stellt sie meist die Substitutionswahrscheinlichkeit für die gesamte Sequenz in der Zeit zwischen den beiden Knoten dar, also die geschätzte Zahl der Substitutionsereignisse, die für eine Sequenz eingetreten sein sollten. In Parsimonieverfahren kann die Kantenlänge die Zahl der potentiellen Apomorphien symbolisieren, oder auch gar keinen Bezug zum Datensatz haben.

8.2.3 Verfälschende Effekte

Die sichtbare Distanz wird durch jeden Unterschied beeinflußt, der zwischen zwei Sequenzen besteht. Die Distanz wird vergrößert durch

- Autapomorphien einer Sequenz,
- Apomorphien der Monophyla, wenn zwei Sequenzen verschiedenen Monophyla angehören.

Sie wird verringert durch

- zufällige Übereinstimmungen der beiden Sequenzen,
- Symplesiomorphien der beiden Sequenzen,
- Synapomorphien der beiden Sequenzen.
- Weiterhin ist der Distanzwert kleiner, wenn die Zahl invariabler Positionen im Verhältnis zu den variablen größer ist.

Die p-Distanz kann nur dann als evolutionäre d-Distanz gedeutet werden, wenn folgende Bedingungen erfüllt sind:

- Substitutionen erfolgen bei allen Sequenzen in durchschnittlich denselben Zeitabständen,
- jede variable Position mutiert nur einmal.

Treffen diese Bedingungen nicht zu, sind Distanzkorrekturen notwendig. Die Begründung dafür liefern folgende Überlegungen: Evolvieren zwei Sequenzen schneller als die übrigen, weisen sie mehr zufällige Übereinstimmungen auf, die die Distanz zwischen diesen Sequenzen im Vergleich mit den übrigen verringern (s. Abb. 137). Erfolgen mehrere Mutationen an einer Position, ist die sichtbare Distanz geringer als die reale, evolutionäre Distanz.

Je größer die Divergenzzeit, desto größer ist die Wahrscheinlichkeit, daß an einer variablen Position mehr als eine Mutation erfolgt (**multiple Substitution**) und daß die Substitutionsraten variieren. Biologische Daten sind daher in der Regel nicht perfekt additiv und weisen Analogien auf. Diese Abweichungen von idealen additiven Distanzen können, müssen aber nicht zur Folge haben, daß andere als die realen Verwandtschaftsbeziehungen berechnet werden.

Mit idealen Distanzkorrekturen erhält man ultrametrische Distanzen, die zur Divergenzzeit proportional sind (vgl. Kap. 14.3.4). In der Praxis gelingt das allgemein nicht. Um die Fehlerquellen bei Verwendung von Distanzwerten zu reduzieren, müssen Verfahren eingesetzt werden, die keine ultrametrische Distanzen erfordern, also Variationen der Substitutionsraten tolerieren (neighbor joining, Kap. 14.3.7), und es müssen Korrekturen eingeführt werden, die den Effekt multipler Substitutionen und von Analogien ausgleichen (s. 8.2.6), so daß die beobachteten Distanzen additiv werden. Ob die Korrektur erfolgreich war oder nicht, lassen die Distanzverfahren nicht erkennen. Es muß daher die Plausibilität einer Verwandtschaftsanalyse wie bei jedem Rekonstruktionsverfahren mit Informationen aus anderen Quellen geprüft werden (s. Kap. 10).

Abb. 156. Verfälschung der evolutionären Distanz durch Analogien (nur 2 der 3 Distanzen angegeben) bei ungleichen Substitutionsraten.

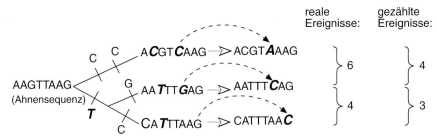

Abb. 157. Verfälschung evolutionärer Distanzen durch multiple Substitutionen (nur 2 der 3 Distanzen angegeben): Reale Ereignisse sind die Zahl der Substitutionen, die auf dem Weg vom letzten gemeinsamen Ahnen zu den terminalen Sequenz auftreten. Gezählte Ereignisse sind die sichtbaren Unterschiede zwischen terminalen Sequenzen. Die zuletzt substituierten Nukleotide sind hervorgehoben (konstruiertes Beispiel).

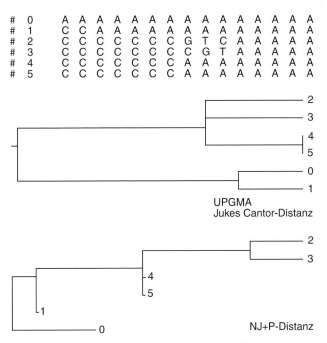

Abb. 158. Wirkung trivialer Merkmale in der Distanzanalyse, an einem fiktiven Datensatz illustriert. Sequenz 0 sei die Außengruppe, die Sequenzen 2-5 weisen mehrere Synapomorphien auf (jeweils »C«), die Sequenzen 2 und 3 je drei unterschiedliche Autapomorphien in denselben Positionen. Der UPGMA-Baum vereint die Sequenzen 4 und 5, weil auf Grund der Autapomorphien die Distanzen zu den übrigen Taxa am größten sind. Im NJ-Baum sind die Sequenzen 2 und 3 vereint, ihre Ähnlichkeit beruht im Vergleich zu 4 und 5 auf Symplesiomorphien.

8.2 Distanzverfahren

8.2.4 Effekt invariabler und unterschiedlich variabler Positionen, Alinierungslücken

Fügt man in einen Datensatz invariable Positionen ein, verringern sich die Distanzwerte, die Distanzrelationen bleiben aber unverändert. Problematisch ist aber, daß viele Substitutionsmodelle (s.u.) voraussetzen, daß alle Positionen gleich variabel sind, wodurch mehr Substitutionen vorausgesagt werden, als real aufgetreten sind. Durch Entfernen invariabler Positionen aus einer Alinierung läßt sich testen, ob der Effekt die Topologie ändert. In der Regel ist die Wirkung gering, sie muß aber empirisch geprüft werden.

Sind Positionen unterschiedlich variabel, tragen sie nicht in gleichem Maße zur Schätzung der Divergenz bei, da schnell variierende Positionen eher durch multiple Substitutionen verrauschen (s. Sättigung: Abb. 43). Nimmt man für proteinkodierende Gene an, daß synonyme Substitutionen häufiger eintreten als solche, die einen Austausch der Aminosäure bewirken (s. Kap. 2.7.2.4), kann man z.B. für jede Substitution andere Raten einsetzen (z.B. durch Unterscheidung von Positionen mit 4, 2 oder 0 möglichen synonymen Nukleotidbesetzungen: Li et al. 1985). Ein anderer Weg zur Gewichtung des Substitutionen besteht darin, eine DNA-Sequenz in die Aminosäuresequenz zu übersetzen, und die Substitution der Aminosäuren mit Werten zu gewichten, die empirischen Beobachtungen entstammen. Dayhoff et al. (1978) haben durch Vergleich von zahlreichen kernkodierten Proteinen Angaben über die relative Häufigkeit von Aminosäuresubstitutionen gewonnen, die die chemischen Eigenschaften der Aminosäuren widerspiegeln (s. Kap. 5.2.2.10). Die Substitutionsmatrix kann für Distanzkorrekturen Verwendung finden.

In ähnlicher Weise kann man mit rRNA-Genen verfahren, indem empirisch in einer Alinierung Positionen danach klassifiziert werden, wieviele der paarweise verglichenen Sequenzen Abweichungen in einer Position aufweisen. Dieser prozentuale Wert wird jeweils mit der Distanz der beiden Sequenzen verglichen, um einen Durchschnittswert der Variabilität der Position zu berechnen (Van de Peer et al. 1993), womit wiederum die Position gewichtet wird, um eine neue Distanzmatrix zu berechnen. Ob diese Kalkulationen allerdings die reale evolutionäre Distanz finden, ist anzuzweifeln; die Plausibilität der Ergebnisse ist der einzige brauchbare Maßstab für die Bewertung.

Bei der Methodenentwicklung wurde bisher der Effekt von **Insertionen** oder **Deletionen** vernachlässigt. Diese wirken sich in der Alinierung durch die Präsenz von Alinierungslücken (engl. »gaps«) aus. Da die Distanz zwischen einer Lücke und einem Nukleotid (Abb. 159) in den verfügbaren Methoden nicht definiert ist, gibt es nur 2 Alternativen:

– Alle Postionen, die Lücken enthalten, zu ignorieren, was einen großen Verlust an Information bedeuten kann,
– nur beim paarweisen Sequenzvergleich die Positionen mit Lücken auszuschließen,
– die Lücken als »fünftes Nukleotid« zu behandeln.

Das zweite Verfahren hat zur Folge, daß unter Umständen jedes Sequenzpaar in einer Distanzmatrix eine andere Zahl von Positionen aufweist. Das Beispiel von Abb. 159 verdeutlicht, daß man mit der Distanzschätzung unter Umständen nicht die evolutionären Ereignisse berücksichtigen kann.

Die Gleichsetzung von Alinierungslücken mit einem »fünften Nukleotid« erzeugt Fehler, da dies die Annahme impliziert, die Homologiewahrscheinlichkeit sei für Lücken so groß wie für Nukleotide. Man muß aber bedenken, daß die Verwandlung eines Nukleotids in ein anderes (A ⇒ C) ein relativ spezifisches Ereignis ist, die Entstehung einer Lücke (Reduktionsmerkmal! Vgl. Abb. 98) aber mit größerer Wahrscheinlichkeit eine Analogie sein kann.

8.2.5 Effekt des Nukleotidverhältnisses

Da DNA-Sequenzen nur 4 Merkmale aufweisen, entstehen Ähnlichkeiten zwischen Sequenzen sehr oft durch zufällige Übereinstimmungen. Abweichungen des Nukleotidverhältnisses von der Gleichverteilung (A:G:C:T = 1:1:1:1) erhöhen die Zahl zufälliger Übereinstimmungen. Es kann dazu kommen, daß Dichotomien von den Basenverhältnissen bestimmt werden (Steel et al. 1993). Die Effekte dieser ungleichen Nukleotidverteilung können in Distanzverfahren berücksichtigt werden (siehe unten). Ein weiteres Problem kann darin bestehen, daß Sequenzregionen

Abb. 159. Modell einer Alinierung, die das Problem der Ignorierung von Deletionen und Insertionen als evolutionäre Ereignisse illustriert. Die Art X wird als Außengruppe definiert. Die Arten C und D haben einen gemeinsamen Vorfahren, bei dem eine Verlustmutation auftrat (Deletion von TT), die Arten A und C weisen eine Konvergenz (G) auf. In der Berechnung des Distanzbaumes (p-Distanz, neighbor-joining Clusterverfahren) erscheinen die Sequenzen A und C identisch, weil die Positionen mit Lücken ignoriert werden. Die Parsimoniemethode findet dagegen die korrekte Gruppe C+D, wenn die Lücke als Homologie gewertet wird (»fünfte Base«), weil die Zahl der potentiellen Synapomorphien (Verlust von zwei »T«) größer ist als bei der Gruppe A+C.

nicht alinierbar sind, wenn sie z.B. nur aus A und T bestehen. Derartige Regionen müssen aus dem Datensatz herausgeschnitten werden.

Die Bestimmung des Nukleotidverhältnisses kann mit mehreren der verfügbaren Computerprogramme erfolgen (z.B. mit MEGA, Kumar et al. 1993), die Homogenität der Basenverteilung in einer Alinierung kann mit dem Chiquadrattest geprüft werden.

8.2.6 Distanzkorrekturen

Distanzkorrekturen sind notwendig, um die verfälschenden Effekte, die eine Abweichung der p-Distanz von der evolutionären d-Distanz hervorrufen, zu kompensieren. Hierzu kann z.B. eine Korrekturkurve vorgeschlagen werden (Abb. 160), aus der der Korrekturfaktor in Abhängigkeit von der gemessenen p-Distanz ablesbar ist. Dasselbe Ziel wird durch Einsetzen einer entsprechenden Formel als Korrekturparameter erreicht.

Die einfachste Korrektur ist die Schätzung der statistisch zu erwartende Zahl multipler Substitutionen, wenn vorausgesetzt wird, daß das Basenverhältnis 1:1:1:1 beträgt und nur eine konstante Substitutionsrate für alle Positionen der (korrekten) Alinierung existiert (Jukes-Cantor-Modell, vgl. Anhang 14.1.1). Unter diesen Vor-

aussetzungen kann aus der p-Distanz die **d-Distanz** nach folgender Formel berechnet werden (Kap. 14.3.2):

$$d_{JC} = -{}^{3}/_{4} \ln(1 - {}^{4}/_{3} p)$$

Das Ergebnis ist eine neue Distanzmatrix mit korrigierten Werten (Abb. 154). Dieses Jukes-Cantor-Modell läßt sich auch als Graphik darstellen (Abb. 160), die das Verhältnis von p- zu d-Distanz illustriert.

In derselben Weise lassen sich kompliziertere Modelle einsetzen, z.B. indem das Verhältnis von Transversionen zu Transitionen gezählt wird und dann angenommen wird, daß für jede dieser Substitutionen eine eigene Rate existiert (Kimura-2-Parameter-Modell, Anhang 14.1.3). Weitere Modelle sind in Abb. 152 aufgeführt (s. auch Anhang 14.1). Die Modelle sind üblicherweise in Computerprogrammen integriert, mit denen Distanzdendrogramme berechnet werden können.

Zu beachten ist, daß allein mit den Modellen die Substitutionsrate selbst nicht geschätzt werden kann. Wenn ausgesagt wird, daß eine konstante Substitutionsrate λ vorausgesetzt wird, zählt oder schätzt man nur die Zahl der Substitutionen, die seit der Divergenz von 2 Sequenzen in der unbekannten Zeit t aufgetreten sind und nimmt an, daß diese Zahl dem Produkt $2\lambda t$ entspricht (vgl. Abb.155).

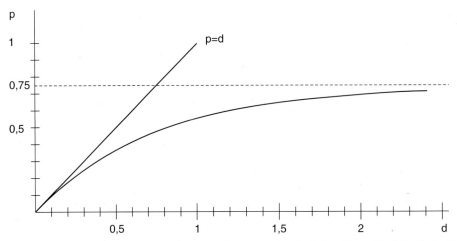

Abb. 160. Korrekturkurve der Distanz zwischen zwei Sequenzen für das Jukes-Cantor-Modell. Die beobachtete Distanz p ist nur bei sehr kleinen Werten (< 0,1) annähernd gleich der geschätzten evolutionären Distanz d. Von der Diagonalen ($p = d$) weicht die beobachtete Distanz ab, weil Mehrfachsubstitutionen und zufällige Übereinstimmungen mit zunehmender realer (zeitlicher) Distanz die beobachtbare Distanz zunehmend verringern. Der theoretische Grenzwert der p-Distanz ist 0,75.

Die in Modellen verwendeten Parameter für die Transformation der sichtbaren Distanzen werden durch paarweisen Sequenzvergleich erhalten:

- **Zählung der sichtbaren Distanz:** Verglichen werden jeweils 2 alinierte Sequenzen der Länge N; man zählt die Zahl n der Sequenzpositionen, die nicht dasselbe Nukleotid in beiden Sequenzen aufweisen. Anteil der Unterschiede: $p = n/N$. (vgl. allgemeine Formulierung der Hamming Distanz, Kap. 14.3.1)
- **Schätzung des Verhältnisses Transitionen zu Transversionen:** Verglichen werden jeweils 2 alinierte Sequenzen der Länge N; gezählt wird die Zahl Ts der Sequenzpositionen mit Nukleotiden, die einen Transitionsunterschied, und die Zahl Tv der Nukleotide, die einen Transversionsunterschied aufweisen. Die jeweiligen Anteile sind $P = Ts/N$ und $Q = Tv/N$. Es gilt auch: $Ts + Tv = n$ sowie
- $Ts:Tv = P:Q$.
- **Schätzung der Basenfrequenzen (Nukleotidfrequenzen):** Verglichen werden jeweils 2 alinierte Sequenzen der Länge N; die Zahl der Nukleotide Ni ($i = A, G, C$ oder T) wird für jede Sequenz gezählt, der Mittelwert q_i jedes Nukleotids für die beiden Sequenzen berechnet nach $q_i = (\sum Ni)/2N$. Weiterhin kann der **Anteil der Nukleotidpaare** gezählt werden, der in den Positionen von jeweils 2 Sequenzen der Alinierung auftritt. Für das Paar A-T ist dann N_{at} die Zahl der Positionen mit der Paarung A-T oder T-A, der Anteil $x_{at} = N_{at}/N$. Diese Kalkulationen setzen voraus, daß die Ahnensequenz die mittlere Nukleotidfrequenz der Tochtersequenzen besaß.

Gibt es eine große Zahl oder ein Kontinuum von unterschiedlichen positionsspezifischen Substitutionsraten in einer Alinierung, läßt sich diese Variabilität mit einer Gamma-Verteilung, einer Häufigkeitsverteilungskurve, beschreiben (s. Gamma-Verteilung, Kap. 14.1.5). Diese setzt allerdings voraus, daß die Substitutionsraten in der Zeit konstant bleiben. Variiert die Substitutionsrate in der Zeit und ist das Basenverhältnis ungleichmäßig, ist eine Log-Det-Distanzkorrektur möglich (z.B. Lockhart et al. 1994, Anhang 14.1.6)

Distanzen von proteinkodierenden DNA-Sequenzen

Bei der Bewertung der Distanzen proteinkodierender Sequenzen kann berücksichtigt werden, daß synonyme Mutationen in Populationen häufiger fixiert werden als nicht synonyme. Aminosäuren können durch 4, 2 oder 1 Nukleotidtriplett kodiert werden. Entsprechend können auf der Grundlage der relativen Häufigkeit von synonymen und nicht synonymen Unterschieden und von Transitionen und Transversionen im genetischen Code Wahrscheinlichkeiten für das Auftreten multipler Substitutionen je nach Art der Mutation geschätzt werden (Li 1993; Pamilo & Bianchi 1993; siehe auch Li 1997). Diese Überlegungen werden zur Korrektur sichtbarer Distanzen verwendet.

Arbeitet man mit Aminosäuresequenzen, muß wie bei DNA-Sequenzen eine Korrektur für multiple Substitutionen durchgeführt werden. Eine einfache Poisson-Korrektur ($d = -\ln q$, wenn q der Anteil unveränderter Positionen ist) würde voraussetzen, daß alle Aminosäuren dieselbe Substitutionswahrscheinlichkeit haben. Da feststellbar ist, daß diese Annahme falsch ist, kann eine Gewichtung einzelner Substitutionen mit Hilfe einer empirisch ermittelten Matrix durchgeführt werden, die angibt, wie wahrscheinlich eine bestimmte Aminosäure durch eine andere ersetzt wird (Dayhoff 1978, vgl. Kap. 5.2.2.10). Eine weitere Annahme, die nicht korrekt ist, ist die Unabhängigkeit der Substitutionsrate von der Sequenzposition. Um die Variabilität zwischen Positionen zu berücksichtigen, schlägt Grishin (1995) folgende Formel vor:

$$q = \frac{\ln(1+2d)}{2d}$$

wobei q der Anteil unveränderter Positionen und d die geschätzte evolutionäre Distanz ist. Diese Transformation setzt voraus, daß die Rate nicht von der unterschiedlichen Lebensweise von Organismen abhängt, daß die Positionen unabhängig evolvieren, die Funktion in der Tertiärstruktur also nicht bedeutsam ist, und daß die Rate in der Zeit konstant bleibt.

Achtung: Die unterschiedliche Variabilität von Sequenzpositionen, wie sie in Alinierungen vieler Sequenzen als Indiz für Variationen des Selektionsdruckes bei verschiedenen Taxa sichtbar werden, wird in den beschriebenen Distanzverfahren nicht berücksichtigt. Gezählt wird die durchschnittliche Variabilität, die beim Vergleich von nur 2 Sequenzen erkennbar ist.

8.2.7 Baumkonstruktion mit Distanzdaten

Aus einer Distanzmatrix werden dichotome Dendrogramm mit Hilfe von Clusterverfahren erhalten (Abb. 154, s. Anhang 14.3.7), vernetzte Diagramme mit der Split-Zerlegung (Anhang 14.4) und verwandten Methoden. Die Verfahren beruhen darauf, daß die Arten, die in einer Datenmatrix die geringsten Distanzen zueinander aufweisen, im Dendrogramm auch als nächst verwandt auftreten müssen. Im Prinzip läßt sich eine Topologie »per Hand« berechnen (s. Anhang 14.3.7), in der Praxis verläßt man sich auf schnelle Computerprogramme.

UPGMA (= unweighted pair group method using arithmetic averages)

Dieses Clusterverfahren spiegelt die Datenstruktur nur dann korrekt wieder, wenn die Distanzen ultrametrisch sind (s. dazu Kap. 14.3.4). Diese Annahme trifft auf biologische Daten in der Regel nicht zu, weshalb das neighbor-joining Verfahren vorzuziehen ist

Neighbor-joining

Dieses Clusterverfahren benötigt nicht ultrametrische Distanzen, toleriert also taxaspezifische Abweichungen in den Substitutionsraten. Die Berechnung wird in Anhang 14.3.7 erläutert. Das Verfahren ist wie alle Distanzverfahren sensibel für triviale Merkmale (Autapomorphien), die Distanzen verändern (Abb. 158), und bestehende Algorithmen sind anfällig für die Reihenfolge der Taxa in der Datenmatrix (die Topologie des Dendrogrammes kann von der Reihenfolge der Taxa abhängen!).

8.3 Maximum Likelihood: Schätzung der Ereigniswahrscheinlichkeit

Maximum-Likelihood-Verfahren dienen allgemein dazu, Parameter für eine Wahrscheinlichkeitsfunktion zu schätzen, mit denen ein stochastischer Prozess beschrieben werden kann. Als Ausgangspunkt für die Suche nach geeigneten Parametern dienen Stichproben. In der Sequenzanalyse sind die Stichproben die realen Sequenzen, gesucht werden Parameter wie die Substitutionsraten bzw. die Kantenlängen des passendsten Dendrogramms. Die Werte werden so optimiert, daß die Stichprobe mit maximaler Wahrscheinlichkeit das Ergebnis des geschätzten Prozesses sein kann. In der Phylogenetik genutzt haben diese Verfahren den Vorteil, daß für modellierende Analysen das Evolutionsmodell präzise definiert und eingesetzt werden kann. Die Berechnungen sind komplex, konnten aber durch neue Methoden der Baumkonstruktion sehr beschleunigt werden (Quartett-Puzzling: Strimmer & von Haeseler 1996, vgl. Kap. 14.6).

Der Begriff »Maximum Likelihood« suggeriert, daß dieses das (einzige) Verfahren sei, bei dem Wahrscheinlichkeiten berücksichtigt werden, was nicht richtig ist. So beruht die in der phylogenetischen Kladistik bedeutsame Bewertung von Ähnlichkeiten komplexer Muster auf Wahrscheinlichkeitsaussagen (Kap. 5.1.1). Der Begriff sollte als *terminus technicus* betrachtet werden, mit dem ein bestimmtes Verfahren bezeichnet wird.

Die Anwendung von prozessorientierten Wahrscheinlichkeitsberechnungen auf phylogenetische Analysen von DNA-Sequenzen beruht auf Arbeiten von Felsenstein (1981, 1993), das Prinzip ist aber auch auf Aminosäuresequenzen anwendbar (s. Adachi & Hasegawa 1992). Diese Maximum-Likelihood-Verfahren (kurz **ML-Verfahren**) dienen der Schätzung der Wahrscheinlichkeit, daß die Phylogenese, die von einem gegebenem Dendrogramm abgebildet wird, bei Vorgabe eines Evolutionsprozesses die Verteilung von Merkmalszuständen hervorbringt, die bei den terminalen Taxa beobachtet worden ist (Abb. 161). Um diese Schätzung zu ermöglichen, werden neben den Merkmalen auch Annahmen über den Prozeß der Merkmalsevolution benötigt, in dem Sinn, daß die Evolutionsrate (Zahl der pro Zeiteinheit stattfindenden Merkmalsänderungen) vorausgesetzt oder geschätzt wird. Die angenommene Existenz von bestimmten Evolutionsraten wird mit dem Evolutionsmodell beschrieben, das Ergebnis der ML-Analyse ist von der Qualität des Modells abhängig. Das Modell muß die Vorhersage ermöglichen, daß in einem gegebenem Zeitraum jene Substitutionen möglich sind, die ein Ahnenmerkmal in das Merkmal eines heute lebenden Organismus transformieren. Neben den modellspezifischen Annahmen muß weiterhin vorausgesetzt werden, daß der analysierte Sequenzausschnitt für die Evolution der Arten repräsentativ ist, also keine Stichprobenfehler auftreten, daß die Alinierung die korrekte Positionshomologie enthält, und daß die Sequenzevolution ein stochastischer Prozeß ist.

Das Prinzip kann wie folgt beschrieben werden (weitere Details im Anhang 14.6):

1) Man wähle ein Dendrogramm für die untersuchten Arten. Im Verlauf des Verfahrens können alle möglichen Dendrogramme geprüft werden, um das Passendste zu finden. Die Konstruktion und Suche der Dendrogramme kann wie in den MP-Verfahren (vgl. Anhang 14.2) oder mit dem schnelleren Quartett-Puzzling erfolgen (Kap. 14.6).
2) Man wähle ein Modell der Sequenzevolution. Einige Parameter der Modelle (z.B. Basenfrequenz, Ts:Tv-Rate) können aus den bekannten Sequenzen der terminalen Taxa geschätzt werden.
3) Man berechne die Wahrscheinlichkeit, daß bei der gegebenen Topologie und den vorausgesetzten Substitutionsraten die terminalen Sequenzen aus der vorgegebenen Alinierung entstehen könnten (Details in Kap. 14.6).
4) Die Topologie, für die die Wahrscheinlichkeit am höchsten ist, wird von allen möglichen Alternativen ausgewählt.

In der Praxis haben die u.a. von Felsenstein (1981, 1983) empfohlenen Verfahren oft so lange Rechenzeiten, daß sie nur mit kleinen Datensätzen nutzbar sind. Sobald eine größere Anzahl von Taxa untersucht wird, muß eine derart große Zahl von Dendrogrammen berücksichtigt werden, daß die Kapazität der Rechner überschritten wird; es sind dann heuristische Verfahren einzusetzen. Eine schnellere ML-Berechnung ist mit dem Puzzle-Verfahren möglich (Strimmer & von Haeseler 1996), das jeweils für 4 Sequenzen die wahrscheinlichste Topologie schätzt und aus den Quartett-Vergleichen die Gesamttopologie zusammensetzt (Kap. 14.6). – Methodische Fortschritte auf dem Gebiet der Rechenverfahren werden die Datenmenge, die bewältigt werden kann, vergrößern, sie können aber grundsätzlich nicht die Zuverlässigkeit verbessern, solange die Axiome der modellabhängigen Verfahren ungeprüft bleiben.

Unter bestimmten Bedingungen ist das Ergebnis einer ML-Analyse identisch mit dem einer MP-Analyse (Tuffley & Steel 1997). Das trifft theoretisch dann zu, wenn jede Sequenzposition unabhängig, aber nicht unbedingt in der gleichen Weise wie die anderen evolviert, und wenn die Substitutionswahrscheinlichkeit einer Position entlang einer Kante der Topologie unter 0,5 liegt. Das bedeutet jedoch nicht, daß MP- und ML-Verfahren austauschbar sind. Die ML-Verfahren sind immer Prozessanalysen und erlauben auch die Analyse verschiedener Substitutionsprozesse. Für die Parsimonieverfahren kann man zwar auch mit Hilfe der Gewichtung von Merkmalstransofmationen Prozessannahmen einführen, die Wahrscheinlichkeiten, daß bestimmte Substitutionsprozesse ablaufen, werden aber nicht untersucht, das Ziel ist vielmehr eine Prüfung der Kompatibilität von Homologiehypothesen.

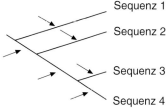

Abb. 161. Grundlage für die Maximum Likelihood-Verfahren. Die zu prüfende Topologie ist willkürlich gewählt. Die angenommenen Substitutionsprozesse werden mit Modellen der Sequenzevolution beschrieben. Es werden in der ML-Analyse verschiedene Topologien daraufhin getestet, ob sie bei gegebenem Modell die Entstehung der terminalen Sequenzen erklären können. Die Maximum-Likelihood-Methode liefert vergleichbare Wahrscheinlichkeitswerte für alternative Dendrogramme

8.4 Hendy-Penny-Spektralanalyse

Die Nutzung der Hadamard-Konjugation (Anhang 14.7) für die Analyse von DNA-Sequenzen dient im Rahmen der **Spektralanalyse** nach Hendy & Penny (1993) der Schätzung der in einer Alinierung vorhandenen phylogenetischen Information. Das Spektrum (Abb. 162) ist ein Säulendiagramm, das anders als in Abb. 147 nicht die beobachtete Zahl stützender Positionen, sondern für jeden Split eines Datensatzes geschätzte Kantenlängen oder den geschätzten Anteil stützender Positionen, in denen sich ein Taxon von den anderen unterscheidet.

Das Verfahren unterscheidet sich von der Berechnung von *Spektren stützender Positionen* (Kap. 6.5.1) darin, daß das Rauschen nicht phänomenologisch untersucht wird (verrauschte Positionen zählen nicht zu den stützenden Positionen) und statt dessen eine Korrektur *mit Hilfe von Modellen* der Sequenzevolution vorgenommen wird. Folgende Arbeitsschritte sind notwendig:

– Für jede Sequenzposition einer gegebenen Alinierung werden alle Artgruppen notiert, die dasselbe Nukleotid aufweisen. Jede Gruppe bildet einen Split (Arten mit Nukleotid i / Arten ohne Nukleotid i). Pro Position können theoretisch maximal 4 Splits erkannt werden (für jedes Nukleotid 1 Split). Einfachere Algorithmen benötigen jedoch binäre Merkmale (z.B. DNA-Sequenzen als R-Y-Alphabet).

– Die **Frequenz eines Splits** ist die Summe (Anzahl) der Sequenzpositionen, in denen ein Split vorkommt. Die Frequenzen aller in einem Datensatz vorhandenen Splits bilden das Sequenzspektrum (»Rohspektrum«), das zu weiteren Berechnungen verwendet wird.

– Mit Hilfe der Hadamard-Konjugation kann aus dem Sequenzspektrum ein »*r*«-Vektor berechnet werden, der alle Distanzen zwischen Gruppen terminaler Taxa enthält (»generalisierte beobachtbare Distanzen«; die Distanzen werden »generalisiert« genannt, weil Taxa nicht paarweise sondern in Bipartitionen des gesamten Datensatzes verglichen werden).

– Die für jeden Split beobachtbaren Distanzen werden zu demselben Zweck wie in Distanzverfahren mit Hilfe von Korrekturverfahren in einen anderen Wert transformiert, der die Zahl geschätzter multipler Substitutionen berücksichtigt (»*rho*«-Vektor mit »generalisierten korrigierten Distanzen«).

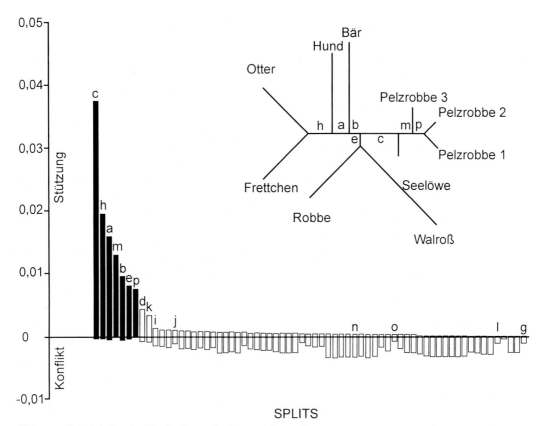

Abb. 162. Beispiel für ein Hendy-Penny-Spektrum (»Lento Diagramm« aus Lento et al. 1995: Kombinierte Cytochrom b und 12SrRNA-Daten). Korrektur der Distanz zwischen Gruppen mit der Log-Det-Transformation (s. Kap. 14.1.6). Das Diagramm zeigt die Stützung der Splits (über der X-Achse) und den Konflikt (normalisierte Stützung inkompatibler Splits unter der X-Achse, s. Text). Schwarz ausgefüllt sind jene nicht-triviale Splits, die in der Topologie enthalten sind. Es fällt auf, daß die informativsten Splits untereinander kompatibel sind, also auf eine Topologie passen, und geringen Konflikt aufweisen. Ein entsprechendes Diagramm ohne Log-Det-Transformation zeigt eine stärkere Streuung der kompatiblen Signale und höhere Konflikte.

— Der Vektor korrigierter, generalisierter Distanzen läßt sich mit Hilfe der Hadamard-Matrix in einen »*gamma*«-Vektor von Kantenlängen einer Topologie transformieren. Diese Kantenlängen sind für multiple Substitutionen korrigiert. Mit Hilfe eines Modells der Sequenzevolution kann man daraus rückrechnen, welche beobachtbare Distanzen die Kanten einer Topologie aufweisen. Die ursprünglich von Hendy & Penny eingeführte Methode verwendet das Jukes-Cantor-Modell.

— Die Zahl der Konflikte für jeden Split einer gewählten Topologie wird gezählt. Ein Konflikt ist ein anderer, inkompatibler Split in einer Sequenzposition (zum Begriff Inkompatibilität s. Abb. 55). Für die graphische Darstellung wird dieser Wert mit einem Faktor multipliziert, der aus dem Gesamtverhältnis von stützenden zu inkompatiblen Werten des Datensatzes besteht (Summe aller stützenden Werte : Summe aller Konfliktwerte). Stützung und Konflikt zu jedem Split kann als Spektrum dargestellt werden (Abb. 162).

Der rho-Vektor eignet sich als Ausgangspunkt zur Berechnung von Distanzbäumen, der gamma-Vektor kann für MP- und Kompatibilitätsmethoden verwendet werden. Eine ausführlichere Beschreibung ist im Anhang (Kap. 14.7) beigefügt.

8.5 Die Rolle von Simulationen

Um empirisch zu prüfen, welche Verfahren der Baumkonstruktion und welche Datenstruktur zuverlässige Ergebnisse ermöglichen, sind oft Simulationen durchgeführt worden. Es müssen dazu Daten erzeugt werden, die, ausgehend von einem Ahnen, die Evolution simulieren. DNA-Sequenzen eignen sich sehr gut für Simulationen, da sie nur 4 Merkmale enthalten und die Folgen von Mutationen in den Nachkommensequenzen leicht darzustellen sind. Für die Einhaltung von realistischen Evolutionsgeschwindigkeiten werden empirisch erhobene Werte für Mutationsraten und Modelle der Sequenzevolution eingesetzt. Monte-Carlo-Simulationen sind Simulationen, in denen spezifische Annahmen über das Modell der Sequenzevolution vorausgesetzt werden. Der Stammbaum der künstlich erzeugten Sequenzen wird protokolliert, damit er mit den Ergebnissen der Rekonstruktionen verglichen werden kann. Die Rekonstruktion erfolgt mit den erzeugten terminalen Sequenzen.

Die Simulationen haben sich in der Praxis als wenig geeignetes Mittel zur Prüfung der Verläßlichkeit von Computerprogrammen erwiesen. Das Ergebnis der Simulationen ist oft, daß diejenigen Rekonstruktionsverfahren die besten Ergebnisse erzielen, die das Modell der Sequenzevolution voraussetzen, das zur Simulation der Sequenzevolution verwendet wurde. Die Schlußfolgerung ist dann zirkulär. Es sind aber auch einige nützliche Hinweise gewonnen worden:

Mit Simulationen konnte gezeigt werden, daß es bei der Nutzung von **Distanzverfahren** keine universell gültigen Regeln für die Wahl von Gewichtungen und Substitutionsparametern gibt. Korrekturen von p-Distanzen erzeugen eine größere Variabilität, weshalb bei größeren realen Substitutionsraten die Korrekturen nicht effizient sind (Schöniger & von Haeseler 1993). Die niedrigere Gewichtung von häufigeren Ereignissen (Transitionen, Substitutionen der 3. Codonposition) verbessert das Ergebnis, weil Positionen, die weniger verrauscht sind, ein höheres Gewicht bekommen. Bei niedrigen Substitutionsraten wurden bessere Ergebnisse mit der Gewichtung von Substitutionen pro Sequenzposition, bei höheren Raten mit der Gewichtung von Substitutionen pro Sequenzpaar erreicht. Weiterhin ist bei Distanzverfahren der Unterschied zwischen transformierten Distanzen größer, wenn die Divergenzzeiten größer sind, wobei die Verfahren, die mehr Parameter berücksichtigen, in manchen Simulationen bessere Rekonstruktionen ermöglichen (vgl. Tajima & Nei 1984, Zharkikh 1994). Dies trifft jedoch nicht mehr zu, wenn die Substitutionen sich der Sättigung nähern und multiple Substitutionen häufig sind: Mit wachsender Distanz zeigt die Perfektionierung der Modelle wenig Wirkung (Rodriguez et al. 1990). Zum Einsatz von Simulationen im Rahmen des parametrischen Bootstrap-Tests siehe Kap. 6.1.9.2.

9. Fehlerquellen

In den vorhergehenden Kapiteln wurden zahlreiche methodenspezifische Fehler besprochen. Sie lassen sich auf wenige prinzipielle Probleme zurückführen. Kennt man diese, ist es relativ leicht, im Einzelfall mögliche Fehlerquellen aufzuspüren. Der Grund für den Mangel an Konsistenz der Baumkonstruktionsverfahren sind Verstöße gegen der impliziten axiomatischen Annahmen. Die Verfahren wären konsistent, wenn sie mit wachsender Datenmenge bessere Ergebnisse lieferten. Falsche axiomatische Annahme sind Fehler, die mit den jeweiligen Methoden nicht überprüft werden können.

9.1 Übersicht über häufige Fehlerquellen

Grundsätzlich können im Verlauf jeder phylogenetischen Analyse folgende Fehler vorkommen, die auf Verstößen gegen allgemeine Annahmen von Baumkonstruktionsverfahren beruhen:

Die Individuenstichprobe ist nicht repräsentativ. Die Individuen tragen Merkmale, die nicht für die Art repräsentativ sind. Es handelt sich um Merkmale, die nicht zum Grundmuster einer Art gehören. Mögliche Folgen: Individuen werden im Dendrogramm außerhalb der Art, zu der sie gehören, eingeordnet.

Die Artenstichprobe ist nicht repräsentativ. Kein Baumkonstruktionsverfahren kann prüfen, ob die Artenstichprobe ausreicht, um die Phylogenese artenreicher Taxa zu rekonstruieren. Eine häufige Fehlerquelle vor allem der molekularen Systematik sind Symplesiomorphien, die paraphyletische Gruppen unterstützen (Kap. 6.3.3). Weiterhin besteht die Gefahr, daß Analogien polyphyletische Gruppen stützen, wenn die genetischen Distanzen zwischen den gewählten Arten zu groß sind (Kap. 6.2.2).

Terminale Taxa sind nicht monophyletisch. Die Beziehung zu anderen Taxa ist nicht korrekt rekonstruierbar, wenn terminale Taxa nicht monophyletisch sind, da z.B. apparente Außengruppen real Teile eines terminalen Taxons der Innengruppe sein könnten.

Die Merkmalsstichprobe ist nicht repräsentativ. Da Merkmale stets Homologiehypothesen darstellen, kann es »gute« und »schlechte« Merkmale geben, die mit größerer oder mit geringerer Wahrscheinlichkeit Spuren der Phylogenese enthalten (Kap. 5). Daher beeinflußt die Wahl der Merkmale das Ergebnis der phylogenetischen Analyse. Kein Konstruktionsverfahren kann prüfen, ob es außerhalb der in der Datenmatrix enthaltenen Informationen bessere Merkmale gibt. Bei der Auswahl der Merkmale treten spezifische Fehler auf, unabhängig davon, ob es sich um morphologische, molekulare oder ethologische Merkmale handelt:

A) Das Merkmal ist kein **Grundmustermerkmal** des terminalen Taxons, sondern eine Autapomorphie von Untermengen der Arten eines terminalen Taxons. Der Fehler tritt häufiger auf, wenn keine Grundmuster der terminalen Taxa rekonstruiert wurden. Artspezifische Sequenzen, die von Individuen gewonnen werden, müssen die Gemeinsamkeiten aller Individuen einer Art repräsentieren und sollen daher möglichst wenige populations- oder individuenspezifische Autapomorphien aufweisen. Einzelne Sequenzen, die supraspezifische Taxa repräsentieren, sollten rekonstruierte Grundmustersequenzen für diese Taxa sein. Ebenso müssen morphologische Merkmale nachweislich Grundmustermerkmale der Taxa sein, die damit repräsentiert werden.

B) Die Merkmale sind keine Homologien und repräsentieren nicht reale Objekte oder Eigenschaften sondern sind Phantasieprodukte, oberflächliche Ähnlichkeiten, das Ergebnis fehlerhafter Wahrnehmung oder Laborfehler. Es werden daher nicht-monophyletische Gruppen gebildet.

C) **Rahmenhomologien** terminaler Taxa sind nicht korrekt homologisiert. »Korrekt homologisieren« bedeutet, daß nur solche Eigenschaften oder Strukturen als diskrete Merkmalszustände zusammengefaßt werden, für die auch die Homologiewahrscheinlichkeit der Rahmenhomologie geschätzt worden ist. Dazu zählt die Homologisierung, die durch Alinierung von Sequenzen vorgenommen wird. Gene, die verglichen werden, müssen ortholog sein. In der vergleichenden Morphologie müssen die Rahmenhomologien (z.B. »Auge«) mit größter Wahrscheinlichkeit homolog sein, um die Homologisierung von Merkmalszuständen (bzw. von Detailhomologien) wie »Auge mit Linse« und »Auge ohne Linse« zu gestatten.

D) Die **Homologiewahrscheinlichkeit** der gewählten Merkmale ist sehr gering, es entstehen zufällige Gruppierungen von Taxa.

E) Die Homologiewahrscheinlichkeit ungewichteter Merkmale ist sehr unterschiedlich, wichtige Merkmale werden von »unwichtigen« (s. Kap. 5) nicht unterschieden. Die Folgen: Reale Synapomorphien tragen kaum zur Rekonstruktion des Stammbaumes bei, der daher sehr fehlerhaft werden kann.

F) Die Merkmale sind nicht korrekt gewichtet. Die **Gewichtung** muß sich auf a) die Erkenntniswahrscheinlichkeit oder b) die Ereigniswahrscheinlichkeit beziehen und ist eine Aussage darüber, a) wie wahrscheinlich es ist, daß eine Homologie ohne Prozessannahmen korrekt erkannt werden kann oder daß b) ein Merkmalszustand aus einem anderen entstanden sein könnte. Morphologische Merkmale müssen phänomenologisch verglichen werden (Kap. 5.2.1), für Sequenzen muß die Positionshomologie (Kap. 5.2.2) und im Idealfall auch die relative Wahrscheinlichkeit der Homologie der Merkmalszustände (Kap. 5.2.2.2) bestimmt werden, falls phänomenologische Analysen vorgesehen sind. Werden für Sequenzen modellierende Methoden genutzt, müssen Substitutionsmodelle möglichst realitätsnah sein.

Die gewählten Sequenzen sind nicht informativ. Dies ist ein Spezialfall der ungenügenden Merkmalsstichprobe, der betont werden muß, da Sequenzen häufig verwendet werden. Ursache mangelnden Informationsgehaltes kann a) eine zu schnelle Evolution der Sequenzen sein, so daß die »phylogenetischen Signale« völlig verrauschen, oder b) eine zu langsame Evolution, so daß kein phylogenetisches Signal vorhanden ist und zufällige Übereinstimmungen die Topologie bestimmen.

Rekonstruktion der Phylogenese ohne Merkmalsbewertung (phänetische Analyse). Zur phylogenetischen Kladistik gehört eine a-priori durchgeführte Merkmalsanalyse, mit der Lesrichtung und Homologiewahrscheinlichkeit bestimmt werden. Modellierende Verfahren implizieren eine Merkmalsanalyse, in der die Wahrscheinlichkeit der Merkmalstransformation geschätzt wird. Ein Verzicht auf diese Analysen hat zur Folge, daß zufällige Ähnlichkeiten und Plesiomorphien die Topologie eines Stammbaumes beeinflussen.

Algorithmen setzen unrealistische Axiome voraus. Die Algorithmen benötigen oft Annahmen, die die Funktion von Axiomen haben. Dazu zählen auch die Annahmen der Evolutionsmodelle (Abb. 152). Die Folgen: Die Rekonstruktion ist kein Abbild der historischen Vorgänge. Einige verfahrenstypische Annahmen:

A) **Distanzverfahren:** Der analysierte Sequenzausschnitt enthält keine Stichprobenfehler (ist repräsentativ für den Durchschnitt der Substitutionen). Die Sequenzevolution ist eine stochastischer Prozeß. Die geschätzten Distanzen entsprechen den realen, evolutionären Distanzen bzw. die Annahmen der Modelle treffen zu und erlauben die Rekonstruktion der evolutionären Distanzen. Die Substitutionen in einer Alinierung sind nicht »gesättigt«.

B) **UPGMA-Clusterverfahren:** Neben den Annahmen aller Distanzverfahren kommt hinzu, daß die Substitutionsraten für alle Stammlinien gleich sein müssen, die Distanzen sind ultrametrisch.

C) **Parsimonieverfahren:** Die geschätzte Homologiewahrscheinlichkeit der Merkmale ist für alle Merkmale gleich, bzw. die Gewichtung der Merkmale entspricht den relativen Unterschieden der geschätzten Homologiewahrscheinlichkeit. Dazu gehören auch Annahmen über die Reversibilität der Merkmalsänderungen (Kap. 6.1.2).

D) **Maximum-Likelihood-Verfahren:** Die Annahmen des für den Prozeß der Sequenzevolution gewählten Modells treffen zu. Der analysierte Sequenzausschnitt enthält keine Stichprobenfehler und ist repräsentativ für den Durchschnitt der Substitutionen. Die Sequenzevolution ist ein stochastischer Prozeß.

9.2 Kriterien zur Bewertung der Qualität von Datensätzen

Viele der vorhergehenden Kapitel sind der Frage der Bewertung der Daten gewidmet. Es wurde erläutert, daß nur Apomorphien Belege für Verwandtschaft sein können (Kap. 1.3.7, 3.2.3), daß Apomorphien Homologiehypothesen sind, daß für diese Hypothesen geschätzt werden muß, ob sie durch Indizien gut gestützt werden (Kap. 4 und 5). Weiterhin ist es wichtig, daß die Artenstichprobe repräsentativ ist (Grundmuster: Kap. 5.3.2; Polyphylie durch lange Kanten: Kap. 6.3.2; Plesiomorphiefalle: Kap. 6.3.3).

Die Qualität eines Datensatzes ist um so besser,
- je sorgfältiger die Homologiewahrscheinlichkeit der verwendeten Merkmale und Merkmalszustände bewertet wurde, woraus sich eine Gewichtung oder der Merkmalsausschluß ergibt;
- je mehr terminale Taxa auf das Vorkommen von Merkmalszuständen untersucht wurden;
- je sorgfältiger Grundmuster terminaler Taxa rekonstruiert worden sind;
- je mehr Merkmale hoher Homologiewahrscheinlichkeit eingesetzt wurden bzw. je mehr phylogenetische Information (apomorphe Detailhomologien) in den Merkmalen oder Sequenzalinierungen identifiziert wurden; bei Sequenzen: je besser das Signal-Rauschen-Verhältnis ist.
- bei Sequenzen: Je mehr Arten die genetische Vielfalt eines Taxons repräsentieren und damit die Wahrscheinlichkeit wächst, daß Grundmuster korrekt rekonstruierbar sind;
- je sorgfältiger »lange Kanten« bei der Sequenzanalyse identifiziert und durch Ausschluß schnell evolvierender Arten oder Aufnahme von zusätzlichen Taxa vermieden werden;

In dieser Auflistung werden nicht das Kriterium der Konfliktfreiheit einer phylogenetischen Hypothese oder die Ergebnisse der kladistischen Statistiken oder von Permutationstests (Kap. 6.1.9) genannt, da dieses a-posteriori-Kriterien sind, mit denen bestenfalls die Passung zwischen Hypothese und Daten, nicht die Qualität des Datensatzes geprüft werden sollte.

Zur Bewertung der Merkmale. Gemäß den in Kap. 4.1 und Kap. 5 vorgestellten Überlegungen muß man unter Informationsgehalt oder Qualität der Merkmale die Homologiewahrscheinlichkeit verstehen. Um diese unabhängig von weiteren Annahmen über den Evolutionsverlauf zu schätzen, ist eine *phänomenologische Merkmalsanalyse* durchzuführen (vgl. Kap. 5). Für Sequenzen sind sorgfältige Alinierungen notwendig (Kap. 5.2.2), wobei stark verrauschte Regionen identifiziert und aus der Analyse ausgeschlossen werden müssen; für die Bewertung der relativen Homologiewahrscheinlichkeit der Nukleotide als Merkmalszustände bietet sich eine Spektralanalyse an (Kap. 6.5).

Zur Auswahl der Arten. Ob sich Datensätze in der Zahl der berücksichtigten Arten unterscheiden, ist immer objektiv feststellbar. Da die Rekonstruktion der Phylogenese von der korrekten Rekonstruktion der Grundmuster abhängt (s. Kap. 5.3.2), ist es wichtig, daß innerhalb von Monophyla Arten berücksichtigt werden, die nicht zu sehr vom Grundmuster abweichen. Das sind in der Regel Arten, die urtümlich aussehen oder verwandten Außengruppentaxa ähneln. Im Idealfall, was derzeit nur für morphologische Merkmale realisierbar ist, sollten alle beschriebenen Arten berücksichtigt werden. Wenn nicht bekannt ist, welche Arten besonders urtümlich sind, müssen möglichst viele Arten in die Analyse einbezogen werden. Weiterhin müssen besonders bei der Sequenzanalyse durch Berücksichtigung vieler Arten lange Stammlinien vermieden werden, um in der Rekonstruktion die Entstehung scheinbarer Monophyla durch Symplesiomorphien (Kap. 6.3.3) und Analogien (Kap. 6.3.2) zu vermeiden. Zu diesem Zweck sollten Taxa als Außengruppen eingesetzt werden, von denen angenommen werden kann, daß sie in Merkmalen, die sich in der Innengruppe verändern, den plesiomorphen Zustand aufweisen. Bei Verwendung morphologischer Merkmale können zumindest für die Merkmalsanalyse (Kap. 5) alle Außengruppenarten berücksichtigt werden.

Ist das Ergebnis einer phylogenetischen Analyse nicht plausibel oder widerspricht es anderen, hochwertigen Daten, sind Zweifel a) an der Datenqualität und b) an den Rekonstruktionsverfahren berechtigt.

10. Prüfung der Plausibilität von Dendrogrammen

Dendrogramme sind plausibel, wenn sie mit Daten im Einklang stehen, die nicht für die Dendrogrammkonstruktion verwendet wurden und eine Verwandtschaftshypothese voraussetzen. Methodenabhängige Kriterien (Boostrap-Test, Kantenlängen, Zahl der Apomorphien, Ratentest, u.a.), die in vorhergehenden Kapiteln besprochen wurden, gehören nicht dazu, da sie auf dieselben Verfahren und/oder Daten zurückgreifen, die für die Generierung des Dendrogramms genutzt wurden (vgl. Hypothesenprüfung in Kapitel 1.4.2). Für die Prüfung der Plausibilität eignen sich

- Dendrogramme, die mit anderen Daten und anderen Verfahren gewonnen wurden,
- historisch-biogeographische Muster,
- Fossilfunde,
- Überlegungen zum adaptiven Wert von evolutiven Neuheiten und zur Plausibilität der Merkmalsevolution.

Vergleich mit anderen Dendrogrammen

Wird dieselbe Topologie mit unabhängigen Untersuchungen rekonstruiert, ist die Wahrscheinlichkeit groß, daß die Übereinstimmung kein Zufall ist, insbesondere, wenn viele Arten berücksichtigt wurden (vgl. Zahl der Topologien, Kap. 3.4). Man beachte aber, daß eine nicht-zufällige Übereinstimmung von Topologien trotzdem falsch sein kann, wenn dieselbe Taxawahl zur Folge hat, daß Paraphyla durch Plesiomorphien entstehen. Plesiomorphien sind Homologien, die man bei vergleichbarer Artenstichprobe in unabängigen Analysen finden würde. Bemerkenswert sind Übereinstimmungen, die durch unabhängige Analysen morphologischer und molekularer Merkmale erzielt wurden (Abb. 163). Weiterhin ist vorstellbar, daß durch Verwendung derselben Rekonstruktionsmethoden ein systematischer Fehler entsteht, der unabhängig von den verwendeten Merkmalen ist (z.B. durch Modellannahmen in der Analyse verschiedener Gene).

Genauso interessant sind aber auch Widersprüche zwischen morphologischen und molekularen Analysen: Es muß geprüft werden, welcher der widersprüchlichen Datensätze qualitativ bessere Merkmale enthält. In der Literatur findet man sowohl Beispiele für unglaubwürdige molekular begründete Hypothesen (Abb. 164, 165) als auch ungenügend morphologisch begründete Hypothesen, die mit molekularen Daten widerlegt wurden.

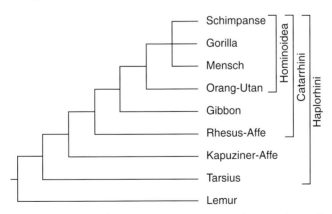

Abb. 163. Übereinstimmung morphologischer und molekularer Merkmale: Stammbaum der Primaten, berechnet mit Globin-Genen (nach Goodman et al. 1994). Für die Monophylie der Taxa sprechen u.a. folgende morphologische Merkmale: Haplorhini: Gemeinsamkeiten im Bau des Gehörgangs, der Tympanalregion, des Gebisses, der Plazentation. Catarrhini: u.a. nur 2 Prämolaren je Gebißhälfte, Molare 2 und 3 mit Hypoconulid, Nasenlöcher stehen eng zusammen, Daumen vollkommen opponierbar. Hominoidea: u.a. Gehirngröße, Reduktion der Schwanzwirbel (vgl. Starck 1995).

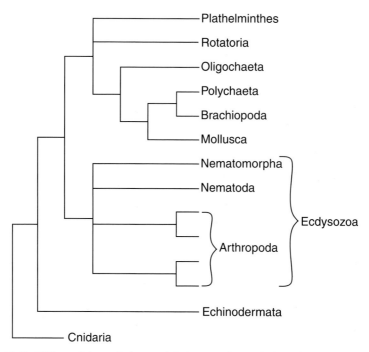

Abb. 164. Beispiel für Widersprüche zwischen molekularen und morphologischen Analysen. Die Ecdysozoa-Hypothese beruht auf einer 18SrDNA-Alinierung (Aguinaldo et al. 1997) und steht nicht im Einklang mit morphologischen Befunden (Abb. 165). Eine Spektralanalyse der Originaldaten zeigt, daß das Signal zu Gunsten der Ecdysozoa nicht besser ist als das Hintergrundrauschen (nach Wägele et al. 1999).

Die oberflächliche Ähnlichkeit der Gestalt von Neuweltgeiern und Altweltgeiern führte dazu, daß der Kondor und seine südamerikanischen Verwandten (Cathartidae) lange Zeit systematisch bei den Greifvögeln (Falconiformes) eingeordnet wurde (z.B. Mauersberger 1974). Sowohl anatomische als auch unabhängige molekulare Merkmale wiesen jedoch Übereinstimmungen mit Storchenvögeln auf (König 1982, s. Wink 1995). Der Widerspruch zwischen der auf der Ähnlichkeit der Gestalt beruhenden Klassifikation und den Ergebnissen der phylogenetischen Analysen findet eine Erklärung in der Adaptation an dieselbe Lebensweise, die bei den rezent in Südamerika lebenden Vögeln konvergent zu den Altweltgeiern entstanden ist.

Übereinstimmungen erhöhen das Vertrauen in eine Topologie. Es ist aber möglich, daß mehrfach unabhängig derselbe, falsche Stammbaum erhalten wird. Eine Ursache kann die rasche Radiation einer Artengruppe sein, die eine Überlagerung ursprünglich vorhandener synapomorpher Zustände vieler Merkmale zur Folge hat. In der phylogenetischen Analyse würde die Monophylie der betreffenden Gruppe nicht nachweisbar sein, nicht modifizierte, plesiomorphe Merkmale würden paraphyletische Gruppen stützen. Ein auffälliges Beispiel ist das falsche Schwestergruppenverhältnis zwischen Anneliden und Mollusken unter Ausschluß der Arthropoden, das aus diesen Gründen mehrfach unabhängig gefunden wurde. Da in der rezenten Fauna innerhalb der Articulata eine große Lücke zwischen Anneliden und Arthropoden besteht, ist es nicht möglich, für eine molekulare Analyse die große genetische Distanz zwischen diesen Gruppen durch Addition weiterer Arten zu schließen.

Historisch-biogeographische Muster

Ist die Mobilität der Organismen gering, ist zu erwarten, daß näher verwandte Arten auch in räumlicher Nähe vorkommen. Dieser Sachverhalt erlaubt es, Stammbäume auf Verbreitungsmuster zu projizieren (Abb. 166, 167, 168). Abweichungen bedürfen einer Erklärung: Ist eine

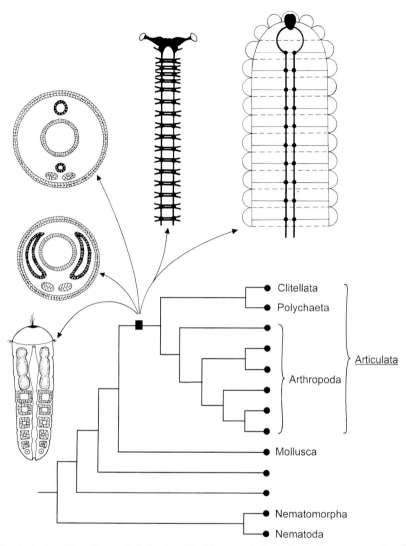

Abb. 165. Die Articulata-Hypothese wird durch zahlreiche morphologische und ontogenetische Übereinstimmungen von Arthropoden und Anneliden gestützt (vgl. Ax 1999, Brusca & Brusca 1990, Westheide & Rieder 1996), die komplex genug sind, um als gewichtige apomorphe Homologien gelten zu können. Zu den Übereinstimmungen zählen die terminale Sprossung der Segmente, die segmentale Anlage von Cölom (auch bei Arthropoden!), die dorsale Lage des schlauchförmigen, pumpenden Blutgefäßes (»dorsales Herz«), die Struktur des zentralen Nervensystems (abgebildet ist das Strickleiternervensystem einer Art der Annelida und einer Art der Arthropoda; das Grundmuster des Nervensystems der Articulata muß noch in einigen Details rekonstruiert werden), die segmentale Anlage der Nephridialogane (nicht abgebildet). Alle aufgezählten Merkmale fehlen den Nemathelminthes (nur Taxa gezeigt, die auch in Abb. 164 vorkommen).

Art räumlich weit entfernt von den übrigen Mitgliedern eines Monophylums, müssen entweder ungewöhnliche Ereignisse die Mobilität erhöht haben (Stürme, Drift auf Treibgut, Anthropochorie), oder es muß sich um Überlebende in einem ursprünglich größeren Verbreitungsgebiet handeln. Erscheinen diese Erklärungen unwahrscheinlich, weil z.B. Meeresströmungen oder Windrichtungen entgegengesetzt zur Ausbreitungsrichtung verlaufen, ist dies der Anlaß, die Verwandtschaftshypothesen kritisch zu überprüfen.

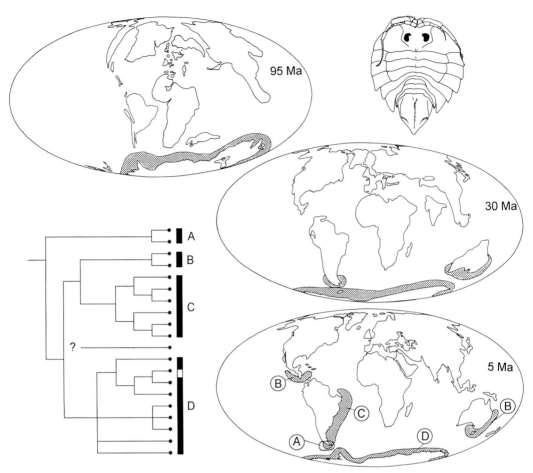

Abb. 166. Weitgehende Übereinstimmung von Verbreitungsmustern und Phylogenese der Serolidae (Crustacea Isopoda, nach Wägele 1994). Nach Abtrennung Afrikas aus dem ursprünglichen Gondwana-Kontinenten müssen die Vorfahren der heutigen Serolidae in den kühleren Meeren Gondwanas entstanden sein. Urtümliche Seroliden (Gruppe A) leben heute noch in Patagonien. Als nächstes löste sich Australien, vor ca. 35 Millionen Jahren Südamerika. Die Gattungen der Gruppen B und C weisen lokale Radiationen in Australien bzw. Südamerika auf. Nach der Trennung Südamerikas kühlte sich die Antarktis ab. An das polare Klima adaptierte Populationen (Gruppe D) haben in der Antarktis eine eigene Radiation erfahren. Ungeklärt ist, weshalb Arten Mittelamerikas den australischen Arten ähneln. Schraffierte Regionen in den oberen beiden Karten geben die mutmaßliche Verbreitung der letzten Stammlinienvertreter heutiger Seroliden an.

Die ökologische und die geologische Entwicklung von Landschaften sind meist gekoppelt. Orogenesen und Schwankungen des Meeresspiegels haben Folgen für Klima und Lebensgemeinschaften. Lassen sich angenommene Speziationsereignisse mit derartigen Veränderungen von Klima und biotischer Umwelt in Einklang bringen, ist die phylogenetische Analyse plausibel.

In Abb. 169 steht die vermutete Artaufspaltung im Einklang mit historischen Ereignissen, die Klimaänderungen und Ausbreitungsbarrieren betreffen (Cracraft 1983). In Nordaustralien wurden durch den Rückgang der Niederschläge im Bereich des Golfes von Carpentaria eine östliche und eine westliche Region getrennt (Barriere A), anschließend ist im Westen durch die Entwicklung von Flußtälern (Barriere E) und Trockenheit eine weitere Trennung von Regionen aufgetreten. Barrieren B und C trennen ebenfalls Klima- und Vegetationszonen.

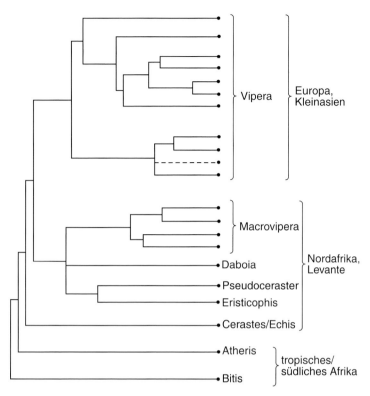

Abb. 167. Von 2 Hypothesen über die Phylogenese der Vipern, von denen eine die Polyphylie paläarktischer und nordafrikanischer Artgruppen (Ashe & Marx 1990), die andere (abgebildet) die Monophylie annimmt (Joger 1996), ist letztere plausibler.

Fossilfunde

Fossilien, die neu entdeckt oder zunächst nicht berücksichtigt wurden, können der Verifizierung von phylogenetischen Hypothesen dienen. Sie liefern Hinweise auf

- frühere Verbreitungsgebiete,
- die Reihenfolge der Merkmalsentstehung,
- das Mindestalter der Taxa.

Beispiele: Entgegen der traditionellen Anschauung ergab eine phylogenetischen Analyse der Isopoda (Asseln), daß die scheibenförmige Gestalt keine Autapomorphie der in der Südhemisphäre verbreiteten, marinen Serolidae, sondern ein Grundmustermerkmal des superordinierten Taxons Sphaeromatidea ist, zu dem auch die sich meist bei Gefahr einrollenden Sphaeromatidae gehören (Wägele 1989). Das Fossil *Schweglerella strobli* Polz, 1998 belegt, daß die serolidenartige, scheibenförmige Gestalt auch bei Arten vorhanden war, die nicht zu den Serolidae gehören und außerhalb der Südhemisphäre lebten: *Schweglerella strobli* wurde in Solnhofen (Süddeutschland) gefunden (Abb. 170). – Die Beuteltiere sind ein charakteristisches Element der australischen Fauna, wo heute so bekannte Tiere wie Kängurushs, Koalas und Wombats vorkommen. Die in Südamerika beheimateten Didelphoidea sind morphologisch urtümlicher und gelten als phylogenetisch älter als die australischen Taxa (u.a. Carroll 1993). Die plattentektonischen Ereignisse und Fossilfunde stehen mit dieser These im Einklang: In der Oberen Kreide waren Südamerika, Australien und die Antarktis verbunden, und es gab zumindest Inselketten zwischen Nord- und Südamerika. Die ältesten Fossilien stammen aus Nordamerika, von wo aus eine Migration nach Südamerika und Australien über die Antarktis möglich war. Ein Fund aus der Antarktis (Woodburne & Zinsmeister 1984) belegt, daß auch der südpolare Kontinent einmal besiedelt war und bestätigt die Hypothese der Abstammung der australischen Marsupialia von opossumähnlichen amerikanischen Vorfahren.

Beispiel für die Merkmalsentstehung: Insekten, Myriapoden und Krebse werden meist als Taxon »Mandibulata« zusammengefaßt, weil sie denselben Kopfaufbau mit 3 Paar Mundwerkzeugen haben (1 Paar Mandibeln, 2 Paar Maxillen). Neue-

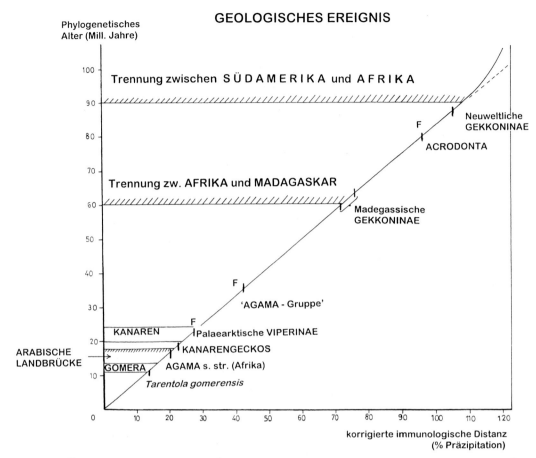

Abb. 168. Übereinstimmung immunologischer Distanzen von Albuminen einiger Reptilien mit geologischen Ereignissen und Fossilfunden (nach Joger 1996). Die Distanzen räumlich isolierter Taxa sind zu dem jeweiligen Schwestertaxon angegeben.

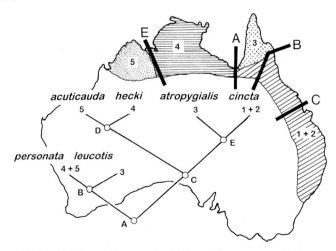

Abb. 169. Areale australischer Vogelarten (Gattung *Poephila*) und die vermutete Phylogenese. Die Balken stehen für Ausbreitungsbarrieren (s. Text). Barriere C ist für andere Vogeltaxa ein Hindernis (nach Cracraft 1983).

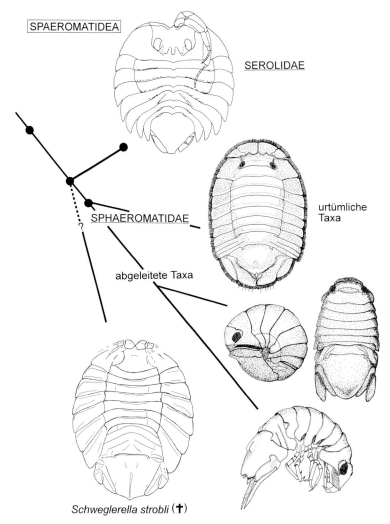

Abb. 170. Bestätigung einer Verwandtschaftshypothese durch Fossilfunde. Der Vergleich der Morphologie verschiedener Asseln (Isopoda) mündete in die Hypothese, daß die urtümlichen Sphaeromatidae einen apomorph scheibenförmigen Körper hatten, dieser Habitus homolog mit dem der Serolidae ist und damit ein Monophylum begründet werden kann, zu dem beide Taxa gehören (Sphaeromatidea Wägele, 1989). Die Entdeckung von *Schweglerella strobli* aus den Solnhofener Plattenkalken (Polz 1998), einem Tier, das weder zu den Sphaeromatidae noch zu den Serolidae gehört, bestätigt, daß diese Körperform ein Grundmustermerkmal des Taxons Sphaeromatidea ist. (Es sind hier nicht alle Taxa der Sphaeromatidea aufgeführt.)

re Fossilfunde belegen, daß die Stammlinienvertreter der Mandibulata zunächst noch die 2.Antenne als Mundwerkzeug benutzten (Abb. 95), und daß von den folgenden Extremitäten sich nur die Mandibel und die 1. Maxille stärker zu Mundwerkzeugen spezialisierten. Da auch innerhalb der Crustacea die 2. Maxille bei den Cephalocarida nicht spezialisiert ist und wie die Thoraxbeine aussieht, muß das Konzept eines Grundmusters der Mandibulata mit 3 Paar spezialisierter Mundwerkzeugen angezweifelt werden. Die zweite Maxille ist mehrfach konvergent von einer thoracopodenartigen Struktur ausgehend modifiziert worden. Das hat Folgen für Stammbaumhypothesen: Taxa mit unspezialisierter 2. Maxille sind aus Monophyla auszugliedern, bei denen im Grundmuster diese Extremität schon ein Mundwerkzeug ist.

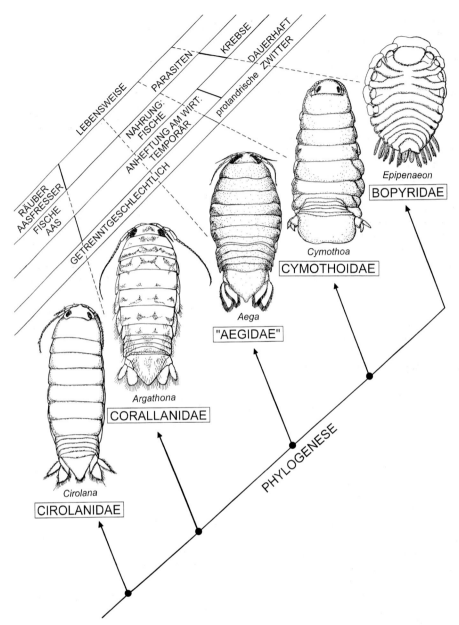

Abb. 171. Das aus den Lebensweisen rezenter Arten abgeleitete Szenario für die Evolution parasitischer Asseln (Evolution von Ernährungsweisen, Wirtspräferenz, Lebenszyklen und Hermaphroditismus) steht im Einklang mit den Ergebnissen phylogenetisch-kladistischer Studien und Analysen von 18SrDNA-Sequenzen.

Merkmalsevolution und Lebensweisen

Eine Analyse der 18SrRNA-Gene mariner Asseln ergab, daß die an Krebsen parasitierenden Bopyridae eng verwandt sind mit den an Fischen Blut saugenden Cymothoidae und bestätigt ältere morphologische Analysen (s. Wägele 1989). Diese Ergebnisse phylogenetisch-kladistischer Studien sind plausibel, da sie im Einklang mit dem naheliegenden Szenario der Evolution von Lebensweisen stehen (Abb. 171): In beiden Taxa sind die Mundwerkzeuge an das Anstechen von

Wirten adaptiert, wobei dieselben Strukturen im Vergleich mit Außengruppentaxa modifiziert sind. Bei beiden Taxa sind zudem die Pereopoden 1-7 mit Greifzangen versehen, so daß ein Festhalten am Wirt möglich ist. Weiterhin stimmen die Lebenszyklen überein: Die Jungtiere schwimmen und suchen Wirte, adulte Tiere sind sessil und morphologisch sehr spezialisiert. Die Stammbaumhypothese erlaubt die Aussage, daß die Evolution dieser Parasiten mit Aasfressern begann, die sich häufig von Fischen ernähren (z.B. Cirolanidae), daraus temporäre Ektoparasiten entstanden, die Blut an Fischen saugen (z.B. Aegidae), und eine weitere Spezialisierung zu im Adultstadium permanenten Parasiten an Fischen führte. Der Wirtswechsel von Fischen (Wirte der Cymothoidae) auf Krebse (Wirte der Bopyridae) ist ebenfalls zu erklären, saugen doch einige adulte Cymothoidae auch gelegentlich an Crustaceen Haemolymphe.

Aufwendige erbliche Anpassungen an Umweltbedingungen sind Merkmale, die selten identifiziert, aber zweifellos vorhanden sind. Dazu gehören z.B. Anpassungen aus dem Meer stammender Arten ans Süßwasser oder an terrestrische Lebensweisen, Anpassungen an wasserarme Lebensräume, an polares Klima, an eine spezielle Nahrung. Diese Anpassungen können als vermutlich vorhandene Apomorphien bewertet werden, sie dienen der Prüfung der Plausibilität. Ergibt sich aus einer Verwandtschaftshypothese eine wenig wahrscheinliche Evolution von Lebensweisen und Anpassungen, muß die Verwandtschaftshypothese überprüft werden. Beispiel (Abb. 172): Unter den Crustacea sind die Branchiopoda (Kiemenfußkrebse: Anostraca, Phyllopoda) darauf spezialisiert, ephemere Gewässer zu besiedeln. Sie haben austrocknungsfähige, hartschalige Eier, die jahrelang im Boden liegen können. Gießt man auf eine geeignete Probe Wasser, schlüpfen nach wenigen Tagen Nauplien, die sich sehr schnell entwickeln. Die Tiere besitzen Variationen eines aus Blattbeinen aufgebauten Filterapparates, mit dem sie Plankton fangen. Als altertümlich wirkende, wehrlose Tiere überleben sie überwiegend in ephemeren Habitaten, die Räubern – wie z.B. Fischen – nicht zugänglich sind. Der Morphologie und Lebensweise kann man entnehmen, daß die Gruppe monophyletisch ist und bereits im Grundmuster die geschilderte Lebensweise hatte. Mit dieser

Rehbachiella (✝):
marin

Branchiopoda (rezent):
limnisch

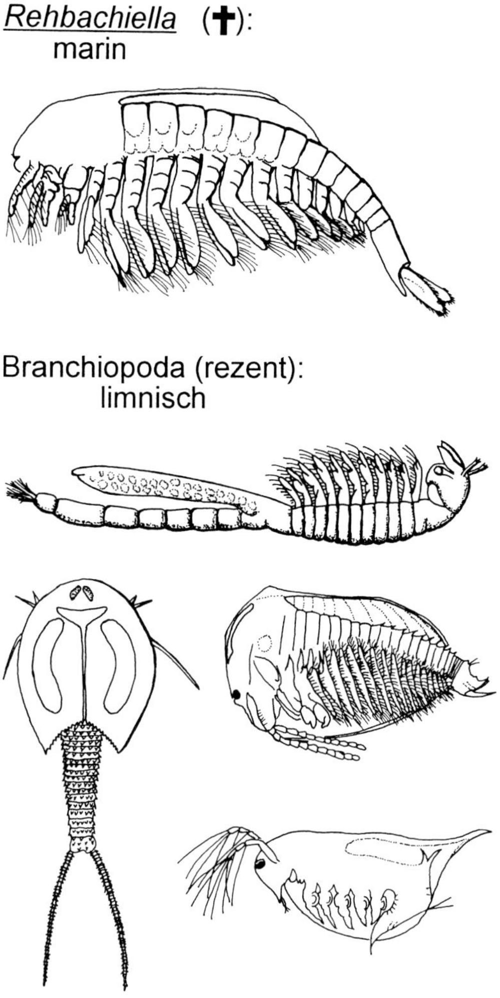

Abb. 172. Die Branchiopoda sind Krebse, die an ephemere Gewässer adaptiert sind. Das marine Fossil *Rehbachiella* wirft neue Fragen über die Homologie dieser Anpassungen auf (s. Text).

Vorstellung steht nicht im Einklang, daß das in marinen Sedimenten gefundene Orsten-Fossil *Rehbachiella* zu den Branchiopoda gehören könnte (Walossek 1993). Es ergeben sich 3 zu prüfende neue Hypothesen: a) *Rehbachiella* ist kein Branchiopode, b) *Rehbachiella* ist eine sekundär marine Art, deren Vorfahren epikontinental lebten und c) die oben beschriebenen Anpassungen sind Konvergenzen der rezenten Branchiopoden. Diese Hypothesen lassen sich durch genauere Merkmalsanalysen z.T. prüfen.

11. Der Wert der Ergebnisse der Phylogenetik für andere Untersuchungen

Als Ergebnis einer phylogenetischen Analyse werden 4 Klassen von Hypothesen erhalten:

a) Stammbaumhypothesen (Angaben über Schwestergruppenverhältnisse und zur Zusammensetzung monophyletischer Gruppen).
b) Hypothesen über die Richtung der Merkmalsevolution und über die Stammlinie, in der eine evolutive Neuheit auftrat: Diese sind nur für diskrete Merkmale ableitbar, wobei mit wachsender Divergenz komplexere Merkmale für die Lesrichtungsbestimmung besser geeignet sind, da sie besser homologisiert werden können. Distanzverfahren machen primär keine Aussage über die Evolutionsrichtung einzelner Merkmale. Durch Vergleich einer Distanztopologie mit einer Merkmalsmatrix läßt sich jedoch nachträglich jede Merkmalsverteilung auswerten.
c) Hypothesen über Evolutionsgeschwindigkeiten von Merkmalen: Diese sind nur mit Methoden zu gewinnen, die die Auswertung quantitativer Merkmale ermöglichen und wenn aus den zwischen Arten festgestellten Unterschieden Divergenzzeiten berechnet werden können (s. Kap. 2.7.2.3). Morphologische Merkmale eignen sich nicht dazu.
d) Hypothesen über Grundmuster von Taxa, aus denen ableitbar ist, welche Erbanlagen die Vorfahren von Organismen wahrscheinlich einmal besaßen.

Diese Hypothesen können die unverzichtbare Grundlage für weiterführende Untersuchungen sein:

- Analysen der Anpassung von Organismen an ihre Umwelt, Unterscheidung von konvergenten, umweltbedingten Anpassungen und homologen Anpassungen
- Analyse der Vererbung von Eigenschaften
- Analyse von Ausbreitungswegen von Arten (historische Biogeographie)
- Analyse historischer Faktoren, die die Biosphäre geprägt haben und damit verbunden die Analyse des Alters von Ökosystemen
- Schätzung der Zeitspanne, in der Artenvielfalt entsteht
- Analyse der Faktoren, die Artenvielfalt hervorbringen und erhalten
- Vorhersage der Eigenschaften von nicht näher bekannten Arten auf Grund ihrer Verwandtschaft (u.a. Suche nach wirtschaftlich interessanten Genen, industriell oder medizinisch interessanten Produkten)
- Unterscheidung von Arten (u.a. Krankheitserreger, -überträger, Pflanzenschädlinge, klimatisch adaptierte Nutzorganismen, Analyse von Nahrungsketten in Ökosystemen, Schutz der Artenvielfalt)
- Weiterhin dient die Systematisierung der geordneten Speicherung von biologischen Erkenntnissen und dem Abruf von Information.

12. Systematisierung und Klassifikation

Die Klassifikation von Objekten (Steinen nach Farbe, PKWs nach Größe) erfordert allgemein keinen Bezug zu einer wissenschaftlichen Theorie. Zur Erinnerung: Meistens ist die Klassifikation die Gruppierung von Objekten nach subjektiv gewählten Eigenschaften. Die Klassifikation wird mit Prädikatoren durchgeführt, nicht mit Eigennamen (Kap. 1.2).

Solange die Klassifikation der Organismen nicht der Phylogenese entspricht, kann man von einer *phänetischen Klassifikation* sprechen, also von einer Gruppierung nach Ähnlichkeiten. In der Biologie wird jedoch eine Klassifikation von Organismen benötigt, die die Topologie des Stammbaumes widerspiegelt. Die Einordnung von Organismen in das phylogenetische System und die Benennung von Monophyla wird *Systematisierung* genannt (s. Kap. 1.3.4). Die Systematisierung erfolgt nicht ausschließlich nach Eigenschaften von Objekten, sondern auf der Grundlage der rekonstruierten Abstammung. Abstammung ist keine Eigenschaft der Objekte, sondern ein historischer Prozess, der mit Hilfe identifizierter Homologien rekonstruiert wird. Daher ist die Systematisierung eine spezielle Form der Klassifikation.

12.1 Systematisierung

Das Ergebnis einer phylogenetischen Analyse ist die Unterscheidung von monophyletischen Gruppen, die enkaptisch angeordnet sind. Zur graphischen Darstellung der Ordnung sind Eigennamen für die Monophyla hilfreich und Angaben über deren genealogischen Beziehungen notwendig.

Die genealogische Ordnung läßt sich mit Baumgraphen, Venn-Diagrammen (s. Kap. 3.2) oder in Worten darstellen. Eine Benennung aller Monophyla, die in einem Dendrogramm zu erkennen sind, ist weder notwendig noch wünschenswert. Ist ein Venn-Diagramm der Monophyla nicht kompatibel mit dem Venn-Diagramm der Ordnung der Eigennamen, die für die betreffenden Taxa benutzt werden, ist die mit den Eigennamen repräsentierte Klassifikation zu verwerfen (Abb. 173).

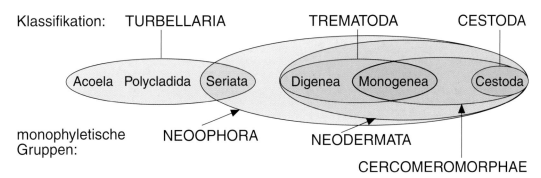

Abb. 173. Inkompatibilität einer Klassifikation mit der Phylogenese, am Beispiel der Plathelminthes (vereinfacht, Klassifikation nach Remane, Storch, Welsch 1986, Systematisierung nach Ehlers 1985).

12.2 Hierarchie

Die Hierarchie der Eigennamen (Taxa) in einer Organismengruppe ist nichts anderes als die enkaptische Ordnung der monophyletischen Gruppen. Da es keine Hierarchie-Ebenen gibt, die sich auf reale Zeiteinheiten, auf den Umfang der Taxa oder auf Prozesse beziehen, welche für alle Organismen in gleicher Weise relevant sind, ist es nicht möglich, objektiv Ränge zu vergeben.

Damit ist ausgesagt, daß eine Kategorie »Familie« oder »Unterordnung« nicht vergleichbar ist mit den militärischen Rängen »General« und »Oberst«, die unabhängig von den Dingen, welche den Rang verliehen bekommen, vergleichbare Qualitäten, zumindest vergleichbare Rechte und Pflichten haben. Eine »Familie« der Fliegen umfaßt viel mehr Arten und andere Divergenzzeiten als eine »Familie« der Säuger (s. auch Abb. 65).

12.3 Formale Klassifikation

Die formale Klassifikation wird durch die Regeln der Internationalen Nomenklaturkommission bestimmt (nachzulesen in Kraus, 1970). Mit diesen Regeln wird die formale Namensgebung für Taxa, die Priorität homonymer und synonymer Namen und die Verwendung einiger Linnéscher Kategorien reglementiert. Diese Regeln berücksichtigen zur Zeit die Gesetze der Phylogenetik nicht! Daher sollte ein Systematiker freiwillig zusätzliche Regeln beachten (s.u.). Die Regeln implizieren, daß den Taxanamen stets Kategorien zugeordnet werden, wobei bis zum Niveau der Familie oder Überfamilie die Endungen der Namen vorgeschrieben sind, obwohl es objektive Kriterien für die Vergabe von Rängen nicht gibt. Es ist insbesondere derzeit meist auf Grund der Vorstellungen von Herausgebern von Fachzeitschriften nicht möglich, die Beschreibung von neu entdeckten Arten und Artgruppen zu veröffentlichen, ohne daß eine formale Klassifikation mit Vergabe Linnéscher Kategorien vorgeschlagen wird. Ein Taxonom sollte aber primär auf folgende Regeln achten:

– Jedes Taxon muß monophyletisch sein.
– Fossilien, die als Gruppe paraphyletischer Stammlinienvertreter benannt werden sollen, müssen mit der Kategorie Plesion gekennzeichnet werden (Patterson & Rosen, 1977). Besser wäre es, ganz auf die Benennung von Paraphyla zu verzichten und Arten als »Stammlinienvertreter des Taxons X« zu bezeichnen.
– Ist die Zuordnung einer Art zu einer Artgruppe nicht nachweisbar, weil Informationen fehlen, sollte das nächstumfassendere Taxon gewählt werden, worin die Art als *incertae sedis* plaziert wird. Ein Maulwurfskrebs, für den nicht geklärt werden konnte, zu welcher der bekannten Familien er gehört, kann in die übergeordnete Überfamilie oder Unterordnung eingeordnet werden (*Thalassinidea incertae sedis*), wenn er Apomorphien der *Thalassinidea* aufweist.
– In der Beschreibung eines neuen Taxons sollten die Apomorphien hervorgehoben und von diagnostischen Merkmalen unterschieden werden. Die Beschreibung der Apomorphien erfordert den Hinweis auf den plesiomorphen Merkmalszustand von Außengruppentaxa.
– Revisionen, in deren Rahmen größere Taxa aufgespalten oder neue Gruppierungen vorgeschlagen werden, sollten auf phylogenetischen Analysen basieren, deren Ergebnis mit Graphiken dargestellt wird.
– Das Aufteilen von tradierten Taxa in kleinere Einheiten, mit dem Zweck, neue Namen schöpfen zu können, sollte vermieden werden, wenn die Aufteilung nicht mit Erkenntnisgewinn zu begründen ist.
– Wird aus einer Gruppe von Arten eine Teilgruppe abgegrenzt und benannt, darf die Restgruppe nicht als paraphyletisches Taxon bestehen bleiben. Die Mitglieder der paraphyletischen Gruppe müssen als *incertae sedis* geführt werden, wenn die Schwestergruppenverhältnisse unklar bleiben.
– Wird die Vergabe von Kategorien von Herausgebern von Fachzeitschriften erzwungen, sollte die Hierarchie nur der Tradition folgen; die Rangfolge sollte der enkaptischen Ordnung entsprechen.
– Die Benennung von supraspezifischen Monophyla ist nur dann sinnvoll, wenn damit

Gruppen bezeichnet werden, die für den Taxonomen gut erkennbare Apomorphien haben. Mit einer Inflation von Namen ist niemandem gedient.
- Soll die Reihenfolge, in der Taxa aufgelistet werden, zugleich die Reihenfolge der Artaufspaltungen repräsentieren, ist dies explizit zu erwähnen, da die meisten taxonomischen Listen keinen Bezug zur Phylogenese aufweisen.

12.4 Artefakte der formalen Klassifikation

Die formale Klassifikation, insbesondere die Vergabe von Kategorien, darf nicht als Grundlage für Aussagen über genetische oder zeitliche Distanzen verwendet werden, da sie nicht aus Divergenzverhältnissen abgeleitet wird (Kap. 3.7). Wird dies übersehen, kommt es zu unsinnigen Aussagen.

Beispielsweise wird der Fund zahlreicher kambrischer Fossilien, die als Stammlinienvertreter rezenter Taxa eingeschätzt werden, als Beleg für eine rasante Radiation in kurzer Zeit angesehen. Hierfür ist der Begriff »**Kambrische Explosion**« populär geworden. Eines der Argumente für das Vorkommen einer außerordentlich schnellen Evolutionsrate lautet, es seien in kurzer Zeit die meisten Tierstämme entstanden, während später keine weiteren Stämme evolvierten (z.B. Ohno 1997). Diese Beobachtung ist ein Artefakt der Klassifikation (Abb. 174): Die genetische Divergenz zwischen einem kambrischen Stammlinienvertreter der Echinodermen und einem der Chordaten (Kategorie »Stamm«) war möglicherweise geringer als die zwischen zwei heute lebenden Säugetieren (z.B. aus der Kategorie »Familie«). Nur der Nachweis, daß die genetische Divergenz zwischen den fossilen Arten tatsächlich ungewöhnlich groß war, und daß die Taxa tatsächlich erst im Kambrium entstanden sind, kann die Existenz einer »Kambrischen Explosion« belegen. Würde die genetische Distanz als Kriterium für die Abgrenzung von »Stämmen« verwendet, könnten für die Gegenwart wesentlich mehr »Tierstämme« als im Kambrium unterschieden werden.

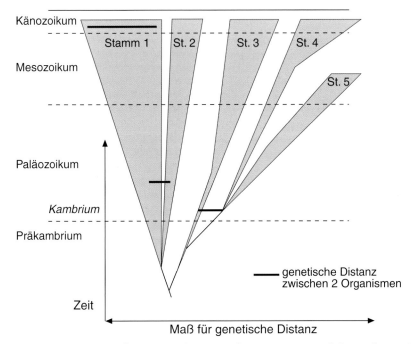

Abb. 174. Die Klassifikation ist unabhängig von der genetischen Divergenz (Modellvorstellung, s.Text).

12.5 Taxonomie

Die Taxonomie ist die Kunst der Beschreibung und korrekten Klassifikation der Lebewesen. Die Ausdrücke »Taxonomie« und »Systematik« könnten Synonyme sein. Die Praxis zeigt aber, daß im Sprachgebrauch Unterschiede gemacht werden. Ein Systematiker und ein Taxonom können verschiedene Analysen ausführen. Systematiker suchen nach dem phylogenetischen System, müssen aber keine speziellen Kenntnisse über die Zahl, Benennung und Unterscheidung bekannter Arten haben. Viele Systematiker arbeiten mit supraspezifischen Taxa und sind nicht in der Lage, eine neue Art der betreffenden Taxa zu erkennen.

Dieses vermag jedoch der spezialisierte Taxonom, der die Art beschreiben kann und die Nomenklaturregeln (s. o.) berücksichtigen muß. Der Systematiker kann, muß aber nicht die Regeln der taxonomischen Arbeit beherrschen. Der Taxonom dagegen muß die Logik der phylogenetischen Systematik kennen, damit er korrekt systematisieren kann, in der Praxis ist es jedoch auch möglich, Arten ohne Kenntnisse der Theorie der Phylogenetik zu beschreiben. Wissenschaftler, die derart vorgehen, sind Taxonomen, aber nicht Systematiker.

12.6 Evolutionäre Taxonomie

Evolutionäre Taxonomie nennt man den Versuch, Organismen nach ihrer Verwandtschaft *und* Organisationskomplexität oder Ähnlichkeit zu klassifizieren (s. Mayr 1981). Dieses hat zur Folge, daß viele Taxa Paraphyla sind: Spaltet man aus den Tetrapoda die aus menschlicher Sicht leistungsfähigeren Mammalia und Aves ab, verbleibt der Rest als »Reptilia«. Die Art *Homo sapiens* könnte als eigenes Taxon von anderen Hominiden abgegrenzt werden, weil der Mensch seine Eigenarten als etwas Besonderes empfindet (Abb. 175). Es wäre also zwischen dem Taxon »Affen« und dem Taxon »Mensch« zu unterscheiden, was der Denkweise der Menschen vergangener Jahr-

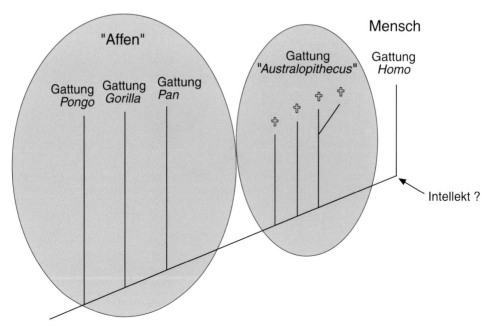

Abb. 175. Abgrenzung des Menschen mit dem Merkmal »intellektuelle Leistungsfähigkeit«: Die Taxa in Anführungsstrichen sind paraphyletisch.

hunderte entspricht. Diese Klassifikation visualisiert nicht die Phylogenese, also die historische Abfolge von Speziationsereignissen, und hat sich daher nicht durchgesetzt.

Das Vorgehen der evolutionären Taxonomie wird kurz erläutert, obwohl es nicht den Zielen der Phylogenetik dient:

- Eine Merkmalsanalyse wird zur Unterscheidung von Apomorphien, Plesiomorphien und Konvergenzen durchgeführt.
- Schwestergruppenverhältnisse werden mit Synapomorphien begründet.
- Die Zahl der Autapomorphien von jeweiligen Schwestertaxa wird als Maß für die Entfernung vom gemeinsamen Vorfahren festgestellt. Die Zahl neuer Merkmale wird mit der Länge der Stammlinien visualisiert.
- Gruppen mit längeren Stammlinien bekommen denselben Rang wie die umfassendere Gruppe, aus der sie abstammen. Diese »Stammgruppe« ist also paraphyletisch.

Vögel haben zum Beispiel Synapomorphien mit den Krokodilen gemein, sind jedoch vom Bauplan anderer Reptilien weiter entfernt als die Krokodile, sie haben nach der Wahrnehmung der Zoologen viel mehr Autapomorphien. Daher werden in einer »evolutionären Klassifikation« die Krokodile zu den Reptilien gestellt, die Vögel aber nicht. Dadurch wird das Taxon »Reptilia« paraphyletisch.

Die Nachteile dieser Klassifikation sind:

- Viele Taxa sind nicht monophyletisch.
- Die Entscheidung, welche Taxa als Paraphyla anerkannt werden sollen, ist äußerst subjektiv.

Die evolutionäre Klassifikation sollte dazu dienen, auch die genetische Divergenz zwischen Taxa zu berücksichtigen. Dabei diente die subjektive Bewertung sichtbarer Unterschiede in Morphologie und Leistungsfähigkeit als Maßstab. Heute stehen molekulare Daten zu Verfügung, die eine objektive Quantifizierung der Divergenz ermöglichen, ohne daß die Regeln der Phylogenetik umgangen werden müssen.

13. Allgemeine Gesetze der phylogenetischen Systematik

Es gibt einige allgemein gültige Gesetze der phylogenetischen Systematik, die von der Merkmalsklasse, die verwendet wird, der Organismengruppe und von den verwendeten Rekonstruktionsmethoden unabhängig sind. Sie gelten für die vergleichende Morphologie genauso wie für die molekulare Systematik.

- Eine Klassifikation der Organismen beruht nur dann auf intersubjektiv vergleichbaren Naturereignissen, wenn sie sich auf Divergenzprozesse bezieht (Kap. 2.3). (Zur Erinnerung: Divergenzprozesse vergrößern die durchschnittliche genetische Distanz zwischen Populationen von Organismen und können zur irreversiblen Trennung (= Speziation) führen).
- Eine Klassifikation der Organismen ist nur dann ein Abbild der Phylogenese, wenn die unterschiedenen Organismenklassen Monophyla sind.
- Die Identifikation von Homologien ist notwendig, aber nicht hinreichend für die Begründung einer Monophyliehypothese.
- Eine Monophyliehypothese ist nur mit Apomorphien begründbar (Kap. 1.3.7, Kap. 4). Ein Schwestergruppenverhältnis ist nur mit Synapomorphien begründbar. Unabhängig davon, ob diskrete oder quantitative Merkmale (genetische Distanzen) benutzt werden, sind Belege dafür zu erbringen, daß Übereinstimmungen zwischen Arten weder Plesiomorphien noch zufällige Übereinstimmungen oder Konvergenzen sind.
- Die Identifikation einer Apomorphie hoher Homologiewahrscheinlichkeit impliziert immer eine Monophyliehypothese.
- Apomorphien, mit denen Monophyliehypothesen begründet werden, müssen Merkmale hoher Homologiewahrscheinlichkeit sein (Kap. 5.1).
- Werden Merkmale niedriger Homologiewahrscheinlichkeit verwendet, können komplexe Merkmalsmuster durch Zusammenfassung einfacher Merkmalen gefunden werden (Kap. 5.1.1, Abb. 84, Kap. 6.5).
- Die Homologiewahrscheinlichkeit hängt von der Komplexität eines Merkmals ab (Kap. 5.1.1).
- Informationsgehalt und Homologiewahrscheinlichkeit eines Merkmals sind dasselbe.
- Homologieaussagen sind immer Hypothesen (Kap. 1.3.7).
- Monophylieaussagen sind immer Hypothesen. Monophyla sind Konstrukte (Kap. 2.6).
- Abstammungsaussagen sind immer Hypothesen. Stammbäume sind Konstrukte.
- Enthält ein Datensatz eine ungenügende Artenstichprobe, können fälschlich Monophyliehypothesen durch Symplesiomorphien gestützt werden (Kap. 6.3.3).
- Baumkonstruktionsverfahren geben para- und polyphyletische Gruppen fälschlich als Monophyla aus, wenn a) unerkannte Symplesiomorphien gegen konkurrierende Synapomorphien zahlenmäßig überwiegen und wenn b) Analogien zahlenmäßig gegen konkurrierende Synapomorphien überwiegen (Fehler durch »lange Äste«).
- Evolvieren Merkmale schnell, sind sie für phylogenetische Analysen über kurze Zeiträume geeignet, z.B. für den Vergleich von Populationen oder Schwesterarten. Derartige Merkmale verrauschen aber auch schnell und tragen dann nach längeren Zeitabschnitten keine phylogenetische Information mehr. Evolvieren Merkmale langsam, sind sie für die Analyse erdgeschichtlich älterer Speziationsereignisse geeignet.
- Homologiehypothesen, die zur Begründung von Monophyliehypothesen benötigt werden, müssen *vor* der Stammbaumrekonstruktion erarbeitet werden. Die Identifikation von Homologien *nach* der Stammbaumrekonstruktion kann zu Zirkelschlüssen führen.

14. Anhang: Verfahren und Begriffe

Dieses Kapitel enthält ausführlichere Darstellungen einiger Methoden, so daß bei Bedarf der Leser ein vertieftes Verständnis für die ausgewählten Verfahren erreichen kann. Angesichts der Fülle der in der Literatur vorgeschlagenen Berechnungen, die sich in vielen Fällen in der Praxis noch nicht bewährt haben, und auf Grund der Komplexität einiger mathematischer Ableitungen, kann nur eine Auswahl vorgestellt werden.

14.1 Modelle der Sequenzevolution

Es kann im Rahmen dieses Textes nur an übersichtlichen Beispielen erläutert werden, welche Funktion Modelle haben und wie Modellparameter gewonnen werden (s. auch allgemeine Kommentare in Kap. 8.1). Es kommt vor allem darauf an, daß der Systematiker sich mit den Grundsätzen vertraut macht. Die formalisierte Darstellung dagegen, die in Computerprogramme umsetzbar sind, kann man bedenkenlos Mathematikern oder Bioinformatikern überlassen. Je komplexer die Modelle sind, desto unübersichtlicher sind die dazugehörigen Formeln. Entscheidend ist, daß die Annahmen, die die Modelle machen, erkannt werden. Eine Übersicht über derartige Annahmen wurde bereits in Kap. 8.1 vorgestellt.

1) Die Substitutionswahrscheinlichkeit ändert sich im Zeitverlauf nicht.
2) Die Substitutionswahrscheinlichkeit ist in allen Sequenzpositionen dieselbe.
3) Die Sequenzevolution ist ein stochastischer Prozeß.
4) Der Substitutionsprozeß ist in jeder Richtung der Zeitachse gleich (das Modell ist reversibel).
5) In den Sequenzen beträgt das Verhältnis der Basen A:G:C:T stets 1:1:1:1.
6) Die Basenfrequenz eines Gens bleibt im Zeitverlauf konstant.
7) Die Substitutionsrate ist unabhängig von den betroffenen Basen, d.h. es gibt nur eine einheitliche Rate.
8) Die variablen Positionen der Sequenzen sind nicht alle gesättigt.

14.1.1 Jukes-Cantor-(JC-)Modell

Dieses einfache Modell (Jukes & Cantor 1969) dient der Korrektur von sichtbaren Distanzen, da angenommen werden muß, daß mit steigender Distanz die Anzahl der nicht sichtbaren multiplen Substitutionen zunimmt (vgl. »Sättigung«, Abb. 43): Der sichtbare Unterschied einer Position von zwei homologen Sequenzen kann z.B. durch eine Substitution (A→C) oder mehrere Substitutionen (A→T→G→C) entstanden sein. Im ersten Fall wäre für diese Position die sichtbare Distanz gleich der evolutionären (p=d=1), im zweiten Fall dagegen unterschätzt man die reale Distanz (p=1, d=3). Dieser Unterschied soll mit dem JC-Modell korrigiert werden. Für die Verwendung des JC-Modells müssen folgende Annahmen zutreffen:

Anzunehmen, daß es nur eine Substitutionsrate gibt, bedeutet, daß entweder alle Substitutionen völlig selektionsneutral sind oder daß der Selektionsdruck für alle Nukleotide gleich ist. Somit ist die Wahrscheinlichkeit, daß aus einem A ein C, ein T oder ein G entsteht, in jedem Fall gleich.

Unter der Annahme, daß p die sichtbare Distanz (Anteil der Unterschiede, vgl. Kap. 8.2.2) zwischen zwei Sequenzen ist und die genannten Annahmen gelten, erhält man die evolutionäre Distanz mit

$$d_{JC} = -\tfrac{3}{4} \ln(1 - \tfrac{4}{3} p)$$

Der Unterschied zwischen der berechneten Distanz d_{JC} und der p-Distanz wächst mit steigendem Wert p. Die Berechnung ist jedoch nur bis Werte von p<0,75 möglich, da für negative Werte der natürliche Logarithmus nicht definiert ist.

Das ist jedoch kein Problem, da in der Praxis mit Annäherung an p=0,75 die Sättigung erreicht wird und eine Analyse sinnlos wird. Derartige Alinierungen können völlig »verrauscht« sein, so daß eine Schätzung der realen Divergenz nicht mehr möglich ist. Auch bei geringen p-Distanzen können informative Positionen schon mit Substitutionen gesättigt sein, wenn die Zahl variabler Positionen gering ist und die invariablen für die Distanzberechnung nicht ausgeschlossen worden sind, was in der Praxis oft vergessen wird. In diesem Fall ist die Annahme einer gleichförmigen Rate für alle Sequenzpositionen nicht erfüllt, die JC-Korrektur führt daher zu Fehlern.

Das Verständnis für die Bedeutung dieses Modells wird erleichtert, wenn man die **Herleitung der Formel** kennt (z.B. Li & Graur 1991):

Findet sich an einer Sequenzposition ein A, nimmt mit zunehmender Zeit die Wahrscheinlichkeit ab, daß das A unverändert erhalten bleibt. Diese Wahrscheinlichkeit hängt von den Wahrscheinlichkeiten ab, daß ein C, ein G oder ein T eingefügt wird. Im Jukes-Cantor-Modell ist diese Substitutionswahrscheinlichkeit α für alle Nukleotide gleich. Es repräsentiert α also die Wahrscheinlichkeit, daß nach 1 Zeiteinheit (die nicht definiert werden muß) eine Substitution durch ein bestimmtes Nukleotid eintritt. Für die Wahrscheinlichkeit W, daß *keine Substitution* in einer Zeiteinheit eintritt gilt deshalb:

$$W = 1 - 3\alpha$$

Nach einer zweiten Zeiteinheit ist die Wahrscheinlichkeit für die Beibehaltung des Nukleotids noch geringer, nämlich a) die Wahrscheinlichkeit, daß nach der ersten Zeiteinheit das Nukleotid erhalten blieb ($W = 1-3\alpha$) multipliziert mit demselben Wert, plus b) die Wahrscheinlichkeit, daß nach der ersten Zeiteinheit irgendeine Substitution eintrat (3α oder $1-W$), multipliziert mit der Wahrscheinlichkeit (α), daß daraus wieder ein A entsteht. Der Term lautet dann:

$$W_{(t=2)} = (1-3\alpha)W + \alpha(1-W)$$

Allgemein gilt dann für den Zeitintervall *t+1*:

$$W_{(t+1)} = (1-3\alpha)W_{(t)} + \alpha(1-W_{(t)}) = W_{(t)} - 4\alpha W_{(t)} + \alpha$$

Für die Differenz $W_{(t+1)} - W_{(t)}$ in einer Zeiteinheit erhält man also $-4\alpha W_{(t)} + \alpha$, oder

$$\frac{dW_{(t)}}{dt} = -4\alpha \cdot W_t + \alpha$$

Die Lösung dieser Differentialgleichung für die Wahrscheinlichkeit, daß das ursprünglich vorhandene Nukleotid i erhalten bleibt ($i \Rightarrow i$) lautet:

$$W_{ii(t)} = \frac{1}{4} + \frac{3}{4}e^{-4\alpha t}$$

Für den Fall, daß ursprünglich das Nukleotid i nicht vorhanden war, gilt entsprechend:

$$W_{ji(t)} = \frac{1}{4} - \frac{1}{4}e^{-4\alpha t}$$

Beide Formeln nähern sich dem Wert ¼ mit wachsendem Zeitintervall, was bedeutet, daß unabhängig von der Ausgangssituation die Wahrscheinlichkeit des Auftretens eines bestimmten Nukleotids bei t=∞ stets ¼ ist, was der Zufallsverteilung entspricht.

Die Nutzung dieses Modells für die Transformation von Distanzen wird in Kap. 14.3.2 erklärt.

Die Jukes-Cantor-Korrektur entspricht einer spezifischen Poisson-Korrektur. Letztere hat die allgemeine Formel $d = -\ln ♀$, wenn *d* die evolutionäre Distanz und ♀ der sichtbare Anteil unveränderter Positionen ist.

14.1.2 Tajima-Nei-(TjN-)Modell

Ausgehend von dem Jukes-Cantor Modell wird zusätzlich berücksichtigt, daß die Basenfrequenz nicht 1:1:1:1 betragen muß (Tajima & Nei 1984). Dabei geht man von der Überlegung aus, daß bei Substitution mit einer Base, die in den Sequenzen häufiger vorhanden ist, mit größerer Wahrscheinlichkeit eine zufällige Übereinstimmung zwischen zwei Sequenzen entsteht als wenn die Substitution eine seltene Base hervorbringt. Es muß damit für jede Base die Häufigkeit in den Sequenzen ermittelt werden. Das Modell hat damit die Eigenschaft, daß es scheinbar vier verschiedene Substitutionsraten gibt, für jede neu entstandene Base (A, G, C oder T) eine andere. Damit gilt für Distanzkorrekturen:

$$d_{TjN} = -b \ln(1 - ^p/_b)$$

In dieser Formel ist p die sichtbare Distanz, b ein Parameter, der von den Basenfrequenzen q_i abhängt:

$$b = 1 - (q_a^2 + q_g^2 + q_c^2 + q_t^2)$$

Beachte, daß bei gleicher Frequenz $q_i = 0{,}25$ für alle Basen der Wert b 0,75 beträgt, womit d_{TJN} der Jukes-Cantor-Formel entspricht (vgl. auch Kap. 14.3.2).

Die Werte für q_i erhält man z.B. mit $q_i = (\Sigma N_i)/2N$, wenn man Distanzkorrekturen für den Vergleich von 2 Sequenzen durchführt, wobei N_i die Anzahl der Positionen mit Nukleotid i ist und N die Länge der Alinierung ist. Als Basenfrequenz wird also in diesem Fall ein Mittelwert für je 2 Sequenzen verwendet. Für andere Verfahren kann man z.B. die mittlere Basenfrequenz für die gesamte Alinierung ausrechnen. Man beachte, daß keinesfalls die Basenzusammensetzung aus rekonstruierten Grundmustern berechnet wird, sondern lediglich terminale Sequenzen verglichen werden und die Annahme impliziert ist, daß die Ahnensequenz des letzten gemeinsamen Vorfahren von Schwesterarten eine Basenzusammensetzung hatte, die dem Mittelwert der terminalen Arten entspricht. In vielen Fällen wird diese Bedingung nicht erfüllt sein.

14.1.3 Kimuras Zwei-Parameter-Modell (K2P)

Kimura (1980) wies darauf hin, daß beim Vergleich von Sequenzen von nah verwandten Arten Transitionen häufiger vorkommen als Transversionen, obwohl es mehr Basenkombinationen gibt, die Transversionen entsprechen (Abb. 42). Ursache für dieses Mißverhältnis sind die Wahrscheinlichkeit der chemischen Veränderung der Basen bei zellbiologischen Prozesse, möglicherweise ein größerer Selektionsdruck gegen Transversionen, bei denen sich die Stoffklasse der Nukleotide ändert (Purin $\Leftrightarrow$ Pyrimidin). Da Transversionen seltener auftreten, sind sie über längere Zeitabschnitte nachweisbar als Transitionen, weil auch multiple Substitutionen seltener auftreten. Ist U_t die Wahrscheinlichkeit, daß ein Nukleotid an einer Position zum Zeitpunkt t unverändert ist, S_t bzw. V_t die Wahrscheinlichkeit, daß ein Nukleotid aus einer Transition (S_t) bzw. Transversion (V_t) hervorging, dann gilt auf Grund des Zahlenverhältnisses der möglichen Substitutionen (vgl. Abb. 42; für Transversionen gibt es doppelt soviel Möglichkeiten):

$$U_t + S_t + 2V_t = 1$$

In ähnlicher Weise wie beim Jukes-Cantor-Modell (Kap. 14.1.1) kann man zeigen, daß für die Transitionen die folgende Formel gilt:

$$S_t = \frac{1}{4} + \frac{1}{4} e^{-4\beta t} - \frac{1}{2} e^{-2(\alpha+\beta)t}$$

Für eine Transversion gilt:

$$V_t = \frac{1}{4} - \frac{1}{4} e^{-4\beta t}$$

Dabei ist α die Substitutionsrate für Transitionen, β die Rate für Transversionen.

Die Unterschiede der Substitutionswahrscheinlichkeiten S_t und V_t beruhen auf Mutations- und Selektionsprozessen, die mit einer »Würfelstatistik« nicht zu beschreiben sind. Diese Unterschiede sind erkennbar, wenn man die Zahl sichtbarer Transitionen N_s und Transversionen N_v auszählt. Es werden bei Anwendung des K2P-Modells in Distanzverfahren jeweils zwei Sequenzen miteinander verglichen und die Sequenzunterschiede gezählt, die durch eine Transition oder eine Transversion entstanden sein könnten. Der Anteil an Transitionen ($P = N_s/N$) und an Transversionen ($Q = N_v/N$) einer Alinierung mit N Positionen wird bei der Distanzkorrektur berücksichtigt, so daß der Effekt der Vorstellung entspricht, es gäbe zwei Substitutionsraten, eine für Transitionen, eine für Transversionen. Eine Substitutionsrate wird damit nicht berechnet, sondern eine Distanz, die gegenüber der sichtbaren p-Distanz für multiple Substitutionen und zufällige Identitäten korrigiert ist. Die Formel für Distanzkorrekturen lautet (vgl. Kimura 1980):

$$d_{K2P} = -\tfrac{1}{2}\ln(1 - 2P - Q) - \tfrac{1}{4}\ln(1 - 2Q)$$

Für dieses Modell gelten dieselben Annahmen wie für das JC-Modell, mit der Ausnahme, daß 2 Substitutionsraten unterschieden werden. Zu beachten ist vor allem, daß Variationen des Selektionsdruckes in der Zeit und auch in verschiedenen Regionen eines Gens nicht berücksichtigt werden. Tamura (1992) gab eine Variante an, bei der ein Aspekt der Basenfrequenz berücksichtigt wird, nämlich der GC-Gehalt der Sequenzen.

Besteht der Verdacht, daß die Transitionen durch Mehrfachsubstitutionen saturiert sind, kann man an Stelle des K2P-Modells das JC-Modell verwenden und nur jene Positionen berücksichtigen, die Transversionen aufweisen.

14.1.4 Tamura-Nei-Modell (TrN)

Tamura und Nei (1993) schlugen ein Modell vor, bei dem berücksichtigt wird, daß sich nicht nur die Raten für Transitionen und Transversionen unterscheiden können, sondern auch oft innerhalb der Transitionen die Raten für Substitutionen zwischen Purinen (A und G) und zwischen Pyrimidinen (T und C) verschieden sind. Es werden also ähnlich wie im vorhergehenden Modell Parameter geschätzt, nur sind es im TrN-Modell 3 Parameter (für Transversionen, Transitionen von Purinen, Transitionen von Pyrimidinen). Die Annahmen des Jukes-Cantor-Modells (s.o.) gelten auch hier, mit Ausnahme der Gleichförmigkeit der Substitutionsraten.

14.1.5 Positionsabhängige Variabilität der Substitutionsrate

Gamma-Verteilung

Diese Korrektur der sichtbaren Distanzen setzt voraus, daß die Substitutionswahrscheinlichkeit an verschiedenen Sequenzpositionen unterschiedlich ist und es mehr als wenige diskreten Klassen von Substitutionen (der Art Transitionen/Transversionen) gibt. Die einfachste Vorstellung ist die, daß ein Teil der Positionen invariabel ist, die übrigen dieselbe Substitutionsrate aufweisen. Empirisch läßt sich feststellen, daß in Alinierungen von Gensequenzen funktionell bedeutsame Regionen oft invariabel sind. Es gibt jedoch keinen Grund für die Annahme, daß die variablen Positionen eine einheitliche Substitutionsrate haben. Es ist zu erwarten, daß es für die Variationen der Raten eine Häufigkeitsverteilung gibt, die von Gen zu Gen unterschiedlich ist. Für die Beschreibung dieser Häufigkeitsverteilung der Substitutionsraten wurde die Gamma-(Γ)-Verteilung vorgeschlagen (z.B. Uzzell & Corbin 1971, Yang 1994).

Der Kurvenverlauf für diese Verteilungsfunktion hängt von zwei Parametern ab (α, β), die die Gestalt der Kurve bestimmen. Ist $\beta = 1/\alpha$, dann erhält man eine Verteilung mit einer mittleren Rate von 1, die Variationen der Verteilung ergeben sich mit der Wahl eines Wertes für α (z.B. Werte zwischen 0,5 und 200, s. Swofford et al. 1996). Der Wert α ist in diesem Fall der inverse Variationskoeffizient der Substitutionsrate. Wählt man einen kleinen Wert für α, impliziert dieses eine hohe Variabilität der Substitutionsrate, bei hohen Werten sind die Raten einheitlicher und nähern sich den Modellen mit positionsunabhängigen Raten.

Der Wert für α kann nicht aus beobachteten Substitutionsprozessen abgeleitet werden, da die historischen Evolutionsprozesse der Beobachtung nicht zugänglich sind. Wie in Kapitel 14.6 erwähnt (Maximum-Likelihood-Methoden), können dieser und andere Parameter, die in Modellen Verwendung finden, derart optimiert werden, daß die Dendrogramme optimal zu den Daten passen. Theoretisch müßte jede mögliche Topologie für ein Dendrogramm berücksichtigt werden, um dann für jede Topologie die Modellparameter zu variieren, was sehr aufwendig ist, weshalb Näherungsverfahren entwickelt werden. Im Computerprogramm MEGA (Kumar et al. 1993) wird für Distanzverfahren mit Gamma-Verteilung der Raten ein Wert von $\alpha = 1$ eingesetzt. Der Parameter kann in verschiedene Modelle eingefügt werden (JC-, K2P-Modell usw., z.B. Jin & Nei 1990, Tamura & Nei 1993).

Zu beachten ist, daß bei Verwendung einer einheitlichen Gamma-Verteilung für die Berechnung eines Dendrogramms die Annahme vorausgesetzt wird, daß die Substitutionsraten sich nicht im Zeitverlauf ändern.

Schätzung der positionsspezifischen Variabilität

Ein anderer Vorschlag zur Berücksichtigung der positionsabhängigen Variabilität im Rahmen von Distanzverfahren stammt von Van de Peer et al. (1993). Unter Variabilität einer Sequenzposition versteht man im Prinzip die Häufigkeit, mit der im Verlauf der Phylogenese in verschiedenen Stammlinienpopulationen an einer Position

Substitutionen auftreten können. Die Variabilität v_n einer Sequenzposition n wird wie folgt definiert:

$$v_n = \frac{s_n \cdot L}{\sum_{i=1}^{L} s_i}$$

Hier bedeuten L die Länge der Alinierung, s_n die Substitutionswahrscheinlichkeit der Position n; s_i ist die Substitutionswahrscheinlichkeit der Position i. Der Einfachheit halber wird das Jukes-Cantor-Modell (Kap. 14.1.1) für die Korrektur von sichtbaren Distanzen verwendet. Die Wahrscheinlichkeit W_n, daß an einer bestimmten Sequenzposition n beim Vergleich zweier Sequenzen eine Substitution sichtbar wird, hängt von der Variabilität v_n der Position und der evolutionären Distanz d ab:

$$W_n = \frac{3}{4}\left[1 - e^{-\frac{4}{3}v_n d}\right]$$

Die Variabilität v_n wird empirisch für eine Gruppe ähnlich variabler Positionen bestimmt. Zu diesem Zweck teilt man die sichtbaren Distanzen einer Distanzmatrix in willkürlich gewählte Intervalle ein (z.B. in Schritten von 0,005). Für alle Sequenzpaare, die in ein Distanzintervall fallen, bestimmt man für jede Sequenzposition den prozentualen Anteil der Sequenzpaare, die eine Substitution aufweisen. Es könnten also z.B. 235 Sequenzpaare Distanzwerte von 0,280-0,285 aufweisen, wovon 22 % in Position 140 eine Substitution aufweisen (Anteil beobachteter Substitutionen). In einem Diagramm kann nun *für jede Sequenzposition* der Anteil beobachteter Substitutionen gegen die Distanz aufgetragen werden, ein Punkt in dem Diagramm für Position 140 hätte also die Koordinaten 0,283 (für das Intervall 0,280-0,285) und 0,22 (für den Anteil beobachteter Substitutionen). Zu der Punkteschar muß dann mit nichtlinearer Regression eine Kurve konstruiert werden, die der obigen Formel für W_n entspricht. Die Steigung der Kurve an ihrem Anfang entspricht dem Wert v_n für die betreffende Sequenzposition.

Um eine Distanzkorrektur unter Berücksichtigung der positionsspezifischen Variabilität durchzuführen, werden die Werte v_n in Positionsgruppen s ähnlicher Variabilität eingeteilt, die jeweils eine Durchschnittsvariabilität v_s aufweisen. Für diese Positionen ist f_s der Anteil der Positionen, die in den paarweisen Sequenzvergleichen eine Substitution aufweisen. Für die Positionsgruppe s eines Sequenzpaares erhält man dann die korrigierte Distanz d_s:

$$d_s = -\frac{3}{4}\frac{1}{v_s}\ln\left(1 - \frac{4}{3}f_s\right)$$

Für ein Sequenzpaar der Alinierungslänge L wird die gesamte Distanz aus der Summe der Distanzen der Positionsgruppen s, die jeweils die Anzahl von Positionen L_s aufweisen, bestimmt:

$$d = \sum{}^s \frac{L_s}{L} d_s$$

Nach jeder Änderung oder Ergänzung einer Alinierung muß diese Berechnung erneut durchgeführt werden. Das Verfahren ist von den Annahmen des Evolutionsmodells (hier: Jukes-Cantor-Modell) abhängig.

14.1.6 Log-Det-Distanztransformation

Die oben beschriebenen Modelle setzen voraus, daß Substitutionswahrscheinlichkeiten für bestimmte Nukleotide sich im Verlauf der Zeit nicht ändern (engl. »stationary substitution probabilities«). Dieses erfordert die Log-Det-Transformation nicht (Steel 1994, Lockhart et al. 1994, Waddell 1995), was auch eine Verschiebung der Basenfrequenz (G:A:T:C) ermöglicht. Die Log-Det-Transformation wird für Distanzverfahren genutzt. Sie setzt voraus, daß

– Sequenzpositionen voneinander unabhängig evolvieren und
– Substitutionsraten für einen bestimmten Substitutionstyp (z.B. C-A) für alle Positionen einer Sequenz gleich sind. Korrekturen für Variationen der Rate an verschiedenen Positionen (vgl. Gamma-Verteilung, Kap. 14.1.5) sind nicht möglich.

Variieren dürfen jedoch

– die Basenfrequenz,
– die Substitutionsrate bei verschiedenen Arten und
– die Substitutionsrate zu verschiedenen Zeiten.

Grundlage für die Distanzberechnung ist eine Häufigkeitsmatrix für Positionen mit bestimmten Basenpaaren, wobei alle theoretisch möglichen Basenpaare berücksichtigt werden. Die Werte werden durch Vergleich von jeweils 2 alinierten Sequenzen X und Y gewonnen.

$$F_{XY} = \begin{pmatrix} f_{AA} & f_{AC} & f_{AG} & f_{AT} \\ f_{CA} & f_{CC} & f_{CG} & f_{CT} \\ f_{GA} & f_{GC} & f_{GG} & f_{GT} \\ f_{TA} & f_{TC} & f_{TG} & f_{TT} \end{pmatrix}$$

In dieser Matrix ist f_{ij} der Anteil n_{ij}/N der Basenpaare ij in der Alinierung der Länge N. Die Grundform einer Log-Det-Distanz der Sequenzen X und Y ist dann

$$d_{xy} = -\ln(\det F_{xy}),$$

wobei »det« die Determinante der Matrix ist. Derart kalkulierte Distanzen sind additiv (vgl. Kap. 14.3.3), erlauben aber keine Schätzung der Zahl eingetretener Substitutionen. Nimmt man an, daß die Raten sich in der Zeit nicht ändern, kann d_{xy} so umgeformt werden, daß die Distanzen einer »evolutionären Distanz« proportional sind (Lockhart et al. 1994). Auf Grund der relativ geringen Anzahl von Annahmen ist diese Distanztransformation vielen anderen Modellen überlegen.

Unter einer Determinanten n-ter Ordnung versteht man die Zahl D, die sich aus den n·n (im obigen Beispiel 4×4) zu einer Matrix gehörenden Elementen f_{ij} wie folgt ergibt:

$$D = \sum (-1)^k f_{1\alpha} f_{2\beta} f_{3\chi} \cdots f_{n\omega}$$

Dabei durchlaufen die α, β,.., ϖ alle $n!$ möglichen Permutationen der Zahlen 1,2,....n. Vor jedem Glied der Determinante wird durch die Anzahl k der Inversionen in jeder Permutation das Vorzeichen (+ oder –) bestimmt. Das Glied $f_{13}f_{21}f_{34}f_{42}$ hat z.B. ein negatives Vorzeichen, da die Anordnung der zweiten Indizes drei Inversionen (k=3) aufweist (3→1, 4→2, und vom ersten zum letzten Element 3→2) (vgl. Lehrbücher der Mathematik).

In der Praxis erweist sich oft, daß von allen verfügbaren Distanztransformationen die Log-Det-Transformation die größten Veränderungen einer Topologie bewirken.

14.2 Maximum Parsimony: Die Suche nach der kürzesten Topologie

Wie in Kap. 6.1.2 erläutert, ist es das Ziel des MP-Verfahrens, die kürzeste Topologie zu finden, die zu einer gegebenen Arten/Merkmalsmatrix paßt. Die »Länge« ist als Summe der zu einer Topologie gehörenden Merkmalsänderungen definiert (vgl. Abb. 119). Eine Merkmalsänderung ist entweder das Auftreten eines neuen Merkmals, das vorher nicht existierte, oder die Zustandsänderung einer Homologie (vgl. dazu die Begriffe »Detailhomologie« und »Rahmenhomologie«: Kap. 4.2.2). Es läßt sich nachweisen, daß die Suche nach der »kürzesten« Topologie nicht durch gezielte Berechnung mit »effektiven« Algorithmen lösbar ist (Graham & Foulds 1982). Es müssen vielmehr folgende Schritte durchgeführt werden:

- Konstruktion aller aus Kombination der terminalen Taxa herstellbaren Topologien (Kap. 14.2.1).
- Berechnung der Länge einer jeden Topologie unter Berücksichtigung der gewählten Parsimoniekriterien (Kap. 6.1.2).
- Wahl der kürzesten Topologie oder Konstruktion einer Konsensus-Topologie (Kap. 3.3), falls unterschiedliche Topologien dieselbe Länge aufweisen.
- Durchführung von Wiederfindungswahrscheinlichkeitstests (Kap. 6.1.9.2).

Betrachtet man formal die Gewichtung von potentiellen Apomorphien oder von Merkmalstransformationen als Summe von Einzelschritten (z.B. Gewicht »5« = 5 Einzelschritte), dann ist die **Länge der Topologie** immer die Summe der Einzelschritte jeder Kante der Topologie. Diese Kalkulation ist damit unabhängig vom gewählten Parsimoniekriterium (vgl. Abb. 123).

Formal läßt sich das kladistische Parsimoniekriterium wie folgt ausdrücken (Swofford et al. 1996):

$$L_{(T)} = \sum_{k=1}^{B} \sum_{j=1}^{N} \cdot w_j \cdot \mathit{diff}(x_{k'j}, x_{k''j})$$

Für eine gegebene Topologie T ist die Länge L die Summe der Merkmalsänderungen aller N Merkmale (aller Rahmenhomologien) und aller B Kanten der Topologie, wobei für jede Kante die Merkmalszustände des Merkmals j an den beiden die Kante begrenzenden Knoten- oder Endpunkten (k', k'') verglichen werden. Ist der Merkmalszustand dieser Knoten verschieden, wird ein Schritt gezählt. Der Faktor w_j ist die Gewichtung für die Änderung des Merkmals j, die vorher festgelegt wurde (vgl. Gewichtung, Kap. 5.1.2). Die Gewichtung muß mit der ungewichteten Schrittzahl für jedes Merkmal multipliziert werden und ergibt die endgültige Schrittzahl für das Merkmal an der Kante zwischen k' und k''. Ist keine Gewichtung vorgesehen, gilt $w_j = 1$ für alle Merkmale. Die Gesamtlänge einer Kante ergibt sich aus der Summe der endgültigen Schrittzahl für alle Merkmale an dieser Kante. Die gesamte Schrittzahl eines Merkmals ist die Summe der gewichteten Merkmalsänderungen an allen Kanten einer gegebenen Topologie. Die Länge des Baumes kann man aus der Länge aller Kanten oder aus der Summe der gewichteten, topologiespezifischen Schrittzahl aller Merkmale berechnen.

14.2.1 Konstruktion von Topologien

Maximum-Likelihood- und Parsimonieverfahren benötigen die Zusammenstellung von Kombinationen terminaler Taxa zu allen möglichen Topologien. Dafür werden folgende Methoden benutzt:

1) **Exakte Suche:** Ist die Zahl der Taxa und damit die Zahl alternativer Topologien (s. Kap. 3.4) so gering, daß die Rechenzeit erträglich ist, kann eine exakte Suche durchgeführt werden.

   Vollständige Suche (engl. »exhaustive search«): Diese besteht in der Wahl beliebiger 3 Taxa, aus denen ein erster Baum konstruiert wird, und der anschließenden sukzessiven Verknüpfung eines weiteren Taxons an allen Kanten des Baumes, wobei mit jeder Verknüpfung eine neue Topologie entsteht. Mit 4 Taxa können exakt 3 Topologien konstruiert werden, mit 5 Taxa bereits 15 (Abb. 59). Da die Zahl der Topologien bei mehr als 15-20 Taxa die Kapazität vieler Computer überschreitet, müssen in diesem Fall andere Verfahren genutzt werden. Die vollständige Suche ist nützlich, um z.B. die gesamte Baumängenverteilung zu analysieren (vgl. Kap. 14.9).

   Begrenzung des Suchraumes (engl. »branch-and-bound«): Eine exakte Suche ist auch möglich, ohne daß alle Topologien berücksichtigt werden. Es wird nach zufälliger Wahl der ersten terminalen Taxa durch Addition weiterer Taxa für jede mögliche Topologie mit diesen Taxa die Baumlänge (im MP-Verfahren) oder das gewählte Qualitätskriterium berechnet. Um möglichst viele Topologien auszuschließen und schneller zum Ziel zu gelangen, wird eine Obergrenze für die Baumlänge einer zufällig gewählten Topologie (engl. »upper bound«) berechnet. Alle Topologien jenseits dieser Länge werden nicht mehr berücksichtigt. Dadurch ist garantiert, daß sparsamere, aber nicht längere Topologien gesucht werden, und der Suchraum ist eingeschränkt. Eine Beschleunigung der Berechnung läßt sich u.a. erreichen, indem man die maximale Länge mit einer vorausgehenden heuristischen Suche (s.u.) bestimmt (Swofford et al. 1996).

2) **Heuristische Suche:** Näherungsverfahren beschleunigen die Suche erheblich, es gibt aber keine Sicherheit für das Auffinden der optimalen Lösung. Bei jeder Addition von Taxa werden diejenigen Topologien nicht weiter beachtet, die länger sind als andere derselben Taxaauswahl. Im einfachsten Fall arbeitet man nur mit der kürzesten Topologie weiter und addiert das nächste, zufällig gewählte Taxon. Dadurch wird nur ein Teil der möglichen Pfade zu den vollständigen Topologien verfolgt, was sehr viel Zeit spart. Eine metaphorische Beschreibung dieses Vorgehens ist das Erklettern von Hügeln bei Nebel: Der optimale Schritt während des Aufstieges ist der, der uns dem Gipfel am nächsten bringt (wobei die »Höhe« gleichzusetzen ist mit der »Kürze« einer Topologie nach Addition eines Taxons). Ist der Gipfel erreicht, also das letzte Taxon aus der Datenmatrix zur sparsamsten Topologie des eingeschlagenen Weges addiert, kann es möglich sein, daß wir einen Nebengipfel erklettert haben, welcher niedriger ist als der Nachbargipfel, weil der Pfad zum Nachbargipfel an einer bestimmten Stelle nicht der steilste war und daher nicht gewählt wurde. Daher unterscheidet man zwi-

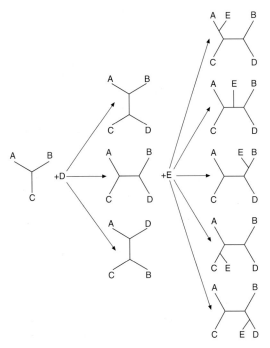

Abb. 176. Beispiel für eine heuristische Suche: Schrittweise Addition von Taxa: Das jeweils nächste Taxon wird an die vorhandenen Topologien verbunden, danach wird nur die Topologie beibehalten, die am sparsamsten ist.

schen einem **lokalem Optimum** (Optimum auf dem eingeschlagenem Pfad) und dem **globalen Optimum** (Optimum für den gesamten Datensatz).

Statt Taxa nacheinander zu addieren kann man auch mit einem »Sterndiagramm« für alle Taxa beginnen (alle terminalen Taxa in einem Knoten verbunden) und dann zufällig ein Taxon auswählen, das nacheinander mit allen übrigen terminalen Taxa zu einer Gruppe vereint wird (engl. »star decomposition method«). Diejenige Gruppe aus 2 terminalen Taxa, die mit dem Optimierungskriterium (z.B. sparsamste Topologie im Parsimonieverfahren oder kürzeste Distanz im Distanzverfahren) die besten Werte liefert, wird beibehalten. Ein Beispiel sind Clusterverfahren (Kap. 14.3.7), sie dienen der Zerlegung von Sterndiagrammen.

Verschiedene Algorithmen, die der heuristischen Suche dienen (s. Farris 1970, Saitou & Nei 1987, Swofford 1990), sind in Computerprogrammen implementiert worden, Details finden sich in den dazugehörigen Anleitungen.

3) **Verlagerung von Ästen.** Im Anschluß an eine heuristische Suche kann durch Verlagerung von Ästen einer Topologie versucht werden, eine noch sparsamere, modifizierte Topologie zu finden (engl. »branch swapping«). Falls man zunächst mit dem kürzesten Baum nur ein lokales Optimum erreicht hat, erhöht man durch die Verlagerung der Äste die Chance erheblich, das globale Optimum zu finden. In der Praxis bewährt sich diese Strategie. Es werden entweder 2 der jeweils 4 mit einer inneren Kanten verknüpften Äste ausgetauscht (**nearest neighbor interchange**), oder es wird ein Ast abgetrennt und mit der Schnittstelle an irgendeiner inneren Kante des verbleibenden Dendrogramms angeknüpft (»**subtree pruning**«), oder es wird die Topologie an einer inneren Kante in zwei Dendrogramme unterteilt (**tree bisection**), von denen dann zufällig gewählte innere Kanten wieder verknüpft werden. Für jede Variante muß die Länge berechnet und mit der Ausgangstopologie verglichen werden. Nur die je nach Optimalitätskriterium beste Topologie wird beibehalten und als Ausgangstopologie für weitere Verlagerungen genutzt. Sind mehrere gleich kurze Topologien gefunden worden, müssen alle diese Varianten für weitere Versuche berücksichtigt werden.

Werden schließlich mehrere kürzeste Topologien gleicher Länge erhalten, kann eine Zusammenfassung mit einer Konsensustopologie dargestellt werden (Kap. 3.3).

Da das Umgruppieren (»branch-swapping«) ein langsames, umständliches Verfahren ist, werden zur Zeit Alternativen entwickelt (Farris et al. 1996).

4) **Wagner-Methode.** In einem Datensatz wird das terminale Taxon gewählt, das die meisten Übereinstimmungen mit der Außengruppe oder mit einem anderen, zufällig gewählten Taxon hat. Dann wird im Datensatz das terminale Taxon gesucht, bei dessen Addition zur Topologie die geringste Zahl von zusätzlichen Schritten (Merkmalsänderungen) auftritt. Es wird für die Anknüpfung jedes weiteren Taxons stets geprüft, an welcher Kante sich die kürzeste Baumlänge ergibt. Am Ende

erhält man eine einzige Topologie. Mit dem Wagner-Algorithmus kann man nicht alternative Topologien entdecken.

14.2.2 Combinatorial weighting

Das Verfahren dient der Gewichtung von Nukleotidsubstitutionen für die kladistische Analyse (Wheeler 1990). Die Grundüberlegung ist, daß Ereignisse, die häufiger auftreten, geringer gewichtet werden sollen, da sie öfters Analogien erzeugen. Dazu wird geprüft, wie oft Nukleotidsubstitutionen einer Sequenzposition *in einer Alinierung* zu sehen sind, es wird also kein Dendrogramm als Bezugssystem vorausgesetzt. Daher handelt es sich um eine a-priori-Gewichtung.

Pro Position wird geprüft, welche Nukleotide gemeinsam auftreten. Folgende Annahme wird vorausgesetzt: Je häufiger in einer Alinierung verschiedene Nukleotide in Spalten (Positionen) assoziiert vorkommen, desto größer ist die Wahrscheinlichkeit, daß diese Nukleotide über Substitutionen verknüpft sind. Es wird die minimale Anzahl von Substitutionen als (n_k-1) berechnet, wobei n_k die Zahl der Nukleotide in einer Position k ist. Gesucht wird die Gewichtung für die Umwandlung eines Nukleotids in ein anderes, gemessen an der Häufigkeit des Vorkommens von Nukleotidpaaren in allen Positionen. Bei 4 Nukleotiden gibt es **6** mögliche ungleiche Nukleotidpaare *ij* (Abb. 177), wenn man die Substitutionsrichtung vernachlässigt (AG, AC, AT, GC, GT, CT).

Die Assoziation a_{ijk} des Nukleotidpaares *ij* in der Position *k* wird berechnet als

$$a_{ijk} = (n_k - 1)/\binom{n_k}{2}$$

Dieser Wert beträgt also 1, wenn nur 2 Nukleotide vorhanden sind, ⅔ bei drei, ½ bei vier Nukleotiden. Dabei gilt $a_{ijk} = a_{jik}$. [Zur Erinnerung: Der Ausdruck »n_k über 2« bedeutet die Anzahl aller möglicher Kombinationen der n_k Elemente in Zweiergruppen. Die Lösung errechnet sich nach n!/2!(n-2)!. Eine »Assoziationsmatrix« mit dem Wert A_{ij} für jedes Nukleotidpaar wird für die gesamte Alinierung berechnet (Abb. 177).

$$A_{ij} = \Sigma_k a_{ijk}$$

	A	C	G	T
A	-	2,2	1,5	3,2
C	2,2	-	2,5	1,2
G	1,5	2,5	-	1,5
T	3,2	1,2	1,5	-

Abb. 177. Assoziationsmatrix (Beispiel aus Wheeler 1990).

Diese Matrix wird transformiert, um die unterschiedlichen Basenfrequenzen zu berücksichtigen: Ist das Nukleotid C in der Alinierung viel häufiger als A, sollte in der Geschichte des Gens die Substitution A→C häufiger vorgekommen sein als C→A. Der Wert A_{ij} in der obigen Matrix wird zu diesem Zweck durch die Zahl z_i der Positionen geteilt, in denen das Ausgangsnukleotid *i* (Nukleotide der linken Spalte) vorkommt, die Werte werden so normalisiert, daß die Summe einer Spalte 1 ergibt. Die neue Matrix mit den Transformationswerten T_{ij} wird dadurch asymmetrisch. Die Gewichtungsmatrix mit den Gewichten W_{ij} erhält man mit

$$W_{ij} = |\ln(T_{ij})|$$

Die logarithmische Transformation dient dazu, die Wahrscheinlichkeit des Eintretens zweier unabhängiger Ereignisse nicht der Addition, sondern der Multiplikation der Wahrscheinlichkeit der Einzelereignisse gleichzusetzen, seltene Ereignisse werden damit höher bewertet. Die Gewichtungsmatrix kann nun genutzt werden, um im MP-Verfahren jede Nukleotidtransformation im Dendrogramm einzeln zu gewichten.

Wie bei anderen Gewichtungen auch wird die Länge einer Kante einer Topologie dadurch erhalten, daß die Zahl der Merkmalsänderungen $i→j$ für jedes Nukleotidpaar *ij* mit dem Gewicht W_{ij} multipliziert wird.

Dieses Verfahren macht folgende, in vielen Fällen unrealistische Annahmen:

– Die Zahl beobachteter Nukleotiddifferenzen einer Alinierung ist ein Maß für die historische Ereignishäufigkeit (Substitutionshäufigkeit).

- Die Sequenzevolution ist ein stochastischer Prozeß.
- Multiple Substitutionen fehlen oder können vernachlässigt werden.
- Die Substitutionswahrscheinlichkeit der Nukleotidpaare ist für alle Sequenzregionen, für alle Taxa und zu allen Zeiten gleich.

Einen sinnvollen Vorschlag zur Berücksichtigung der Insertionen und Deletionen einzelner Nukleotide gibt es nicht.

14.3 Distanzverfahren

14.3.1 Definition der Hamming Distanz

Die Hamming-Distanz gibt den absoluten, sichtbaren Unterschied zwischen zwei Sequenzen an. Für zwei Sequenzen s und t der Länge N und mit den jeweiligen Sequenzelementen (z.B. Nukleotiden) s_i und t_i der Position i aus der Alinierung S wird die Hamming-Distanz d_H definiert als

$$d_H(s,t) = \#\{i \mid s_i \neq t_i, 1 \leq i \leq N\}$$

Sind die alinierten Sequenzen unterschiedlich lang, werden den Insertionen in der Sequenz s Lücken (engl. »gaps«) in den übrigen Sequenzen gegenüberstehen. Deletionen werden ebenfalls mit Lücken gekennzeichnet. Den Alinierungen ist es nicht anzusehen, ob Deletionen oder Insertionen vorliegen (weshalb »gaps« auch »indels« (*in*sertions or *del*etions) genannt werden). Das Alinierungsverfahren (s. Kap. 5.2.2.1) sollte die Homologien der Positionen bestimmen, womit die Lücken realen historischen Ereignissen entsprechen. Die Hamming-Distanz für DNA-Sequenzen kann so aufgefaßt werden, daß die Lücke als fünftes Nukleotid definiert wird, womit jedes inserierte oder deletierte Nukleotid einem Mutationsereignis entspricht. Wird diese Distanz in Anteilen der Länge einer Alinierung (Zahl der Positionen N) ausgedrückt, erhält man die p-Distanz : $p = d_H/N$ (s. auch Dress 1995).

14.3.2 Transformation von Distanzen

Die beim Vergleich von 2 Sequenzen zählbaren Unterschiede repräsentieren nicht alle Substitutionen, die seit der Divergenz der dazugehörigen Ahnenserien historisch eingetreten sind, wenn **multiple Substitutionen** stattgefunden haben. Die Wahrscheinlichkeit, daß multiple Substitutionen vorkommen, steigt mit der Divergenzzeit.

Wir müssen daher, wie schon erläutert (Kap. 8.2), zwischen der apparenten p-Distanz und der evolutionären d-Distanz unterscheiden.

Im Jukes-Cantor-Modell ist die theoretische maximale p-Distanz $p = ¾$, was einer Zufallsverteilung der Nukleotide entspricht, wenn die Basenfrequenz für alle Nukleotide gleich ist: Die maximale evolutionäre Distanz ist dagegen theoretisch $d = \infty$. Daß hohe Werte nie beobachtet werden können, liegt an den multiplen Substitutionen und den **Analogien**, die die zählbare Distanz verringern.

Es sind demnach zwei Faktoren zu berücksichtigen: a) Die Mehrfachsubstitutionen und b) die zufälligen Übereinstimmungen, die es auch ohne Mehrfachsubstitutionen gibt und die die sichtbare Distanz reduzieren.

Die Distanztransformationen dienen dazu, die zählbare Distanz in eine geschätzte evolutionäre umzurechnen, wobei Modelle der Sequenzevolution eingesetzt werden. Wie dies geschieht, soll am Beispiel des in Kap. 8.1 und Kap. 14.1.1 vorgestellten Jukes-Cantor-Modells erläutert werden, das am übersichtlichsten ist (s. Nei 1987).

Jukes-Cantor-Modell

Die Substitutionsrate λ gibt an, wieviele Substitutionen für irgendein Nukleotid an einer Sequenzposition pro Zeiteinheit (z.B. pro Jahr) im Durchschnitt zu erwarten sind und kann theoretisch zwischen 0 und 1 liegen, beträgt aber in der Realität meist wenig über 0. Die Rate λ ist zugleich der Wert für die Wahrscheinlichkeit, daß an einer Position in der Zeitspanne $t+1$ (Ablauf einer Zeiteinheit) eine Substitution eintritt. Ist w

die Wahrscheinlichkeit, daß keine Substitution eintritt, bedeutet $w=1$, daß in dieser Zeitspanne keine Substitution zu erwarten ist (gilt bei $\lambda=0$). Die Rate ist für alle Nukleotide, alle Substitutionen und alle Organismen gleich. Betrachten wir die beiden Sequenzen S_1 und S_2, die seit der Zeit t divergieren, ist die Gesamtzahl der Substitutionen $2\lambda t$ (vgl. Abb. 155). Wenn keine Analogien und keine multiplen Subtitutionen auftreten würden, wäre dieses auch die Zahl zählbarer Unterschiede.

Nach der Zeit $t+1$ wird das Nukleotid einer bestimmten Position einer Sequenz mit einer gewissen Wahrscheinlichkeit substituiert sein. Vergleichen wir eine Position bei zwei Sequenzen, die *dasselbe* Nukleotid aufweist, ist die Wahrscheinlichkeit, daß eine Substitution eintritt, mit 2λ zu berechnen, die Wahrscheinlichkeit, daß keine Substitution eintritt, entsprechend mit $w=1-2\lambda$. Die in einer Zeiteinheit sehr geringe Wahrscheinlichkeit, daß an einer Position mehr als 1 Substitution eintritt, wird bei dieser Überlegung vernachlässigt (λ^2 für 2 Substitutionen). Nach der Substitution würde ein Unterschied zwischen den beiden Sequenzen sichtbar sein.

Hatten beide Sequenzen an einer bestimmten Position zwei verschiedene Nukleotide, dann gibt es für jedes drei mögliche Substitutionen, von denen eine dazu führt, daß eine Analogie entsteht, die die sichtbare Distanz verringert. Alle anderen Substitutionen haben keinen Einfluß auf die zählbare Distanz. Für eine Zeiteinheit ist daher die Wahrscheinlichkeit, daß eine **Analogie** auftritt, mit $2\lambda \cdot \frac{1}{3}$ anzugeben, wobei wiederum die Wahrscheinlichkeit der Mehrfachsubstitution vernachlässigt wird (Abb. 149).

Daraus ergibt sich, daß der erwartete Anteil q identischer Nukleotide einer Sequenz nach Ablauf der Zeiteinheit wie folgt berechnet werden kann, wenn man davon ausgeht, daß q_t der Anteil der Identitäten zu Beginn (Zeitpunkt t) und q_{t+1} zum Zeitpunkt t+1 darstellt:

$$q_{t+1} = (1-2\lambda)q_t + \tfrac{2}{3}\lambda(1-q_t) = q_t + \tfrac{2}{3}\lambda - 8\lambda/3\, q_t$$

Beachte: Der Anteil der Identitäten q ist eine Zahl zwischen 0 und 1, die keine Aussage über die Sequenzlänge, die Zahl konstanter und die Zahl variabler Positionen erlaubt! Je größer die Zahl nicht variabler Positionen, desto geringer ist die Veränderung des realen q-Wertes nach einer Serie von Substitutionen. Diese Überlegung geht in die Distanzschätzung nicht ein, da das Modell die gleiche Substitutionsrate für alle Nukleotide voraussetzt.

Der Anteil geschätzter Identitäten zwischen 2 Sequenzen nach Ablauf einer Zeiteinheit errechnet sich also aus der Wahrscheinlichkeit, daß die Sequenzpositionen unverändert bleiben $(1-2\lambda)q_t$ plus der Wahrscheinlichkeit, daß Analogien auftreten, wo vorher keine Identitäten vorhanden waren (Anteil der Unterschiede $(1-q_t)$ multipliziert mit $2\lambda/3$). Mit der Berücksichtigung der Analogien ist auch berücksichtigt, daß bei Auftreten von **multiplen Substitutionen** sich im Mittel nach 3 Substitutionen eine Analogie ergibt, so daß die oben erwähnten Verfälschungen der evolutionären Distanz, die die Veränderungen der zählbare Distanz q erzeugen, verrechnet werden.

Schreiben wir statt $q_{t+1}-q_t$ nun für ein minimales Zeitintervall dq/dt, erhält man:

$$\frac{dq}{dt} = \frac{2\lambda}{3} - \frac{8\lambda}{3}q$$

Die Lösung dieser Differentialgleichung lautet unter der Bedingung, daß bei t=0 (Beginn der Divergenzzeit) die Übereinstimmung der Sequenzen q=1 ist:

$$q = 1 - \frac{3}{4}(1-e^{-8\lambda t/3})$$

Für den Anteil p der sichtbaren Unterschiede zwischen den Sequenzen gilt $p=1-q$. Da die erwartete Anzahl von Substitutionen d (evolutionäre Distanz) pro Position $2\lambda t$ ist, gilt:

$$p = 1-(1-\tfrac{3}{4}(1-e^{-4d/3})) \quad \text{oder} \quad d_{JC} = -\tfrac{3}{4}\ln(1-\tfrac{4}{3}p)$$

Bei diesen Transformationen spielen Überlegungen zur differenzierten Wirkung der Selektion auf einzelne Genabschnitte und auf verschiedene Organismen keine Rolle, die Sequenzevolution wird wie ein mechanischer Zufallsprozess behandelt, der in der Zeit unverändert abläuft. Treten lokal in einer Sequenz Mehrfachsubstitutionen auf, während große Sequenzbereiche konserviert sind, ist eine korrekte Schätzung der evolutionären Distanz auf diese Weise nicht möglich.

14.3 Distanzverfahren

Kimuras 2-Parameter-Modell

Da die Substitutionsrate in der Natur nicht für alle Ereignisse gleich ist, berücksichtigt das K2P-Modell (s. auch Kap. 14.1.3) die auffälligen, selektionsbedingten Unterschiede zwischen Transitionsraten α und Transversionsraten β (Kap. 2.7.2.4). Beim Vergleich von 2 Sequenzen können insgesamt 16 verschiedene Nukleotidpaare auftreten. Davon haben 4 Paare je identische Nukleotide (AA, TT, CC, GG), 4 Paare sind Transitionspaare (AG, GA, TC, CT), 8 sind Transversionspaare (AT, TA, AC, CA, TG, GT, CG, GC). Zählt man die Häufigkeit dieser 3 Paartypen, gilt *R=1–P–Q*, wobei *R* der Anteil der gleichartigen Paare, *P* der Anteil der Transitionspaare und *Q* der Anteil der Transversionspaare ist.

Unter dieser Modellvorstellung ist die erwartete Rate der Substitutionen zusammengesetzt aus der Transitionsrate und der Transversionsrate, wobei letztere doppelt vorkommt, da es rein statistisch bei Gleichverteilung der Nukleotide doppelt so viele Transversionspaare wie Transitionspaare geben kann (vgl. Abb. 42). Für die Gesamtrate gilt also $\lambda = \alpha + 2\beta$ und für die evolutionäre Distanz gilt

$$d = 2\lambda t = 2\alpha t + 4\beta t$$

Daraus errechnet sich analog zum Jukes-Cantor-Modell (vgl. Kimura 1980):

$$d = -\frac{1}{2}\ln\left[(1-2P-Q)\sqrt{1-2Q}\right]$$

So wie beim Jukes-Cantor-Modell die Substitutionsrate λ nicht wirklich berechnet wird, werden auch in der K2P-Distanzkorrektur keine Angaben über die Raten gemacht. Man geht davon aus, daß die zählbaren Anteile der Transitionspaare P und Transversionspaare Q einer Alinierung von 2 Sequenzen das Ergebnis eines stochastischen Prozesses sind, bei dem die Raten für Transitionen und Transversionen unterschiedlich aber in der Zeit konstant sind, und wendet für jede dieser 2 Typen von Nukleotidpaare letztlich das Jukes-Cantor-Modell an. Das setzt voraus, daß die sichtbaren Sequenzunterschiede ein Indiz für die in der Vergangenheit aufgetretenen Raten sind, was dann zuträfe, wenn diese Raten für alle Nukleotide, für alle Organismen und zu jeder Zeit gleich wären. Weiterhin muß vorausgesetzt werden, daß die Sequenzen nicht nahe der »Sättigung« sind, da dann Distanzschätzungen sehr fehlerhaft sind.

14.3.3 Additive Distanzen

Für die Phylogenetik ideale Distanzdaten sind additiv: Sie passen nur auf 1 Baumgraphik. Distanzen sind dann additiv, wenn sie die metrische »Vier-Punkt-Bedingung« erfüllen (Bunemann 1971). Wählt man aus einer Baumgraphik 4 beliebige Taxa, ist der Baum dann additiv, wenn für die Nachbarn A, B und C, D die in Abb. 178 dargestellte Bedingung gilt.

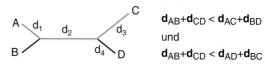

Abb. 178. Die Vier-Punkt-Bedingung gilt, wenn Distanzen additiv sind.

In einem additiven Baum ist die Distanz zwischen 2 Taxa identisch mit der Summe der Länge *d* aller Kanten, die die 2 Taxa verbinden: $d_{AC}=d_1+d_2+d_3$ und $d_{AD}=d_1+d_2+d_4$.

Genetische Distanzen sind additiv, wenn die Substitutionsraten auf allen Kanten gleich oder unterschiedlich sind, aber keine Analogien vorkommen. Leider sind reale Daten meist nicht perfekt additiv, da Analogien häufig vorkommen. Eine Analogie kann zur Folge haben, daß für das obige Beispiel $d_{AD}=d_1+d_2+d_4$ nicht mehr gilt (Abb. 179).

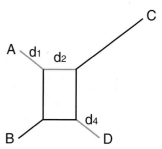

Abb. 179. Distanzen sind nicht additiv, wenn Analogien auftreten. Dieses Diagramm entsteht, wenn es sowohl gemeinsame Merkmale von A,B gegenüber C,D als auch Gemeinsamkeiten von A,C gegenüber B,D gibt.

Weiterhin gilt:
- Distanzen zwischen demselben Taxon sind nicht meßbar.
- Distanzen sind unabhängig von der Richtung, in der sie gezählt werden ($d_{AB}=d_{BA}$).
- Distanzen sind nie negativ.
- Distanzen zwischen Nachbarn sind kleiner als die Summe der Distanzen zwischen den Nachbarn und einem dritten Taxon (Dreiecks-Ungleichung: $d_{AB} \leq d_{AC}+d_{BC}$).

Die Dreiecks-Ungleichung ist nicht erfüllt, wenn z.B. die Distanzen AB=2, BC=1 und AC=4 sind. In diesem Fall ist der Weg von A über B nach C kürzer als der direkte Weg von A nach C (um das zu verstehen zeichne man ein Dreieck und trage die Kantenlängen 2, 1 und 4 für die Seiten ein).

14.3.4 Ultrametrische Distanzen

Ultrametrische Distanzen erfüllen die noch striktere »Drei-Punkt-Bedingung« und passen auf eine *zentral gewurzelte* Baumgraphik: Die Distanz zwischen zwei Taxa eines ultrametrischen Baumes besteht aus der Summe der Länge der verbindenden Kanten, zusätzlich sind die beiden größten Distanzen (im Beispiel A-C und C-B) gleich (s. Abb. 180):

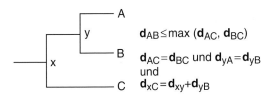

Abb. 180. Ultrametrische Distanzen.

Die Divergenz*zeiten* für rezente Organismen sind immer ultrametrisch. Sollen genetische Distanzen ultrametrisch sein, müssen die Substitutionen einer perfekten und universellen molekularen Uhr folgen (Abb. 155). In diesem Fall wäre es möglich, den Stammbaum mit einer einfachen Clusteranalyse (UPGMA) zu rekonstruieren, wobei es gleichgültig ist, mit welchem Korrekturverfahren die ultrametrischen Daten erhalten wurden. In der Realität verändern sich jedoch Sequenzen meist nicht derart regelmäßig bzw. sind die Distanzkorrekturen nicht so effizient (vgl. Kap. 2.7.2.4).

14.3.5 Transformation von Frequenzdaten zu Distanzdaten: Geometrische Distanzen

Genetische Distanzen sollten ein Maß für die Zeit sein, seit der sich 2 Populationen divergierend entwickeln. Die mit Zahlen beschriebenen Unterschiede zwischen 2 Populationen lassen sich am einfachsten als geometrische Distanz zusammenfassen. Mit dieser berücksichtigt man keine Annahmen über die Evolutionsweise der Populationen, so daß die geometrische Distanz möglicherweise keinen exakten Bezug zur Divergenzzeit hat, während genetiche Distanzen (s.u., Kap. 14.3.6) spezifische Annahmen voraussetzen.

Frequenzdaten sind Angaben über die Häufigkeit, mit der Allozyme oder Restriktionsfragmente in einzelnen Populationen gefunden wurden. Für die phylogenetische Analyse können diese Daten nur genutzt werden, wenn sichergestellt ist, daß die Allelfrequenz für die Art charakteristisch ist und nicht von Population zu Population sehr variiert. Weiterhin sollte eine größere Anzahl von Loci berücksichtigt werden, um eine bessere Homologiewahrscheinlichkeit von Ähnlichkeiten zu erhalten. Die Transformation kann mit verschiedenen Formeln vorgenommen werden:

Ein Locus *A* der Population *X* habe zwei Allele, die mit der Frequenz x_1 und x_2 vorhanden sind ($x_1+x_2=1$), die Population *Y* habe die Frequenzen y_1 und y_2. Jede Population sei durch einen Punkt in einem zweidimensionalen Raum repräsentiert, die Koordinaten für Punkt *X* seien auf der vertikalen Achse durch den Wert x_1 bestimmt, auf der horizontalen Achse durch x_2. Entsprechend ist der Punkt *Y* in demselben Raum definiert. Die Euklidische Distanz zwischen X und Y ist dann:

$$d_{XY} = \sqrt{[(x_1-y_1)^2 + (x_2-y_2)^2]}$$

Sind *i* Allele vorhanden, gilt:

$$d_{XY} = \sqrt{[\sum_{j=1}^{i}(x_j-y_j)^2]}$$

Wobei x_j und y_j die Allelfrequenzen für Allel j in den Populationen X und Y sind. Dieses Maß berücksichtigt nicht die Wahrscheinlichkeit, daß mit steigender Distanz multiple Substitutionen Analogien hervorbringen. Geometrische Distanzen dieser Art beinhalten keine Konzepte über die Evolution von Genfrequenzen, sie sind nur ein Maß für die Ähnlichkeit der Allelfrequenzen. Was die Ähnlichkeit verursacht, bleibt offen (weitere Distanzmaße in Weir 1996, Swofford et al. 1996).

14.3.6 Genetische Distanz nach Nei: Allelfrequenzen, Restriktionsfragmente

Das Allel i des Locus A sei bei den Populationen oder Arten X und Y mit den Frequenzen x_i bzw. y_i vorhanden. Bei Begegnung von zwei Gameten ist x_i^2 die Wahrscheinlichkeit für eine Zufallskombination i/i (Homozygotie) in Populationen der Art X. Begegnen sich Populationen X und Y, könnten sich theoretisch Gameten vereinigen, wobei die Wahrscheinlichkeit eines Zusammentreffens von i dann $x_i \cdot y_i$ ist, wenn Panmixie herrscht. Hätten die Populationen *dieselbe* Allelfrequenz, wäre $x_i \cdot y_i = x_i^2$. Als Maß für die genetische Identität im Locus A zweier Populationen definiert Nei (1972):

$$I = \frac{\sum_i (x_i \cdot y_i)}{\sqrt{\sum_i x_i^2 \cdot \sum_i y_i^2}}$$

Werden mehrere Loci l untersucht, sind die Allelfrequenzen für alle Loci zu berücksichtigen, wobei für die Populationen oder Arten X und Y gilt: $J_x = \Sigma_l \Sigma_i x_i^2$ und $J_{xy} = \Sigma_l \Sigma_i x_i y_i$. Die genetische Identität der Populationen an den untersuchten Loci berechnet man mit:

$$I = \frac{J_{xy}}{\sqrt{J_x \cdot J_y}}$$

J_{xy} kann man als mittlere Wahrscheinlichkeit deuten, daß bei zufälliger Wahl von Allelen aus den beiden Populationen dasselbe Allel gefunden wird. J_x und J_y sind die Wahrscheinlichkeiten, daß bei zufälliger Wahl von Allelen innerhalb einer Population (X oder Y) dasselbe Allel gefunden wird. Neis genetische Distanz ist definiert als:

$$D = -\ln I$$

Der Wert D, der zwischen 0 und Unendlich liegt, wird als Schätzung der Zahl der Substitutionen zwischen zwei Sequenzen betrachtet. Das Konzept der genetischen Distanz nach Nei setzt ein spezifisches Modell der Evolution der Populationen voraus: Substitutionen müssen stets gleich häufig und zufällig auftreten, weshalb lange Zeiträume betrachtet werden sollten, in denen die Divergenz der Populationen auf genetische Drift und Mutationen beruht, in der gemeinsamen Vorfahrenpopulation sollten die Allele im Hardy-Weinberg-Gleichgewicht sein (s. Weir 1996). Treffen diese Bedingungen nicht zu, weil Selektion wirksam ist, einige Loci oder einige Populationen schneller evolvieren, was bei interspezifischen Vergleichen wohl die Regel sein dürfte, sollte man diese Distanzberechnung nicht verwenden. In diesem Fall empfiehlt Hillis (1984) das folgende Distanzmaß, wobei L die Gesamtzahl der Loci ist:

$$D = -\ln \left[\sum_L \frac{1}{L} \left(\sum x_i y_i \Big/ \sqrt{\sum x_i^2 \sum y_i^2} \right) \right]$$

Arbeitet man mit Restriktionsfragmenten (**RFLP**-Analysen), ist ein einfaches Maß für die Ähnlichkeit von zwei Populationen oder Individuen der Anteil der gemeinsamen Fragmente

$$F = 2n_{XY} / (n_X + n_Y)$$

wobei n_X und n_Y die Gesamtzahl der Fragmente in den Populationen oder Individuen X oder Y ist, während n_{XY} die Zahl gemeinsamer Fragmente darstellt (Nei & Miller 1990). Mit »gemeinsamen Fragmenten« sind Fragmente derselben Länge gemeint. Die genetische Distanz zwischen zwei homologen Sequenzen erhält man mit

$$D = -(\ln F)/n,$$

wobei n die Zahl der Basenpaare der Erkennungssequenz eines Restriktionsenzyms ist. Aus der sich daraus ergebende Distanzmatrix läßt sich mit dem *neighbor-joining* Clusterverfahren ein Dendrogramm konstruieren (Abb. 181).

Es ist zu empfehlen, die Distanz für Restriktionsenzyme unterschiedlicher Länge separat zu berechnen, da längere Enzyme mit größerer Wahrscheinlichkeit an homologen Stellen schneiden. Es sei k die Anzahl der unterschiedenen Enzymklassen der Länge r und m_k der Mittelwert für die Zahl der Schnittstellen der Enzyme der Klasse k ($m_k = (n_{Xk} + n_{Yk})/2$) sowie D_k die genetische Distanz, die mit den Enzymen der Längenklasse k berechnet wurde. Die Gesamtdistanz zwischen den zwei Sequenzen errechnet sich mit:

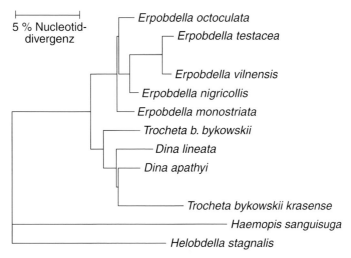

Abb. 181. Verwandtschaft von Egeln (Hirudinea). Neighbor-joining Verfahren, Topologie auf der Grundlage von RFLP-Daten von rDNA-Sequenzen berechnet (nach Trontelj et al. 1996).

$$D = \frac{\sum_k m_k r_k D_k}{\sum_k m_k r_k}$$

Der Distanzberechnung ist allerdings die individuelle Identifikation der Restriktionsfragmente vorzuziehen, da dann mit größerer Wahrscheinlichkeit homologe Subsitutionen berücksichtigt werden (Kap. 5.2.2.4). Für die Distanzberechnung aus RFLP-Daten müssen streng genommen folgende Voraussetzungen erfüllt sein:

– Alle Nukleotide sind im Genom gleich häufig.
– Die Veränderung von Schnittstellen beruht nur auf Basensubstitutionen.
– Substitutionsraten sind für alle Nukleotide und Arten gleich.
– Es werden keine Restriktionsfragmente übersehen (was bei größeren Fragmentzahlen geschehen kann), unterschiedliche Fragmente derselben Länge werden als verschieden erkannt.

14.3.7 Konstruktion von Dendrogrammen mit Clusterverfahren

UPGMA

Die Abkürzung bedeutet: »unweighted pair-group method using arithmetic averages«. Mit diesem Verfahren vergleicht man Distanzen von Objekten paarweise und berechnet für die einander nächsten Paare die gemeinsame Distanz zu den anderen Objekten mit dem arithmetische Mittel. Damit können nicht nur Individuen oder Arten, sondern in der Ökologie z.B. Proben aus verschiedenen Regionen verglichen werden, wenn für die Artenvielfalt ein Diversitätsmaß berechnet worden ist. Das folgende Beispiel soll die Vorgehensweise verdeutlichen, wenn die Zahl S in der Matrix ein Ähnlichkeitsmaß ist:

Arten	1	2	3	4	5
1	/				
2	0,05	/			
3	0,04	0,07	/		
4	0,03	0,09	0,2	/	
5	0,14	0,05	0,04	0,04	/

In dieser Matrix sind die Arten 3 und 4 am ähnlichsten. Dieses ist das erste Schwestergruppenverhältnis im entstehenden Dendrogramm. Es wird nun eine neue Matrix berechnet, wobei 3+4 zusammengefaßt werden. Die Ähnlichkeit zwischen diesem Paar (3,4) und der Art 1 erhält man wie folgt:

$S_{(3,4)1} = (S_{1,3} + S_{1,4})/2 = (0{,}04 + 0{,}03)/2 = 0{,}035$.

In die neue Matrix wird dieser Ähnlichkeitswert eingetragen:

Arten	1	2	5
1	/		
2	0,05	/	
5	0,14	0,05	
(3,4)	0,035	0,08	/

Das nächste Paar ist (1,5). Das Verfahren kann fortgesetzt werden, um alle Distanzen in derselben Weise zu berechnen, es steht aber bereits jetzt fest, daß die Topologie ((3,4)(1,5)2) erhalten wird.

Das UPGMA-Verfahren setzt voraus, daß die Substitutionsrate in allen Linien bis zu den terminalen Taxa gleich ist, oder daß die berechneten Distanzen der Divergenzzeit proportional, die Distanzen also ultrametrisch sind (Abb. 180). Wird diese Bedingung nicht erfüllt, erhält man oft falsche Ergebnisse, da u.a. Autapomorphien bei einem von zwei Schwestertaxa die Distanzen derart vergrößern können, daß das Schwestergruppenverhältnis nicht rekonstruiert wird. Da die Evolutionsprozesse in der Regel nicht so regelmäßig ablaufen, ist dieses Clusterverfahren nicht zu empfehlen.

Neighbor-joining

Dieses Verfahren kann man auch dann anwenden, wenn Distanzen nicht ultrametrisch sind, es also für die Evolutionsprozesse keine »gleichförmige molekulare Uhr« gibt (Saitou & Nei 1987, erläutert in Swofford et al. 1996). Zunächst werden paarweise evolutionäre Distanzen d_{ij} für die terminalen Taxapaare (i, j) geschätzt (vgl. Kap. 8.2.1), die dann korrigiert werden, um für benachbarte terminale Taxa eine mittlere Distanz zu den anderen Taxa zu erhalten. Dieser korrigierte Matrixwert M_{ij} wird für die weitere Berechnung verwendet.

Für eine Art (ein terminales Taxon) i läßt sich eine Gesamtdistanz r_i zu allen anderen Arten angeben, wobei N die Zahl terminaler Arten ist:

$$r_i = \sum_{k}^{N} d_{ik}$$

Bei fünf Arten erhielte man für die erste Art: $r_1 = d_{12} + d_{13} + d_{14} + d_{15}$, wobei $d_{11} = 0$ gilt. Die Unterschiede in der Substitutionsrate zwischen homologen Merkmalen in der Stammlinien zweier Arten werden ausgeglichen, um den Wert M_{ij} zu erhalten, der einem gemittelten Distanzwert für Nachbarn entspricht:

$$M_{ij} = d_{ij} - \frac{r_i + r_j}{N - 2}$$

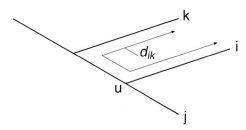

Abb. 182. Schema zur Erläuterung des Neighbor-joining Verfahrens.

In der korrigierten Matrix sind diejenigen Arten Nachbarn, die den negativsten M_{ij}-Wert haben. Für ein derart identifiziertes benachbartes Artenpaar wird ein Grundmuster (basaler Knoten) u angenommen. Das benachbarte Artenpaar (i, j) wird in einer neuen Distanzmatrix durch den Knoten u ersetzt, dessen Distanz d_{uk} zu jedem anderen Taxon k unter Berücksichtigung der evolutionären d-Distanzen berechnet wird:

$$d_{uk} = \frac{d_{ik} + d_{jk} - d_{ij}}{2}$$

Verfolgt man diese Rechnung am Beispiel der Abb. 182 wird deutlich, daß durch diese Kalkulation die Strecke d_{uk} übrig bleibt. Wenn die Stammlinie eines terminalen Taxons besonders lang ist, hat das keine Folgen für die Distanzschätzungen.

In dieser Weise wird das Verfahren solange wiederholt, bis die Topologie geklärt ist.

Neighbor-joining-Verfahren sind wie andere Clusterverfahren sensitiv für die Reihenfolge der Taxa in der Datenmatrix, welche die Topologie des

Dendrogrammes beeinflußt. Um das Ausmaß dieses Effektes für einen gegebenen Datensatz zu prüfen, muß die Berechnung mehrfach mit verschiedenen Anordnungen der Taxa durchgeführt werden. Die Reihenfolge beeinflußt auch Bootstrap-Werte, die u.U. viel zu hoch ausfallen können (Farris et al. 1996).

14.4 Konstruktion von Netzwerken: Split-Zerlegung

Die Split-Zerlegung dient der graphischen Darstellung von Netzwerken (Bandelt & Dress 1992). Grundlage ist die folgende Überlegung: Die Topologie einer Baumgraphik ist dann bestimmt, wenn die Beziehung zwischen Vierergruppen (Quadrupels) der Taxa eines Baumes bekannt ist (Vier-Punkte-Bedingung, s. Kap. 14.3.3). Betrachtet man 4 Taxa, die sich in 3 binären Merkmalen (=Merkmale mit nur 2 Merkmalszuständen) unterscheiden, liegt die größte Inkompatibilität vor, wenn sich die Taxa zu einem Würfel anordnen lassen (Abb. 183): In Abb. 183 begründet das Merkmal 1 die zu Kante 1 parallelen Kanten, Merkmal 2 die zu Kante 2 parallelen Kanten, entsprechend wirkt Merkmal 3. Der Würfel repräsentiert exakt die Distanzen zwischen den 4 Arten. Eine Projektion in die Ebene erhält man, indem eine der vier nicht mit Taxa besetzten Ekken weggelassen wird. Auch diese Graphik enthält die exakten Distanzverhältnisse. Da es 4 »leere« Würfelecken gibt, lassen sich 4 alternative, gleichwertige Projektionen konstruieren. Die Projektion ist bereits ein kleines Netzwerkdiagramm. Jedes Merkmal erzeugt in diesem Diagramm einen Satz paralleler Kanten, weil die 3 Merkmale des Beispiels inkompatibel sind.

Für 4 Taxa sind maximal 3 dichotome Topologien konstruierbar (Abb. 184). Diese Topologien sind alle in einem Würfeldiagramm (Abb. 183) enthalten: Taxon A tritt in Nachbarschaft von Taxon B, C und D auf, die Distanz ist jeweils gleich. Im einzelnen dichotomen Diagramm dagegen sind die Distanzen ungleich (z.B. $d_{AB} < d_{AC}$). In einem Quadrat gibt es 2 Nachbarn gleicher Distanz, zum vierten Taxon ist die Distanz größer. Ein Würfel impliziert drei gleichwertige (mit einem Dendrogramm inkompatible) Nachbarschaften, ein Quadrat nur zwei, ein dichotomes Diagramm exakt eine. Mit mehr als 4 Taxa erhält man mehrdimensionale Kuben (Hyperkubus). Verfahren der Split-Zerlegung bilden Teilgraphen (vernetzte Split-Graphen) zu einem Hyperkubus ab.

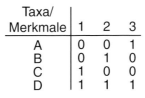
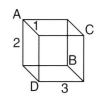
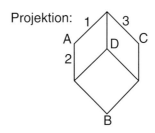

Abb. 183. Darstellung der Inkompatibilität von 3 Merkmalen bei 4 Taxa (nach Bandelt 1994; Erläuterungen im Text).

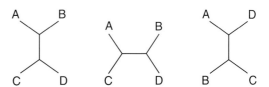

Abb. 184. Dichotome Dendrogramme für 4 Taxa.

Um ein Netzwerk zu konstruieren, wird eine Datenmatrix Merkmal für Merkmal geprüft. Die Reihenfolge der Merkmalsauswertung ist dabei irrelevant. Jedes binäre Merkmal erzeugt einen Split in der Menge der Arten. In der Graphik werden alle Arten mit dem Merkmalszustand 0 von denen mit dem Zustand 1 mit Hilfe paralleler Kanten getrennt (Abb. 185). Dadurch entstehen zwei Subnetze, deren Mitglieder entweder den Zustand 0 oder den Zustand 1 aufweisen.

Da verschiedene Merkmale denselben Split unterstützen können, gibt es Kanten, die besser

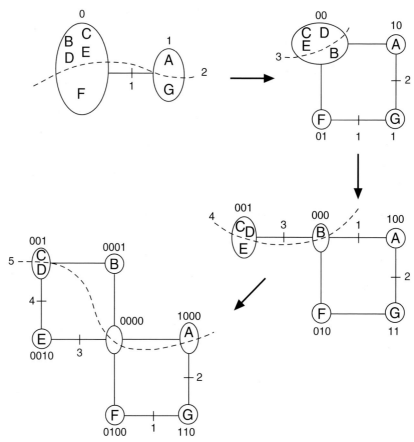

Abb. 185. Beispiel für Konstruktion eines Netzwerkes, modifiziert nach Bandelt (1994). Die Buchstaben repräsentieren terminale Taxa, die Zahlen über den Taxa Zustände binärer Merkmale, die Zahlen an den Kanten die Merkmalsnummer, die einen Split erzeugt. Es ist die Zerlegung einer Artenmenge durch die vier ersten Merkmale eines fiktiven Datensatzes gezeigt, um das Prinzip der Split-Zerlegung zu erläutern. Merkmal 3 hat beispielsweise bei den Taxa C,D und E den Zustand 1 und erzeugt den Split $\{(C,D,E),(A,B,G,F)\}$.

gestützt sind als andere. Dieser Sachverhalt läßt sich derart darstellen, daß die Länge der Kante mit der Zahl stützender Merkmale zunimmt. An die Kanten können die Merkmale notiert werden, die sie verursachen, und es könnte mit einem Pfeil die Lesrichtung angegeben werden, sofern diese bekannt ist. Ebenso kann die Kantenlänge von der Distanz abhängig gemacht werden, wenn keine diskreten Merkmale benutzt werden und nur eine Matrix vorliegt, die paarweise Distanzen angibt.

Unter Verwendung von Distanzmaßen lassen sich »d-Splits« für DNA-Sequenzen wie folgt beschreiben: X sei eine gegebene Menge von Sequenzen, die sich in eine Familie von Splits aufteilen lassen, wobei zu jedem Split $S = \{A,B\}$ zwei Gruppen A und B gehören mit $A \cup B = X$. Jeder Split wird mit der Distanz zwischen den Gruppen beschrieben. Diese Distanz kann die unkorrigierte Hamming-Distanz sein (Kap. 14.3.1) oder eine mit Modellannahmen transformierte Distanz (z.B. Jukes-Cantor-Distanz, vgl. Kap. 14.3.2). Für die Distanzen von Sequenzpaaren s,s' der Gruppe A und t, t' der Gruppe B des Splits $S = \{A,B\}$ gilt die Bedingung:

$$d(s,s') + d(t,t') < \max \begin{cases} d(s,t) + d(s',t') \\ d(s,t') + d(s',t) \end{cases}$$

(vgl. Abb. 186)

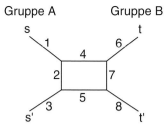

Abb. 186. Split-Graph für die Sequenzen s, s', t und t' zur Erläuterung der Bedingung für Distanz-Splits (nach Bandelt & Dress 1992). Die Zahlen geben eine Bezeichnung der Kanten an (s. Text).

Mit der Split-Zerlegung wählt man die Distanzsummen eines Quartetts von Sequenzen, die nicht die größten der drei Alternativen sind, in der Annahme, daß für das Schwestergruppenverhältnis, das der größten Summe entspricht (z.B. s,t' bzw. s',t) in den Daten wahrscheinlich keine phylogenetische Information vorhanden ist. In Abb. 186 besteht die Distanz d(s,s') aus den Strecken 1+2+3. Mit der Summe d(s,s') + d(t,t') werden aus dem Netzwerk die Strecken 4 und 5 ausgeschlossen, also die Kanten, die den Split {A,B} bilden. Die größte der drei alternativen Summen schließt die kürzeste split-stützende Kante aus, also diejenige, die auf den wenigsten Merkmalsänderungen beruht. Mit der oben beschriebenen Bedingung wird daher der Split ausgeschlossen, der am wenigsten durch Merkmale oder Distanzen gestützt wird. Durch Weglassen einer der drei parallelen Kanten eines Würfels für je 4 terminale Taxa läßt sich die Beziehung zwischen den Taxa eines Datensatzes als Netzwerk planar abbilden (Abb. 144).

Zu jedem Split wird ein *Isolationsindex* αs berechnet, der die Kantenlänge bestimmt. Für den Split {A,B} gilt:

$$\alpha s = \tfrac{1}{2} \min(\max(d(s,t) + d(s',t'), d(s,t') + d(s',t)) - d(s,s') - d(t,t').$$

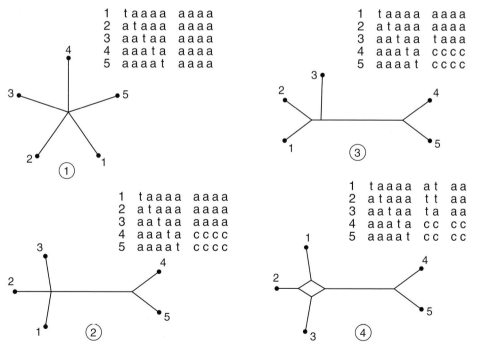

Abb. 187. Beispiele für Split-Graphen, die aus künstlichen, übersichtlichen Datensätzen entstehen. Der Vergleich der Alinierung mit dem jeweiligen Graphen zeigt, daß Autapomorphien einzelner Taxa die Kanten zu den terminalen Taxa erzeugen (Fall 1), zusätzliche binäre Merkmale, die bei mehr als einer Art vorkommen, Gruppen von Taxa bilden (hier nur 1 Split, Fall 2), Autapomorphien in splitstützenden Positionen die Distanzen verkürzen (Fall 3) und inkompatible splitstützende Positionen Netzwerke erzeugen (Fall 4).

14.4 Konstruktion von Netzwerken: Split-Zerlegung

Der Isolationsindex kann als Maß für die Stützung des Splits durch die Daten angesehen werden und wird als Kantenlänge illustriert. Einige Kanten sind nicht darstellbar, sie ergeben zusammen einen Rest, der in Prozent der Gesamtlänge der Distanzen eines Datensatzes angegeben wird. Die Split-Graphik enthält nur die zweidimensional darstellbare Information.

In der Split-Zerlegung von Sequenzdaten wirken als **stützende Positionen** des Splits S = {A,B} alle Positionen, die für Gruppe A an der *j*-ten Position das gleiche Nukleotid aufweisen, das nicht in Sequenzen der Gruppe B vorkommt.

Die Auswirkung von einzelnen Merkmalen auf dieses Verfahren läßt sich mit einem Beispiel anschaulich darstellen (Abb. 187).

Abb. 187 belegt, daß in der d-Split-Zerlegung nur binäre Merkmale die Splits erzeugen, Autapomorphien terminaler Taxa periphere Kanten verlängern, Rauschen in den Daten (Autapomorphien, Konvergenzen) die Auflösung der Graphik verringert. Verwendet man diskrete Merkmale, entstehen dadurch Probleme: Je mehr Taxa der Datensatz hat, desto geringer wird die Auflösung der Graphik, weil jede Autapomorphie in einer stützenden Position die Länge innerer Kanten verkürzt. Es ist daher besser, a priori das Rauschen zu bewerten (vgl. »Spektren«, Kap. 6.5) und auf dieser Grundlage die Zahl der splitstützenden Positionen wie ein Distanzmaß zu verwenden.

14.5 Clique-Verfahren

Das Verfahren beruht auf der Überlegung, daß binäre Merkmale in einem Datensatz inkompatible Splits stützen können (vgl. Kap. 6.5.1) und unter den alternativen Kombinationen jenes Dendrogramm gesucht werden muß, dessen Partitionen von der größten Anzahl von Merkmalen gestützt werden. Merkmale, die mit diesem Dendrogramm inkompatibel sind, werden ignoriert. Ideen und Algorithmen wurden von LeQuesne (1969), sowie Estabrook et al. (1976a, 1976b) entwickelt und sind im PHYLIP-Programmpaket von Felsenstein (1993) enthalten.

Das Verfahren benötigt eine Datenmatrix mit binären Merkmalen, Merkmale mit mehreren Zuständen müssen binär kodiert werden (s. Abb. 114, 115). Eine Lesrichtung wird nicht angegeben, die Dendrogramme sind ungerichtet. Die folgenden Beispiele verdeutlichen die Auswirkung des Verfahrens.

Das Beispiel von Abb. 188 verdeutlicht das Prinzip des Verfahrens. Unter einer Clique versteht man eine Gruppe stützender Merkmale für kompatible Splits. Die Clique der Merkmale 1 bis 3 + 8 ist etwas kleiner als die der Merkmale 4 bis 7 + 8, die Merkmale 1-3 werden daher ignoriert, nur der Split {(B,D), (A,C,E)} wird abgebildet. Dieses ist ein wichtiger Unterschied zur Split-Zerlegung, die das Ausmaß der Inkompatibilität visualisiert.

Triviale Merkmale (Autapomorphien terminaler Taxa) wirken sich in der Analyse neutral aus.

Gibt es mehrere gleich große Cliquen, werden zwei gleichwertige Dendrogramme gefunden (Abb. 189).

Das Verfahren macht folgende Annahmen:

– Die Homologiewahrscheinlichkeit aller Merkmale ist gleich (anderenfalls müßten die Merkmale gewichtet werden).
– Eine geringfügig höhere Zahl von Übereinstimmungen ist bereits als phylogenetisches Signal zu werten.

Bewertet man nicht phänomenologisch die Homologiewahrscheinlichkeit sondern die Ereigniswahrscheinlichkeit, gelten die folgenden Annahmen:

– Die Wahrscheinlichkeit, daß Konvergenzen oder zufällige Identitäten evolvieren, ist geringer als die Wahrscheinlichkeit, daß Apomorphien entstehen.
– Merkmale evolvieren voneinander unabhängig.

Das Verfahren kann zur Analyse von in Datensätzen vorhandenen Mustern genutzt werden (phänomenologische Analyse), es macht keine

Datenmatrix

Arten/Merkmale	1	2	3	4	5	6	7	8
A	1	1	0	1	1	1	1	0
B	1	1	0	0	0	0	0	0
C	1	0	0	1	1	1	1	0
D	0	0	1	0	0	0	0	1
E	0	0	1	1	1	1	1	0

Kompatibilitätsmatrix:

Merkmale	1	2	3	4	5	6	7	8
1	1	1	1	.	.	.	.	1
2	1	1	1	.	.	.	.	1
3	1	1	1	.	.	.	.	1
4	.	.	.	1	1	1	1	1
5	.	.	.	1	1	1	1	1
6	.	.	.	1	1	1	1	1
7	.	.	.	1	1	1	1	1
8	1	1	1	1	1	1	1	1

Merkmale der größten Clique:
4, 5, 6, 7, 8

Dendrogramm:

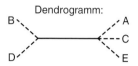

Abb. 188. Beispiel für eine Cliquen-Analyse. In der Datenmatrix unterstützen die Merkmale 1-3 die Partitionen ((A,B,C),(D,E)) und ((A,B),(C,D,E)), die miteinander kompatibel sind. In der Kompatibilitätsmatrix steht daher eine 1 für die Kompatibilität dieser Merkmale. Die Merkmale 4-7 dagegen sind mit 1-3 nicht kompatibel, sie stützen die Partition ((B,D),(A,C,E)) und sind untereinander wiederum kompatibel, was in der Kompatibilitätsmatrix entsprechend notiert wird. Das Merkmal 8 ist trivial und daher mit allen anderen Merkmalen kompatibel. Die Gruppe kompatibler Splits mit der größten Anzahl von Merkmalen ist die »Clique«, die von den Merkmalen 4-8 gestützt wird. Nur diese wird benutzt, um ein Dendrogramm zu konstruieren, das die entsprechenden Partitionen aufweist (in diesem Beispiel wird nur eine nicht-triviale Partition gestützt).

Datenmatrix:

Arten/Merkmale	1	2	3	4	5	6	7	8	9
A	1	1	0	1	0	1	0	0	0
B	0	0	1	0	0	0	1	1	0
C	1	1	1	0	1	0	0	0	1
D	0	0	0	1	1	0	1	0	0
E	0	0	0	0	1	1	0	1	1

Kompatibilitätsmatrix:

Merkmale	1	2	3	4	5	6	7	8	9
1	1	1	.	.	.	.	1	1	.
2	1	1	.	.	.	.	1	1	.
3	.	.	1	1	.	1	.	.	.
4	.	.	1	1	.	.	.	1	1
5	.	.	.	.	1	.	.	.	1
6	.	.	1	.	.	1	1	.	.
7	1	1	.	.	.	1	1	.	1
8	1	1	.	1	.	.	.	1	.
9	.	.	.	1	1	.	1	.	1

Größte Cliquen:

I) Merkmale 1, 2, 7

II) Merkmale 1, 2, 8

Abb. 189. Beispiel für eine Cliquen-Analyse, bei der zwei gleichwertige Partitionen auftreten.

expliziten Annahmen über die Raten, mit denen Merkmale evolvieren. Für die Analyse morphologischer Merkmale sind jedoch Parsimonieverfahren zu bevorzugen, da sie eine bessere Bewertung der Unterstützung von Monophyla unter Berücksichtigung auch der inkompatiblen Merkmale (Homoplasien) gestattet. Für die Auswertung molekularer Daten hat die Spektralanalyse Vorteile. Im Gegensatz zur Spektralanalyse kann mit dem Clique-Verfahren das Verhältnis von »Signal« zu »Rauschen« nicht beschrieben werden.

14.5 Clique-Verfahren

14.6 Maximum-Likelihood-Verfahren: Analyse von DNA-Sequenzen

Ziel dieser Verfahren ist es, unter allen alternativen Dendrogrammen, die für einen Datensatz konstruierbar sind, dasjenige zu finden, das mit größter Wahrscheinlichkeit die Entstehung der terminalen Sequenzen erklärt, wenn man einen Prozeß der Sequenzevolution voraussetzt. Für diesen Prozess wird ein geeignet erscheinendes Modell der Sequenzevolution gewählt und für die Berechnung benutzt.

Für die Berechnung müssen folgende Schritte durchgeführt werden:

a) Wahl eines der möglichen Dendrogramme und eines Modells der Sequenzevolution,
b) Analyse der Wahrscheinlichkeit für die Merkmalsphylogenie einer Sequenzposition unter diesen Vorgaben,
c) Multiplikation der aus b) gewonnenen Wahrscheinlichkeiten für alle Sequenzpositionen der Alinierung, um einen Wahrscheinlichkeitswert für das gewählte Dendrogramm zu bekommen.
d) Die Berechnung b)-c) wird für alle möglichen Dendrogramme durchgeführt, um dasjenige zu wählen, das die größten Wahrscheinlichkeitswerte hat.

Die Berechnung eines Wahrscheinlichkeitswertes für die **Merkmalsphylogenie** einer Sequenzposition ist das zentrale Problem der Methode. Für eine gegebene Alinierung und eine zu prüfende Topologie kann jede Sequenzposition getrennt betrachtet werden, unter der Voraussetzung, daß die Sequenzpositionen unabhängig voneinander evolvieren. Für eine bestimmte Position in einer vorgegebenen Topologie könnte die Merkmalsverteilung z.B. so aussehen:

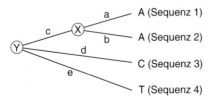

Abb. 190. Betrachtung der Evolution einer Sequenzposition. X und Y sind Grundmuster, deren Merkmalszustand unbekannt ist, a-e sind Kantenlängen, die der Zahl der Substitutionsereignisse entsprechen.

Die Knoten-(Grundmuster-)sequenzen X und Y sind nicht bekannt. Es können jedoch nur je 4 Nukleotide eingesetzt werden, so daß es insgesamt für dieses Dendrogramm 16 alternative Merkmalsphylogenien gibt, wenn man alle möglichen Grundmusterzustände berücksichtigt:

X: A A A A   G G G G   C C C C   T T T T
Y: A G C T   A G C T   A G C T   A G C T

Für jede dieser 16 Alternativen kann die Wahrscheinlichkeit L_m berechnet werden, daß Substitutionen der Grundmustermerkmale (Merkmale in den Knoten X und Y) die Merkmale der terminalen Taxa ergeben. Eine biologisch oft sinnvolle Annahme ist, daß eine Substitution auf einer Kante des Dendrogramms unabhängig von den Ereignissen auf den anderen Kanten, einschließlich der unmittelbar vorhergehenden, und unabhängig von den Veränderungen in anderen Positionen ist (**Markov**-Modell: In einem stochastischen Prozeß ist ein Ereignis nur vom aktuellen Zustand abhängig, nicht von vorhergehenden Ereignissen). Die Berechnung der Wahrscheinlichkeit ist dabei modellabhängig, der Systematiker muß vorher ein ihm geeignet erscheinendes Modell wählen.

Im »Zwei-Parameter-Modell« von Kimura (1980) (K2P-Modell) beispielsweise (vgl. Kap. 8.1, 14.1.3) gilt für die Wahrscheinlichkeit $P_{(il)}$ für das Auftreten einer Merkmalsänderung von Nukleotid i zu Nukleotid l (Swofford et al. 1996):

Für i = l (keine Änderung):

$$P_{il}(t) = \frac{1}{4} + \frac{1}{4} \cdot e^{-\mu t} + \frac{1}{2} \cdot e^{-\mu t \left(\frac{K+1}{2}\right)}$$

Für Transitionen:

$$P_{il}(t) = \frac{1}{4} + \frac{1}{4} \cdot e^{-\mu t} - \frac{1}{2} \cdot e^{-\mu t \left(\frac{K+1}{2}\right)}$$

Für Transversionen:

$$P_{il}(t) = \frac{1}{4} - \frac{1}{4} \cdot e^{-\mu t}$$

Die Annahmen, die das Modell voraussetzt, werden in Kap. 8.1 und 14.1.3 besprochen. In diesem

Modell ist μ die mittlere Substitutionsrate aller Basen und K ist α/β (α ist die Substitutionsrate für Transitionen, β die Rate für Transversionen).

Die Werte für die Modellparameter μ·t und K müssen vorgegeben oder ermittelt werden. Vorgegebene Werte für Substitutionsraten könnten aus einer anderen Analyse mit glaubhaften Ergebnissen stammen. Werte für das Verhältnis von α (Transitionen) zu β (Transversionen) können durch Vergleich terminaler Sequenzen gewonnen werden (vgl. Kap. 8.2.6). Der Ausdruck μ·t repräsentiert die wahrscheinlichste Zahl der Ereignisse pro Kante (»Kantenlänge«, engl. »branch length«) und damit auch die Substitutionswahrscheinlichkeit von einem Knoten zum nächsten.

Methodisch lassen sich ohne Annahmen der Existenz einer universellen molekularen Uhr und einer bestimmten, vorgegebenen Rate die Parameter μ und t nicht trennen. Das Ermitteln der Kantenlänge μ·t kann z.B. darin bestehen, verschiedene Parameterwerte mit einem Computerprogramm zu prüfen, um die Werte zu wählen, mit denen maximale Wahrscheinlichkeiten (»maximum likelihood«) erhalten werden (s. z.B. Tillier 1994, Lewis et al. 1996, Swofford et al. 1996). Man muß sich in Erinnerung rufen, daß die absoluten Raten für die Rekonstruktion der Topologie nicht benötigt werden, sondern das Verhältnis der Kantenlängen zueinander schon die Topologie bestimmt.

Die oben aufgeführten Formeln ergeben sich aus dem K2P-Modell, ihre Ableitung soll hier nicht vorgestellt werden. Komplexe Modelle gestatten die Formulierung von Substitutionswahrscheinlichkeiten für jede spezifische Substitution, was sich mit einer 4×4 Matrix von Substitutionswahrscheinlichkeiten darstellen läßt. Weiterhin ist es möglich, die Nukleotidfrequenzen zu berücksichtigen und anzunehmen, daß die Substitutionsraten nicht konstant sind, sondern mit der Sequenzposition und mit der Kante des Dendrogramms variieren (vgl. Kap. 8.1, 14.1).

Für die Berechnung der Wahrscheinlichkeit L_m einer gegebene Merkmalsphylogenie (Abb. 190) muß für jede Kante (a bis e) des Dendrogramms die Wahrscheinlichkeit $P_{(il)}$ der Merkmalsänderung berücksichtigt werden, indem man die P-Werte multipliziert, die sich ergeben, wenn man bestimmte Nukleotide für die Grundmustersequenzen einsetzt. Es muß aber auch berücksichtigt werden, daß es Alternativen gibt, die sich aus den möglichen Merkmalszuständen in den Grundmustersequenzen ergeben (für Abb. 190: 16 Alternativen):

Betrachtet man für Sequenzposition j und Dendrogramm T einen einzelnen »Ahnen« X (= Grundmuster) und, bei dichotomer Verzweigung, seine beiden Tochterarten Y und Z, dann ist die Wahrscheinlichkeit Lx_i, daß in Knoten X Nukleotid i steht, davon abhängig, ob l und k aus i entstehen könnten.

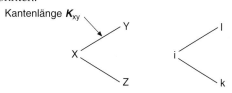

Abb. 191. Ausschnitte von fiktiven Dendrogrammen, die die Evolution von Sequenzen und von Sequenzpositionen darstellen. X, Y und Z sind vollständige Sequenzen, i, l und k einzelne Nukleotide der Sequenzposition j. Die Kantenlänge K_{XY} steht für die relative Länge in der Topologie, nicht für die Länge, die das einzelne Merkmal verursacht. Die Wahrscheinlichkeit, daß i von l substituiert wird, ist $P_{il}(K_{XY})$, wenn das Nukleotid l bekannt ist.

Die Wahrscheinlichkeit, daß Nukleotid i auf der Kantenlänge K_{XY} durch l substituiert wird, hängt vom Substitutionsprozess und der Kantenlänge ab, also von $P_{(il)}$ für K_{XY}, sowie von der Wahrscheinlichkeit L_{Yl}, daß Sequenz Y tatsächlich das Nukleotid l aufweist. Ist Y eine terminale Sequenz, dann ist Nukleotid l bekannt und für dieses l gilt $L_{Yl}=1$, anderenfalls ist Y eine Ahnensequenz, für die dieselbe Kalkulation wie für X ausgeführt werden muß, ehe ein Wert L_{Yl} für die Berechnung von Lx_i verfügbar ist. Für die Substitution $i \rightarrow l$ gilt daher die Wahrscheinlichkeit $P_{il}(K_{XY})L_{Yl}$, für $i \rightarrow k$ entsprechend $P_{ik}(K_{XZ})L_{Zk}$. In dieser Formulierung ist K_{XY} die Kantenlänge $\lambda_{XY}t_{XY}$, wie sie im gesamten Dendrogramm unabhängig von der einzelnen Merkmalsphylogenie auftritt, und für P_{ik} wird die modellspezifische Substitutionswahrscheinlichkeit eingesetzt, also z.B. das P_{ik} aus den oben erwähnten K2P-Formeln.

Gibt es für l und k mehrere Alternativen, sind also l und k unbekannte Nukleotide von Grundmustern, muß jeweils für alle Alternativen (je 4 Nukleotide pro Grundmusterposition) die Wahrscheinlichkeit berücksichtigt werden. Für die Substitution $i \rightarrow l$ gilt dann die Wahrscheinlichkeit

$$\sum_l P_{il}(K_{XY}) L_{Yl}$$

(Der Wert L_{Yl} muß in einem vorhergehenden Schritt ganz analog zu dem für L_{Xi} berechnet werden, wodurch in deszendierender Weise entlang einer Topologie Aussagen über Grundmuster gemacht werden). Für das Nukleotid i in Knoten X gilt dann (unter der Berücksichtigung der beiden »Nachkommenmerkmale« k und l):

$$L_{Xi} = \sum_l P_{il}(K_{XY}) L_{Yl} \cdot \sum_k P_{ik}(K_{XZ}) L_{Zk}$$

Dieser Ausdruck erfaßt die Wahrscheinlichkeit für den Dendrogrammausschnitt von Abb. 191. Mit diesem Prinzip lassen sich Wahrscheinlichkeitswerte für die Merkmalsphylogenie einer Sequenzposition j eines gegebenen Dendrogramms T berechnen, wobei P_{il} modellabhängig ist und jeweils die unbekannten Kantenlängen ermittelt werden müssen (s.u.), wenn eine Topologie vorgegeben ist. Für das gesamte Dendrogramm T ergibt sich der Wert L_j durch Multiplikation aller Lx_i-Werte für Teile des Dendrogramms.

Diese Berechnung muß *für jede Sequenzposition j* der Alinierung durchgeführt werden, um einen Wahrscheinlichkeitswert für die Topologie zu erhalten. Die Wahrscheinlichkeitswerte für jede Sequenzposition müssen dann multipliziert werden. Für die gesamte Alinierung mit n Positionen und das vorgegebene Dendrogramm T ergibt sich dann die Wahrscheinlichkeit

$$L_T = \prod_{j=1}^{n} L_j$$

Da dieser Wert sehr klein ist, wird für weitere Topologievergleiche sein logarithmischer Wert benutzt:

$$\ln L = \sum_{j=1}^{n} L_j$$

Für die unbekannten Parameter (z.B. die Kantenlänge, die sich aus der Zeit und der Substitutionsrate ergibt) können mit einem Computerprogramm verschiedene Werte automatisch ausprobiert werden, für die jeweils der **L**-Wert der Topologie berechnet werden muß. Es werden die Parameter ausgewählt, für die der **L**-Wert maximal ist.

Die Berechnung wird für alle möglichen Dendrogramme T, die sich aus einem Datensatz konstruieren lassen, wiederholt. Das Dendrogramm mit dem höchsten Wert wird als das wahrscheinlichste ausgewählt. Für die Wahl der zu prüfenden Topologien können die in Kap. 14.2.1 vorgestellten Methoden der Dendrogrammkonstruktion verwendet werden. Da für alle möglichen Topologien der L-Wert berechnet werden muß, sind ML-Verfahren langwierig. Ein schnelleres Verfahren der Topologie-Suche ermöglicht das Quartett-Puzzling (s.u.).

Maximum-Likelihood-Verfahren sind sehr komplex. Die vorhergehenden Ausführungen sollen nur dazu dienen, Verständnis für das Prinzip dieser Verfahren zu ermöglichen. Wer weitere Details erfahren möchte, muß sich mit der Originalliteratur beschäftigen (z.B. Felsenstein 1981, Hasegawa et al. 1991, Mow 1994, Tillier 1994, Yang 1994).

Quartett Puzzling

Mit dieser Methode (Strimmer & von Haeseler 1996) wird für jedes der $\binom{n}{4}$ möglichen Quartette, das aus einer Menge von n Sequenzen gebildet wird, eine Maximum-Likelihood-Topologie errechnet. Aus diesen Teilbäumen wird eine Gesamttopologie zusammengesetzt (»Puzzling«-Schritt). Die gewählte Topologie stellt einen aus allen optimalen Topologien gebildeten Konsensusbaum dar. Weiterhin werden Kantenlängen für diese Topologie geschätzt.

Für jedes Quartett von Sequenzen gibt es drei mögliche dichotome Topologien (vgl. Abb. 59). Für jede der drei Topologien wird ein Maximum-Likelihood-Wert wie weiter oben erläutert berechnet und diejenige mit dem maximalen Wert ausgewählt. Jede ausgewählte Quartett-Topologie für die Taxa A, B, C, und D repräsentiert einen Split bzw. ein »Nachbar-Verhältnis« {(A,B),(C,D)}. Mit biologischen Daten erhält man durch Kombination dieser optimalen Quartett-Topologien in der Regel ein Netzwerk (Abb. 185), weshalb Näherungsmethoden verwendet werden, um ein

Dendrogramm zu erzeugen. Durch zufällige Wahl der ersten 4 Sequenzen erhält man die erste Quartett-Topologie. Mit dem fünften zufällig gewählten Taxon E wird geprüft, mit welchen der 4 ersten Taxa i, j, k, l das fünfte ein Nachbarverhältnis {(E,i),(j,k)} aufweist. Die Kanten, für die E nicht als beteiligtes Nachbartaxon auftritt, werden gewichtet. Nach Überprüfung aller Quartette, die E und drei Taxa der ersten Topologie enthalten, wird E an die Kante verknüpft, die die geringste Gewichtung aufweist. Sollte es zwei gleichwertige Möglichkeiten geben, wird eine zufällig gewählt. Bei der Wiederholung dieses »Puzzling« werden auch die Alternativen gefunden, die in die Konsensus-Topologie eingehen. Nach Addition aller Sequenzen ist die erste Topologie gefunden, die als Zwischenergebnis gilt. Mit Wiederholungen dieses Verfahrens findet man meist eine Anzahl optimaler, gleichwertiger Topologien, aus denen der Konsensus gebildet wird. Für jede Kante kann angegeben werden, wie oft diese in den unabhängigen Puzzling-Schritten gefunden wurden, so daß man einen Wert bekommt, der wie Bootstrap-Werte ein Indiz für die Unterstützung einer möglichen Monophyliehypothese durch die Daten bietet. Vertrauen sollte man nur zu Werten haben, die deutlich über 50 % liegen. Hinzu kommt die Warnung, daß alle Verfahren nur die Struktur der Daten abbilden, die Interpretation muß der Biologe vornehmen. Die Plesiomorphie-Falle läßt sich auch hiermit nicht entdecken.

Das Verfahren ist wesentlich schneller als die ML-Analyse, die zu Beginn schon vollständige Topologien voraussetzt (s.o.).

14.7 Hadamard-Konjugation und Hendy-Penny-Spektren

Das folgende Problem soll gelöst werden: Gegeben sei eine Alinierung. Unter Berücksichtigung aller Splits, die in einem Datensatz vorhanden sind, und mit Hilfe von Modellen der Sequenzevolution, die Korrekturen für multiple Substitutionen erlauben, soll eine Topologie erhalten werden, die am besten zum Datensatz paßt.

Es soll hier nur das Prinzip des Verfahrens dargestellt werden, das auf Arbeiten des Mathematikers J. Hadamard (1865-1963) beruht und von Hendy & Penny (u.a. 1993) für die Analyse der Sequenzevolution vorgeschlagen wurde. Eine Hadamard-Matrix ist eine einfache, nur aus den Zahlen 1 und −1 bestehende Matrix, in dem sich das Muster H wiederholt. Das Grundelement ist die Matrix erster Ordnung:

$$H^{(1)} = \begin{pmatrix} +1 & +1 \\ +1 & -1 \end{pmatrix}$$

In einer Matrix höherer Ordnung wird dieses Muster wiederholt, wie im Beispiel für das Muster 2. Ordnung gezeigt:

$$H^{(2)} = \begin{pmatrix} H^{(1)} & H^{(1)} \\ H^{(1)} & -H^{(1)} \end{pmatrix} = \begin{pmatrix} +1 & +1 & +1 & +1 \\ +1 & -1 & +1 & -1 \\ +1 & +1 & -1 & -1 \\ +1 & -1 & -1 & +1 \end{pmatrix}$$

Mit Hilfe der Hadamard-Matrix lassen sich pro Zeile und Spalte Kombinationen von binären Elementen zusammenstellen. Für die Spektralanalyse nach Hendy & Penny (1993) müssen für eine gegebene Artenzahl alle möglichen Splits berücksichtigt werden. Ist T die Zahl der Taxa, können maximal $m = 2^{T-1}$ Splits vorkommen (vgl. auch Abb. 145). Es wird für die weitere Berechnung eine Hadamard-Matrix benötigt, die $m = 2^{T-1}$ Spalten und Zeilen hat. Für 4 Arten gibt es 8 Splits, wenn man den Split zwischen den 4 Arten und dem »Rest der Welt« mitzählt, die dazugehörige Hadamard Matrix muß daher 8 Zeilen und Spalten aufweisen (die »1« lassen wir der Übersicht halber weg):

$$\begin{pmatrix} + & + & + & + & + & + & + & + \\ + & - & + & - & + & - & + & - \\ + & + & - & - & + & + & - & - \\ + & - & - & + & + & - & - & + \\ + & + & + & + & - & - & - & - \\ + & - & + & - & - & + & - & + \\ + & + & - & - & - & - & + & + \\ + & - & - & + & - & + & + & - \end{pmatrix}$$

Hendy und Penny haben gezeigt, daß diese Matrix geeignet ist, alle möglichen Splits eines Datensatzes zu beschreiben, wenn man für die Benennung der Splits folgende Konventionen einhält, die eine eindeutige Identifikation eines jeden Splits ermöglicht.

Für jedes der Taxa $t_1, t_2, t_3, t_4, \ldots t_n$ wird ein neuer Index eingeführt, der aus 2^{i-1} gebildet wird, also für t_1: 1; t_2: 2; t_3: 4; t_4: 8. Für 4 Taxa kann man 3 dichotome Topologien konstruieren (vgl. Abb. 59); in diesen kommen insgesamt 7 verschiedene Splits mit den dazugehörigen Kanten vor, der fehlende Split mit der Kante k_0 ist der zum »Rest der Welt«. Um diese Kanten k einzeln und eindeutig zu benennen, wird folgende Konvention eingehalten: Der Index einer Kante ergibt sich aus der Summe der Indexzahlen der Taxa, die auf der Seite des Splits stehen, in der nicht der höchste Artenindex vorkommt.

Beispiel:
Kante k_1 für den Split {(1),(2,3,4)}:
  Der Index 1 der Kante ergibt sich aus dem Artenindex »1«.
Kante k_2 für den Split {(2),(1,3,4)}:
  Der Index 2 der Kante ergibt sich aus dem Artenindex »2«.
Kante k_3 für den Split {(1,2),(3,4)}:
  Der Index 3 der Kante ergibt sich aus »1+2«.
Kante k_4 für den Split {(3),(1,2,4)}:
  Der Index 4 der Kante ergibt sich aus dem Artenindex »4«.
Kante k_5 für den Split {(1,3),(2,4)}:
  Der Index 5 der Kante ergibt sich aus »1+4«.
Kante k_6 für den Split {(1,4),(2,3)}:
  Der Index 6 der Kante ergibt sich aus »2+4«.
Kante k_7 für den Split {(4),(1,2,3)}:
  Der Index 7 der Kante ergibt sich aus »1+2+4«.
Kante k_0 für den Split {(),(1,2,3,4)}

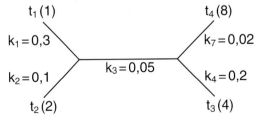

Abb. 192. Benennung von Taxa und Kanten für die Hadamard-Konjugation. In Klammern steht der Index der Taxa t. Die Kantenlängen ergeben in diesem fiktiven Beispiel eine Baumlänge von 0,67.

Für die Topologie von Abb. 192 können die Kantenlängen als Vektor beschrieben werden, der in der Reihenfolge der Kantenindizes folgende Einträge hat: –0,67; 0,3; 0,1; 0,05; 0,2; 0,0; 0,0; 0,02. Den ersten Eintrag für die Kante k_0 erhält man als negativen Wert der Addition aller übrigen Kantenlängen.

Eine weitere Konvention betrifft die Beschreibung der Distanzen in einer Topologie, die als »Weg« zwischen zwei terminalen Arten oder Gruppen von Arten aufgefaßt werden können. Der Weg von Taxon 4 zu Taxon 2 (Wegbeschreibung {2,4}) besteht in der Topologie von Abb. 192 aus $k_7 + k_3 + k_2$. Eine eindeutige Erfassung aller möglichen Wege zwischen terminalen Taxa erreicht man mit der folgenden Konvention:

Für jeden Split, der eine Kante k_i beschreibt, betrachtet man die Gruppe, die nicht den höchsten Artenindex enthält (s.o.), also für die Kante k_6 die Gruppe {2,3}. Folgende Regel wird eingeführt: Enthält die Gruppe eine unpaare Zahl von Taxa, wird das letzte Taxon (hier t_4) eingefügt; handelt es sich um eine gerade Zahl von Taxa, bleibt die Gruppe wie sie ist. Daraus ergibt sich für jede Kante eine definierte dazugehörige Wegbeschreibung. Die Wegbeschreibung {1,2} ist der Weg von Taxon 1 zu Taxon 2. Achtung: Kante und Wegbeschreibung sind nicht dasselbe! Die Konvention ergibt, das folgende Kanten und Wegbeschreibungen für 4 Taxa definiert sind: k_1: {1,4}; k_2: {2,4}; k_3: {1,2}; k_4: {3,4}; k_5: {1,3}; k_6: {2,3}; k_7: {1,2,3,4}; k_0: {}. Wer verstehen will, welche Strecken insgesamt erfaßt sind, zeichne die Wege in die Abb. 192 ein!

Diese zunächst unverständliche Konvention ist deshalb interessant, weil man mit Hilfe der Hadamard-Matrix und der Beschreibung der möglichen Weglängen eine Beziehung zwischen evolutionären Kantenlängen (geschätzte Zahl der aufgetretenen Substitutionen) und beobachteten (zählbaren) Kantenlängen herstellen kann, ohne daß die Topologie beschrieben werden muß. Das Produkt aus Kantenlängen und Matrix ergibt die Länge für die zu den Kanten gehörigen Wegbeschreibungen.

Für das Beispiel von Abb. 192 muß die Hadamard-Matrix mit 8 Reihen und Spalten benutzt werden (s.o.). Dabei ist die Folge der Reihen der Matrix dieselbe wie die der Kantenindizes. Die zweite

Reihe der Matrix entspricht also der Kante k_1, die dazugehörige Wegbeschreibung ist {1, 4}, was in der Topologie der Summe $k_1 + k_3 + k_7$ entspricht. Diese Summe erhält man, auch wenn die Topologie nicht bekannt ist, wenn Kantenlängen vorgegeben sind: Das Produkt der zweiten Reihe der Hadamard-Matrix mit dem Vektor der Kantenlängen ergibt:

−0,67 −0,3 +0,1 −0,05 +0,2 −0,0 +0,0 −0,02 = 0,74.

Da die Wege doppelt vorkommen, ist der für die Weglänge {1,4} berechnete Wert zu halbieren (0,74 / 2 = 0,37; vergleiche mit Abb. 192!). Rekapituliert man den Vorgang, wird deutlich, daß bei Einhaltung der genannten Konventionen (und Einhaltung der Reihenfolgen) die Vektoreinträge der Länge bestimmter Kanten entsprechen und mit der Hadamard-Konjugation definierte Weglängen zwischen allen terminalen Taxa in allen möglichen Topologien erhalten werden, ohne daß man die Topologien aufzeichnen muß. Dabei sind alle Berechnungen reversibel, es geht keine Information verloren.

Schätzung des erwarteten Spektrums von split-stützenden Positionen

Unter einem »Spektrum« soll ein Histogramm verstanden werden, in dem für jeden Split z.B. die geschätzte evolutionäre Distanz zwischen den Gruppen des Splits oder die beobachtete Zahl von stützenden Substitutionen mit der Höhe der Säule visualisiert wird (vgl. Abb. 162). Wir betrachten zunächst das Verfahren ausgehend von einer Topologie. Später kann der umgekehrte Weg von den Sequenzen zur Topologie erläutert werden. Zum Verständnis des Verfahrens sei zunächst erläutert, wie das zu erwartende Spektrum stützender Positionen aller möglicher Splits für einen *gegebenen* Stammbaum geschätzt werden kann, wenn man den *Prozeß der Sequenzevolution* berücksichtigt:

In einem vorgegebenem Genstammbaum sind die Sequenzen der terminalen Taxa und die rekonstruierten Grundmustersequenzen (= Knotensequenzen) durch eine Anzahl sichtbarer Substitutionen getrennt, die als Apomorphien zu deuten sind. Da auch analoge Substitutionen vorkommen können, enthalten die betrachteten Sequenzen wahrscheinlich auch einige stützenden Positionen für Splits, die nicht mit der Topologie des realen Stammbaumes kompatibel sind (vgl. Abb. 55, 101, 144). Bei 4 Sequenzen können bis zu 8 verschiedene Splits auftreten (vgl. Abb. 145), wenn man triviale Splits und den Split zwischen der Artenmenge und dem »Rest der Welt« berücksichtigt, bei T Taxa sind es maximal 2^{T-1} Splits. Es ist also für einen gegebenen Datensatz zu erwarten, daß ein umfangreiches Spektrum stützender Positionen auftritt, wobei einige Splits von Homologien, viele durch Analogien gebildet werden. Für die Schätzung des **erwarteten Spektrums** von split-stützenden Positionen für einen gegebenen Genstammbaum sind folgende Schritte notwendig:

– Vorausgesetzt wird, daß ein Stammbaum für die Sequenzen vorgegeben wird. Dessen Kantenlängen entsprechen den Raten, die je die Wahrscheinlichkeit von Merkmalsänderungen einer Position entlang einer Kante angeben. Sie dienen der Schätzung der Unterschiede, die Sequenzen an den Kantenenden wahrscheinlich haben.
– Die evolutionären Kantenlängen, die einer Schätzung der realen Anzahl der Substitutionsereignisse entsprechen, kann man mit einem geeigneten Modell der Sequenzevolution wie in Distanzverfahren (s. Kap. 8.2, 14.3) aus sichtbaren Distanzen errechnen.
– Der letzte Schritt in der Betrachtung ist die Schätzung des erwarteten Spektrums von stützenden Positionen für alle Splits, also auch für die Splits, die durch zufällige analoge Substitutionen als Folge der realen Substitutionsereignisse entstehen könnten. Das Spektrum besteht, wenn man von der gegebenen Topologie ausgeht, aus den erwarteten Anteilen der Sequenzpositionen einer Alinierung, die einzelne Splits stützen (vgl. Abb. 162).

Für die Schätzung der Wahrscheinlichkeit, daß für einen bestimmten nicht-trivialen Split (vgl. Abb. 145) stützende Positionen auftreten, sind die möglichen Merkmalszustände in den Grundmustern zu berücksichtigen.

Für die Wahrscheinlichkeit P, daß ein Nukleotid substituiert wird, gilt die Konvention, daß bei P = 1 entlang einer Kante eine Substitution immer eintritt, bei P = 0 dagegen nie. Die Wahrscheinlichkeit, daß aus einem gegebenem Grundmuster ein Merkmal substituiert wird (Änderung

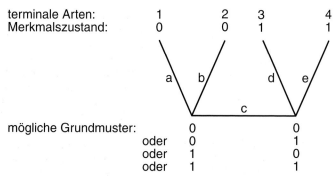

Abb. 193. Mögliche Grundmuster für eine Topologie mit stützenden binären Merkmalszuständen für den abgebildeten Split {(1,2),(3,4)}. Die Buchstaben a–e bezeichnen die Kantenlängen.

der Merkmalszustände in Abb. 193: 0→1 oder 1→0), entspricht der jeweiligen Kantenlänge y (Substitutionsrate mal Zeit). Für eine Beibehaltung des Merkmalszustandes (0→0 oder 1→1) ist die Wahrscheinlich entsprechend $1-y$. Ausgehend von einer der alternativen Grundmuster-Konstellationen kann man die Wahrscheinlichkeit, daß die Merkmalszustände der terminalen Sequenzen entstehen, durch Multiplikation der Wahrscheinlichkeit der Merkmalsänderung jeder Kante schätzen. Für das erste in Abb. 193 aufgeführte Muster von Knotenmerkmalen gilt:

$$P = (1-y_a) \cdot (1-y_b) \cdot (1-y_c) \cdot y_d \cdot y_e$$

Um die Wahrscheinlichkeit $P_{(0,0/1,1)}$ zu schätzen, daß die Merkmalsverteilung der terminalen Taxa von Abb. 193 gestützt wird, müssen die Wahrscheinlichkeiten *für jede mögliche Grundmusterkombination* (in Abb. 193 gibt es 4 Varianten!) addiert werden (vgl. Maximum-Likelihood-Verfahren, Kap. 14.6). Da ein bestimmter Split durch 2 verschiedene Merkmalsmuster einer Datenmatrix oder einer Alinierung eindeutig gestützt wird, und zwar wie in Abb. 193 durch das Muster {(0,0),(1,1)}, aber auch durch das Muster {(1,1),(0,0)}, muß der soeben beschriebene Wahrscheinlichkeitswert $P_{(0,0/1,1)}$ verdoppelt werden. Schließlich muß diese Berechnung für jeden möglichen Split eines Datensatzes durchgeführt werden.

Da die Anzahl der zu berücksichtigenden Splits mit steigender Artenzahl exponentiell zunimmt, ist diese Kalkulation in der Praxis unbrauchbar. Hendy & Penny entdeckten, daß die Hadamard-Konjugation genutzt werden kann, um in effizienter Weise die soeben beschriebene modellab-hängige Schätzung des Spektrums erwarteter Kantenlängen durchzuführen (s. Hendy & Penny 1993, Swofford et al. 1996):

Zunächst wird ein Vektor p definiert, der m Elemente enthält, wobei jedes Element die Kantenlänge (im Sinn von Abb. 193) eines Splits ist. Dabei ist m die Zahl der möglichen Splits ($m = 2^{T-1}$). Welcher Split zuerst berücksichtigt wird, kann zufällig gewählt werden, die Reihenfolge muß dann aber beibehalten werden. Der Vektor p hat die folgende Form:

$$p = \begin{pmatrix} p_0 \\ p_1 \\ p_2 \\ \dots \\ p_{m-1} \end{pmatrix}$$

Die Kante p_0 entspricht dem Split zwischen der betrachteten Artgruppe und dem »Rest der Welt«, für den keine Daten vorliegen, er hat den Wert 0. Es verbleiben $m-1$ Splits. Wie die Kanten benannt werden, ist oben schon erläutert worden.

Beispiel: Für 4 Arten gibt es 8 mögliche Splits (Abb. 145). Unterstützt der Datensatz eindeutig nur eine dichotome Topologie, so gibt es nur für 5 Kanten auch positive Kantenlängen. Diejenigen Splits, die im Datensatz nicht vorkommen, erhalten die Kantenlänge 0 (Abb. 194).

Diese Kantenlängen p_i können wie in Distanzverfahren als **sichtbare Distanzen** aufgefaßt werden, aus denen mit Hilfe von Modellen der Sequenzevolution, welche Korrekturen für die

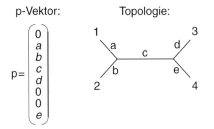

Abb. 194. Konvention zur Erfassung der Kantenlängen einer Topologie mit einem Vektor. Die Splits $\{(1,3),(2,4)\}$ und $\{(2,3),(1,4)\}$ sind in der Topologie nicht vertreten.

multiplen Substitutionen ermöglichen, **additive »evolutionäre Distanzen«** q_i berechenbar sind. Die Jukes-Cantor Korrektur (Poisson-Korrektur) für binäre Merkmale lautet zum Beispiel: $q_i = -0,5 \ln(1-2p_i)$ (vgl. Kap. 14.1.1). Ersetzt man im Vektor p jeweils p_i durch q_i, erhält man für einen bestimmten Genstammbaum ein *Spektrum γ von »evolutionären Kantenlängen«* (γ-Vektor, Baum- oder Topologie-Spektrum, engl. »tree spectrum«). Für q_0 wird die Summe der übrigen q_i- Werte mit negativem Vorzeichen eingesetzt. Achtung: Es ist kein Problem, aus den q_i Einträgen wieder rückrechnend p_i zu erhalten, das Verfahren ist reversibel.

Für ideale Daten hat der Vektor γ so viele positive Einträge wie die dazugehörige Topologie Kanten hat. Der Eintrag »0« bedeutet, daß für einen möglichen Split in der Topologie keine Kante vorhanden ist. (In realen Daten kann an Stelle eines derartigen Splits ein positiver Wert stehen, wenn Analogien vorkommen.).

Aus diesem γ-Vektor kann man das *Spektrum S erwarteter Kantenlängen* aller Partitionen der Arten eines Datensatzes erhalten, also das Spektrum stützender Positionen, die in einer Alinierung auftreten können, wenn die Sequenzevolution nach dem gewählten Modell verlief. Dazu werden folgende Schritte durchgeführt:

$$S = H^{-1} \cdot \exp[H \cdot \gamma]/8$$

Dabei bedeutet $H \cdot \gamma$ die Multiplikation der Hadamard-Matrix, die $m = 2^{T-1}$ Spalten und Zeilen hat, mit dem Vektor γ. Die Multiplikation $H \cdot \gamma$ ergibt einen weiteren Vektor rho (ρ), der die Pfadlängen aller möglichen Wege zwischen terminalen Taxa des Datensatzes aufweist (s.o.: Erläuterung der Hadamard-Konjugation). Die Distanzen im rho-Vektor entsprechen evolutionären Distanzen, da sie aus dem Vektor γ erhalten werden. Mit der Exponentialfunktion *exp [H·γ]* wird die Korrektur für multiple Substitutionen rückgängig gemacht, man erhält dadurch wieder »sichtbare« Distanzen. Der Ausdruck *exp[ρ]* besteht aus den Elementen e^i (für p_0 bis p_{m-1}, p_i = sichtbare Distanz) und entspricht dem Vektor r. Zur Erinnerung: Mit diesen Vektoren (r und rho) werden alle Pfade zwischen terminalen Taxa beschrieben und nicht nur paarweise Distanzen, weshalb von »generalisierten Distanzen« gesprochen wird. Durch Umkehrung der Hadamard - Konjugation (obige Formel) erhält man das Spektrum S stützender Positionen (»Sequenzspektrum«).

Aus dem Sequenzspektrum kann man weder die Alinierung noch die Positionen, die eine Gruppe stützen, rekonstruieren. Das mit der Hadamard-Konjugation erhaltene Sequenzspektrum stellt die Unterstützung für einzelne Splits als Anteile der gesamten Datenmatrix dar, wobei die *Summe aller Anteile 1 ergibt*. Die konservierten, invariablen Positionen stützen den ersten »Split«, der alle Arten des Datensatzes in einer Gruppe vereint, weiterhin sind auch alle trivialen Splits vorhanden, die von Autapomorphien einzelner Arten gebildet werden. Für die Gruppenbildung sind nur die Splits interessant, die Gruppen mit mindestens 2 Arten (oder Sequenzen) enthalten (vgl. Abb. 145).

Das Besondere an diesem Verfahren ist, daß alle Berechnungen sich leicht umkehren lassen. In der Übersicht:

Topologie ↔ sichtbare *p*-Distanzen der Kanten ↔ (Transformation mit Evolutionsmodell) ↔ evolutionäre *q*-Distanzen im γ-Vektor (Topologie-Spektrum) ↔ (Hadamard-Konjugation) ↔ *rho*-Vektor (generalisierte evolutionäre Distanz) ↔ (Transformation mit Evolutionsmodell) ↔ *r*-Vektor (sichtbare generalisierte Distanz) ↔ (Hadamard-Konjugation) ↔ *S*-Spektrum (Sequenzspektrum; Anteil stützender Positionen für Splits).

Achtung: Die Berechnung des Spektrums S durch Umformung des γ-Vektors mit der oben beschriebenen Variante der Hadamard-Konjugation gilt nur unter der Bedingung, daß die Sequenzevolution dem Modell von Jukes-Cantor entspricht und binäre Merkmale verwendet werden! Für 4 Merkmalszustände und das K3ST-Modell (vgl. Abb. 152) sind Varianten des oben beschriebenen Verfahrens vorgeschlagen worden (s. Hendy et al. 1994, Swofford et al. 1996). Es müssen in jedem Fall alle Annahmen der verwendeten Modelle vorausgesetzt werden.

Bewertung eines realen Spektrums von stützenden Positionen

Im vorhergehenden Abschnitt wurde dargestellt, wie das *erwartete Spektrum* geschätzt werden kann. Für die Praxis ist jedoch der umgekehrte Weg relevant. Die Hadamard-Konjugation kann auch hierfür verwendet werden. Aus einem *beobachteten Spektrum* stützender Positionen S' erhält man das geschätzte Spektrum von Kantenlängen eines Stammbaumes mit

$$\gamma' = H^{-1} \cdot \ln(H \cdot S')$$

Dieser γ'-Vektor ist eine Schätzung der Zahl der realen Substitutionsereignisse. Wäre das Spektrum S' eine *exakte* Stichprobe der Unterstützung für die Splits und gälte das Jukes-Cantor-Modell für die reale Sequenzevolution, dann erhielte man aus dem Vektor γ auch durch Rückrechnung die exakte Anzahl der sichtbaren Sequenzunterschiede. In einem realen Datensatz treten mit großer Wahrscheinlichkeit Fehler auf: Man darf nicht erwarten, daß das Spektrum S' dem vorhergesagten Spektrum des vorhergehenden Abschnittes genau entspricht, da die realen Datensätze nur eine Stichprobe darstellen und die Evolutionsraten möglicherweise nicht die Werte aufweisen, die mit dem Evolutionsmodell vorausgesetzt werden.

Viele Splits eines realen Datensatzes werden nur von zufällig übereinstimmenden Merkmalszuständen gestützt, die »falsche Signale« bilden, andere von realen Apomorphien. In der Annahme, daß bei großen Datenmengen bzw. in einem informativen Datensatz die aus Apomorphien bestehenden Signale deutlicher sind als die zufälligen Übereinstimmungen (»Hintergrundrauschen«), kann aus einem Datensatz ein Spektrum der Positionen, die einzelne Splits stützen, gewonnen werden. Aus dem Spektrum soll geschätzt werden, welche Kantenlängen eindeutig zu einem Dendrogramm passen. In der Praxis werden folgende Schritte vollzogen:

Zunächst wird die Frequenz gezählt, mit der einzelne Splits in einem Datensatz gestützt werden, die Summe aller Frequenzen ergibt 1. Diese Frequenzen entsprechen dem Spektrum S'. Von diesem ausgehend kann durch Umkehrung der Berechnungen des vorhergehenden Abschnittes das Spektrum γ' erhalten werden, daß einer Schätzung der *erwarteten* Substitutionen für alle Kanten entspricht bzw. proportional den *evolutionären* Distanzen ist, woraus sich der Vektor p' ableiten läßt, der im Idealfall den beobachteten Kantenlängen des realen Stammbaumes entspricht. Enthalten informative reale Daten Stichprobenfehler, werden einige zu dem realen Stammbaum inkompatible Splits gefunden, deren γ'-Wert nahe 0 liegen sollte. Gibt es dagegen hohe γ'-Werte für inkompatible Splits, ist entweder das Evolutionsmodell ungeeignet oder der Datensatz derart verrauscht, daß ein phylogenetisches Signal nicht mehr identifizierbar ist.

Graphisch wird ein Spektrum von γ'-Werten in Form eines Säulendiagramms dargestellt (»*Lento*-Diagramm«, vgl. Abb. 162). Für jeden Split kann nicht nur der Anteil der geschätzten stützenden Substitutionen dargestellt werden, sondern auch der »**Konflikt**« zu diesem Split. Darunter versteht man die Unterstützung für die alternativen Gruppierungen: Zu jedem Split gibt es in einem dichotomen Dendrogramm inkompatible Alternativen (vgl. Abb. 145). Die Unterstützung für diese Alternativen kann addiert und als Säule der Stützung für den Split gegenübergestellt werden.

14.8 Test relativer Substitutionsraten (relative rate test)

Bei gleichen Substitutionsraten in den Stammlinien aller untersuchten Taxa sind die Distanzen zwischen den terminalen Taxa ultrametrisch. Abweichungen der Raten sind der Anlaß, einfache Clusterverfahren nicht zu verwenden (Kap. 8.2.2, 14.3.7). Weiterhin sind hohe Substitutionsraten einzelner Taxa auch bei anderen Baumkonstruktionsverfahren ein Risiko (s. »long branch problems«: Kap. 6.3.2, 8.2.3). Um festzustellen, ob die Raten sehr voneinander abweichen, kann der Ratentest durchgeführt werden:

- Man wähle eine Referenzart, die mit Sicherheit nicht zur analysierten Innengruppe gehört.
- Die Distanzen der Arten der Innengruppe zu der Referenzart werden paarweise ermittelt.
- Annahme: Sind die Substitutionsraten gleich, sind die Distanzwerte ebenfalls gleich.

Dieser Sachverhalt wird in Abb. 195 anschaulich dargestellt.

Da in diesem Test die Autapomorphien der *Referenzart* keine Auswirkung haben (sie werden in jedem Distanzwert mitgezählt), wirken sich Synapomorphien (in Abb. 195 Gemeinsamkeiten der Arten A+B) und Autapomorphien der getesteten Arten aus. Es darf aber nicht übersehen werden, daß auch Analogien, Rückmutationen und multiple Substitutionen die Distanzwerte beeinflussen, indem sie Distanzen reduzieren.

Zur Darstellung der Ergebnisse kann man wie folgt vorgehen:

S_{13} und S_{23} seien die mittlere Zahl sichtbarer Substitutionen (bei nah verwandten Arten) oder die evolutionäre Distanz zwischen den zu prüfenden Arten 1 und 2 und der Außengruppe 3. Ist die Differenz S_{13} minus S_{23} positiv, evolvierte die Art 1 schneller, ist sie negativ, evolvierte Art 1 langsamer als Art 2. Die Differenz wird als signifikant angesehen, wenn sie größer ist als die doppelte Standardabweichung, die sich aus den Stichproben (Sequenzen einzelner Individuen) ergibt. Man kann diese Analyse für verschiedene Substitutionstypen getrennt durchführen (Transitionen, dritte Codonposition etc., Anwendungsbeispiele: Wu & Li 1985, Lyrholm et al. 1990).

Die Annahme, daß vergleichbare Distanzen im Ratentest auf vergleichbare Raten zurückzuführen sind, ist nicht immer zutreffend. Eine hohe Zahl multipler Substitutionen in Stammlinien der terminalen Taxa wird auch im Ratentest nicht bemerkt, wenn die Alinierung in variablen Positionen »gesättigt« ist: Die realen Raten können nicht geschätzt werden, Ratenunterschiede werden nicht sichtbar (Philippe & Laurent 1998). Die Folge kann sein, daß Taxa auf Grund von Analogien fälschlich als Schwestergruppen identifiziert und verbleibende Taxa durch Symplesiomorphien zusammengelegt werden. Es kann auch sein, daß das Alter eines Taxons falsch eingeschätzt wird.

Zu den weiteren Methoden, die zur Identifizierung von abweichenden Substitutionsraten vorgeschlagen worden sind, gehört der Zwei-Cluster-Test, bei dem die durchschnittliche Substitu-

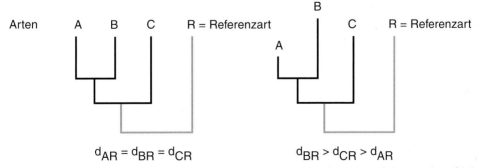

Abb. 195. Test relativer Substitutionsraten (»relative rate test«): Die Kantenlängen symbolisieren die Zahl der im selben Zeitraum aufgetretenen Substitutionen. Im rechts dargestellten Fall sind die Raten ungleich.

tionsrate in zwei Schwestertaxa verglichen wird, und der Kantenlängentest, bei dem die Länge einer Stammlinie von der Wurzel bis zu einem terminalen Taxon mit der durchschnittlichen Länge zu allen terminalen Taxa einer Topologie verglichen wird (Takezaki et al. 1995).

14.9 Bewertung des Informationsgehaltes von Datensätzen mit Hilfe von Permutationen

Permutationstests können einen Eindruck davon vermitteln, ob die Datenstruktur nicht zufällig ist, also wahrscheinlich phylogenetische Information enthält. Die Permutationen erhält man, indem man die terminalen Taxa eines Datensatzes zu zufälligen Topologien ordnet und die Baumlängenverteilung bestimmt, oder indem man die Merkmale zufällig auf die Taxa verteilt, um wiederholt eine künstliche Datenmatrix zu erzeugen, wobei die Zahl der Merkmale und deren Merkmalszustände mit der der realen Datenmatrix identisch ist.

PTP-Test (permutation tail probability test)

Zufallsdaten können durchaus unter Verwendung des MP-Verfahrens ein scheinbar eindeutiges Ergebnis liefern, indem nur ein einziger kürzester Baum gefunden wird, der zudem auch deutlich kürzer als der nächste suboptimale Baum sein kann. Der Unterschied zu phylogenetisch strukturierten Datensätzen besteht darin, daß die Häufigkeit der Längen alternativer Bäume eine symmetrische Zufallsverteilung aufweist, während mit nicht zufälligen Daten im Vergleich zum Mittelwert der Baumlängen mehr kurze als längerer Bäume erhalten werden (Abb. 196). Die Ursache dafür ist das gehäufte Vorkommen von homologen Merkmalsänderungen auf denselben Kanten der Topologie, die die reale Phylogenese am besten abbildet, also die Kovarianz verschiedener Homologien (Faith & Cranston 1991). Gibt es keine Kovarianz, müßte die Baumlängenfrequenz symmetrisch sein.

Um die Struktur der Daten zu beschreiben, schlagen Hillis & Huelsenbeck (1992) die Nutzung der »**g1-Statistik**« (Sokal & Rohlf 1981) vor, mit der die Asymmetrie (»Schiefe«) der Baumlängenverteilung bewertet werden kann: Die Zahl der Bäume sei *n*, *s* ist die Standardabweichung für die festgestellten Baumlängen. Für jede der Baumlängen *Ti* wird der Unterschied zum Mittelwert der Baumlänge aller Topologien berechnet. Es gilt:

$$g_1 = \frac{\sum_{i=1}^{T}(T_i - \overline{T})^3}{ns^3}$$

Für exakt symmetrisch verteilte Längenfrequenzen ist $g_1=0$, weil im Zähler die Zahl der Bäume, die kürzer als der Mittelwert sind, genauso groß ist wie die Zahl der längeren Bäume. Sind die Frequenzen zu größeren Werten verschoben, ist $g_1<0$, bei niedrigen Werten ist $g_1>0$. Ist der Wert $g_1<0$, dann kann angenommen werden, daß es zur optimalen Lösung (das kürzeste Dendrogramm) nicht viele Alternativen gibt, und daß Merkmale in nicht-zufälliger Weise korreliert sind. Der in der folgenden Tabelle (Abb. 197) aufgeführte Vertrauenswert *p* gibt an, bei Unterschreitung welcher Werte von g_1 die Frequenz der Baumlängen von einer Zufallsverteilung mit 95 % bzw. 99 % Wahrscheinlichkeit abweicht.

Achtung:
- Obige Wahrscheinlichkeitsangaben betreffen nicht die Wahrscheinlichkeit, daß der kürzeste Baum die Phylogenese wiedergibt, sondern daß die Datenstruktur Gesetzmäßigkeiten aufweist.
- Aussagen über die Qualität einzelner Merkmale sind nicht möglich. Die Monophyliewahrscheinlichkeit einzelner Gruppen terminaler Taxa ist nicht feststellbar.
- Bei Verwendung von DNA-Sequenzen ist die Zahl der Merkmalsänderungen, die die Baumlänge beeinflussen, nicht von der Sequenzlänge, sondern von der Zahl variabler Positionen abhängig.
- Da einzelne Sequenzabschnitte informativer sein können als andere, lohnt es sich, den Test getrennt für einzelne Abschnitte durchzuführen. Spektren stützender Positionen sind aber vorzuziehen, sie liefern präzisere Information für einzelne Sequenzbereiche und für Artgruppen (s. Kap. 6.5).

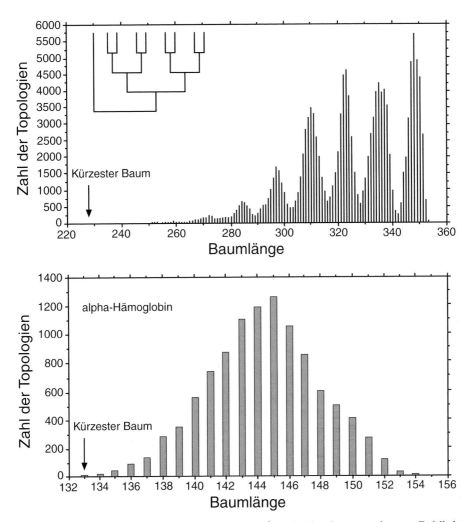

Abb. 196. Vergleich der Baumlängenverteilung von verrauschten Merkmalssätzen oder von Zufallsdaten mit phylogenetisch strukturierten Datensätzen. Oben: Bakteriophagen-Phylogenie einer Laborkultur: Aus dem Datensatz erhält man eine nicht zufällige Verteilung der Baumlängen. Unten: Alpha-Haemoglobin-Daten mit verrauschter Information (nach Hillis & Huelsenbeck 1992).

	Zahl der Taxa														
	5	5	6	6	7	7	8	8	9	9	10	10	15	15	20	20
p =	0,5	0,1	0,5	0,1	0,5	0,1	0,5	0,1	0,5	0,1	0,5	0,1	0,5	0,1	0,5	0,1
Zahl der Merkmale																
10	−1,12	−1,30	−0,75	−1,02	−0,63	−0,84	−0,37	−0,67	−0,48	−0,56	−0,44	−0,59	−0,28	−0,37	−0,18	−0,24
50	−0,88	−1,08	−0,67	−0,88	−0,39	−0,63	−0,37	−0,49	−0,31	−0,44	−0,35	−0,39	−0,16	−0,20	−0,10	−0,11
100	−0,77	−1,08	−0,59	−0,68	−0,37	−0,46	−0,37	−0,43	−0,33	−0,43	−0,26	−0,31	−0,15	−0,19	−0,09	−0,10
250	−0,94	−1,20	−0,74	−1,12	−0,37	−0,49	−0,33	−0,44	−0,29	−0,44	−0,22	−0,35	−0,15	−0,20	−0,08	−0,09
500	−0,60	−0,84	−0,53	−0,63	−0,35	−0,46	−0,31	−0,47	−0,29	−0,47	−0,20	−0,27	−0,10	−0,15	−0,08	−0,08

Abb. 197. g_1-Werte für binäre Merkmale (Merkmale mit nur 2 Merkmalszuständen) nach Hillis & Huelsenbeck 1992 (Werte für 4 Merkmalszustände ebenda).

14.9 Bewertung des Informationsgehaltes von Datensätzen mit Hilfe von Permutationen

T-PTP-Test (topology-dependent PTP-test)

Der oben beschriebene Test gestattet zunächst keine Aussagen über die Stützung einzelner Gruppen (potentieller Monophyla) durch die verfügbaren Merkmale. Man kann den PTP-Test aber auch für einzelne Gruppen, die in einer vorgegebenen Topologie auftreten, durchführen, indem man die Topologien wählt, die ein bestimmtes Monophylum enthalten und die Baumlängen mit anderen Zufallstopologien vergleicht, in denen dieselben Taxa kein Monophylum bilden (Faith 1991). In Analogie zum einfachen PTP-Test wird angenommen, daß die Differenz der Länge des kürzesten Baumes mit dem Monophylum zum kürzesten Baum ohne das Monophylum wahrscheinlich nicht durch Zufall erhalten werden kann, wenn das reale Monophylum durch mehrere reale Homologien gestützt wird. Während beim oben beschriebenen Randomisierungstest die Namen der Taxa ignoriert werden können, um die Baumlängenfrequenz zu erhalten, muß bei der Analyse subordinierter potentieller Monophyla die Identität der Taxa registriert werden.

14.10 F-Index

Der F-Index (engl. »F-ratio«) kann für den Vergleich von Dendrogrammen mit einer Datenmatrix benutzt werden (Farris 1972, Brooks et al. 1986). Der Index ist ein Maß für die Zahl der Homoplasien und kann als Kriterium benutzt werden, um zwischen alternativen Dendrogrammen zu wählen. Eine Polarisierung (Wurzelung) der Dendrogramme wird nicht vorausgesetzt (Abb. 198).

In diesem Beispiel ist die Kantenlänge (engl. auch »patristic distance«) zwischen dem Artenpaar AD größer als die phänetische Distanz. Der Unterschied δ zwischen den beiden Matrizen entspricht der Zahl der Homoplasien in der gegebenen Topologie und beträgt 2 Schritte. Die Summe S der phänetischen Distanzen der Matrix beträgt in diesem Beispiel 28, der **F-Index** 7,14:

$$F = (\delta/S) \cdot 100$$

Hat von zwei ansonsten identischen Dendrogrammen eines mehr Synapomorphien, ist für dieses der F-Wert niedriger. Ebenso sinkt der Wert bei

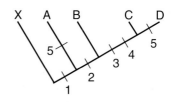

Datenmatrix

Arten:	Merkmale:				
	1	2	3	4	5
X	0	0	0	0	0
A	1	0	0	0	1
B	1	1	0	0	0
C	1	1	1	1	0
D	1	1	1	1	1

phänetische Distanzen

	X	A	B	C
X				
A	2			
B	2	2		
C	4	4	2	
D	5	3	3	1

Kantenlängen

	X	A	B	C
X				
A	2			
B	2	2		
C	4	4	2	
D	5	**5**	3	1

Abb. 198. Beispiel für die Berechnung des F-Index (nach Brooks et al. 1986). Das Dendrogramm zeigt, an welchen Kanten die numerierten Merkmale ihren Zustand ändern. Die phänetische Distanz gibt an, wieviele Merkmalszustände zwischen Artenpaaren unterschiedlich sind. Die Kantenlänge ist die Summe aller Merkmalsänderungen auf der Verbindungslinie zwischen zwei terminalen Arten.

Addition von Autapomorphien (!) terminaler Taxa. Rückmutationen und Analogien erhöhen den Wert. Der niedrigste F-Wert ist nicht unbedingt bei dem kürzesten Dendrogramm vorhanden.

Der F-Index kann wie im obigen Beispiel für diskrete Merkmale, aber auch für kontinuierliche Merkmale (z.B. immunologische Distanzen), aus denen Kantenlängen berechnet wurden, angegeben werden.

14.11 PAM-Matrix

Aminosäuretabellen dienen der Schätzung der Ähnlichkeit von Aminosäuresequenzen, die nicht allein aus der Zahl identischer Aminosäuren ermittelt werden kann. Die Ähnlichkeitswerte können auf der chemischen Ähnlichkeit, der Molekülstruktur des Proteins, der Substitutionswahrscheinlichkeit und auch der phylogenetischen Verwandtschaft der Träger der Proteine beruhen.

Die hier wiedergegebene PAM-Matrix ist die bekannteste. Die Matrix beruht auf Erkenntnissen von vor 1978 und ist daher nicht mehr aktuell. Sie setzt voraus, daß alle Positionen gleich variabel sind. Weiterhin bezieht sie sich auf relative kleine Proteine nah verwandter Arten, weshalb sie möglicherweise für viele phylogenetische Studien entfernt verwandter Arten nicht geeignet ist. Neuere Vorschläge, die die Nachteile der PAM-Matrix umgehen, kann der interessierte Nutzer der aktuellen Literatur (oder Internetseiten) entnehmen. So ist es möglich, auf Grund der dreidimensionalen Proteinstruktur Positionen zu homologisieren und die erwartete Häufigkeit einer Änderung der Konfiguration durch Aminosäuresubstitution zu schätzen.

Diese Matrix enthält empirisch ermittelte Mutationsfrequenzen von Aminosäuresequenzen (Dayhoff et al. 1978, vgl. Kap. 5.2.2.9). Für die Matrix, die Austauschwahrscheinlichkeiten angibt, wurden 71 Sequenzfamilien berücksichtigt, deren Phylogenese rekonstruiert worden ist. Die PAM-Einheiten (»point accepted mutations per 100 residues per 10^8 modelled evolutionary years«) haben einen negativen Wert, wenn ein Austausch empirisch seltener vorkommt, als eine Zufallskombination der Aminosäuren erwarten ließe. Positive Zahlen kennzeichnen Aminosäurepaare, die häufiger als durch Zufall erwartet beobachtet wurden. Sind in Sequenzpaaren dieselben Aminosäuren an derselben Position vorhanden gibt der Wert an, wie wahrscheinlich die Konservierung eines ursprünglich bestehenden Zustandes ist.

	A	B	C	D	E	F	G	H	I	K	L	M	N	P	Q	R	S	T	V	W	Y	Z
A	2	0	-2	0	0	-4	1	-1	-1	-1	-2	-1	0	1	0	-2	1	1	0	-6	-3	0
B	0	2	-4	3	2	-5	0	1	-2	1	-3	-2	2	-1	1	-1	0	0	-2	-5	-3	2
C	-2	-4	12	-5	-5	-4	-3	-3	-2	-5	-6	-5	-4	-3	-5	-4	0	-2	-2	-8	0	-5
D	0	3	-5	4	3	-6	1	1	-2	0	-4	-3	2	-1	2	-1	0	0	-2	-7	-4	3
E	0	2	-5	3	4	-5	0	1	-2	0	-3	-2	1	-1	2	-1	0	0	-2	-7	-4	3
F	-4	-5	-4	-6	-5	9	-5	-2	1	-5	2	0	-4	-5	-5	-4	-3	-3	-1	0	7	-5
G	1	0	-3	1	0	-5	5	-2	-3	-2	-4	-3	0	-1	-1	-3	1	0	-1	-7	-5	-1
H	-1	1	-3	1	1	-2	-2	6	-2	0	-2	-2	2	0	3	2	-1	-1	-2	-3	0	2
I	-1	-2	-2	-2	-2	1	-3	-2	5	-2	2	2	-2	-2	-2	-2	-1	0	4	-5	-1	-2
K	-1	1	-5	0	0	-5	-2	0	-2	5	-3	0	1	-1	1	3	0	0	-2	-3	-4	0
L	-2	-3	-6	-4	-3	2	-4	-2	2	-3	6	4	-3	-3	-2	-3	-3	-2	2	-2	-1	-3
M	-1	-2	-5	-3	-2	0	-3	-2	2	0	4	6	-2	-2	-1	0	-2	-1	2	-4	-2	-2
N	0	2	-4	2	1	-4	0	2	-2	1	-3	-2	2	-1	1	0	1	0	-2	-4	-2	1
P	1	-1	-3	-1	-1	-5	-1	0	-2	-1	-3	-2	-1	6	0	0	1	0	-1	-6	-5	0
Q	0	1	-5	2	2	-5	-1	3	-2	1	-2	-1	1	0	4	1	-1	-1	-2	-5	-4	3
R	-2	-1	-4	-1	-1	-4	-3	2	-2	3	-3	0	0	0	1	6	0	-1	-2	2	-4	0
S	1	0	0	0	0	-3	1	-1	-1	0	-3	-2	1	1	-1	0	2	1	-1	-2	-3	0
T	1	0	-2	0	0	-3	0	-1	0	0	-2	-1	0	0	-1	-1	1	3	0	-5	-3	-1
V	0	-2	-2	-2	-2	-1	-1	-2	4	-2	2	2	-2	-1	-2	-2	-1	0	4	-6	-2	-2
W	-6	-5	-8	-7	-7	0	-7	-3	-5	-3	-2	-4	-4	-6	-5	2	-2	-5	-6	17	0	-6
Y	-3	-3	0	-4	-4	7	-5	0	-1	-4	-1	-2	-2	-5	-4	-4	-3	-3	-2	0	10	-4
Z	0	2	-5	3	3	-5	-1	2	-2	0	-3	-2	1	0	3	0	0	-1	-2	-6	-4	3

15. Verfügbare Computerprogramme, Internetadressen

Der interessierte Nutzer der Programme findet auch Lehrgänge im **Internet**, deren Adressen über Suchmaschinen mit Hilfe relevanter Stichworte erfragt werden können. Einige Beispiele:

B.R. Spear et al. (1995 ff.), Einführung in die Kladistik:
http://www.ucmp.berkeley.edu/clad/clad1.html

A. Dress (1995), Mathematische Grundlagen der molekularen Systematik:
http://www.biotech.ist.unige.it/bcd/Curric/MathAn/mathan.html

Alinierungsverfahren:
http://webnet.mednet.gu.se/computer/clustalw-doc/clustalw-doc
Zu Aminosäuresequenzen finden sich z.B. Hinweise unter
http://www.darwin-bar.energise.com/thesis/html/node15.html

Simulation der Sequenzevolution und Werkzeuge für die Sequenzanalyse:
http://evolve.zoo.ox.ac.uk/

Weiterhin gibt es Hinweise auf Server, die Rechenverfahren anbieten
(siehe http://www.ability.org.uk/biomath.html).

Überblick über aktuelle Computerprogramme für die phylogenetische Analyse mit Bezugsadressen:
http://evolution.genetics.washington.edu/phylip/software.html

Suche von Information in Gendatenbanken:
http://www.ncbi.nlm.nih.gov/Genbank/GenbankSearch.html

Simulationen von populationsgenetischen Prozessen:
http://darwin.eeb.uconn.edu/simulations/simulations.html

Populationsgenetische Analysen:
http://anthropologie.unige.ch/text/arlequin/methods.html

Da Internetadressen schnell veralten, empfiehlt es sich, über Suchmaschinen die Namen von Verfahren (wie »mutliple alignment«, »maximum likelihood« oder »split decomposition«) oder von Computerprogrammen zu suchen.

16. Literatur

Adachi, J., Cao, Y., Hasegawa, M. (1993): Tempo and mode of mitochondrial DNA evolution in vertebrates at the amino acid level: rapid evolution in warm-blooded vertebrates. – J. Mol. Evol. 36: 270-281.

Adachi, J., Hasegawa, M. (1992): MOLPHY – Programs for molecular phylogenetics I – PROTML: Maximum likelihood inferrence of protein phylogeny. – Coputer Science Monographs 27, Institute of Statistical Mathematics, Tokyo.

Adell, J. C., Dopazo, J. (1994): Monte Carlo simulation in phylogenies: An application to test the constancy of evolutionary rates. – J. Mol. Evol. 38: 305-309.

Aguinaldo, A. M. A., Turbeville, J. M., Linford, L. S., Rivera, M., Garey, J. R., Raff, R. A., Lake, J. A. (1997): Evidence for a clade of nematodes, arthropods and other moulting animals. – Nature 387: 489-492.

Albert, V. A., Mishler, B. D., Chase, M. W. (1992): Character-state weighting for restriction site data in phylogenetic reconstruction, with an example from chloroplast DNA. – In: Soltis, P. S., Soltis, D. E., Doyle, J. J., (eds.), Molceular systematics of plants, Chapman & Hall, New York: 369-401.

Altschul, S. F. (1991): Amino acid substitution matrices from an information theoretic perspective. – J. Mol. Biol. 219: 555-565.

Alzogaray, R. A. (1998): Molecular basis of insecticide resistance. – Acta Bioquim. Clinica Latinoam. 32: 387.

Anderson, D. T. (1967): Larval development and segment formation in the branchiopod crustaceans *Limnadia stanleyana* King (Conchostraca) and *Artemia salina* (L.) (Anostraca). – Aust. J. Zool. 15: 47-91.

Archie, J. W. (1989): Homoplasy excess ratio: new indices for measuring levels of homoplasy in phylogenetic systematics and a critique of the consistency index. – Syst. Zool. 38: 253-269.

– (1996): Measures of homoplasy. – In: Sanderson, M. J., Hufford, L. (eds.), Homoplasy – the recurrence of similarity in evolution. – Academic Press, San Diego, 153-188.

Àrnason, U., Gullberg, A. (1993): Comparison between the complete mtDNA sequence of the blue and the fin whale, two species that can hybridize in nature. – J. Mol. Evol. 37: 312-322.

Àrnason, U., Gullberg, A., Johnsson, E., Ledje, C. (1993): The nucleotide sequence of the mitochondrial DNA molecule of the gray seal, *Halichoerus grypus*, and a comparison with mitochondrial sequences of other true seals. J. Mol. Evol. 37: 323-330.

Arnold, M. L. (1997): Natural hybridization and evolution. – Oxford Univ. Press, New York.

Asakawa, S., Kumazawa, Y., Araki, T., Himeno, H., Miura, K., Watanabe, K. (1991): Strand-specific nucleotide composition bias in echinoderm and vertebrate mitochondrial genomes. – J. Mol. Evol. 32: 511-520.

Ashe, J. S., Marx, H. (1990): Phylogeny of viperine snakes (Viperinae): Part II. Cladistic analysis and major lineages. – Fieldiana Zool. N.S. 52: 1-23.

Attenborough, D. (1998): The life of birds. – BBC Books, London.

Averof, M., Cohen, S. M. (1997): Evolutionary origin of insect wings from ancestral gills. – Nature 385: 627-630

Ax, P. (1984): Das Phylogenetische System. – G. Fischer Verlag, Stuttgart.

– (1987): The phylogenetic system. The systematization of organisms on the basis of their phylogenies. – J. Wiley, Chichester.

– (1988): Systematik in der Biologie. UTB - G. Fischer, Stuttgart.

– (1995): Das System der Metazoa I. – G. Fischer Verlag, Stuttgart.

– (1999): Das System der Metazoa II. – G. Fischer Verlag, Stuttgart.

Bachmann, K. (1998): Species as units of diversity: an outdated concept. – Theory Biosci. 117: 213-231.

Ballard, J. W. O., Kreitman, M. (1995): Is mitochondrial DNA a strictly neutral marker? – TREE 10: 485-488

Ballard, J. W. O., Olsen, G. J., Faith, D. P., Odgers, W. A., Rowell, D. M., Atkinson, P. W. (1992): Evidence from 12S ribosomal RNA sequences that onychophorans are modified arthropods. – Science 258:1345-1348.

Bandelt, H. J. (1994): Phylogenetic networks. – Verh. Naturwiss. Ver. Hamburg 34: 51-71

Bandelt, H. J., Dress, A. (1992): A new and useful approach to phylogenetic analysis of distance data. – Mol. Phylog. Evol. 1: 242-252.

– (1993): A relational approach to split decomposition. – In: Opitz, O., Lausen, B., Klar, R. (eds.): Information and Classification. – Springer Verlag, Berlin: 123-131.

Barnard, J. L., Ingram, C. (1990): Lysianassoid Amphipoda (Crustacea) from deep-sea thermal vents. – Smiths. Contrib. Zool. 499:1-80.

Berbee, M. L., Taylor, J. W. (1993): Dating the evolutionary radiations of the true fungi. – Can. J. Bot. 71: 1114-1127.

Bharathan, G., Janssen, B.-J., Kellogg, E. A., Sinha, N. (1997): Did homeodomain proteins duplicate before the origin of angiosperms, fungi, and metazoa? – Proc. Natl. Acad. Sci. USA 94:13749-13753.

Blanchard, J. L., Schmidt, G. W. (1995): Pervasive migration of organellar DNA to the nucleus in plants. – J. Mol. Evol. 41: 397-406.

Bleiweiss, R. (1997): Slow rate of molecular evolution in high-elevation hummingbirds. – Proc. Natl. Acad. Sci. USA 95: 612-616.

Boore, J. L., Collins, T. M., Stanton, D., Daehler, L. L., Brown, W. M. (1995): Deducing the pattern of arthropod phylogeny from mitochondrial DNA rearrangements. Nature 376:163-165.

Boursot, P., Din, W., Anand, R., Darviche, D., Dod, R., Von Deimling, F., Talwar, G. P., Bonhomme, F. (1996): Origin and radiation of the house mouse: mitochondrial DNA phylogeny. – J. Evol. Biol. 9: 391-415.

Bowles, J., Hope, M., Tiu, W. U., Liu, X., McManus, D. P. (1993): Nuclear and mitochondrial genetic markers highly conserved between Chinese and Philippine *Schistosoma japonicum*. – Acta Tropica 55: 217-229.

Bremer, K. (1988): The limits of amino acid sequence data in angiosperm phylogenetic reconstruction. – Evolution 42: 795-803.

Briggs, D. E. G. (1992): Phylogenetic significance of the Burgess Shale crustacean *Canadaspis*. – Acta Zool 73: 293-300.

Briggs, D. E. G., Erwin, D. H., Collier, F. J. (1994): The fossils of the Burgess Shale. – Smiths. Inst. Press, Wahsington & London.

Briggs, D. E. G., Fortey, R. A., Wills, M. A. (1992): Morphological disparity in the Cambrian. – Science 256: 1670-1673.

Brock, T. D., Madigan, M. T., Martinko, J. M., Parker, J. (1994): Biology of microrganismus. – 7. Auflage, Prentice Hall Inc.

Bromham, L., Rambaut, A., Harvey, P. H. (1996): Determinants of rate variation in mammalian DNA sequence evolution. – J. Mol. Evol. 43: 610-621

Brooks, D. R., O'Grady, R. T., Wiley, E. O. (1986): A measure of the information content of phylogenetic trees, and its as an optimality criterion. – Syst. Zool. 35: 571-581.

Brusca, R. C., Brusca, G. J. (1990): Invertebrates. – Sinauer Assoc. Inc., Sunderland.

Bryant, H. N. (1989): An evaluation of cladistic and character analyses as hypothetico-deductive procedures, and the consequences for character weighting. – Syst. Zool. 38: 214-227.

Bulmer, M. (1988): Are codon usage patterns in unicellular organisms determined by selection-mutation balance? – J. Evol. Biol. 1: 15-26.

Buneman, P. (1971): The recovery of trees from measures of dissimilarity. – In: Hodson, F. R.; Kendall, D. G.; Tautu, P. (eds.), Mathematics in the archeological and historical sciences. – Edinburgh Univ. Press, Edinburgh: 387-395.

Bunge, M. (1967): Scientific Research I. The search for system. – Springer-Verlag, Berlin.

Buntjer, J. B., Hoff, I. A., Lenstra, J. A. (1997): Artiodactyl interspersed DNA repeats in Cetacean genomes. – J. Mol. Evol. 45: 66-69

Cadle, J. E. (1988): Phylogenetic relationships among advanced snakes. A molecular perspective. – Univ. Calif. Publ. 119: 1-77

Camin, J. H., Sokal, R. R. (1965): A method for deducing branching sequences in phylogeny. – Evolution 19: 311-326.

Carroll, R. L. (1993): Paläontologie und Evolution der Wirbeltiere. – G. Thieme Verlag, Stuttgart.

Carroll, S. B. (1994): Developmental regulatory mechanisms in the evolution of insect diversity. – Development Suppl. 1994: 217-223.

Charleston, M. A., Hendy, M. D., Penny, D. (1994): The effects of sequence length, tree topology and number of taxa on the performance of phylogenetic methods. – J. Comp. Biol. 1: 133-151.

Cifelli, R. L. (1993): Theria of Metatherian-Eutherian grade and the origin of marsupials. – In: Szalay, F. S., Novaceck, M. J., (eds.), Mammal phylogeny. – Springer Verlag, Berlin, Heidelberg, New York: 205-215.

Clark, J. B., Maddison, W. P., Kidwell, M. G. (1994): Phylogenetic analysis supports horizontal transfer of P transposable elements. – Mol. Biol. Evol. 11: 40-50.

Claverie, J. M. (1993): Detecting frame shifts by amino acid sequence comparison. – J. Mol. Biol. 234: 1140-1157.

Clement, P., Harris, A., Davis, J. (1993): Finches and Sparrows. An identification guide. – Christopher Helm Ltd., London.

Cohen, S., Jürgens, G. (1991): *Drosophila* headlines. – Trends Genetics 7: 267-271.

Cover, T. M., Thomas, J. A. (1991): Elements of Information Theory, vol 1. – J. Wiley & Sons, New York.

Cracraft, J. (1987): Species concepts and the ontology of evolution. – Biol. Philos. 2: 329-346.

– (1989): Speciation and its ontology: The empirical consequences of alternative species concepts for understanding patterns and processes of differentiation. – In: Otte, D., Endler, J. A. (eds.), Speciation and its consequences. – Sinauer, Sunderland: 28-59.

Craw, R. (1992): Margins of cladistics: identity, difference and place in the emergence of phylogenetic systematics, 1864-1975. – In: Griffiths, P. E. (ed.): Trees of life: essays in the philosophy of biology, Dordrecht, pp 65-107.

Crozier, R. H., Crozier, Y. C. (1993): The mitochondrial genome of the honeybee *Apis mellifera*: complete sequence and genome organization. – Genetics 133: 97-117.

Danielopol, D. L. (1977): On the origin and diversity of European freshwater interstitial Ostracods. 6th Intern. – Ostracod Symp.: 295-305.

Darwin, C. 1859. On the origin of species by means of natural selection, or the preservation of favoured races in the struggle for life. – J. Murray, London

Davison, D. (1985): Sequence similarity (»homology«) searching for molecular biologists. – Bull. Math. Biol. 47: 437-474.

Dayhoff, M. O., Schwartz, R. M., Orcutt, B. C. (1978): A model of evolutionary change in proteins. – In: Dayhoff, M. O. (ed.), Atlas of protein sequence and

structure, Vol. 5, National Biomedical Research Foundation, Silver Spring: 89-99.
De Jong, R. (1980): Some tools for evolutionary and phylogenetic studies. – Z. zool Syst. Evol.-forsch. 18: 1-23.
Dendy, A. (1912): Outlines of evolutionary biology. – Constable & Co. Ltd., London.
De Pinna, M. C. C. (1991): Concepts and tests of homology in the cladistic paradigm. – Cladistics 7: 367-394.
De Queiroz, K. (1985): The ontogenetic method for determining character polarity and its relevance to phylogenetic systematics. – Syst. Zool. 34: 280-299.
De Robertis, E. M. (1997): The ancestry of segmentation. – Nature 387:25-26.
Disotell, T. R. R., Honeycutt, R. L., Ruvolo, M. (1992): Mitochondrial DNA phylogeny of the old-world monkey tribe Papionini. – Mol. Biol. Evol. 9: 1-13.
Dobzhansky, T., Spassky, B. (1959): *Drosophila paulistorum*, a cluster of species in statu nascendi. – Proc. Natl. Acad. Sci. 45: 419-428.
Dollo, L. (1893): Les lois de l'évolution. – Bull. Soc. Belge Geol. Paléont. Hydrol. 7: 164-166.
Dowling, T. E., Moritz, C., Palmer, J. D. (1990): Nucleic acids II: restriction site analysis. – In: Hillis, D. M., Moritz, C. (eds.), Molecular Systematics. – Sinauer Ass., Sunderland: 250-317.
Downie, S. R., Olmstead, R. G., Zurawski, G., Soltis, D. E., Soltis, P. S., Watson, J. C., Palmer, J. D. (1991): Six independent losses of the chloroplast DNA *rpl2* intron in dicotyledons: molecular and phylogenetic implications. – Evolution 45: 1245-1259.
Dress, A. (1995): The mathematical basis of molecular phylogenetics. – http://www.techfak.uni-bielefeld.de/bcd/Curric/MathAn/node2.html.
Ebeling, W. (1990): Physik der Evolutionsprozesse. – Akademie-Verlag, Berlin.
Eck, R. V., Dayhoff, M. O. (1966): Atlas of protein sequence and structure. – Natl. Biomed. Res. Found., Silver Springs, Maryland.
Ehlers, U. (1985): Das phylogenetische System der Plathelminthes. – G. Fischer Verlag, Stuttgart.
Edwards, A. W. F. (1996): The origin and early development of the method of minimum evolution for the reconstruction of phylogenetic trees. – Syst. Biol. 45: 79-91.
Edwards, A. W. F., Cavalli-Sforza, L. L. (1963): The reconstruction of evolution. – Ann. Hum. Genet. 27: 104-105.
Elder, J. F., Turner, B. J. (1995): Concerted evolution of repetitive DNA sequences in eukaryotes. – Quart. Rev. Biol. 70: 297-320.
Estabrook, G. F., Johnson, C. S., Jr., McMorris, F. R. (1976a): A mathematical foundation for the analysis of character compatibility. – Mathematical Biosciences 23: 181-187.
– (1976b): An algebraic analysis of cladistic characters. – Discrete Mathematics 16: 141-147.

Estabrook, G. F., Strauch, G. F., Fiala, K. (1977): An application of compatibility analysis to Blacklith's data on orthopteroid insects. – Syst. Zool. 26: 269-276.
Faith, D. P. (1991): Cladistic permutation tests for monohyly and nonmonophyly. – Syst. Zool. 40: 366-375.
Faith, D. P., Cranston, P. S. (1991): Could a cladogram this short have arisen by chance alone?: On permutation tests for cladistic structure. – Cladistics 7: 1-28.
Farris, J. S. (1969): A successive approximations approach to character weighting. – Syst. Zool. 18: 374-385.
– (1970): Methods for computing Wagner trees. – Syst. Zool. 19: 83-92.
– (1972): Estimating phylogenetic trees from distance matrices. – Am. Nat. 106: 645-668.
– (1982): The logical basis of phylogenetic analysis. – In: Platnick, N., Funk, V. (eds.), Advances in Cladistics 2. – Columbia Univ. Press, New York: 7-36.
– (1989a): The retention index and homoplasy excess. – Syst. Zool. 38: 406-407.
– (1989b): The retention index and the rescaled consistency index. – Cladistics 5: 417-419.
– (1991): Excess homoplasy ratios. – Cladistics 7: 81/91.
Farris, J. S., Albert, V. A., Källersjö, M., Lipscomb, D., Kluge, A. G. (1996): Parsimony jackknifing outperforms neighbor-joining. – Cladistics 12: 99-124
Felsenstein, J. (1978a): The number of evolutionary trees. – Syst. Zool. 27: 27-33.
– (1978b): Cases in which parsimony and compatibility methods will be positively misleading. – Syst. Zool. 27: 401-410.
– (1981): Evolutionary trees from DNA sequences: a maximum likelihood approach. – J. Mol. Evol. 17: 368-376.
– (1983): Statistical inference of phylogenies. – J. Roy. Statist. Soc. A 146: 246-272.
– (1985): Confidence limits on phylogenies: an approach using the bootstrap. – Evolution 39: 783-791.
– (1991): Counting phylogenetic invariants in some simple cases. – J. Theoret. Biol. 152: 357-376.
– (1993): PHYLIP (Phylogeny Inference Package) version 3.5c. – Distributed by the author. Department of Genetics, University of Washington, Seattle.
Ferrière, R., Fox, G. A. (1995): Chaos and evolution. – TREE 10: 480-485
Fitch, W. M. (1967): Construction of phylogenetic trees. – Science 155: 279-284.
– (1971): Toward defining the course of evolution: minimum change for a specified tree topology. – Syst. Zool. 20: 406-416.
– (1984): Cladistic and other methods: problems, pitfalls, and potentials. – In: Duncan, T., Stuessy, T. F. (eds.), Cladistics: perspectives on the reconstruction of evolutionary history. – Columbia Univ. Press, New York: 221-252.

Fitch, W. M., Ye, J. (1991): Weighted parsimony: does it work?. – In: Miyamoto, M. M., Cracraft, J. (eds.), Phylogenetic analysis of DNA sequences. – Oxford University Press, New York, 147-154.

Friedrich, M., Tautz, D. (1995): Ribosomal DNA phylogeny of the major extant classes and the evolution of myriapods. – Nature 376: 165-167.

– (1997): An episodic change of rDNA nucleotide substitution rate has occurred during the emergence of the insect order Diptera. – Mol. Biol. Evol. 14: 644-653.

Fu, Y. X., Li., W. H. (1993): Statistical tests of neutrality of mutations. – Genetics 133: 693-709.

Funch, P., Kristensen, R. M. (1995): Cycliophora is a new phylum with affinities to Entoprocta and Ectoprocta. – Nature 378: 711-714.

Gaunt, S. J. (1997): Chick limbs, fly wings and homology at the fringe. – Nature 386: 324-325.

Geller, J. B. (1994): Sex-specific mitochondrial DNA haplotypes and heteroplasmy in *Mytilus trossulus* and *Mytilus galloprovincialis* populations. – Mol. Mar. Biol. Biotechnol. 3(6): 334-337.

Ghiselin, M. T. (1966): On psychologism in the logic of taxonomic controversies. – Syst. Zool. 15: 207-215.

– (1974): A radical solution to the species problem. – Syst. Zool. 23: 536-544.

Gibbons, A. (1998): Calibrating the molecular clock. – Science 279: 28-29.

Givnish, T. J., Sytsma, K. J. (1997): Homoplasy in molecular vs. morphological data: the likelihood of correct phylogenetic inference. – In: Givnish, T. J., Sytsma K. J., (eds.), Molecular evolution and adaptive radiation, 1st edn. – Cambridge Univ. Press, Cambridge U.K.: 55-101.

Gogarten, J. P. (1995): The early evolution of cellular life. – TREE 10: 147-151.

Gojobori, T., Li, W. H., Graur, D. (1982): Patterns of nucleotide substitution in pseudogenes and functional genes. – J. Mol. Evol. 18: 360-369.

Goldmann, N. (1993): Simple diagnostic statistical test of models for DNA substitution. – J. Mol. Evol. 37: 650-661.

– (1993): Statistical tests of models of DNA substitution. – J. Mol. Evol. 36: 182-198.

Goloboff, P. A. (1991): Homoplasy and the choice among cladograms. – Cladistics 7: 215-232.

– (1993): Estimating character weights during tree search. – Cladistics 9: 83-91.

Goodman, M., Bailey, W. J., Hayasaka, K., Stanhope, M. J., Slightom, J., Czelusniak, J. (1994): Molecular evidence on primate phylogeny from DNA sequences. – Am. J. Phys. Anthropol. 94: 3-24.

Graham, R. L., Foulds, L. R. (1982): Unlikelihood that minimal phylogenies for a realistic biological study can be constructed in reasonable computational time. – Mathem. Biosci. 60: 133-142.

Grant, P. R. (1993): Hybridization of Darwin's finches on Isla Daphne Major, Galápagos. – Phil. Trans. R. Soc. Lond. B 340: 127-139.

Grant, V. (1994): Evolution of the species concept. – Biol. Zentralbl. 113: 401-415.

Grantham, R., Gauthier, C., Gouy, R., Mercier, R., Pave, A. (1980): Codon catalog usage and the genome hypothesis. – Nucleic Acid Res. 8: r49-r62.

Green, S., Chambon, P. (1986): A superfamily of potentially oncogenic hormone receptors. – Nature 324: 615-617.

Greenwood, J. J. D. (1993): Theory fits the bill in the Galápagos Islands. – Nature 362:699

Grishin, N. V. (1995): Estimation of the number of amino acid substitutions per site when the substitution rate varies among sites. – J. Mol. Evol. 41: 675-679.

Grosberg, R. K., Levitan, D. R., Cameron, B. B. (1996): Characterization of genetic structure and genealogies using RAPD-PCR markers: a random primer for the novice and nervous. – In: Ferraris, J. D., Palumbi, S. R.: Molecular Zoology: Advances, strategies, and protocols: 67-100.

Gu, W., Li, W. H. (1992): Higher rates of amino acid substitutions in rodents than in humans. – Mol. Phylog. Evol. 1: 211-214.

Haeckel, E. (1866): Generelle Morphologie der Organismen: Allgemeine Grundzüge der organischen Formen-Wissenschaft, mechanisch begründet durch die von Charles Darwin reformierte Descendenz-Theorie. – Georg Reimer Verlag, Berlin.

Hafner, M. S., Sudman, P. D., Villablanca, F. X., Spradling, T. A., Demastes, J. W., Nadler, S. A. (1994): Disparate rates of molecular evolution in cospeciating hosts and parasites. – Science 265: 1087-1090.

Hall, B. K. (1992): Evolutionary developmental biology. – Chapman & Hall, London, 1-275.

Harrington, R. W., Kallman, K. D. (1968): The homozygosity of clones of the self-fertilizing hermaphroditic fish *Rivulus marmoratus* (Cyprinodontidae, Atheriniformes). – Amer. Nat. 102: 337-343.

Harshman, J. (1994): The effect of irrelevant characters on bootstrap values. – Syst. Biol. 43: 419-424.

Hasegawa, M., Kishino H., Saitou N. (1991): On the maximum likelihood method in molecular phylogenetics. – J. Mol. Evol. 32: 443-445.

Hassenstein, B. (1966): Was ist Information? – Naturwiss. Medizin 3: 38-52.

Hendy, M. D., Penny, D. (1989): A framework for the quantitative study of evolutionary trees. – Syst. Zool. 38: 297-309.

– (1993): Spectral analysis of phylogenetic data. – J. Classif. 10: 5-24.

Hendy, M. D., Penny, D., Steel, M. A. (1994): A discrete Fourier analysis for evolutionary trees. – Proc. Natl. Acad. Sci. USA 91: 3339-3343.

Hennig, W. (1949): Zur Klärung einiger Begriffe der phylogenetischen Systematik. – Forsch. Fortschr. 25: 136-138.

– (1950): Grundzüge einer Theorie der phylogenetischen Systematik. – Deutscher Zentralverlag Berlin.

- (1953): Kritische Bemerkungen zum phylogenetischen System der Insekten. – Beitr. Entomol. 3: 1-61.
- (1966): Phylogenetic Systematics. – Univ. Illinois Press, Urbana.
- (1982): Phylogenetische Systematik. – Paul Parey, Berlin und Hamburg, 1-246.
- (1986): Taschenbuch der speziellen Zoologie, Wirbellose 2: Gliedertiere. – Harri Deutsch, Thun, Frankfurt.

Hessler, R. R., Martin, J. W. (1989): *Austinograea williamsi*, new genus, new species, a hydrothermal vent crab (Decapoda: Bythograeidae) from the Mariana back-arc basin, Western Pacific. – J. Crust. Biol. 9:645-661.

Higgins, D. G., Sharp, P. M. (1988): CLUSTAL: A package for performing multiple sequence alignment on a microcomputer. – Gene 73: 237-244.

Hillis, D. M. (1984): Misuse and modification of Nei's genetic distance. – Syst. Zool. 33: 238-240.

Hillis, D. M., Bull, J. J., White, M. E., Badgett, M., Molineux, I.J. (1992): Experimental phylogenetics: generation of a known phylogeny. – Science 255: 589-592.

Hillis, D. M., Huelsenbeck, J. P. (1992): Signal, noise, and reliability in molecular phylogenetic analyses. – J. Hered. 83: 189-195.

Hudson, R. R. (1993): The how and why of generating gene genealogies. In: Takahata, N., Clark, A.G. (eds.), Mechanisms of Molecular Evolution: Introduction to Molecular Paleopopulation Biology. – Sinauer Ass., Sunderland: 23-36.

Huelsenbeck, J. P., Hillis, D. M., Jones, R. (1996): Parametric bootstrapping in molecular phylogenetics: applications and performance. – In: Ferraris, J. D., Palumbi, S. R.: Molecular Zoology: Advances, strategies, and protocols: 19-45.

Huey, R. B., Bennett, A. F. (1987): Phylogenetic studies of coadaptation: preferred temperatures versus optimal performance temperatures of lizards. – Evolution 41: 1098-1115.

Hughes, A. L. (1994): Evolution of the interleukin-1 gene family in mammals. – J. Mol. Evol. 39:6-12.

Hughes, A. L., Yeager, M. (1997): Comparative evolutionary rates of introns and exons in murine rodents. – J. Mol. Evol. 45: 125-130.

Huys, R., Boxshall, G. A. (1991): Copepod evolution. – The Ray Society, London.

Hwang, U. W., Kim, W., Tautz, D., Friedrich, M. (1998): Molecular phylogenetics at the Felsenstein Zone: approaching the Strepsiptera problem using 5.8S and 28S rDNA sequences. – Mol. Phylog. Evol. 9: 470-480.

Ichinose, H., Ohye, T., Takahashi, E., Seki, N., Hori, T., Segawa, M., Nomura, Y., Endo, K., Tanaka, H., Tsuji, S., Fujita, K., Nagatsu, T. (1994): Hereditary progressive dystonia with marked diurnal fluctuation caused by mutations in the GTP cyclohydrolase I gene. – Nature Genetics 8: 236-242.

Irwin, D. M., Kocher, T. D., Wilson, A. C. (1991): Evolution of the cytochrome b gene of mammals. – J. Mol. Evol. 32: 128-144.

Janich, P. (1997): Kleine Philosophie der Naturwissenschaften. – Beck'sche Verlagsbuchhandlung, München

Janke, A., Gemmell, N. J., Feldmaier-Fuchs, G., Haeseler, A. v. o. n., Pääbo, S. (1996): The mitochondrial genome of a monotreme – the platypus. – J. Mol. Evol. 42:153-159.

Jefferies, R. P. S (1979): The origin of chordates – a methodological essay. – In: House, M. R. (ed.), The origin of the major vertebrate groups. – Academic Press, London: 443-477.

Jin, L., Nei, M. (1990): Limitations of the evolutionary parsimony method of phylogenetic analysis. – Mol. Biol. Evol. 7: 82-102.

Joger, U. (1996): Molekularbiologische Methoden in der phylogenetischen Rekonstruktion. – Zool. Beitr. N.F. 37: 77-131.

Johns, G. C., Avise, J. C. (1998): A comparative summary of genetic distances in the vertebrates from the mitochondrial cytochrome b gene. – Mol. Biol. Evol. 15: 1481-1490.

Johnson, C. (1986): Parthenogenetic reproduction in the philosciid isopod, *Ocelloscia floridana* (Van Name, 1940). – Crustaceana 51: 123-132.

Jukes, T. H., Cantor, C. R. (1969): Evolution of protein molecules. – In: Munro, H. N. (ed.), mammalian protein Metabolism. – Academic Press, New York: 21-132.

Kaplan, N., Hudson, R. R., Lizuka, M. (1991): The coalescent process in models with selection, recombination and geographic subdivision. – Genet. Res. 57: 83-91.

Kempken, F. (1995): Horizontal transfer of a mitochondrial plasmid. – Mol. Gen. Genet. 248: 89-94.

Kimura, M. (1962): On the probability of fixation of mutant genes in populations. – Genetics 47: 713-719.
- (1968): Evolutionary rate at the molecular level. – Nature 217: 624-626.
- (1980): A simple method for estimating evolutionary rate of base substitutions through comparative studies of nucleotide sequences. – J. Mol. Evol. 16: 111-120.
- (1983): The neutral theory of molecular evolution. – Cambridge University Press, Cambridge.
- (1987): Die Neutralitätstheorie der molekularen Evolution. – Verlag Paul Parey, Berlin.

Kimura, M., Ohta, T. (1973): Mutation and evolution at the molecular level. – Genet. Suppl. 73: 19-35.

Kingman, J. F. C. (1982): On the genealogy of large populations. – J. Appl. Probab. 19A: 27-43-

Kluge, A. G., Farris, J. S. (1969): Quantitative phyletics and the evolution of anurans. – Syst. Zool. 18: 1-32.

Knowlton, N., Weil, E., Weigt, L. A., Guzmán, H. M. (1992): Sibling species in *Montastraea annularis*, coral bleaching, and the coral climate record. – Science 255: 330-333.

Kollar, E. J., Fisher, C. (1980): Tooth induction in chick epithelium: expression of quiescent genes for enamel synthesis. – Science 207: 993-995.

König, C. (1982): Zur systematischen Stellung der Neuweltgeier. – J. Ornithol. 123: 259-267.

Koenig, O. (1975): Biologie der Uniform. – In: von Ditfurth, H. (ed.): Evolution. Ein Querschnitt durch die Forschung. – Hoffmann & Campe, Hamburg: 175-211.

Kondo, R., Horai, S., Satta, Y., Takahata, N. (1993): Evolution of hominid mitochondrial DNA with special reference to the silent substitution rate over the genome. – J. Mol. Evol. 36: 517-531.

Kraus, O. (1970): Internationale Regeln für die Zoologische Nomenklatur. – Waldemar Kramer Verlag, Frankfurt, 2.Auflage.

Kraus, O., Kraus M. (1994): Phylogenetic system of the Tracheata (Mandibulata): on »Myriapoda« – Insecta interrelationships, phylogenetic age and primary ecological niches. – Verh. Naturwiss. Ver. Hamburg 34: 5-31.

Kumar, S., Tamura, K., Nei, M. (1993): MEGA: Molecular Evolutionary Genetics Analysis, Vers. 1.0. – The Pennsylvania State University, Univ. park, PA 16802.

Kumazawa, Y., Nishida, M. (1995): Variations in mitochondrial tRNA gene organization of reptiles as phylogenetic markers. – Mol. Biol. Evol. 12: 759-772.

Kurtén, B. (1963): Return of a lost structure in the evolution of the felid dentition. – Soc. Sci. Fenn. Comment. Biol. 26: 1-12.

Kwiatowski, J., Krawczyk, M., Jaworski, M., Skarecky, D., Ayala, F. J. (1997): Erratic evolution of glycerol-3-phosphate dehydrogenase in *Drosophila*, *Chymomyza*, and *Ceratitis*. – J. Mol. Evol. 44: 9-22.

Lake, J. A. (1987): A rate independent technique for analysis of nucleic acid sequences: Evolutionary parsimony. – Mol. Biol. Evol. 4: 167-191.

Lanave, C. G., Preparata, G., Saccone, C., Serio, G. (1984): A new method for calculating evolutionary substitution rates. – J. Mol. Evol. 20: 86-93.

Lauder, G. V., Liem, K. F. (1983): The evolution and interrelationships of the actinopterygian fishes. – Bull. Mus. Comp. Zool. 150: 95-197.

Lauterbach, K. E. (1989): Das Pan-Monophylum – ein Hilfsmittel für die Praxis der phylogenetischen Systematik. – Zool. Anz. 223:139-156.

Lavin, M., Doyle, J. J., Palmer, J. D. (1990): Evolutionary significance of the loss of the chloroplast-DNA inverted repeat in the Leguminosae subfamily Papilionoideae. – Evolution 44: 390-402.

Lento, G. M., Hickson, R. E., Chambers, G. K., Penny, D. (1995): Use of spectral analysis to test hypotheses on the origin of pinnipeds. – Mol. Biol. Evol. 12 :28-52

Le Quesne, W. J. 1969. A method of selection of characters in numerical taxonomy. – Systematic Zoology 18: 201-205

Lewontin, R. C., Birch, L. C. (1966): Hybridization as a source of variation for adaptation to new environments. – Evolution, 20: 315-336.

Li, W. H. (1993): Unbiased estimation of the rates of synonymous and nonsynonymous substitution. – J. Mol. Evol. 36: 96-99.

– (1997): Molecular Evolution. – Sinauer Ass., Sunderland.

Li, W. H., Graur, D. (1991): Fundamentals of molecular evolution. – Sinauer Ass., Sunderland.

Li, W. H., Wu, C. I., Luo, C. C. (1984): Nonrandomness of point mutation as reflected in nucleotide substitutions in pseudogenes and its evolutionary implications. – J. Mol. Evol. 21: 58-71.

– (1985): A new method for estimating synonymous and nonsynonymous rates of nucleotide substitutions considering the relative likelihood of nucleotide and codon changes. – Mol. Biol. Evol. 2: 150-174.

Linnaeus, C. (1758): Systema naturae per regna tria naturae, secundum classes, ordines, genera, species cum characteribus, differentiis, synonymis, locis. – Laurentii Salvii, Holmiae.

Lipman, D. J., Pearson, W. R. (1985): Rapid and sensitive protein similarity searches. – Science 227: 1435-1441.

Liu H. P., Mitton J. B. (1996): Tissue-specific maternal and paternal mitochondiral DNA in the freshwater mussel, *Anodonta grandis grandis*. – J. Moll. Stud. 62: 393-394.

Lockhart, P. J., Steel, M. A., Hendy, M. D., Penny, D. (1994): Recovering evolutionary trees under a more general model of sequence evolution. – Mol. Biol. Evol. 11: 605-612.

Lopez, P., Forterre, P., Philippe, H. (1999): A method for extracting ancient phylogenetic signal: the rooting of the universal tree of life based on elongation factors. – J. Mol. Evol. 49: 496-508.

Lorenz, K. (1941): Vergleichende Bewegungsstudien an Anatinen. – J. Ornithol. Ergänzungsbd. 3: 194-293.

– (1941): Comparative studies on the behaviour of Anatinae. – Avicult. Mag. 59: 80-91.

– (1943): Psychologie und Stammesgeschichte. – In: Heberer, G., Die Evolution der Organismen: 105-127.

– (1973): Die Rückseite des Spiegels – Versuch einer Naturgeschichte menschlichen Erkennens. – Piper, München und Zürich.

Lyrholm, T., Leimar, O., Gyllensten, U. (1990): Low diversity and biased substitution patterns in the mitochondrial DNA control region of sperm whales: Implications for estimates of time since common ancestry. – Mol. Biol. Evol. 13: 1318-1326.

Mac Arthur, R. H., Wilson, E. O. (1967): The theory of island biogeography. – Princeton University Press, Princeton (New Jersey).

Macey, J. R., Larson, A., Ananjeva, N. B., Papenfuss, T. J. (1997): Evolutionary shifts in three major structural features of the mitochondrial genome among iguanian lizards. – J. Mol. Evol. 44: 660-674.

MacFadden, B. J. (1992): Fossil horses: systematics, paleobiology, and evolution of the family Equidae. – Cambridge Univ. Press, Cambridge.

Maddison, W. P. (1991): Squared-change parsimony reconstructions of ancestral states for continuous-valued characters on a phylogenetic tree. – Syst. Zool. 40: 304-314.

Maddison, W. P., Donoghue, M. J., Maddison, D. R. (1984): Outgroup analysis and parsimony. – Systematic Zoology 33: 83-103.

Maddison, W. P., Maddison, D. R. (1992): MacClade Version 3. – Sinauer Assoc., Sunderland, Massachusetts.

Mahner, M., Bunge, M. (1997): Foundations of biophilosophy. – Springer Verlag, Berlin.

Mai, J. C., Coleman, A. W. (1997): The internal transcribed spacer 2 exhibits a common secondary structure in green algae and flowering plants. – J. Mol. Evol. 44: 258-271.

Marsh, O. C. (1880): *Odontornithes*: a monograph on the extinxt toothed birds of North America. – Rep. U.S. Geol. Explor. Fortieth Parallel, No. 7, Washington.

Mauersberger, G: (1974): Klasse Aves – Vögel, Rororo Tierwelt 4 (Vögel 1). – Rowohlt Verlag, Reinbeck bei Hamburg.

Maxson, L. R. (1992): Tempo and pattern in anuran speciation and phylogeny: An albumin perspective. – In: Adler, K. (ed.), Herpetology. Current research on the biology of amphibians and reptiles. – Oxford (Ohio): 41-58.

Maxson, L. R., Maxson R. D. (1990): Proteins II: Immunological techniques. – In: Hillis, D. M., Moritz, C., Molecular Systematics. – Sinauer Ass., Sunderland: 127-155.

Mayr, E. (1942): Systematics and the origin of species. – Columbia University Press, New York.

– (1963): Animal species and evolution. – Harvard Univ. Press,Cambridge, Mass.

– (1969): Principles of Systematic Zoology. – MacGraw-Hill Book Co., New York

– (1981): Biological classification: Toward a synthesis of opposing methodologies. – Science 214: 510-516.

– (1982): The growth of biological thought. Diversity, evolution, and inheritance. – The Belcamp Press, Cambridge, Massachusetts.

– (1982): Speciation and macroevolution. – Evolution 36: 1119-1132.

Mayr, E., Ashlock, P. D. (1991): Principles of systematic zoology; second edition. – McGraw Hill Inc., New York.

Macgregor, H. C., Varley, J. M. 1983: Working with chromosomes. – J. Wiley & Sons, Chichester.

McDonald, J. H., Seed, R., Koehn, R. K. (1991): Allozymes and morphometric characters of three species of *Mytilus* in the Northern and Southern Hemispheres. – Mar. Biol. 111: 323-333.

McLachlan, A. (1972): Repeating sequences and gene duplication in proteins. – J. Mol. Biol. 64: 417-437.

Meinhardt, H. (1996): Models of biological pattern formation: common mechanism in plant and animal development. – Int J Dev Biol 40:123-134.

– (1997): Wie Schnecken sich in Schale werfen. Muster tropischer Meeresschnecken als dynamische Systeme. – Springer Verlag, Berlin.

Menzies, R. J., George, R. Y. (1972): Isopod Crustacea of the Peru-Chile Trench. – Anton Bruun Rept. 9: 1-124.

Meyrick, E. (1885): A Handbook of the British Lepidoptera. – MacMillan & Co., London.

Michener C. D. (1977): Discordant evolution and the classification of Allodapine bees. – Syst Zool 26: 32-56

Mishler, B., Brandon, R. (1987): Individuality, pluralism, and the phylogenetic species concept. – Biol. And Phil. 2: 397-414.

Miyamoto, M. M., Boyle, S. M. (1989): The potential importance of mitochondrial DNA sequence data to eutherian mammal phylogeny. – In: Fernholm, K., Bremer, K., Jörnvall, H. (eds.), The Hierarchy of Life. – Elsevier Sci. Publ.: 437-450.

Moore, R. C. (1969): Treatise on invertebrate paleontology, part R, Arthropoda. – Geological Society of America Inc., Lawrence, Kanada.

Moran, N. A., von Dohlen, C. D., Baumann, P. (1995): Faster evolutionary rates in endosymbiotic bacteria than in cospeciating insect hosts. – J. Mol. Evol. 41: 727-731.

Morgenstern, B., Dress, A., Werner, T. (1996): Multiple DNA and protein sequence alignment based on segment-to-segment comparison. Proc. Natl. Acad. Sci. USA 93: 12098-12103

Morrison, D. A., Ellis, J. T. (1997): Effects of nucleotide sequence alignment on phylogeny estimation: a case study of 18S rDNAs of Apicomplexa. – Mol. Biol. Evol. 14:428-441.

Mow, W. H. (1994) Maximum likelihood sequence estimation from the lattice viewpoint. – IEEE Trans Inform Theory 40: 1591-1600.

Müller, F. (1864): Für Darwin. – Engelmann, Leipzig.

Müller, K. J., Walossek, D. (1985): A remarkable arthropod fauna of the Upper Cambrian »Orsten« of Sweden. – Trans. Roy. Soc. Edinburgh 76: 161-172.

– (1986): *Martinssonia elongata* gen. et sp.n., a crustacean-like euarthropod from the Upper Cambrian 'Orsten' of Sweden. – Zool. Scr. 15: 73-92.

Murphy, R. W., Sites, J. W., Buth, D. G., Haufler, C. H. (1990): Proteins I: Isozyme electrophoresis. – In: Hillis, D.M., Moritz, C., Molecular Systematics. – Sinauer Ass., Sunderland: 45-126.

Nakamura, H. K. 1986: Chromosomes of Archaeogastropoda (Mollusca: Prosobranchia), with some remarks on their cytotaxonomy and phylogeny. – Publ. Seto Mar. Biol. Lab. 31: 191-267.

Narang, S. K., Kaiser, P. E., Seawright, J. A. (1989): Identification of species D, a new member of the *Anopheles quadrimaculatus* species complex: a biochemical key. – J. Amer. Mosquito Control Assn. 5: 317-324.

Needleman, S. B., Wunsch, C. D. (1970): A general method applicable to the search for similarities in the amino acid sequence of two proteins. – J. Mol. Biol. 48: 443-453.

Nei, M. (1972): Genetic distance between populations. – Am. Natur. 106: 283-292.

– (1987): Molecular evolutionary genetics. – Columbia University Press, New York.

Nei, M., Miller, J. C. (1990): A simple method for estimating average number of nucleotide substitutions. – Genetics 125:873-879.

Nelson, G. (1978): Ontogeny, phylogeny, paleontology, and the biogenetic law. – Syst. Zool. 27: 324-345.

– (1994): Homology and systematics. – In: Hall, B. K. (ed.), Problems of phylogenetic reconstruction. – Academic Press, San Diego: 101-149.

Nickrent, D. L., Starr, E. M. (1994): High rates of nucleotide substitution in nuclear small-subunit (18S) rDNA from holoparasitic flowering plants. – J. Mol. Evol. 39: 62-70.

Nikoh, N., Iwabe, N., Kuma, K., Ohno, M., Sugiyama, T., Watanabe, Y., Yasui, K., Shi-cui, Z., Hori, K., Shimura, Y., Miyata, T. (1997): An estimate of divergence time of Parazoa and Eumetazoa and that of Cephalochordata and Vertebrata by aldolase and triose phosphate isomerase clocks. – J. Mol. Evol. 45: 97-106.

Oeser, E. (1976): Wissenschaft und Information. Systematische Grundlagen einer Theorie der Wissenschaftentwicklung. Bände 1-3. – R. Oldenbourg Verlag, Wien.

– (1987): Das Realitätsproblem. – In: Riedl R., Wuketits, F. M. (eds.), Die Evolutionäre Erkenntnistheorie. – Verlag Paul Parey, Berlin, Hamburg.

Ohno, S. (1997): The reason as well as the consequences of the Cambrian explosion in animal evolution. – J. Mol. Evol. 44 (Suppl.): S23-S27

Ohta, T. (1973): Slightly deleterious mutant substitutions in evolution. – Nature 246: 953-963.

– (1992): The nearly neutral theory of molecular evolution. – Annu. Rev. Ecol. Syst. 23: 263-286.

– (1995): Synonymous and nonsynonymous substitutions in mammalian genes and the nearly neutral theory. – J. Mol. Evol. 40: 56-63.

– (1997): Role of random genetic drift in the evolution of interactive systems. – J. Mol. Evol. 44 (Suppl.): S9-S14.

Osche, G. (1965): Über latente Potenzen und ihre Rolle im Evolutionsgeschehen. – Zool. Anz. 174: 411-440.

– (1973): Das Homologisieren als eine grundlegende Methode der Phylogenetik. – Aufsätze Reden senckenb. naturf. Ges. 24: 155-165.

Osorio, D., Averof, M., Bacon, J. P. (1995): Arthropod evolution: great brains, beautiful bodies. – TREE 10(11): 449-454.

Owen, R. (1843): Lectures on the comparative anatomy and physiology of the invertebrate animals, delivered at the Royal College of Surgeons, in 1843. – Longman, Brown, Green and Longmans, London.

Palevody, C. (1969): Donnes sur l'ovogenese d'un Collembole Isotomidae parthenogentique. – C. R. Acad. Sc. Paris 269: 183-186.

Pamilo, P., Bianchi, N.O. (1993): Evolution of the ZFX and ZFY genes: Rates and independence between the genes. – Mol. Biol. Evol. 29: 180-187.

Panchen, A. L. (1994): Richard Owen and the concept of homology. – In: Hall, B. K. (ed.), »Homology, the hierarchical basis of comparative biology«. – Academic Press, San Diego: 21-62.

Parker, T. J. (1883): On the structure of the head in *Palinurus*, with special reference to the classification of the genus. – N. Z. J. Sci. 1: 584-585.

Paterson, H. E. A. (1985): The recognition concept of species. – In: Species and speciation (E. S. Vrba, ed.). – Transvaal Museum Monograph No. 4, Transvaal Museum, Pretoria.

Patterson, B., Pascual, R. (1968): Evolution of mammals on southern continents. V. The fossil mammal fauna of South America. – Quart. Rev. Biol. 43: 409-451.

Patterson, C. (1982): Morphological characters and homology. – In: Joysey, K. A., Friday, A. E. (eds.): Problems of phylogenetic reconstruction. – Academic Press, London: 21-74.

– (1988): Homology in classical and molecular biology. – Mol. Biol. Evol. 5: 603-625.

Patterson, C., Rosen, D. E. (1977): Review of ichtyodectiform and other Mesozoic teleost fishes and the theory and practice of classifying fossils. – Bull. Am. Mus. Nat. Hist. 158: 81-172.

Patton, J. C., Avise, J. C. (1983): An empirical evaluation of qualitative Hennigian analyses of protein electrophoretic data. – J. Mol. Evol. 19: 244-254.

Pawlowski, J., Bolivar, I., Fahrni, J. F., de Vargas, C., Gouy, M., Zaninetti, L. (1997): Extreme differences in rates of molecular evolution of Foraminifera revealed by comparison of ribosomal DNA sequences and the fossil record. – Mol. Biol. Evol. 14: 498-505.

Perez, M. L., Valverde, J. R., Batuecas, B., Amat, F., Marco, R., Garesse, R. (1994): Speciation in the *Artemia* genus: mitochondrial DNA analysis of bisexual and parthenogenetic brine shrimps. – J. Mol. Evol. 38: 156-168.

Philippe, H., Laurent, J. (1998): How good are deep phylogenetic trees? – Curr. Opin. Genet. Dev. 8: 616-623.

Polz, H. (1998): *Schweglerella strobli* gen. nov. sp. nov. (Crustacea: Isopoda: Sphaeromatidea), eine Meeres-Assel aus den Solnhofener Plattenkalken. – Archaeopteryx 16: 19-28.

Poore, G. C. B., Lew Ton, H. M. (1990): The Holognathidae (Crustacea: Isopoda: Valvifera) expanded and redefined on the basis of body-plan. – Invertebr. Taxon. 4:55-80.

Popper, K. R. (1934): Logik der Forschung. – Julius Springer Verlag, Wien. (10. Auflage 1994: J. C. B. Mohr, Tübingen)

Purvis, A., Bromham, L. (1997): Estimating the transition/transversion ratio from independent pairwise comparisons with an assumed phylogeny. – J. Mol. Evol. 44: 112-119.

Rassmann, K. (1997): Evolutionary age of the Galápagos iguanas predates the age of the present Galápagos Islands. – Mol. Phylog. Evol. 7: 158-172.

Rassmann, K., Trillmich, F., Tautz, D. (1997): Hybridization between the Galápagos land and marine iguana (*Conolophus subcristatus* and *Amblyrhynchus cristatus*) on Plaza Sur. – J. Zool. Lond. 242: 729-739.

Remane, A. (1961): Gedanken und Probleme: Homologie und Analogie, Praeadaptation und Parallelität. – Zool. Anz. 166 (9/12): 447-465.

Remane, A., Storch, V., Welsch, U. (1986): Systematische Zoologie, 3. Auflage. – Gustav Fischer Verlag, Stuttgart.

Richter, S., Meier, R. (1994): The development of phylogenetic concepts in Hennig's early theoretical publications (1947-1966). – Syst. Biol. 43: 212-221.

Riedl, R. (1975): Die Ordnung des Lebendigen. – Paul Parey, Hamburg und Berlin.

– (1992): Wahrheit und Wahrscheinlichkeit. – Verlag Paul Parey, Berlin.

Rodríguez, F. J., Oliver, A., Marìn, A., Medina, J. R. (1990): The general stochastic model of nucleotide substitution. – J. Theor. Biol. 142: 485-501.

Roelofs, D., Bachmann, K. (1997): Coparisons of chloroplast and nuclear phylogeny in the autogamous annual *Microseris douglasii* (Asteraceae: Lactucaceae). – Plant Syst. Evol. 204: 49-63.

Rogers, J. S. (1972): Measures of genetic similarity and genetic distance. Studies in Genetics VII. – Univ. Texas Publ. 7213: 145-153.

Rosa, D. (1918): Ologenesi: Nuova teoria dell'evoluzione e della distribuzione geografica dei viventi. – Bemporad e Figlio, Firenze.

Rzhetsky, A., Nei, M. (1995): Tests of applicability of several substitution models for DNA sequence data. – Mol. Biol. Evol. 12: 131-151.

Saitou, N. (1990): Maximum likelihood methods. – Methods Enzymol. 183: 584-598.

Saitou, N., Nei, M. (1987): The neighbor-joining method: a new method for reconstructing phylogenetic trees. – Mol. Biol. Evol. 4: 406-425.

Saller, K. (1959): Der Begriff des Kryptotypus. – Scientia (Bologna) A 53: 158-165.

Schmidt, C. (1999): Phylogenetisches System der Crinochaeta (Crustacea, Isopoda, Oniscidea). – Dissertation, Ruhr-Universität Bochum.

Schminke, H. K. (1987): Le genre *Thermobathynella* Capart, 1951 (Bathynellacea, Malacostraca) et ses relations phylétiques. – Rev. Hydrobiol. Trop. 20: 107-111.

Schneider, T. D. (1996): Information theory primer. – ftp.ncifcrf.gov/pub/delila/primer.ps

Scholl, A., Pedroli-Christen, A. (1996): The taxa of *Rhymogona* (Diplopoda: Craspedosomatidae): a ring species, part one: genetic analysis of population structure. – Mém. Mus. Natn. Hist. Nat. 169:45-51.

Scholtz, G. (1997): Cleavage, germ band formation and head segmentation: the ground pattern of the Euarthropoda. – In: Fortey, R. A., Thomas, R. H. (eds.), Arthropod Relationships. – Systematics Association Special Volume Series 55, Chapman & Hall, London, 317-332.

Schöniger, M., Haeseler, A. v. o. n. (1993): More reliable phylogenies by properly weighted nucleotide substitutions. – In: Opitz, O., Lausen, B., Klar, R. (eds.), Information and classification. Proc. 16th Ann. Conf. »Gesellschaft für Klassifikation e.V.«. – Springer Verlag, Berlin: 413-420.

Schram, F. R. (1986): Crustacea. – Oxford University Press, New York & Oxford.

Schubart, C. D., Diesel, R., Hedges, B. (1998): Rapid evolution to terrestrial life in Jamaican crabs. – Nature 393: 363-365.

Schubart, O. (1934): Tausendfüßler oder Myriapoda. I: Diplopoda. – In: Dahl, F. (Hsg.), Tierwelt Deutschlands 28: 1-318.

Seiffert, H. (1991): Einführung in die Wissenschaftstheorie, Bände 1-3 (9.Auflage). – Beck'sche Verlagsbuchhandlung, München.

Sharp, P., Li, W. H. (1989): On the rate of DNA sequence evolution in *Drosophila*. – J. Mol. Evol. 28: 398-402.

Sharp, P. M., Tuohy, M. F., Mosurski, K. R. (1986): Codon usage in yeast: Cluster analysis clearly differentiates highly and lowly expressed genes. – Nucleic Acid Res. 14: 5125-5143.

Shubin, N., Tabin, C., Carroll, S. (1997): Fossils, genes and the evolution of animal limbs. – Nature 388: 639-648

Sibley, C. G., Ahlquist, J. E. (1990): Phylogeny and classification of birds. – Yale Univ. Press, New Haven.

Siebert, D. J. (1992): Tree statistics; trees and 'confidence'; consensus trees; alternatives to parsimony; character weighting; character conflict and its resolution. – In: Forey, P. L. et al. (eds.): Cladistics A practical course in systematics. – Clarendon Press, Oxford, 72-123.

Simon, C., Frati, F., Beckenbach, A., Crespi, B., Liu, H., Flook, P. (1994): Evolution, weighting, and phylogenetic utility of mitochondrial gene sequences and a compilation of conserved polymerase chain reaction primers. – Ann Entomol Soc Am 87: 651-701.

Simpson, G. G. (1961): Principles of animal taxonomy. – Columbia Univ. Press, New York.

Snodgrass R. E. (1950): Comparative studies on the jaws of mandibulate arthropods. – Smiths. Misc. Coll .116: 1-85.

Sober, E. (1986): Parsimony and character weighting. – Cladistics 2: 28-42.

– (1988): Reconstructing the past. Parsimony, evolution, and inference. – The MIT Press, Cambridge (England).

Sokal, R. R., Rohlf, J. J. (1981): Biometry, second edition. – W. H. Freeman, San Francisco.

Sokal, R. R., Sneath, P. H. A. (1963): Principles of numerical taxonomy. – W. H. Freeman, San Francisco.

Spears, T., Abele, L. G., Applegate, M. A. (1994): Phylogenetic study of cirripedes and selected relatives (Thecostraca) based on 18S rDNA sequence analysis. – J Crust Biol 14: 641-656.

Starck, D. 1995: Wirbeltiere 5. Teil: Säugetiere. – G. Fischer Verlag, Jena, Stuttgart.

Steel, M. A. (1994): Recovering a tree from the leaf colourations it generates under a Markov model. – Appl. Math. Lett. 7: 19-24.

Steel, M. A., Lockhart, P. J., Penny, D. (1993): Confidence in evolutionary trees from biological sequence data. – Nature 364: 440-442.

Streble, H., Krauter, D. (1973): Das Leben im Wassertropfen. – Franckh'sche Verlagsbuchhandlung, Stuttgart.

Strimmer, K. (1997): Maximum likelihood methods in molecular phylogenetics. – Herbert Utz Verlag Wissenschaft, München.

Strimmer, K., von Haeseler, A. (1996): Quartet puzzling: a quartet maximum likelihood method for reconstructing tree topologies. – Mol. Biol. Evol. 13: 964-969.

Sturmbauer, C., Meyer, A. (1992): Genetic divergence, speciation and morphological stasis in a lineage of African cichlid fishes. – Nature 358: 578-581.

Sudhaus, W. (1980): Problembereiche der Homologienforschung. – Verh. Dtsch. Zool. Ges. 1980: 177-187.

Sudhaus, W., Rehfeld, K. (1992): Einführung in die Phylogenetik und Systematik. – G. Fischer Verlag, Stuttgart.

Summer, A. T. (1990): Chromosme banding. – Unwin Hyman, London.

Swisher, C. C., Wang, Y. Q., Wang, X. L., Xu, X., Wang, Y. (1999): Cretaceous age for the feathered dinosaurs of Liaoning, China. – Nature 400: 58-61.

Swofford, D. L. (1990): PAUP: Phylogenetic analysis using parsimony, version 3.0. – Illinois Natural History Survey, Champaign, Illinois.

Swofford, D. L., Berlocher, S. H. (1987): Inferring evolutionary trees from gene frequency data under the principle of maximum aprsimony. – Syst. Zool. 36: 293-325.

Swofford, D. L., Maddison, W. P. (1987): Reconstructing ancestral character states under Wagner parsimony. – Mathem. Biosci. 87: 199-229.

Swofford, D. L., Olsen, G. J., Waddell, P. J., Hillis, D. M. (1996): Phylogenetic Inference. – In: Hillis, D. M., Moritz, C., Mable, B. K. (eds.): Molecular Systematics. – Sinauer Ass., Sunderland: 407-514.

Szalay, F. S., Delson, E. (1979): Evolutionary History of the Primates. – Academic Press, New York.

Tajima, F., Nei, M. (1984): Estimation of evolutionary distance between nucleotide sequences. – Mol Biol Evol 1: 269-285

Takahaka, N., Nei, M. (1990): Allelic genealogy under overdominant and frequency-dependent selection and polymorphism of major histocompatibility complex loci. – Genetics 124: 967-978.

Takezaki, N., Rzhetsky, A., Nei, M. (1995): Phylogenetic test of the molecular clock and linearized trees. – Mol. Biol. Evol. 12: 823-833.

Tamura, K. (1992): Estimation of the number of nucleotide substitutions when there are strong transition-transversion and G+C content biases. – Mol. Biol. Evol. 9: 678-687.

Tamura, K., Nei, M. (1993): Estimation of the number of nucleotide substitutions in the control region of mitochondrial DNA in humans and chimpanzees. – Mol. Biol. Evol. 10: 512-526.

Tavaré, S. (1986): Some probabilistic and statistical problems on the analysis of DNA sequences. – Lec. Math. Life Sci. 17: 57-86.

Taylor, W. R. (1986a): Identification of protein sequence homology by consensus template alignment. – J. Mol. Biol. 20: 233-258.

– (1986b): The classification of amino acid conservation. – J. Theor. Biol. 119: 205-218.

Templeton, A.R. (1989): The meaning of of species and speciation: a genetic perspective. – In: Otte, D., Endler, J. A, (eds.), Speciation and its consequences. – Sinauer, Sunderland: 3-27.

Tengan, C. H., Moraes, C. T. (1998): Duplictaion and triplication with staggered breakpoints in human mitochondrial DNA. – Biochim. Biophys. Acta 1406: 73-80.

Thenius, E. (1979): Die Evolution der Säugetiere. – UTB/ G. Fischer Verlag, Stuttgart.

Thompson, J. D., Higgins, D. G., Gibson, T. J. (1994): CLUSTAL W: improving the sensitivity of progressive multiple sequence alignment through sequence weighting, position-specific gap penalties and weight matrix choice. – Nucleic Acids Res. 22: 4673-4680.

Thorogood, P. (1987): Mechanisms of morphogenetic specification in skull development. – In: Wolff, J. R., Sievers, J., Berry, M., »Mesenchymal-epithelial interactions in neural development«. – Springer Verlag, Berlin: 141-152.

Tillier, E. R. M. (1994) Maximum likelihood with multiparameter models of substitution. – J. Mol. Evol. 39: 409-417.

Trontelj, P., Sket, B., Dovc, P., Steinbrück, G. (1996): Phylogenetic relationships in European erpobdellid leeches (Hirudinea: Erpobdeliidae) inferred from restriction-site data of the 18s ribosomal gene and ITS2 region. – J. Zoo. Syst. Evol. Research 34: 85-93.

Tuffley, C., Steel, M. (1997): Links between maximum likelihood and maximum parsimony under a simple model of site substitution. – Bull. Math. Biol. 59: 581-607.

Tutt, J. W. (1898): Some considerations of natural genera, and incidental references to the nature of species. – Proc. South Lond. Ent. Nat. Hist. Soc. 1898: 20-30.

Uzzell, T., Corbin, K. W. (1971): Fitting discrete probability distribution to evolutionary events. – Science 172: 1089-1096.

Van de Peer, Y. (1997): Variability map of eukaryotic ssu rDNA. – http://hgins.uia.ac.be/u/yvdp.

Van de Peer, Y., Neefs, J. M., De Rijk, P., De Wachter, R. (1993): Reconstructing evolution from eukaryotic small-ribosomal-subunit RNA sequences: calibration of the molecular clock. – J. Mol. Evol. 37: 221-232.

Van de Peer, Y., Nicolai, S., De Rijk, P., De Wachter, R. (1996): Database on the structure of small ribosomal subunit RNA. – Nucleic Acids Res 24: 86-91.

Van Raay, T. J., Crease, T. J. (1995): Mitochondrial DNA diversity in an apomictic *Daphnia* complex from the Canadian High Arctic. – Mol. Ecol. 4: 149-161.

Van Syoc, R. J. (1994): Genetic divergence beween populations of the eastern Pacific goose barnacle *Pollicipes elegans*: mitochondrial cytochrome c subunit 1 nucleotide sequences. – Mol. Mar. Biol. Biotechn. 3: 338-346.

Van Valen, L. (1982): Homology and causes. – J. Morphol. 173: 305-312.

Veron, J. E. N. (1995): Corals in space and time. – UNSW Press, Sydney.

Vollmer, G. (1983): Evolutionäre Erkenntnistheorie. 3.Aufl. – S. Hirzel Verlag, Stuttgart.

Wada, H., Satoh, N. (1994): Details of the evolutionary history from invertebrates to vertebrates, as deduced from the sequences of 18SrDNA. – Proc. Natl. Acad. Sci. USA 91: 1801-1804.

Waddell, P. J. (1995): Statistical methods of phylogenetic analysis, including Hadamard conjugations, LogDet transforms, and maximum likelihood. – Ph.D. dissertation, Massey University, New Zealand.

Waddell, P. J., Steel, M. A. (1997): General time-reversible distances with unequal rates across sites: mixing gamma and inverse Gaussian distributions with invariant sites. – Mol. Phylog. Evol. 8: 398-414.

Wägele, J. W. (1982): Isopoda (Crustacea: Peracarida) ohne Oostegite: Über einen Microcerberus aus Florida. – Mitt. Zool. Mus. Univ. Kiel. 1(9): 19-23.

– (1987): Description of the postembryonal stages of the Antarctic fish parasite *Gnathia calva* Vanhöffen (Crustacea: Isopoda) and synonymy with *Heterognathia* Amar & Roman. – Polar Biol. 7: 77-92.

– (1989): Evolution und phylogenetisches System der Isopoda: Stand der Forschung und neue Erkenntnisse. – Zoologica 140: 1-262.

– (1994a): Review of methodological problems of 'computer cladistics' exemplified with a case study on isopod phylogeny (Crustacea: Isopoda). – Z. zool. Syst. Evolut.-forsch. 32: 81-107.

– (1994b): Notes on Antarctic and South American Serolidae (Crustacea, Isopoda) with remarks on the phylogeneetic biogeography and a descritpion of new genera. – Zool. Jb. Syst. 121: 3-69.

– (1996): First principles of phylogenetic systematics, a basis for numerical methods used for morphological and molecular characters. – Vie Milieu 46: 125-138.

Wägele, J. W., Erikson, T., Lockhart, P., Misof, B. (1999): The Ecdysozoa: artifact or monophylum? – J. Zool. Syst. Evol. Res. 37: 211-223.

Wägele, J. W., Rödding, F. (1998): A priori estimation of phylogenetic information conserved in aligned sequences. – Mol. Phylog. Evol. 9: 358-365.

Wagner, W. H. (1961): Problems in the classification of ferns. – Rec. Adv. Bot. 1: 841-844.

– (1963): Biosystematics and taxonomic categories in lower vascular plants. – Regnum Veg. 27: 63-71.

Wallis, M. (1997): Function switching as a basis for bursts of rapid change during the evolution of pituitary growth hormone. – J. Mol. Evol. 44: 348-350.

Walossek, D. (1993): The Upper Cambrian *Rehbachiella* and the phylogeny of Branchiopoda and Crustacea. – Fossils Strata 32: 1-202.

Waterman, M. S. (1984): General methods of sequence comparison. – Bull. Math. Biol. 46: 473-500.

Weiner, J. (1994): Der Schnabel des Finken oder Der kurze Atem der Evolution. – Droemer Knaur, München.

Werman, S. D., Springer, M. S., Britten, R. J. (1990): Nucleic acids I: DNA-DNA-hybridization. – In: Hillis, D. M., Moritz, C., Molecular Systematics. – Sinauer Ass., Sunderland: 45-126.

Westheide, W., Rieger, R. (1996): Spezielle Zoologie, Erster Teil: Einzeller und Wirbellose Tiere. – G. Fischer Verlag, Stuttgart.

Wetzel, R. (1995): Zur Visualisierung abstrakter Ähnlichkeitsbeziehungen. – Dissertation, Fakultät für Mathematik der Universität Bielefeld.

Wheeler, Q. D. (1986): Character weighting and cladistic analysis. – Syst Zool 35:102-109

Wheeler, W. C. (1990): Combinatorial weights in phylogenetic analysis: a statistical parsimony procedure. – Cladistics 6: 269-275.

Wheeler, W. C., Gladstein, D. S. (1994): MALIGN: A multiple sequence alignment program. – J. Heredity 85: 417-418.

Wheeler, W. C., Honeycutt, R. L. (1988): Paired sequence difference in ribosomal RNAs: evolutionary and phylogenetic implications. – Mol. Biol. Evol. 5: 90-96.

Weir, B. S. (1996): Genetic Data Analysis II. – Sinauer Ass., Sunderland.

Whiting, M. F., Carpenter, J. C., Wheeler, Q. D., Wheeler, W. C. (1997): The Strepsiptera problem: phylogeny of the holometabolous insect orders inferred from 18S and 28S ribosomal DNA sequences and morphology. – Syst. Biol. 46: 1-68.

Wiens, J. J. (1995): Polymorphic characters in phylogenetic systematics. – Syst. Biol. 44: 482-500.

Wiley, E. O. (1975): Karl R. Popper, systematics, and classification: a reply to Walter Bock and other evolutionary taxonomists. – Syst, Zool. 24: 233-243

– (1988): Entropy and evolution. In: Weber B. H., Depew D. J., Smith J. D. (eds.), Entropy, information, and evolution. – Massachusetts Inst. Technol.: 173-188.

Wilkerson, R. C., Parsons, T. J., Albright, D. G., Klein, T. A., Braun, M. J. (1993): Random amplified polymorphic DNA (RAPD) markers readily distinguish cryptic mosquito species (Diptera: Culicidae: *Anopheles*). – Insect Mol. Biol. 1: 205-211.

Williams, D. M. (1992): DNA analysis: theory, methods. In: Forey P. L., Humphries C. J., Kitching I. J., Scotland R. W., Siebert D. J., Williams D. M. (eds.), Cladistics – a practical course in systematics. – Clarendon Press, Oxford: 89-123.

Williams, P. L., Fitch, W. M. (1990): Phylogeny determination using dynamically weighted parsimony method. – In: Doolittle, R. F. (ed.), Methods in enzymology Vol. 183. – Academic Press, San Diego: 615-626.

Willmann, R. (1985): Die Art in Raum und Zeit. – Paul Parey, Berlin.

– (1990): Die Bedeutung paläontologischer Daten für die zoologische Systematik. – Verh. Dtsch. Zool. Ges. 83: 277-289.

– (1995): Paläontologie als Evolutionsforschung. Artbildung und Evolutionsfaktoren bei fossilen Organismen. – Veröff. Übersee-Mus. Bremen Naturwiss. 13: 9-30.

Wink, M. (1995): Phylogeny of Old and New World vultures (Aves: Accipitridae and Cathartidae) inferred from nucleotide sequences of the mitochondrial cytochrome b gene. – Z. Naturforsch. 50c: 868-882.

Wistow, G. (1993): Identification of lens crystallin: a model system for gene recruitment. – Methods Enzymol. 224: 563-575.

Wolters, J. (1991): The troublesome parasites – molecular and morphological evidence that the Apicoplexa belong to the dinoflagellate-ciliate clade. – BioSystems 25: 75-83.

Woodburne, M. O., Zinsmeister, W. J. (1984): The first land mammal from Antarctica and its biogeographic implications. – J. Paleont. 58: 913-948.

Wu, C. I., Li, W. H. (1985): Evidence for higher rates of nucleotide substitution in rodents than in man. – Proc. Natl. Acad. Sci. USA 82: 1741-1745.

Yang, Z. (1994): Maximum likelihood phylogenetic estimation from DNA sequences with variable rates over sites: approximative methods. – J. Mol. Evol. 39:306-314.

– (1994) Statistical properties of the maximum likelihood method of phylogenetic estimation and comparison with distance matrix methods. – Syst. Biol. 43:329-342.

Yeates, D. K. (1995): Groundplans and exemplars: paths to the tree of life. – Cladistics 11: 343-357.

Zhang, J., Nei, M. (1996): Evolution of *Antennapedia*-class homeobox genes. – Genetics 142: 295-303.

Zharkikh, A. (1994): Estimation of evolutionary distances between nucleotide sequences. – J. Mol. Evol. 39: 315-329.

Zischler, H., Geisert, H., Castresana, J. (1998): A hominoid-specific nuclear insertion of the mitochondrial D-loop: implications for reconstructing ancestral mitochondrial sequences. – Mol. Biol. Evol. 15: 463-469.

17. Index

A

Abduktion 33
abhängige Substitutionen 142
absolute molekulare Uhr 90
ACCTRAN 196
Adams Konsensus 104
additive binäre Kodierung 184
additive Distanzen 232, 274
Adelphotaxon 71, 108
Agamospezies 51, 56
Agnostus 150
Ähnlichkeit 55, 117
Akt des Erkennens 128
Akt des Erklärens 128
Aldolase 87
Algorithmen, Rolle der 43
Albumine 252
Alinierungsverfahren 155
Alinierungslücken 216, 236
Allele 82, 165
Allelfixierung 83
Allelfrequenzen 84, 165, 275
allgemeine Parsimonie 191
Allopolyploidie 68
Allospezies 66
Allozyme 164
Altweltgeier 248
Amblyrhynchus 67, 87
Aminosäuresequenzen 168
Aminosäuresequenzen, Substitutionsraten 93
Anagenese 24, 25, 79
Analogie 117, 126, 211, 224, 273
Analogie, Effekt auf Distanzen 235
Aneuretus 55
Anopheles 55, 168
Antennapedia 147
Anthuridea 124
Aphiden 90
apomorphe Merkmalsausprägung 126
Apomorphie 28, 30, 115, 123, 124, 126, 170
apterous 151
Arachnomorpha 132
Archaeopteryx 108, 179
Argumentationsschema 103
Artemia 132
Art als Individuum 64
Art als nat. Klasse 58
Artbegriff 54
Artbegriff, Definitionen 57

Artbegriff für Bakterien 61
Artemia 54, 151
Artenstichprobe 174, 181, 244
Arterkennungskonzept 57
Articulata 249
Asseln, Parasitismus 254
Assoziationsmatrix 271
asymmetrische Positionen 219
Atavismen 81, 123
Außengruppe 169
Außengruppenvergleich 169, 174
Autapomorphie 124, 126, 133, 170
Axiom 31, 43

B

Balanophoraceae 89
Bär 242
Basenfrequenz 229, 236, 238
Basenverhältnis 92
Baumgraphik 98
Baumlänge 189
Bauplan 172
Bedingung, hinreichende 43
Bedingung, notwendige 43
Bdelloidea 48
Begriff 15
bestehender Sachverhalt 16
Beutelmull 126
Beuteltiere, Ausbreitung 251
Beweis 31, 35
binäre Kodierung 184
Biogenetische Grundregel 176
Biogeographie 248
biologische Systematik 10
biologischer Artbegriff 57, 62
Biopopulation 49, 50
Biospezies 50, 56
bithorax 79
bootstrap 200
branch and bound 269
Branchiopoda 255
Branchiostoma 87
branch length 229, 285
branch swapping 270
Bremers Index 201
Bremer support 201
Buchnera 90
Buckelzikaden 78, 79
Bürde 76
Burgessia 132
Buschdiagramm 101

C

Caecognathia 55, 152
Camin-Sokal-Parsimonie 190
Canadaspis 132
Carausius 48
Catarrhini 127, 247
Caenogenese 177
Ceratini 78
Ceratopogonidae 118
Chaos 36
Chlorella 49
Chromosomen 165
Chronospezies 56
Cichliden 70
Cirripedia 149, 159, 209, 214
clade 71
cladogenesis 10, 69
cladistics 182
Clique-Verfahren 282
CLUSTAL 156
Clusterverfahren 277
Cnidaria 171
Cnidocil 171
coalescence time 29
coalescent theory 29
Codonfrequenz 95
cohesion species concept 57
Collembola 92
combinatorial weighting 211, 271
congruence 193
conjunction 153
Conolophus 67, 87
Conus 140
consistency index 198
Coxa 150
Crustacea 111, 132, 150
Cylisticus 223
Cynognathus 118
Cytogenetik 165

D

Dacus 66
Daphnia 51, 54
Daphoenositta 67
Darwinfinken 66, 81
Datum 27
Dayhoff-Matrix 156
d-Distanz 233, 237, 263
decay index 201
Deduktion 31
Defektmutationen 140
Definition 15, 99
DELTRAN 196

Dendrogramm 98
Dermaptera 133
deszendierende Analyse 156
Detailhomologie 121, 136
Determinante 268
deterministischer Prozess 36
diagnostische Merkmale 120
Dichotomie 69, 100
differenzierte Gewichtung 191, 210
Ding an sich 18
Diopsidae 118
Diplopoda 67
Diptera 89, 118
distal-less 79, 151
Distanzkorrektur 237, 272
Distanzmatrix 231
Distanzverfahren 230, 272
Divergenzereignis 62
Divergenz von Populationen 52, 69
Divergenzzeit 29, 86, 88
Diversität 114
DNA-DNA-Hybridisierung 166
Dollo-Parsimonie 189
Dollos Regel 80
Dreiecks-Ungleichheit 275
Drei-Punkt-Bedingung 275
dritte Codonposition 94, 95
Drosophila 47, 80, 147, 151
Drosophila paulistorum 66
Drosophilidae 89
Dynamenella 152
Dystonia musculorum 140
d-Splits 217, 280

E

Ecdysozoa 212, 248
Echinoidea 92
EF-1 159
Eigennamen 12, 99, 107
Eigenschaften 12, 28
Eliminierungs-Test 200
Emeraldella 132
Empirismus 33
Endosymbionten 49
engrailed 150
Enterococcus 47
ephemere molekulare Uhr 90
Equidae 63
Erbhomologie 123
Ereigniswahrscheinlichkeit 36, 38, 39, 128, 223
Erfahrungswissenschaft 32
Erkennen von Arten 64
Erkenntnis 11, 12
Erkenntnistheorie 12, 44
Erkenntniswahrscheinlichkeit 38, 39, 128

Euglena 49
Evolution 9
Evolution, chaotische 36
Evolution, deterministische 36
Evolution, stochastische 36
evolutionäre Distanz 233
evolutionäre Erkenntnistheorie 44
evolutionäres Artkonzept 57
evolutionäre Taxonomie 260
evolutionary parsimony 217
Evolutionsgeschwindigkeit 76, 78, 89, 143
Evolutionsmodelle 74, 263
Evolutionsraten 89, 95, 96
Evolutionstheorie 74
evolutive Neuheit 28
exakte Suche 269
exhaustive search 269
existencial weighting 211
eyeless 151

F

Faktum 27, 31
Federn 148
Fehlerquellen der Kladistik 205
Felsenstein-Zone 211
F-Index 199, 296
Fitch-Parsimonie 189
Flamingo 133
Flügelanlage (der Pterygota) 151
Foraminifera 89
Formenreihen 125, 133
Fortpflanzung 47
Fortpflanzung, bisexuelle 48
Fortpflanzung, klonale 47
Fortpflanzungsbarriere 54, 58, 66
Fortpflanzungsgemeinschaft 48, 53
Fortpflanzungsgemeinschaft, funktionelle 48, 51
Fortpflanzungsgemeinschaft, potentielle 48, 51
Fossilien 131, 251
Fossilien als Zwischenformen 149
Fötalisation 178
Frettchen 242
fringe 152
Funktion als Homologiekriterium 119, 152
funktionelle Fortpflanzungsgemeinschaft 51
funktionelle Kopplung von Merkmalen 142

G

g1-Statistik 294
Galápagos-Finken 67
Galápagos-Leguane 67, 87
Gamma-Vektor 241, 291

Gamma-Verteilung 266
gaps 155, 216, 236
Gegenstand 12, 15
genetische Divergenz 52, 69
gerichtete Merkmale 185
Genanordnung 160
Genduplikation 160
generalisierte Distanz 241
generalized parsimony 191
Genexpression 150
genetische Distanz 272, 274, 276
genetische Divergenz 58
genetische Drift 83
genetische Kopplung 142
Genpool 49
Gentransfer, horizontaler 47
Gentransfer, vertikaler 47
geometrische Distanz 275
Geomydoecus 89
Geomyidae 89
geordnete Merkmale 185
Geospiza sp. 66, 67, 81
gerichtete Baumgraphen 187
Gewichtung 134, 143, 145, 192, 209
Gewichtung der Nukleotidhomologie 158
Gewichtung, modellabhängig 209, 223
Gesetz 35
Glaucocystis 49
globales Optimum 270
Gonopoden 147
Grishin-Korrektur 239
Grundmuster 71, 72, 100, 137, 170, 173
Grundmuster, kladistische Rekonstruktion 195
Grundmustersequenz 174

H

Hadamard-Konjugation 241, 287
Hamming-Distanz 272
Haplorhini 247
hedgehog 151
Helianthus 64
Hendy-Penny-Spektren 241, 287
Hennig, Willi 205
Hennigsche Methode 205
Hesperornis 133, 179
Heterochronie 178
Heterosis 83
Heterotopie 178
Heterozygotie 83
heuristische Suche 269
Hierarchien 13, 258
Hierarchie von Eigennamen 14
Hierarchie von Prädikatoren 14
Hoatzin 167, 177

Homarus 132
homeotische Gene 79, 80
Hominoidea 247, 260
Homogenität der Raten 227
Homoiologie 117, 126
Homologie 38, 117
Homologiekriterien 146
Homologiewahrscheinlichkeit 134, 145
Homonomie 123, 126
Homoplasie 125, 194
Homoplasie-Index 198
homoplasy excess ratio 199
horizontaler Gentransfer 47
HOX-Gene 80
Hund 242
Hybride 64, 66, 67
Hydnoraceae 89
Hydra 49
Hymenoptera 92
Hypothese 35
Hypothesenbildung 31, 36
Hypothetiko-deduktive Methode 33
hypothetischer Realismus 45

I
immunologische Distanzen 94, 163, 252
indels 272
Individuum, materielles 16
Individuum, konzeptionelles 16
Indiz 35
Induktion 31
Inferobranchia 127
Information, genetische 24, 25
Informationsbegriff 22, 24, 115
Informationsbegriff von Shannon 25, 135
Informationsgehalt 40, 135
inkompatible Hypothesen 102
Innengruppe 169
Insecta 96, 151
Insertion 149, 159, 209
intersubjektive Prüfung 31
Introns 92
Irreversibilität der Evolution 80
irreversible Divergenz 60
Isoenzyme 164
iterative Gewichtung 193
ITS-Sequenzen 93

J
jackknifing 200
Jukes-Cantor-Korrektur 237, 263, 272

K
K2P-Modell 226, 274, 284
Kambrische Explosion 259
Kante 100, 106
Kantenlänge 229, 234, 285
Kasten 55
Kategorien 13, 108, 112, 258
Kilifisch 48
Kimura-2-Parameter-Modell 226, 265, 274, 284
Kladistik 10
Kladistik, phänetische 182, 268
Kladistik, phylogenetische 205, 207
Kladisten 183
kladistische Außengruppenaddition 174
kladistische Homologisierung 203
Kladogramm 98
Kladus 71
Klassen 13, 16
Klassifikation 12, 14, 22, 257
Kleiber 67
Klonale Population 51
Knoten 98
Kodierung 184
Kolibris 89
Kompatibilitätskriterium 137, 145
Komplexitätskriterium 136, 145
Komplexitätszunahme 79, 176
komplexe Merkmale 116, 136
Kongruenzkriterium 138, 146, 183, 193
Konservierungs-Index 198
Konsistenz 244
Konsistenzindex 198
Kosten 187
Kovarianz 294
Kunjunktionskriterium 153
Konsensus, strikter 104
Konsensusdiagramm 103, 104
konstitutive Merkmale 120
Konstrukt 15, 58, 97
Kontrollregion der mtDNA 92
Konvergenz 38, 117, 126
Kos 56
Kosten 143
Kriterium der Abstammung 152
Kriterium der Funktion 152
Kriterium der Genexpression 150
Kriterium der Kontinuität 148
Kriterium der Lage 146
Kriterium der speziellen Qualität 148
Kriterium der Unabhängigkeit der Merkmale 141
Kronengruppe 108
kryptische Arten 55

Kryptotypen 123
kürzester Baum 187, 268

L
Lakes Methode 217
latente Potenzen 123
Latimeria 78
Lekanesphaera 65
Lento-Diagramm 242
Lesrichtung 103, 125, 169
likelihood-ratio test 230
Limulus 132
Linnè, Carl von 112
Linsenaugen 38, 39, 142
local molecular clock 90
Locus 82
Log-Det Transformation 267
Logik 12, 42
lokales Optimum 270
Lonchura 66
long-branch attraction 211, 214
Lucanus 152
Lygosaminae 143

M
maximum parsimony 186
maximum likelihood 240
Meloidogyne 48
Merkmalsreihe 125
Mammalia 92, 215, 218
Mandibulata 102, 111, 253
Markov-Modell 284
Marsupialia 251
Marsupionta 212, 215
Martinssonia 150
Maulwurf 126
maximum parsimony 143, 186, 268
maximum likelihood 226, 240, 284
Membracidae 78, 79
Merkmal 27
Merkmale, diskrete 30
Merkmale, kontinuierliche 30
Merkmalsanalyse, phänomenologische 128, 170
Merkmalsanalyse, modellierende 128
Merkmalsausprägung 170
Microseris 50
Microsporidia 159
minimal evolution method 184
mitochondriale Gene 49, 94
Mitochondrien 49
ML-Verfahren 240
model-fit 229
Modelle der Sequenzevolution 263
molekulare Uhr 85

molekulare Uhr, Eichung 87
molekulare Uhr, irreguläre 89
Monophyla, maximale Anzahl 72
monophyletische Gruppe 70, 71
Monophylum 70, 98, 127, 130, 170
Montastraea 55
Monte-Carlo-Simulation 243
Morphospezies 57, 65
MP-Verfahren 186
Mus musculus 89
multiple Speziation 69
multiple Substitutionen 91, 213, 235, 273
Mysidacea 127

N

natural kind 13
natürliche Klasse 13, 58
Nauplius 177
ND2-Gen 218
Neanura 152
nearest neighbor interchange 270
Nebalia 132
Neis genetische Distanz 276
neighbor-joining 239, 278
Nelson Konsensus 104
Nelsons Regel 178
Nematoda 92
Neotenie 178
Netzdiagramm 103, 279
neutrale Allele 83
neutrale Evolution 84
neutrale Mutation 82
neutrale Position 85
Neuweltgeier 248
nicht-kodierende Sequenzen 92
non-stationarity 227
Notoryctidae 126
Nukleotidfrequenz 92, 236, 238
numerische Taxonomie 182

O

Objekte, materielle 18, 20
Ockham's razor 41
Odaraia 132
Oniscidea 223
ontogenetisches Kriterium 149, 176
optische Täuschung 16
Organismus 51
orthologe Gene 29
Orthologie 128
Ostracoda 48
Otter 242
OTU 100
Owen, Richard 118

P

Palingenesen 176
paläontologisches Kriterium 179
PAM-Matrix 297
Panmandibulata 111
Panmonophylum 109, 111
Paradigma 35
Parallelismus 117
paraloge Gene 29
Paralogie 128
Paramecium 49
parametrischer Bootstrap-Test 202
Paraphylum 99, 126
parsimonie-informative Merkmale 188
Parsimonieprinzip 41, 268
Parsimonieverfahren 186, 268
Parthenogenese 51, 53
patristische Distanz 233
Pax-6 151
p-Distanz 233, 238, 263
pdm 151
Pelomyxa 49
Phänetik 182
phänetische Kladistik 182, 268
Phänomenologie 42, 134
Phylogenese 10
phylogenetische Kladistik 205, 207
phylogenetische Systematik 10, 207
phylogenetischer Artbegriff 57, 58, 62
phylogeny 10
Phylogramm 98
Plastiden 49
pattern cladists 203
Platystomidae 118
Plausibilität 74, 247
Pleiotropie 142
Plesiomorphie 28, 30, 124, 170
Poecilia 48
Poephila 252
Poisson-Korrektur 239, 264
Polarität 126, 169, 174, 197
Pollicipes elegans 66
Polymorphismen 28, 30, 55, 196
Polyphänie 142
Polyphylum 99, 126, 211
Polytomie 69
Population 50
Population, bisexuelle 53
Population, klonale 53
Popper, Karl 36
Positionshomologie 146, 155
positionsspezifische Raten 266
potentielle Fortpflanzungsgemeinschaft 51
Prädikator 12, 15

Prämissen 43
Primates 247
Prinzip der sparsamsten Erklärung 41
Prinzip der wechselseitigen Erhellung 136, 208
Prozess, deterministischer 36
Prozess, stochastischer 36
Prozess, chaotischer 36, 75
Pseudogene 91
Pterygota 151
PTP-Test 202, 294
Puzzle-Verfahren 240, 286

Q

Quartett-Puzzling 286

R

Radiation 77
Rafflesiaceae 89
Rahmenhomologie 121, 126, 136
Randomisierungstest 202
RAPD 167
Rassen 66
Rationalismus 33
Raubvögel, Substitutionsraten 86
Rauschen 24, 25, 116, 135, 180
recognition species concept 57
Reduktionsmerkmale 140, 144
Rehbachiella 150, 255
Rekapitulation 176
relative rate test 293
Remane, Adolf 146
reproduktive Isolation 58, 66
Reptilia 127
Resistenz gegen Insektizide 140
Restriktionsfragmente 161, 276
retention index 198
Reversion 81, 188
RFLP 162, 276
Rhizobium 49
rho-Vektor 241, 291
Rhymogona 67
Rivulus 48
Robben 242
Rodentia 96
Rotatoria 48
RSCU-Wert 95
Rückmutation 81

S

Sachverhalt 16, 31
Salamander 177
Sanctacaris 132
Sättigung von Substitutionen 91
Schweglerella 251, 253
Sekundärstruktur von RNA 92, 93, 209

Selektion 76, 82
Sequenzen, Vorteile der 116
Serumalbumin 94
Schritte im MP-Verfahren 187, 189
Schwestergruppe 71
Schwestertaxon 71, 107
Seescheiden 177
Semispezies 66
Serolidae 250
Sesarma 70
Sexualdimorphismus 55
Shannon 25
sichtbare Distanz 233, 238
Signal 24, 25
Signal, phylogenetisches 25, 115
Signatur 148, 159
silent substitution 85
Simulationen 243
SINE 159
Sittidae 26
Skinke 143
Sparsamkeitsprinzip 41
Spektralanalyse 241
Spektren 219, 241, 289
Spektren stützender Positionen 219
Speziation 60, 62, 69
Speziation, multiple 69
Sphaeromatidae 65, 251, 253
Split 98, 100, 103, 106, 158
split-stützendes Merkmal 98, 158
Split-Zerlegung 217, 279
Sprache, Funktion der 12
Stammart 71, 72
Stammlinie 107, 109
Stammlinien-Substitution 115
Stammlinienvertreter 109, 133
star decomposition method 270
step 189
stochastischer Prozess 36
stützendes Merkmal 28
stützende Positionen 180, 219
Substitution 28, 30, 82
Substitutionsmodelle 226, 228, 263
Substitutionsraten 85, 87
Substitutionsraten, taxaspezifische 95
Substitutionsraten, Variabilität 89, 95
Substitutionswahrscheinlichkeit 234
successive weighting 193

supporting positions 221
Symbion pandora 113
symmetrische Positionen 219
Symplesiomorphie 125
Symplesiomorphie-Falle 213
Synapomorphie 125
synonyme Codons 95
synonyme Mutation 84
synonyme Substitution 85
System, gedankliches 18
System, gegenständliches 17, 18, 20, 21, 97
System, phylogenetisches 21, 22
Systematisierung 21, 22, 257

T
Tabanidae 118
Tajima-Nei Modell 264
Talpidae 126
Tamura-Nei Modell 265
Taxon 20, 98, 107
Taxon, terminales 100
Taxonname, Definition 99
Taxonomie 260
Teichfrosch 68
Temperaturpräferenz 143
terminale Art 62
Terminus 15
Test relativer Substitutionsraten 293
Tesserazoa 171
Theorie 35
Theria 212, 215
Thermus 47
Thomomydoecus 89
Topologie 100
T-PTP-Test 296
Tracheata 102, 111, 137
Transformationskodierung 184
Transformationsmatrix 210
Transformationsserie, ~reihe 125, 184, 191
transformierte Kladistik 183
Transitionen 90
Transitions-Transversionsverhältnis 86, 90, 238
Transpositionen 160
Transversionen 90
tree bisection 270
tree length 189
Trilobita 150
triviales Merkmal 124, 126, 187, 235
Tropheus 70

typologisches Artkonzept 57
tokogenetische Beziehungen 50

U
Übergangsfeld zwischen Arten 66
Ubx-Gen 79
ultrametrische Distanzen 232, 233, 275
ungeordnete Merkmale 185
ungerichtete Baumgraphen 187
Ungulata 77, 159
universal molecular clock 90
UPGMA 232, 239, 277

V
Variabilität 76
vegetative Fortpflanzung 48
Venn-Diagramm 102
Verlustmutationen 79, 81, 159, 188
verzweigte Transformationsreihen 185
Vier-Punkt-Bedingung 274
Vipern 251
Viviparus 56

W
Wagner-Parsimonie 188
Wagner Methode (Baumkonstruktion) 270
Wahrheitsbegriff 30
Wahrscheinlichkeit 35
Wahrscheinlichkeitsaussagen 37, 39
Wale 159, 177
Waptia 132
Wiederfindungswahrscheinlichkeit 200
wingless 150
wissenschaftlicher Erkenntnisgewinn 12
Wissenschaftstheorie 12
Wurzelung 169, 174, 187, 197

X
Xenologie 128
Xiphophorus 123

Y
Yohoia 132

Z
Zahntaucher 133

Erdgeschichte mitteleuropäischer Regionen

Band 1: Wighart v. KOENIGSWALD & Wilhelm MEYER (Hrsg.)
Erdgeschichte im Rheinland
Fossilien und Gesteine aus 400 Millionen Jahren

1994. – 240 S., zahlr. meist farb. Abb. – 29 x 21,7 cm. Gebunden
ISBN 3-923871-80-5. – DM 78,00 / € 39,88

Band 2: Elmar P. J. HEIZMANN (Hrsg.)
Vom Schwarzwald zum Ries

1998. – 288 S., zahlr. meist farb. Abb. – 29 x 21,7 cm. Gebunden
ISBN 3-931516-33-4.
DM 98,00 / € 50,11

Erich THENIUS
Lebende Fossilien
Oldtimer der Tier- und Pflanzenwelt
Zeugen der Vorzeit

2000. – 228 S., ca. 100 z.T. farb. Abb. – 21,3 x 24,5 cm. Gebunden
ISBN 3-931516-70-9. – DM 28,00 / € 14,32

Norbert HAUSCHKE & Volker WILDE (Hrsg.)

TRIAS – Eine ganz andere Welt
Mitteleuropa im frühen Erdmittelalter

1999. – 648 S., ca. 600 z.T. farbige Abb. 20 Tab. & 11 Taf.
21,3 x 24,5 cm. Gebunden
ISBN 3-931516-55-5.
DM 156,47 / € 80,00

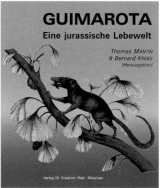

Thomas MARTIN & Bernard KREBS (Hrsg.)
Guimarota – Eine jurassische Lebewelt

Herbst 2000. – ca. 156 S., zahlr. Abb. – 21,3 x 24,5 cm. Gebunden
deutsche Ausgabe: ca. DM 48,00 / € 24,54

Jean-Michel MAZIN, Vivian de BUFFRÉNIL & Patrick VIGNAUD
Secondary Adaptation of Tetrapods to Life in Water

Herbst 2000. – 21,3 x 24,5 cm. Gebunden

www.pfeil-verlag.de

Handbuch der Paläoherpetologie – Encyclopedia of Paleoherpetology
Initiated by Prof. Dr. Oskar KUHN · Edited by Dr. Peter WELLNHOFER

NEU Herbst 2000:
- **Part 3B:** Schoch & Milner: **Stereospondyli**
  ca. XII, 210 S., 106 Abb., 20 Taf. Gebunden. - ISBN 3-931516-77-6   DM 150,-   € 76,69
- **Part 12A:** Rieppel: **Sauropterygia I. Placodontia, Pachypleurosauria, Nothosauria, Pistosauria.** ca. X, 134 S., 80 Abb. Geb. - ISBN 3-931516-78-4   DM 125,-   € 63,91

1998 erschienene Bände:
- **Part 1:** Carroll et al.: **Lepospondyli**
  ca. XII, 216 S., 111 Abb., 6 Taf. Gebunden. - ISBN 3-931516-26-1   DM 125,-   € 63,91
- **Part 4:** Sanchiz: **Salientia**
  ca. XII, 276 S., 153 Abb., 12 Taf. Gebunden. - ISBN 3-931516-27-X   DM 150,-   € 76,69

Bände in Vorbereitung:
- **Part 3A:** Clack & Milner: **Primitive Tetrapods and Temnospondyli (excl. Stereospondyli)**
- **Part 8:** McGowan & Motani: **Ichthyopterygia**
- **Part 10B:** Bell: **Sauria maritima**
- **Part 12B:** Storrs: **Sauropterygia II. Plesiosauria, Pliosauria**
- **Part 17B/II:** Hopson: **Theriodontia II**

Frühere Bände bei Gustav Fischer Verlag erschienen:		bisher	jetzt 50% reduziert	
Part 2:	Estes (1981): **Gymnophiona, Caudata**	DM 156,-	DM 78,-	€ 39,88
Part 5A:	Panchen (1970): **Batrachosauria (Anthracosauria)**	DM 88,-	DM 44,-	€ 22,50
Part 5B:	Carroll/Kuhn/Tatarinov (1972): **Batrachosauria (Anthracosauria) Gephyrostegida – Chroniosuchida**	DM 102,-	DM 51,-	€ 26,08
Part 6:	Kuhn (1969): **Cotylosauria**	DM 88,-	DM 44,-	€ 22,50
Part 7:	Mlynarski (1976): **Testudines**	DM 148,-	DM 74,-	€ 37,84
Part 9:	Kuhn (1969): **Proganosauria, Bolosauria, Placodontia, Araeoscelidia, Trilophosauria, Weigeltisauria, Millerosauria, Rhynchocephalia, Protorosauria**	DM 88,-	DM 44,-	€ 22,50
Part 10A:	Estes (1983): **Sauria terrestria, Amphisbaenia**	DM 290,-	DM 145,-	€ 74,14
Part 11:	Rage (1984): **Serpentes**	DM 120,-	DM 60,-	€ 30,68
Part 13:	Charig/Krebs/Sues/Westphal (1976): **Thecodontia**	DM 148,-	DM 74,-	€ 37,84
Part 14:	Steel (1970): **Saurischia**	DM 88,-	DM 44,-	€ 22,50
Part 15:	Steel (1969): **Ornithischia**	DM 88,-	DM 44,-	€ 22,50
Part 16:	Steel (1973): **Crocodylia**	DM 96,-	DM 48,-	€ 24,54
Part 17A:	Reisz (1986): **Pelycosauria**	DM 150,-	DM 75,-	€ 38,35
Part 17B/I:	Sigogneau-Russell (1989): **Theriodontia I**	DM 168,-	DM 84,-	€ 42,95
Part 17C:	King (1988): **Anomodontia**	DM 208,-	DM 104,-	€ 53,17
Part 18:	Haubold (1971): **Ichnia Amphibiorum et Reptiliorum fossilium**	DM 102,-	DM 51,-	€ 26,08
Part 19:	Wellnhofer (1978): **Pterosauria**	DM 114,-	DM 57,-	€ 29,14

www.pfeil-verlag.de

Handbuch der Paläoichthyologie – Handbook of Paleoichthyology
Initiated by Prof. Dr. Oskar KUHN · Edited by Prof. Dr. Hans–Peter SCHULTZE

1999 erschienen:
- **Part 4:** Stahl: **Chondrichthyes III Holocephali**
  164 S., 162 Abb. Gebunden. - ISBN 3-931516-63-6
  DM 150,–   € 76,69

Bände in Vorbereitung:
- **Part 1:** Blieck, Elliott, Janvier, Schultze & Turner:
  Interrelationships of agnaths and fishes · Agnatha
- **Part 6:** Schultze, Cloutier & Long: **Sarcopterygii I ·
  Dipnoi, Actinistia, Onychodontida**
- **Part 7:** Chang Mee-mann, Yu & Vorobyeva: **Sarcopterygii II,
  Rhipidistia · Porolepiformes, Osteolepiformes etc.**
- **Part 8:** Poplin: **Actinopterygii I · Chondrostei, Holostei**
- **Part 9:** Arratia & Wilson: **Actinopterygii II · Teleostei**

Frühere Bände bei Gustav Fischer Verlag erschienen: bisher   jetzt 50% reduziert
- **Part 2:** Denison (1978): **Placodermi**   DM 148,–   DM 74,–   € 37,84
- **Part 3A:** Zangerl (1981): **Chondrichthyes I
  Paleozoic Elasmobranchii**   DM 188,–   DM 94,–   € 48,06
- **Part 3B:** Cappetta (1987): **Chondrichthyes II
  Mesozoic and Cenozoic Elasmobranchii**   Nachdruck in Vorbereitung
- **Part 5:** Denison (1979): **Acanthodii**   DM 116,–   DM 58,–   € 29,65
- **Part 10:** Nolf (1985): **Otolithi piscium**   DM 208,–   DM 104,–   € 53,17

Arno Hermann MÜLLER: Lehrbuch der Paläozoologie
früher Gustav Fischer Verlag

ALLGEMEINE GRUNDLAGEN
5., neubearb. u. erw. Aufl. - 1992. - 496 S., 280 Abb., 19 Tab. Gebunden
früher: DM 128,00 / € 65,45   -   **jetzt DM 50,00 / € 25,56**

INVERTEBRATEN: Teil 1: Protozoa - Mollusca 1
4., neubearb. u. erw. Aufl. - 1993. - 685 S., 746 Abb., 5 Tab. Gebunden
DM 198,00 / € 101,24   -   **jetzt DM 50,00 / € 25,56**

INVERTEBRATEN: Teil 2: Mollusca 2 - Arthropoda 1
4., neubearb. u. erw. Aufl. - 1994. - 618 S., 703 Abb., 6 Tab. Gebunden
DM 198,00 / € 101,24   -   **jetzt DM 50,00 / € 25,56**

INVERTEBRATEN: Teil 3: Arthropoda 2 - Hemichordata
3., überarb., u. erw. Aufl. - 1989. - 775 S., 851 Abb. Gebunden
DM 140,00 / € 71,58   -   **jetzt DM 50,00 / € 25,56**

VERTEBRATEN: Teil 1: Fische im weiteren Sinne und Amphibien
2., neubearb., u. erw. Aufl. - 1985. - 655 S., 694 Abb. Gebunden   -   **VERGRIFFEN**

VERTEBRATEN: Teil 2: Reptilien und Vögel
2., neubearb., u. erw. Aufl. - 1985. - 665 S., 760 Abb. Gebunden   -   **VERGRIFFEN**

VERTEBRATEN: Teil 3: Mammalia
2., überarb., u. erw. Aufl. - 1989. - 809 S., 826 Abb. Gebunden
DM 145,00 / € 74,14   -   **jetzt DM 50,00 / € 25,56**

Verlag Dr. Friedrich Pfeil

www.pfeil-verlag.de

Olivier RIEPPEL

Einführung in die computergestützte Kladistik

1999. – 112 S., 34 Abb. – 21 x 12,5 cm. Broschiert
ISBN 3-931516-57-1. – DM 20,00 / € 10,23

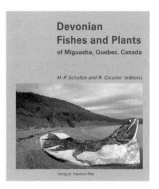

Hans-Peter SCHULTZE &
Richard CLOUTIER (Hrsg.)

Devonian Fishes and Plants of Miguasha, Quebec, Canada

1996. – 374 S., 259 Abb., 33 Tab. – 24,5 x 21,7 cm. Gebunden
ISBN 3-931516-03-2 – DM 50,00 / € 25,56

MESOZOIC FISHES

Band 1 Gloria ARRATIA & Günter VIOHL (Hrsg.)

Mesozoic Fishes 1: Systematics and Paleoecology
Proceedings of the 1st international meeting, Eichstätt, 1993

1996. – 576 S., zahlr. Abb. – 24,5 x 17,3 cm. Gebunden
ISBN 3-923871-90-2. – DM 150,00 / € 76,69

Band 2 Gloria ARRATIA & Hans-Peter SCHULTZE (Hrsg.)

Mesozoic Fishes 2: Systematics and Fossil Record
Proceedings of the international meeting Buckow, 1997

1999. – 604 S., 303 Abb., 30 Tab., 4 Taf. – 24,5 x 17,3 cm. Gebunden
ISBN 3-931516-48-2. – DM 273,82 / € 140,00

Gertrud RÖSSNER & Kurt HEISSIG (Hrsg.)

The Miocene Land Mammals of Europe

1999. – 516 S., 269 Abb., 56 Tab. – 24,5 x 21,7 cm. Gebunden
ISBN 3-931516-50-4. – DM 273,82 / € 140,00

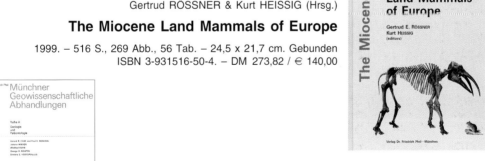

Münchner Geowissenschaftliche Abhandlungen
viele Bände, jetzt reduziert

Palaeolchthyologica
viele Bände, jetzt reduziert

Verlag Pfeil Wolfratshauser Str. 27 · D-81379 München · Germany
Dr. Friedrich   Tel.: +49-89-74 28 270 · Fax: +49-89-72 42 772 · E-Mail: 100417.1722 @ compuserve.com